大学数学

(经管类)上册

主　编　贾丽丽　朴丽莎
副主编　陶　辉

科学出版社
北　京

内 容 简 介

本书根据高等学校经济管理类数学基础课程的教学基本要求编写而成，是云南大学滇池学院精品课程建设项目成果之一.

全书分上、下两册，共三篇内容.本书为上册，主要介绍第一篇微积分，内容包括一元函数微积分学、微分方程、多元函数微积分学、无穷级数. 书中每章配有习题，书末附有习题参考答案. 本书结构清晰，概念准确，贴近考研，可读性强，便于学生自学，且能启发和培养学生的自学能力，并配有电子教案和录屏课件，便于广大师生的教与学.

本书可作为高等学校经管类大学数学课程教材，也适合经管类考研学生学习参考.

图书在版编目(CIP)数据

大学数学：经管类：全 2 册/ 贾丽丽，朴丽莎主编. —北京：科学出版社，2018.8

ISBN 978-7-03-057955-3

Ⅰ. ①大…　Ⅱ. ①贾…　②朴…　Ⅲ. ①高等数字–高等学校–教材　Ⅳ. ①O13

中国版本图书馆 CIP 数据核字(2018)第 131189 号

责任编辑：李淑丽　孙翠勤 / 责任校对：王　瑞
责任印制：徐晓晨 / 封面设计：华路天然工作室

科学出版社出版
北京东黄城根北街 16 号
邮政编码：100717
http://www.sciencep.com

北京虎彩文化传播有限公司印刷
科学出版社发行　各地新华书店经销
*
2018 年 8 月第　一　版　开本：787 × 1092　1/16
2019 年 7 月第二次印刷　印张：24 3/4
字数：587 000

定价：66.00 元（全 2 册）

前　言

大学数学（包括高等数学、线性代数、概率论与数理统计）是高等院校理工类、经管类、农林类与医药类等各专业的公共基础课程.本书的编者在多年教学实践的基础上，结合学科发展，根据高等院校经管类数学基础课程的最新教学大纲及考研大纲编写而成.考虑到经管类专业数学教学的目标和特点，在保证数学的严谨性、逻辑性的前提下，教材删除了一些不必要的推理论证过程，突出理论的应用，强化理论与实际的结合. 此外，本书配有电子教案和录屏课件，便于广大师生的教与学.

本套教材由贾丽丽、朴丽莎主编.参加编写的工作人员完成的章节内容如下：第一篇微积分部分：第 1 章、第 2 章、第 3 章、第 6 章、第 7 章、第 8 章由朴丽莎编写，第 4 章、第 5 章由贾丽丽编写；第二篇线性代数部分共三章由贾丽丽编写；第三篇概率统计部分：第 1 章、第 2 章、第 3 章由贾丽丽、林谦共同编写，第 4 章、第 5 章由邵晶晶编写.本套教材配套的电子教案与录屏课件由贾丽丽、朴丽莎、邵晶晶、陶辉共同完成.

本套教材是云南大学滇池学院精品课程建设项目成果之一. 在教材的编写过程中，得到了云南大学、云南大学滇池学院等高校专家和领导的大力帮助，并提出了许多宝贵的意见和建议，在此对他们表示由衷的感谢！

在此还要感谢滇池学院对我们工作的支持和帮助，感谢老一辈学者为我们所奠定的学科基础，也感谢他们的各类专著和相关材料为我们提供的素材；感谢所有曾经修读过这门课程的学生，让我们在教学相长中获得了有益的反馈.同时，也向所有直接或间接被我们引用的各类文献资料的作者，致以由衷的谢意和敬意.

限于我们的学识水平，教材有需进一步修改和补充的地方，敬请前辈、同行和广大读者批评指正.

编　者

2018 年 4 月

目　　录

第一篇　微　积　分

第 1 章　函数、极限与连续

函数是现代数学的基本概念之一，是高等数学的主要研究对象. 极限概念是微积分的理论基础，极限方法是微积分的基本分析方法. 因此，掌握好极限方法是学好微积分的关键. 本章将介绍函数、极限与连续的基本知识和有关的基本方法，为今后的学习打下必要的基础.

1.1　函　　数

一、概念

1. 实数与区间

由于微积分中的函数是在实数范围内来讨论的，因此我们先简单介绍实数集的有关知识.

有理数和无理数统称为**实数**，实数的全体所构成的集合称为**实数集**，记为 $\mathbf{R}$. 数轴是一条有原点、有方向和单位长度的直线，如图 1-1 所示.

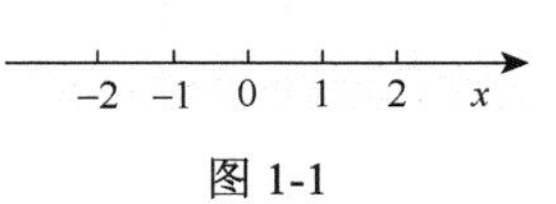

图 1-1

实数与数轴上的点是一一对应的. 此外，常用的实数集合还有区间，其定义如下：

定义 1.1　设 $a,b\in\mathbf{R}$ ，且 $a<b$ ，定义

(1) 开区间 $(a,b)=\{x\,|\,a<x<b\}$ ；

(2) 闭区间 $[a,b]=\{x\,|\,a\leqslant x\leqslant b\}$ ；

(3) 半开、半闭区间 $(a,b]=\{x\,|\,a<x\leqslant b\}$ ， $[a,b)=\{x\,|\,a\leqslant x<b\}$ ；

(4) 无穷区间 $\mathbf{R}=(-\infty,+\infty)=\{x\,|-\infty<x<+\infty\}$ ，

$(-\infty,b]=\{x\,|-\infty<x\leqslant b\}$ ，　$(-\infty,b)=\{x\,|-\infty<x<b\}$ ，

$[a,+\infty)=\{x\,|\,a\leqslant x<+\infty\}$ ，　$(a,+\infty)=\{x\,|\,a<x<+\infty\}$.

通常，将开区间、闭区间、半开半闭区间和无穷区间统称为**区间**，并用 I 表示.

2. 邻域

在今后的讨论中，有时需要考虑由某点 x_0 附近的所有点构成的集合. 为此，引入邻域的概念.

定义 1.2　设 δ 为某个正数，称开区间 $(x_0-\delta,x_0+\delta)$ 为**点** x_0 **的** δ **邻域**， x_0 为该邻域的**中心**， δ 为该邻域的**半径**，记作 $U(x_0,\delta)$ (图 1-2).

$$U(x_0,\delta)=\{x\,|\,x_0-\delta<x<x_0+\delta\}=\{x\,\|\,x-x_0|<\delta\}.$$

若把邻域 $U(x_0,\delta)$ 的中心 x_0 去掉，所得到的邻域称为**点** x_0 **的去心** δ **邻域**，记为 $\mathring{U}(x_0,\delta)$ (图 1-3).

$$\overset{\circ}{U}(x_0,\delta)=\{x\mid x_0-\delta<x<x_0\}\cup\{x\mid x_0<x<x_0+\delta\}=\{x\mid 0<|x-x_0|<\delta\}.$$

图 1-2　　　　图 1-3

称开区间 $(x_0-\delta,x_0)$ 为点 x_0 的左 δ 邻域，$(x_0,x_0+\delta)$ 为点 x_0 的右 δ 邻域. 更一般地，以 x_0 为中心的任何开区间均是点 x_0 的邻域，当不需要特别辨明邻域的半径时，简记为 $U(x_0)$.

3. 函数

函数是描述变量间相互依赖关系的一种数学模型. 本章我们先讨论两个变量的情形(多个变量的情形将在第 7 章介绍).

定义 1.3　设 D 是一个非空实数集, 如果按照某一确定的对应法则 f，对于每一个 $x\in D$，都有唯一确定的实数 y 与之对应, 则称对应法则 f 为定义在 D 上的函数, 记作

$$y=f(x),\quad x\in D,$$

其中，x 称为**自变量**，y 称为**因变量**，D 称为函数的**定义域**，也记作 D_f，$f(x)$ 称为函数 f 在 x 处的**函数值**，全体函数值的集合，称为函数的**值域**，记作 R_f 或者 $f(D)$，即 $R_f=f(D)=\{y\mid y=f(x),x\in D_f\}$.

关于函数的定义域, 在实际问题中应根据问题的实际意义具体确定. 如果讨论的是纯数学问题, 则往往取使函数的表达式有意义的一切实数所构成的集合作为该函数的定义域, 这种定义域又称为函数的**自然定义域**.

例如, 函数 $y=\ln(1-x^2)$ 的(自然)定义域为开区间 $(-1,1)$.

注意　由定义 1.3 知, 确定一个函数需要两个要素, 即定义域和对应法则. 如果两个函数的定义域和对应法则都相同, 我们称这两个函数相同.

例 1　判断 $y=x$ 与 $y=\dfrac{x^2}{x}$ 是否为相同的函数.

解　$y=x$ 的定义域为 $(-\infty,+\infty)$，而 $y=\dfrac{x^2}{x}$ 的定义域为 $(-\infty,0)\cup(0,+\infty)$，因此 $y=x$ 与 $y=\dfrac{x^2}{x}$ 是定义域不同的两个不同的函数(图 1-4 与图 1-5).

图 1-4　　　　图 1-5

函数的常用表示法有三种：

(1) **表格法**　将自变量的值与对应的函数值列成表格的方法.

(2) **图像法**　在坐标系中用图形来表示函数关系的方法.

(3) **解析法**　将自变量和因变量之间的关系用数学表达式(又称为解析表达式)来表示的方法. 根据函数的解析表达式的形式不同，函数也可分为显函数、隐函数和分段函数三种.

(i) **显函数**　函数 y 由 x 的解析表达式直接表示. 例如 $y=x^2+2$.

(ii) **隐函数**　函数的自变量 x 与因变量 y 的对应关系由方程 $F(x,y)=0$ 来确定. 例如，$Ax+By+C=0$，$\ln y=\sin(x+y)$.

(iii) **分段函数**　函数在定义域的不同范围内，具有不同的解析表达式. 以下是几个分段函数的例子.

例 2　绝对值函数

$$y=|x|=\begin{cases}x, & x\geqslant 0,\\ -x, & x<0,\end{cases}$$

定义域 $D=(-\infty,+\infty)$，值域 $R_f=[0,+\infty)$，如图 1-6 所示.

例 3　符号函数

$$y=\operatorname{sgn}x=\begin{cases}-1, & x<0,\\ 0, & x=0,\\ 1, & x>0,\end{cases}$$

定义域 $D=(-\infty,+\infty)$，其中 $x=0$ 为分段点，值域 $R_f=\{-1,0,1\}$，如图 1-7 所示.

例 4　取整函数

$$y=[x]=n,\quad n\leqslant x<n+1,\quad n=0,\pm1,\pm2,\cdots,$$

其中 $[x]$ 表示不超过 x 的最大正数，显然有 $[x]\leqslant x<[x]+1$.

例如，$[2.6]=2$，$[-2.4]=-3$. 易见，取整函数的定义域 $D=(-\infty,+\infty)$，值域 $R_f=\mathbf{Z}$ ($\mathbf{Z}$ 是全体整数集)，如图 1-8 所示.

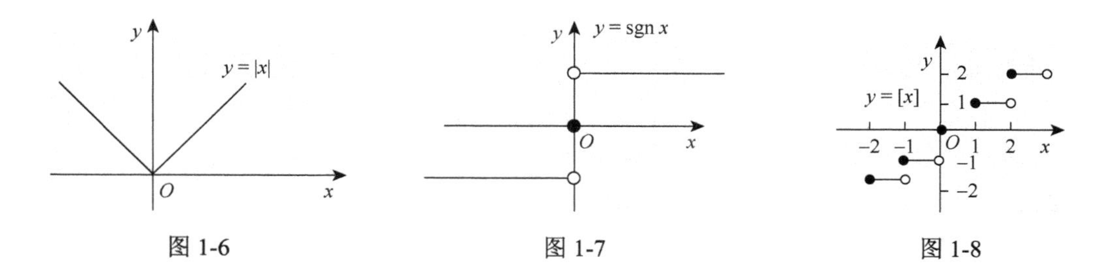

图 1-6　图 1-7　图 1-8

二、函数的性质

1. 有界性

定义 1.4　设函数 $f(x)$ 在区间 I 上有定义，若存在正数 M，当 $x\in I$ 时，恒有 $|f(x)|\leqslant M$

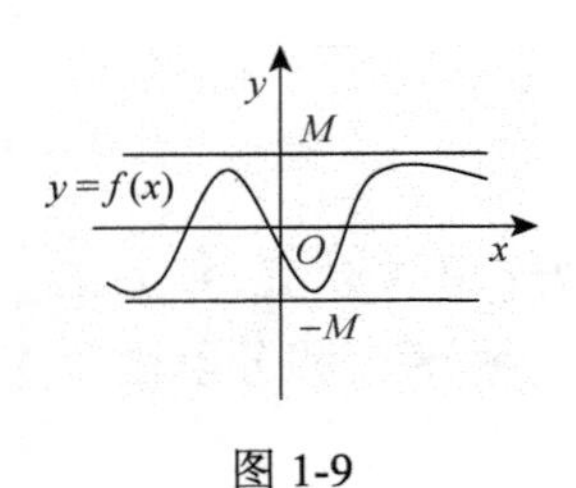

图 1-9

成立，则称函数 $f(x)$ 为区间 I 上的**有界函数**；如果不存在这样的正数 M，则称函数 $f(x)$ 为区间 I 上的**无界函数**. 如图 1-9 所示，有界函数 $y=f(x)$ 的图形夹在两条直线 $y=M$ 和 $y=-M$ 之间.

例如，当 $x\in(-\infty,+\infty)$ 时，恒有 $|\cos x|\leqslant 1$，所以 $f(x)=\cos x$ 在 $(-\infty,+\infty)$ 内是有界函数. 而 $y=x^3$ 在 $(-\infty,+\infty)$ 内是无界函数，有的函数可能在定义域内的某一部分有界，而在另一部分无界. 例如，$y=\ln(x-1)$ 在区间 $(1,+\infty)$ 内无界，而在 $(2,3)$ 内有界. 因此，我们说一个函数是有界的还是无界的，应同时指出其自变量的相应范围.

2. 单调性

定义 1.5　设函数 $f(x)$ 在区间 I 上有定义，对于任意的 $x_1,x_2\in I$，当 $x_1<x_2$ 时，有

(1) $f(x_1)\leqslant f(x_2)$ (或 $f(x_1)\geqslant f(x_2)$)，则称 $f(x)$ 在 I 内**单调增加**(或**单调减少**)；

(2) $f(x_1)<f(x_2)$ (或 $f(x_1)>f(x_2)$)，则称 $f(x)$ 在 I 内**严格单调增加**(或**严格单调减少**).

例如，$y=x^3$ 在 $(-\infty,+\infty)$ 内严格单调增加，如图 1-10 所示. 而 $y=x^2$ 在 $(-\infty,0)$ 内严格单调减少；在 $(0,+\infty)$ 内严格单调增加，但在整个定义域 **R** 内不是单调函数，如图 1-11 所示.

图 1-10　　　　图 1-11

例 5　证明函数 $y=\dfrac{x}{1+x}$ 在 $(-1,+\infty)$ 内是单调增加的函数.

证　在 $(-1,+\infty)$ 内任取两点 x_1 和 x_2，且 $x_1<x_2$，则

$$f(x_1)-f(x_2)=\frac{x_1}{1+x_1}-\frac{x_2}{1+x_2}=\frac{x_1-x_2}{(1+x_1)(1+x_2)}.$$

因为 x_1 和 x_2 是 $(-1,+\infty)$ 内任意两点，所以

$$1+x_1>0,\quad 1+x_2>0,$$

又因为 $x_1-x_2<0$，故 $f(x_1)-f(x_2)<0$，即 $f(x_1)<f(x_2)$.

所以，$y=\dfrac{x}{1+x}$ 在 $(-1,+\infty)$ 内是单调增加的.

3. 奇偶性

定义 1.6　设函数 $f(x)$ 的定义域 D 关于原点对称，对于任意的 $x\in D$，有

(1) $f(x)=-f(-x)$，则称 $f(x)$ 为 D 内的**奇函数**；

(2) $f(x)=f(-x)$，则称 $f(x)$ 为 D 内的**偶函数**.

由定义 1.6 易知，奇函数的图像关于原点对称，而偶函数的图像关于 y 轴对称，例如，

$y=x^3$ 为奇函数(图 1-10)，$y=x^2$ 为偶函数(图 1-11)．$y=x^2+x$ 既不是奇函数也不是偶函数.

例 6　判断下列函数的奇偶性.

(1) $f(x)=\ln(\sqrt{x^2+1}-x)$；　　(2) $g(x)=\begin{cases}1-x, & x<0,\\ 1+x, & x\geqslant 0.\end{cases}$

解　(1)因为函数的定义域为 $(-\infty,+\infty)$，且

$$f(-x)=\ln(\sqrt{(-x)^2+1}+x)=\ln(\sqrt{x^2+1}+x)=\ln\frac{1}{\sqrt{x^2+1}-x}=-\ln(\sqrt{x^2+1}-x)=-f(x),$$

所以 $f(x)=\ln(\sqrt{x^2+1}-x)$ 是奇函数.

(2)因为函数的定义域为 $(-\infty,+\infty)$，且

$$\begin{aligned}g(-x)&=\begin{cases}1-(-x), & -x<0,\\ 1+(-x), & -x\geqslant 0\end{cases}\\ &=\begin{cases}1+x, & x>0,\\ 1-x, & x\leqslant 0\end{cases}\\ &=g(x).\end{aligned}$$

所以 $g(x)$ 为偶函数.

4. 周期性

定义 1.7　设函数 $f(x)$ 的定义域为 D，如果存在常数 $T>0$，使得对任意的 $x\in D$ 都有 $x\pm T\in D$，且

$$f(x\pm T)=f(x),$$

则称 $f(x)$ 为**周期函数**，T 称为 $f(x)$ 的**周期**.

例如，$\sin x$，$\cos x$ 都是以 2π 为周期的周期函数；$\tan x$ 是以 π 为周期的周期函数.

通常周期函数的周期是指其**最小正周期**，但并非每个周期函数都有最小正周期. 如**狄利克雷函数**

$$D(x)=\begin{cases}1, & x\text{为有理数},\\ 0, & x\text{为无理数},\end{cases}$$

易知任何正有理数都是它的周期，但显然没有最小的正有理数，所以它没有最小正周期.

三、反函数

1. 反函数的定义

定义 1.8　设函数 $y=f(x)$ 的定义域为 D_f，值域为 R_f，如果对每个 $y\in R_f$，都有唯一的对应值 x 满足 $y=f(x)$，则称 x 是定义在 R_f 上以 y 为自变量的函数，记此函数为

$$x=f^{-1}(y),\quad y\in R_f,$$

并称其为函数 $y=f(x)$ 的**反函数**.

显然，$x=f^{-1}(y)$ 与 $y=f(x)$ 互为反函数，且 $x=f^{-1}(y)$ 的定义域和值域分别是 $y=f(x)$ 的值域和定义域.

习惯上，常用 x 作自变量，y 作因变量，因此，$y=f(x)$ 的反函数 $x=f^{-1}(y)$ 常记为 $y=f^{-1}(x)$，$x\in R_f$.

在平面直角坐标系下，函数 $y=f(x)$ 的图形与其反函数 $y=f^{-1}(x)$ 的图形关于直线 $y=x$ 对称.

由定义 1.8 知，函数 $y=f(x)$ 具有反函数的充要条件是自变量与因变量是一一对应的，因为严格单调函数具有这种性质，所以严格单调函数必有反函数.

2. 求反函数的步骤

(1) 从方程 $y=f(x)$ 中解出 x，得 $x=f^{-1}(y)$；

(2) 将所得的表达式中的 x 与 y 对换，即得 $y=f^{-1}(x)$. 最后写出定义域.

例 7 求 $y=\dfrac{\mathrm{e}^x-\mathrm{e}^{-x}}{2}$ 的反函数.

解 由 $y=\dfrac{\mathrm{e}^x-\mathrm{e}^{-x}}{2}$ 得 $\mathrm{e}^{2x}-2y\mathrm{e}^x-1=0$，将 e^x 看成新的变量 t，方程变为

$$t^2-2yt-1=0,$$

用求根公式得 $t=y\pm\sqrt{y^2+1}$，又 $t=\mathrm{e}^x>0$，故 $\mathrm{e}^x=y+\sqrt{y^2+1}$，求得

$$x=\ln(y+\sqrt{y^2+1}),$$

所以，$y=\dfrac{\mathrm{e}^x-\mathrm{e}^{-x}}{2}$ 的反函数为 $y=\ln(x+\sqrt{x^2+1})$，$x\in(-\infty,+\infty)$.

四、基本初等函数

幂函数、指数函数、对数函数、三角函数和反三角函数这五类函数称为**基本初等函数**. 由于在中学数学中，我们已经深入学习过这些函数，这里只作简要复习.

1. 幂函数

$y=x^\mu$，其中 μ 为实数，且 $\mu\neq0$，其定义域随 μ 的不同而相异. 当 $\mu=1,2,\dfrac{1}{2},-1$ 时，是最常用的幂函数(图 1-12).

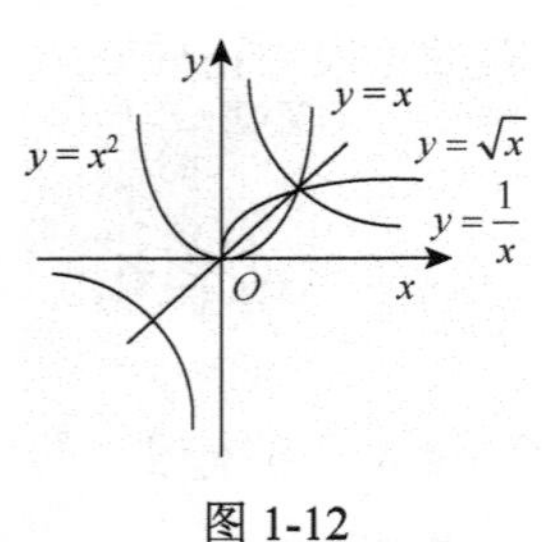

图 1-12

2. 指数函数

$y=a^x$（$a>0$，且 $a\neq1$），其定义域为 $(-\infty,+\infty)$，值域为 $(0,+\infty)$.

当 $0<a<1$ 时，$y=a^x$ 为严格单调减少函数；当 $a>1$ 时，$y=a^x$ 为严格单调增加函数. 无论 a 为何值，$y=a^x$ 的图像均经过点 $(0,1)$ (图 1-13).

在实际问题中，常见以 e 为底的指数函数 $y=\mathrm{e}^x$（$\mathrm{e}=2.7182818\cdots$ 为无理数).

3. 对数函数

$y=\log_a x$（$a>0$，且 $a\neq 1$），它是指数函数 $y=a^x$ 的反函数. 其定义域为 $(0,+\infty)$，值域为 $(-\infty,+\infty)$.

当 $0<a<1$ 时，$y=\log_a x$ 为严格单调减少函数，当 $a>1$ 时，$y=\log_a x$ 为严格单调增加函数. 无论 a 为何值，函数 $y=\log_a x$ 的图像均过点 $(1,0)$（图 1-14）.

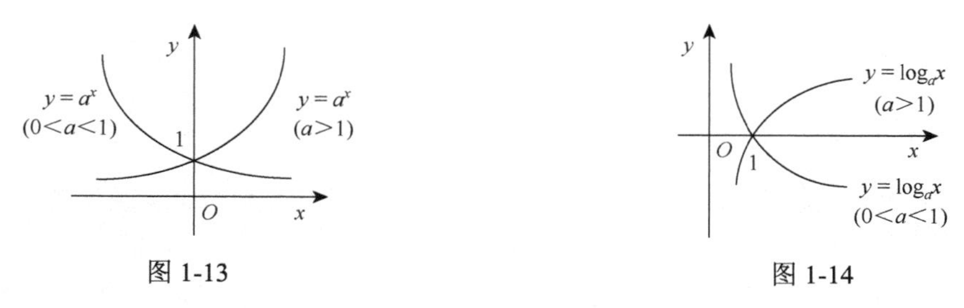

图 1-13　　　　图 1-14

通常以 10 为底的对数函数记为 $y=\lg x$，称为**常用对数**，而以 e 为底的对数函数记为 $y=\ln x$，称为**自然对数**.

4. 三角函数

常用的三角函数有：

(1) **正弦函数** $y=\sin x$，定义域为 $(-\infty,+\infty)$，值域为 $[-1,1]$，是奇函数，且是以 2π 为周期的周期函数（图 1-15）.

(2) **余弦函数** $y=\cos x$，定义域为 $(-\infty,+\infty)$，值域为 $[-1,1]$，是偶函数，且是以 2π 为周期的周期函数（图 1-16）.

图 1-15　　　　图 1-16

(3) **正切函数** $y=\tan x=\dfrac{\sin x}{\cos x}$，定义域为 $D=\left\{x\mid x\in\mathbf{R},x\neq k\pi+\dfrac{\pi}{2},k\text{为整数}\right\}$，值域为 $(-\infty,+\infty)$，是奇函数，且是以 π 为周期的周期函数（图 1-17）.

(4) **余切函数** $y=\cot x=\dfrac{\cos x}{\sin x}$，定义域为 $D=\{x\mid x\in\mathbf{R},x\neq k\pi,k\text{为整数}\}$，值域为 $(-\infty,+\infty)$，是奇函数，且是以 π 为周期的周期函数（图 1-18）.

此外，后续学习中，我们还会接触到**正割函数** $y=\sec x=\dfrac{1}{\cos x}$ 与**余割函数** $y=\csc x=\dfrac{1}{\sin x}$. 正割函数和余割函数都是以 2π 为周期的函数.

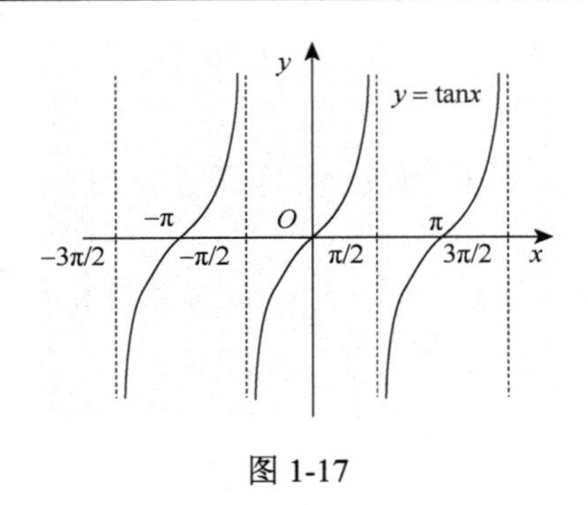

图 1-17

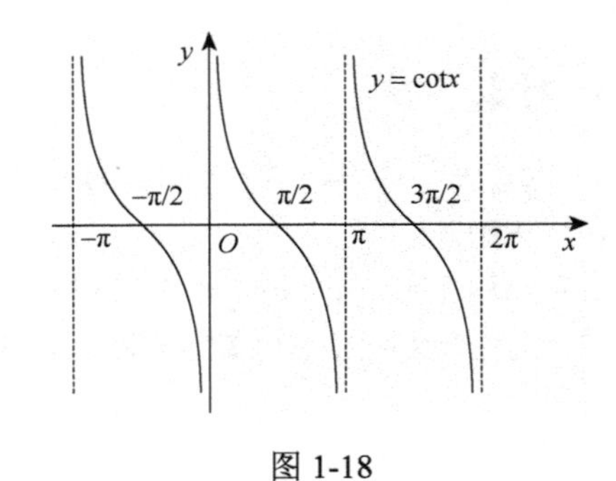

图 1-18

5. 反三角函数

由于三角函数均具有周期性，对值域中的任何 y 值都有无穷多个 x 值与之对应，这表明在三角函数的定义域与值域之间的对应关系不是一一对应，所以在整个定义域上三角函数不存在反函数，为了考虑它们的反函数，必须限制 x 的取值区间，使得三角函数在该区间上是严格单调的.

1) 反正弦函数 $y=\arcsin x$

正弦函数 $y=\sin x$ 在区间 $\left[-\frac{\pi}{2},\frac{\pi}{2}\right]$ 上严格单调增加，值域为 $[-1,1]$，将 $\left[-\frac{\pi}{2},\frac{\pi}{2}\right]$ 上的 $y=\sin x$ 的反函数定义为**反正弦函数**，记为 $y=\arcsin x$，其定义域为 $[-1,1]$，值域为 $\left[-\frac{\pi}{2},\frac{\pi}{2}\right]$ (图 1-19).

2) 反余弦函数 $y=\arccos x$

余弦函数 $y=\cos x$ 在区间 $[0,\pi]$ 上严格单调减少，值域为 $[-1,1]$，将 $[0,\pi]$ 上的 $y=\cos x$ 的反函数定义为**反余弦函数**，记为 $y=\arccos x$，其定义域为 $[-1,1]$，值域为 $[0,\pi]$ (图 1-20).

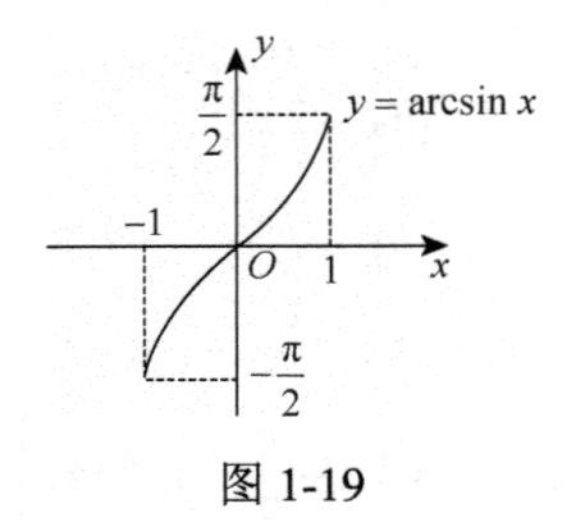

图 1-19

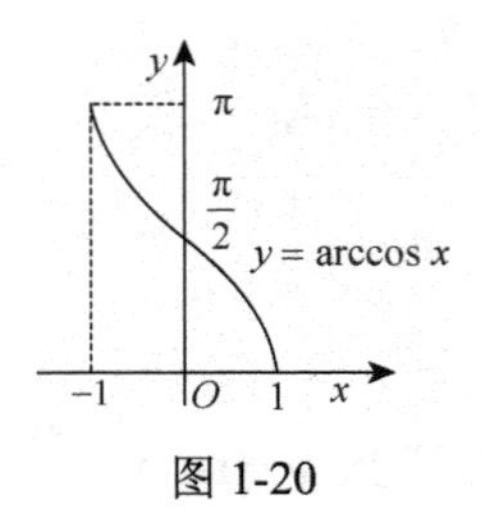

图 1-20

3) 反正切函数 $y=\arctan x$

正切函数 $y=\tan x$ 在 $\left(-\frac{\pi}{2},\frac{\pi}{2}\right)$ 内严格单调增加，值域为 $(-\infty,+\infty)$，将 $\left(-\frac{\pi}{2},\frac{\pi}{2}\right)$ 内的 $y=\tan x$ 的反函数定义为**反正切函数**，记为 $y=\arctan x$，其定义域为 $(-\infty,+\infty)$，值域为 $\left(-\frac{\pi}{2},\frac{\pi}{2}\right)$ (图 1-21).

4) 反余切函数 $y=\operatorname{arccot} x$

余切函数 $y=\cot x$ 在 $(0,\pi)$ 内严格单调减少，值域为 $(-\infty,+\infty)$，将 $(0,\pi)$ 内的 $y=\cot x$

的反函数定义为**反余切函数**，记为 $y=\operatorname{arccot}x$，其定义域为 $(-\infty,+\infty)$，值域为 $(0,\pi)$（图 1-22）.

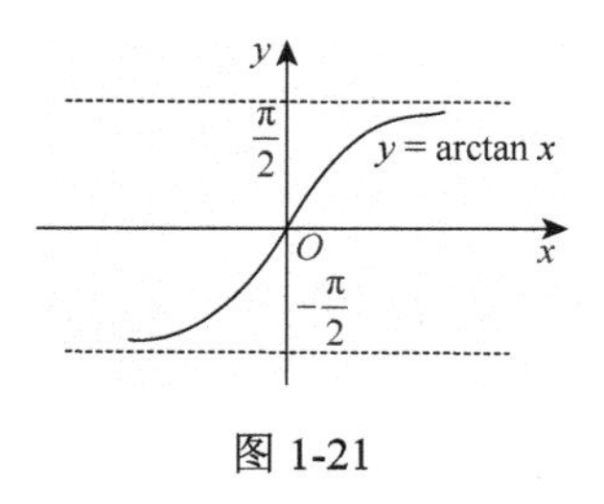

图 1-21

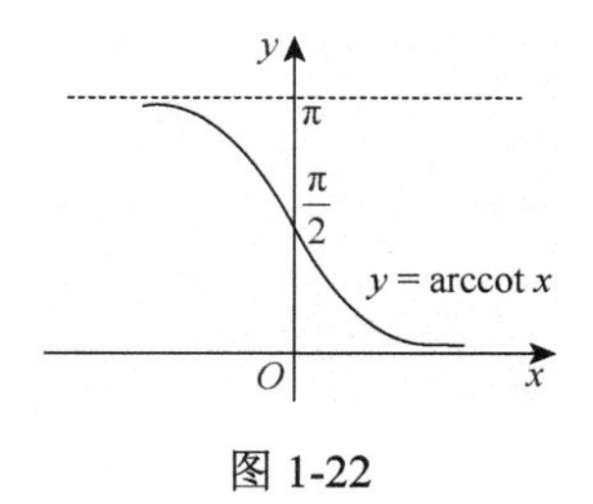

图 1-22

至于正割函数与余割函数的反函数无需专门定义，因二者可用反正弦、反余弦函数表示.

五、复合函数

定义 1.9　设函数 $y=f(u)$ 的定义域为 D_f，而函数 $u=g(x)$ 的值域为 R_g，若 $R_g\cap D_f\neq\varnothing$，则称函数 $y=f[g(x)]$ 是由 $u=g(x)$ 和 $y=f(u)$ 构成的**复合函数**，其中 x 为**自变量**，u 为**中间变量**，y 为**因变量**.

由复合函数的定义可知，不是任何两个函数都能复合成一个复合函数. 例如，函数

$$y=f(u)=\ln(u-2),\quad D_f=(2,+\infty),$$

$$u=g(x)=\cos^2 x,\quad R_g=[0,1],$$

由于 $R_g\cap D_f=\varnothing$，故这两个函数不能复合.

例 8　设 $y=f(u)=\sqrt{u-1}$，$u=g(x)=\lg(1+x^2)$，求 $y=f[g(x)]$ 及其定义域.

解　由于 $D_f=[1,+\infty)$，$R_g=[0,+\infty)$，$D_f\cap R_g\neq\varnothing$，所以

$$y=f[g(x)]=\sqrt{\lg(1+x^2)-1},$$

而 $y=f[g(x)]$ 的定义域为 $D=\{x\mid\lg(1+x^2)\geqslant 1\}=\{x\mid x\leqslant -3\text{或}x\geqslant 3\}$.

类似地，可以考虑三个及三个以上函数的复合函数.

例 9　设 $y=2^u$，$u=\ln v$，$v=\arccos t$，$t=\dfrac{1}{x}$，试将 y 表示为 x 的函数.

解　将上述各函数按顺序复合，得

$$y=2^{\ln\arccos\frac{1}{x}},\quad x\in(-\infty,-1]\cup(1,+\infty).$$

例 10　将下列函数分解成基本初等函数的复合.

(1) $y=\sqrt{\ln\cos x^2}$；　　(2) $y=\mathrm{e}^{\arcsin^2 x}$.

解　(1) 所给函数是由 $y=\sqrt{u}$，$u=\ln v$，$v=\cos t$，$t=x^2$ 四个函数复合而成的.

(2) 所给函数是由 $y=\mathrm{e}^u$，$u=v^2$，$v=\arcsin x$ 三个函数复合而成的.

例 11　设 $f(x)=\dfrac{1-x}{1+x}$，求 $f[1+f(x)]$.

解 $f[1+f(x)]=\frac{1-[1+f(x)]}{1+[1+f(x)]}=\frac{-f(x)}{2+f(x)}=\frac{-\frac{1-x}{1+x}}{2+\frac{1-x}{1+x}}=\frac{x-1}{x+3}$.

六、初等函数

由常数和基本初等函数经过有限次四则运算和有限次复合运算而得到的函数统称为**初等函数**. 例如

(1) 整式函数 $P_n(x)=a_0x^n+a_1x^{n-1}+\cdots+a_{n-1}x+a_n(a_0\neq 0)$.

(2) 分式函数 $y=\frac{Q_m(x)}{P_n(x)}$ (其中 $Q_m(x)$ 为 m 次整式, $P_n(x)$ 为 n 次整式, 且 $P_n(x)\neq 0$).

(3) 幂指函数 $y=f(x)^{g(x)}$ (其中$f(x), g(x)$ 都是初等函数, 且 $f(x)>0$), 因为 $y=f(x)^{g(x)}=\mathrm{e}^{g(x)\ln f(x)}$.

初等函数的基本特征是在函数有定义的区间内, 它的图形是不间断的. 如前面介绍的符号函数 $y=\operatorname{sgn} x$、取整函数 $y=[x]$ 等分段函数都不是初等函数. 但是, 由于分段函数在其定义域内的各个子区间上的解析式都由初等函数表示, 故可通过初等函数来研究它们.

1.2 极 限

极限是研究变量的变化趋势的基本工具, 是微积分学中的基本概念之一, 微积分中的许多概念, 如连续、导数、定积分、无穷级数等都是建立在极限的基础上. 而极限方法也是研究函数的一种最基本的方法. 本节介绍极限的概念和性质.

一、数列的极限

1. 数列的定义

按一定次序排列的无穷多个数 $x_1, x_2, \cdots, x_n, \cdots$ 称为**数列**, 记为 $\{x_n\}$, 数列中的每一个数称为数列的**项**. x_n 称为数列的**通项**. 数列也可以看成是定义在正整数集上的一个函数 $x_n=f(n)$, 当自变量 n 依次取 1, 2, 3, $\cdots$ 时, 对应的函数值就排成数列 $\{x_n\}$.

例如, 下面的数列:

(1) $\left\{1+\frac{1}{n}\right\}$: $2,\frac{3}{2},\frac{4}{3},\frac{5}{4},\cdots$;

(2) $\{2n\}$: $2,4,6,8,\cdots$;

(3) $\left\{\frac{1+(-1)^n}{2}\right\}$: $0,1,0,1,\cdots$.

2. 数列极限的定义

由上面例子发现, 随着 n 逐渐增大, 数列的变化趋势各有不同.

对于数列(1)，当$n\to\infty$时，数列的值无限接近于1；

对于数列(2)，当$n\to\infty$时，数列的值无限增大而不接近于某个确定常数；

对于数列(3)，当n为奇数时，取值为 0，当n为偶数时，取值为 1，所以当$n\to\infty$时，数列的值也不接近于某个确定的常数.

由上面的分析，我们给出数列极限的描述性定义

定义 1.10　设数列$\{x_n\}$，当n无限增大时，若x_n无限接近于某个确定的常数a，则称**数列$\{x_n\}$收敛于**a，或称a为**数列$\{x_n\}$的极限**，记为

$$\lim_{n\to\infty} x_n = a \text{或} x_n \to a(n\to\infty).$$

如果这样的常数a不存在，则称数列$\{x_n\}$**发散**，或$\lim\limits_{n\to\infty} x_n$**不存在**.

在上述定义中，下标n与数列$\{x_n\}$的变化趋势均借助了“无限”这样一个带有直观模糊性的形容词，这在数学中是不可靠的，下面我们以数列(1)$\left\{1+\dfrac{1}{n}\right\}$为例进行分析.

在这个数列中

$$x_n = 1+\frac{1}{n}.$$

随着n越来越大，$\dfrac{1}{n}$越来越小，x_n越来越接近 1，即$|x_n-1|$越来越小.

例如，给定$\dfrac{1}{100}$，欲使$\dfrac{1}{n}<\dfrac{1}{100}$，只要$n>100$，即从第 101 项起，所有的项都能使不等式

$$|x_n-1|<\frac{1}{100}$$

成立. 同样地，如果给定$\dfrac{1}{10000}$，则从第 10001 项起，都能使不等式$|x_n-1|<\dfrac{1}{10000}$成立.

一般地，不论给定的正数ε多么小，总存在着一个正整数N，使得$n>N$时，不等式$|x_n-a|<\varepsilon$都成立，这就是数列$\left\{1+\dfrac{1}{n}\right\}$当$n\to\infty$时无限接近1的实质. 由此，我们得到数列极限的精确定义.

定义 1.11　设数列$\{x_n\}$与常数a，若对于任意给定的正数ε(不论它多么小)，总存在正整数N，使得对于$n>N$时的一切x_n，不等式

$$|x_n-a|<\varepsilon$$

都成立，则称a为**数列$\{x_n\}$的极限**，记为

$$\lim_{n\to\infty} x_n = a \text{或} x_n \to a(n\to\infty).$$

如果这样的常数a不存在，则称数列$\{x_n\}$**发散**，或$\lim\limits_{n\to\infty} x_n$**不存在**.

定义 1.11 的几何意义：对于任意给定的$\varepsilon>0$，当$n>N$时，所有的点x_n都落在开区间$(a-\varepsilon,a+\varepsilon)$内，而至多只有$N$个点在这个区间以外(图 1-23).

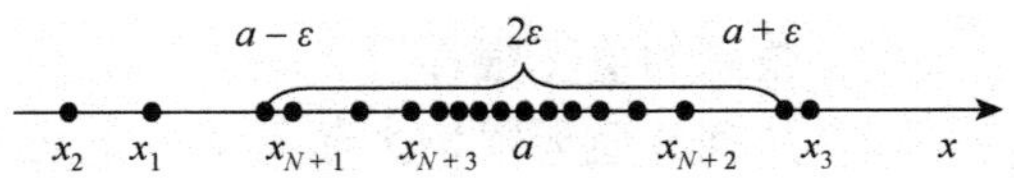

图 1-23

数列极限的定义并未给出求极限的方法, 只给了论证数列 $\{x_n\}$ 的极限为 a 的方法, 常称为 **ε-N 论证法**, 其论证步骤为:

(1) 对于任意给定的正数 ε;

(2) 由 $|x_n - a| < \varepsilon$ 开始倒推分析, 推出 $n > \varphi(\varepsilon)$;

(3) 取 $N \geqslant [\varphi(\varepsilon)]$, 再用 ε-N 语言叙述结论.

例 1　用数列极限定义证明 $\lim\limits_{n\to\infty}\dfrac{n+(-1)^{n+1}}{n}=1$.

解　对任意给定的正数 ε, 由

$$|x_n - 1| = \left|\frac{n+(-1)^{n+1}}{n} - 1\right| = \frac{1}{n},$$

要使 $|x_n - 1| < \varepsilon$, 只要 $\dfrac{1}{n} < \varepsilon$, 即 $n > \dfrac{1}{\varepsilon}$, 取 $N = \left[\dfrac{1}{\varepsilon}\right]$, 则对任意给定的 $\varepsilon > 0$, 当 $n > N$ 时, 就有 $\left|\dfrac{n+(-1)^{n+1}}{n} - 1\right| < \varepsilon$, 即 $\lim\limits_{n\to\infty}\dfrac{n+(-1)^{n+1}}{n}=1$.

二、函数极限的定义

数列可以看作是一类特殊的函数, 仿照数列极限的定义, 可以给出函数极限的定义. 考虑到函数定义域的多种形式, 自变量 x 的变化形式也有多种, 进而函数的极限就有不同的表现形式. 这里分两种情况来讨论.

1. 自变量趋于无穷大时函数的极限

定义 1.12　设当 $|x|$ 大于某一正数时函数 $f(x)$ 有定义. 当 x 沿数轴趋于无穷大时, $f(x)$ 无限趋于某个确定的常数 A, 则称当 $x\to\infty$ 时, $f(x)$ **收敛于** A, 或称 A **为** $f(x)$ **当** $x\to\infty$ **时的极限**, 记作

$$\lim_{x\to\infty} f(x) = A \text{或} f(x)\to A(x\to\infty).$$

根据 $x\to\infty$ 时 $f(x)\to A$ 的直观分析可知, 当 $|x|$ 充分大时, $|f(x)-A|$ 可以任意小, 由此可得如下定义:

定义 1.13　设当 $|x|$ 大于某一正数时函数 $f(x)$ 有定义. 如果对于任意给定的 $\varepsilon > 0$, 总存在 $X > 0$, 使得对于满足 $|x| > X$ 的一切 x, 不等式

$$|f(x) - A| < \varepsilon$$

都成立, 则称 A **为** $f(x)$ **当** $x\to\infty$ **时的极限**, 记作

$$\lim_{x\to\infty} f(x) = A \text{或} f(x)\to A(x\to\infty).$$

定义 1.13 的几何意义是: 对任意给定的正数 ε, 总存在正数 X, 只要自变量 x 进入区

域之内，曲线 $f(x)$ 上的点必落在水平直线 $y=A-\varepsilon$ 和 $y=A+\varepsilon$ 之间的带形区域之内．这时，直线 $y=A$ 称为函数 $y=f(x)$ 的图形的**水平渐近线**．如图 1-24 所示．

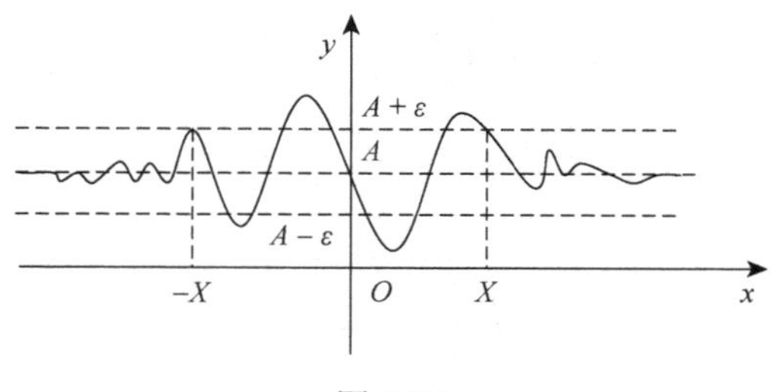

图 1-24

如果 $x>0$ 且无限增大(记作 $x\to+\infty$)，那么只须把定义 1.13 中的 $|x|>X$ 改为 $x>X$，就得到 $\lim\limits_{x\to+\infty}f(x)=A$ 的定义．同样，如果 $x<0$ 且无限增大(记作 $x\to-\infty$)，则把 $|x|>X$ 改为 $x<-X$，就得到 $\lim\limits_{x\to-\infty}f(x)=A$ 的定义．

极限 $\lim\limits_{x\to+\infty}f(x)=A$ 和 $\lim\limits_{x\to-\infty}f(x)=A$ 称为**单侧极限**．

从定义出发，容易证明下列定理：

定理 1.1　$\lim\limits_{x\to\infty}f(x)=A$ 的充分必要条件为 $\lim\limits_{x\to+\infty}f(x)=\lim\limits_{x\to-\infty}f(x)=A$．

例 2　讨论 $\lim\limits_{x\to\infty}\mathrm{e}^x$ 的存在性．

解　易知 $\lim\limits_{x\to-\infty}\mathrm{e}^x=0$，但是 $\lim\limits_{x\to+\infty}\mathrm{e}^x$ 不存在(因为当 $x\to+\infty$ 时 e^x 无限增大)，故 $\lim\limits_{x\to+\infty}\mathrm{e}^x$ 不存在．

2. 自变量趋于有限值时函数的极限

定义 1.14　设函数 $f(x)$ 在点 x_0 的某去心邻域内有定义．当 x 从 x_0 的左侧和右侧趋于 x_0 时，$f(x)$ 无限趋于某个确定的常数 A，则称**当 $x\to x_0$ 时，$f(x)$ 收敛于 A**，或称 **A 为 $f(x)$ 当 $x\to x_0$ 时的极限**，记作

$$\lim_{x\to x_0}f(x)=A\text{或}f(x)\to A(x\to x_0).$$

当 $x\to x_0$ 时，对应函数值 $f(x)$ 无限接近 A，可用 $|f(x)-A|<\varepsilon$ (这里 ε 是任意给定的正数)来表达，又因为不等式是在 $x\to x_0$ 这个过程中实现的，所以对于任意给定的 ε，只要求自变量 x 充分接近 x_0 的那些函数值 $f(x)$ 满足不等式 $|f(x)-A|<\varepsilon$ 即可，而充分接近 x_0 的 x 可表达为

$$0<|x-x_0|<\delta\quad\text{(这里 }\delta\text{ 为某个正数)}.$$

由此可得如下定义：

定义 1.15　设函数 $f(x)$ 在点 x_0 的某去心邻域内有定义．若对任意给定的正数 ε，总存在正数 δ，使得对于满足不等式 $0<|x-x_0|<\delta$ 的一切 x，恒有 $|f(x)-A|<\varepsilon$，则称**当 $x\to x_0$ 时，$f(x)$ 收敛于 A**，或称 **A 为 $f(x)$ 当 $x\to x_0$ 时的极限**，记作

$$\lim_{x\to x_0}f(x)=A\text{或}f(x)\to A(x\to x_0).$$

定义 1.15 的几何意义是：对任意给定的正数ε，总存在正数δ，只要自变量x进入点x_0的去心邻域之内，曲线$f(x)$上的点必落在水平直线$y=A-\varepsilon$和$y=A+\varepsilon$之间的带形区域之内，如图 1-25 所示.

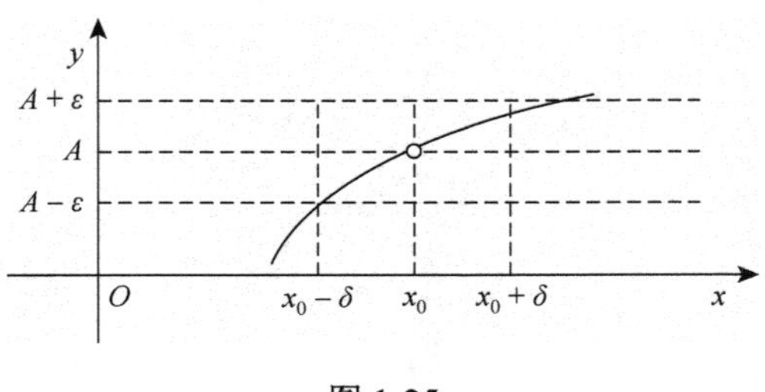

图 1-25

有时根据需要，x沿数轴只从x_0的左侧(或右侧)趋于x_0，如$f(x)=\sqrt{1-x}$，在$x=1$处，只能讨论从$x=1$的左侧趋于 1 的情形，而$f(x)=\ln x$，在$x=0$处，只能讨论从$x=0$的右侧趋于 0 的情形，所以，我们有：

当自变量x从x_0的左侧(或右侧)趋于x_0时，如果函数$f(x)$趋于常数A，则称A为$f(x)$在点x_0时的**左极限**(或**右极限**)，记为

$$\lim_{x\to x_0^-}f(x)=A\quad\left(\text{或}\lim_{x\to x_0^+}f(x)=A\right),$$

有时也简记为

$$f(x_0-0)=A\quad(\text{或}f(x_0+0)=A).$$

根据左、右极限的定义，有下面结论：

定理 1.2　$\lim\limits_{x\to x_0}f(x)=A$的充分必要条件是

$$\lim_{x\to x_0^-}f(x)=\lim_{x\to x_0^+}f(x)=A.$$

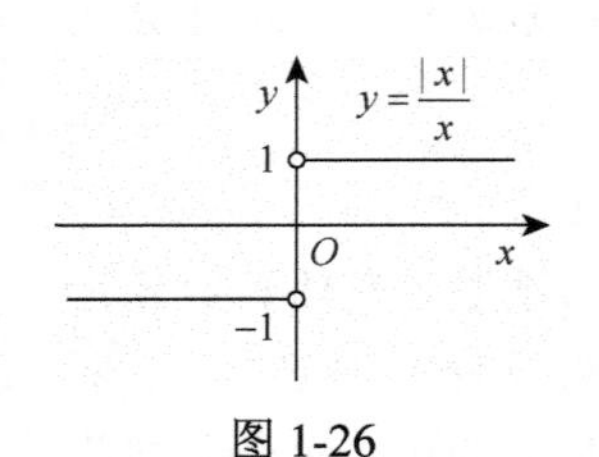

图 1-26

此定理经常用来考查分段函数在分段点处极限是否存在的问题.

例 3　讨论当$x\to 0$时，$f(x)=\dfrac{|x|}{x}$的极限.

解　$f(x)=\dfrac{|x|}{x}=\begin{cases}1, & x>0,\\ -1, & x<0,\end{cases}$如图 1-26. 因为

$$\lim_{x\to 0^-}f(x)=\lim_{x\to 0^-}(-1)=-1,\quad \lim_{x\to 0^+}f(x)=\lim_{x\to 0^+}1=1,$$

左、右极限都存在但不相等，由定理 1.2 可知$\lim\limits_{x\to 0}f(x)$不存在.

例 4　设$f(x)=\begin{cases}\mathrm{e}^{-\frac{1}{(x-1)^2}}, & x<1,\\ 2-ax, & x\geqslant 1,\end{cases}$求

(1) $f(1+0)$，$f(1-0)$；(2) 当a为何值时$\lim\limits_{x\to 1}f(x)$存在.

解　(1) 由定义可知

$$f(1+0)=\lim_{x\to1^+}f(x)=\lim_{x\to1^+}(2-ax)=2-a;$$

$$f(1-0)=\lim_{x\to1^-}f(x)=\lim_{x\to1^-}\mathrm{e}^{-\frac{1}{(x-1)^2}}=0.$$

(2) 由定理可知 $\lim\limits_{x\to1}f(x)$ 存在的充要条件为 $f(1+0)=f(1-0)$，即 $2-a=0$，得 $a=2$.

三、极限的性质

性质 1 (唯一性)　若极限存在，则极限值唯一.

性质 2 (有界性)　有极限的数列必有界.

性质 3 (局部有界性)　若 $\lim\limits_{x\to x_0}f(x)$ 存在，则 $f(x)$ 在 x_0 的某去心邻域内有界.

性质 4 (保号性)　若 $\lim\limits_{n\to\infty}x_n=a$，且 $a>0$ (或$a<0$)，则存在正整数 N，当 $n>N$ 时，有 $x_n>0$(或$x_n<0$).

性质 5 (局部保号性)　若 $\lim\limits_{x\to x_0}f(x)=A$，且 $A>0$ (或$A<0$)，则在 x_0 的某去心邻域内有 $f(x)>0$(或$f(x)<0$).

1.3　无穷小与无穷大

一、无穷小

1. 无穷小的概念

定义 1.16　如果函数 $f(x)$ 当 $x\to x_0$(或$x\to\infty$) 时的极限为零，则称函数 $f(x)$ 为 $x\to x_0$(或$x\to\infty$) 时的**无穷小**.

例如 $y=\sin x$ 是当 $x\to0$ 时的无穷小，这是因为 $\lim\limits_{x\to0}\sin x=0$；再如 $y=\dfrac{1}{x}$ 是当 $x\to\infty$时的无穷小，因为 $\lim\limits_{x\to\infty}\dfrac{1}{x}=0$.

注意　(1) 无穷小是变量，不能与很小的数混淆. 但零可以作为无穷小的唯一常数.

(2) 在说明无穷小时必须要指明自变量的变化过程. 例如当 $x\to1$ 时，函数 $y=\dfrac{1}{x}$ 就不是无穷小.

下面的定理指出了函数极限与无穷小之间的关系，这种关系在今后的讨论中常会用到.

定理 1.3　$\lim\limits_{x\to x_0}f(x)=A$(或$\lim\limits_{x\to\infty}f(x)=A$) 充分必要条件是 $f(x)=A+\alpha$，其中 α 是当 $x\to x_0$(或$x\to\infty$) 时的无穷小.

这个定理说明：“$f(x)$ 以 A 为极限”与“$f(x)$ 与 A 之差是无穷小”是两个等价的说法.

2. 无穷小的性质

性质 1 有限个无穷小的代数和仍是无穷小.

注意　无穷多个无穷小的代数和未必是无穷小.

例如，当 $n\to\infty$ 时，$\dfrac{1}{n}$ 是无穷小，但 $\lim\limits_{n\to\infty}\underbrace{\left(\dfrac{1}{n}+\dfrac{1}{n}+\cdots+\dfrac{1}{n}\right)}_{n}=1$，不是无穷小.

性质 2　有限个无穷小的乘积仍是无穷小.

性质 3　有界函数与无穷小的乘积是无穷小.

例 1　求极限 $\lim\limits_{x\to 0}x\sin\dfrac{1}{x}$.

解　因为 $x\neq 0$ 时，有 $\left|\sin\dfrac{1}{x}\right|\leqslant 1$，是有界函数；又因为 $x\to 0$ 时，x 是无穷小. 于是，由性质 3 可知

$$\lim_{x\to 0}x\sin\frac{1}{x}=0.$$

二、无穷大

在函数极限不存在的情形中，有一种情形应注意，例如，当 $x\to 0$ 时，函数 $y=\dfrac{1}{x^3}$ 的绝对值无限增大.

定义 1.17　如果当 $x\to x_0$(或$x\to\infty$)时，对应的函数值的绝对值 $|f(x)|$ 无限增大，则称函数 $f(x)$ 为 $x\to x_0$(或$x\to\infty$)时的**无穷大**.

例如 $y=\ln x$ 是当 $x\to+\infty$ 时的无穷大，而 $y=\dfrac{1}{x}$ 是当 $x\to 0$ 的无穷大.

注意　(1)无穷大是变量，不能与很大的数混淆.

(2)同无穷小一样，无穷大也是相对于自变量的某一变化过程而言的.

(3)当 $x\to x_0$(或$x\to\infty$)时的无穷大函数 $f(x)$，按函数极限的定义来说，极限是不存在的. 但为了便于叙述函数的这一性态，我们也说“函数的极限是无穷大”，并记作

$$\lim_{x\to x_0}f(x)=\infty\quad\left(\text{或}\lim_{x\to\infty}f(x)=\infty\right).$$

一般地，如果 $\lim\limits_{x\to x_0}f(x)=\infty$，则称直线 $x=x_0$ 为函数 $y=f(x)$ 的图形的**铅直渐近线.**

三、无穷小与无穷大的关系

定理 1.4　在自变量的同一变化过程中，

(1)若 $f(x)$ 是无穷大，则 $\dfrac{1}{f(x)}$ 为无穷小；

(2)若 $f(x)$ 是无穷小，且 $f(x)\neq 0$，则 $\dfrac{1}{f(x)}$ 为无穷大.

利用这个定理，我们可以将无穷大的问题归结为无穷小的问题进行讨论.

例 2　求极限 $\lim\limits_{x\to\infty}\dfrac{x^3}{x^2+5}$.

解　因为

$$\lim_{x\to\infty}\frac{x^2+5}{x^3}=\lim_{x\to\infty}\left(\frac{1}{x}+\frac{5}{x^3}\right)=0,$$

于是，根据定理 1.4 有

$$\lim_{x\to\infty}\frac{x^3}{x^2+5}=\infty.$$

1.4　极限的计算

一、利用极限的四则运算法则

定理 1.5　若 $\lim\limits_{x\to x_0}f(x)=A$，$\lim\limits_{x\to x_0}g(x)=B$，则

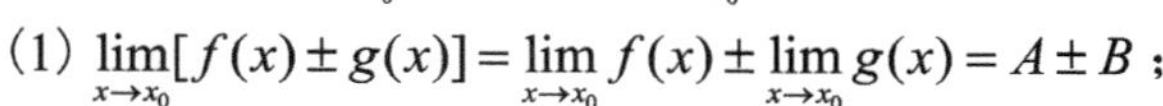

(1) $\lim\limits_{x\to x_0}[f(x)\pm g(x)]=\lim\limits_{x\to x_0}f(x)\pm\lim\limits_{x\to x_0}g(x)=A\pm B$；

(2) $\lim\limits_{x\to x_0}[f(x)\cdot g(x)]=\lim\limits_{x\to x_0}f(x)\cdot\lim\limits_{x\to x_0}g(x)=AB$；

(3) $\lim\limits_{x\to x_0}\dfrac{f(x)}{g(x)}=\dfrac{\lim\limits_{x\to x_0}f(x)}{\lim\limits_{x\to x_0}g(x)}=\dfrac{A}{B}$ ($B\neq 0$).

注意　对于 $x\to\infty$ 等其他函数极限的情形，定理 1.5 仍成立.

定理中的(1)、(2)可推广到有限个函数的情形. 运用定理 1.5 进行极限计算的前提是运算的各个变量的极限必须存在，并且在除法运算中，还要求分母的极限不为零.

例 1　求 $\lim\limits_{x\to 1}(x^2-3x+4)$.

解　$\lim\limits_{x\to 1}(x^2-3x+4)=\lim\limits_{x\to 1}x^2-\lim\limits_{x\to 1}3x+\lim\limits_{x\to 1}4=1-3+4=2$.

例 2　求 $\lim\limits_{x\to 1}\dfrac{x-3}{x^2-4x+7}$.

解　因为 $x\to 1$ 时，$x^2-4x+7\to 4\neq 0$，所以

$$\lim_{x\to 1}\frac{x-3}{x^2-4x+7}=\frac{\lim\limits_{x\to 1}(x-3)}{\lim\limits_{x\to 1}(x^2-4x+7)}=\frac{-2}{4}=-\frac{1}{2}.$$

例 3　求 $\lim\limits_{x\to 2}\dfrac{x-2}{x^2-4}$.

解　因为 $x\to 2$ 时，$x^2-4\to 0$，不能直接用商的极限运算法则，但可以通过约分化简，再利用定理 1.5 求极限值，故

$$\lim_{x\to 2}\frac{x-2}{x^2-4}=\lim_{x\to 2}\frac{x-2}{(x-2)(x+2)}=\lim_{x\to 2}\frac{1}{x+2}=\frac{1}{4}.$$

例 4　求 $\lim\limits_{x\to -2}\left(\dfrac{1}{x+2}-\dfrac{12}{x^3+8}\right)$.

解 当$x \to -2$时，$\frac{1}{x+2} \to \infty$，$\frac{12}{x^3+8} \to \infty$，不满足定理 1.5 的条件，所以先通分得

$$\lim_{x \to -2}\left(\frac{1}{x+2}-\frac{12}{x^3+8}\right)=\lim_{x \to -2}\frac{x^2-2x+4-12}{x^3+8}$$

$$=\lim_{x \to -2}\frac{(x+2)(x-4)}{(x+2)(x^2-2x+4)}=\lim_{x \to -2}\frac{x-4}{x^2-2x+4}=-\frac{1}{2}.$$

例 5 求$\lim\limits_{x \to 0}\frac{\sqrt{x+1}-1}{x}$.

解 当$x \to 0$时，不能直接利用商的极限运算法则，但这里可通过分子有理化转化为

$$\lim_{x \to 0}\frac{\sqrt{x+1}-1}{x}=\lim_{x \to 0}\frac{(\sqrt{x+1}-1)(\sqrt{x+1}+1)}{x(\sqrt{x+1}+1)}=\lim_{x \to 0}\frac{x+1-1}{x(\sqrt{x+1}+1)}=\lim_{x \to 0}\frac{1}{\sqrt{x+1}+1}=\frac{1}{2}.$$

例 6 求$\lim\limits_{x \to \infty}\frac{2x^3+3x^2+5}{7x^3+4x^2-1}$.

解 当$x \to \infty$时，分子和分母都趋于无穷大，不能直接利用商的极限运算法则. 因为分子分母的最高次幂是x^3，所以分子、分母分别除以x^3，得

$$\lim_{n \to \infty}\frac{2x^3+3x^2+5}{7x^3+4x^2-1}=\lim_{n \to \infty}\frac{2+\frac{3}{x}+\frac{5}{x^3}}{7+\frac{4}{x}-\frac{1}{x^3}}=\frac{2}{7}.$$

例 7 求$\lim\limits_{x \to \infty}\frac{x^3-3x+2}{x^4-x^2+3}$.

解 当$x \to \infty$时，分子和分母都趋于无穷大，因分子、分母的最高次幂是x^4，故

$$\lim_{x \to \infty}\frac{x^3-3x+2}{x^4-x^2+3}=\lim_{x \to \infty}\frac{\frac{1}{x}-\frac{3}{x^3}+\frac{2}{x^4}}{1-\frac{1}{x^2}+\frac{3}{x^4}}=0.$$

例 8 求$\lim\limits_{x \to \infty}\frac{x^4-x^2+3}{x^3-3x+2}$.

解 应用例 7 结果，并根据无穷大与无穷小的关系，得

$$\lim_{x \to \infty}\frac{x^4-x^2+3}{x^3-3x+2}=\infty,$$

由例 6、例 7、例 8 可以归纳：一般地，当$a_0 \neq 0$，$b_0 \neq 0$，m，n为非负整数时，

$$\lim_{x \to \infty}\frac{a_0x^m+a_1x^{m-1}+\cdots+a_m}{b_0x^n+b_1x^{n-1}+\cdots+b_n}=\begin{cases}0, & n>m,\\ \frac{a_0}{b_0}, & n=m,\\ \infty, & n<m.\end{cases}$$

通过上述例题可以看出：可以直接用法则求出的极限是易于计算的，不能直接用法则求的极限通常称为未定式问题. 这类未定式问题的极限是否存在，如果存在，极限值是多少，不能一概而论. 一般要先变形，如因式分解、通分、分子或分母有理化、分子和分母同除以某因子等，再用极限法则计算.

二、利用极限的复合运算法则

定理 1.6（变量替换法则）　设函数 $y=f[g(x)]$ 是由函数 $y=f(u)$ 与函数 $u=g(x)$ 复合而成，$f[g(x)]$ 在点 x_0 的某去心邻域内有定义，且 $g(x)\neq u_0$，若

$$\lim_{x\to x_0} g(x)=u_0,\quad \lim_{u\to u_0} f(u)=A,$$

则

$$\lim_{x\to x_0} f[g(x)]=\lim_{u\to u_0} f(u)=A.$$

该定理说明，若函数 $f(u)$ 和 $g(x)$ 满足条件，则作代换函数 $u=g(x)$，可把求 $\lim\limits_{x\to x_0} f[g(x)]$ 化为求 $\lim\limits_{u\to u_0} f(u)$，其中 $u_0=\lim\limits_{x\to x_0} g(x)$.

例 9　求 $\lim\limits_{x\to 1}\dfrac{\sqrt[3]{x}-1}{\sqrt{x}-1}$.

解　作变量代换，令 $u=x^{\frac{1}{3}\cdot\frac{1}{2}}=x^{\frac{1}{6}}$，则 $\sqrt{x}=u^3$，$\sqrt[3]{x}=u^2$，

当 $x\to 1$ 时，$u=x^{\frac{1}{6}}\to 1$，故

$$\lim_{x\to 1}\frac{\sqrt[3]{x}-1}{\sqrt{x}-1}=\lim_{u\to 1}\frac{u^2-1}{u^3-1}=\lim_{u\to 1}\frac{(u-1)(u+1)}{(u-1)(u^2+u+1)}=\lim_{u\to 1}\frac{u+1}{u^2+u+1}=\frac{2}{3}.$$

三、利用极限的存在性准则

准则 I　设在 x_0 的某去心邻域内，恒有

$$g(x)\leqslant f(x)\leqslant h(x),$$

且 $\lim\limits_{x\to x_0} g(x)=\lim\limits_{x\to x_0} h(x)=A$，则极限 $\lim\limits_{x\to x_0} f(x)=A$.

这个准则也称为**夹逼定理**.

注意　(1) 对于 $x\to\infty$ 等其他函数极限的情形，也有类似的结果；

(2) 数列的夹逼定理叙述为：如果存在正整数 N，使得当 $n\geqslant N$ 时恒有 $y_n\leqslant x_n\leqslant z_n$ 且 $\lim\limits_{n\to\infty} y_n=\lim\limits_{n\to\infty} z_n=a$，则有 $\lim\limits_{n\to\infty} x_n=a$.

例 10　求 $\lim\limits_{n\to\infty}\left(\dfrac{1}{\sqrt{n^2+1}}+\dfrac{1}{\sqrt{n^2+2}}+\cdots+\dfrac{1}{\sqrt{n^2+n}}\right)$.

解　设 $x_n=\dfrac{1}{\sqrt{n^2+1}}+\dfrac{1}{\sqrt{n^2+2}}+\cdots+\dfrac{1}{\sqrt{n^2+n}}$，因 $\dfrac{n}{\sqrt{n^2+n}}\leqslant x_n\leqslant\dfrac{n}{\sqrt{n^2+1}}$，又

$$\lim_{n\to\infty}\frac{n}{\sqrt{n^2+n}}=\lim_{n\to\infty}\frac{1}{\sqrt{\frac{1}{n}+1}}=1,\quad \lim_{n\to\infty}\frac{n}{\sqrt{n^2+1}}=\lim_{n\to\infty}\frac{1}{\sqrt{1+\frac{1}{n^2}}}=1,$$

由夹逼准则得 $\lim\limits_{n\to\infty} x_n=\lim\limits_{n\to\infty}\left(\dfrac{1}{\sqrt{n^2+1}}+\dfrac{1}{\sqrt{n^2+2}}+\cdots+\dfrac{1}{\sqrt{n^2+n}}\right)=1.$

准则 II　单调有界数列必有极限.

该定理也可叙述为单调增加有上界(或单调减少有下界)的数列必有极限.

例 11　设有数列 $x_1=\sqrt{3}$，$x_2=\sqrt{3+x_1}$，…，$x_n=\sqrt{3+x_{n-1}}$，…. 求 $\lim\limits_{n\to\infty}x_n$.

解　显然 $x_n>x_{n-1}$，故 $\{x_n\}$ 是单调增加的. 下面用数学归纳法证明数列 $\{x_n\}$ 有界.

因为 $x_1=\sqrt{3}<3$，假定 $x_k<3$，则有

$$x_{k+1}=\sqrt{3+x_k}<\sqrt{3+3}<3,$$

故 $\{x_n\}$ 有界. 根据准则Ⅱ，$\lim\limits_{n\to\infty}x_n$ 存在.

设 $\lim\limits_{n\to\infty}x_n=A$，由 $x_n=\sqrt{3+x_{n-1}}$，即 ${x_n}^2=3+x_{n-1}$，所以 $\lim\limits_{n\to\infty}x_n^2=\lim\limits_{n\to\infty}(3+x_{n-1})$，即 $A^2=3+A$，解得 $A=\dfrac{1\pm\sqrt{13}}{2}$，又因为 $A>0$，所以 $\lim\limits_{n\to\infty}x_n=\dfrac{1+\sqrt{13}}{2}$.

四、利用两个重要极限

1. 重要极限 $\lim\limits_{x\to 0}\dfrac{\sin x}{x}=1$

例 12　求 $\lim\limits_{x\to 0}\dfrac{\tan x}{x}$.

解　$\lim\limits_{x\to 0}\dfrac{\tan x}{x}=\lim\limits_{x\to 0}\left(\dfrac{\sin x}{x}\cdot\dfrac{1}{\cos x}\right)=\lim\limits_{x\to 0}\dfrac{\sin x}{x}\cdot\lim\limits_{x\to 0}\dfrac{1}{\cos x}=1$.

例 13　求 $\lim\limits_{n\to\infty}\left(1+\dfrac{1}{n}\right)^{n+3}$.

解　$\lim\limits_{n\to\infty}\left(1+\dfrac{1}{n}\right)^{n+3}=\lim\limits_{n\to\infty}\left[\left(1+\dfrac{1}{n}\right)^{n}\cdot\left(1+\dfrac{1}{n}\right)^{3}\right]=\lim\limits_{n\to\infty}\left(1+\dfrac{1}{n}\right)^{n}\cdot\lim\limits_{n\to\infty}\left(1+\dfrac{1}{n}\right)^{3}=\mathrm{e}\cdot 1=\mathrm{e}.$

例 14　求 $\lim\limits_{x\to 0}\dfrac{1-\cos x}{x^2}$.

解　$\lim\limits_{x\to 0}\dfrac{1-\cos x}{x^2}=\lim\limits_{x\to 0}\dfrac{2\sin^2\frac{x}{2}}{x^2}=\lim\limits_{x\to 0}\dfrac{2\sin^2\frac{x}{2}}{4\cdot\left(\frac{x}{2}\right)^2}=\dfrac{1}{2}\lim\limits_{x\to 0}\left(\dfrac{\sin\frac{x}{2}}{\frac{x}{2}}\right)^2=\dfrac{1}{2}\left(\lim\limits_{x\to 0}\dfrac{\sin\frac{x}{2}}{\frac{x}{2}}\right)^2=\dfrac{1}{2}.$

2. 重要极限 $\lim\limits_{x\to\infty}\left(1+\dfrac{1}{x}\right)^{x}=\mathrm{e}$

该结论还有另一种变形，若令 $t=\dfrac{1}{x}$，则 $x\to\infty$ 时，$t\to 0$ 于是有

$$\lim_{t\to 0}(1+t)^{\frac{1}{t}}=\lim_{x\to\infty}\left(1+\frac{1}{x}\right)^{x}=\mathrm{e}.$$

例 15　求 $\lim\limits_{x\to\infty}x\cdot\sin\dfrac{1}{x}$.

解　$\lim\limits_{x\to\infty}x\cdot\sin\dfrac{1}{x}=\lim\limits_{\frac{1}{x}\to 0}\dfrac{\sin\frac{1}{x}}{\frac{1}{x}}=1$.

此题是将$\frac{1}{x}$看成整体，当$x\to\infty$时，$\frac{1}{x}\to 0$，符合重要极限的形式.

例 16　求$\lim\limits_{x\to 0}(1-2x)^{\frac{1}{x}}$.

解　$\lim\limits_{x\to 0}(1-2x)^{\frac{1}{x}}=\lim\limits_{x\to 0}\left[(1-2x)^{-\frac{1}{2x}}\right]^{-2}=\mathrm{e}^{-2}$.

此处是将$-2x$看成整体，利用变形后的重要极限的结论得出结果.

例 17　求$\lim\limits_{x\to\infty}\left(\frac{x}{x+1}\right)^{2x}$.

解　$\lim\limits_{x\to\infty}\left(\frac{x}{x+1}\right)^{2x}=\lim\limits_{x\to\infty}\left[\left(\frac{x+1}{x}\right)^{x}\right]^{-2}=\lim\limits_{x\to\infty}\left[\left(1+\frac{1}{x}\right)^{x}\right]^{-2}=\mathrm{e}^{-2}$.

五、利用无穷小的比较和等价代换

由 1.3 节可知，两个无穷小的和、差、积仍然是无穷小. 但是，关于两个无穷小的商，却会出现不同的情况. 例如，当$x\to 0$时，$2x,x^2,\sin x$都是无穷小，但是

$$\lim_{x\to 0}\frac{x^2}{2x}=0,\quad \lim_{x\to 0}\frac{2x}{x^2}=\infty,\quad \lim_{x\to 0}\frac{\sin x}{2x}=\frac{1}{2}.$$

两个无穷小之比的极限出现各种情况，反映了不同的无穷小趋近于零的“快慢”程度不同，就上面的例子来说，当$x\to 0$时，$x^2\to 0$比$2x\to 0$的速度“快”，反过来$2x\to 0$就比$x^2\to 0$的速度“慢”，而$\sin x\to 0$与$2x\to 0$的速度“快慢相仿”. 由此，给出无穷小之间比较的定义.

定义 1.18　设α，β是当自变量$x\to x_0$时的两个无穷小，

(1) 若$\lim\limits_{x\to x_0}\frac{\beta}{\alpha}=0$，则称$\beta$是比$\alpha$**高阶**的无穷小，记作$\beta=o(\alpha)$；

(2) 若$\lim\limits_{x\to x_0}\frac{\beta}{\alpha}=\infty$，则称$\beta$是比$\alpha$**低阶**的无穷小；

(3) 若$\lim\limits_{x\to x_0}\frac{\beta}{\alpha}=C(C\neq 0)$，则称$\beta$与$\alpha$是**同阶**的无穷小；

特别地，当$C=1$时，则称β与α是**等价**的无穷小，记作$\alpha\sim\beta$.

定理 1.7　设当$x\to x_0$时，$\alpha\sim\alpha'$，$\beta\sim\beta'$，且$\lim\limits_{x\to x_0}\frac{\beta'}{\alpha'}$存在，则

$$\lim_{x\to x_0}\frac{\beta}{\alpha}=\lim_{x\to x_0}\frac{\beta'}{\alpha'}.$$

定义 1.18 与定理 1.7 中的极限过程也可以换成其他函数极限的类型.

定理 1.7 表明，在计算两个无穷小量之比的极限时，分子或分母的无穷小因子都可用它的等价无穷小来代替. 若代换适当，可简化计算.

常用的等价无穷小：当$x\to 0$时，有

$\sin x\sim x$，　$\tan x\sim x$，　$\arcsin x\sim x$，　$\arctan x\sim x$，

$1-\cos x \sim \dfrac{x^2}{2}$， $e^x-1 \sim x$， $\ln(1+x) \sim x$，

$(1+x)^\alpha-1 \sim \alpha x$（$\alpha \neq 0$且为常数）， $\sqrt{1+x}-\sqrt{1-x} \sim x$.

例 18 求$\lim\limits_{x\to 0}\dfrac{\tan 2x}{\sin 5x}$.

解 当$x\to 0$时，$\tan 2x \sim 2x$，$\sin 5x \sim 5x$，所以

$$\lim_{x\to 0}\frac{\tan 2x}{\sin 5x}=\lim_{x\to 0}\frac{2x}{5x}=\frac{2}{5}.$$

例 19 求$\lim\limits_{x\to 0}\dfrac{(e^x-1)\sin x}{1-\cos x}$.

解 当$x\to 0$时，$1-\cos x \sim \dfrac{1}{2}x^2$，$e^x-1 \sim x$，$\sin x \sim x$，所以

$$\lim_{x\to 0}\frac{(e^x-1)\sin x}{1-\cos x}=\lim_{x\to 0}\frac{x\cdot x}{\frac{1}{2}x^2}=2.$$

例 20 求$\lim\limits_{x\to 0}\dfrac{\tan x-\sin x}{\sin^3 2x}$.

解 当$x\to 0$时，有$\tan x \sim x$，$\sin x \sim x$，若此时作等价代换，就有

$$\lim_{x\to 0}\frac{\tan x-\sin x}{\sin^3 2x}=\lim_{x\to 0}\frac{x-x}{(2x)^3}=0.$$

这是错误的. 因为等价无穷小的代换必须是整体代换，一般用于积与商中，不用于和与差中.

$$\lim_{x\to 0}\frac{\tan x-\sin x}{\sin^3 2x}=\lim_{x\to 0}\frac{\tan x(1-\cos x)}{\sin^3 2x}=\lim_{x\to 0}\frac{x\cdot\frac{1}{2}x^2}{(2x)^3}=\frac{1}{16}.$$

1.5 函数的连续性

自然界中有许多现象，如气温的变化、物体运动的路程、金属丝加热时长度的变化等等，都是连续变化的，这种现象反映在数学上就是函数的连续性.

连续函数不但是微积分的研究对象，而且微积分中的主要概念、定理、公式与法则等，往往都要求函数具有连续性.

一、函数连续的概念

设函数$y=f(x)$在点x_0的某邻域内有定义，当自变量从初值x_0变到终值x时，相应的函数从$f(x_0)$变到$f(x)$，称$\Delta x=x-x_0$为**自变量的改变量**(亦称**增量**)，$\Delta y=f(x)-f(x_0)$为**函数的改变量**. 函数连续的含义是指当自变量x_0发生微小改变时，相应的函数值的改变也很微小. 于是，得到函数在一点处连续的定义.

定义 1.19 设函数$y=f(x)$在点x_0的某邻域内有定义，如果自变量在点x_0处的改变量Δx趋于零时，函数的相应改变量Δy也趋于零，即

$$\lim_{\Delta x \to 0} \Delta y = 0,$$

则称函数 $y = f(x)$ 在点 x_0 处**连续**，x_0 称为 $f(x)$ 的**连续点**.

若令 $x = x_0 + \Delta x$，即 $\Delta x = x - x_0$，则 $\Delta x \to 0$ 就是 $x \to x_0$，又由于

$$\Delta y = f(x_0 + \Delta x) - f(x_0) = f(x) - f(x_0),$$

可见，$\Delta y \to 0$ 就是 $f(x) \to f(x_0)$，所以，函数 $y = f(x)$ 在点 x_0 连续的等价定义如下：

定义 1.20　设函数 $y = f(x)$ 在点 x_0 的某邻域内有定义，如果

$$\lim_{x \to x_0} f(x) = f(x_0)$$

则称函数 $y = f(x)$ 在点 x_0 处**连续**.

由定义知，函数在点 x_0 处连续要求在 x_0 处的极限存在，仿照左、右极限，还可以定义函数的左、右连续.

定义 1.21　(1) 如果 $\lim\limits_{x \to x_0^-} f(x) = f(x_0)$，则称函数 $f(x)$ 在点 x_0 **左连续**；

(2) 如果 $\lim\limits_{x \to x_0^+} f(x) = f(x_0)$，则称函数 $f(x)$ 在点 x_0 **右连续**.

左、右连续统称为**单侧连续**. 由左、右连续的定义，我们有如下结论.

定理 1.8　函数 $f(x)$ 在点 x_0 连续的充要条件是函数 $f(x)$ 在点 x_0 既左连续又右连续.

此定理常用来判定分段函数在分段点处的连续性.

如果函数 $f(x)$ 在开区间 (a,b) 内每一点都连续，则称 $f(x)$ 在开区间 (a,b) 内连续，或者说函数是该区间内的连续函数.

如果 $f(x)$ 在开区间 (a,b) 内连续，并且在左端点 $x = a$ 处右连续，在右端点 $x = b$ 处左连续，则称函数在闭区间 $[a,b]$ 上连续.

连续函数的图形是一条连续而不间断的曲线.

例 1　证明：正弦函数 $y = \sin x$ 在定义域内连续.

证　任取 $x_0 \in (-\infty, +\infty)$，则有

$$\Delta y = \sin(x_0 + \Delta x) - \sin x_0 = 2\sin\frac{\Delta x}{2}\cos\left(x_0 + \frac{\Delta x}{2}\right),$$

由 $\left|\cos\left(x_0 + \dfrac{\Delta x}{2}\right)\right| \leqslant 1$，可知 $\cos\left(x_0 + \dfrac{\Delta x}{2}\right)$ 是有界函数，当 $\Delta x \to 0$ 时 $\sin\dfrac{\Delta x}{2} \to 0$ 是无穷小量. 因此，

$$\lim_{\Delta x \to 0} \Delta y = \lim_{\Delta x \to 0} 2\sin\frac{\Delta x}{2}\cos\left(x_0 + \frac{\Delta x}{2}\right) = 0.$$

由定义 1.19 知，$y = \sin x$ 在点 x_0 处连续，再由 x_0 的任意性可知，$y = \sin x$ 在 $(-\infty, +\infty)$ 连续.

类似可证，余弦函数 $y = \cos x$ 在 $(-\infty, +\infty)$ 内也是连续函数.

例 2　试讨论函数 $f(x) = \begin{cases} x+1, & x \leqslant 0, \\ 1-x^2, & 0 < x \leqslant 1, \\ 2x, & x > 1 \end{cases}$ 在 $x = 0$ 和 $x = 1$ 处的连续性，并求其连续区间.

解　在 $x=0$ 处有

$$f(0)=0+1=1,$$

$$\lim_{x\to 0^-}f(x)=\lim_{x\to 0^-}(x+1)=1,$$

$$\lim_{x\to 0^+}f(x)=\lim_{x\to 0^+}(1-x^2)=1.$$

由定义 1.20 知，$f(x)$ 在 $x=0$ 处连续.

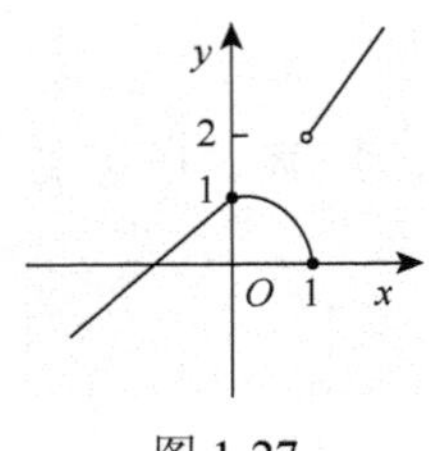

图 1-27

在 $x=1$ 处有

$$f(1)=1-1=0,$$

$$\lim_{x\to 1^-}f(x)=\lim_{x\to 1^-}(1-x^2)=0,$$

$$\lim_{x\to 1^+}f(x)=\lim_{x\to 1^+}2x=2.$$

由此可知，$\lim\limits_{x\to 1}f(x)$ 不存在，所以在 $x=1$ 处不连续. 从而 $f(x)$ 的连续区间为 $(-\infty,1)\cup(1,+\infty)$（图 1-27）.

二、函数的间断点

由函数连续性的定义可知，函数 $f(x)$ 在点 x_0 处连续必须满足三个条件：

(1) $f(x_0)$ 存在；

(2) $\lim\limits_{x\to x_0}f(x)$ 存在；

(3) $\lim\limits_{x\to x_0}f(x)=f(x_0)$.

如果三个条件中有一个不满足，则 $f(x)$ 在 x_0 处是不连续的. 如例 2 中的分段函数在 $x_0=1$ 处的极限不存在，故此函数 $x_0=1$ 处不连续，由图 1-27 可以看出，此时曲线在 $x_0=1$ 处是间断的，故称点 $x_0=1$ 为 $f(x)$ 的间断点. 一般地，如果函数 $f(x)$ 在点 x_0 处，对于上述三个条件至少有一条不满足时，我们称点 x_0 是 $f(x)$ 的**间断点**.

按照函数 $f(x)$ 在点 x_0 处的左、右极限存在情况，将函数的间断点分成两类：

第一类间断点　设点 x_0 是 $f(x)$ 的间断点，且 $f(x)$ 在 x_0 处的左、右极限皆存在，则称 x_0 为 $f(x)$ 的第一类间断点.

第一类间断点又分为跳跃间断点和可去间断点.

(1) 如果 x_0 为 $f(x)$ 的第一类间断点，且 $\lim\limits_{x\to x_0^+}f(x)\neq\lim\limits_{x\to x_0^-}f(x)$，则称 x_0 为 $f(x)$ 的**跳跃间断点**. 如例 2 中的 $x_0=1$ 就是 $f(x)$ 的跳跃间断点.

(2) 如果 x_0 为 $f(x)$ 的第一类间断点，且 $\lim\limits_{x\to x_0^+}f(x)=\lim\limits_{x\to x_0^-}f(x)$，则称 x_0 为 $f(x)$ 的**可去间断点**.

对于可去间断点，函数 $f(x)$ 在点 x_0 处无定义或极限值与函数值不相等，所以可以在点 x_0 处补充或改变 $f(x)$ 的定义，使函数在 x_0 处连续.

例 3　求函数 $y=\arctan\dfrac{1}{x}$ 的间断点并判别类型.

解　函数在 $x=0$ 处无定义，又

$$\lim_{x\to 0^+}\arctan\frac{1}{x}=\frac{\pi}{2},$$

$$\lim_{x\to 0^-}\arctan\frac{1}{x}=-\frac{\pi}{2}.$$

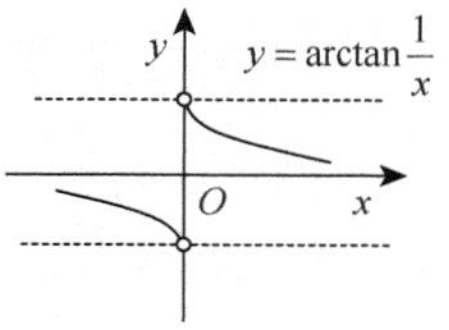

图 1-28

$f(x)$ 在 $x=0$ 点的左、右极限都存在但不相等，所以 $x=0$ 是 $f(x)$ 的第一类间断点，且是跳跃间断点(图 1-28).

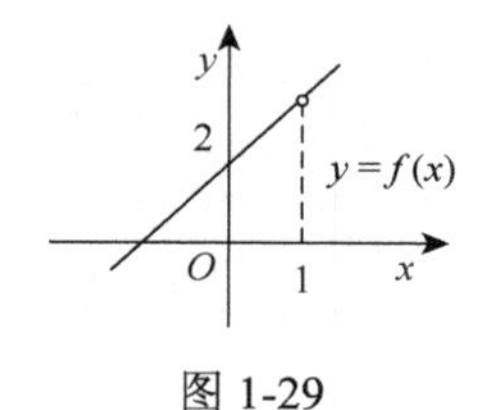

图 1-29

例 4　讨论函数 $f(x)=\dfrac{x^2-1}{x-1}$ 在 $x=1$ 处的连续性.

解　函数在点 $x=1$ 没有定义(图 1-29)，且

$$\lim_{x\to 1}f(x)=\lim_{x\to 1}\frac{x^2-1}{x-1}=\lim_{x\to 1}(x+1)=2,$$

极限值存在，但是没有函数值，所以 $x=1$ 是可去间断点.

如果补充定义：令 $x=1$ 时 $f(x)=2$，则函数在 $x=1$ 处连续.

例 5　讨论函数 $f(x)=\begin{cases}\dfrac{\sin x}{x}, & x\neq 0,\\ 0, & x=0\end{cases}$ 在 $x=0$ 处的连续性.

解　函数 $f(x)$ 在 $x=0$ 点有定义，且

$$\lim_{x\to 0}f(x)=\lim_{x\to 0}\frac{\sin x}{x}=1,$$

但是极限值和函数值不相等，因此，$x=0$ 是 $f(x)$ 的第一类间断点，且是可去间断点(图 1-30).

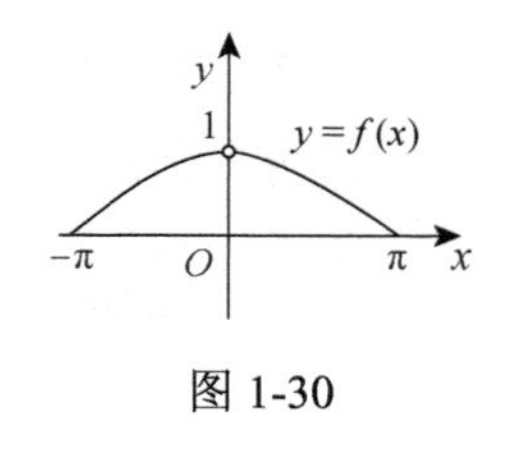

图 1-30

若重新修改 $f(x)$ 在 $x=0$ 的定义，令 $f(x)=\begin{cases}\dfrac{\sin x}{x}, & x\neq 0,\\ 1, & x=0,\end{cases}$ 则 $f(x)$ 在 $x=0$ 点处连续.

第二类间断点　设点 x_0 是 $f(x)$ 的间断点，且 $f(x)$ 在 x_0 处的左、右极限至少有一个不存在，则称 x_0 为 $f(x)$ 的第二类间断点.

第二类间断点也可分为无穷间断点和振荡间断点.

(1) 如果 x_0 为 $f(x)$ 的第二类间断点，且 $f(x)$ 在 x_0 处的左、右极限至少有一个为 ∞，则称 x_0 为 $f(x)$ 的**无穷间断点**.

(2) 如果 x_0 为 $f(x)$ 的第二类间断点，且 $f(x)$ 在 x_0 处的左、右极限至少有一个振荡，则称 x_0 为 $f(x)$ 的**振荡间断点**.

例 6　讨论函数 $f(x)=\dfrac{1}{x}$ 在点 $x=0$ 处的连续性.

解　函数在点 $x=0$ 处无定义，且

$$\lim_{x\to 0^+}\frac{1}{x}=+\infty,\quad \lim_{x\to 0^-}\frac{1}{x}=-\infty,$$

左、右极限都不存在且为∞，所以$x=0$是$f(x)$的第二类间断点中的无穷间断点(图 1-31).

例 7　讨论函数$f(x)=\sin\dfrac{1}{x}$在点$x=0$处的连续性.

解　函数在点$x=0$处无定义，当$x\to 0$时，函数值在-1与1之间变动无限多次，所以点$x=0$是第二类间断点，且为振荡间断点(图 1-32).

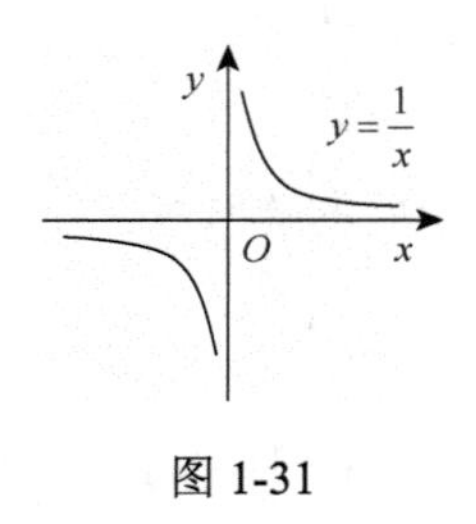

图 1-31

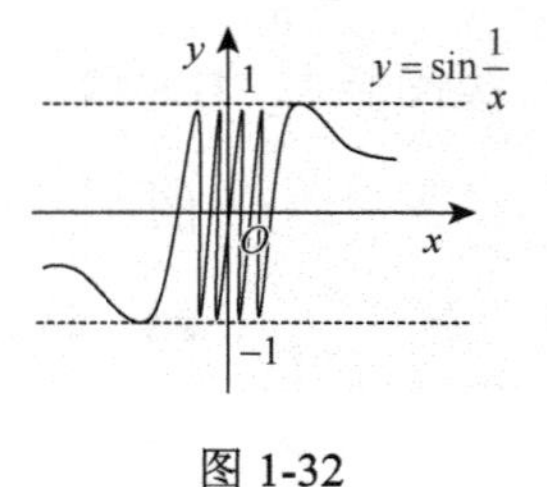

图 1-32

三、初等函数的连续性

定理 1.9　基本初等函数在其定义域内都是连续的.

定理 1.10　初等函数在其定义区间内都是连续的.

所谓定义区间，就是包含在定义域内的区间.

依据定理，在求初等函数极限时，可以使用“代值法”，这是函数极限计算中的一个最基本的首选方法. 即

如果$f(x)$是初等函数，x_0是$f(x)$的定义区间内的点，则$\lim\limits_{x\to x_0}f(x)=f(x_0)$.

例 8　求$\lim\limits_{x\to\frac{\pi}{2}}\ln\sin x$.

解　因为$\ln\sin x$是初等函数，所以

$$\lim_{x\to\frac{\pi}{2}}\ln\sin x=\ln\sin\frac{\pi}{2}=\ln 1=0.$$

例 9　求$\lim\limits_{x\to 0}\dfrac{a^x-1}{x}$.

解　令$a^x-1=t$，则$x=\log_a(1+t)$，当$x\to 0$时，$t\to 0$，于是

$$\lim_{x\to 0}\frac{a^x-1}{x}=\lim_{t\to 0}\frac{t}{\log_a(1+t)}=\lim_{t\to 0}\frac{1}{\frac{1}{t}\log_a(1+t)}$$

$$=\lim_{t\to 0}\frac{1}{\log_a(1+t)^{\frac{1}{t}}}=\frac{1}{\log_a\left[\lim\limits_{t\to 0}(1+t)^{\frac{1}{t}}\right]}=\frac{1}{\log_a \mathrm{e}}=\ln a.$$

四、闭区间上连续函数的性质

下面介绍定义在闭区间上连续函数的几个基本性质，我们只从几何直观上加以说明，证明从略.

定理 1.11（有界性定理）　设函数 $f(x)$ 在闭区间 $[a,b]$ 上连续，则 $f(x)$ 在 $[a,b]$ 上有界.

定理 1.12（最大最小值定理）　设函数 $f(x)$ 在闭区间 $[a,b]$ 上连续，则 $f(x)$ 在 $[a,b]$ 上必能取得最大值 M 和最小值 m．即在 $[a,b]$ 上至少存在两点 ξ_1 和 ξ_2，使得 $f(\xi_1)=m$，$f(\xi_2)=M$（图 1-33）.

当定理中的"闭区间连续"的条件不满足时，定理的结论可能不成立.

例如，函数 $y=\dfrac{1}{x}$ 在开区间 $(0,1)$ 内没有最大值；又如，函数

$$f(x)=\begin{cases}1-x, & 0\leqslant x<1,\\ 1, & x=1,\\ 3-x, & 1<x\leqslant 2\end{cases}$$

在闭区间 $[0,2]$ 上有间断点 $x=1$．该函数在闭区间 $[0,2]$ 上既无最大值也无最小值，如图 1-34 所示.

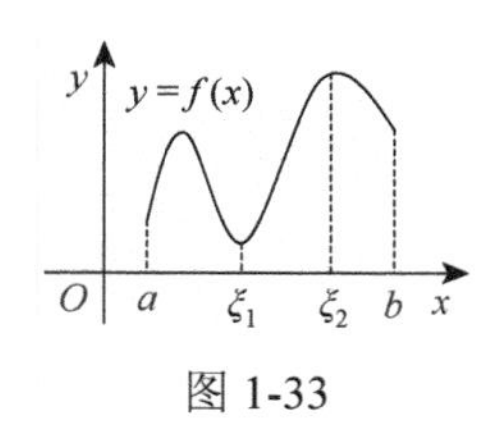

图 1-33

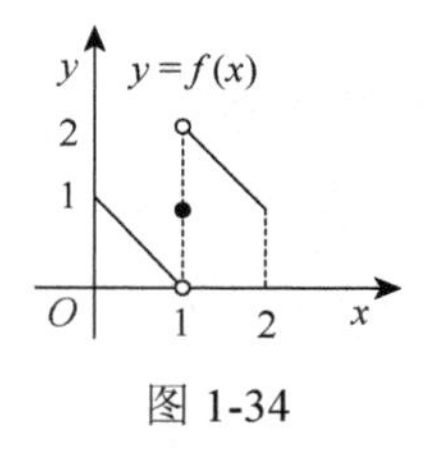

图 1-34

定理 1.13（介值定理）　设函数 $f(x)$ 在闭区间 $[a,b]$ 上连续，且在该区间的端点有不同的函数值 $f(a)=A$ 及 $f(b)=B$，那么，对于 A 与 B 之间的任意一个数 C，在开区间 (a,b) 内至少有一点 ξ 使

$$f(\xi)=C.$$

几何意义：如图 1-35 所示，在闭区间 $[a,b]$ 上连续的曲线与直线 $y=C$ 至少有一个交点，即 $f(\xi)=C$（$a<\xi<b$）.

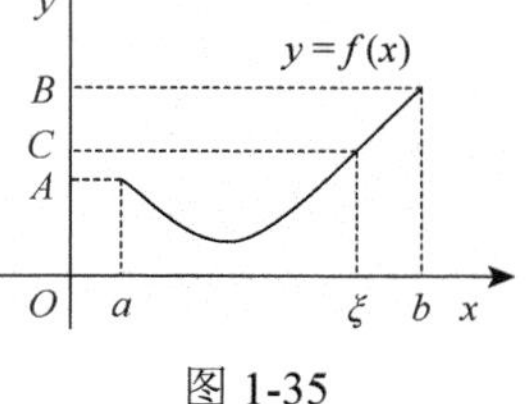

图 1-35

定理 1.14（零点定理）　设函数 $f(x)$ 在闭区间 $[a,b]$ 上连续，且 $f(a)$ 与 $f(b)$ 异号（即 $f(a)\cdot f(b)<0$），则在开区间 (a,b) 内至少有一点 ξ，使

$$f(\xi)=0.$$

几何意义：如果连续曲线 $y=f(x)$ 的两个端点位于 x 轴的不同侧，那么曲线与 x 轴至少有一个交点．如图 1-36 所示.

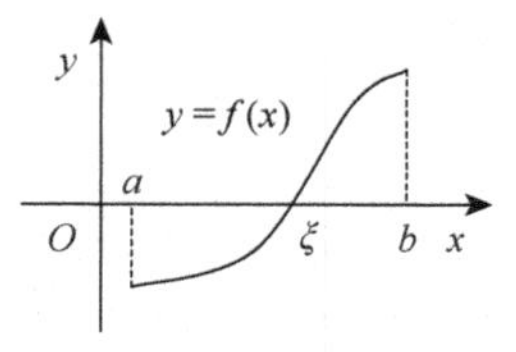

图 1-36

零点定理也称为**根的存在定理**．常用来证明方程的实根存在性和计算实根的近似值.

例 10　证明方程 $x^5-3x+1=0$ 在开区间 $(0,1)$ 内至少有一个实根.

证　首先把方程的根的问题转化为函数的零点问题，为此，作辅助函数，令

$$F(x)=x^5-3x+1,$$

则函数 $F(x)$ 在 $[0,1]$ 上连续，又 $F(0)=1>0$，$F(1)=-1<0$.

根据零点定理，在开区间 $(0,1)$ 内至少存在一点 ξ，使 $F(\xi)=0$，即方程 $x^5-3x+1=0$ 在 $(0,1)$ 内至少有一个实根 ξ.

习　题　1

1. 下列各题中，函数 $f(x)$ 和 $g(x)$ 是否相同？为什么？

(1) $f(x)=\lg x^2$，$g(x)=2\lg x$；

(2) $f(x)=\sqrt[3]{x^4-x^3}$，$g(x)=x\sqrt[3]{x-1}$；

(3) $f(x)=1$，$g(x)=\sec^2 x-\tan^2 x$.

2. 求下列函数的自然定义域.

(1) $f(x)=\dfrac{1}{x}-\sqrt{1-x^2}$；　　(2) $f(x)=\arcsin(x-3)$；

(3) $f(x)=\sqrt{3-x}+\arctan\dfrac{1}{x}$；　　(4) $f(x)=\mathrm{e}^{\frac{1}{x}}$.

3. 试证下列函数在指定区间内的单调性.

(1) $f(x)=\dfrac{x}{1-x},(-\infty,1)$；　　(2) $f(x)=x+\ln x,(0,+\infty)$.

4. 讨论下列函数的奇偶性.

(1) $f(x)=x^3\cos x+\tan x$；　　(2) $f(x)=\dfrac{a^x+a^{-x}}{2}$.

5. 判断下列函数是否为周期函数，如果是周期函数，求其周期.

(1) $f(x)=2+|\sin x|$；　　(2) $f(x)=x^2\cos x$.

6. 求下列函数的反函数.

(1) $y=\dfrac{1-x}{1+x}$；　　(2) $y=1+\ln(x+2)$；

(3) $y=\dfrac{2^x}{2^x+1}$；　　(4) $y=\begin{cases}x^2, & 0<x\leqslant 1,\\ x-2, & 1<x\leqslant 2.\end{cases}$

7. 指出下列函数是由哪些简单函数复合而成的.

(1) $y=\ln\arccos(\mathrm{e}^{x^2})$；　　(2) $y=\sin^3(\ln|x|)$.

8. 已知 $f(x)$ 的定义域 $D=[0,1]$，求下列各函数的定义域.

(1) $f(x^2)$；(2) $f(\sin x)$.

9. 设 $f(x)=\begin{cases}1, & |x|<1\\ 0, & |x|=1\\ -1, & |x|>1\end{cases}$，$g(x)=\mathrm{e}^x$，求 $f[g(x)]$ 和 $g[f(x)]$.

10. 填空：当 $x\to 0$ 时，

(1) $x+2x^4$ 是 x 的(　　)阶无穷小；

(2) $\mathrm{e}^x\cdot x-x$ 是 x 的(　　)阶无穷小；

(3) $x^2\sin\dfrac{1}{x}$ 是 x 的(　　)阶无穷小.

11. 求函数 $f(x)=\dfrac{4}{2-x^2}$ 的图形的渐近线.

12. 求下列极限.

(1) $\lim\limits_{x\to1}\left(\dfrac{1}{1-x}-\dfrac{3}{1-x^3}\right)$；　(2) $\lim\limits_{x\to2}\dfrac{x^3+2x^2}{(x-2)^2}$；

(3) $\lim\limits_{x\to\infty}\dfrac{\arctan x}{x}$；　(4) $\lim\limits_{x\to0}\dfrac{\mathrm{e}^x\tan^3 x}{(1-\cos x)\ln(1+x)}$；

(5) $\lim\limits_{x\to0}\dfrac{\sqrt{1+\tan x}-\sqrt{1+\sin x}}{x^3}$；　(6) $\lim\limits_{x\to0}\dfrac{\sin x-\tan x}{(\sqrt[3]{1+x^2}-1)(\sqrt{1+\sin x}-1)}$；

(7) $\lim\limits_{x\to\infty}\left(1+\dfrac{1}{x}\right)^{\frac{x}{2}}$；　(8) $\lim\limits_{x\to\infty}\left(\dfrac{3+x}{6+x}\right)^{\frac{x-1}{2}}$.

13. 已知 $\lim\limits_{x\to1}\dfrac{x^2+ax+b}{x-1}=3$，试求 a,b 的值.

14. 下列函数 $f(x)$ 在 $x=0$ 处是否连续？为什么？

(1) $f(x)=\begin{cases}\mathrm{e}^{-\frac{1}{x^2}}, & x\neq0,\\ 0, & x=0;\end{cases}$　(2) $f(x)=\begin{cases}\dfrac{\sin x}{|x|}, & x\neq0,\\ 1, & x=0.\end{cases}$

15. 判断下列函数的间断点类型，如果是可去间断点，则补充或改变定义使它连续.

(1) $f(x)=\dfrac{x^2-1}{x^2-3x+2}$；　(2) $f(x)=\dfrac{x}{\tan x}$；

(3) $f(x)=\cos^2\dfrac{1}{x}$；　(4) $f(x)=\begin{cases}x-1, & x\leqslant1,\\ 3-x, & x>1.\end{cases}$

16. 确定参数 a 的值，使函数 $f(x)=\begin{cases}x^2+a, & x\leqslant0,\\ x\sin\dfrac{1}{x}, & x>0\end{cases}$ 在 $(-\infty,+\infty)$ 上连续.

17. 证明方程 $x=a\sin x+b(a>0,b>0)$ 至少有一个正根，并且它不超过 $a+b$.

第 2 章　导数与微分

微分学与积分学是高等数学中的两个基本内容，它们利用极限理论从局部和整体两个方面对函数变化性态进行深入细致的研究. 本章研究的导数与微分两个概念，是一元函数微分学中最基本的概念. 它们来源于各种不同的实际问题，这些实际问题从数学上最终归结为：①求给定函数 $y=f(x)$ 相对于自变量 x 的变化率；②当自变量 x 发生微小变化时，求函数 $y=f(x)$ 的改变量的近似值. 本章以极限概念为基础，引入导数和微分的定义，建立导数与微分运算的一般方法，并介绍它们的一些简单应用.

2.1　导数的概念

一、引例

1. 变速直线运动的瞬时速度

设一物体做变速直线运动，其位移 S 随时间 t 的变化规律为 $S=S(t)$，试确定物体在某时刻 $t_0\in[0,t]$ 的瞬时速度 $v(t_0)$.

如果物体做匀速直线运动，则位移 S 随时间 t 的变化是均匀的，可以用平均速度来代替物体在每一个时刻的瞬时速度. 假设从 t_0 开始，经过一段时间 Δt 之后，物体所经过的路程为

$$\Delta S=S(t_0+\Delta t)-S(t_0).$$

在 Δt 这一段时间内的平均速度为

$$\bar{v}=\frac{\Delta S}{\Delta t}=\frac{S(t_0+\Delta t)-S(t_0)}{\Delta t}.$$

现在物体做变速直线运动，平均速度 $\bar{v}$ 不能准确地反映物体在某一时刻的变化状态. 但是，当 Δt 很小时，物体在某一时刻的瞬时速度可以用平均速度 $\bar{v}$ 来近似，并且，Δt 越小，近似程度越高. 那么，令 $\Delta t\to 0$，则平均速度 $\bar{v}$ 的极限就可以精确地反映物体在该时刻的速度了. 即物体在某时刻 t_0 的瞬时速度 $v(t_0)$ 为

$$v(t_0)=\lim_{\Delta t\to 0}\frac{\Delta S}{\Delta t}=\lim_{\Delta t\to 0}\frac{S(t_0+\Delta t)-S(t_0)}{\Delta t}.$$

2. 平面曲线的切线问题

设曲线 C 是函数 $y=f(x)$ 的图形，求曲线 C 在点 $M(x_0,y_0)$ 处的切线斜率.

如图 2-1 所示，设点 $N(x_0+\Delta x,y_0+\Delta y)$ 为曲线 C 上的另一点，连接点 M 和点 N，直线 MN 称为曲线 C 的割线. 设割线 MN 的倾斜角为 φ，其斜率为

$$\tan\varphi=\frac{\Delta y}{\Delta x}=\frac{f(x_0+\Delta x)-f(x_0)}{\Delta x},$$

所以当点 N 沿着曲线 C 趋近于点 M 时，割线 MN 的倾斜角 φ 趋近于切线 MT 的倾斜角 α，故割线 MN 的斜率 $\tan\varphi$ 趋近于切线 MT 的斜率 $\tan\alpha$. 因此，曲线 C 在点 $M(x_0,y_0)$ 处的切线斜率为

$$\tan\alpha=\lim_{\Delta x\to 0}\tan\varphi=\lim_{\Delta x\to 0}\frac{\Delta y}{\Delta x}=\lim_{\Delta x\to 0}\frac{f(x_0+\Delta x)-f(x_0)}{\Delta x}.$$

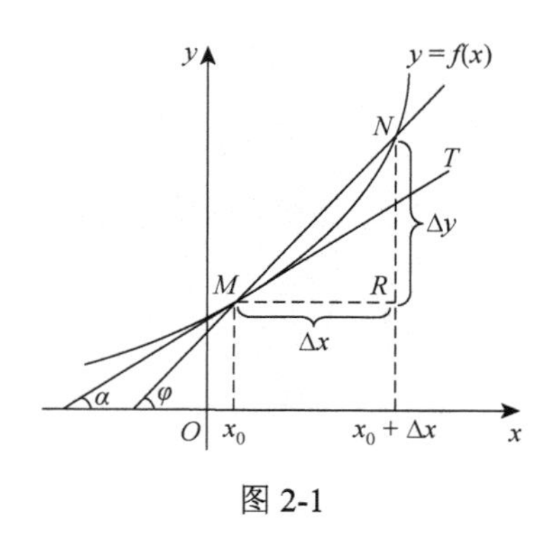

图 2-1

上面两个例子的实际意义完全不同，但从抽象的数量关系来看，其实质都归结为求增量、算比值、取极限三个步骤. 而且，在许多其他的实际问题中，也会遇到这种形式的计算. 因此，我们把这种特定的极限叫做函数的导数.

二、导数的定义

定义 2.1　设函数 $y=f(x)$ 在点 x_0 的某邻域内有定义，当自变量 x 在 x_0 处取得增量 Δx 时，函数取得相应增量 $\Delta y=f(x_0+\Delta x)-f(x_0)$，如果当 $\Delta x\to 0$ 时，极限

$$\lim_{\Delta x\to 0}\frac{\Delta y}{\Delta x}=\lim_{\Delta x\to 0}\frac{f(x_0+\Delta x)-f(x_0)}{\Delta x} \tag{2-1}$$

存在，则称函数 $f(x)$ 在点 x_0 处**可导**，并称极限值为函数 $f(x)$ 在点 x_0 的**导数**，记为

$$f'(x_0)\text{，}\ y'\Big|_{x=x_0}\text{，}\ \frac{\mathrm{d}y}{\mathrm{d}x}\Big|_{x=x_0}\ \text{或}\ \frac{\mathrm{d}f(x)}{\mathrm{d}x}\Big|_{x=x_0}.$$

若式(2-1)中极限不存在，则称函数 $f(x)$ 在点 x_0 处**不可导**，称 x_0 为函数 $y=f(x)$ 的**不可导点**.

导数的定义也可采取不同的表达形式.

例如，在式(2-1)中，令 $h=\Delta x$，则

$$f'(x_0)=\lim_{h\to 0}\frac{f(x_0+h)-f(x_0)}{h}, \tag{2-2}$$

令 $x=x_0+\Delta x$，则

$$f'(x_0)=\lim_{x\to x_0}\frac{f(x)-f(x_0)}{x-x_0}. \tag{2-3}$$

如果函数 $y=f(x)$ 在开区间 I 内每一点处都可导，则称函数 $y=f(x)$ 在**开区间 I 内可导**.

此时，对于区间 I 内的每一点 x，都有一个导数值 $f'(x)$ 与之对应，这样就定义了一个新的函数，称为函数 $y=f(x)$ 在区间 I 内对 x 的**导函数**，记为

$$y'\text{，}\ f'(x)\text{，}\ \frac{\mathrm{d}y}{\mathrm{d}x}\ \text{或}\ \frac{\mathrm{d}f(x)}{\mathrm{d}x}.$$

显然，函数 $y=f(x)$ 在点 x_0 处的导数 $f'(x_0)$ 就是导函数 $f'(x)$ 在点 x_0 处的函数值，即

$$f'(x_0)=f'(x)\big|_{x=x_0}.$$

在不致引起混淆的情况下，导函数也可以简称为导数.

根据导数的定义，求导数一般包含以下三个步骤：

(1) 求增量 $\Delta y = f(x+\Delta x) - f(x)$；

(2) 算比值 $\dfrac{\Delta y}{\Delta x} = \dfrac{f(x+\Delta x) - f(x)}{\Delta x}$；

(3) 取极限 $\lim\limits_{\Delta x \to 0} \dfrac{\Delta y}{\Delta x} = \lim\limits_{\Delta x \to 0} \dfrac{f(x+\Delta x) - f(x)}{\Delta x}$.

例 1 已知 $f(x) = \dfrac{1}{x}$，求 $f'(x)$ 及 $f'(1)$.

解 (1) 在定义区间内任意一点 x 处，给自变量以改变量 Δx，则

$$\Delta y = f(x+\Delta x) - f(x) = \frac{1}{x+\Delta x} - \frac{1}{x};$$

(2) $\dfrac{\Delta y}{\Delta x} = \dfrac{\dfrac{1}{x+\Delta x} - \dfrac{1}{x}}{\Delta x} = -\dfrac{1}{x(x+\Delta x)}$；

(3) $\lim\limits_{\Delta x \to 0} \dfrac{\Delta y}{\Delta x} = -\lim\limits_{\Delta x \to 0} \dfrac{1}{x(x+\Delta x)} = -\dfrac{1}{x^2}$，$x \in (-\infty, 0) \cup (0, +\infty)$.

因此，$f'(x) = -\dfrac{1}{x^2}$，$f'(1) = -\dfrac{1}{x^2}\Big|_{x=1} = -1$.

例 2 求 $f(x) = \sin x$ 的导数.

解 (1) 在定义区间内任意一点 x 处，给自变量以改变量 Δx，则

$$\Delta y = \sin(x+\Delta x) - \sin x = 2\sin\frac{\Delta x}{2}\cos\frac{2x+\Delta x}{2};$$

(2) $\dfrac{\Delta y}{\Delta x} = \dfrac{\sin\dfrac{\Delta x}{2}\cos\dfrac{2x+\Delta x}{2}}{\dfrac{\Delta x}{2}}$；

(3) $\lim\limits_{\Delta x \to 0} \dfrac{\Delta y}{\Delta x} = \lim\limits_{\Delta x \to 0} \dfrac{\sin\dfrac{\Delta x}{2}\cos\dfrac{2x+\Delta x}{2}}{\dfrac{\Delta x}{2}} = \cos x$.

因此，$f'(x) = (\sin x)' = \cos x$.

同理可求得 $(\cos x)' = -\sin x$.

运算熟练后，可将求导的三个步骤合并在一起，见下面的例子.

例 3 求 $f(x) = a^x (a > 0, a \neq 1)$ 的导数.

解 $f'(x) = \lim\limits_{\Delta x \to 0} \dfrac{f(x+\Delta x) - f(x)}{\Delta x} = \lim\limits_{\Delta x \to 0} \dfrac{a^{x+\Delta x} - a^x}{\Delta x} = a^x \cdot \lim\limits_{\Delta x \to 0} \dfrac{a^{\Delta x} - 1}{\Delta x}$，应用等价无穷小，当 $\Delta x \to 0$ 时，$a^{\Delta x} - 1 \sim \Delta x \cdot \ln a$，所以

$$f'(x) = a^x \cdot \lim_{\Delta x \to 0} \frac{\Delta x \ln a}{\Delta x} = a^x \ln a.$$

即 $(a^x)' = a^x \ln a$.

特殊地，当 $a = \mathrm{e}$ 时，有 $(\mathrm{e}^x)' = \mathrm{e}^x$.

例 4　已知 $f(x)$ 在点 x 处可导，求下列极限.

(1) $\lim\limits_{\Delta x\to 0}\dfrac{f(x+2\Delta x)-f(x)}{\Delta x}$；(2) $\lim\limits_{\Delta x\to 0}\dfrac{f(x+\Delta x)-f(x-\Delta x)}{\Delta x}$.

解　因为 $f(x)$ 在点 x 处可导，所以，极限

$$\lim_{\Delta x\to 0}\frac{f(x+\Delta x)-f(x)}{\Delta x}=f'(x).$$

因此

$$(1)\ \lim_{\Delta x\to 0}\frac{f(x+2\Delta x)-f(x)}{\Delta x}=\lim_{\Delta x\to 0}2\frac{f(x+2\Delta x)-f(x)}{2\Delta x}=2\lim_{2\Delta x\to 0}\frac{f(x+2\Delta x)-f(x)}{2\Delta x}=2f'(x).$$

$$(2)\ \lim_{\Delta x\to 0}\frac{f(x+\Delta x)-f(x-\Delta x)}{\Delta x}=\lim_{\Delta x\to 0}\frac{f(x+\Delta x)-f(x)+f(x)-f(x-\Delta x)}{\Delta x}$$

$$=\lim_{\Delta x\to 0}\left[\frac{f(x+\Delta x)-f(x)}{\Delta x}-\frac{f(x-\Delta x)-f(x)}{\Delta x}\right]$$

$$=\lim_{\Delta x\to 0}\frac{f(x+\Delta x)-f(x)}{\Delta x}-\lim_{\Delta x\to 0}\frac{f(x-\Delta x)-f(x)}{\Delta x}$$

$$=f'(x)-(-1)\lim_{-\Delta x\to 0}\frac{f(x-\Delta x)-f(x)}{-\Delta x}$$

$$=f'(x)+f'(x)=2f'(x).$$

三、左、右导数

函数 $y=f(x)$ 在点 x_0 的导数 $f'(x_0)$ 本质上是一种特殊形式的极限

$$f'(x_0)=\lim_{\Delta x\to 0}\frac{f(x_0+\Delta x)-f(x_0)}{\Delta x}=\lim_{x\to x_0}\frac{f(x)-f(x_0)}{x-x_0}.$$

我们在第 1 章中求 $\lim\limits_{x\to x_0}f(x)$ 有时需要考虑左、右极限的问题，因此，求函数 $y=f(x)$ 在 x_0 处的导数，有时也要考虑左、右导数的问题.

如果 x 仅从 x_0 的左侧趋于 x_0（记为 $\Delta x\to 0^-$ 或 $x\to x_0^-$）时，极限

$$\lim_{\Delta x\to 0^-}\frac{f(x_0+\Delta x)-f(x_0)}{\Delta x}=\lim_{\Delta x\to 0^-}\frac{f(x)-f(x_0)}{x-x_0}$$

存在，则称该极限值为函数 $y=f(x)$ 在点 x_0 的**左导数**，记为 $f'_-(x_0)$. 即

$$f'_-(x_0)=\lim_{\Delta x\to 0^-}\frac{f(x_0+\Delta x)-f(x_0)}{\Delta x}=\lim_{x\to x_0^-}\frac{f(x)-f(x_0)}{x-x_0}. \tag{2-4}$$

同理可定义函数 $y=f(x)$ 在点 x_0 的**右导数**，即

$$f'_+(x_0)=\lim_{\Delta x\to 0^+}\frac{f(x_0+\Delta x)-f(x_0)}{\Delta x}=\lim_{x\to x_0^+}\frac{f(x)-f(x_0)}{x-x_0}. \tag{2-5}$$

由极限存在的充要条件可得函数可导的充要条件.

定理 2.1　$f(x)$ 在点 x_0 处可导的充要条件是 $f(x)$ 在点 x_0 处左、右导数都存在且相等，即 $f'_-(x_0)=f'_+(x_0)$.

定理 2.1 常被用来讨论分段函数在分段点处的可导性的问题.

如果函数 $y=f(x)$ 在开区间 (a,b) 内可导，且 $f'_+(a)$及$f'_-(b)$ 都存在，则称 $y=f(x)$ 在闭区间 $[a,b]$ 上可导.

例 5 求函数 $f(x)=\begin{cases}\sin x, & x<0,\\ x, & x\geqslant 0\end{cases}$ 在点 $x=0$ 处的导数.

解 因为

$$f'_-(0)=\lim_{x\to 0^-}\frac{f(x)-f(0)}{x-0}=\lim_{x\to 0^-}\frac{\sin x-0}{x-0}=1.$$

$$f'_+(0)=\lim_{x\to 0^+}\frac{f(x)-f(0)}{x-0}=\lim_{x\to 0^+}\frac{x-0}{x-0}=1.$$

由定理 2.1 可知函数 $f(x)$ 在点 $x=0$ 处的可导，且 $f'(0)=1$.

四、导数的几何意义

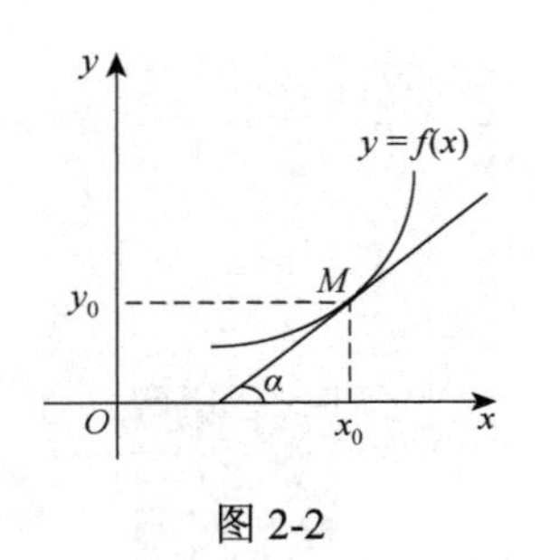

图 2-2

由引例 2 的讨论可知，如果函数 $y=f(x)$ 在点 x_0 处可导，则 $f'(x_0)$ 就是曲线 $y=f(x)$ 在点 $M(x_0,y_0)$ 处的切线的斜率，即

$$k=\tan\alpha=f'(x_0),$$

其中 α 是曲线 $y=f(x)$ 在点 M 处的切线的倾斜角(图 2-2).

于是，由直线的点斜式方程，可求出曲线 $y=f(x)$ 在点 $M(x_0,y_0)$ 处的切线方程为

$$y-y_0=f'(x_0)(x-x_0). \tag{2-6}$$

通过切点 M 且与切线垂直的直线叫做曲线 $y=f(x)$ 在点 M 处的法线，则法线的斜率为 $-\dfrac{1}{f'(x_0)}(f'(x_0)\neq 0)$，从而法线方程为

$$y-y_0=-\frac{1}{f'(x_0)}(x-x_0). \tag{2-7}$$

如果 $f'(x_0)=0$，则切线方程为 $y=y_0$，即切线平行于 x 轴.

如果 $f'(x_0)=\infty$，则切线方程为 $x=x_0$，即切线垂直于 x 轴.

所以，函数在某一点存在导数，则曲线在相应点处必存在切线，但反之未必成立.

例 6 求曲线 $y=\dfrac{1}{x}$ 在 $x=2$ 处的切线方程和法线方程.

解 由例 1 知 $\left(\dfrac{1}{x}\right)'\bigg|_{x=2}=\left(-\dfrac{1}{x^2}\right)\bigg|_{x=2}=-\dfrac{1}{4}$.

又当 $x=2$ 时，$y=\dfrac{1}{2}$. 所以，所求切线方程为

$$y-\frac{1}{2}=-\frac{1}{4}(x-2),$$

即 $x+4y-4=0$.

法线方程为

$$y-\frac{1}{2}=4(x-2),$$

即 $8x-2y-15=0$.

五、可导与连续

定理 2.2　若函数 $y=f(x)$ 在点 x_0 处可导，则 $y=f(x)$ 在 x_0 处连续.

证　若 $f(x)$ 在 x_0 处可导，则

$$f'(x_0)=\lim_{\Delta x\to 0}\frac{\Delta y}{\Delta x}=\lim_{\Delta x\to 0}\frac{f(x_0+\Delta x)-f(x_0)}{\Delta x}.$$

又因为 $\Delta x\neq 0$，所以 $\Delta y=\frac{\Delta y}{\Delta x}\cdot\Delta x$，则

$$\lim_{\Delta x\to 0}\Delta y=\lim_{\Delta x\to 0}\left(\frac{\Delta y}{\Delta x}\cdot\Delta x\right)=f'(x_0)\cdot\lim_{\Delta x\to 0}\Delta x=0.$$

由函数连续的定义知函数 $f(x)$ 在点 x_0 处连续.

根据该定理，若函数 $y=f(x)$ 在点 x_0 处不连续，则 $f(x)$ 在点 x_0 处一定不可导．但是，当函数 $y=f(x)$ 在点 x_0 处连续时，$f(x)$ 在点 x_0 处不一定可导.

例 7　讨论 $f(x)=|x|=\begin{cases}x, & x\geqslant 0\\ -x, & x<0\end{cases}$ 在点 $x=0$ 处的连续性和可导性.

解　因为

$$f'_+(0)=\lim_{x\to 0^+}\frac{f(x)-f(0)}{x-0}=\lim_{x\to 0^+}\frac{x-0}{x-0}=1,$$

$$f'_-(0)=\lim_{x\to 0^-}\frac{f(x)-f(0)}{x-0}=\lim_{x\to 0^-}\frac{-x-0}{x-0}=-1,$$

由 $f'_+(0)\neq f'_-(0)$ 知 $f(x)$ 在点 $x=0$ 处不可导.

但是，由图 2-3 易知函数 $f(x)=|x|$ 在点 $x=0$ 处是连续的，事实上

$$\lim_{x\to 0^+}f(x)=\lim_{x\to 0^+}x=0,$$

$$\lim_{x\to 0^-}f(x)=\lim_{x\to 0^-}(-x)=0,$$

因为 $\lim\limits_{x\to 0^+}f(x)=\lim\limits_{x\to 0^-}f(x)=f(0)=0$，所以函数 $y=f(x)=|x|$ 在点 $x=0$ 处连续.

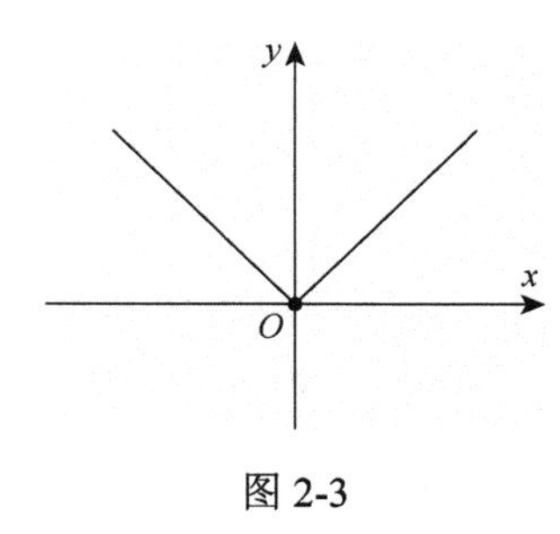

图 2-3

综上可得结论：连续未必可导，但可导必连续.

2.2　导数的计算

一、四则运算法则

定理 2.3　若函数 $u=u(x)$，$v=v(x)$ 在点 x 处可导，则它们的和、差、积、商(分母不为零)在点 x 处也可导，且

(1) $(u \pm v)' = u' \pm v'$；

(2) $(uv)' = u'v + uv'$；

(3) $\left(\dfrac{u}{v}\right)' = \dfrac{u'v - uv'}{v^2}(v \neq 0)$.

注意　法则(1)和(2)可推广到有限多个可导函数运算的情形，即

$$(u_1 \pm u_2 \pm \cdots \pm u_n)' = u_1' \pm u_2' \pm \cdots \pm u_n';$$

$$(u_1 u_2 \cdots u_n)' = u_1' u_2 \cdots u_n + u_1 u_2' \cdots u_n + \cdots + u_1 u_2 \cdots u_n',$$

其中 $u_1, u_2, \cdots, u_n$ 为可导函数.

若在法则(2)中，令 $v(x) = C$（C 为常数），则有 $(Cu)' = Cu'$.

例 1　求 $y = 2x^2 - 3x + 1$ 的导数.

解　$y' = (2x^2)' - (3x)' + (1)' = 4x - 3$.

例 2　求 $y = \tan x$ 的导数.

解　$$y' = \left(\frac{\sin x}{\cos x}\right)' = \frac{(\sin x)'\cos x - (\cos x)'\sin x}{\cos^2 x}$$

$$= \frac{\cos^2 x + \sin^2 x}{\cos^2 x} = \frac{1}{\cos^2 x} = \sec^2 x,$$

即

$$(\tan x)' = \sec^2 x.$$

同理可得

$$(\cot x)' = -\csc^2 x, \quad (\sec x)' = \sec x \cdot \tan x, \quad (\csc x)' = -\csc x \cdot \cot x.$$

二、反函数求导法

定理 2.4　设函数 $y = f(x)$ 在某区间 I_x 内单调、可导，且 $f'(x) \neq 0$，则其反函数 $x = f^{-1}(y)$ 在对应区间 I_y 内也连续、可导，且 $[f^{-1}(y)]' = \dfrac{1}{f'(x)}$ 或 $\dfrac{\mathrm{d}x}{\mathrm{d}y} = \dfrac{1}{\dfrac{\mathrm{d}y}{\mathrm{d}x}}$.

即：**反函数的导数等于直接函数导数的倒数.**

例 3　求 $y = \arcsin x$ 的导数.

解　因为 $y = \arcsin x$ 的反函数是 $x = \sin y$，在 $\left(-\dfrac{\pi}{2}, \dfrac{\pi}{2}\right)$ 内单调可导，所以在对应区间 $(-1, 1)$ 内有

$$y' = \frac{1}{(\sin y)'} = \frac{1}{\cos y} = \frac{1}{\sqrt{1 - \sin^2 y}} = \frac{1}{\sqrt{1 - x^2}}.$$

即 $(\arcsin x)' = \dfrac{1}{\sqrt{1 - x^2}}$. 同理可得

$$(\arccos x)' = -\frac{1}{\sqrt{1 - x^2}}, \quad (\arctan x)' = \frac{1}{1 + x^2}, \quad (\operatorname{arccot} x)' = -\frac{1}{1 + x^2}.$$

例4　求函数 $y=\log_a x(a>0,且a\neq 1)$ 的导数.

解　因为 $y=\log_a x$ 的反函数 $x=a^y$ 在 $I_y=(-\infty,+\infty)$ 内单调、可导，且 $(a^y)'=a^y\ln a\neq 0$，所以在对应区间 $I_x=(0,+\infty)$ 内，有

$$(\log_a x)'=\frac{1}{(a^y)'}=\frac{1}{a^y\ln a}=\frac{1}{x\ln a},$$

即

$$(\log_a x)'=\frac{1}{x\ln a}.$$

特别地，当 $a=\mathrm{e}$ 时，$(\ln x)'=\dfrac{1}{x}$.

至此，我们可以到基本初等函数的求导公式，为了方便查阅，现将公式汇集成表2-1.

表2-1　基本求导公式

(1) $(C)'=0$(C为常数)	(2) $(x^\mu)'=\mu x^{\mu-1}$
(3) $(\sin x)'=\cos x$	(4) $(\cos x)'=-\sin x$
(5) $(\tan x)'=\sec^2 x$	(6) $(\cot x)'=-\csc^2 x$
(7) $(\sec x)'=\sec x\tan x$	(8) $(\csc x)'=-\csc x\cot x$
(9) $(a^x)'=a^x\ln a$　$(a>0,\ a\neq 1)$	(10) $(\mathrm{e}^x)'=\mathrm{e}^x$
(11) $(\log_a x)'=\dfrac{1}{x\ln a}$　$(a>0,\ a\neq 1)$	(12) $(\ln x)'=\dfrac{1}{x}$
(13) $(\arcsin x)'=\dfrac{1}{\sqrt{1-x^2}}$　$(-1<x<1)$	(14) $(\arccos x)'=-\dfrac{1}{\sqrt{1-x^2}}$　$(-1<x<1)$
(15) $(\arctan x)'=\dfrac{1}{1+x^2}$	(16) $(\mathrm{arccot}\, x)'=-\dfrac{1}{1+x^2}$

三、复合函数求导法

定理2.5　若函数 $u=g(x)$ 在点 x 处可导，而函数 $y=f(u)$ 在点 $u=g(x)$ 处可导，则复合函数 $y=f[g(x)]$ 在点 x 处可导，且其导数为

$$\frac{\mathrm{d}y}{\mathrm{d}x}=f'(u)\cdot g'(x)\ 或\ \frac{\mathrm{d}y}{\mathrm{d}x}=\frac{\mathrm{d}y}{\mathrm{d}u}\cdot\frac{\mathrm{d}u}{\mathrm{d}x}.$$

复合函数的求导法则可叙述为：**复合函数的导数，等于函数对中间变量的导数乘以中间变量对自变量的导数**，所以这一法则又称为**链式求导法则**.

复合求导法则可推广到多个中间变量的情形. 例如，设

$$y=f(u),\quad u=\varphi(v),\quad v=\psi(x)$$

满足相应的求导条件，则复合函数 $y=f\{\varphi[\psi(x)]\}$ 的导数为

$$\frac{\mathrm{d}y}{\mathrm{d}x}=f'(u)\cdot\varphi'(v)\cdot\psi'(x)\ 或\ \frac{\mathrm{d}y}{\mathrm{d}x}=\frac{\mathrm{d}y}{\mathrm{d}u}\cdot\frac{\mathrm{d}u}{\mathrm{d}v}\cdot\frac{\mathrm{d}v}{\mathrm{d}x}.$$

计算复合函数的导数，关键是分析清楚复合函数的构造，即弄清该函数是由哪些基本初等函数经过怎样的过程复合而成的，求导数时，按复合次序由最外层起，向内逐层对中间变量求导，直至求到对自变量的导数为止.

例 5 求 $y=(x^2+1)^5$ 的导数.

解 设 $y=u^5$，$u=x^2+1$，则

$$\frac{dy}{dx}=\frac{dy}{du}\cdot\frac{du}{dx}=5u^4\cdot 2x=10(x^2+1)^4\cdot x=10x(x^2+1)^4.$$

例 6 求 $y=e^{\sqrt{x^2+1}}$ 的导数.

解 设 $y=e^u,u=\sqrt{v},v=x^2+1$

$$\frac{dy}{dx}=\frac{dy}{du}\cdot\frac{du}{dv}\cdot\frac{dv}{dx}=e^u\frac{1}{2\sqrt{v}}\cdot 2x=e^{\sqrt{x^2+1}}\frac{2x}{2\sqrt{x^2+1}}=\frac{x}{\sqrt{x^2+1}}e^{\sqrt{x^2+1}}.$$

运算熟练后，可以不设中间变量，按"从外向内"的原则，层层求导，直到对自变量求导数为止.

例 7 求 $y=\ln(x+\sqrt{1+x^2})$ 的导数.

解
$$y'=\frac{1}{x+\sqrt{1+x^2}}\cdot(x+\sqrt{1+x^2})'=\frac{1}{x+\sqrt{1+x^2}}\cdot\left(1+\frac{1}{2\sqrt{1+x^2}}\cdot(1+x^2)'\right)$$
$$=\frac{1}{x+\sqrt{1+x^2}}\cdot\left(1+\frac{1}{2\sqrt{1+x^2}}\cdot 2x\right)=\frac{1}{x+\sqrt{1+x^2}}\cdot\left(1+\frac{x}{\sqrt{1+x^2}}\right)=\frac{1}{\sqrt{1+x^2}}.$$

例 8 求 $y=\arcsin^2(x^3)$ 的导数.

解
$$y'=2\arcsin x^3\cdot\frac{1}{\sqrt{1-x^6}}\cdot 3x^2=\frac{6x^2\arcsin x^3}{\sqrt{1-x^6}}.$$

下面看抽象的复合函数求导的问题.

例 9 已知 $f(u)$ 对 u 可导，求下列函数的导数：

(1) $y=f(\ln x)$；(2) $y=\ln f(x)$.

解 (1) 此题相当于复合函数 $y=f(u)$，$u=\ln x$. 外层函数 $y=f(u)$ 法则未知，对 u 求导，写 $f'(u)$ 即可. 所以，

$$y'=f'(\ln x)\cdot(\ln x)'=\frac{1}{x}f'(\ln x).$$

(2) 此题相当于复合函数 $y=\ln u$，$u=f(x)$，因此，

$$y'=\frac{1}{f(x)}\cdot f'(x).$$

显然，对于抽象函数的导数，只要分清楚函数的复合层次即可.

最后，介绍分段函数的求导问题.

例 10 求 $f(x)=\begin{cases}2\tan x+1, & x<0,\\ e^x, & x\geqslant 0\end{cases}$ 的导数.

解 分段函数求导时，在每一区间段内可按法则求导，但在分段点处要用定义求导.

当 $x<0$ 时，$(2\tan x+1)'=2\sec^2 x$；

当 $x>0$ 时，$(\mathrm{e}^x)'=\mathrm{e}^x$；

当 $x=0$ 时，

$$f_-'(0)=\lim_{x\to 0^-}\frac{f(x)-f(0)}{x-0}=\lim_{x\to 0^-}\frac{2\tan x+1-1}{x}=2,$$

$$f_+'(0)=\lim_{x\to 0^+}\frac{f(x)-f(0)}{x-0}=\lim_{x\to 0^-}\frac{\mathrm{e}^x-1}{x}=1.$$

由 $f_+'(0)\neq f_-'(0)$ 知 $f(x)$ 在点 $x=0$ 处不可导，所以

$$f(x)=\begin{cases}2\sec^2 x, & x<0,\\ \text{不存在}, & x=0,\\ \mathrm{e}^x, & x>0.\end{cases}$$

四、隐函数求导法

前面几段介绍的求导法则适用于因变量 y 与自变量 x 之间的函数关系是 $y=f(x)$ 的形式，这种函数称为**显函数**. 但是，有时变量 y 与 x 之间的函数关系是以方程 $F(x,y)=0$ 的形式出现，这种函数称为**隐函数**，并且在此类情形下，往往从方程 $F(x,y)=0$ 中是不易或无法解出 y 的，即隐函数不易或无法显化. 例如，无法从方程 $\mathrm{e}^x-\mathrm{e}^y+xy=0$ 中解出 y. 那么求隐函数导数的方法讨论如下：

设方程 $F(x,y)=0$ 所确定的函数为 $y=f(x)$，把它代回方程 $F(x,y)=0$ 中，则有恒等式

$$F(x,f(x))\equiv 0.$$

利用复合函数求导法，在上式两边同时对 x 求导，再解出 y'，即得隐函数 $y=f(x)$ 的导数. 这种求导数的方法称为**隐函数求导法**.

例 11　设方程 $x^3+y^3=4$ 确定 y 是 x 的函数，求 y'.

解　方程两边同时对 x 求导，得

$$3x^2+3y^2\cdot y'=0,$$

解出 y'，得

$$y'=-\frac{x^2}{y^2}.$$

注意　含 y 的项对 x 求导要利用复合函数求导法则，先对 y 求导，然后再乘以 y 对 x 的导数 y'.

例 12　求由方程 $y=1+x\mathrm{e}^y$ 所确定的隐函数 $y=f(x)$ 的导数.

解　方程两边同时对 x 求导，得

$$y'=\mathrm{e}^y+x\mathrm{e}^y y',$$

解出 y'，得

$$y'=\frac{\mathrm{e}^y}{1-x\mathrm{e}^y}.$$

例 13 求由方程 $\arctan\dfrac{x}{y}=\ln\sqrt{x^2+y^2}$ 所确定的隐函数 $x=\varphi(y)$ 的导数.

解 先将方程化简 $\arctan\dfrac{x}{y}=\dfrac{1}{2}\ln(x^2+y^2)$，再把方程两边同时对 y 求导，得

$$\frac{1}{1+\left(\dfrac{x}{y}\right)^2}\cdot\frac{x'y-x}{y^2}=\frac{1}{2}\cdot\frac{1}{x^2+y^2}(2x\cdot x'+2y),$$

解出 x'，得

$$x'=\frac{y+x}{y-x}.$$

五、对数求导法

对函数的加减运算求导比对函数的乘除运算求导要简单的多，而对数可以将乘除运算转化为加减运算. 因此，当函数解析式由很多乘除项组成时，可以用所谓的“**对数求导法**”进行求导，简化运算. 具体就是先将所给函数 $y=f(x)$ 两端取对数，得到隐函数 $\ln y=\ln f(x)$ 形式，然后按隐函数求导的方法求出 y 关于 x 的导数.

例 14 求函数 $y=\dfrac{(2x-1)^3(x^2+2)^2}{(3x+2)^5}$ 的导数.

解 对函数两端取对数，得

$$\ln y=3\ln(2x-1)+2\ln(x^2+2)-5\ln(3x+2),$$

等式两边对 x 求导，得

$$\frac{1}{y}y'=3\cdot\frac{2}{2x-1}+2\cdot\frac{2x}{x^2+2}-5\cdot\frac{3}{3x+2},$$

所以

$$y'=y\left(\frac{6}{2x-1}+\frac{4x}{x^2+2}-\frac{15}{3x+2}\right)=\frac{(2x-1)^3(x^2+2)^2}{(3x+2)^5}\left(\frac{6}{2x-1}+\frac{4x}{x^2+2}-\frac{15}{3x+2}\right).$$

另外，对于幂指函数 $y=f(x)^{g(x)}$ (其中$f(x)>0$) 的求导，可以用对数求导法两端取对数：$\ln y=g(x)\ln f(x)$，转化为隐函数的导数进行计算；也可以对幂指函数做恒等变形化为复合函数的形式：$y=\mathrm{e}^{g(x)\cdot\ln f(x)}$，然后利用复合函数求导法计算.

例 15 求函数 $y=x^{\sin x}$ 的导数.

解 **法一** 两端取对数

$$\ln y=\sin x\cdot\ln x,$$

等式两边对 x 求导，得

$$\frac{1}{y}y'=(\sin x)'\cdot\ln x+\sin x\cdot(\ln x)'=\cos x\cdot\ln x+\sin x\cdot\frac{1}{x},$$

所以

$$y'=x^{\sin x}\left(\cos x\cdot\ln x+\frac{\sin x}{x}\right).$$

法二　利用恒等变形 $y=\mathrm{e}^{\ln x^{\sin x}}=\mathrm{e}^{\sin x\cdot\ln x}$，再用复合函数求导法

$$\begin{aligned}y'&=(\mathrm{e}^{\sin x\cdot\ln x})'=\mathrm{e}^{\sin x\cdot\ln x}\cdot(\sin x\cdot\ln x)'\\&=\mathrm{e}^{\sin x\cdot\ln x}\left(\cos x\cdot\ln x+\sin x\cdot\frac{1}{x}\right)\\&=x^{\sin x}\left(\cos x\cdot\ln x+\sin x\cdot\frac{1}{x}\right).\end{aligned}$$

六、高阶导数

如果函数 $y=f(x)$ 的导函数 $f'(x)$ 仍可导，即

$$[f'(x)]'=\lim_{\Delta x\to 0}\frac{f'(x+\Delta x)-f'(x)}{\Delta x}$$

存在，则称 $[f'(x)]'$ 为函数 $f(x)$ 在点 x 处的**二阶导数**，记为

$$f''(x),y'',\ \frac{\mathrm{d}^2y}{\mathrm{d}x^2}\text{或}\frac{\mathrm{d}^2f(x)}{\mathrm{d}x^2}.$$

类似地，二阶导数的导数称为**三阶导数**，记为

$$f'''(x),y''',\ \frac{\mathrm{d}^3y}{\mathrm{d}x^3}\text{或}\frac{\mathrm{d}^3f(x)}{\mathrm{d}x^3}.$$

一般地，$f(x)$ 的 $n-1$ 阶导数的导数称为 $f(x)$ 的 **n 阶导数**，记为

$$f^{(n)}(x),y^{(n)},\ \frac{\mathrm{d}^ny}{\mathrm{d}x^n}\text{或}\frac{\mathrm{d}^nf(x)}{\mathrm{d}x^n}.$$

我们把二阶及二阶以上的导数称为**高阶导数**. 相应地，$f(x)$ 称为 $f(x)$ 的**零阶导数**，$f'(x)$ 称为 $f(x)$ 的**一阶导数**.

由此可见，求函数的高阶导数，就是利用基本求导公式及导数的运算法则逐阶求导.

例 16　求 $y=\dfrac{1}{1+x}$ 的三阶导数 y'''.

解　$y'=-\dfrac{1}{(1+x)^2}$，

$$y''=\frac{(-1)(-2)}{(1+x)^3}=\frac{2}{(1+x)^3},$$

$$y'''=\frac{2(-3)}{(1+x)^4}=-\frac{6}{(1+x)^4}.$$

例 17　求 $y=\sin x$ 的 n 阶导数.

解　$y'=\cos x=\sin\left(x+\dfrac{\pi}{2}\right)$，

$$y''=-\sin x=\sin\left(x+2\cdot\frac{\pi}{2}\right),$$

$$y'''=-\cos x=\sin\left(x+3\cdot\frac{\pi}{2}\right),$$

一般地，可得 $y^{(n)}=\sin\left(x+n\cdot\frac{\pi}{2}\right)$.

同理，可以得到下列常用函数的高阶导数通项公式：

$$(\mathrm{e}^x)^{(n)}=\mathrm{e}^x\ ;$$

$$(\cos x)^{(n)}=\cos\left(x+n\cdot\frac{\pi}{2}\right);$$

$$(\ln x)^{(n)}=\frac{(-1)^{n-1}(n-1)!}{x^n}\ ;$$

$$(x^m)^{(n)}=\begin{cases} m(m-1)\cdots(m-n+1)x^{m-n}, & m>n, \\ m!, & m=n, \\ 0, & m<n. \end{cases}$$

如果函数 $u=u(x)$ 及 $v=v(x)$ 都在点 x 处具有 n 阶导数，则显然有

$$(u\pm v)^{(n)}=u^{(n)}\pm v^{(n)}\ .$$

但是乘积 $u(x)\cdot v(x)$ 的 n 阶导数却比较复杂，由 $(uv)'=u'v+uv'$ 首先可得

$$(uv)''=u''v+2u'v'+uv''\ ,$$

$$(uv)'''=u'''v+3u''v'+3u'v''+uv'''\ .$$

用数学归纳法可以证明

$$(uv)^{(n)}=u^{(n)}v+nu^{(n-1)}v'+\frac{n(n-1)}{2!}u^{(n-2)}v''+\cdots+\frac{n(n-1)\cdots(n-k+1)}{k!}u^{(n-k)}v^{(k)}+\cdots+uv^{(n)}.$$

上式称为**莱布尼茨公式**. 公式可以这样记忆：

把 $(u+v)^n$ 按二项式定理展开写成

$$(u+v)^n=u^n+nu^{n-1}v+\frac{n(n-1)}{2!}u^{n-2}v^2+\cdots+\frac{n(n-1)\cdots(n-k+1)}{k!}u^{n-k}v^k+\cdots+v^n.$$

即

$$(u+v)^n=\sum_{k=0}^{n}\mathrm{C}_n^k u^{n-k}v^k\ .$$

然后把其中的 k 次幂换成 k 阶导数(零阶导数理解为函数本身)，再把左端的 $u+v$ 换成 uv，这样就得到莱布尼茨公式

$$(uv)^{(n)}=\sum_{k=0}^{n}\mathrm{C}_n^k u^{(n-k)}v^{(k)}\ .$$

例 18　设 $y=x^2\mathrm{e}^{2x}$，求 $y^{(20)}$.

解　设 $u=\mathrm{e}^{2x}$，$v=x^2$，由莱布尼茨公式，得

$$\begin{aligned} y^{(20)}&=(\mathrm{e}^{2x})^{(20)}\cdot x^2+20(\mathrm{e}^{2x})^{(19)}\cdot(x^2)'+\frac{20(20-1)}{2!}(\mathrm{e}^{2x})^{(18)}\cdot(x^2)''+0 \\ &=2^{20}\mathrm{e}^{2x}x^2+20\cdot 2^{19}\mathrm{e}^{2x}\cdot 2x+\frac{20\cdot 19}{2!}2^{18}\mathrm{e}^{2x}\cdot 2 \\ &=2^{20}\mathrm{e}^{2x}(x^2+20x+95). \end{aligned}$$

2.3　微　　分

在理论研究和实际应用中，常会碰到这样的问题：当自变量 x 有微小变化时，求函数 $y=f(x)$ 的微小改变量 $\Delta y=f(x+\Delta x)-f(x)$．这个问题看似简单，但对于较复杂的函数形式，差值 $f(x+\Delta x)-f(x)$ 可能是一个更复杂的表达式，不易求出结果．一个想法是：设法将 Δy 表示成 Δx 的线性函数，即线性化，从而把复杂的问题化成简单问题．微分就是实现这种线性化的一种数学模型．

一、微分的定义

先分析一个具体问题，设边长为 x_0 的正方形铁片，受热后，边长从 x_0 增加到 $x_0+\Delta x$，问此金属片的面积改变了多少？

如图 2-4 所示，正方形面积的增量为

$$\Delta S=(x_0+\Delta x)^2-x_0^2=2x_0\Delta x+(\Delta x)^2 .$$

上式包括两部分，第一部分 $2x_0\Delta x$ 是 Δx 的线性函数，即图 2-4 中带有斜线的两个矩形面积之和；第二部分 $(\Delta x)^2$ 是图 2-4 中带有交叉斜线的小正方形的面积，当 $\Delta x\to 0$ 时，$(\Delta x)^2$ 是比 Δx 高阶的无穷小，即 $(\Delta x)^2=o(\Delta x)\ (\Delta x\to 0)$．

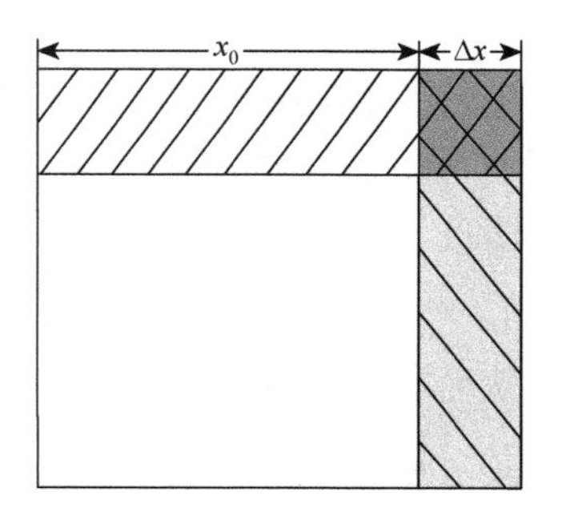

图 2-4

当 $|\Delta x|$ 很小时，面积的增量可以用第一部分近似，即

$$\Delta S\approx 2x_0\Delta x ,$$

且 $|\Delta x|$ 越小，近似程度越好．一般来说，若函数 $y=f(x)$ 存在上述近似式，在很多情况下有着重要的意义，于是，我们有下列定义：

定义 2.2　设函数 $y=f(x)$ 在点 x_0 的某邻域内有定义，当自变量在 x_0 处有改变量 Δx 时，如果函数的改变量 $\Delta y=f(x_0+\Delta x)-f(x_0)$ 可以表示为

$$\Delta y=A\Delta x+o(\Delta x) ,$$

其中 A 是与 Δx 无关的常数，$o(\Delta x)$ 表示当 $\Delta x\to 0$ 时的高阶无穷小，则称函数 $y=f(x)$ 在点 x_0 处**可微**，并称 $A\cdot\Delta x$ 为函数 $y=f(x)$ 在点 x_0 处的**微分**，记为 $\mathrm{d}y|_{x=x_0}$，即

$$\mathrm{d}y|_{x=x_0}=A\cdot\Delta x .$$

若函数 $y=f(x)$ 在某区间处处可微，则它的微分记为 $\mathrm{d}y$ 或 $\mathrm{d}f(x)$．

从微分的定义可以看出，微分是函数增量的近似值．

下面我们考虑 $f(x)$ 可微的条件是什么？可微时，A 等于什么？

定理 2.6　函数 $y=f(x)$ 在点 x_0 处可微的充分必要条件是 $y=f(x)$ 在点 x_0 处可导，并且函数的微分等于函数的导数与自变量的改变量的乘积，即

$$\mathrm{d}y=f'(x_0)\Delta x .$$

证　必要性　设 $y=f(x)$ 在点 x_0 处可微，即有

$$\Delta y=A\cdot\Delta x+o(\Delta x) .$$

两边同除以 Δx，得

$$\frac{\Delta y}{\Delta x}=A+\frac{o(\Delta x)}{\Delta x}.$$

当 $\Delta x\to 0$ 时，由上式得到

$$A=\lim_{\Delta x\to 0}\frac{\Delta y}{\Delta x}=f'(x_0).$$

即函数 $y=f(x)$ 在点 x_0 处可导，且 $A=f'(x_0)$.

充分性　若函数 $y=f(x)$ 在点 x_0 处可导，即

$$\lim_{\Delta x\to 0}\frac{\Delta y}{\Delta x}=f'(x_0),$$

根据极限与无穷小的关系，得

$$\frac{\Delta y}{\Delta x}=f'(x_0)+\alpha,$$

其中 $\alpha\to 0$（当 $\Delta x\to 0$），由此可得

$$\Delta y=f'(x_0)\cdot\Delta x+\alpha\Delta x.$$

因 $\alpha\Delta x=o(\Delta x)$，且 $f'(x_0)$ 不依赖于 Δx，由微分的定义知，函数 $y=f(x)$ 在点 x_0 处可微.

为了记号的统一，通常把自变量 x 的改变量称为自变量的微分，因为 $\mathrm{d}x=x'\cdot\Delta x=\Delta x$，所以

$$\mathrm{d}y=f'(x)\mathrm{d}x, \tag{2-8}$$

从而有 $\dfrac{\mathrm{d}y}{\mathrm{d}x}=f'(x)$，这说明导数可以看成函数的微分与自变量的微分之商，因此，导数也称为**微商**.

例 1　求函数 $y=x^2$ 当 x 由1改变到1.01时的微分.

解　函数的微分为

$$\mathrm{d}y=(x^2)'\mathrm{d}x=2x\mathrm{d}x.$$

由所给条件知 $x=1$，$\mathrm{d}x=\Delta x=1.01-1=0.01$，所以

$$\mathrm{d}y=2\cdot 1\cdot(0.01)=0.02.$$

二、微分的计算

根据函数微分的表达式(2-8)，函数的微分等于函数的导数乘以自变量的微分(或改变量). 由此可得基本初等函数的微分公式和微分运算法则.

1. 基本初等函数的微分公式

(1) $\mathrm{d}(C)=0$（C 为常数）；　　(2) $\mathrm{d}(x^\mu)=\mu x^{\mu-1}\mathrm{d}x$；

(3) $\mathrm{d}(\sin x)=\cos x\mathrm{d}x$；　　(4) $\mathrm{d}(\cos x)=-\sin x\mathrm{d}x$；

(5) $\mathrm{d}(\tan x)=\sec^2 x\mathrm{d}x$；　　(6) $\mathrm{d}(\cot x)=-\csc^2 x\mathrm{d}x$；

(7) $\mathrm{d}(\sec x)=\sec x\tan x\mathrm{d}x$；　　(8) $\mathrm{d}(\csc x)=-\csc x\cot x\mathrm{d}x$；

(9) $d(a^x)=a^x\ln a dx$；

(10) $d(e^x)=e^x dx$；

(11) $d(\log_a x)=\dfrac{1}{x\ln a}dx$；

(12) $d(\ln x)=\dfrac{1}{x}dx$；

(13) $d(\arcsin x)=\dfrac{1}{\sqrt{1-x^2}}dx$；

(14) $d(\arccos x)=-\dfrac{1}{\sqrt{1-x^2}}dx$；

(15) $d(\arctan x)=\dfrac{1}{1+x^2}dx$；

(16) $d(\operatorname{arccot} x)=-\dfrac{1}{1+x^2}dx$.

2. 微分的四则运算法则

(1) $d(Cu)=Cdu$ (C 为常数)；

(2) $d(u\pm v)=du\pm dv$；

(3) $d(uv)=vdu+udv$；

(4) $d\left(\dfrac{u}{v}\right)=\dfrac{vdu-udv}{v^2}$.

3. 复合函数的微分法则

设 $y=f(u)$，$u=g(x)$，现在我们进一步推导复合函数 $y=f[g(x)]$ 的微分法则.

如果 $y=f(u)$ 及 $u=g(x)$ 都可导，则复合函数 $y=f[g(x)]$ 的微分为

$$dy=f'(u)g'(x)dx,$$

由于 $g'(x)dx=du$，故复合函数 $y=f[g(x)]$ 的微分也可写成

$$dy=f'(u)du.$$

由此可见，无论 u 是自变量还是复合函数的中间变量，函数 $y=f(u)$ 的微分总是可以按式(2-8)的形式来写. 这一性质称为**微分形式的不变性**. 利用这一性质，可以简化微分的有关运算.

例 2　求函数 $y=x^2e^{3x}$ 的微分.

解　由微分的乘法法则和基本微分公式，得

$$dy=e^{3x}d(x^2)+x^2d(e^{3x})=e^{3x}\cdot 2xdx+x^2\cdot 3e^{3x}dx=xe^{3x}(2+3x)dx.$$

也可以先求导，再写成微分表达式(2-8)的形式. 即

$$y'=2xe^{3x}+3x^2e^{3x}=xe^{3x}(2+3x),$$

$$dy=y'dx=xe^{3x}(2+3x)dx.$$

例 3　求函数 $y=\dfrac{\cos x}{x}$ 的微分.

解　$dy=\dfrac{xd(\cos x)-\cos xd(x)}{x^2}=\dfrac{-x\cdot\sin xdx-\cos xdx}{x^2}=-\dfrac{x\sin x+\cos x}{x^2}dx.$

或者，先求导，得 $y'=\dfrac{-x\sin x-\cos x}{x^2}$，再代入公式，得到 $dy=y'dx=-\dfrac{x\sin x+\cos x}{x^2}dx$.

例 4　设 $y=\sin(x^2+1)$，求 dy.

解　设 $y=\sin u$，$u=x^2+1$，则

$$
\begin{aligned}
\mathrm{d}y &= \mathrm{d}\sin u = \cos u\mathrm{d}u = \cos(x^2+1)\mathrm{d}(x^2+1) \\
&= \cos(x^2+1)\cdot 2x\mathrm{d}x = 2x\cos(x^2+1)\mathrm{d}x.
\end{aligned}
$$

与复合函数求导类似, 求复合函数的微分也可以不写出中间变量, 而是按照复合的次序逐层求微分.

例 5　已知 $y=\ln^2(1-x)$, 求 $\mathrm{d}y$.

解　$\mathrm{d}y=\mathrm{d}\ln^2(1-x)=2\ln(1-x)\mathrm{d}\ln(1-x)$

$$
=2\ln(1-x)\cdot\frac{1}{1-x}\mathrm{d}(1-x)=\frac{2\ln(1-x)}{x-1}\mathrm{d}x.
$$

例 6　求由方程 $\cos xy=y$ 所确定的隐函数 $y=f(x)$ 的微分 $\mathrm{d}y$.

解　对方程两边求微分, 得

$$
\mathrm{d}(\cos xy)=\mathrm{d}y,
$$

$$
-\sin xy\mathrm{d}(xy)=\mathrm{d}y,
$$

$$
-\sin xy(y\mathrm{d}x+x\mathrm{d}y)=\mathrm{d}y,
$$

整理得

$$
\mathrm{d}y=-\frac{y\sin xy}{1+x\sin xy}\mathrm{d}x.
$$

例 7　在下列等式的括号中填入适当的函数, 使等式成立.

(1) $\mathrm{d}(\quad)=\cos 3x\mathrm{d}x$;　　(2) $\mathrm{d}(\quad)=\dfrac{1}{\sqrt{x}}\mathrm{d}x$.

解　(1) 因为 $\mathrm{d}(\sin 3x)=3\cos 3x\mathrm{d}x$, 所以 $\cos 3x\mathrm{d}x=\dfrac{1}{3}\mathrm{d}(\sin 3x)=\mathrm{d}\left(\dfrac{\sin 3x}{3}\right)$, 即

$$
\mathrm{d}\left(\frac{\sin 3x}{3}\right)=\cos 3x\mathrm{d}x.
$$

一般地, 有 $\mathrm{d}\left(\dfrac{\sin 3x}{3}+C\right)=\cos 3x\mathrm{d}x$ (C 为任意常数).

(2) 因为 $\mathrm{d}(\sqrt{x})=\dfrac{1}{2\sqrt{x}}\mathrm{d}x$, 所以 $\dfrac{1}{\sqrt{x}}\mathrm{d}x=2\mathrm{d}(\sqrt{x})=\mathrm{d}(2\sqrt{x})$, 即 $\mathrm{d}(2\sqrt{x})=\dfrac{1}{\sqrt{x}}\mathrm{d}x$. 一般地, 有 $\mathrm{d}(2\sqrt{x}+C)=\dfrac{1}{\sqrt{x}}\mathrm{d}x$ (C 为任意常数).

三、微分的几何意义

在直角坐标系中作函数 $y=f(x)$ 的图形(图 2-5), 在曲线上取定点 $M(x_0,y_0)$, 过 M 点作曲线的切线 MT, 则此切线的斜率为

$$f'(x)=\tan\alpha .$$

当自变量在点 x_0 处取得改变量 Δx 时，就得到曲线上另外一点 $N(x_0+\Delta x, y_0+\Delta y)$，如图 2-5 所示，易知

$MR=\Delta x$，$NR=\Delta y$，$PR=MR\tan\alpha=f'(x)\Delta x=\mathrm{d}y$.

因此可知，当 Δy 是曲线 $y=f(x)$ 上点的纵坐标的增量时，$\mathrm{d}y$ 就是曲线的切线上点的纵坐标的增量. 由于当 $|\Delta x|$ 很小时，$|\Delta y-\mathrm{d}y|$ 比 $|\Delta x|$ 要小得多，因此，在点 M 的邻近，我们可以用切线段 MT 近似代替曲线段 MN .

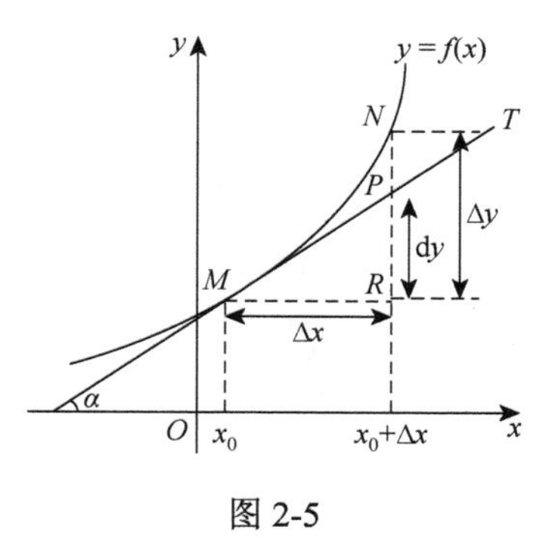

图 2-5

四、微分的应用——近似计算

由前面的讨论可知，当函数 $y=f(x)$ 在点 x_0 处的导数 $f'(x_0)\neq 0$ 且 $|\Delta x|$ 很小时，有

$$\Delta y\approx \mathrm{d}y ,$$

所以

$$f(x_0+\Delta x)-f(x_0)\approx f'(x_0)\Delta x ,$$

即

$$f(x_0+\Delta x)\approx f(x_0)+f'(x_0)\Delta x . \tag{2-9}$$

若令 $x=x_0+\Delta x$，则 $\Delta x=x-x_0$，从而

$$f(x)\approx f(x_0)+f'(x_0)(x-x_0) . \tag{2-10}$$

常用式(2-9)和(2-10)作函数的近似计算.

例 8　求 $\sqrt[3]{1.01}$ 的近似值.

解　令 $f(x)=\sqrt[3]{x}$，$x_0=1$，$\Delta x=0.01$，则

$$f'(x)=\frac{1}{3}x^{-\frac{2}{3}},\quad f(1)=1,\quad f'(1)=\frac{1}{3},$$

由式(2-9)得

$$\sqrt[3]{1.01}\approx f(1)+f'(1)\Delta x=1+\frac{1}{3}\cdot 0.01\approx 1.0033 .$$

习　题　2

1. 设 $f(x)$ 可导，求下列极限.

(1) $\lim\limits_{\Delta x\to 0}\dfrac{f(x-\Delta x)-f(x)}{\Delta x}$；

(2) $\lim\limits_{\Delta x\to 0}\dfrac{f(x-3\Delta x)-f(x+\Delta x)}{\Delta x}$.

2. 求曲线 $y=\cos x$ 在点 $\left(\dfrac{\pi}{3},\dfrac{1}{2}\right)$ 处的切线方程和法线方程.

3. 当 x 取何值时，曲线 $y=x^2$ 和 $y=x^3$ 的切线平行.

4. 讨论下列函数在 $x=0$ 处的连续性和可导性.

(1) $f(x)=|\sin x|$；　　(2) $f(x)=\begin{cases}1+x, & x<0,\\ 1-x, & x\geqslant 0.\end{cases}$

5. 设函数 $f(x)=\begin{cases} x^2, & x\leqslant 1, \\ ax+b, & x>0 \end{cases}$ 在点 $x=1$ 处连续且可导, a 和 b 取何值?

6. 求下列函数的导数.

(1) $y=\dfrac{1-\ln x}{1+\ln x}$;　　(2) $y=\sin^n x\cdot\cos nx$;

(3) $y=x\sin x\ln x$;　　(4) $y=\ln(\sec x+\tan x)$;

(5) $y=\sqrt{x+\sqrt{x}}$;　　(6) $y=\mathrm{e}^{\arctan\sqrt{x}}$;

(7) $y=\ln\ln\ln x$;　　(8) $y=\ln\cos\dfrac{1}{x}$.

7. 设 $f(x)$ 可导, 求下列函数的导数.

(1) $y=f(x^2)$;

(2) $y=f(\sin^2 x)+f(\cos^2 x)$.

8. 求下列方程所确定的隐函数的导数 $\dfrac{\mathrm{d}y}{\mathrm{d}x}$.

(1) $y^2-2xy+9=0$;　　(2) $xy=\mathrm{e}^{x+y}$.

9. 用对数求导法求下列函数的导数.

(1) $y=\left(\dfrac{x}{1+x}\right)^x$;　　(2) $y=\dfrac{\sqrt{x+2}(3-x)^4}{(x+1)^5}$.

10. 求下列函数的导数.

(1) $y=\dfrac{\mathrm{e}^x}{x}$, 求 $\dfrac{\mathrm{d}^2y}{\mathrm{d}x^2}$;　　(2) $y=\sqrt{(1-x^2)^3}$, 求 $\dfrac{\mathrm{d}^2y}{\mathrm{d}x^2}$;

(3) $x^2+y^2=R^2$, 求 $\dfrac{\mathrm{d}^3y}{\mathrm{d}x^3}$;　　(4) 设 $y=\ln[f(x)]$, 且 $f''(x)$ 存在, 求 $\dfrac{\mathrm{d}^2y}{\mathrm{d}x^2}$.

11. 已知 $y=x^3-x$, 计算在 $x=2$ 处当 $\Delta x=1$, 0.1, 0.01 时 Δy 及 $\mathrm{d}y$.

12. 求下列函数的微分.

(1) $y=\dfrac{1}{x}+2\sqrt{x}$;　　(2) $y=x\sin 2x$;

(3) $y=\dfrac{x}{\sqrt{x^2+1}}$;　　(4) $y=\tan^2(1+2x^2)$.

13. 将适当的函数填入括号内, 使等式成立.

(1) $\mathrm{d}(\quad)=2\mathrm{d}x$;　　(2) $\mathrm{d}(\quad)=3x\mathrm{d}x$;

(3) $\mathrm{d}(\quad)=\mathrm{e}^{-2x}\mathrm{d}x$;　　(4) $\mathrm{d}(\quad)=\sec^2 3x\mathrm{d}x$.

14. 计算下列根式的近似值.

(1) $\sqrt[3]{996}$;　　(2) $\sqrt[6]{65}$.

第 3 章　微分中值定理与导数的应用

在第2章中介绍的导数与微分反映了函数的局部性质，而微分中值定理则通过这些局部性质反映函数的整体性质. 本章以三个中值定理作为理论基础，进一步介绍利用导数研究函数的性态，例如，判定函数的单调性和凹凸性，求函数的极限、极值以及最值的方法.

3.1　微分中值定理

一、罗尔定理

首先，我们观察图 3-1. 设函数 $y=f(x)$ 在区间 $[a,b]$ 上的图形是一条连续光滑的曲线弧，且在区间 $[a,b]$ 的两个端点处的函数值相等，即 $f(a)=f(b)$，则可以发现在曲线弧的最高点或最低点处，曲线有水平切线，即有 $f'(\xi)=0$. 如果用数学分析的语言把这个几何现象描述出来，就可得到下面的罗尔定理. 为了应用方便，先介绍费马引理.

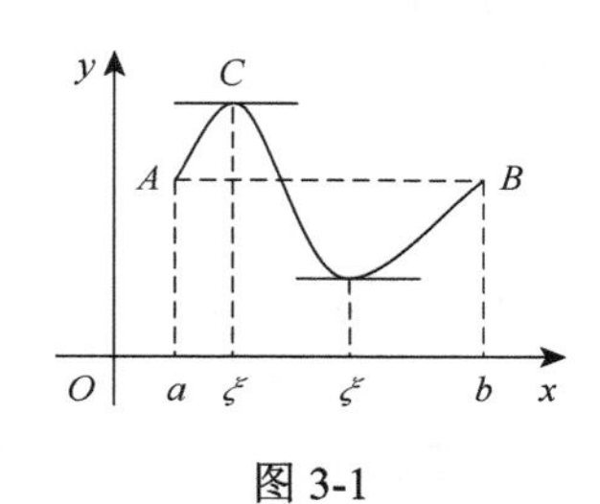

图 3-1

费马引理　设函数 $f(x)$ 在点 x_0 的某邻域 $U(x_0)$ 内有定义，并且在 x_0 处可导，如果对任意的 $x\in U(x_0)$，有

$$f(x)\leqslant f(x_0)\quad（或 f(x)\geqslant f(x_0)），$$

那么

$$f'(x)=0.$$

证　不妨设 $x\in U(x_0)$ 时，$f(x)\leqslant f(x_0)$（若 $f(x)\geqslant f(x_0)$，可以类似证明)，于是对于 $x_0+\Delta x\in U(x_0)$，有 $f(x_0+\Delta x)\leqslant f(x_0)$，从而

$$当 \Delta x>0 时，\ \frac{f(x_0+\Delta x)-f(x_0)}{\Delta x}\leqslant 0,$$

$$当 \Delta x<0 时，\ \frac{f(x_0+\Delta x)-f(x_0)}{\Delta x}\geqslant 0.$$

由函数在 x_0 可导的条件及极限的保号性可得

$$f'(x_0)=f'_+(x_0)=\lim_{\Delta x\to 0^+}\frac{f(x_0+\Delta x)-f(x_0)}{\Delta x}\leqslant 0,$$

$$f'(x_0)=f'_-(x_0)=\lim_{\Delta x\to 0^-}\frac{f(x_0+\Delta x)-f(x_0)}{\Delta x}\geqslant 0.$$

所以 $f'(x_0)=0$.

定理 3.1(罗尔(Rolle)定理) 如果函数 $f(x)$ 满足

(1) 在闭区间 $[a,b]$ 上连续;

(2) 在开区间 (a,b) 内可导;

(3) 在区间端点处的函数值相等, 即 $f(a)=f(b)$.

那么在 (a,b) 内至少有一点 $\xi(a<\xi<b)$, 使得

$$f'(\xi)=0. \tag{3-1}$$

证 因为 $f(x)$ 在闭区间 $[a,b]$ 上连续, 根据闭区间上连续函数的性质知, $f(x)$ 在闭区间 $[a,b]$ 上必取得最大值 M 和最小值 m.

若 $M=m$, 则 $f(x)$ 在区间 $[a,b]$ 上恒等于一个常数 M, 于是, 在开区间内的每一个点都有 $f'(x)=0$; 若 $M\neq m$, 由于 $f(a)=f(b)$, 所以 M 和 m 至少有一个不等于 $f(a)$. 不妨设 $M\neq f(a)$, 那么在 (a,b) 内至少有一点 ξ, 使得 $f(\xi)=M$. 再由费马引理可知 $f'(\xi)=0$.

注意 如果函数不完全具备定理中所设条件, 那么结论就可能不成立, 即定理中的条件是充分非必要的. 例如, 函数 $f(x)=1-\sqrt[3]{x^2}$ 在闭区间 $[-1,1]$ 上连续(满足定理 3.1 中的条件(1)), 且在两个端点上的函数值都为零(满足定理 3.1 中的条件(3)), 但其导数 $f'(x)=-\dfrac{2}{3\sqrt[3]{x}}$, 在 $(-1,1)$ 内任何一点均不为零, 这是因为在开区间 $(-1,1)$ 内存在点 $x=0$, 在这点的导数不存在(不满足定理 3.1 中的条件(2)).

罗尔定理的几何意义是: 若连续曲线弧 AB 上除端点 A, B 外处处有不垂直于 x 轴的切线, 并且两个端点的纵坐标相等, 则在此弧上至少能找到一点, 使曲线在该点的切线平行于 x 轴. 如图 3-1 所示, 在曲线的最高点和最低点处, 切线是水平的.

例 1 验证函数 $f(x)=\ln\sin x$ 在区间 $\left[\dfrac{\pi}{6},\dfrac{5\pi}{6}\right]$ 上满足罗尔定理的条件, 并求出满足定理的 ξ.

证 因为函数 $f(x)=\ln\sin x$ 是初等函数, 在闭区间 $\left[\dfrac{\pi}{6},\dfrac{5\pi}{6}\right]$ 上连续, 在开区间 $\left(\dfrac{\pi}{6},\dfrac{5\pi}{6}\right)$ 内可导, 且在区间端点处有 $f\left(\dfrac{\pi}{6}\right)=f\left(\dfrac{5\pi}{6}\right)=-\ln 2$, 所以函数 $f(x)=\ln\sin x$ 满足罗尔定理的条件.

再由罗尔定理知, 在开区间 $\left(\dfrac{\pi}{6},\dfrac{5\pi}{6}\right)$ 内至少存在一点 ξ, 使得 $f'(\xi)=\dfrac{\cos\xi}{\sin\xi}=0$, 于是 $\cos\xi=0$, 此时 $\xi=\dfrac{\pi}{2}$.

需要指出的是, 罗尔定理只给出了结论中导函数的零点的存在性, 通常这样的零点是不易具体求出的.

例 2 证明方程 $x^5-5x+1=0$ 有且仅有一个小于 1 的正实根.

证 设 $f(x)=x^5-5x+1$, 则 $f(x)$ 在 $[0,1]$ 上连续, 且 $f(0)=1$, $f(1)=-3$. 由介值定理知, 存在点 $x_0\in(0,1)$, 使 $f(x_0)=0$, 即 x_0 是方程的小于 1 的正实根.

再来证明唯一性. 用反证法, 设另有 $x_1\in(0,1)$, $x_1\neq x_0$, 使 $f(x_1)=0$. 易见函数 $f(x)$ 在

以 x_0，x_1 为端点的区间上满足罗尔定理的条件，故至少存在一点 ξ（介于 x_0，x_1 之间），使得 $f'(\xi)=0$．但 $f'(x)=5(x^4-1)<0$，其中 $x\in(0,1)$，与假设矛盾．所以 x_0 是方程唯一的小于 1 的正实根．

二、拉格朗日中值定理

在罗尔定理中，$f(a)=f(b)$ 这个条件是相当特殊的，它使罗尔定理的应用受到了限制．拉格朗日在罗尔定理的基础上作了进一步的研究，取消了罗尔定理中这个条件的限制，但仍保留了其余两个条件，得到了在微分学中具有重要地位的拉格朗日中值定理．

定理 3.2（拉格朗日（Lagrange）中值定理）　如果函数 $f(x)$ 满足

（1）在闭区间 $[a,b]$ 上连续；

（2）在开区间 (a,b) 内可导．

那么在 (a,b) 内至少有一点 $\xi(a<\xi<b)$，使得

$$f(b)-f(a)=f'(\xi)(b-a). \tag{3-2}$$

若将式（3-2）改写成

$$f'(\xi)=\frac{f(b)-f(a)}{b-a}, \tag{3-3}$$

由图 3-2 易知，$\dfrac{f(b)-f(a)}{b-a}$ 是曲线 $y=f(x)$ 上弦 AB 的斜率．因此，拉格朗日中值定理的几何意义是：如果连续曲线 $y=f(x)$ 的弧 AB 上除端点外处处都有不垂直于 x 轴的切线，则在弧上至少能找到一点 C，使曲线在该点处的切线平行于弦 AB．

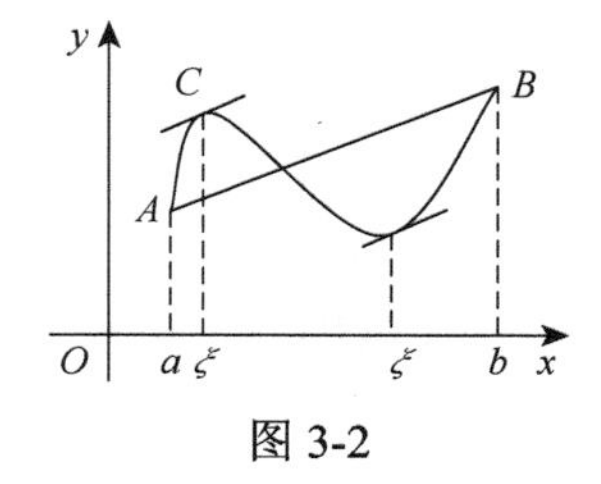

图 3-2

公式（3-2）和（3-3）称为**拉格朗日中值公式**．

证　作辅助函数

$$F(x)=f(x)-\left[f(a)+\frac{f(b)-f(a)}{b-a}(x-a)\right],$$

容易验证 $F(x)$ 满足罗尔定理的条件，即

（1）$F(x)$ 在闭区间 $[a, b]$ 上连续（因 $f(x)$ 在 $[a, b]$ 上连续）；

（2）$F(x)$ 在开区间 (a, b) 内可导（因 $f(x)$ 在 (a, b) 内可导）且

$$F'(x)=f'(x)-\frac{f(b)-f(a)}{b-a};$$

（3）$F(a)=F(b)=0$．

因此，由罗尔定理知，在 (a,b) 内至少存在一点 ξ，使 $F'(\xi)=0$，即

$$f'(\xi)=\frac{f(b)-f(a)}{b-a}.$$

拉格朗日中值定理可表达为另一种形式：

设 x，$x+\Delta x\in(a,b)$，在以 x，$x+\Delta x$ 为端点的区间上应用式（3-2），则有

$$f(x+\Delta x)-f(x)=f'(\xi)\Delta x,$$

这里ξ介于x与$x+\Delta x$之间，因此ξ又可以表示成$\xi=x+\theta\Delta x\ (0<\theta<1)$. 从而有

$$f(x+\Delta x)-f(x)=f'(x+\theta\Delta x)\Delta x \quad (0<\theta<1), \tag{3-4}$$

或

$$\Delta y=f'(x+\theta\Delta x)\Delta x \quad (0<\theta<1), \tag{3-5}$$

在第 2 章中，函数的微分$\mathrm{d}y=f'(x)\Delta x$是函数改变量(或增量) Δy的近似表达式，且只有当$\Delta x\to 0$时，其差$\Delta y-\mathrm{d}y$才趋于零. 而公式(3-5)则表示在Δx为有限时，$f'(x+\theta\Delta x)\Delta x$就是函数增量$\Delta y$的精确表达式. 因此，拉格朗日中值定理也称为**有限增量定理**，公式(3-4)、(3-5)也称为**有限增量公式**.

拉格朗日中值定理有如下两个重要推论.

推论 1　如果函数$f(x)$在区间I上的导数恒为零，那么$f(x)$在区间I上是一个常数.

证　在区间I上任取两点$x_1, x_2(x_1<x_2)$，在区间$[x_1,x_2]$上应用拉格朗日中值定理，由式(3-2)得

$$f(x_2)-f(x_1)=f'(\xi)(x_2-x_1) \quad (x_1<\xi<x_2).$$

由假设知$f'(\xi)=0$，于是

$$f(x_1)=f(x_2).$$

再由x_1，x_2的任意性知，$f(x)$在区间I上任意点处的函数值都相等，即$f(x)$在区间I上是一个常数.

推论 2　如果函数$f(x)$和$g(x)$在区间I上恒有$f'(x)=g'(x)$，则在区间I上

$$f(x)=g(x)+C(C为常数).$$

证　因为对区间I上任意的x，都有$f'(x)=g'(x)$，由导数运算法则

$$[f(x)-g(x)]'=f'(x)-g'(x)=0.$$

根据推论 1 可知

$$f(x)-g(x)=C \quad (C为常数)$$

即$f(x)=g(x)+C$.

例 3　证明：$\arcsin x+\arccos x=\dfrac{\pi}{2}(-1\leqslant x\leqslant 1)$.

证　设$f(x)=\arcsin x+\arccos x\ (-1\leqslant x\leqslant 1)$，则

$$f'(x)=\frac{1}{\sqrt{1-x^2}}-\frac{1}{\sqrt{1-x^2}}=0, \quad -1<x<1.$$

由推论 1 可知，在$(-1,1)$内恒有

$$\arcsin x+\arccos x=C, \quad -1<x<1,$$

令$x=0$得$C=\dfrac{\pi}{2}$.

又因为$f(-1)=\arcsin(-1)+\arccos(-1)=\dfrac{\pi}{2}$，$f(1)=\arcsin 1+\arccos 1=\dfrac{\pi}{2}$，故

$$\arcsin x+\arccos x=\frac{\pi}{2}, \ -1\leqslant x\leqslant 1.$$

例 4　证明：$\frac{1}{1+x}<\ln(1+x)<x(x>0)$.

证　设 $f(x)=\ln(1+x)$，显然 $f(x)$ 在区间 $[0,x]$ 上满足拉格朗日中值定理的条件，由式(3-2)得

$$f(x)-f(0)=f'(\xi)(x-0),\quad 0<\xi<x,$$

因为 $f(0)=0$，$f'(x)=\frac{1}{1+x}$，则上式为

$$\ln(1+x)=\frac{x}{1+\xi}.$$

又由 $0<\xi<x$，有

$$\frac{x}{1+x}<\frac{x}{1+\xi}<x.$$

于是

$$\frac{1}{1+x}<\ln(1+x)<x.$$

通过例 3、例 4，我们可以总结用拉格朗日中值定理证明等式或不等式的思路：

(1)构造辅助函数；

(2)确定区间，使得辅助函数在该区间上满足定理条件；

(3)使用中值定理.

三、柯西中值定理

定理 3.3(柯西(Cauchy)中值定理)　如果函数 $f(x)$ 及 $g(x)$满足

(1)在闭区间$[a, b]$上连续；

(2)在开区间(a, b)内可导，且 $g'(x)\neq 0$；

那么在(a, b)内至少有一点 $\xi(a<\xi<b)$，使得

$$\frac{f(b)-f(a)}{g(b)-g(a)}=\frac{f'(\xi)}{g'(\xi)}. \tag{3-6}$$

证　作辅助函数

$$F(x)=f(x)-\frac{f(b)-f(a)}{g(b)-g(a)}g(x).$$

容易验证，$F(x)$在$[a, b]$上连续，在(a, b)内可导，且

$$F(a)=F(b)=\frac{f(a)g(b)-f(b)g(a)}{g(b)-g(a)}.$$

根据罗尔定理，在(a, b)内至少有一点 ξ，使得

$$F'(\xi)=f'(\xi)-\frac{f(b)-f(a)}{g(b)-g(a)}g'(\xi)=0,$$

由条件知 $g'(\xi)\neq 0$，所以

$$\frac{f(b)-f(a)}{g(b)-g(a)}=\frac{f'(\xi)}{g'(\xi)}.$$

显然，若取 $g(x)=x$，则 $g(b)-g(a)=b-a$，$g'(x)=1$，公式(3-6)可写成

$$f(b)-f(a)=f'(\xi)(b-a)\quad (a<\xi<b).$$

这就是公式(3-2)，因此拉格朗日中值定理是柯西中值定理的一个特例.

例 5　设函数 $f(x)$ 在[0, 1]上连续，在(0, 1)内可导，证明至少存在一点 $\xi\in(0,1)$，使

$$f'(\xi)=2\xi[f(1)-f(0)].$$

证　题设结论可改写成

$$\frac{f(1)-f(0)}{1-0}=\frac{f'(\xi)}{2\xi}=\left.\frac{f'(x)}{(x^2)'}\right|_{x=\xi}.$$

因此，可设函数 $g(x)=x^2$，则 $f(x)$ 和 $g(x)$ 在 $[0,1]$ 上满足柯西中值定理的条件，所以在 $(0,1)$ 内至少一点 ξ，使 $\dfrac{f(1)-f(0)}{1-0}=\dfrac{f'(\xi)}{2\xi}$ 成立，即

$$f'(\xi)=2\xi[f(1)-f(0)].$$

3.2　洛必达法则

如果当 $x\to a$(或$x\to\infty$) 时，函数 $f(x)$ 和 $g(x)$ 都趋于零或趋于无穷大，那么极限 $\lim\limits_{x\to a}\dfrac{f(x)}{g(x)}\left(或\lim\limits_{x\to\infty}\dfrac{f(x)}{g(x)}\right)$ 可能存在，也可能不存在，通常把这种极限称为**未定式**，并分别记为 $\dfrac{0}{0}$ 或 $\dfrac{\infty}{\infty}$.

例如，$\lim\limits_{x\to 0}\dfrac{\sin x}{x}$，$\lim\limits_{x\to 0}\dfrac{\ln(x+1)}{x^2}$，$\lim\limits_{x\to\infty}\dfrac{x^3}{e^x}$ 等就是未定式.

下面我们将根据柯西中值定理来推出求这类未定式极限的一种方法——**洛必达(L'Hospital)法则**.

一、$\dfrac{0}{0}$ 型未定式

定理 3.4　设函数 $f(x)$ 和 $g(x)$ 满足：

(1) $\lim\limits_{x\to a}f(x)=0$，$\lim\limits_{x\to a}g(x)=0$；

(2) 在点 a 的某去心邻域内，$f'(x)$ 及 $g'(x)$ 都存在且 $g'(x)\neq 0$；

(3) $\lim\limits_{x\to a}\dfrac{f'(x)}{g'(x)}$ 存在(或为无穷大).

则

$$\lim_{x\to a}\frac{f(x)}{g(x)}=\lim_{x\to a}\frac{f'(x)}{g'(x)}.$$

证　因为极限 $\lim\limits_{x\to a}\dfrac{f(x)}{g(x)}$ 是否存在与 $f(a)$，$g(a)$ 无关，所以可以假定 $f(a)=g(a)=0$.

于是，由条件(1)、(2)可知，函数 $f(x)$ 及 $g(x)$ 在点 a 的某一邻域内是连续的. 设 x 是该邻域内任意一点，那么在 x 及 a 为端点的区间上满足柯西中值定理的条件，从而存在 ξ（ξ 介于 x 与 a 之间），使得

$$\frac{f(x)}{g(x)}=\frac{f(x)-f(a)}{g(x)-g(a)}=\frac{f'(\xi)}{g'(\xi)}.$$

取极限有 $\lim\limits_{x\to a}\frac{f(x)}{g(x)}=\lim\limits_{x\to a}\frac{f'(x)}{g'(x)}=\lim\limits_{\xi\to a}\frac{f'(x)}{g'(x)}$.

由条件(3)知结论成立.

上述定理给出的这种在一定条件下通过对分子、分母分别求导，再求极限来确定未定式的值的方法称为**洛必达法则**.

例 1　求 $\lim\limits_{x\to 0}\frac{(1+x)^2-1}{x}$.

解　这是 $\frac{0}{0}$ 型未定式，由洛必达法则，可得

$$\lim_{x\to 0}\frac{(1+x)^2-1}{x}=\lim_{x\to 0}\frac{2(1+x)}{1}=2.$$

如果 $\frac{f'(x)}{g'(x)}$，当 $x\to a$ 时仍为 $\frac{0}{0}$ 型未定式，且 $f'(x)$ 及 $g'(x)$ 仍满足定理中的条件，那么可继续用洛必达法则. 即

$$\lim_{x\to a}\frac{f(x)}{g(x)}=\lim_{x\to a}\frac{f'(x)}{g'(x)}=\lim_{x\to a}\frac{f''(x)}{g''(x)},$$

且可依此类推.

例 2　求 $\lim\limits_{x\to 1}\frac{x^3-3x+2}{x^3-x^2-x+1}$.

解　这是 $\frac{0}{0}$ 型未定式，连续应用洛必达法则两次，可得

$$\lim_{x\to 1}\frac{x^3-3x+2}{x^3-x^2-x+1}=\lim_{x\to 1}\frac{3x^2-3}{3x^2-2x-1}=\lim_{x\to 1}\frac{6x}{6x-2}=\frac{3}{2}.$$

例 3　求 $\lim\limits_{x\to 0}\frac{\mathrm{e}^x+\mathrm{e}^{-x}-2}{1-\cos x}$.

解　$\lim\limits_{x\to 0}\frac{\mathrm{e}^x+\mathrm{e}^{-x}-2}{1-\cos x}=\lim\limits_{x\to 0}\frac{\mathrm{e}^x-\mathrm{e}^{-x}}{\sin x}=\lim\limits_{x\to 0}\frac{\mathrm{e}^x+\mathrm{e}^{-x}}{\cos x}=2$.

推论　设函数 $f(x)$ 和 $g(x)$ 满足

(1) $\lim\limits_{x\to\infty}f(x)=0$，$\lim\limits_{x\to\infty}g(x)=0$；

(2) 存在正数 X，当 $|x|>X$ 时，$f'(x)$ 及 $g'(x)$ 都存在且 $g'(x)\neq 0$；

(3) $\lim\limits_{x\to\infty}\frac{f'(x)}{g'(x)}$ 存在(或为无穷大).

则

$$\lim_{x\to\infty}\frac{f(x)}{g(x)}=\lim_{x\to\infty}\frac{f'(x)}{g'(x)}.$$

例 4　求 $\lim\limits_{x\to\infty}\dfrac{\dfrac{\pi}{2}-\arctan x}{\dfrac{1}{x}}$.

解　$\lim\limits_{x\to\infty}\dfrac{\dfrac{\pi}{2}-\arctan x}{\dfrac{1}{x}}=\lim\limits_{x\to\infty}\dfrac{-\dfrac{1}{1+x^2}}{-\dfrac{1}{x^2}}=\lim\limits_{x\to\infty}\dfrac{x^2}{1+x^2}=1$.

二、$\dfrac{\infty}{\infty}$型未定式

定理 3.5　设函数 $f(x)$ 和 $g(x)$ 满足:

(1) $\lim\limits_{x\to a}f(x)=\infty$，$\lim\limits_{x\to a}g(x)=\infty$；

(2) 在点 a 的某去心邻域内，$f'(x)$ 及 $g'(x)$ 都存在且 $g'(x)\neq 0$；

(3) $\lim\limits_{x\to a}\dfrac{f'(x)}{g'(x)}$ 存在(或为无穷大).

则

$$\lim_{x\to a}\frac{f(x)}{g(x)}=\lim_{x\to a}\frac{f'(x)}{g'(x)}.$$

同理，对于当 $x\to\infty$ 时的 $\dfrac{\infty}{\infty}$ 型未定式，定理 3.5 仍适用.

例 5　求 $\lim\limits_{x\to 0^+}\dfrac{\ln\cot x}{\ln x}$.

解　这是 $\dfrac{\infty}{\infty}$ 型未定式，由洛必达法则，可得

$$\lim_{x\to 0^+}\frac{\ln\cot x}{\ln x}=\lim_{x\to 0^+}\frac{\dfrac{1}{\cot x}(-\csc^2 x)}{\dfrac{1}{x}}=-\lim_{x\to 0^+}\frac{x}{\sin x\cos x}=-1.$$

例 6　求 $\lim\limits_{x\to+\infty}\dfrac{\ln x}{x^n}(n>0)$.

解　$\lim\limits_{x\to+\infty}\dfrac{\ln x}{x^n}=\lim\limits_{x\to+\infty}\dfrac{\dfrac{1}{x}}{nx^{n-1}}=\lim\limits_{x\to+\infty}\dfrac{1}{nx^n}=0$.

例 7　求 $\lim\limits_{x\to+\infty}\dfrac{x^n}{\mathrm{e}^{\lambda x}}(n\text{为正整数},\lambda>0)$.

解　反复应用洛必达法则 n 次，得

$$\lim_{x\to+\infty}\frac{x^n}{\mathrm{e}^{\lambda x}}=\lim_{x\to+\infty}\frac{nx^{n-1}}{\lambda\mathrm{e}^{\lambda x}}=\lim_{x\to+\infty}\frac{n(n-1)x^{n-2}}{\lambda^2\mathrm{e}^{\lambda x}}=\cdots=\lim_{x\to+\infty}\frac{n!}{\lambda^n\mathrm{e}^{\lambda x}}=0.$$

由例 6、例 7 可以看出，对数函数 $\ln x$、幂函数 $x^n(n>0)$、指数函数 $\mathrm{e}^{\lambda x}(\lambda>0)$ 均为

$x \to +\infty$ 时的无穷大，但这三个函数增大的“速度”很不一样，幂函数增大的“速度”比对数函数快，而指数函数增大的“速度”又比幂函数快得多.

洛必达法则虽然是求未定式的一种有效方法，但若能与其他求极限的方法结合使用，效果会更好. 例如，能化简时尽量先化简，能用等价无穷小替换或重要极限时，要先使用，以使得运算尽可能简捷.

例 8　求 $\lim\limits_{x\to0}\dfrac{x-\sin x}{(1-\cos x)\ln(1+2x)}$.

解　当 $x\to0$ 时，$1-\cos x \sim \dfrac{1}{2}x^2$，$\ln(1+2x)\sim 2x$，所以

$$\lim_{x\to0}\frac{x-\sin x}{(1-\cos x)\ln(1+2x)}=\lim_{x\to0}\frac{x-\sin x}{\frac{1}{2}x^2\cdot 2x}=\lim_{x\to0}\frac{1-\cos x}{3x^2}=\lim_{x\to0}\frac{\frac{1}{2}x^2}{3x^2}=\frac{1}{6}.$$

另外，还需要指出在应用洛必达法则求极限 $\lim\limits_{x\to a}\dfrac{f(x)}{g(x)}\left(\text{或}\lim\limits_{x\to\infty}\dfrac{f(x)}{g(x)}\right)$ 时，如果 $\lim\limits_{x\to a}\dfrac{f'(x)}{g'(x)}$ $\left(\text{或}\lim\limits_{x\to\infty}\dfrac{f'(x)}{g'(x)}\right)$ 不存在且不等于 ∞，表明法则失效，并不意味着 $\lim\limits_{x\to a}\dfrac{f(x)}{g(x)}\left(\text{或}\lim\limits_{x\to\infty}\dfrac{f(x)}{g(x)}\right)$ 不存在，此时应改用其他方法求解.

例 9　求 $\lim\limits_{x\to0}\dfrac{x^2\sin\frac{1}{x}}{\sin x}$.

解　由于 $\lim\limits_{x\to0}\dfrac{\left(x^2\sin\frac{1}{x}\right)'}{(\sin x)'}=\lim\limits_{x\to0}\dfrac{2x\sin\frac{1}{x}-\cos\frac{1}{x}}{\cos x}$ 不存在，也不为 ∞，故洛必达法则失效. 可用以下方法求极限.

$$\lim_{x\to0}\frac{x^2\sin\frac{1}{x}}{\sin x}=\lim_{x\to0}\left(\frac{x}{\sin x}\cdot x\sin\frac{1}{x}\right)=\lim_{x\to0}\frac{x}{\sin x}\cdot\lim_{x\to0}x\sin\frac{1}{x}=1\cdot0=0.$$

三、其他类型的未定式

除了 $\dfrac{0}{0}$ 与 $\dfrac{\infty}{\infty}$ 型的未定式以外，还有 $0\cdot\infty,\infty-\infty,0^0,1^\infty,\infty^0$ 等类型的未定式，计算这些类型的未定式，需要先将其转化为 $\dfrac{0}{0}$ 或 $\dfrac{\infty}{\infty}$ 型的未定式，然后再利用洛必达法则或其他方法求极限.

1. $0\cdot\infty$型未定式

将乘积化为除的形式，即化为 $\dfrac{0}{0}$ 型或 $\dfrac{\infty}{\infty}$ 型未定式来计算.

例 10 求 $\lim\limits_{x\to+\infty} x^{-2}\mathrm{e}^x$.

解 $\lim\limits_{x\to+\infty} x^{-2}\mathrm{e}^x = \lim\limits_{x\to+\infty}\dfrac{\mathrm{e}^x}{x^2} = \lim\limits_{x\to+\infty}\dfrac{\mathrm{e}^x}{2x} = \lim\limits_{x\to+\infty}\dfrac{\mathrm{e}^x}{2} = +\infty$.

2. $\infty-\infty$型未定式

利用通分化为$\dfrac{0}{0}$型的未定式来计算.

例 11 求 $\lim\limits_{x\to1}\left(\dfrac{x}{x-1}-\dfrac{1}{\ln x}\right)$.

解 $\lim\limits_{x\to1}\left(\dfrac{x}{x-1}-\dfrac{1}{\ln x}\right) = \lim\limits_{x\to1}\dfrac{x\ln x-(x-1)}{(x-1)\ln x} = \lim\limits_{x\to1}\dfrac{\ln x + x\cdot\dfrac{1}{x}-1}{\ln x+\dfrac{x-1}{x}} = \lim\limits_{x\to1}\dfrac{\dfrac{1}{x}}{\dfrac{1}{x}+\dfrac{1}{x^2}} = \dfrac{1}{2}$.

3. $0^0, \infty^0, 1^\infty$型未定式

这三种类型, 利用对数恒等式 $x=\mathrm{e}^{\ln x}$, 先化为以 e 为底的指数函数的极限, 再利用指数函数的连续性, 化为直接求指数的极限. 即

$$\lim_{x\to a}[f(x)]^{g(x)} = \lim_{x\to a}\mathrm{e}^{g(x)\ln f(x)} = \mathrm{e}^{\lim\limits_{x\to a}[g(x)\ln f(x)]}\text{(}x\to\infty\text{时, 也有此结论)}.$$

例 12 求 $\lim\limits_{x\to0^+}(\sin x)^x$.

解 这是0^0型未定式, 先变形为 $\lim\limits_{x\to0^+}(\sin x)^x = \mathrm{e}^{\lim\limits_{x\to0^+}x\ln\sin x}$, 由于

$$\lim_{x\to0^+}x\ln\sin x = \lim_{x\to0^+}\frac{\ln\sin x}{\dfrac{1}{x}} = \lim_{x\to0^+}\frac{\dfrac{\cos x}{\sin x}}{-\dfrac{1}{x^2}} = -\lim_{x\to0^+}\frac{x^2\cos x}{\sin x} = -\lim_{x\to0^+}\frac{x}{\sin x}\cdot x\cos x = 0,$$

于是 $\lim\limits_{x\to0^+}(\sin x)^x = \mathrm{e}^0 = 1$.

例 13 求 $\lim\limits_{x\to0^+}(\cot x)^{\frac{1}{\ln x}}$.

解 这是∞^0型未定式, 先变形为 $\lim\limits_{x\to0^+}(\cot x)^{\frac{1}{\ln x}} = \mathrm{e}^{\lim\limits_{x\to0^+}\frac{\ln\cot x}{\ln x}}$, 由于

$$\lim_{x\to0^+}\frac{\ln\cot x}{\ln x} = \lim_{x\to0^+}\frac{\dfrac{1}{\cot x}\cdot(-\csc^2 x)}{\dfrac{1}{x}} = \lim_{x\to0^+}\frac{-x}{\cos x\sin x} = -1,$$

于是 $\lim\limits_{x\to0^+}(\cot x)^{\frac{1}{\ln x}} = \mathrm{e}^{-1}$.

例 14 求 $\lim\limits_{x\to0}(1+\sin x)^{\frac{1}{x}}$.

解 这是1^∞型未定式, 先变形为 $\lim\limits_{x\to0}(1+\sin x)^{\frac{1}{x}} = \mathrm{e}^{\lim\limits_{x\to0}\frac{\ln(1+\sin x)}{x}}$, 由于

$$\lim_{x\to 0}\frac{\ln(1+\sin x)}{x}=\lim_{x\to 0}\frac{\sin x}{x}=1,$$

于是 $\lim\limits_{x\to 0}(1+\sin x)^{\frac{1}{x}}=\mathrm{e}$.

最后，总结一下用洛必达法则解题时需要注意的问题.

(1) **及时化简**　使用法则前，有时需要对函数进行化简，可以根据函数式的特征对分子、分母进行有理化，或进行简单的分离.

(2) **及时替换**　使用法则前，可以应用等价无穷小替换时，应及时替换，以减少中间计算量.

(3) **及时变换**　在使用法则时，有时会发现反复循环，这时就需要观察题目的特征，及时变换.

(4) **及时整理**　在使用法则后，应及时整理，这样可以避免再次使用洛必达法则或优化解题过程.

3.3　函数的单调性与曲线的凹凸性

在第 1 章中已经给出函数单调性的概念，本节将利用函数的导数研究函数的单调性，进一步研究曲线凹凸性，并介绍这两种特性的判别方法.

一、函数的单调性

若函数 $f(x)$ 在区间 $[a,b]$ 上单调增加，那么它的图形是自左向右上升的曲线，其上每一点的切线斜率都大于零(倾斜角为锐角)(图 3-3)；反之，如果函数 $f(x)$ 在区间 $[a,b]$ 上单调递减，则它的图形是自左向右下降的曲线，其上每一点切线斜率小于零(倾斜角为钝角)(图 3-4).

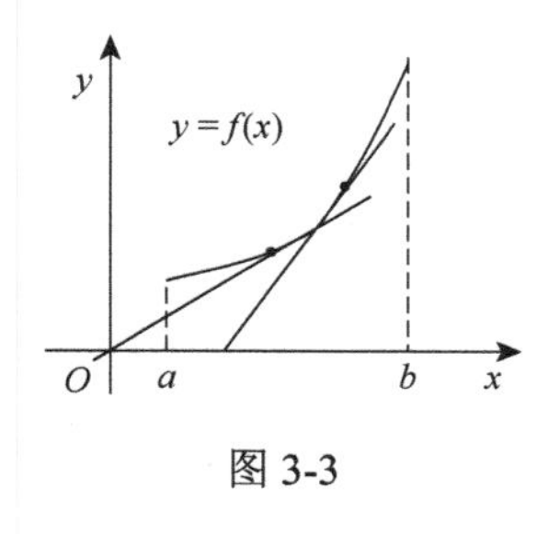

图 3-3

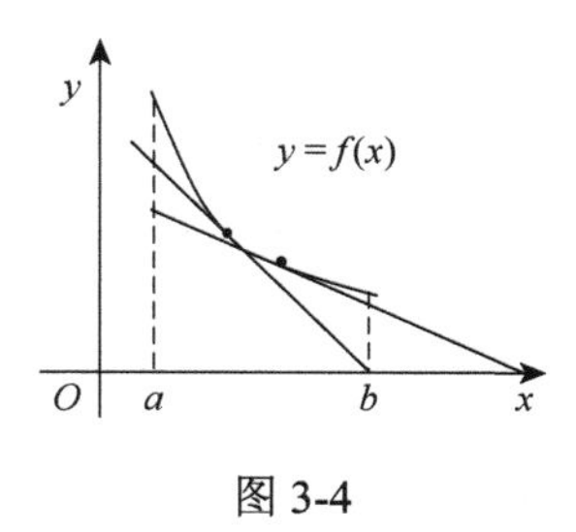

图 3-4

由此可见，函数的单调性与导数的符号存在着密切的关系. 一般地，根据拉格朗日中值定理，我们有如下定理.

定理 3.6(函数单调性的判别法)　设函数 $y=f(x)$ 在 $[a,b]$ 上连续，在 (a,b) 内可导.

(1) 若在 (a,b) 内有 $f'(x)>0$，则函数 $y=f(x)$ 在 $[a,b]$ 上单调增加；

(2) 若在 (a,b) 内有 $f'(x)<0$，则函数 $y=f(x)$ 在 $[a,b]$ 上单调减少.

若把定理中的闭区间换成其他各种区间(包括无穷区间)，结论仍成立.

单调性是函数在一个区间的性质，要用导数在这个区间上的符号来判定，而不能用导数在一点的符号来判别，所以区间内个别点导数为零并不影响函数在该区间上的单调性. 例如，函数 $y=x^3$ 在 $(-\infty,+\infty)$ 上是单调增加的，但是其导数 $y'=3x^2$ 在 $x=0$ 处为零.

如果函数在其定义域的某个区间是单调的，则称该区间为函数的**单调区间**.

例 1　判定函数 $y=x-\sin x$ 在 $[0,2\pi]$ 上的单调性.

解　因为在 $(0,2\pi)$ 内，$y'=1-\cos x>0$，由定理3.6可知，函数 $y=x-\sin x$ 在 $[0,2\pi]$ 上单调增加.

例 2　讨论函数 $y=\mathrm{e}^x-x-1$ 的单调性.

解　函数的定义域为 $(-\infty,+\infty)$，$y'=\mathrm{e}^x-1$.

在 $(-\infty,0)$ 内，$y'<0$，所以函数 $y=\mathrm{e}^x-x-1$ 在 $(-\infty,0]$ 上单调减少；

在 $(0,+\infty)$ 内，$y'>0$，所以函数 $y=\mathrm{e}^x-x-1$ 在 $[0,+\infty)$ 上单调增加.

例 3　讨论函数 $y=\sqrt[3]{x^2}$ 的单调性.

解　函数的定义域为 $(-\infty,+\infty)$，当 $x\neq 0$ 时，$y'=\dfrac{2}{3\sqrt[3]{x}}$.

在 $(-\infty,0)$ 内，$y'<0$，所以函数 $y=\sqrt[3]{x^2}$ 在 $(-\infty,0]$ 上单调减少；

在 $(0,+\infty)$ 内，$y'>0$，所以函数 $y=\sqrt[3]{x^2}$ 在 $[0,+\infty)$ 上单调增加.

分析上面两个例子，在例 2 中，$x=0$ 是单调区间的分界点，在该点处 $y'=0$，我们称导数为零的点是函数的**驻点**. 在例3中，$x=0$ 也是单调区间的分界点，在该点处导数不存在. 因此，如果函数 $y=f(x)$ 在其定义域上不是单调的，我们可以用导数等于零的点和导数不存在的点来划分函数的定义域，再确定函数在各个子区间上的单调性.

从而得到求函数 $y=f(x)$ 单调区间的步骤：

(1) 求函数 $f(x)$ 的定义域；

(2) 求出 $f'(x)=0$ 和 $f'(x)$ 不存在的点，即驻点和不可导点；

(3) 列表，用这些点把函数的定义域分成若干个子区间，根据导数 $f'(x)$ 在各个子区间上的符号，确定函数在该区间上的单调性，得出函数 $y=f(x)$ 的单调区间.

例 4　确定函数 $y=\dfrac{3(x+1)}{x^2}$ 的单调区间.

解　函数的定义域为 $(-\infty,0)\cup(0,+\infty)$.

$$y'=\frac{3[x^2-(x+1)\cdot 2x]}{x^4}=-\frac{3(x+2)}{x^3},$$

令 $y'=0$，得驻点 $x_1=-2$，而 $x_2=0$ 是导数不存在的点.

列表讨论

x	$(-\infty,-2)$	$(-2,0)$	$(0,+\infty)$
$f'(x)$	−	+	−
$f(x)$	↘	↗	↘

所以，$(-\infty, -2)$ 和 $(0, +\infty)$ 是函数的单调减少区间，而 $(-2, 0)$ 是函数的单调增加区间.

最后，利用函数的单调性还可以证明不等式.

例 5　证明：$\ln(1+x) > x - \dfrac{1}{2}x^2 (x>0)$.

证　设函数 $f(x) = \ln(1+x) - x + \dfrac{1}{2}x^2$，因为 $f(x)$ 在 $[0,+\infty)$ 上连续，在 $(0,+\infty)$ 内可导，且

$$f'(x) = \frac{1}{1+x} - 1 + x = \frac{x^2}{1+x} > 0 \quad (x>0),$$

又 $f(0)=0$，故当 $x>0$ 时，$f(x) > f(0) = 0$，所以

$$\ln(1+x) > x - \frac{1}{2}x^2.$$

二、曲线的凹凸性

函数的单调性反映的是曲线的上升或下降，但是，曲线在上升或下降的过程中，还有一个弯曲方向的问题(图 3-5)．下面我们就来研究曲线的凹凸性及其判定方法．先给出曲线凹凸性的定义.

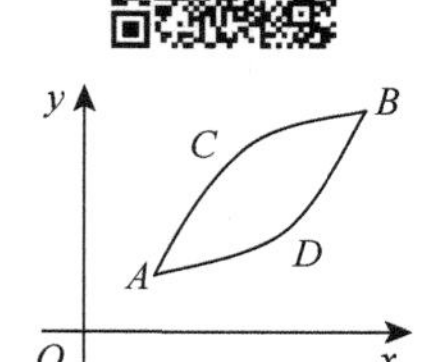

图 3-5

定义 3.1　设 $f(x)$ 在区间 I 上连续，如果对 I 上的任意两点 x_1，x_2 恒有

$$f\left(\frac{x_1+x_2}{2}\right) < \frac{f(x_1)+f(x_2)}{2},$$

则称 $f(x)$ 在区间 I 上的图形是**(向上)凹的(或凹弧)**(图 3-6)；

如果恒有

$$f\left(\frac{x_1+x_2}{2}\right) > \frac{f(x_1)+f(x_2)}{2},$$

则称 $f(x)$ 在区间 I 上的图形是**(向上)凸的(或凸弧)**(图 3-7).

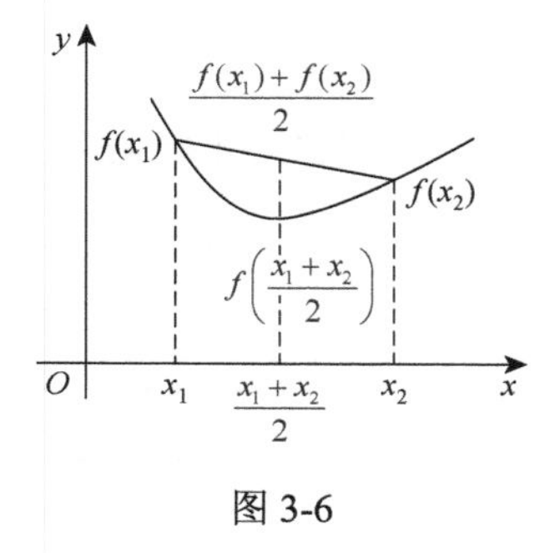

图 3-6

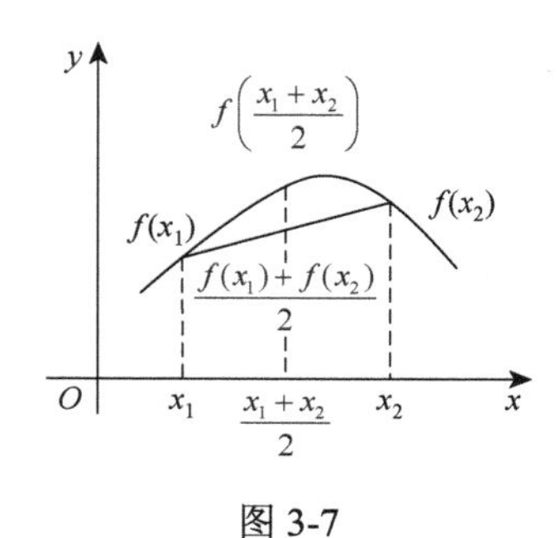

图 3-7

曲线的凹凸性有明显的几何意义，对于凹曲线，当 x 逐渐增大时，其上每一点的切线斜率是逐渐增大的，即导函数 $f'(x)$ 是单调增加函数(图 3-8)；而对于凸曲线，其上每一点的切线斜率是逐渐减小的，即导函数 $f'(x)$ 是单调减少函数(图 3-9).

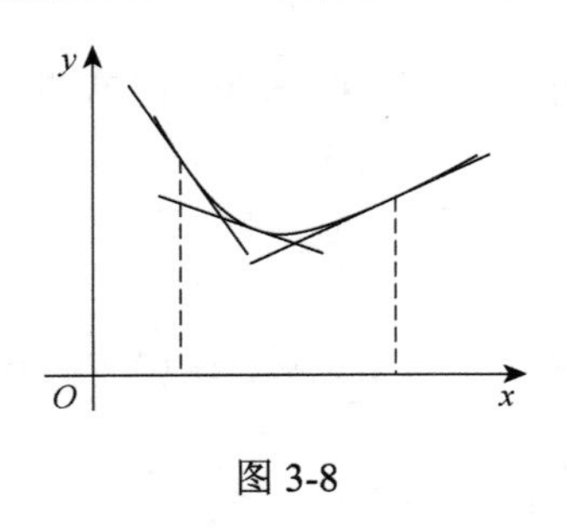

图 3-8

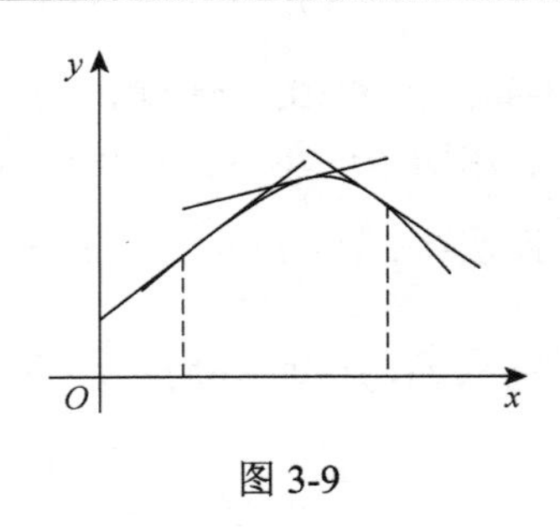

图 3-9

与函数单调性的判定方法类似，函数的凹凸性可以由二阶导数的符号进行判定.

定理 3.7　设 $f(x)$ 在 $[a,b]$ 上连续，在 (a,b) 内具有一阶和二阶导数，则

(1) 若在 (a, b) 内有 $f''(x)>0$，则 $f(x)$ 在 $[a, b]$ 上的图形是凹的；

(2) 若在 (a, b) 内有 $f''(x)<0$，则 $f(x)$ 在 $[a, b]$ 上的图形是凸的.

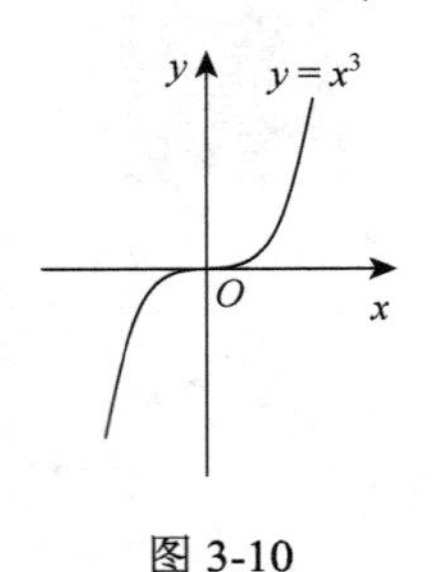

图 3-10

例 6　判断曲线 $y=x^3$ 的凹凸性.

解　因为 $y'=3x^2$，$y''=6x$，所以

当 $x<0$ 时，$y''<0$，曲线在 $(-\infty,0]$ 内为凸的；

当 $x>0$ 时，$y''>0$，曲线在 $[0,+\infty)$ 内为凹的(图 3-10).

在上例中，我们注意到点(0, 0)是使曲线由凸变凹的分界点，这类点称为曲线的**拐点**. 一般地，称连续曲线上凹弧与凸弧的分界点为曲线的**拐点**.

既然拐点是凹与凸的分界点，在拐点左右邻近的 $f''(x)$ 必然异号，因而在拐点处 $f''(x)=0$ 或者 $f''(x)$ 不存在.

综上所述，判定曲线的凹凸性与求曲线拐点的步骤为

(1) 求函数的定义域；

(2) 求 $f''(x)=0$ 和 $f''(x)$ 不存在的点；

(3) 列表，用这些点把函数的定义域分成若干个子区间，根据 $f''(x)$ 在各个子区间上的符号，确定函数在该区间上的凹凸性和拐点.

例 7　求曲线 $y=x^4-6x^3+12x^2-24x+3$ 的拐点和凹凸区间.

解　函数定义域为 $(-\infty,+\infty)$，

$$y'=4x^3-18x^2+24x-24,\quad y''=12x^2-36x+24=12(x-1)(x-2),$$

令 $y''=0$，得 $x_1=1$，$x_2=2$.

列表如下

x	$(-\infty, 1)$	1	$(1, 2)$	2	$(2, +\infty)$
$f''(x)$	+	0	−	0	+
$f(x)$	凹	拐点 $(1, -5)$	凸	拐点 $(2, -20)$	凹

由表可知，曲线在区间 $(-\infty, 1)$ 和 $(2, \infty)$ 上是凹的，在区间 $(1, 2)$ 上是凸的. 拐点是 $(1, -5)$ 和 $(2, 20)$.

例 8　求曲线 $y=1-\sqrt[3]{x}$ 的拐点和凹凸区间.

解　函数定义域为 $(-\infty,+\infty)$，因为

$$y'=-\frac{1}{3\sqrt[3]{x^2}},\quad y''=\frac{2}{9x\sqrt[3]{x^2}},$$

在 $x=0$ 处不可导，所以用 $x=0$ 将定义域 $(-\infty,+\infty)$ 分成两个子区间.

在 $(-\infty,0)$ 上，$y''<0$，曲线是凸的；在 $(0,+\infty)$ 上，$y''>0$，曲线是凹的；点 $(0,1)$ 为曲线的拐点.

3.4　函数的极值与最值

在讨论函数的单调性时，遇到过这样的情形，函数先是单调增加(或减少)，到达某一点后又变为单调减少(或增加)，这类点实际上就是使函数的单调性发生变化的分界点. 例如 3.4 节中例 4，点 $x_1=-2$ 和 $x_2=0$ 就是具有这样性质的点，在点 $x_1=-2$ 的左侧邻近，函数 $f(x)$ 是单调减少的，在该点的右侧邻近，函数 $f(x)$ 是单调增加的. 因此，存在点 x_1 的一个邻域，在该邻域内的任一点 $x(x\neq x_1)$，恒有 $f(x)>f(x_1)$，曲线在点 $x_1=-2$ 处达到“谷底”；同样，对点 $x_2=0$ 的某个邻域内的任一点 $x(x\neq x_2)$，恒有 $f(x)<f(x_2)$，曲线在点 $x_2=0$ 处达到“峰顶”. 通常，具有这种性质的点在实际应用中具有重要的意义，值得我们对此进行讨论.

一、函数的极值

定义 3.2　设函数 $f(x)$ 在点 x_0 的某个邻域内有定义，若对该邻域内任意一点 $x(x\neq x_0)$，恒有

$$f(x)<f(x_0)\quad (\text{或} f(x)>f(x_0)),$$

则称 $f(x)$ 在点 x_0 处取得**极大值**(或**极小值**)，而 x_0 称为函数 $f(x)$ 的**极大值点**(或**极小值点**).

极大值和极小值统称为函数的**极值**，极大值点与极小值点统称为函数的**极值点**.

如上节例 4，函数在 $x_1=-2$ 处取得一个极小值，在 $x_2=0$ 处取得一个极大值.

注意　函数的极值概念是局部性的，它只是在极值点邻近的局部范围内达到最大或最小，在函数的整个定义域内就不一定是最大或最小了.

在图 3-11 中，函数 $f(x)$ 有两个极大值 $f(x_2)$、$f(x_5)$，三个极小值 $f(x_1)$, $f(x_4)$, $f(x_6)$，其中极大值 $f(x_2)$ 比极小值 $f(x_6)$ 还小. 就整个区间$[a, b]$而言，只有一个极小值 $f(x_1)$ 同时也是最小值，而没有一个极大值是最大值.

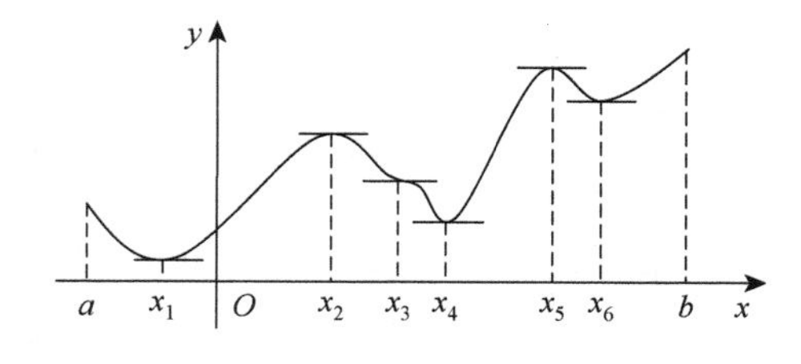

图 3-11

另外，从图中还可得知，在函数取得极值处，曲线的切线是水平的，即函数在极值点处的导数

等于零. 但曲线上有水平切线的地方(如 x_3), 函数却不一定取得极值. 由此, 得到如下定理.

定理 3.8(必要条件) 设函数 $f(x)$ 在点 x_0 处可导, 且在 x_0 处取得极值, 则 $f'(x_0)=0$.

定理说明, 可导函数 $f(x)$ 的极值点必定是它的驻点, 但反过来, 函数的驻点却不一定是极值点. 例如, $y=x^3$ 在点 $x=0$ 处的导数等于零, 但 $x=0$ 不是函数的极值点. 所以, 函数的驻点只是可能的极值点. 此外, 函数在它的导数不存在的点处也可能取得极值. 例如, 函数 $f(x)=|x|$ 在点 $x=0$ 处不可导, 但函数在该点取得极小值.

所以, 当我们求出函数的驻点和不可导点后, 就根据函数极值的定义, 利用函数一阶导数的符号与函数单调性之间的关系进行判定, 由此得到下面的定理.

定理 3.9(第一充分条件) 设函数 $f(x)$ 在点 x_0 的某个邻域内连续且可导,

(1) 当 $x\in(x_0-\delta,x_0)$ 时, $f'(x)>0$, 而当 $x\in(x_0,x_0+\delta)$ 时, $f'(x)<0$, 则 $f(x)$ 在点 x_0 处取得极大值 $f(x_0)$;

(2) 当 $x\in(x_0-\delta,x_0)$ 时, $f'(x)<0$, 而当 $x\in(x_0,x_0+\delta)$ 时, $f'(x)>0$, 则 $f(x)$ 在点 x_0 处取得极小值 $f(x_0)$;

(3) 当 $x\in(x_0-\delta,x_0)$ 和 $x\in(x_0,x_0+\delta)$ 时, $f'(x)$ 不变号, 则 $f(x)$ 在点 x_0 处无极值.

定理的结论很容易得到几何上的验证(图 3-12).

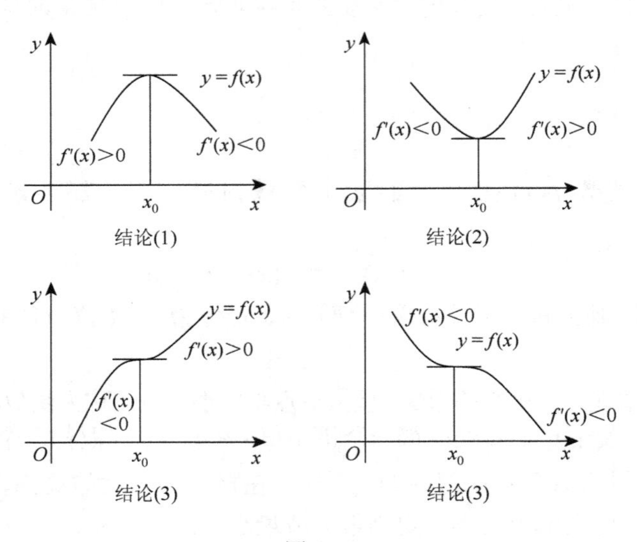

图 3-12

根据定理 3.8 和定理 3.9, 得到求函数极值的一般步骤:

(1) 求函数的定义域;

(2) 求出 $f'(x)=0$ 和 $f'(x)$ 不存在的点, 即驻点和不可导点;

(3) 列表, 用这些点把函数的定义区间分成若干个子区间, 根据该点的左、右邻域导数值的符号变化来确定是否在该点处取得极值, 以及取得是极大值还是极小值.

例 1　求函数 $f(x)=(x-5)\sqrt[3]{x^2}$ 的极值.

解　函数的定义域为 $(-\infty,+\infty)$，$f'(x)=\dfrac{5(x-2)}{3\sqrt[3]{x}}$，令 $y'=0$，得驻点 $x_1=2$，而 $x_2=0$ 是导数不存在的点.

列表讨论

x	$(-\infty, 0)$	0	$(0, 2)$	2	$(2, +\infty)$
$f'(x)$	+	不存在	−	0	+
$f(x)$	↗	极大值	↘	极小值	↗

所以，函数在 $x=0$ 处取得极大值 $f(0)=0$，在 $x=2$ 处取得极小值 $f(2)=-3\sqrt[3]{4}$.

如果函数 $f(x)$ 的导数 $f'(x)$ 在驻点的左、右邻域内的符号不易确定，但 $f(x)$ 在其驻点处有不等于零的二阶导数，则可利用下面的定理来判断该驻点是否为极值点.

定理 3.10（第二充分条件）　设函数 $f(x)$ 在点 x_0 处有二阶导数，且 $f'(x_0)=0$，$f''(x_0)\neq 0$.

(1) 若 $f''(x_0)<0$，则 $f(x)$ 在点 x_0 处取得极大值；

(2) 若 $f''(x_0)>0$，则 $f(x)$ 在点 x_0 处取得极小值.

证　(1) 由二阶导数的定义及 $f'(x_0)=0$，有

$$f''(x_0)=\lim_{x\to x_0}\frac{f'(x)-f'(x_0)}{x-x_0}=\lim_{x\to x_0}\frac{f'(x)}{x-x_0}<0,$$

由函数极限的局部保号性，当 x 在 x_0 的足够小的去心邻域内时，有 $\dfrac{f'(x)}{x-x_0}<0$，从而，对于这去心邻域内的 x 来说，$f'(x)$ 与 $x-x_0$ 异号．因此，当 $x\in(x_0-\delta,x_0)$ 时，$f'(x)>0$；当 $x\in(x_0,x_0+\delta)$ 时，$f'(x)<0$，则 $f(x)$ 在点 x_0 处取得极大值 $f(x_0)$.

(2) 同理可证.

注意　如果 $f''(x_0)=0$，则定理 3.10 失效，即 x_0 可能是极值点，也可能不是极值点，此时仍用定理 3.9 进行判断.

例 2　求函数 $f(x)=\mathrm{e}^x+2\mathrm{e}^{-x}$ 的极值.

解　因为 $f'(x)=\mathrm{e}^x-2\mathrm{e}^{-x}$，$f''(x)=\mathrm{e}^x+2\mathrm{e}^{-x}$．令 $f'(x)=0$，得驻点 $x=\ln\sqrt{2}$．又

$$f''(\ln\sqrt{2})=\mathrm{e}^{\ln\sqrt{2}}+2\mathrm{e}^{-\ln\sqrt{2}}>0,$$

由定理 3.10 知 $x=\ln\sqrt{2}$ 是函数的极小值点，极小值为 $f(\ln\sqrt{2})=2\sqrt{2}$.

例 3　求函数 $f(x)=(x^2-1)^3+1$ 的极值.

解　因为 $f'(x)=6x(x^2-1)^2$，$f''(x)=6(x^2-1)(5x^2-1)$．令 $f'(x)=0$，得驻点 $x_1=-1$，$x_2=0$，$x_3=1$.

又因为 $f''(0)=6>0$，所以 $f(x)$ 在 $x=0$ 处有极小值 $f(0)=0$．而 $f''(-1)=f''(1)=0$，定理 3.10 失效，故利用定理 3.9，列表讨论

x	$(-\infty,-1)$	-1	$(-1,0)$	0	$(0,1)$	1	$(1,+\infty)$
$f'(x)$	$-$	0	$-$	0	$+$	0	$+$
$f(x)$	↘	无极值	↘	极小值	↗	无极值	↗

因为 $f'(x)$ 在 $x=\pm1$ 处的符号没有改变，所以 $f(x)$ 在 $x=\pm1$ 处没有极值.

二、函数的最值

在实际问题中，经常要求函数的最大值或最小值(简称**最值**)．由闭区间上的连续函数的性质可知，若 $f(x)$ 在闭区间 $[a,b]$ 上连续，则它在该区间上一定可取到最值．下面我们给出求最值的方法.

函数的最值与极值是两个不同的概念．前者是指在整个闭区间 $[a,b]$ 上的所有函数值中最大(或最小)的，因而最值是全局性的概念；而函数极值仅仅是同极值点附近的点的函数值相比较而言的，即在一点的邻域内讨论，它是局部性的．如果最值是在区间内部某点取得，那么它必是该区间内若干个极值中最大(或最小)的一个．当然，最值也可能在区间的端点取得，而极值只能在区间内部的点取得．如图 3-13 所示，最大值是区间端点的函数值 $f(b)$，最小值是极小值 $f(x_2)$.

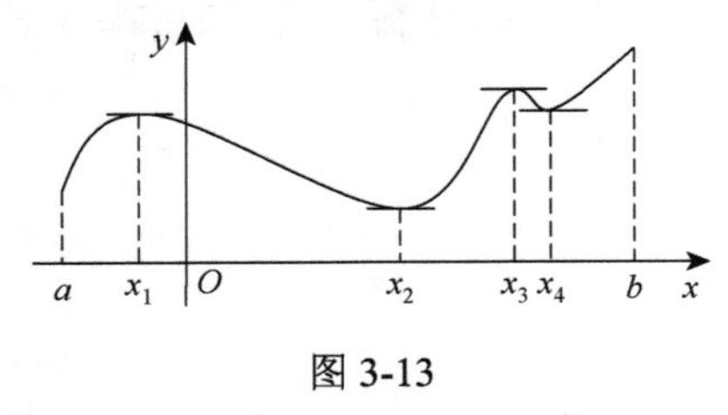

图 3-13

综上所述，求函数 $f(x)$ 在闭区间 $[a,b]$ 上最值的步骤：

(1) 求出函数 $f(x)$ 可能取得极值的点，即 $f'(x)=0$ 和 $f'(x)$ 不存在的点；

(2) 计算所求出的各点的函数值和区间端点的函数值 $f(a)$ 和 $f(b)$，比较大小，这些值中最大的就是最大值，最小的就是最小值.

例 4　求函数 $f(x)=x^3-3x+2$ 在区间 $[-3,3]$ 上的最值.

解　函数 $f(x)$ 在闭区间 $[-3,3]$ 上连续，故必有最大值和最小值.

$$f(x)=3x^2-3=3(x+1)(x-1),$$

令 $f'(x)=0$，得驻点 $x_1=-1$，$x_2=1$．又

$$f(-1)=4,\ f(1)=0,\ f(-3)=-16,\ f(3)=20,$$

比较大小后知，$f(x)$ 在 $[-3,3]$ 上的最大值为 $f(3)=20$，最小值为 $f(-3)=-16$.

在求函数的最值时，注意下面两种特殊情形：

(1) 如果 $f(x)$ 在区间 (a,b) 上只有一个极值，则该极值就是区间 $[a,b]$ 上的最值；

(2) 如果 $f(x)$ 是区间 $[a,b]$ 上的单调函数，则最值一定在区间端点处取得.

例 5　求函数 $f(x)=xe^{-nx}\ (n\geqslant1)$ 在 $(0,+\infty)$ 上的最大值.

解　$f'(x)=e^{-nx}(1-nx)$ 在 $(0,+\infty)$ 上有唯一的驻点 $x=\dfrac{1}{n}$，列表

x	$\left(0,\frac{1}{n}\right)$	$\frac{1}{n}$	$\left(\frac{1}{n},+\infty\right)$
$f'(x)$	+	0	−
$f(x)$	↗	极大值	↘

由表知 $f(x)$ 在点 $x=\frac{1}{n}$ 处取得极大值，也是最大值 $f\left(\frac{1}{n}\right)=\frac{1}{ne}$.

*3.5　导数在经济学中的应用

一、边际分析

在经济问题中，常常需要考虑某些经济函数的变化率，即经济函数的导数. 在经济学中，习惯将导数称为**边际**，而将利用导数对经济函数进行分析的方法称为**边际分析方法.**

边际分析方法是经济分析方法中的一种重要分析方法，需要掌握，下面进行讨论.

1. 函数变化率(瞬时变化率)——边际函数

定义 3.3　若 $y=f(x)$ 是一个经济函数，且 Δx 是经济变量 x 在点 x_0 处的改变量 Δx，则称比值 $\frac{f(x_0+\Delta x)-f(x_0)}{\Delta x}$ 为函数 $f(x)$ 在区间 $(x_0,x_0+\Delta x)$ 或 $(x_0+\Delta x,x_0)$ 内的**平均变化率**，它表示在区间 $(x_0,x_0+\Delta x)$ 或 $(x_0+\Delta x,x_0)$ 内函数值 $f(x)$ 的**平均变化速度.**

定义 3.4　若 $f(x)$ 是一个可导的经济函数，则称其导函数 $f'(x)$ 为经济函数 $f(x)$ 的**边际函数**，并称导数值 $f'(x_0)$ 为经济函数 $f(x)$ 在点 x_0 处的**边际函数值，**且 $f'(x_0)$ 表示经济函数 $f(x)$ 在点 x_0 处的变化速度.

2. 边际函数值 $f'(x_0)$ 的经济意义

若函数 $y=f(x)$ 在点 x_0 处可导，则

$$\Delta y\Big|_{\substack{x=x_0\\ \Delta x=1}}\approx \mathrm{d}y\Big|_{\substack{x=x_0\\ \Delta x=1}}=f'(x)\cdot\Delta x\Big|_{\substack{x=x_0\\ \Delta x=1}}=f'(x_0),$$

或者

$$\Delta y\Big|_{\substack{x=x_0\\ \Delta x=-1}}\approx \mathrm{d}y\Big|_{\substack{x=x_0\\ \Delta x=-1}}=f'(x)\cdot\Delta x\Big|_{\substack{x=x_0\\ \Delta x=-1}}=-f'(x_0),$$

故**边际函数值** $f'(x_0)$ **的经济意义是：**在点 $x=x_0$ 处，当自变量 x 产生一个单位的改变量(即 $\Delta x=1$ 或 $\Delta x=-1$)时，相应的函数值 y 近似地改变 $|f'(x_0)|$ 个单位.

注　在实际应用中，经济学家常常略去“近似”二字而直接说 y 改变了 $|f'(x_0)|$ 个单位，这就是边际函数值的含义.

例 1　设函数 $f(x)=x^2$，试求 $f(x)$ 在 $x=5$ 时的边际函数值，并解释其经济意义.

解　因 $f(x)=x^2$，故 $f'(x)=2x$，从而所求边际函数值为

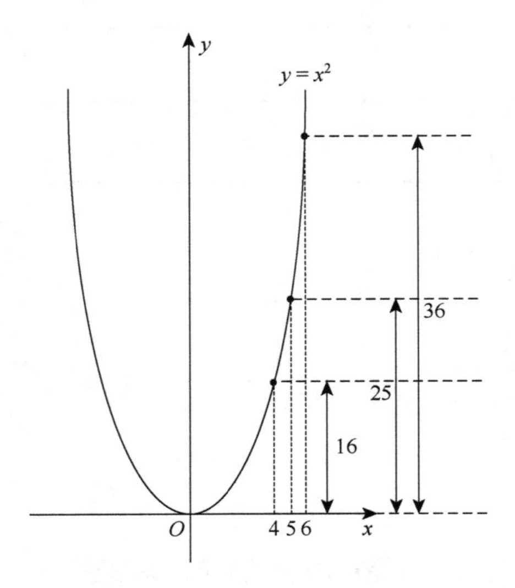

图 3-14　边际函数值 $f'(5)$ 的经济意义图

$$f'(5)=2\times5=10,$$

它表示：在 $x=5$ 处，当 x 增加(或减少)一个单位时，相应的函数值 y (近似)改变了 10 个单位(图 3-14).

3. 常见的边际函数及边际分析

1)边际成本与边际收益

定义 3.5　若 $C(q)$ 为可导总成本函数，则称比值 $\dfrac{C(q)}{q}\overset{\text{记为}}{=\!=}\bar{C}(q)$ 为总成本 $C(q)$ 的**平均成本**，而称导函数 $C'(q)$（q 为产量）为总成本函数 $C(q)$ 的**边际成本函数**，简称**边际成本**.

例 2　若某工厂生产某产品的总成本函数为 $C(q)=30000+5q+0.001q^3$，求：

(1) 生产 100 个单位时的总成本和平均单位成本；

(2) 生产 100 个单位时的边际成本，并解释其经济意义.

解　因 $C(q)=30000+5q+0.001q^3$，故

(1) 生产 100 个单位时的总成本为

$$C(100)=30000+5\times100+0.001\times100^3=31500;$$

平均单位成本为

$$\bar{C}(100)=\frac{C(100)}{100}=\frac{31500}{100}=315.$$

(2) 因边际成本 $C'(q)=5+0.003q^2$，故生产 100 个单位时的边际成本为

$$C'(100)=5+0.003\times100^2=35.$$

$C'(100)=35$ **的经济意义为**：当产量在 100 个单位的基础上再增加(或减少)一个单位的产量时，约需增加(或减少) 35 个单位的成本.

定义 3.6　若 $R(q)$ 为可导总收益函数，则称比值 $\dfrac{R(q)}{q}\overset{\text{记为}}{=\!=}\bar{R}(q)$ 为总收益 $R(q)$ 的**平均收益**，而称导函数 $R'(q)$（q 为销量）为总收益函数 $R(q)$ 的**边际收益函数**，简称**边际收益**.

例 3　若某产品的价格函数为 $p=P(q)=40-\dfrac{q}{5}$，其中 p 为价格，q 为销售量，求销售量为 10 个单位时的总收益、平均收益和边际收益.

解　因 $p=P(q)=40-\dfrac{q}{5}$，故分别有下列经济函数：

总收益函数：$R(q)=P(q)\cdot q=\left(40-\dfrac{q}{5}\right)\cdot q=40q-\dfrac{q^2}{5}$；

平均收益函数：$\bar{R}(q)=\dfrac{R(q)}{q}=\dfrac{P(q)\cdot q}{q}=P(q)=40-\dfrac{q}{5}$；

边际收益函数：$R'(q)=\left(40q-\dfrac{q^2}{5}\right)'=40-\dfrac{2q}{5}$.

于是，所求总收益、平均收益和边际收益分别为

$$R(10)=\left(40-\frac{10}{5}\right)\times10=38\times10=380;$$

$$\overline{R}(10)=40-\frac{10}{5}=40-2=38;$$

$$R'(10)=40-\frac{2\times10}{5}=40-4=36.$$

2) 边际需求与边际利润

定义 3.7　若 $D(p)$ 为可导需求函数，则称导函数 $D'(p)$（p 为价格）为需求函数 $D(p)$ 的**边际需求函数**，简称**边际需求**.

例 4　已知某商品的需求函数 $D(p)=545-0.1p^2$，求 $p=50$ 时的边际需求，并解释其经济意义.

解　因 $D(p)=545-0.1p^2$，故 $D'(p)=-0.2p$，从而当 $p=50$ 时的边际需求为

$$D'(50)=-0.2\times50=-10.$$

$D'(50)$的经济意义：当商品的价格在 50 个单位的基础上上涨（或下降）1%时，需求量将在 $D(50)=295$ 个单位的基础上约减少（或增加）10%.

定义 3.8　若 $L(q)$为可导利润函数，则称导函数 $L'(q)=R'(q)-C'(q)$（q 为需求量）为利润函数 $L(q)$的**边际利润函数**，简称**边际利润**.

易见，边际利润由边际收益与边际成本所决定.

例 5　某公司每月生产 q 吨矿石的总收益函数为 $R(q)=100q-q^2$（万元），而生产 q 吨矿石的总成本函数为 $C(q)=40+111q-7q^2+\dfrac{1}{3}q^3$（万元），试求：

(1) 边际利润函数；

(2) 当产量 q 分别为 10, 11 和 12 吨时的边际利润，并作相应的经济解释.

解　因 $R(q)=100q-q^2$，$C(q)=40+111q-7q^2+\dfrac{1}{3}q^3$，故利润函数为

$$L(q)=R(q)-C(q)=-\frac{1}{3}q^3+6q^2-11q-40,$$

从而

(1) 边际利润函数为 $L'(q)=-q^2+12q-11$.

(2) 当产量 q 分别为 10、11 和 12 吨时的边际利润分别为

$$L'(10)=9,\quad L'(11)=0,\quad L'(12)=-11.$$

$L'(10)=9$ 的经济意义：当产量 $q=10$ 吨时，在此基础上多生产一吨矿石利润约增加 9 万元，少生产一吨矿石利润约减少 9 万元.

$L'(11)=10$ 的经济意义：当产量 $q=11$ 吨时，在此基础上不论是多生产一吨矿石或少生产一吨矿石，利润既不会增加也不会减少.

$L'(12)=-11$ 的经济意义：当产量 $q=12$ 吨时，在此基础上多生产一吨矿石利润而约减少 11 万元，少生产一吨矿石利润约增加 11 万元.

二、弹性分析

在经济学中，仅仅研究变量的绝对改变量的大小和绝对变化率是远远不够的，还需要研究变量的相对改变量的大小和相对变化率，如下面两例.

例 6　甲商品每单位价格为 20 元，涨价 1 元；乙商品每单位价格为 200 元，也涨价 1 元. 两种商品价格的绝对改变量都是 1 元，问哪一种商品涨价的相对幅度大？

解　因甲商品的价格 $p_1=20$ 元，乙商品的价格 $p_2=200$ 元，故它们涨价的相对幅度分别为

$$\frac{\Delta p}{p_1}=\frac{1}{20}=5\%,\quad \frac{\Delta p}{p_2}=\frac{1}{200}=0.5\%.$$

显然，两种商品价格的绝对改变量都相同，但甲商品涨价的相对幅度却大于乙商品涨价的相对幅度，且由比值

$$\frac{\text{甲商品涨价的相对幅度}}{\text{乙商品涨价的相对幅度}}=\frac{\dfrac{\Delta p}{p_1}}{\dfrac{\Delta p}{p_2}}=\frac{5\%}{0.5\%}=\frac{5}{0.5}=10$$

知：甲商品涨价的相对幅度是乙商品涨价相对幅度的 10 倍，因此，甲商品涨价的相对幅度远远大于乙商品涨价的相对幅度.

例 7　对函数 $y=f(x)=x^2$，显然当自变量 x 由 4 改变到 6 时，因变量 y 就由 16 改变到 36，试计算它们的绝对改变量和相对改变量，并比较那个变量改变的相对幅度大？相差多少倍？

解　(1) x 与 y 的绝对改变量分别为

$$\Delta x=6-4=2,\quad \Delta y=f(6)-f(4)=36-16=20.$$

(2) x 与 y 的相对改变量分别为

$$\frac{\Delta x}{x}=\frac{2}{4}=50\%,\quad \frac{\Delta y}{y}=\frac{20}{16}=125\%.$$

由(1)和(2)看出：因变量 y 改变的相对幅度比自变量 x 改变的相对幅度大，且由比值

$$\frac{y\text{ 改变的相对幅度}}{x\text{ 改变的相对幅度}}=\frac{\dfrac{\Delta y}{y}}{\dfrac{\Delta x}{x}}=\frac{125\%}{50\%}=\frac{125}{50}=2.5,$$

还可看出：因变量 y 改变的相对幅度是自变量 x 改变的相对幅度的 2.5 倍，这表示，在开区间 $(4,6)$ 内，自变量 x 从 4 开始每改变 1%，因变量 y 就平均改变 2.5%.

从上面两例看出：在经济学中，我们不仅需要研究函数的绝对改变量与绝对变化率，还需要研究函数的**相对改变量与相对变化率**. 因此，在经济学中，我们需要借助导数对某些经济函数分析它们在给定区间内和给定点处的相对变化率，这种分析方法称为**弹性分析方法**.

弹性分析方法也是经济分析方法中的一种重要分析方法，需要掌握，下面进行讨论.

1. 函数的相对变化率——函数的弹性

定义 3.9　若函数 $y=f(x)$ 定义于区间 I 上，且 x_0、$x_0+\Delta x\in I$，则称比值

$$\frac{\frac{\Delta y}{y_0}}{\frac{\Delta x}{x_0}}=\frac{x_0}{y_0}\cdot\frac{\Delta y}{\Delta x}\overset{\text{记为}}{=\!=}\left.\frac{Ey}{Ex}\right|_{(x_0,x_0+\Delta x)}\quad (y_0=f(x_0)\neq 0)$$

为函数 $y=f(x)$ 在区间 $(x_0,x_0+\Delta x)$ 或 $(x_0+\Delta x,x_0)$ 内的**平均相对变化率**，或称为函数 $y=f(x)$ 在 x_0 与 $x_0+\Delta x$ **两点间的弹性**.

定义 3.10　若函数 $y=f(x)$ 定义于区间 I 上，且 $f(x)$ 在点 $x_0\in I$ 处可导，则称极限值

$$\lim_{\Delta x\to 0}\frac{\frac{\Delta y}{y_0}}{\frac{\Delta x}{x_0}}=\frac{x_0}{y_0}\cdot\lim_{\Delta x\to 0}\frac{\Delta y}{\Delta x}=f'(x_0)\cdot\frac{x_0}{f(x_0)}\overset{\text{记为}}{=\!=}\left.\frac{Ey}{Ex}\right|_{x=x_0}\overset{\text{或记为}}{=\!=}\frac{E}{Ex}f(x_0)$$

为函数 $y=f(x)$ 在点 x_0 处的**弹性**(或**相对变化率**)，其中 $y_0=f(x_0)\neq 0$.

定义 3.11　若函数 $y=f(x)$ 在区间 I 上每一点 x 处的弹性都存在，且在区间 I 上 $f(x)\neq 0$，则称由弹性定义的函数

$$\frac{E}{Ex}f(x)=y'\cdot\frac{x}{y}=f'(x)\cdot\frac{x}{f(x)}\overset{\text{记为}}{=\!=}\frac{Ey}{Ex}\ (x\in I)$$

为函数 $y=f(x)$ 的弹性函数，而称数值 $\left.\frac{Ey}{Ex}\right|_{x=x_0}=\frac{E}{Ex}f(x_0)$ 为函数 $f(x)$ 在点 x_0 处的**弹性函数值.**

2. 弹性函数值 $\frac{E}{Ex}f(x_0)$ 的经济意义

若函数 $y=f(x)$ 在点 x_0 处的弹性 $\frac{E}{Ex}f(x_0)$ 存在(有限)，则 $\frac{E}{Ex}f(x_0)$ 的经济意义是：在点 $x=x_0$ 处，当 x 产生 1%的改变量时，相应的函数值 y 近似地产生 $\left|\frac{E}{Ex}f(x_0)\right|$%的改变量.

注　(1) 在实际应用中，经济学家常略去“近似”二字而直接说因变量 y 改变了 $\left|\frac{E}{Ex}f(x_0)\right|$%，这就是弹性函数值 $\frac{E}{Ex}f(x_0)$ 的含义.

(2) $\left|\frac{E}{Ex}f(x_0)\right|$ 反映了因变量 y 对自变量 x 变化的敏感程度，而弹性的符号则表示因变量和自变量的变化方向. 变化方向相同，弹性为正，否则为负.

例 8　求函数 $y=f(x)=5+4x$ 在点 $x=3$ 处的弹性.

解　因 $f(x)=5+4x$，故 $f(3)=17$，$f'(3)=4$，从而

$$\left.\frac{Ey}{Ex}\right|_{x=3}=f'(x)\cdot\left.\frac{x}{f(x)}\right|_{x=3}=f'(3)\times\frac{3}{f(3)}=4\times\frac{3}{17}=\frac{12}{17}.$$

例 9　求下列函数的弹性函数：

(1) $y=k\mathrm{e}^{\lambda x}\ (k\neq 0)$；　　(2) $y=kx^{\alpha}\ (k\neq 0)$.

解　(1) 因 $y=k\mathrm{e}^{\lambda x}$，故

$$\frac{Ey}{Ex}=y'\cdot\frac{x}{y}=(k\mathrm{e}^{\lambda x})'\cdot\frac{x}{k\mathrm{e}^{\lambda x}}=\lambda\cdot k\mathrm{e}^{\lambda x}\cdot\frac{x}{k\mathrm{e}^{\lambda x}}=\lambda x.$$

(2) 因 $y=kx^{\alpha}$，故

$$\frac{Ey}{Ex}=y'\cdot\frac{x}{y}=(kx^{\alpha})'\cdot\frac{x}{kx^{\alpha}}=\alpha\cdot kx^{\alpha-1}\cdot\frac{1}{kx^{\alpha-1}}=\alpha.$$

3. 常见的弹性函数及弹性分析

1) 需求弹性

定义 3.12　若某商品在常规意义下的需求函数为 $q=D(p)$(即递减函数)，则称比值

$$-\frac{\frac{\Delta D}{D_0}}{\frac{\Delta p}{p_0}}=-\frac{\Delta D}{\Delta p}\cdot\frac{p_0}{D_0}\xlongequal{\text{记为}}\overline{\eta}(p_0,p_0+\Delta p)\geqslant 0\quad(p_0\text{ 为价格})$$

为该商品在 p_0 与 $p_0+\Delta p$ 两点间的**需求价格弹性**，其中 $D_0=D(p_0)>0$.

定义 3.13　若 $q=D(p)\ (>0)$ 为某商品在常规意义下的可导需求函数(即递减函数)，则称函数

$$-D'(p)\cdot\frac{p}{D(p)}\xlongequal{\text{记为}}\eta(p)\geqslant 0\quad(p\text{ 为价格})$$

为该商品的**需求价格弹性函数**，简称**需求弹性**，而称函数值 $\eta(p_0)$为该商品在**价格为 p_0 单位时的需求弹性函数值.**

2) 两点间的需求价格弹性 $\overline{\eta}(p_0,p_0+\Delta p)$ 的经济意义

当商品的价格 p 在区间 $(p_0,p_0+\Delta p)$ 或 $(p_0+\Delta p,p_0)$ 内从 p_0 处提价(或降价)1%时，该商品的需求量就在相应的基础 $D(p_0)$ 上减少(或增加) $\overline{\eta}(p_0,p_0+\Delta p)$%.

3) 需求弹性函数值 $\eta(p_0)$的经济意义

当商品的价格在p_0单位处提价(或降价)1%时，该商品的需求量就在相应的基础$D(p_0)$上减少(或增加)$\eta(p_0)$%. 特别地：

(1) 当$\eta(p_0)>1$时，表示该商品的价格在 p_0 处的需求量变动的幅度大于价格变动的幅

度，即此时需求量对价格的变化比较敏感，因而称$\eta(p_0)>1$时的商品为富有弹性的商品，且此时宜采取的经济策略是用降价的方法来提高总收入，即薄利多销.

(2) 当$\eta(p_0)=1$时，表示该商品的价格在p_0处的需求量变动的幅度与价格变动的幅度相同(即等幅)，因而称$\eta(p_0)=1$时的商品为具有单位弹性的商品，且此时宜采取的经济策略还是以适当降价为好，因这样即不减少总收入，又可缩短资金周转的时间，由此真正体现了时间就是金钱的原则.

(3) 当$\eta(p_0)<1$时，表示该商品的价格在p_0处的需求量变动的幅度小于价格变动的幅度，即此时需求量对价格的变化不敏感，因而称$\eta(p_0)<1$时的商品为**缺乏弹性的商品**，且此时宜采取的经济策略是用提价的方法来提高总收入.

例 10　已知某商品的需求函数为$q=D(p)=5000-200p-5p^2$，求：

(1) 从$p=10$到$p=12$两点间的需求价格弹性，并解释其经济意义；

(2) 需求价格弹性函数，并对需求价格弹性函数值$\eta(10)$作经济解释.

解　(1) 因$q=D(p)=5000-200p-5p^2$，p从10变到12，故

$$\Delta p=2,\ D(10)=2500,\ \Delta D=D(12)-D(10)=-620,$$

从而

$$\bar{\eta}(10,10+2)=\bar{\eta}(10,12)=-\frac{\Delta D}{\Delta p}\cdot\frac{p}{D}\bigg|_{\substack{p=10\\ \Delta p=2}}=-\frac{-620}{2}\times\frac{10}{2500}=1.24.$$

$\bar{\eta}(10,12)=1.24$的经济意义　当商品的价格p在区间(10,12)内从$p=10$个单位处提价1%时，该商品的需求量将在$D(10)=2500$个单位的基础上减少1.24%.

(2) 因$q=D(p)=5000-200p-5p^2$，故

$$\eta(p)=-D'(p)\cdot\frac{p}{D(p)}=-(-200-10p)\cdot\frac{p}{5000-200p-5p^2}$$

$$=\frac{40p+2p^2}{1000-40p-p^2};$$

$$\eta(10)=\frac{40\times10+2\times10^2}{1000-40\times10-10^2}=1.2.$$

$\eta(10)=1.2$的经济意义　因$\eta(10)=1.2>1$，故当价格$p=10$时，该商品属富有弹性的商品，即该商品的价格在10个单位的基础上降价1%时，需求量将在相应基础$D(10)=2500$上升1.2%，因而此时宜采取适当降价的经济策略来提高总收入，即薄利多销.

例 11　已知某商品的需求函数为$q=D(p)=3\mathrm{e}^{-\frac{p}{8}}$，求：

(1) 需求价格弹性函数；

(2) $p=7$，$p=8$，$p=9$时的需求价格弹性，并解释其经济意义.

解　(1) 因$q=D(p)=3\mathrm{e}^{-\frac{p}{8}}$，故

$$\eta(p)=-D'(p)\cdot\frac{p}{D(p)}=-\left(-\frac{1}{8}\cdot3\mathrm{e}^{-\frac{p}{8}}\right)\times\frac{p}{3\mathrm{e}^{-\frac{p}{8}}}=\frac{p}{8}.$$

(2) $\eta(7)=\dfrac{7}{8}=0.875<1$，商品属缺乏弹性的商品，故其经济意义是：当商品的价格在

7 个单位的基础上提价 1%时，只引起需求量在相应基础 $D(7)=3e^{-\frac{7}{8}}$ 上下降 0.875%，此时宜提价而不宜降价.

$\eta(8)=\dfrac{8}{8}=1$，商品属具有单位弹性的商品，故其经济意义是：当商品的价格在 8 个单位的基础上降价 1%时，需求量将在相应基础 $D(8)=3e^{-1}$ 上上升 1%，此时可适当降价.

$\eta(9)=\dfrac{9}{8}=1.125>1$，商品属富有弹性的商品，故**其经济意义是**：当商品的价格在 9 个单位的基础上降价 1%时，需求量将在相应基础 $D(9)=3e^{-\frac{9}{8}}$ 上上升 1.125%，此时宜降价而不宜提价.

4) 供给弹性及供给弹性函数值 $\varepsilon(p_0)$ 的经济意义

定义 3.14　若 $q=S(p)\ (>0)$ 为某商品在常规意义下的可导供给函数(即递增函数)，则称函数

$$S'(p)\cdot\frac{p}{S(p)}\xlongequal{\text{记为}}\varepsilon(p)\geqslant 0 \quad (p\text{为价格})$$

为该商品的**供给价格弹性函数**，简称供给弹性，而称函数值 $\varepsilon(p_0)$ 为该商品在**价格为** p_0 **单位时的供给弹性函数值.**

供给弹性函数值 $\varepsilon(p_0)$ 的经济意义

当商品的价格在 p_0 处提价(或降价) 1%时，该商品的供给量就在相应基础 $S(p_0)$ 上增加(或减少) $\varepsilon(p_0)$%.

例 12　已知某商品的供给函数为 $q=S(p)=p^3-p$，求：

(1) 供给弹性函数；

(2) $p=9$ 时的供给弹性，并解释其经济意义.

解　(1) 因 $q=S(p)=p^3-p$，故

$$\varepsilon(p)=S'(p)\cdot\frac{p}{S(p)}=(3p^2-1)\cdot\frac{p}{p^3-p}=\frac{3p^2-1}{p^2-1}.$$

(2) $\varepsilon(9)=\left.\dfrac{3p^2-1}{p^2-1}\right|_{p=9}=3.025$，**其经济意义是**：当商品的价格在 9 个单位的基础上提价(或降价) 1%时，供给量将在相应基础 $S(9)=720$ 上增加(或减少) 3.025%.

5) 收益弹性及收益弹性函数值 $\mu(p_0)$ 的经济意义

定义 3.15　若 $R(p)\ (>0)$ 为某商品的可导收益函数，则称函数

$$\frac{ER}{Ep}=R'(p)\cdot\frac{p}{R(p)}\xlongequal{\text{记为}}\mu(p) \quad (p\text{为价格})$$

为该商品的**收益价格弹性函数**，简称**收益弹性**，而称函数值 $\mu(p_0)$ 为该商品在**价格为** p_0 **单位时的收益弹性函数值.**

收益弹性函数值 $\mu(p_0)$ 的经济意义

(1) 若 $\mu(p_0)>0$，则商品的价格在 p_0 单位处提价（或降价）1%时，该商品的收益就在相应的基础 $R(p_0)$ 上增加（或减少）$\mu(p_0)$%；

(2) 若 $\mu(p_0)=0$，则商品的价格在 p_0 单位处不论提价或降价 1%，该商品的收益始终保持在 $R(p_0)$ 的水平上而不产生变化（即不增也不减）；

(3) 若 $\mu(p_0)<0$，则商品的价格在 p_0 单位处提价（或降价）1%时，该商品的收益就在相应的基础 $R(p_0)$ 上减少（或增加）$|\mu(p_0)|$%.

例 13　设某商品的需求函数为 $q=D(p)=75-p^2$，问：

(1) 当 $p=4$ 个单位时，若价格 p 上涨 1%，总收益增加还是减少？将变化百分之几？

(2) 当 $p=6$ 个单位时，若价格 p 上涨 1%，总收益增加还是减少？将变化百分之几？

解　(1) 因 $q=D(p)=75-p^2$，故总收益函数和收益弹性函数分别为

$$R(p)=p\cdot D(p)=p(75-p^2)=75p-p^3,$$

$$\mu(p)=R'(p)\cdot\frac{p}{R(p)}=(75-3p^2)\cdot\frac{p}{p(75-p^2)}=\frac{75-3p^2}{75-p^2},$$

从而 $\mu(4)=\dfrac{75-3\times4^2}{75-4^2}\approx0.46>0$，因而当该商品的价格在 4 个单位的基础上上涨 1%时，总收益将在相应的基础 $R(4)=236$ 上约增加 0.46%.

(2) 因 $\mu(6)=\dfrac{75-3\times6^2}{75-6^2}=-\dfrac{33}{39}\approx-0.85<0$，故当该商品的价格在 6 个单位的基础上上涨 1%时，总收益将在相应的基础 $R(6)=234$ 上约减少 0.85%.

习　题　3

1. 验证拉格朗日中值定理对函数 $y=4x^3-5x^2+x-2$ 在区间 $[0,1]$ 上的正确性.

2. 不用求函数 $f(x)=(x-1)(x-1)(x-3)(x-4)$ 的导数，说明方程 $f'(x)=0$ 有几个实根，并指出它们所在的区间.

3. 证明下列不等式.

(1) $nb^{n-1}(a-b)<a^n-b^n<na^{n-1}(a-b)$，其中 $a>b>0,n>1$；

(2) $\dfrac{a-b}{a}<\ln\dfrac{a}{b}<\dfrac{a-b}{b}$，其中 $a>b>0$；

(3) $|\arctan a-\arctan b|\leqslant|a-b|$；

(4) $\mathrm{e}^x>\mathrm{e}\cdot x$，其中 $x>1$.

4. 求下列极限.

(1) $\lim\limits_{x\to0}\dfrac{\mathrm{e}^x-\mathrm{e}^{-x}}{\sin x}$；　　(2) $\lim\limits_{x\to a}\dfrac{\sin x-\sin a}{x-a}$；

(3) $\lim\limits_{x\to0^+}\dfrac{\ln\tan7x}{\ln\tan2x}$；　　(4) $\lim\limits_{x\to+\infty}\dfrac{\ln\left(1+\frac{1}{x}\right)}{\operatorname{arccot}x}$；

(5) $\lim\limits_{x\to0}x\cot2x$；　　(6) $\lim\limits_{x\to1}\left(\dfrac{2}{x^2-1}-\dfrac{1}{x-1}\right)$；

(7) $\lim\limits_{x\to0^+}x^{\sin x}$；　　(8) $\lim\limits_{x\to0^+}\left(\dfrac{1}{x}\right)^{\tan x}$；

(9) $\lim\limits_{x\to 0}(\sin x+\mathrm{e}^x)^{\frac{1}{x}}$；　　(10) $\lim\limits_{x\to 0}\left(\dfrac{\sin x}{x}\right)^{\frac{1}{x^2}}$.

5. 判定函数 $y=\arctan x-x$ 的单调性.

6. 确定下列函数的单调区间.

(1) $f(x)=2x^3-6x^2-18x-7$；　　(2) $f(x)=2x+\dfrac{8}{x}(x>0)$；

(3) $f(x)=\ln(x+\sqrt{1+x^2})$；　　(4) $f(x)=\dfrac{2x}{(x-1)^2}$.

7. 证明下列不等式.

(1)当 $x>0$ 时，$1+\dfrac{1}{2}x>\sqrt{1+x}$；

(2)当 $0<x<\dfrac{\pi}{2}$ 时，$\sin x+\tan x>2x$.

8. 判断下列曲线的凹凸性，并求拐点.

(1) $f(x)=x^3-5x^2+3x+5$；　　(2) $f(x)=x\mathrm{e}^{-x}$；

(3) $f(x)=\ln(x^2+1)$；　　(4) $f(x)=(x+1)^4+\mathrm{e}^x$.

9. 求下列函数的极值.

(1) $f(x)=x^5-5x+1$；　　(2) $f(x)=x\ln x$；

(3) $f(x)=3-2(x+1)^{\frac{1}{3}}$；　　(4) $f(x)=x|2x-1|$.

10. 求下列函数的最值.

(1) $f(x)=x^4-4x^3+8, x\in[-1,1]$；　　(2) $f(x)=4\mathrm{e}^x+\mathrm{e}^{-x}, x\in[-1,1]$；

(3) $f(x)=x+\sqrt{1-x}, x\in[-5,1]$；　　(4) $f(x)=x+\dfrac{1}{x}, x\in\left[\dfrac{1}{2},2\right]$.

第4章　不定积分

在微分学中，已经介绍了已知函数求导数(或微分)的问题，本章要考虑其反问题：已知导数求其函数，即等式 $F'(x)=f(x)$或等式 $\mathrm{d}F'(x)=f(x)\mathrm{d}x$ 成立，其中 $f(x)$为已知函数，求未知函数 $F(x)$的问题，这就是积分学的基本问题之一——求函数的不定积分. 本章将介绍不定积分的概念、性质及其计算方法.

4.1　不定积分的概念与性质

一、原函数的概念

从微分学知道：

若已知某物体的路程函数(即运动规律)为 $S=S(t)$，则可通过求导数的方法得到该物体在时刻 t 时的瞬时速度 $v(t)=S'(t)=\dfrac{\mathrm{d}S}{\mathrm{d}t}$.

现在要解决其相反的问题：

已知某物体运动的速度是时间 t 的函数 $v=v(t)=S'(t)$，用何办法求出该物体的路程函数 $S=S(t)$，即面临求导运算的逆运算问题.

为此，我们引进原函数的概念：

定义 4.1　设 $f(x)$ 是定义于区间 I 上的已知函数，若存在函数 $F(x)$，使得对任何 $x\in I$ 均有

$$F'(x)=f(x) \text{ 或 } \mathrm{d}F(x)=f(x)\mathrm{d}x,$$

则称函数 $F(x)$ 为函数 $f(x)$ 在区间 I 上的一个**原函数**.

注　求原函数过程与求导函数过程是互逆的.

例 1　对函数 $f(x)=\cos x$，因在区间 $I=(-\infty,+\infty)$ 内，恒有

$$(\sin x)'=\cos x,\ (\sin x-1)'=\cos x \text{ 和 } (\sin x+C)'=\cos x,$$

故函数 $\sin x$，$\sin x-1$ 与 $\sin x+C$ 均为函数 $f(x)=\cos x$ 在区间 I 内的原函数.

由上例可见：**一个函数的原函数不是唯一的.**

一般地，若函数 $F(x)$ 为函数 $f(x)$ 在区间 I 上的一个原函数，即

$$F'(x)=f(x)\quad(x\in I),$$

则对任意常数 C 有

$$[F(x)+C]'=f(x)\quad(x\in I),$$

说明 $F(x)+C$ 也是函数 $f(x)$ 在区间 I 上的原函数.

另一方面，若函数 $G(x)$ 也为函数 $f(x)$ 在区间 I 上的一个原函数，即

$$G'(x)=f(x)=F'(x)\quad(x\in I),$$

则有 $[F(x)-G(x)]'=F'(x)-G'(x)=f(x)-f(x)=0$，即 $F(x)-G(x)=C$（C 为任意常数），由此，**一个函数的任何两个原函数之间只相差一个常数**.

综上述知，若函数 $F(x)$ 为函数 $f(x)$ 在区间 I 上的一个原函数，则函数 $f(x)$ 在区间 I 上的全体原函数为 $F(x)+C$（C 为任意常数）.

二、不定积分的概念

定义 4.2 若 $F'(x)=f(x)\ (x\in I)$，即 $F(x)$ 为函数 $f(x)$ 在区间 I 上的一个原函数，则称函数 $f(x)$ 在 I 上的全体原函数 $F(x)+C$（C 为任意常数）为函数 $f(x)$ 在区间 I 上的**不定积分**，记为

$$\int f(x)\mathrm{d}x=F(x)+C,$$

此时，也称函数 $f(x)$ 在区间 I 上**可积**，同时称 $\int$ 为**不定积分符号**，$f(x)$ 为**被积函数**，$f(x)\mathrm{d}x$ 为**被积表达式**，x 为**积分变量**，C 为**积分常数**.

例 2 计算下列函数的不定积分：

(1) x^2； (2) $\sin x$； (3) $\frac{1}{x}$； (4) $-\frac{1}{x^2}$.

解 (1) 因 $\left(\frac{x^3}{3}\right)'=x^2$，故 $\int x^2\mathrm{d}x=\frac{x^3}{3}+C$.

(2) 因 $(-\cos x)'=\sin x$，故 $\int \sin x\mathrm{d}x=-\cos x+C$.

(3) ①当 $x>0$ 时，因为 $(\ln x)'=\frac{1}{x}$，所以 $\int\frac{1}{x}\mathrm{d}x=\ln x+C(x>0)$.

②当 $x<0$ 时，$-x>0$，因为 $[\ln(-x)]'=\frac{1}{-x}(-1)=\frac{1}{x}$，所以 $\int\frac{1}{x}\mathrm{d}x=\ln(-x)+C\ (x<0)$.

合并上述两式就得到：$\int\frac{1}{x}\mathrm{d}x=\ln|x|+C\ (x\neq 0)$.

(4) 因 $\left(\frac{1}{x}\right)'=-\frac{1}{x^2}$，故 $\int\left(-\frac{1}{x^2}\right)\mathrm{d}x=\frac{1}{x}+C$.

现在还存在的一个问题是：一个函数应具备什么条件，才能保证其原函数存在？对这个问题，下面定理可给予保证.

定理 4.1（原函数存在定理） 区间 I 上的连续函数一定有原函数.

由于初等函数在其定义区间内都是连续的，故**初等函数在其定义区间内都存在原函数，因而都可积**. 所以，今后在讨论函数 $f(x)$ 的原函数或可积性时，都针对函数 $f(x)$ 的连续区间而言，不再赘述.

三、不定积分的几何意义

由于函数 $f(x)$ 的不定积分中含有任意常数 C，因此对于每一个给定的 C，都有一个确定的原函数，在几何上，相应地就有一条确定的曲线，称为 $f(x)$ 的**积分曲线**. 因为 C 可以取任意值，因此不定积分表示 $f(x)$ 的**一族积分曲线**，如图 4-1 所示，而 $f(x)$ 正是积分曲线的斜率. 由于积分曲线族中的每一条曲线，对应于同一横坐标 $x=x_0$ 的点处有相同的斜率 $f(x_0)$，所以对应于这些点处，它们的切线互相平行.

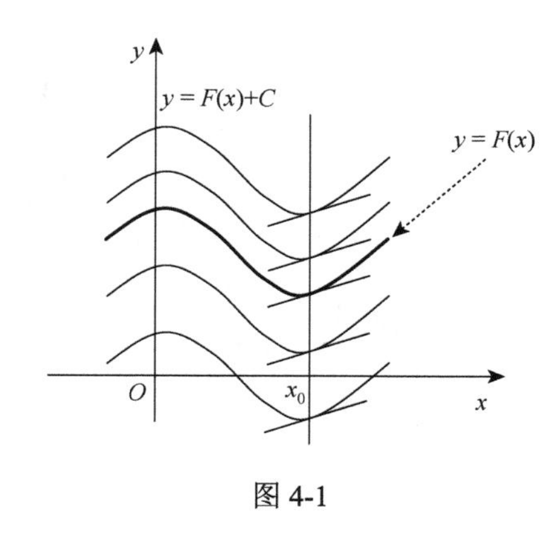

图 4-1

任意两条曲线的纵坐标之间只相差一个常数. 所以，曲线积分族

$$y=F(x)+C \quad (x\in I)$$

均可由积分曲线 $y=F(x)$ $(x\in I)$ 沿着 y 轴方向向上或向下平行移动而得到.

如果给定一个初始条件，就可以确定一个 C 的值，因而就确定了一个原函数.

例如，给定的初始条件为 $x=x_0$ 时 $y=y_0$，则由 $y_0=F(x_0)+C$ 得到常数 $C=y_0-F(x_0)$，于是就确定了一条积分曲线.

例 3 求经过点 $(1,3)$，且其切线的斜率为 $2x$ 的曲线方程.

解 设所求曲线方程为 $y=F(x)$，由已知 $F'(x)=2x$，则有

$$y=F(x)=\int 2x\mathrm{d}x=x^2+C,$$

再将“$x=1$ 时 $y=3$”代入上式可解得 $C=2$，从而所求曲线方程为

$$y=F(x)=x^2+2.$$

四、不定积分的性质

直接由不定积分的定义，易证下列基本性质：

性质 1（互逆运算性质） (1) $\left[\int f(x)\mathrm{d}x\right]'=f(x)$ 或 $\mathrm{d}\left[\int f(x)\mathrm{d}x\right]=f(x)\mathrm{d}x$；

(2) $\int F'(x)\mathrm{d}x=\int \mathrm{d}F(x)=F(x)+C$.

性质 2（线性运算性质） (3) $\int kf(x)\mathrm{d}x=k\int f(x)\mathrm{d}x$（$k$ 为非零常数）；

(4) $\int[f(x)\pm g(x)]\mathrm{d}x=\int f(x)\mathrm{d}x\pm\int g(x)\mathrm{d}x$；

(5) $\int[\alpha f(x)+\beta g(x)]\mathrm{d}x=\alpha\int f(x)\mathrm{d}x+\beta\int g(x)\mathrm{d}x$（$\alpha,\beta$ 为不全为零的常数）.

注 式(4)和(5)可推广到有限多个函数的情形.

五、基本积分公式

根据不定积分的定义，由导数或微分基本公式，即可得到不定积分的基本公式.

如由导数公式$\left(\dfrac{x^{\mu+1}}{\mu+1}\right)'=x^{\mu}$可推出不定积分公式$\int x^{\mu}\mathrm{d}x=\dfrac{x^{\mu+1}}{\mu+1}+C\ (\mu\neq-1)$. 因此，借助基本导数公式便可得到一些基本积分公式，现叙述如下：

(1) $\int k\mathrm{d}x=kx+C$ (k 为常数)，**特别有**$\int 1\cdot\mathrm{d}x=\int\mathrm{d}x=x+C$；

(2) $\int x^{\mu}\mathrm{d}x=\dfrac{x^{\mu+1}}{\mu+1}+C\ (\mu\neq-1)$；

(3) $\int\dfrac{1}{x}\mathrm{d}x=\ln|x|+C$；

(4) $\int\dfrac{1}{2\sqrt{x}}\mathrm{d}x=\sqrt{x}+C$；

(5) $\int\left(-\dfrac{1}{x^2}\right)\mathrm{d}x=\dfrac{1}{x}+C$；

(6) $\int a^x\mathrm{d}x=\dfrac{a^x}{\ln a}+C\ (a>0,a\neq1)$，**特别有**$\int \mathrm{e}^x\mathrm{d}x=\mathrm{e}^x+C$；

(7) $\int\sin x\mathrm{d}x=-\cos x+C$；

(8) $\int\cos x\mathrm{d}x=\sin x+C$；

(9) $\int\sec^2 x\mathrm{d}x=\tan x+C$；

(10) $\int\csc^2 x\mathrm{d}x=-\cot x+C$；

(11) $\int\dfrac{1}{\sqrt{1-x^2}}\mathrm{d}x=\arcsin x+C=-\arccos x+C$；

(12) $\int\dfrac{1}{1+x^2}\mathrm{d}x=\arctan x+C=-\mathrm{arccot}x+C$.

由上述不定积分的性质和基本积分公式，可直接计算一些较简单函数的不定积分，并把这种积分法称为**直接积分法**.

例 4　计算下列不定积分：

(1) $\int\dfrac{x^2+1}{\sqrt{x}}\mathrm{d}x$；　(2) $\int\left(x^2-3\mathrm{e}^x+\dfrac{2}{x}\right)\mathrm{d}x$；　(3) $\int\dfrac{2^{x+1}}{3^x}\mathrm{d}x$；

(4) $\int\dfrac{x^4}{1+x^2}\mathrm{d}x$；　(5) $\int\dfrac{1}{\sin^2 x\cos^2 x}\mathrm{d}x$；　(6) $\int\cos^2\dfrac{x}{2}\mathrm{d}x$；

(7) $\int\dfrac{\cos^2 x}{1-\sin x}\mathrm{d}x$；　(8) $\int\sqrt{x\sqrt{x\sqrt{x}}}\mathrm{d}x$.

解　(1) 原式$=\int\left(x^{\frac{3}{2}}+2\dfrac{1}{2\sqrt{x}}\right)\mathrm{d}x=\int x^{\frac{3}{2}}\mathrm{d}x+2\int\dfrac{1}{2\sqrt{x}}\mathrm{d}x=\dfrac{2}{5}x^{\frac{5}{2}}+2\sqrt{x}+C$；

(2) 原式$=\int x^2\mathrm{d}x-3\int\mathrm{e}^x\mathrm{d}x+2\int\dfrac{1}{x}\mathrm{d}x=\dfrac{x^3}{3}-3\mathrm{e}^x+2\ln|x|+C$；

(3) 原式$=2\int\left(\dfrac{2}{3}\right)^x\mathrm{d}x=2\cdot\dfrac{1}{\ln\frac{2}{3}}\cdot\left(\dfrac{2}{3}\right)^x+C=\dfrac{2^{x+1}}{(\ln2-\ln3)3^x}+C$；

(4) 原式$=\int\frac{(x^4-1)+1}{1+x^2}\mathrm{d}x=\int\left(x^2-1+\frac{1}{1+x^2}\right)\mathrm{d}x=\frac{x^3}{3}-x+\arctan x+C$；

(5) 原式$=\int\frac{\sin^2 x+\cos^2 x}{\sin^2 x\cos^2 x}\mathrm{d}x=\int(\sec^2 x+\csc^2 x)\mathrm{d}x=\tan x-\cot x+C$；

(6) 原式$=\frac{1}{2}\int(1+\cos x)\mathrm{d}x=\frac{1}{2}(x+\sin x)+C$；

(7) 原式$=\int\frac{1-\sin^2 x}{1-\sin x}\mathrm{d}x=\int(1+\sin x)\mathrm{d}x=x-\cos x+C$；

(8) 原式$=\int[x\cdot(x\cdot x^{\frac{1}{2}})^{\frac{1}{2}}]^{\frac{1}{2}}\mathrm{d}x=\int x^{\frac{7}{8}}\mathrm{d}x=\frac{8}{15}x^{\frac{15}{8}}+C$.

注 (1) 要检验积分结果是否正确，只需对其结果求导验证即可. 如就本例(2)的结果来看，由于

$$\left(\frac{x^3}{3}-3\mathrm{e}^x+2\ln|x|+C\right)'=\frac{3\cdot x^2}{3}-3\cdot\mathrm{e}^x+2\cdot\frac{1}{x}=x^2-3\mathrm{e}^x+\frac{2}{x},$$

故所求结果正确.

(2) 由本例看出，在求不定积分时，可先将被积函数利用凑项法、代数或三角恒等变形公式等，将其转化成若干可直接利用基本积分公式的形式来进行求解.

4.2 换元积分法

能用直接积分法计算的不定积分是非常有限的. 因此，有必要进一步研究不定积分的其他计算方法，本节把复合函数的求导法则反过来用于不定积分，而得到一种基本的积分法，称为换元积分法. 换元积分法的基本思想是用新变量来替换原变量，把某些复杂的不定积分转化为在新变量下可利用直接积分法来进行计算的形式，从而使原积分的计算化难为易，化繁为简. 换元积分法有两种类型：第一换元法和第二换元法，下面进行介绍.

一、第一换元积分法(凑微分法)

考查不定积分$\int\sin 2x\mathrm{d}x$，它不能直接用基本公式$\int\sin x\mathrm{d}x=-\cos x+C$进行积分，因为$\sin 2x$是$x$的复合函数(由$y=\sin u, u=2x$复合而成).

设想：哪个函数求导可能会是$\sin 2x$呢？

对$(\cos 2x)'=-\sin 2x\cdot 2$，所以$\left(-\frac{1}{2}\cos 2x\right)'=\sin 2x$，于是得出

$$\int\sin 2x\mathrm{d}x=-\frac{1}{2}\cos 2x+C.$$

对于很简单的复合函数，我们可以这样来研究，但对于大量的复合函数，就不能这样来进行了，于是，我们引入新变量u，令$u=2x$则$x=\frac{u}{2}$，$\mathrm{d}x=\frac{1}{2}\mathrm{d}u$，

$$\int \sin 2x \mathrm{d}x = \frac{1}{2}\int \sin u \mathrm{d}u = -\frac{1}{2}\cos u + C = -\frac{1}{2}\cos 2x + C.$$

这种引入一个新的变量把一个复合函数化为简单函数，而得到我们要寻找的原函数的方法，叫做第一类换元积分法.

一般地，有如下定理：

定理 4.2（第一换元积分法） 设 $y = f(u), u = \varphi(x), \varphi'(x)$ 都是连续函数，而且 $\int f(u)\mathrm{d}u = F(u) + C$，则

$$\int f[\varphi(x)]\varphi'(x)\mathrm{d}x = F[\varphi(x)] + C.$$

证 由条件知，$f[\varphi(x)]\varphi'(x)$ 为连续函数因而可积，故有

$$\int f[\varphi(x)]\varphi'(x)\mathrm{d}x = \int f[\varphi(x)]\mathrm{d}\varphi(x) \text{——凑微分}$$

$$\overset{令u=\varphi(x)}{=\!=\!=} \int f(u)\mathrm{d}u \text{——换元(即变量代换)}$$

$$= F(u) + C \text{——直接用不定积分的定义或基本积分公式}$$

$$= F[\varphi(x)] + C. \text{——回代}$$

一般地，第一换元积分法也称为**凑微分法**，其特点是：**先凑微分，再作变量代换，然后直接积分法，最后回代.**

注 (1) 能用凑微分法的关键在于将原被积表达式 $g(x)\mathrm{d}x$ 凑成形如 $f[\varphi(x)]\mathrm{d}\varphi(x)$ 的形式，要求 $g(x) = f[\varphi(x)]\varphi'(x)$ 是隐含两个函数的乘积，一个是复合函数 $f[\varphi(x)]$，一个是其内函数的导数 $\varphi'(x)$.

(2) 务必将新变量 $u = \varphi(x)$ 回代到 $F(u)$ 中去，使积分结果回到原积分变量 x 的形式 $F[\varphi(x)] + C$.

下面通过一些例子来熟悉如何利用凑微分法来计算函数的不定积分.

例 1 计算下列不定积分：

(1) $\int x\mathrm{e}^{x^2}\mathrm{d}x$； (2) $\int \frac{\mathrm{e}^x}{1+\mathrm{e}^x}\mathrm{d}x$； (3) $\int (\arctan x + 2)^2 \frac{1}{1+x^2}\mathrm{d}x$；

(4) $\int \frac{10^{\arccos x}}{\sqrt{1-x^2}}\mathrm{d}x$； (5) $\int \frac{\cos\sqrt{x}}{\sqrt{x}}\mathrm{d}x$； (6) $\int \frac{x\mathrm{d}x}{\sqrt{1+3x^2}}$；

(7) $\int \frac{1}{\sqrt{a^2-x^2}}\mathrm{d}x \ (a>0)$.

解 (1) 原式 $= \frac{1}{2}\int \mathrm{e}^{x^2}(x^2)'\mathrm{d}x = \frac{1}{2}\int \mathrm{e}^{x^2}\mathrm{d}x^2$ ——凑微分

$$\overset{令u=x^2}{=\!=\!=} \frac{1}{2}\int \mathrm{e}^u \mathrm{d}u \text{——换元(即作变量代换)}$$

$$= \frac{1}{2}\mathrm{e}^u + C \text{——直接用基本积分公式}$$

$$=\frac{1}{2}e^{x^2}+C.\text{——回代}$$

(2) 原式 $=\int\frac{1}{1+e^x}(1+e^x)'dx=\int\frac{1}{1+e^x}d(1+e^x)$ ——凑微分

$\overset{令u=1+e^x}{=\!=\!=}\int\frac{1}{u}du$ ——换元(即作变量代换)

$=\ln|u|+C$ ——直接用基本积分公式

$=\ln(1+e^x)+C$. ——回代

(3) 原式 $=\int(\arctan x+2)^2d(\arctan x+2)\overset{令u=\arctan x+2}{=\!=\!=\!=}\int u^2du$

$=\frac{1}{3}u^3+C=\frac{1}{3}(\arctan x+2)^3+C$.

(4) 原式 $=\int 10^{\arccos x}\frac{dx}{\sqrt{1-x^2}}=-\int 10^{\arccos x}d\arccos x$

$\overset{u=\arccos x}{=\!=\!=}-\int 10^u du=-\frac{10^u}{\ln 10}+C=-\frac{10^{\arccos x}}{\ln 10}+C$.

(5) 原式 $=2\int\cos\sqrt{x}\cdot\frac{1}{2\sqrt{x}}dx=2\int\cos\sqrt{x}d\sqrt{x}\overset{u=\sqrt{x}}{=\!=}2\int\cos u du$

$=2\sin u+C=2\sin\sqrt{x}+C$.

(6) 原式 $=\frac{1}{6}\int\frac{1}{\sqrt{1+3x^2}}d(1+3x^2)\overset{令u=1+3x^2}{=\!=\!=}\frac{1}{3}\int\frac{1}{2\sqrt{u}}du=\frac{1}{3}\cdot\sqrt{u}+C=\frac{1}{3}\sqrt{1+3x^2}+C$.

(7) 原式 $=\int\frac{1}{\sqrt{1-\left(\frac{x}{a}\right)^2}}d\left(\frac{x}{a}\right)\overset{令u=\frac{x}{a}}{=\!=}\int\frac{1}{\sqrt{1-u^2}}du=\arcsin u+C=\arcsin\frac{x}{a}+C$.

注 当运算熟练之后，可略去设中间变量的步骤以使运算过程更简化，如上例中(3)至(7).

例2 计算下列三角函数的不定积分：

(1) $\int\sin kx dx\ (k\neq 0)$； (2) $\int\tan x dx$； (3) $\int\cot x dx$； (4) $\int\csc x dx$；

(5) $\int\sec x dx$； (6) $\int\sin^3 x\cos x dx$； (7) $\int\cos^3 x dx$.

解 (1) 原式 $=\frac{1}{k}\int\sin kx d(kx)\overset{令u=kx}{=\!=\!=}\frac{1}{k}\int\sin u du=\frac{1}{k}\cdot(-\cos u)+C=-\frac{1}{k}\cos kx+C$.

(2) 原式 $=\int\frac{\sin x}{\cos x}dx=-\int\frac{1}{\cos x}d\cos x=-\ln|\cos x|+C$.

(3) 原式 $=\int\frac{\cos x}{\sin x}dx=\int\frac{1}{\sin x}d\sin x=\ln|\sin x|+C$.

(4) 原式 $=\int\frac{\csc x(\csc x-\cot x)}{\csc x-\cot x}dx=\int\frac{\csc^2 x-\csc x\cdot\cot x}{\csc x-\cot x}dx$

$=\int\frac{1}{\csc x-\cot x}d(\csc x-\cot x)=\ln|\csc x-\cot x|+C$.

(5) 原式 $=\int\csc\left(x+\frac{\pi}{2}\right)\mathrm{d}\left(x+\frac{\pi}{2}\right)=\ln\left|\csc\left(x+\frac{\pi}{2}\right)-\cot\left(x+\frac{\pi}{2}\right)\right|+C$

$=\ln|\sec x+\tan x|+C$.

(6) 原式 $=\int\sin^3 x\,\mathrm{d}\sin x=\frac{1}{4}\sin^4 x+C$.

(7) 原式 $=\int\cos^2 x\cos x\mathrm{d}x=\int(1-\sin^2 x)\,\mathrm{d}\sin x=\sin x-\frac{1}{3}\sin^3 x+C$.

例 3　计算下列不定积分：

(1) $\int(a_0x^n+a_1x^{n-1}+\cdots+a_{n-1}x+a_n)\mathrm{d}x\ (a_0\neq 0)$；

(2) $\int(3-2x)^{10}\mathrm{d}x$；　(3) $\int\frac{1}{x\pm a}\mathrm{d}x$；　(4) $\int\frac{1}{a^2+x^2}\mathrm{d}x\ (a\neq 0)$；

(5) $\int\frac{1}{x^2-a^2}\mathrm{d}x\ (a\neq 0)$；　(6) $\int\frac{x^2}{x+1}\mathrm{d}x$；

(7) $\int\frac{x^3-1}{x-1}\mathrm{d}x$.

解　(1) 原式 $=a_0\int x^n\mathrm{d}x+a_1\int x^{n-1}\mathrm{d}x+\cdots+a_{n-1}\int x\mathrm{d}x+a_n\int\mathrm{d}x$

$=\frac{a_0}{n+1}x^{n+1}+\frac{a_1}{n}x^n+\cdots+\frac{a_{n-1}}{2}x^2+a_nx+C$.

(2) 原式 $=-\frac{1}{2}\int(3-2x)^{10}\mathrm{d}(3-2x)=-\frac{1}{22}(3-2x)^{11}+C$.

(3) 原式 $=\int\frac{1}{x\pm a}\,\mathrm{d}(x\pm a)=\ln|x\pm a|+C$.

(4) 原式 $=\frac{1}{a}\int\frac{1}{1+\left(\frac{x}{a}\right)^2}\,\mathrm{d}\left(\frac{x}{a}\right)=\frac{1}{a}\arctan\frac{x}{a}+C$.

(5) 原式 $=\frac{1}{2a}\int\frac{(x+a)-(x-a)}{(x-a)(x+a)}\mathrm{d}x=\frac{1}{2a}\int\left(\frac{1}{x-a}-\frac{1}{x+a}\right)\mathrm{d}x$

$=\frac{1}{2a}\left(\ln|x-a|-\ln|x+a|\right)+C$

$=\frac{1}{2a}\ln\left|\frac{x-a}{x+a}\right|+C$.

(6) 原式 $=\int\frac{(x^2-1)+1}{x+1}\mathrm{d}x=\int\left(x-1+\frac{1}{x+1}\right)\mathrm{d}x=\frac{1}{2}x^2-x+\ln|x+1|+C$.

(7) 原式 $=\int\frac{(x-1)(x^2+x+1)}{x-1}\mathrm{d}x=\int(x^2+x+1)\mathrm{d}x=\frac{x^3}{3}+\frac{x^2}{2}+x+C$.

二、第二换元积分法(直接换元法)

若积分 $\int f(x)\mathrm{d}x$ 不易用直接积分法或将被积表达式 $g(x)\mathrm{d}x$ 凑成微分 $f[\varphi(x)]\,\mathrm{d}\varphi(x)$ 的形

式，则可考虑直接令 $x=\varphi(t)$，但要求导函数 $\varphi'(t)$ 连续且 $\varphi'(t)\neq 0$，即保证 $x=\varphi(t)$ 的反函数 $t=\varphi^{-1}(x)$ 存在且可导. 另外，还要求函数 $f[\varphi(t)]\varphi'(t)$ 的原函数 $F(t)$ 容易求出，则有

$$\int f(x)\,\mathrm{d}x \xlongequal[t=\varphi^{-1}(x)]{令x=\varphi(t)} \int f[\varphi(t)]\,\mathrm{d}\varphi(t)=\int f[\varphi(t)]\,\varphi'(t)\mathrm{d}t$$
$$=F(t)+C=F[\varphi^{-1}(x)]+C\,.$$

1. 根式代换

如果被积函数含一次根式 $\sqrt[n]{ax+b}(a\neq 0)$ 时，由 $\sqrt[n]{ax+b}=t$，求其反函数，作代换 $x=\dfrac{1}{a}(t^n-b)$，可消去根式，化为代数有理式的积分.

例 4 计算下列不定积分：

(1) $\displaystyle\int\frac{1}{1+\sqrt[3]{x}}\mathrm{d}x$； (2) $\displaystyle\int\frac{\sqrt{x-1}}{x}\mathrm{d}x$； (3) $\displaystyle\int\frac{1}{\sqrt[3]{x}+\sqrt{x}}\mathrm{d}x$.

解 (1) 原式 $\xlongequal[\mathrm{d}x=3t^2\mathrm{d}t]{令t=\sqrt[3]{x},\,x=t^3} \displaystyle\int\frac{1}{1+t}\cdot 3t^2\mathrm{d}t=3\int\left(t-1+\frac{1}{t+1}\right)\mathrm{d}t$

$$=3\left(\frac{1}{2}t^2-t+\ln|t+1|\right)+C$$
$$=\frac{3}{2}\sqrt[3]{x^2}-3\sqrt[3]{x}+3\ln\left|\sqrt[3]{x}+1\right|+C\,.$$

(2) 原式 $\xlongequal[\mathrm{d}x=2t\mathrm{d}t]{令t=\sqrt{x-1},\,x=t^2+1} \displaystyle\int\frac{t}{t^2+1}\cdot 2t\mathrm{d}t=2\int\left(1-\frac{1}{1+t^2}\right)\mathrm{d}t=2(t-\arctan t)+C$

$$=2(\sqrt{x-1}-\arctan\sqrt{x-1})+C\,.$$

(3) **分析** 因被积函数中含有两个根式 $\sqrt[3]{x}$ 和 $\sqrt{x}$，故所作根式变换的开方数必须取为这两个根式开方数的公倍数，才能同时消除它们的根式，对被积函数中含有三个或三个以上根式的情形也可类似处理.

原式 $\xlongequal[\mathrm{d}x=6t^5\mathrm{d}t]{令t=\sqrt[6]{x},\,x=t^6} \displaystyle\int\frac{1}{t^2+t^3}\cdot 6t^5\mathrm{d}t=6\int\left(t^2-t+1-\frac{1}{t+1}\right)\mathrm{d}t$

$$=2t^3-3t^2+6t-6\ln|1+t|+C$$
$$=2\sqrt{x}-3\sqrt[3]{x}+6\sqrt[6]{x}-6\ln\left|1+\sqrt[6]{x}\right|+C\,.$$

2. 三角函数代换

如果被积函数含二次根式，作三角函数替换，可消去根式，化为三角函数有理式的积分.

含有根式 $\sqrt{a^2-x^2}$ $(a>0)$ 时，令 $x=a\sin t$ 或 $x=a\cos t$；

含有根式 $\sqrt{x^2+a^2}$ $(a>0)$ 时，令 $x=a\tan t$ 或 $x=a\cot t$；

含有根式 $\sqrt{x^2-a^2}$ $(a>0)$ 时，令 $x=a\sec t$ 或 $x=a\csc t$；

含有根式 $\sqrt{ax^2+bx+c}$ $(a\neq 0)$ 时，必可将其配方为下列三种形式

$$\sqrt{a_1^2-u^2}\ ,\ \sqrt{u^2+a_1^2}\ ,\ \sqrt{u^2-a_1^2}$$

之一，然后作相应三角变换即可解决问题.

例 5　计算下列不定积分 $(a>0)$：

(1) $\int\sqrt{a^2-x^2}\mathrm{d}x$；　　(2) $\int\frac{1}{\sqrt{x^2+a^2}}\mathrm{d}x$；　　(3) $\int\frac{1}{\sqrt{x^2-a^2}}\mathrm{d}x$.

解　(1) 原式 $\overset{\text{令}x=a\sin t}{\underset{\mathrm{d}x=a\cos t\mathrm{d}t}{=\!=\!=}}\int\sqrt{a^2-a^2\sin^2 t}\cdot a\cos t\mathrm{d}t\ \left(-\frac{\pi}{2}\leqslant t\leqslant\frac{\pi}{2}\right)$

$$=a^2\int\cos^2 t\mathrm{d}t=\frac{a^2}{2}\int(1+\cos 2t)\mathrm{d}t$$

$$=\frac{a^2}{2}\left(t+\frac{1}{2}\sin 2t\right)+C.$$

为能将新变量 t 还原为原变量 x，可根据所作三角变换 $x=a\sin t$，即 $\sin t=\frac{x}{a}$ 构造如图 4-2 所示的直角三角形，于是有

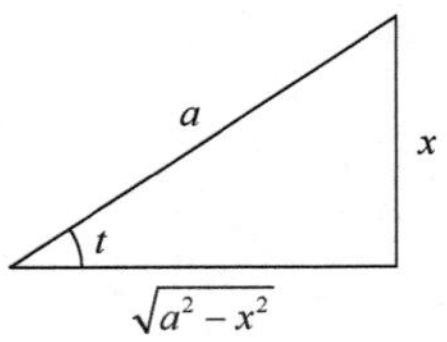

$$\cos t=\frac{\sqrt{a^2-x^2}}{a},\quad \sin 2t=2\sin t\cos t=2\cdot\frac{x}{a}\cdot\frac{\sqrt{a^2-x^2}}{a},\quad t=\arcsin\frac{x}{a},$$

所以

$$\int\sqrt{a^2-x^2}\mathrm{d}x=\frac{a^2}{2}\arcsin\frac{x}{a}+\frac{x}{2}\sqrt{a^2-x^2}+C.$$

图 4-2

(2) 原式 $\overset{\text{令}x=a\tan t}{\underset{\mathrm{d}x=a\sec^2 t\mathrm{d}t}{=\!=\!=}}\int\frac{1}{\sqrt{a^2\tan^2 t+a^2}}\cdot a\sec^2 t\mathrm{d}t\ \left(-\frac{\pi}{2}<t<\frac{\pi}{2}\right)$

$$=\int\sec t\mathrm{d}t=\ln|\sec t+\tan t|+C_1=\ln\left|\frac{\sqrt{x^2+a^2}}{a}+\frac{x}{a}\right|+C_1\ (\text{图 4-3})$$

$$=\ln\left|x+\sqrt{x^2+a^2}\right|+C\ \left(C=-\ln a+C_1\right).$$

(3) 原式 $\overset{\text{令}x=a\sec t}{\underset{\mathrm{d}x=a\sec t\tan t\mathrm{d}t}{=\!=\!=}}\int\frac{1}{\sqrt{a^2\sec^2 t-a^2}}\cdot a\sec t\tan t\mathrm{d}t=\int\sec t\mathrm{d}t$

$$=\ln|\sec t+\tan t|+C_1=\ln\left|\frac{x}{a}+\frac{\sqrt{x^2-a^2}}{a}\right|+C_1\ (\text{图 4-4})$$

$$=\ln\left|x+\sqrt{x^2-a^2}\right|+C\ \left(C=-\ln a+C_1\right).$$

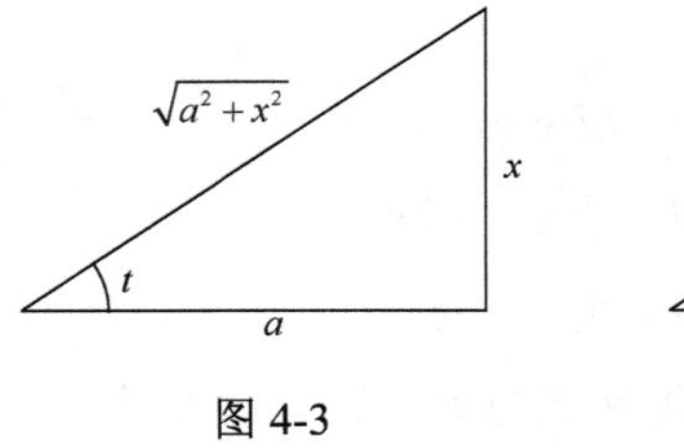

图 4-3

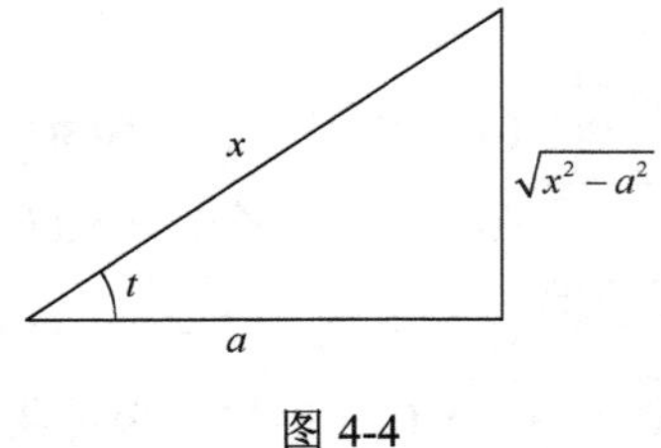

图 4-4

3. 倒数代换

如果被积函数分母的阶较高时，可采用倒数代换 $x=\dfrac{1}{t}$，例如，式子

$$\int\frac{\mathrm{d}x}{x\sqrt{a^2\pm x^2}}；\ \int\frac{\mathrm{d}x}{x^2\sqrt{a^2\pm x^2}}；\ \int\frac{\mathrm{d}x}{x\sqrt{x^2-a^2}}；$$

$$\int\frac{\mathrm{d}x}{x^2\sqrt{x^2-a^2}}；\ \int\frac{\sqrt{a^2\pm x^2}}{x^4}\mathrm{d}x；\ \int\frac{\sqrt{x^2-a^2}}{x^4}\mathrm{d}x$$

都可用倒数代换 $x=\dfrac{1}{t}$，$\mathrm{d}x=-\dfrac{1}{t^2}\mathrm{d}t$.

例 6 计算不定积分 $\displaystyle\int\frac{x+1}{x^2\sqrt{x^2-1}}\mathrm{d}x$.

解 原式 $\xlongequal[\mathrm{d}x=-\frac{1}{t^2}\mathrm{d}t]{令x=\frac{1}{t},\ t=\frac{1}{x}}\displaystyle\int\frac{\frac{1}{t}+1}{\frac{1}{t^2}\sqrt{\frac{1}{t^2}-1}}\cdot\left(-\frac{1}{t^2}\mathrm{d}t\right)=-\int\frac{1+t}{\sqrt{1-t^2}}\mathrm{d}t$

$\displaystyle=-\int\frac{1}{\sqrt{1-t^2}}\mathrm{d}t+\int\frac{1}{2\sqrt{1-t^2}}\mathrm{d}(1-t^2)=-\arcsin t+\sqrt{1-t^2}+C$

$\displaystyle=-\arcsin\frac{1}{x}+\frac{\sqrt{x^2-1}}{x}+C$.

注 上例中的积分也可采用三角代换消除根号的方法，但用倒代换 $x=\dfrac{1}{t}$ 要简便一些.

4. 指数函数或对数函数代换

例 7 计算下列不定积分：

(1) $\displaystyle\int\frac{x+1}{x^2+x\ln x}\mathrm{d}x$； (2) $\displaystyle\int\frac{1}{x(1+3\ln x)}\mathrm{d}x$； (3) $\displaystyle\int\frac{1}{\sqrt{\mathrm{e}^{2x}-1}}\mathrm{d}x$.

解 (1) 原式 $\xlongequal[\mathrm{d}x=\mathrm{e}^t\mathrm{d}t]{令x=\mathrm{e}^t,\ t=\ln x}\displaystyle\int\frac{\mathrm{e}^t+1}{(\mathrm{e}^t)^2+\mathrm{e}^t\cdot t}\cdot\mathrm{e}^t\mathrm{d}t=\int\frac{\mathrm{e}^t+1}{\mathrm{e}^t+t}\mathrm{d}t=\int\frac{1}{\mathrm{e}^t+t}\mathrm{d}(\mathrm{e}^t+t)$

$=\ln\left|\mathrm{e}^t+t\right|+C=\ln\left|x+\ln x\right|+C$.

(2) 原式 $\displaystyle=\frac{1}{3}\int\frac{1}{1+3\ln x}\cdot\frac{3}{x}\mathrm{d}x=\frac{1}{3}\int\frac{1}{1+3\ln x}\mathrm{d}(1+3\ln x)\xlongequal{t=1+3\ln x}\frac{1}{3}\int\frac{1}{t}\mathrm{d}t$

$\displaystyle=\frac{1}{3}\ln|t|+C=\frac{1}{3}\ln|1+3\ln x|+C$.

(3) 原式 $\xlongequal[x=\frac{1}{2}\ln(1+t^2)]{令t=\sqrt{\mathrm{e}^{2x}-1}}\displaystyle\int\frac{1}{t}\mathrm{d}\left[\frac{1}{2}\ln(1+t^2)\right]=\int\frac{1}{t}\cdot\frac{1}{2}\cdot\frac{1}{1+t^2}\cdot2t\mathrm{d}t$

$\displaystyle=\int\frac{1}{1+t^2}\mathrm{d}t=\arctan t+C=\arctan\sqrt{\mathrm{e}^{2x}-1}+C$.

4.3　分部积分法

在前两节中，虽然应用不定积分的直接积分法和换元积分法可以解决许多函数的不定积分，但还有大量函数的不定积分并不能应用前面的方法得到解决，如 $\int xe^x dx$、$\int x\sin x dx$、$\int \ln x dx$、$\int x\arcsin x dx$ 等. 因此，本节将利用两个函数乘积的求导法则来推出计算不定积分的另一个基本方法——分部积分法.

定理 4.3（分部积分法）　若 $u(x)$、$v(x)$ 均具有连续导函数，则有**分部积分公式**

$$\int u(x)v'(x)dx = u(x)v(x) - \int u'(x)v(x)dx,$$

即 $\int u(x)dv(x) = u(x)v(x) - \int v(x)du(x)$，或简记为

$$\int u dv = uv - \int v du.$$

证　因 $u(x)$ 和 $v(x)$ 均具有连续导函数，故有

$$[u(x)v(x)]' = u'(x)v(x) + u(x)v'(x),$$

且上式中所涉及函数的不定积分均存在，从而将上式两端同时积分后得

$$\int [u(x)v(x)]' dx = \int u'(x)v(x)dx + \int u(x)v'(x)dx,$$

即

$$\int u(x)v'(x)dx = u(x)v(x) - \int u'(x)v(x)dx.$$

下面根据被积函数的特点，给出函数 $u(x)$ 和 $v(x)$ 的三种选择形式：

(1) **被积表达式为 $x^n e^x dx$，$x^n \sin x dx$ 或 $x^n \cos x dx$ 等形式时，选择 $u(x) = x^n$，而把其余部分选为 $dv(x)$.**

例 1　计算下列不定积分：

(1) $\int xe^x dx$；　　(2) $\int x^2 \cos x dx$.

解　(1) 原式 $= \int x\cdot(e^x)' dx = \int x de^x$　（选 $u = x$，$v = e^x$）

$$= xe^x - \int e^x dx = xe^x - e^x + C = (x-1)e^x + C.$$

(2) 原式 $= \int x^2 d\sin x = x^2\sin x - \int \sin x dx^2$　（选 $u = x^2$，$v = \sin x$）

$= x^2\sin x - 2\int x\sin x dx = x^2\sin x + 2\int x d\cos x$　（选 $u = x$，$v = \cos x$）

$$= x^2\sin x + 2\left(x\cos x - \int \cos x dx\right)$$

$$= x^2\sin x + 2x\cos x - 2\sin x + C.$$

有些函数的不定积分用一次分部积分公式计算不出结果，而需要连续使用几次分部积分公式才能计算出结果，如上例中(2).

(2) **被积表达式为 $x^n \ln x dx$，$x^n \arcsin x dx$ 或 $x^n \arctan x dx$ 等形式时，选择 $u(x) = \ln x$ 或 $\arcsin x$ 或 $\arctan x$，而把其余部分选为 $dv(x)$.**

例2　计算下列不定积分：

(1) $\int \ln x\mathrm{d}x$；　(2) $\int x^3\ln x\mathrm{d}x$；　(3) $\int \arctan x\mathrm{d}x$；　(4) $\int x\arcsin x\mathrm{d}x$.

解　(1) 原式 $= x\ln x-\int x\mathrm{d}\ln x = x\ln x-\int x\cdot\frac{1}{x}\mathrm{d}x$

$$= x\ln x - x + C = x(\ln x-1)+C .$$

(2) 原式 $=\int \ln x\mathrm{d}\frac{x^4}{4}=\frac{x^4}{4}\ln x-\int\frac{x^4}{4}\mathrm{d}\ln x=\frac{1}{4}x^4\ln x-\frac{1}{4}\int x^3\mathrm{d}x$

$$=\frac{1}{4}x^4\ln x-\frac{1}{4}\cdot\frac{1}{4}x^4+C=\frac{1}{4}x^4\left(\ln x-\frac{1}{4}\right)+C .$$

(3) 原式 $= x\arctan x-\int x\mathrm{d}\arctan x = x\arctan x-\int x\cdot\frac{1}{1+x^2}\mathrm{d}x$

$$= x\arctan x-\frac{1}{2}\int\frac{1}{1+x^2}\mathrm{d}(1+x^2) = x\arctan x-\frac{1}{2}\ln(1+x^2)+C .$$

(4) 原式 $=\int \arcsin x\mathrm{d}\frac{x^2}{2}=\frac{x^2}{2}\arcsin x-\int\frac{x^2}{2}\mathrm{d}\arcsin x$

$$=\frac{1}{2}x^2\arcsin x-\frac{1}{2}\int\frac{x^2}{\sqrt{1-x^2}}\mathrm{d}x$$

$$=\frac{1}{2}x^2\arcsin x+\frac{1}{2}\int\left(\sqrt{1-x^2}-\frac{1}{\sqrt{1-x^2}}\right)\mathrm{d}x$$

$$=\frac{1}{2}x^2\arcsin x+\frac{1}{2}\left(\frac{1}{2}\arcsin x+\frac{x}{2}\sqrt{1-x^2}-\arcsin x\right)+C$$

$$=\frac{1}{2}x^2\arcsin x+\frac{1}{4}\left(x\sqrt{1-x^2}-\arcsin x\right)+C .$$

(3) **被积表达式为 $\mathrm{e}^{\alpha x}\sin\beta x\mathrm{d}x$ 或 $\mathrm{e}^{\alpha x}\cos\beta x\mathrm{d}x$ 等形式时，既可选择 $u(x)=\mathrm{e}^{\alpha x}$ 也可选择 $u(x)=\sin\beta x$ 或 $\cos\beta x$，而把其余部分选为 $\mathrm{d}v(x)$.**

例3　计算不定积分 $\int \mathrm{e}^x\sin x\mathrm{d}x$.

解　因 $\int \mathrm{e}^x\sin x\mathrm{d}x=\int \mathrm{e}^x\mathrm{d}(-\cos x)=\mathrm{e}^x\cdot(-\cos x)-\int(-\cos x)\mathrm{d}\mathrm{e}^x$

$$=-\mathrm{e}^x\cos x+\int \mathrm{e}^x\cos x\mathrm{d}x=-\mathrm{e}^x\cos x+\int \mathrm{e}^x\mathrm{d}\sin x$$

$$=-\mathrm{e}^x\cos x+\mathrm{e}^x\sin x-\int \mathrm{e}^x\sin x\mathrm{d}x ,$$

故有 $2\int \mathrm{e}^x\sin x\mathrm{d}x=(\sin x-\cos x)\mathrm{e}^x+2C$，从而有

$$\int \mathrm{e}^x\sin x\mathrm{d}x=\frac{1}{2}(\sin x-\cos x)\mathrm{e}^x+C .$$

有些函数的不定积分需要把换元积分法和分部积分法综合进行应用，至于先用那一种方法，需根据具体情况确定，下面举例说明.

例4　计算不定积分 $\int \mathrm{e}^{\sqrt{x}}\mathrm{d}x$.

解　原式 $\xlongequal[x=t^2]{t=\sqrt{x}}\int \mathrm{e}^t\cdot 2t\mathrm{d}t$　　　　(换元积分法)

$$=2\int t\mathrm{d}e^t=2\left(te^t-\int e^t\mathrm{d}t\right)\qquad\text{(分部积分法)}$$

$$=2(te^t-e^t)+C=2e^{\sqrt{x}}\left(\sqrt{x}-1\right)+C.$$

例 5　计算不定积分 $\int\frac{\arctan e^x}{e^{2x}}\mathrm{d}x$.

解　法一　(先换元后分部)

令 $t=e^x$，则 $x=\ln t$，$\mathrm{d}x=\frac{1}{t}\mathrm{d}t$，故

$$\text{原式}=\int\frac{\arctan t}{t^2}\cdot\frac{1}{t}\mathrm{d}t=\int\arctan t\mathrm{d}\left(-\frac{1}{2t^2}\right)=\arctan t\cdot\left(-\frac{1}{2t^2}\right)+\frac{1}{2}\int\frac{1}{t^2}\cdot\frac{1}{1+t^2}\mathrm{d}t$$

$$=-\frac{1}{2t^2}\arctan t+\frac{1}{2}\int\left(\frac{1}{t^2}-\frac{1}{1+t^2}\right)\mathrm{d}t=-\frac{1}{2t^2}\arctan t-\frac{1}{2t}-\frac{1}{2}\arctan t+C$$

$$=-\frac{1}{2}\left(\frac{1}{e^{2x}}\arctan e^x+\frac{1}{e^x}+\arctan e^x\right)+C.$$

解　法二　(先分部后换元)

$$\text{原式}=-\frac{1}{2}\int\arctan e^x\mathrm{d}e^{-2x}=-\frac{1}{2}\left[e^{-2x}\cdot\arctan e^x-\int e^{-2x}\cdot\frac{1}{1+(e^x)^2}\mathrm{d}e^x\right]$$

$$=-\frac{1}{2}\left\{e^{-2x}\arctan e^x+\int\left[\frac{-1}{(e^x)^2}+\frac{1}{1+(e^x)^2}\right]\mathrm{d}e^x\right\}$$

$$=-\frac{1}{2}\left(\frac{1}{e^{2x}}\arctan e^x+\frac{1}{e^x}+\arctan e^x\right)+C.$$

表 4-1 为基本积分表.

表 4-1　基本积分表

(1) $\int k\mathrm{d}x=kx+C$（k 为常数），特别有 $\int 1\cdot\mathrm{d}x=\int\mathrm{d}x=x+C$	(6) $\int\frac{x}{\sqrt{x^2\pm a^2}}\mathrm{d}x=\sqrt{x^2\pm a^2}+C$
(2) $\int x^\mu\mathrm{d}x=\frac{x^{\mu+1}}{\mu+1}+C$ $(\mu\neq-1)$	(7) $\int\frac{-x}{\sqrt{a^2-x^2}}\mathrm{d}x=\sqrt{a^2-x^2}+C$
(3) $\int\frac{1}{x}\mathrm{d}x=\ln\lvert x\rvert+C$	(8) $\int a^x\mathrm{d}x=\frac{a^x}{\ln a}+C$ $(a>0,\ a\neq1)$，特别有 $\int e^x\mathrm{d}x=e^x+C$
(4) $\int\frac{1}{2\sqrt{x}}\mathrm{d}x=\sqrt{x}+C$	(9) $\int\log_a x\mathrm{d}x=\frac{x(\ln x-1)}{\ln a}+C$ $(a>0,\ a\neq1)$，特别有 $\int\ln x\mathrm{d}x=x(\ln x-1)+C$
(5) $\int\left(-\frac{1}{x^2}\right)\mathrm{d}x=\frac{1}{x}+C$	(10) $\int\sin kx\mathrm{d}x=-\frac{1}{k}\cos kx+C$（$k\neq0$），特别有 $\int\sin x\mathrm{d}x=-\cos x+C$

续表

(11) $\int\cos kx\mathrm{d}x=\frac{1}{k}\sin kx+C$ ($k\neq 0$)， 特别有 $\int\cos x\mathrm{d}x=\sin x+C$	(20) $\int\sec^2 x\mathrm{d}x=\tan x+C$
(12) $\int\tan x\mathrm{d}x=-\ln\lvert\cos x\rvert+C$	(21) $\int\csc^2 x\mathrm{d}x=-\cot x+C$
(13) $\int\cot x\mathrm{d}x=\ln\lvert\sin x\rvert+C$	(22) $\int\sec x\tan x\mathrm{d}x=\sec x+C$
(14) $\int\sec x\mathrm{d}x=\ln\lvert\sec x+\tan x\rvert+C$；	(23) $\int\csc x\cot x\mathrm{d}x=-\csc x+C$
(15) $\int\csc x\mathrm{d}x=\ln\lvert\csc x-\cot x\rvert+C$	(24) $\int\frac{1}{\sqrt{a^2-x^2}}\mathrm{d}x=\arcsin\frac{x}{a}+C$， 特别有 $\int\frac{1}{\sqrt{1-x^2}}\mathrm{d}x=\arcsin x+C$
(16) $\int\arcsin x\mathrm{d}x=x\cdot\arcsin x+\sqrt{1-x^2}+C$	(25) $\int\frac{1}{\sqrt{x^2\pm a^2}}\mathrm{d}x=\ln\left\lvert x+\sqrt{x^2\pm a^2}\right\rvert+C$
(17) $\int\arccos x\mathrm{d}x=x\cdot\arccos x-\sqrt{1-x^2}+C$	(26) $\int\sqrt{a^2-x^2}\mathrm{d}x=\frac{a^2}{2}\cdot\arcsin\frac{x}{a}+\frac{x}{2}\cdot\sqrt{a^2-x^2}+C$
(18) $\int\arctan x\mathrm{d}x=x\cdot\arctan x-\frac{1}{2}\ln(1+x^2)+C$	(27) $\int\frac{1}{a^2+x^2}\mathrm{d}x=\frac{1}{a}\cdot\arctan\frac{x}{a}+C$， 特别有 $\int\frac{1}{1+x^2}\mathrm{d}x=\arctan x+C$
(19) $\int\operatorname{arccot} x\mathrm{d}x=x\cdot\operatorname{arccot} x+\frac{1}{2}\ln(1+x^2)+C$	(28) $\int\frac{1}{x^2-a^2}\mathrm{d}x=\frac{1}{2a}\cdot\ln\left\lvert\frac{x-a}{x+a}\right\rvert+C$

*4.4 不定积分在经济中的应用

一、由边际函数求原函数

若已知经济函数为 $F(x)$ (如需求函数、总成本函数、总收入函数和利润函数等)，则 $F(x)$ 的边际函数就是它的导函数 $F'(x)$.

因求导函数(或微分)运算与求不定积分运算之间的关系是互为逆运算的关系，故当经济函数 $F(x)$ 的边际函数 $F'(x)$ 已知时，则可通过求边际函数 $F'(x)$ 的不定积分而得到原经济函数 $F(x)$，即

$$F(x)=\int F'(x)\,\mathrm{d}x+C,$$

其中积分常数 C 可由经济函数的具体条件来确定.

1. 由边际需求函数求需求函数

设需求量 q 是价格 p 的函数 $q=D(p)$，且边际需求为 $D'(p)$，则总需求函数 $D(p)$ 为

$$D(p)=\int D'(p)\mathrm{d}p+C, \tag{4-1}$$

其中积分常数 C 可由初始条件 $D(0)=q_0$ 来确定(一般地，当价格 $p=0$ 时的需求量最大，并将 q_0 记为最大需求量)，且此处 $\int D'(p)\mathrm{d}p$ 仅表示 $D'(p)$ 的一个原函数(以下类似，不再赘述).

例 1　某商品的需求量 q 是价格 p 的函数，且边际需求为 $D'(p)=-2p$，以及该商品的最大需求量为 73 (即 $p=0$ 时 $q=73$) 单位，求需求量与价格的函数关系.

解　因 $D'(p)=-2p$，故由公式(4-1)得需求函数

$$D(p)=\int D'(p)\mathrm{d}p+C=\int(-2p)\mathrm{d}p+C=-p^2+C,$$

将初始条件 $D(0)=73$ 代入上式解得 $C=73$，故所求需求量与价格的函数关系为

$$D(p)=-p^2+73.$$

2. 由边际成本函数求成本函数

设产量为 q 单位时的边际成本为 $C'(q)$，固定成本为 C_0，则产量为 q 单位时的总成本函数为

$$C(q)=\int C'(q)\mathrm{d}q+C, \tag{4-2}$$

其中积分常数 C 可由初始条件 $C(0)=C_0$ 来确定.

例 2　若生产某产品 q 单位时的总成本 C 是产量 q 的函数 $C(q)$，固定成本为 95(即 $C(0)=95$)单位，边际成本函数为 $C'(q)=8\mathrm{e}^{0.4q}$，求总成本函数 $C(q)$.

解　因 $C'(q)=8\mathrm{e}^{0.4q}$，故由公式(4-2)得总成本函数

$$C(q)=\int C'(q)\mathrm{d}q+C=\int 8\mathrm{e}^{0.4q}\mathrm{d}q+C=20\mathrm{e}^{0.4q}+C,$$

将初始条件 $C(0)=95$ 代入上式解得 $C=75$，故便得所求总成本函数为

$$C(q)=20\mathrm{e}^{0.4q}+75.$$

3. 由边际收入函数求收入函数

设销售量为 q 单位时的边际收入为 $R'(q)$，则销售量为 q 单位时的总收入函数为

$$R(q)=\int R'(q)\mathrm{d}q+C=\int R'(q)\mathrm{d}q, \tag{4-3}$$

其中积分常数 $C=0$ 是由初始条件 $R(0)=0$ (因销售量为 0 时的总收入为 0)确定的.

例 3　若生产某产品 q 单位时的边际收入为 $R'(q)=20-\frac{2}{5}q$ (元/单位)，求总收入函数 $R(q)$.

解　因 $R'(q)=20-\frac{2}{5}q$，故由公式(4-3)得所求总收入函数

$$R(q)=\int R'(q)\mathrm{d}q=\int\left(20-\frac{2}{5}q\right)\mathrm{d}q=20q-\frac{1}{5}q^2.$$

4. 由边际利润函数求总利润函数

设某产品销售量为 q 单位时的边际收入为 $R'(q)$，边际成本为 $C'(q)$，则销售量为 q 单

位时的总成本函数和总收入函数分别为

$$C(q)=\int C'(q)\mathrm{d}q+C_0\ (C_0=C(0)\text{ 为固定成本})\text{ 和 }R(q)=\int R'(q)\mathrm{d}q,$$

于是，边际利润函数和总利润函数(即**纯利润函数**)分别为

$$L'(q)=R'(q)-C'(q)$$

和

$$L(q)=R(q)-C(q)=\int[R'(q)-C'(q)]\mathrm{d}q-C_0=\int L'(q)\mathrm{d}q-C_0, \tag{4-4}$$

并称 $L(q)+C_0$ 为销量为 q 单位时的**毛利**(它等于纯利加固定成本).

例 4 已知某产品产量为 q 单位时的边际收益和边际成本分别为 $R'(q)=72-4q$ 和 $C'(q)=2q+2$，而固定成本为 $C_0=10$，求当 $q=5$ 单位时的纯利和毛利.

解 因 $R'(q)=72-4q$，$C'(q)=2q+2$，故边际利润为

$$L'(q)=R'(q)-C'(q)=(72-4q)-(2q+2)=70-6q,$$

从而由公式(4-4)并结合 $C_0=10$ 便得纯利润函数

$$L(q)=\int L'(q)\mathrm{d}q-C_0=\int(70-6q)\mathrm{d}q-10=70q-3q^2-10,$$

因而当 $q=5p$ 单位时的纯利和毛利分别为

$$L(5)=70\times5-3\times5^2-10=265\text{ 和 }L(5)+10=265+10=275.$$

二、由边际函数求最优问题

例 5 设某工厂生产某产品 q 件时，边际收益 $R'(q)=10-0.02q$ (万元)，边际成本 $C'(q)=5$ (万元)，固定成本为 $C_0=200$ (万元)，试求：

(1) 总利润函数； (2) 当产量为多少件时利润最大？

解 (1) 因 $R'(q)=10-0.02q$，$C'(q)=5$，故边际利润为

$$L'(q)=R'(q)-C'(q)=(10-0.02q)-5=5-0.02q,$$

从而由公式(5.8)并结合 $C_0=200$ 便得所求总利润函数

$$L(q)=\int L'(q)\mathrm{d}q-C_0=\int(5-0.02q)\mathrm{d}q-200=5q-0.01q^2-200\ (\text{万元}).$$

(2) 由 $L'(q)=5-0.02q=0\Rightarrow$ 唯一驻点 $q=250\in(0,+\infty)$，而由实际问题知存在最大利润，故当产量为 250 件时利润最大.

习 题 4

一、选择题

1. 若函数 $f(x)=\sin x$，则不定积分 $\int f'(x)\mathrm{d}x=$ (   ).

A. $\sin x+C$； B. $\cos x+C$； C. $-\sin x+C$； D. $-\cos x+C$.

2. 函数 $e^{2x}-e^{-2x}$ 的一个原函数是(　　).

A. $e^{2x}+e^{-2x}$;　B. $\frac{1}{2}(e^{x}+e^{-x})^2$;　C. $2(e^{2x}+e^{-2x})$;　D. $\frac{1}{2}(e^{2x}-e^{-2x})$.

3. 若 $\int f(x)dx=F(x)+C$, 则 $\int xf(1-x^2)dx=$(　　).

A. $2F(1-x^2)+C$;　B. $-2F(1-x^2)+C$;

C. $-\frac{1}{2}F(1-x^2)+C$;　D. $\frac{1}{2}F(1-x^2)+C$.

4. 若 $f(x)=\ln x$, 则 $\int e^{-x}\cdot f'(e^{-x})\,dx=$(　　).

A. $x+C$;　B. $-x+C$;　C. $\ln x+C$;　D. $-\ln x+C$.

5. 若 $\int f(x)\cdot\sin\frac{1}{x}dx=\cos\frac{1}{x}+C$, 则 $f(x)=$(　　).

A. $\frac{1}{x}$;　B. $\frac{1}{x^2}$;　C. $-\frac{1}{x}$;　D. $-\frac{1}{x^2}$.

6. 若 $\int f(x)dx=x^2e^{2x}+C$, 则 $f(x)=$(　　).

A. $2xe^{2x}$;　B. $4xe^{2x}$;　C. $2x^2e^{2x}$;　D. $2xe^{2x}(1+x)$.

7. $\int d\sin(1-2x)=$(　　).

A. $\sin(1-2x)$;　B. $-2\cos(1-2x)$;

C. $-2\cos(1-2x)+C$;　D. $\sin(1-2x)+C$.

8. 若 $f(x)$ 的导数为 $\sin x$, 则下列函数中是 $f(x)$ 的原函数的是(　　).

A. $1+\sin x$;　B. $1-\sin x$;　C. $1+\cos x$;　D. $1-\cos x$.

9. 若 $f'(\ln x)=1+x$, 则 $f(x)=$(　　).

A. $x+e^x+C$;　B. $e^x+\frac{1}{2}x^2+C$;　C. $\ln x+\frac{1}{2}(\ln x)^2+C$;　D. $e^x+\frac{1}{2}e^{2x}+C$.

10. 若 $f(x)=e^{-x}$, 则 $\int\frac{f'(\ln x)}{x}dx=$(　　).

A. $-\frac{1}{x}+C$;　B. $-\ln x+C$;　C. $\frac{1}{x}+C$;　D. $\ln x+C$.

二、填空题

1. 若函数 $f(x)$ 的一个原函数为 x^2, 则 $\int f'(x)dx=$________;

2. 若函数 $e^x+\sin x$ 是 $f(x)$ 的一个原函数, 则 $f'(x)=$________;

3. 若函数 10^{3x} 是 $f(x)$ 的一个原函数, 则 $f(x)=$________;

4. 若 $\int f(x)dx=\operatorname{arccot}x+C$, 则 $f(x)=$________;

5. 若 $f(x)$ 的一个原函数为 $\ln(2x)$, 则 $\int x^2f'(x)dx=$________;

6. 若 $\int f(x)dx=\ln(1+x^2)+C$, 则 $\int xf(x)dx=$________.

三、解答题

1. 已知 $f'(x)=x^2$ 且 $f(0)=1$, 求 $f(x)$.

2. 一曲线通过点$(e^3,4)$，且在任一点(x,y)处的切线的斜率为$\frac{1}{x}$，求该曲线的方程.

3. 已知动点在时刻t的速度为$v=2t$，且$t=0$时$S=4$，求此动点的运动方程.

4. 求下列函数的不定积分：

(1) x^3；　(2) e^x；　(3) $3x^2$；　(4) $\frac{1}{x^3}$；　(5) $\frac{1}{2\sqrt{x}}$.

5. 求下列不定积分：

(1) $\int 4x^2 dx$；　(2) $\int x^2\sqrt{x}dx$；　(3) $\int x^3\sqrt[3]{x}dx$；

(4) $\int \frac{dx}{x^2\sqrt[3]{x}}$；　(5) $\int \sqrt[n]{x^m}dx$；　(6) $\int (x^2+2x+3)dx$；

(7) $\int \frac{(t-1)^2}{t^2}dt$；　(8) $\int \frac{1-x}{\sqrt{x}}dx$；　(9) $\int \left(\frac{2}{1+x^2}+\frac{3}{\sqrt{1-x^2}}\right)dx$；

(10) $\int 2^x e^x dx$；　(11) $\int \frac{3\cdot 2^x+5\cdot 3^x}{2^x}dx$；　(12) $\int \sec x(\tan x-3\sec x)dx$;

(13) $\int \frac{x^2}{1+x^2}dx$；　(14) $\int \frac{2x^4+2x^2+1}{x^2+1}dx$；　(15) $\int \frac{1}{1-\cos 2x}dx$；

(16) $\int \sin^2\frac{x}{2}dx$；　(17) $\int (10^x+\cot^2 x)\,dx$.

6. 计算下列不定积分：

(1) $\int (2-3x)^3 dx$；　(2) $\int \frac{dx}{1+2x}$；　(3) $\int \frac{1}{1+\sqrt{3-x}}dx$；

(4) $\int \frac{dx}{\sqrt[3]{2+3x}}$；　(5) $\int \frac{\sin\sqrt{t}}{\sqrt{t}}dt$；　(6) $\int x\cos x^2 dx$；

(7) $\int xe^{-x^2}dx$；　(8) $\int \frac{xdx}{\sqrt{3-2x^2}}$；　(9) $\int \frac{x^2}{\sqrt[3]{(x^3-5)^2}}dx$；

(10) $\int \frac{2x^3 dx}{1+x^4}$；　(11) $\int \frac{1}{x^2-2x+5}dx$；　(12) $\int \tan^6 x\sec^2 x dx$；

(13) $\int \frac{dx}{\sin x\cos x}$；　(14) $\int \cos^2(\omega t+\varphi)\sin(\omega t+\varphi)dt$；

(15) $\int \frac{\cos x dx}{\sin^5 x}$；　(16) $\int \sin^3 x dx$；　(17) $\int \cos^2(\omega t+\varphi)dt$；

(18) $\int \tan^3 t\sec t dt$；　(19) $\int \frac{1+x}{\sqrt{9-4x^2}}dx$；　(20) $\int \frac{2x^3}{1+x^2}dx$；

(21) $\int \frac{dx}{x^2-x-6}$；　(22) $\int \frac{(\arctan x)^2}{1+x^2}dx$；　(23) $\int \frac{e^x dx}{\arcsin e^x\cdot\sqrt{1-e^{2x}}}$；

(24) $\int \tan\sqrt{1+x^2}\,\frac{x}{\sqrt{1+x^2}}dx$.

7. 计算下列不定积分：

(1) $\int \frac{x^2 dx}{\sqrt{9-x^2}}$；　(2) $\int \frac{dx}{\sqrt{(1-x^2)^3}}$；　(3) $\int \frac{dx}{(1+x^2)^2}$；

(4) $\int \frac{dx}{(a^2+x^2)^{\frac{3}{2}}}$；　(5) $\int \frac{\sqrt{x^2-a^2}}{x}dx$；　(6) $\int \frac{dx}{x+\sqrt{1-x^2}}$.

8. 计算下列无理函数的不定积分:

(1) $\int \frac{dx}{1+\sqrt{2x}}$；　(2) $\int \frac{x+1}{\sqrt[3]{3x+1}}dx$；　(3) $\int \frac{dx}{\sqrt{x}+\sqrt[4]{x}}$；

9. 计算下列不定积分:

(1) $\int xe^{-x}dx$；　(2) $\int x\sin xdx$；　(3) $\int \ln(x^2+1)dx$；

(4) $\int x\tan^2 xdx$；　(5) $\int x\sin^2\frac{x}{2}dx$；　(6) $\int x\arctan xdx$；

(7) $\int \frac{\ln x}{x^2}dx$；　(8) $\int x\ln(x+1)dx$；　(9) $\int e^x\cos xdx$.

第5章　定　积　分

本章将讨论积分学中的另一个基本问题——定积分. 定积分起源于求图形面积和体积等实际问题, 古希腊的阿基米德用“穷竭法”, 我国的刘徽用“割圆术”, 都曾计算过一些几何体的面积和体积, 这些均为定积分的雏形. 直到 17 世纪中叶, 牛顿和莱布尼茨先后提出了定积分的概念, 并发现了积分与微分之间的内在联系, 给出了计算定积分的一般方法, 从而才使定积分成为解决实际问题的有力工具, 并使各自独立的微分学与积分学联系在一起, 构成了完成的理论体系——微积分学.

本章先通过问题引入定积分的概念, 然后介绍定积分的性质、计算方法、定积分的应用以及广义积分.

5.1　定积分的概念

一、问题的引入

引例　曲边梯形的面积.

设 $f(x)$ 是定义在闭区间 $[a,b]$ 上的非负连续函数, 则由直线 $x=a$, $x=b$, $y=0$ 与曲线 $y=f(x)$ 所围成的平面图形 D 称为**曲边梯形**(图 5-1), 试求曲边梯形 D 的面积 A.

分析　从几何直观上来看, 曲边梯形 D 的面积 A 是存在的. 现在的问题是如何计算曲边梯形 D 的面积的精确值? 众所周知, 矩形是特殊的梯形, 其面积非常容易计算. 但在一般情况下, 无法用初等数学的方法来解决曲边梯形的面积问题. 下面来讨论此问题的求解方法.

解　(1) **分割**(化整为零)　用任意一组分点 $a=x_0<x_1<x_2<\cdots<x_{n-1}<x_n=b$ 将闭区间 $[a,b]$ 分割成 n 个小闭区间

$$[x_0,x_1],\ [x_1,x_2],\ \cdots,\ [x_{i-1},x_i],\ \cdots,\ [x_{n-1},x_n],$$

同时过每个分点 x_i 作垂直于 x 轴的直线 $x=x_i$ ($i=1,2,\cdots,n-1$), 则这些直线把曲边梯形 D 分割成 n 个小曲边梯形(图 5-2)

$$D_1,\ D_2,\ \cdots,\ D_i,\ \cdots,\ D_n,$$

并记 $\Delta x_i = x_i - x_{i-1} =$ 小闭区间 $[x_{i-1},x_i]$ 的长度, $\Delta A_i = D_i$ 的面积 ($i=1,2,\cdots,n$), 则曲边梯形 D 的面积 $A=\sum_{i=1}^{n}\Delta A_i$.

(2) **近似求和**(积零为整)　因为函数 $f(x)$ 连续, 故当分割 T 越来越细密(即各小闭区间 $[x_{i-1},x_i]$ 的长度 Δx_i 越来越小)时, 函数 $f(x)$ 在各小闭区间 $[x_{i-1},x_i]$ 上的变化就越来越小,

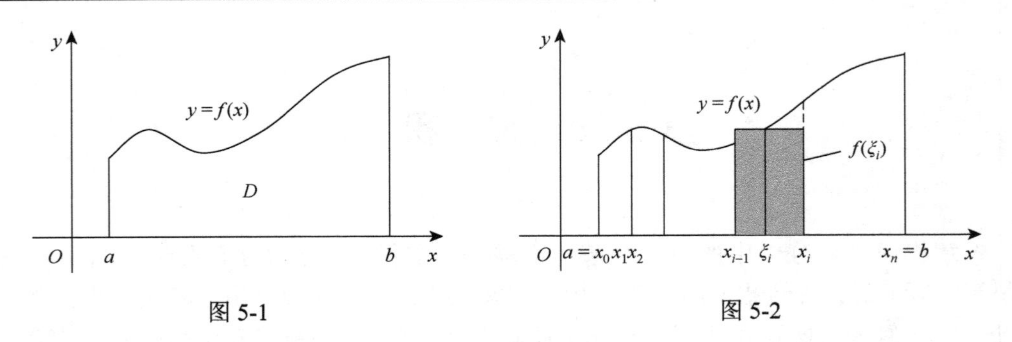

图 5-1　　图 5-2

因而各小曲边梯形 D_i 便可近似地看作小矩形. 此时, 在各小闭区间 $[x_{i-1},x_i]$ 上任取一点 ξ_i, 则 D_i 就可近似地看作以小闭区间 $[x_{i-1},x_i]$ 为底, 函数值 $f(\xi_i)$ 为高的小矩形, 因而 $\Delta A_i \approx f(\xi_i)\Delta x_i\ (i=1,2,\cdots,n)$, 从而

$$A=\sum_{i=1}^{n}\Delta A_i \approx \sum_{i=1}^{n} f(\xi_i)\Delta x_i .$$

(3) **取极限**(精确化)　因为当闭区间 $[a,b]$ 的分割越来越细密, 即当各小闭区间 $[x_{i-1},x_i]$ 的长度 Δx_i 越来越小时, 和式 $\sum\limits_{i=1}^{n} f(\xi_i)\Delta x_i$ 就越来越接近于面积 A. 于是对上式右边的和式, 令 $\lambda=\max\limits_{1\leqslant i\leqslant n}\{\Delta x_i\}\to 0$, 取极限便有

$$A=\lim_{\lambda\to 0}\sum_{i=1}^{n} f(\xi_i)\Delta x_i .$$

除了求曲边梯形的面积外, 在许多实际问题(如求变速直线运动的路程, 旋转体的体积, 某时间段内的总产量等)中, 都会遇到归结为求类似于上述形式和式的极限问题. 因此, 将这些不同问题的共同点加以抽象、归纳和引申, 便可引出定积分的概念.

二、定积分的定义

定义 5.1　设 $f(x)$ 在闭区间 $[a,b]$ 上有界, 用任意一组分点 $a=x_0<x_1<x_2<\cdots<x_i<\cdots<x_{n-1}<x_n=b$ 将 $[a,b]$ 分割成 n 个小区间

$$[x_0,x_1],\ [x_1,x_2],\ \cdots,\ [x_{i-1},x_i],\ \cdots,\ [x_{n-1},x_n],$$

并记 $\Delta x_i=x_i-x_{i-1}$ 为小区间 $[x_{i-1},x_i]$ 的长度 $(i=1,2,\cdots,n)$. 在每个小区间 $[x_{i-1},x_i]$ 上任取一点 $\xi_i\in[x_{i-1},x_i]\ (i=1,2,\cdots,n)$, 作和式

$$\sum_{i=1}^{n} f(\xi_i)\Delta x_i ,$$

令 $\lambda=\max\limits_{1\leqslant i\leqslant n}\{\Delta x_i\}\to 0$, 取极限

$$\lim_{\lambda\to 0}\sum_{i=1}^{n} f(\xi_i)\Delta x_i . \tag{5-1}$$

若(5-1)极限存在，且该极限值与$[a,b]$的分割的方法及点$\xi_i\in[x_{i-1},x_i]$的取法均无关，则称函数$f(x)$在$[a,b]$上**可积**，并称(5-1)极限值为函数$f(x)$在$[a,b]$上的**定积分**，记为$\int_a^b f(x)\mathrm{d}x$，即

$$\int_a^b f(x)\mathrm{d}x=\lim_{\lambda\to 0}\sum_{i=1}^{n} f(\xi_i)\Delta x_i ,$$

其中$f(x)$称为**被积函数**，$f(x)\mathrm{d}x$称为**被积表达式**，$[a,b]$称为**积分区间**，x称为**积分变量**，a称为**积分下限**，b称为**积分上限**.

关于定积分的概念，需要注意下面几个问题：

(1)定积分$\int_a^b f(x)\mathrm{d}x$是一个确定的数值，而不定积分$\int f(x)\mathrm{d}x$却表示的是$f(x)$的全体原函数，因而定积分与不定积分是完全不相同的两个概念.

(2)数值$\int_a^b f(x)\mathrm{d}x$与$[a,b]$的分割方法和点ξ_i的取法均无关，即该数值仅与积分区间$[a,b]$和被积函数$f(x)$有关，而与积分变量用什么字母表示无关，也即

$$\int_a^b f(x)\mathrm{d}x=\int_a^b f(t)\mathrm{d}t=\int_a^b f(u)\mathrm{d}u=\cdots .$$

(3)实际上假定了$a<b$，但为便于计算和应用，特作如下两点合理规定：

(i)当$a=b$时，规定$\int_a^b f(x)\mathrm{d}x=0$；

(ii)当$a>b$时，规定$\int_a^b f(x)\mathrm{d}x=-\int_b^a f(x)\mathrm{d}x$.

如此规定之后，定积分的下限a就不必非要小于上限b.

三、定积分的存在定理

函数$f(x)$在区间$[a,b]$上应满足什么条件，才能保证其在$[a,b]$上可积？由于后面的重点是如何计算定积分，因此，下面不加证明地给出函数可积的一些充分条件.

定理 5.1　闭区间$[a,b]$上的连续函数$f(x)$在$[a,b]$上可积.

定理 5.2　闭区间$[a,b]$上有界的函数$f(x)$，若只有有限个间断点，则$f(x)$在$[a,b]$上可积.

四、定积分的几何意义

(1)在闭区间$[a,b]$上，当$f(x)\geqslant 0$时，$\int_a^b f(x)\mathrm{d}x$表示由曲线$y=f(x)$，直线$x=a$，

$x=b$ 与 x 轴所围成的曲边梯形的面积(图 5-3)，因此，**定积分的几何意义是曲边梯形的面积.**

(2) 当 $f(x)\leqslant 0$ 时，$\int_a^b f(x)\mathrm{d}x$ 表示该曲边梯形面积的负值(图 5-4).

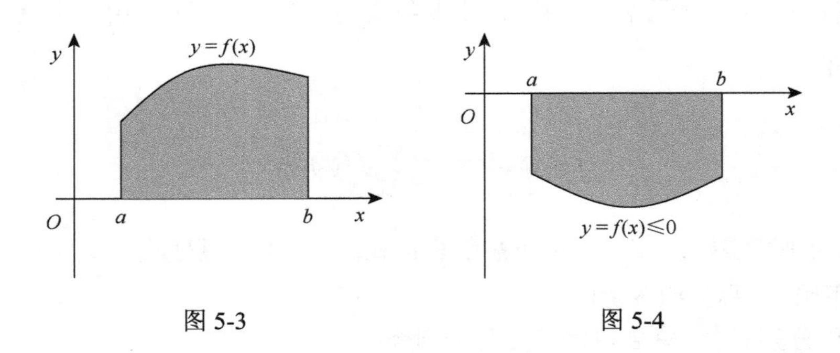

图 5-3　　图 5-4

(3) 若 $f(x)$ 在 $[a,b]$ 上既取正值也取负值，则 $\int_a^b f(x)\mathrm{d}x$ 表示由曲线 $y=f(x)$，直线 $x=a$，$x=b$ 与 x 轴所围成的曲边梯形，位于 x 轴上方图形的面积减去 x 轴下方图形的面积之差(图 5-5).

因此，定积分的值可正、可负，也可为零.

例 1　利用定积分的几何意义求积分 $\int_0^1 (x+1)\mathrm{d}x$.

解　如图 5-6，阴影图形的面积

$$\int_0^1 (x+1)\mathrm{d}x=\frac{1}{2}(1+2)\times 1=\frac{3}{2}.$$

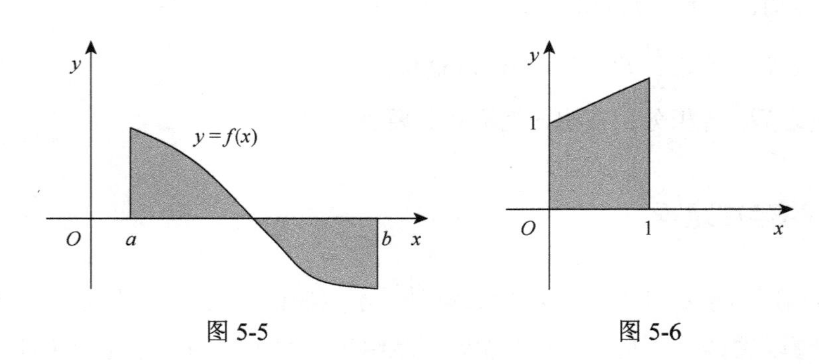

图 5-5　　图 5-6

5.2　定积分的性质

性质 1 (线性性质)　若函数 $f(x),g(x)$ 在闭区间 $[a,b]$ 上可积，则对任意的实数 α,β，都有函数 $\alpha f(x)+\beta g(x)$ 可积，并且

$$\int_a^b [\alpha f(x)+\beta g(x)]\mathrm{d}x=\alpha\int_a^b f(x)\mathrm{d}x+\beta\int_a^b g(x)\mathrm{d}x. \tag{5-2}$$

证　因为 $f(x),g(x)$ 在 $[a,b]$ 上可积，故对 $[a,b]$ 任意分割 $a=x_0<x_1<x_2<\cdots<x_n=b$，

并记$\Delta x_i = x_i - x_{i-1}$，则当$\lambda=\max\limits_{1\leqslant i\leqslant n}\{\Delta x_i\}\to 0$时，极限$\lim\limits_{\lambda\to 0}\sum\limits_{i=1}^{n} f(\xi_i)\Delta x_i$和$\lim\limits_{\lambda\to 0}\sum\limits_{i=1}^{n} g(\xi_i)\Delta x_i$都存在，并且

$$\lim_{\lambda\to 0}\sum_{i=1}^{n} f(\xi_i)\Delta x_i = \int_a^b f(x)\mathrm{d}x,\quad \lim_{\lambda\to 0}\sum_{i=1}^{n} g(\xi_i)\Delta x_i = \int_a^b g(x)\mathrm{d}x,$$

从而，$\alpha f(x)+\beta g(x)$在$[a,b]$上的积分和

$$\sum_{i=1}^{n}[\alpha f(\xi_i)+\beta g(\xi_i)]\Delta x_i = \alpha\sum_{i=1}^{n} f(\xi_i)\Delta x_i + \beta\sum_{i=1}^{n} g(\xi_i)\Delta x_i,$$

便知结论成立.

注 性质1可推广到被积函数为有限个函数的线性组合的情形.

下面所给性质的证明可仿性质1用定义或结合已有性质来证，或用图形加以说明，这里不再赘述.

性质2（可加性） 若函数$f(x),g(x)$在闭区间$[a,b]$上可积，则任意实数c，满足$a<c<b$，有

$$\int_a^b f(x)\mathrm{d}x = \int_a^c f(x)\mathrm{d}x + \int_c^b f(x)\mathrm{d}x. \tag{5-3}$$

这一性质的几何意义十分明显. 如图5-7，由曲边梯形的面积

$$\int_a^b f(x)\mathrm{d}x = D = D_1 + D_2 = \int_a^c f(x)\mathrm{d}x + \int_c^b f(x)\mathrm{d}x.$$

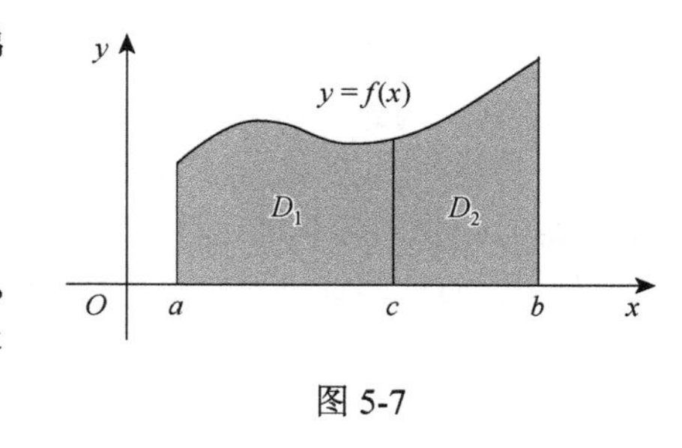

图 5-7

此性质表明，定积分对于积分区间具有可加性，无论三个数a,b,c的相对位置如何，等式(5-3)总是成立的.

例如，当$c<a<b$时，有

$$\int_c^b f(x)\mathrm{d}x = \int_c^a f(x)\mathrm{d}x + \int_a^b f(x)\mathrm{d}x,$$

$$\int_a^b f(x)\mathrm{d}x = \int_c^b f(x)\mathrm{d}x - \int_c^a f(x)\mathrm{d}x = \int_a^c f(x)\mathrm{d}x + \int_c^b f(x)\mathrm{d}x.$$

注 性质2可推广到有限项和的情形.

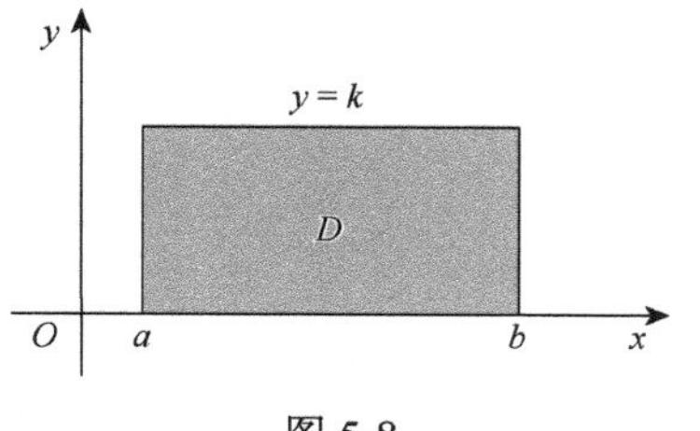

图 5-8

性质3 $\int_a^b k\mathrm{d}x = k(b-a)$（其中$k$为常数），**特别有**

$$\int_a^b 1\mathrm{d}x = \int_a^b \mathrm{d}x = b-a \text{ 和 } \int_a^b 0\mathrm{d}x = 0.$$

如图5-8所示为性质3的几何意义.

性质4（单调性） 若函数$f(x),g(x)$在闭区间$[a,b]$上可积，且$f(x)\leqslant g(x)$于$[a,b]$，则

$$\int_a^b f(x)\mathrm{d}x \leqslant \int_a^b g(x)\mathrm{d}x .$$

推论 1(非负性)　若函数 $f(x)$ 在闭区间 $[a,b]$ 上可积，且 $f(x) \geqslant 0$，则 $\int_a^b f(x)\mathrm{d}x \geqslant 0$.

推论 2(绝对可积性)　若函数 $f(x)$ 在闭区间 $[a,b]$ 上可积，则 $|f(x)|$ 在 $[a,b]$ 上可积，且

$$\left|\int_a^b f(x)\mathrm{d}x\right| \leqslant \int_a^b |f(x)|\mathrm{d}x . \tag{5-4}$$

性质 5(估值性)　若函数 $f(x)$ 在闭区间 $[a,b]$ 上可积，且 $m = \min\limits_{a\leqslant x\leqslant b} f(x)$，$M = \max\limits_{a\leqslant x\leqslant b} f(x)$，则

$$m(b-a) \leqslant \int_a^b f(x)\mathrm{d}x \leqslant M(b-a), \tag{5-5}$$

并称(5-5)式为**估值不等式**.

如图 5-9 所示为性质 5 的几何意义.

性质 6(定积分中值定理)　若函数 $f(x)$ 在闭区间 $[a,b]$ 上连续，则在 $[a,b]$ 上至少存在一点 ξ，使得

$$\int_a^b f(x)\mathrm{d}x = f(\xi)(b-a) \quad (a \leqslant \xi \leqslant b), \tag{5-6}$$

并称(5-6)式为**定积分中值公式.**

性质 6 的几何意义：只要函数 $f(x)$ 在闭区间 $[a,b]$ 上非负连续，在 $[a,b]$ 上就至少存在某一点 ξ，使得以闭区间 $[a,b]$ 为底，以函数值 $f(\xi)$ 为高的矩形面积等于由直线 $x=a$、$x=b$、x 轴和曲线 $y=f(x)$ 所围的曲边梯形的面积(图 5-10).

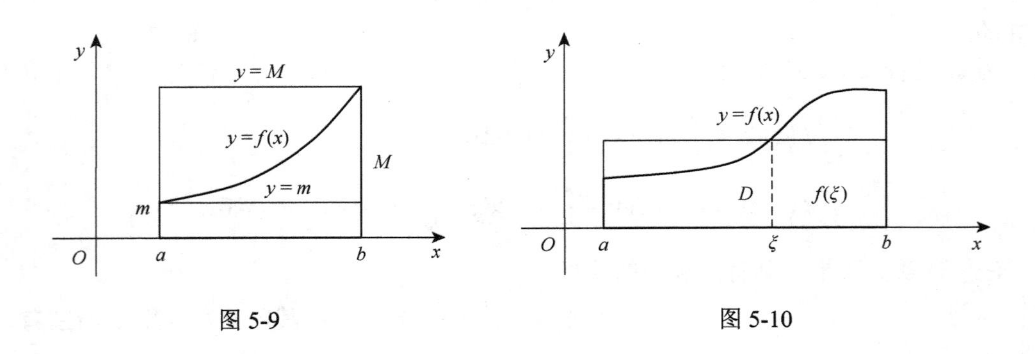

图 5-9　　图 5-10

由积分中值公式得

$$f(\xi) = \frac{1}{b-a}\int_a^b f(x)\mathrm{d}x \quad (a \leqslant \xi \leqslant b),$$

称为函数 $f(x)$ 在 $[a,b]$ 上的**平均值.**

例 1 利用定积分的性质比较积分 $\int_3^4 \ln x\mathrm{d}x$ 与 $\int_3^4 \ln^2 x\mathrm{d}x$ 的大小.

解 因为在区间[3,4]上 $\ln x < \ln^2 x$，故由性质 4,

$$\int_3^4 \ln x\mathrm{d}x < \int_3^4 \ln^2 x\mathrm{d}x .$$

例 2 利用定积分的性质证明

$$1 < \int_0^1 \mathrm{e}^{x^2}\mathrm{d}x < \mathrm{e} .$$

证 设 $f(x)=\mathrm{e}^{x^2}$，则 $f'(x)=2x\mathrm{e}^{x^2} \geqslant 0$于[0,1]，故 $f(x)$ 在 [0,1] 上递增，从而有

$$f(0)\leqslant f(x)\leqslant f(1) \text{ 于 } [0,1]，\text{即 } 1\leqslant \mathrm{e}^{x^2} \leqslant \mathrm{e} \text{ 于 } [0,1],$$

所以，由性质 4 和性质 3 得证

$$1=\int_0^1 1\mathrm{d}x < \int_0^1 \mathrm{e}^{x^2}\mathrm{d}x < \int_0^1 \mathrm{e}\mathrm{d}x = \mathrm{e} .$$

5.3 微积分基本定理

定积分与不定积分是完全不相同的两个概念，但它们之间又有着密切的关系，下面将用二者之间的关系来导出利用不定积分来计算定积分的重要计算公式——**牛顿-莱布尼茨公式**.

一、变限积分函数及其导数

定义 5.2 若函数 $f(x)$ 在闭区间 $[a,b]$ 上连续，则对任意的 $x\in[a,b]$，$f(t)$ 在 $[a,x]$ 与 $[x,b]$ 都上连续，故可在区间 $[a,b]$ 上分别确定函数

$$\Phi(x)=\int_a^x f(t)\mathrm{d}t \text{ 和 } \Psi(x)=\int_x^b f(t)\,\mathrm{d}t \quad (a\leqslant x\leqslant b),$$

并分别称 $\Phi(x)$ 和 $\Psi(x)$ 为**变上限积分函数**和**变下限积分函数**，统称为**变限积分函数**，它们分别表示一个变动着的曲边梯形的面积(图 5-11).

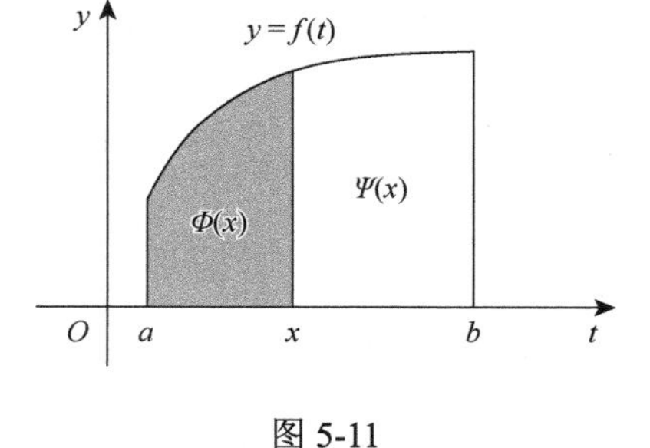

图 5-11

定理 5.3(变限积分函数的导数) 若函数 $f(x)$ 在闭区间 $[a,b]$ 上连续，则变上限积分函数 $\Phi(x)$ 是 $[a,b]$ 上的可导函数，且

$$\Phi'(x)=\left[\int_a^x f(t)\,\mathrm{d}t\right]'=f(x), \quad x\in[a,b]. \tag{5-7}$$

证 (1) 因为 $f(x)$ 在 $[a,b]$ 上连续，故任意 $x,\ x+\Delta x\in(a,b)$，根据定积分中值定理有

$$\Delta\Phi(x)=\Phi(x+\Delta x)-\Phi(x)=\int_a^{x+\Delta x} f(t)\,\mathrm{d}t-\int_a^x f(t)\,\mathrm{d}t$$

$$=\int_x^{x+\Delta x} f(t)\,\mathrm{d}t=f(\xi)\Delta x \quad (\xi \text{ 介于 } x \text{ 与 } x+\Delta x \text{ 之间}),$$

再结合 $f(t)$ 在点 $x\in(a,b)$ 处的连续性以及当 $\Delta x\to 0$ 时 $\xi\to x$，有

$$\Phi'(x)=\lim_{\Delta x\to 0}\frac{\Delta\Phi}{\Delta x}=\lim_{\Delta x\to 0}f(\xi)=\lim_{\xi\to x}f(\xi)=f(x),$$

即当 $x\in(a,b)$ 时结论成立.

(2) 当 $x=a$ 或 $x=b$ 且 $x+\Delta x\in(a,b)$ 时，只要令 $\Delta x>0$ 或 $\Delta x<0$，则类似(1)可得

$$\Phi_+'(a)=f(a) \text{ 或 } \Phi_-'(b)=f(b).$$

综合(1)和(2)便知定理的结论成立.

对变下限积分函数 $\Psi(x)$，同理有

$$\Psi'(x)=\left[\int_x^b f(t)\mathrm{d}t\right]'=-f(x), \quad x\in[a,b]. \tag{5-8}$$

例 1 计算下列变限积分函数的导数：

(1) $\Phi(x)=\int_0^x \cos^2 t\mathrm{d}t$；　　(2) $\Psi(x)=\int_x^{-1}\cos \mathrm{e}^t\mathrm{d}t$；

(3) $H(x)=\int_2^{x^2}\sin t\mathrm{d}t$.

解 根据公式(5-7)、(5-8)计算有

(1) $\Phi'(x)=\left(\int_0^x \cos^2 t\mathrm{d}t\right)'=\cos^2 x$.

(2) $\Psi'(x)=\left(\int_x^{-1}\cos \mathrm{e}^t\mathrm{d}t\right)'=-\cos \mathrm{e}^x$.

(3) $H'(x)=\left(\int_2^{x^2}\sin t\mathrm{d}t\right)'=(\sin x^2)(x^2)'-\sin 0\cdot 0'=2x\sin x^2$.

例 2 计算下列未定式的极限 $\lim\limits_{x\to 0}\dfrac{\int_0^x \sin t\mathrm{d}t}{x^2}$.

解 应用洛必达法则和式(5-7)有

$$\text{原式}\xlongequal{\frac{0}{0}\text{型}}\lim_{x\to 0}\frac{\left(\int_0^x \sin t\mathrm{d}t\right)'}{(x^2)'}=\lim_{x\to 0}\frac{\sin x}{2x}=\frac{1}{2}\lim_{x\to 0}\frac{\sin x}{x}=\frac{1}{2}.$$

二、牛顿-莱布尼茨公式

定理 5.4 (微积分学基本定理) 设函数 $f(x)$ 在闭区间 $[a,b]$ 上连续，$F(x)$ 是 $f(x)$ 在 $[a,b]$ 上的任一原函数，则

$$\int_a^b f(x)\mathrm{d}x = F(b) - F(a) \xlongequal{\text{记为}} F(x)\Big|_b^a, \tag{5-9}$$

称式(5-9)为**牛顿-莱布尼茨公式或微积分学基本公式**.

***证** 因为 $F(x)$ 与 $\Phi(x)=\int_a^x f(t)\mathrm{d}t$ 均为 $f(x)$ 的原函数，故存在常数 C，使得

$$\Phi(x)=F(x)+C \text{ 即} \int_a^x f(t)\mathrm{d}t = F(x)+C \quad (a \leqslant x \leqslant b),$$

于是在上式中，取 $x=a$ 可解得 $C=-F(a)$，从而有

$$\int_a^x f(t)\mathrm{d}t = F(x)-F(a) \quad (a \leqslant x \leqslant b),$$

特别地有 $\int_a^b f(t)\mathrm{d}t = F(b)-F(a)$，即

$$\int_a^b f(x)\mathrm{d}x = F(b)-F(a) \xlongequal{\text{记为}} F(x)\Big|_a^b.$$

牛顿-莱布尼茨公式揭示了微分与积分间的本质关系，该公式把计算定积分的问题，转化为求被积函数 $f(x)$ 的一个原函数 $F(x)$ 和函数值差 $F(b)-F(a)$ 的问题. 因此，微积分基本定理不仅揭示了定积分、原函数与不定积分之间的联系，而且提供了定积分的一个有效计算方法.

例 3 计算下列定积分：

(1) $\int_0^2 (3x^2+2x+1)\mathrm{d}x$； (2) $\int_0^1 x\mathrm{e}^{x^2}\mathrm{d}x$； (3) $\int_{-1}^{\sqrt{3}} \frac{1}{1+x^2}\mathrm{d}x$；

(4) $\int_{-2}^{-1} \frac{1}{x}\mathrm{d}x$； (5) $\int_{-\frac{\pi}{2}}^{0} \sqrt{1-\cos x}\,\mathrm{d}x$.

解 (1) 原式 $=(x^3+x^2+x)\Big|_0^2 = (2^3+2^2+2)-(0^3+0^2+0)=14$.

(2) 原式 $=\frac{1}{2}\int_0^1 \mathrm{e}^{x^2}\mathrm{d}(x^2) = \frac{1}{2}\mathrm{e}^{x^2}\Big|_0^1 = \frac{1}{2}(\mathrm{e}-1)$.

(3) 原式 $=\arctan x\Big|_{-1}^{\sqrt{3}} = \arctan\sqrt{3}-\arctan(-1) = \frac{\pi}{3}-\left(-\frac{\pi}{4}\right) = \frac{7\pi}{12}$.

(4) 原式 $=\ln|x|\Big|_{-2}^{-1} = \ln|-1|-\ln|-2| = -\ln 2$.

(5) 原式 $=\int_{-\frac{\pi}{2}}^{0}\sqrt{2\sin^2\frac{x}{2}}\mathrm{d}x = \sqrt{2}\int_{-\frac{\pi}{2}}^{0}\left|\sin\frac{x}{2}\right|\mathrm{d}x$

$$=\sqrt{2}\int_{-\frac{\pi}{2}}^{0}\left(-\sin\frac{x}{2}\right)\mathrm{d}x = 2\sqrt{2}\cos\frac{x}{2}\Big|_{-\frac{\pi}{2}}^{0} = 2\sqrt{2}\left(1-\frac{\sqrt{2}}{2}\right).$$

5.4 定积分的计算

直接利用牛顿-莱布尼茨公式计算定积分时，必须先求出被积函数的原函数，然后将定积分的上、下限代入原函数并相减，由此得到定积分的值. 但是，在许多情况下，这样进行运算显得比较复杂，且当原函数不是初等函数或原函数不易求出来时，就无法直接应用牛顿-莱布尼茨公式来进行计算. 因此，为了进一步解决计算定积分的问题，

也可在定积分中引进类似于不定积分中的换元积分法和分部积分法，下面分别讨论这两种方法.

一、定积分的换元积分法

定理 5.5　设函数 $f(x)$ 在闭区间 $[a,b]$ 上连续，且 $x=\varphi(t)$ 满足以下条件：

(1) $\varphi(\alpha)=a$，$\varphi(\beta)=b$，且 $a\leqslant\varphi(t)\leqslant b$；

(2) $\varphi'(t)$ 在 $[\alpha,\beta]$（或 $[\beta,\alpha]$）上连续且 $\varphi'(t)\neq 0$.

则有定积分换元积分公式

$$\int_a^b f(x)\mathrm{d}x=\int_\alpha^\beta f[\varphi(t)]\varphi'(t)\mathrm{d}t. \tag{5-10}$$

注　(1) 首先，要变换定积分的上、下限，并且上限对上限，下限对下限(即上对上，下对下).

(2) 其次，变换被积表达式 $f(x)\mathrm{d}x$ 时，只需将其中 x 的位置替换为 $\varphi(t)$ 便可，即

$$f(x)\mathrm{d}x=f[\varphi(t)]\mathrm{d}\varphi(t)=f[\varphi(t)]\varphi'(t)\mathrm{d}t.$$

(3) 最后，换元后的积分直接计算出结果即可，不必回代.

例 1　计算下列定积分：

(1) $\displaystyle\int_0^4\frac{1}{1+\sqrt{x}}\mathrm{d}t$；(2) $\displaystyle\int_2^5\frac{x}{\sqrt{x-1}}\mathrm{d}x$；(3) $\displaystyle\int_{-2}^2\sqrt{4-x^2}\mathrm{d}x$.

解　(1) 令 $\sqrt{x}=t$ 即 $x=t^2$，则 $\mathrm{d}x=2t\mathrm{d}t$，并且当 $x=0$ 时 $t=0$，$x=4$ 时 $t=2$，从而由定积分换元积分公式(5-10)，有

$$原式=\int_0^2\frac{1}{1+t}2t\mathrm{d}t=2\int_0^2\left(1-\frac{1}{1+t}\right)\mathrm{d}t=2(t-\ln|1+t|)\Big|_0^2=4-2\ln 3.$$

(2) $$原式\xlongequal[\mathrm{d}x=2t\mathrm{d}t]{\sqrt{x-1}=t,\ x=1+t^2}\int_1^2\frac{1+t^2}{t}2t\mathrm{d}t=\int_1^2(2+2t^2)\mathrm{d}t=\left(2t+\frac{2}{3}t^3\right)\Big|_1^2=\frac{20}{3}.$$

(3) $$原式\xlongequal[\mathrm{d}x=2\cos t\mathrm{d}t]{x=2\sin t}\int_{-\frac{\pi}{2}}^{\frac{\pi}{2}}\sqrt{4(1-\sin^2 t)}2\cos t\mathrm{d}t=2\int_{-\frac{\pi}{2}}^{\frac{\pi}{2}}2\cos^2 t\mathrm{d}t$$

$$=2\int_{-\frac{\pi}{2}}^{\frac{\pi}{2}}(1+\cos 2t)\mathrm{d}t=2\left(t+\frac{1}{2}\sin 2t\right)\Big|_{-\frac{\pi}{2}}^{\frac{\pi}{2}}=2\pi.$$

例 2　证明：若函数 $f(x)$ 在闭区间 $[-a,a]$ $(a>0)$ 上连续，则

(1) 当 $f(x)$ 为闭区间 $[-a,a]$ 上的偶函数时，$\displaystyle\int_{-a}^a f(x)\mathrm{d}x=2\int_0^a f(x)\mathrm{d}x$；

(2) 当 $f(x)$ 为闭区间 $[-a,a]$ 上的奇函数时，$\displaystyle\int_{-a}^a f(x)\mathrm{d}x=0$.

证　因为 $\displaystyle\int_{-a}^a f(x)\mathrm{d}x=\int_{-a}^0 f(x)\mathrm{d}x+\int_0^a f(x)\mathrm{d}x$

$$\xlongequal[t=-x,\quad \mathrm{d}x=-\mathrm{d}t]{第一个积分中令x=-t}\int_a^0 f(-t)(-\mathrm{d}t)+\int_0^a f(x)\mathrm{d}x$$

$$=\int_0^a f(-x)\mathrm{d}x+\int_0^a f(x)\mathrm{d}x=\int_0^a[f(-x)+f(x)]\mathrm{d}x,$$

所以

(1) 当 $f(x)$ 为偶函数，即 $f(-x)=f(x)$ ($\forall x\in[-a,a]$) 时，有

$$\int_{-a}^{a}f(x)\mathrm{d}x=\int_{0}^{a}[f(-x)+f(x)]\mathrm{d}x=\int_{0}^{a}[f(x)+f(x)]\mathrm{d}x=2\int_{0}^{a}f(x)\mathrm{d}x.$$

(2) 当 $f(x)$ 为奇函数，即 $f(-x)=-f(x)$ ($\forall x\in[-a,a]$) 时，有

$$\int_{-a}^{a}f(x)\mathrm{d}x=\int_{0}^{a}[f(-x)+f(x)]\mathrm{d}x=\int_{0}^{a}[-f(x)+f(x)]\mathrm{d}x=0.$$

利用例 2 的结论，可简化计算奇、偶函数在对称区间 $[-a,a]$ 上的定积分.

二、定积分的分部积分法

定理 5.6 若 $u'(x),v'(x)$ 在闭区间 $[a,b]$ 上连续，，则有定积分的分部积分公式

$$\int_{a}^{b}u(x)v'(x)\mathrm{d}x=u(x)v(x)\Big|_{a}^{b}-\int_{a}^{b}u'(x)v(x)\mathrm{d}x,$$

即

$$\int_{a}^{b}u(x)\mathrm{d}v(x)=u(x)v(x)\Big|_{a}^{b}-\int_{a}^{b}v(x)\mathrm{d}u(x),$$

简记为

$$\int_{a}^{b}u\mathrm{d}v=uv\Big|_{a}^{b}-\int_{a}^{b}v\mathrm{d}u.$$

与不定积分换元积分法一样，关键是恰当地选择函数 $u(x)$ 和函数 $v(x)$；否则，不但算不出定积分的值，反而会使问题复杂化.

例 3 计算下列定积分：

(1) $\int_{1}^{\mathrm{e}}\ln x\mathrm{d}x$；　(2) $\int_{0}^{1}x\mathrm{e}^{x}\mathrm{d}x$；　(3) $\int_{0}^{\frac{\pi}{2}}\mathrm{e}^{x}\cos x\mathrm{d}x$；

(4) $\int_{0}^{\frac{1}{2}}\frac{x\arcsin x}{\sqrt{1-x^{2}}}\mathrm{d}x$；　(5) $\int_{0}^{\frac{\pi}{4}}\frac{x}{1+\cos 2x}\mathrm{d}x$.

解 (1) 原式 $=x\ln x\Big|_{1}^{\mathrm{e}}-\int_{1}^{\mathrm{e}}x\mathrm{d}\ln x$　（选 $u=\ln x$，$v=x$）

$$=\mathrm{e}-\int_{1}^{\mathrm{e}}x\frac{1}{x}\mathrm{d}x=\mathrm{e}-\int_{1}^{\mathrm{e}}\mathrm{d}x=\mathrm{e}-(\mathrm{e}-1)=1.$$

(2) 原式 $=\int_{0}^{1}x\mathrm{d}\mathrm{e}^{x}=x\mathrm{e}^{x}\Big|_{0}^{1}-\int_{0}^{1}\mathrm{e}^{x}\mathrm{d}x$　（选 $u=x$，$v=\mathrm{e}^{x}$）

$$=\mathrm{e}-\mathrm{e}^{x}\Big|_{0}^{1}=\mathrm{e}-(\mathrm{e}-1)=1.$$

(3) 原式 $=\int_{0}^{\frac{\pi}{2}}\cos x\mathrm{d}\mathrm{e}^{x}=\mathrm{e}^{x}\cos x\Big|_{0}^{\frac{\pi}{2}}-\int_{0}^{\frac{\pi}{2}}\mathrm{e}^{x}\mathrm{d}\cos x$　（选 $u=\cos x$，$v=\mathrm{e}^{x}$）

$$=(0-1)+\int_{0}^{\frac{\pi}{2}}\mathrm{e}^{x}\sin x\mathrm{d}x=-1+\int_{0}^{\frac{\pi}{2}}\sin x\mathrm{d}\mathrm{e}^{x}$$

$=-1+\mathrm{e}^{x}\sin x\Big|_{0}^{\frac{\pi}{2}}-\int_{0}^{\frac{\pi}{2}}\mathrm{e}^{x}\mathrm{d}\sin x$　（选 $u=\sin x$，$v=\mathrm{e}^{x}$）

$$=-1+\mathrm{e}^{\frac{\pi}{2}}-\int_{0}^{\frac{\pi}{2}}\mathrm{e}^{x}\cos x\mathrm{d}x,$$

移项后得 $2\int_0^{\frac{\pi}{2}} \mathrm{e}^x \cos x \mathrm{d}x = \mathrm{e}^{\frac{\pi}{2}} - 1$，解得 $\int_0^{\frac{\pi}{2}} \mathrm{e}^x \cos x \mathrm{d}x = \frac{1}{2}\left(\mathrm{e}^{\frac{\pi}{2}} - 1\right)$.

(4) 原式 $= -\int_0^{\frac{1}{2}} \arcsin x \mathrm{d}\sqrt{1-x^2}$ （选 $u = \arcsin x$，$v = \sqrt{1-x^2}$ ）

$$= -\left(\arcsin x\sqrt{1-x^2}\Big|_0^{\frac{1}{2}} - \int_0^{\frac{1}{2}}\sqrt{1-x^2}\,\mathrm{d}\arcsin x\right)$$

$$= -\frac{\pi}{6}\frac{\sqrt{3}}{2} + \int_0^{\frac{1}{2}}\mathrm{d}x = \frac{1}{2} - \frac{\sqrt{3}\pi}{12}.$$

(5) 原式 $= \int_0^{\frac{\pi}{4}} \frac{x}{2\cos^2 x}\mathrm{d}x = \frac{1}{2}\int_0^{\frac{\pi}{4}} x\mathrm{d}\tan x$ (选 $u = x$，$v = \tan x$)

$$= \frac{1}{2}\left(x\tan x\Big|_0^{\frac{\pi}{4}} - \int_0^{\frac{\pi}{4}}\tan x\mathrm{d}x\right)$$

$$= \frac{1}{2}\left(\frac{\pi}{4} + \ln|\cos x|\Big|_0^{\frac{\pi}{4}}\right) = \frac{\pi}{8} - \frac{1}{4}\ln 2.$$

5.5 定积分的应用

本节介绍定积分在求平面图形的面积、空间立体的体积等方面的应用，以及在经济学中的简单应用.

一、求平面图形的面积

1) $f(x)$ 在闭区间 $[a,b]$ 上连续且 $f(x) \geqslant 0$ (或 $\varphi(y)$ 在闭区间 $[c,d]$ 上连续且 $\varphi(y) \geqslant 0$ ）的情形

由定积分的几何意义知，此时 $\int_a^b f(x)\mathrm{d}x$ 和 $\int_c^d \varphi(y)\mathrm{d}y$ 对应的曲边梯形如图 5-12 和图 5-13 所示，它们分别表示所对应曲边梯形的面积 A 和 A^*，即

$$A = \int_a^b f(x)\mathrm{d}x \text{ 和 } A^* = \int_c^d \varphi(y)\mathrm{d}y. \tag{5-11}$$

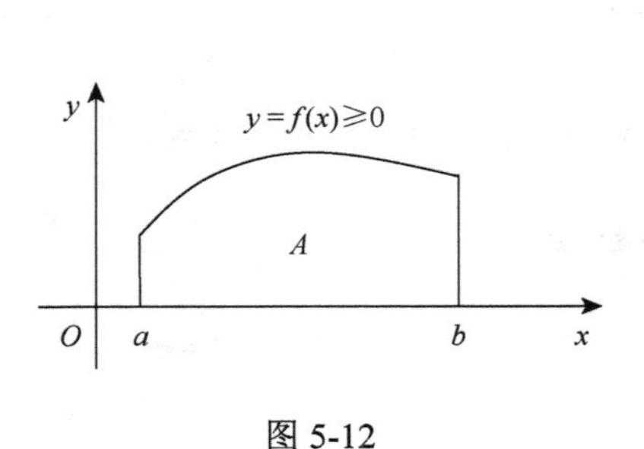

图 5-12

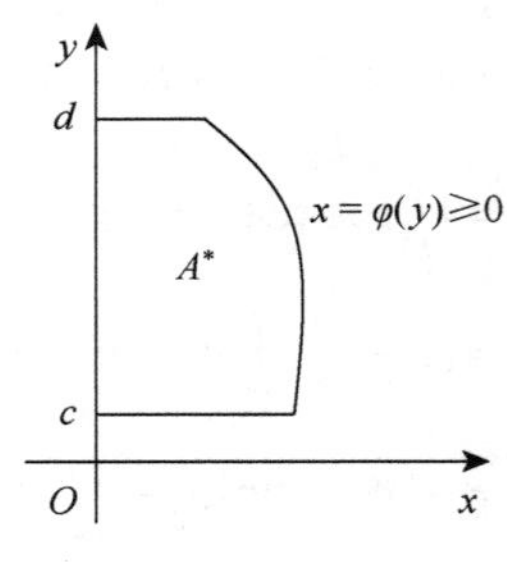

图 5-13

2) $f(x)$ 在闭区间 $[a,b]$ 上连续且 $f(x)\leqslant 0$（或 $\varphi(y)$ 在闭区间 $[c,d]$ 上连续且 $\varphi(y)\leqslant 0$）的情形

由定积分的几何意义知，此时 $\int_a^b f(x)\mathrm{d}x$ 和 $\int_c^d \varphi(y)\mathrm{d}y$ 对应的曲边梯形如图 5-14 与图 5-15 所示，它们分别表示所对应曲边梯形的面积 A 和 A^* 的相反数，即

$$A=-\int_a^b f(x)\mathrm{d}x \text{ 和 } A^*=-\int_c^d \varphi(y)\mathrm{d}y . \tag{5-12}$$

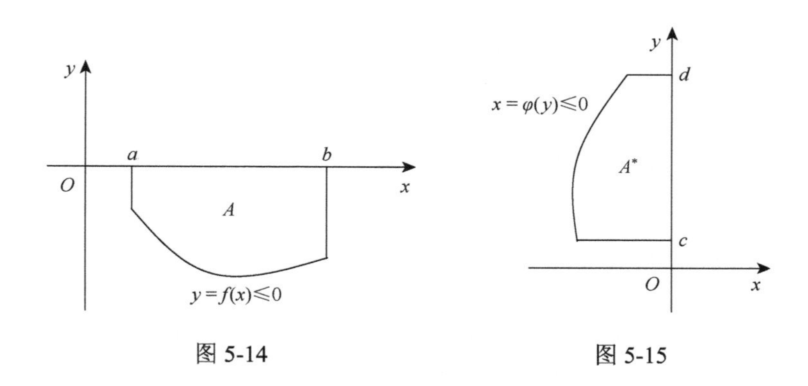

图 5-14　　图 5-15

3) $f(x)$ 与 $\varphi(y)$ 为一般情形（有正有负）

由定积分的几何意义知，此时 $\int_a^b f(x)\mathrm{d}x$ 和 $\int_c^d \varphi(y)\mathrm{d}y$ 对应的曲边梯形如图 5-16 和图 5-17 所示，并且综合情形 1 和 2 易知，它们对应的曲边梯形的面积 A 和 A^* 可分别表为

$$A=\int_a^b |f(x)|\mathrm{d}x \text{ 和 } A^*=\int_c^d |\varphi(y)|\mathrm{d}y . \tag{5-13}$$

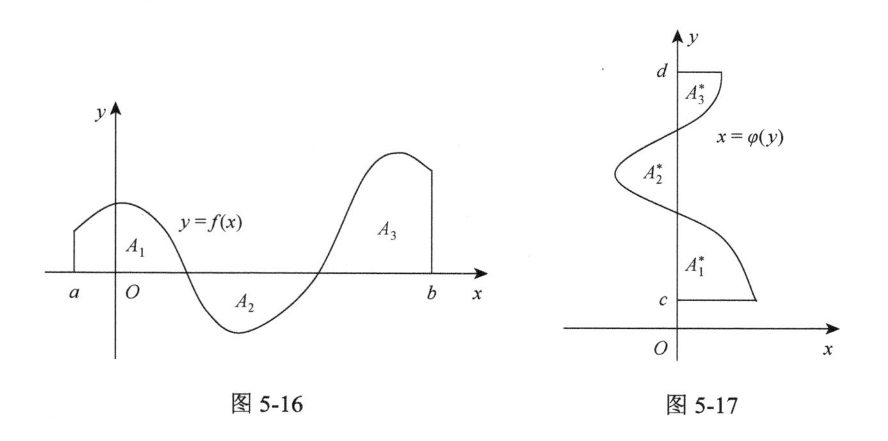

图 5-16　　图 5-17

4) X 型区域和 Y 型区域的情形

由定积分的几何意义知，此时如图 5-18 和图 5-19 所示的 X 型区域和 Y 型区域的面积 A 和 A^* 可分别表为

$$A=\int_a^b[g(x)-f(x)]\mathrm{d}x \text{ 和 } A^*=\int_c^d[\psi(y)-\varphi(y)]\mathrm{d}y . \tag{5-14}$$

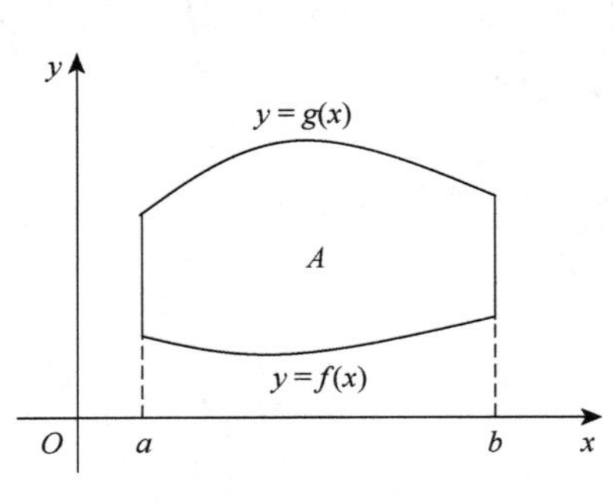

图 5-18　X 型区域

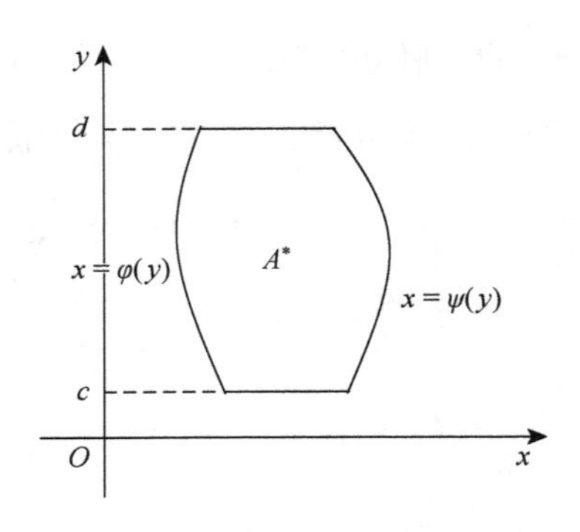

图 5-19　Y 型区域

在根据定积分几何意义计算平面图形的面积时，其步骤是：

(1) 作图，求出曲线的交点；

(2) 选用适当的计算公式，由曲线的交点确定积分的上、下限；

(3) 计算定积分，求出平面图形的面积.

例 1　求由正弦曲线 $y=\sin x$ 在 $[0,\pi]$ 上和 x 轴所围平面图形的面积.

解　如图 5-20，由式(5-11)得所求面积为

$$A=\int_0^{\pi}\sin x\mathrm{d}x=(-\cos x)\Big|_0^{\pi}=1+1=2 .$$

例 2　求由对数曲线 $y=\ln x$，直线 $x=\dfrac{1}{2}$，$x=2$ 和 x 轴所围平面图形的面积.

解　如图 5-21，由式(5-13)并结合定积分对区间的可加性性质便得所求面积为

$$A=\int_{\frac{1}{2}}^2|\ln x|\mathrm{d}x=\int_{\frac{1}{2}}^1(-\ln x)\mathrm{d}x+\int_1^2\ln x\mathrm{d}x$$

$$=(x-x\ln x)\Big|_{\frac{1}{2}}^1+(x\ln x-x)\Big|_1^2=\frac{3}{2}\ln 2-\frac{1}{2} .$$

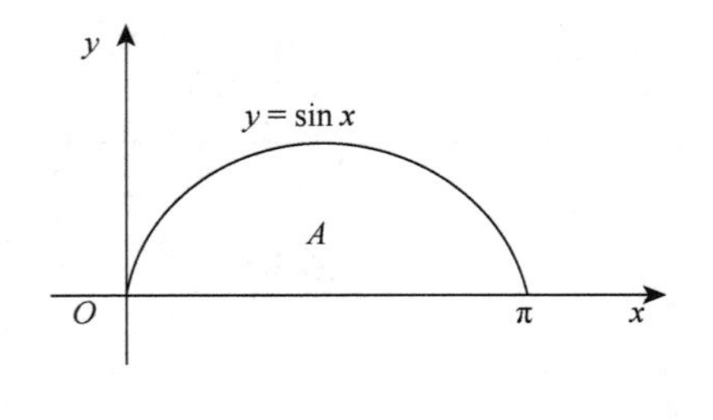

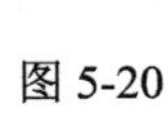

图 5-20

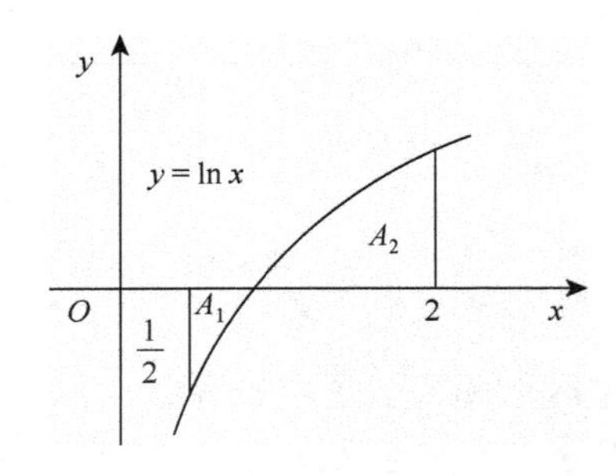

图 5-21

例3 求由抛物线 $y=x^2$ 和 $y=\sqrt{x}$ 所围平面图形的面积.

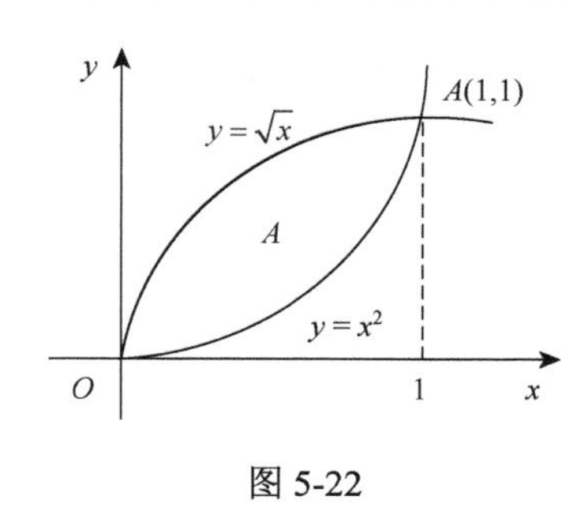

图 5-22

解 如图 5-22, 将该区域视为 X 型区域, 而由 $\begin{cases} y^2=x, \\ y=x^2 \end{cases}$ 解得交点 $O(0,0)$ 与 $A(1,1)$, 故由式(5-14)得所求面积为

$$A=\int_0^1\left(\sqrt{x}-x^2\right)\mathrm{d}x=\int_0^1\left(\sqrt{x}-x^2\right)\mathrm{d}x=\left(\frac{2}{3}x^{\frac{3}{2}}-\frac{1}{3}x^3\right)\Big|_0^1=\frac{1}{3}.$$

例4 求由抛物线 $x=1-2y^2$ 和直线 $y=x$ 所围平面图形的面积.

解 如图 5-23, 将该区域视为 Y 型区域, 而由 $\begin{cases} x=1-2y^2, \\ y=x \end{cases}$ 解得交点 $A(-1,-1)$ 与 $B\left(\frac{1}{2},\frac{1}{2}\right)$, 故由式(5-14)得所求面积为

$$A^*=\int_{-1}^{\frac{1}{2}}[(1-2y^2)-y]\mathrm{d}y=\left(y-\frac{1}{2}y^2-\frac{2}{3}y^3\right)\Big|_{-1}^{\frac{1}{2}}=\frac{9}{8}.$$

例5 求由椭圆 $\frac{x^2}{a^2}+\frac{y^2}{b^2}=1\ (a,b>0)$ 所围平面图形的面积.

解 如图 5-24, 将该区域视为 X 型区域, 由椭圆的对称性及式(5-11)便得椭圆面积为

$$A=4\frac{1}{4}A=4\int_0^a\frac{b}{a}\sqrt{a^2-x^2}\mathrm{d}x=\frac{4b}{a}\left(\frac{a^2}{2}\arcsin\frac{x}{a}+\frac{x}{2}\sqrt{a^2-x^2}\right)\Big|_0^a=\pi ab.$$

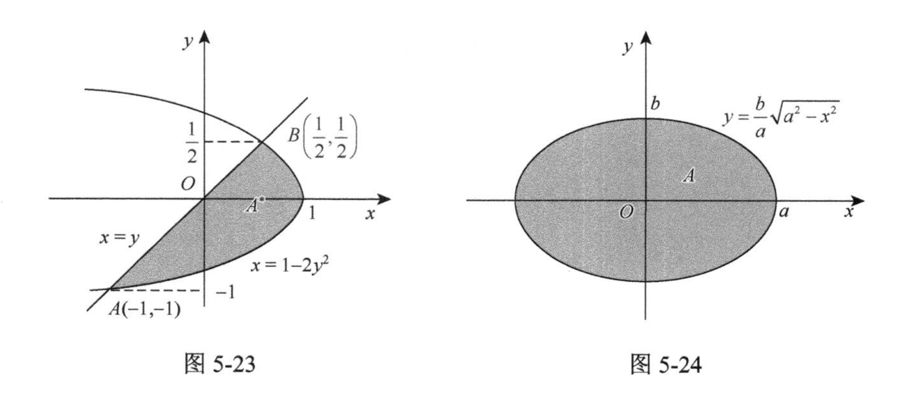

图 5-23　　图 5-24

二、空间立体的体积

利用定积分, 可以计算空间中“可求横截面面积的立体体积”, 但下面只介绍特殊立体——**旋转体**体积的计算方法, 而对一般立体体积的计算方法将用后面章节中二重积分来解决.

下面给出绕坐标轴旋转一周所得旋转体的体积公式.

(1) $y=f(x), x=a, x=b(a<b)$ 及 x 轴所围成的图形绕 x 轴旋转所得的旋转体积 V_x

$$V_x=\pi\int_a^b f^2(x)\mathrm{d}x, \tag{5-15}$$

(2) $x=\varphi(y)$，$y=c, y=d(c<d)$ 及 y 轴所围成的图形绕 y 轴旋转所得旋转体体积 V_y

$$V_y=\pi\int_c^d \varphi^2(y)\mathrm{d}y. \tag{5-16}$$

例 6　求由抛物线 $y=x^3$ 与直线 $x=1$，$y=0$ 所围平面区域 D 分别绕 x 轴和 y 轴旋转一周所得旋转体的体积.

解　如图 5-25, 并结合式(5-15)和(5-16)便得所求旋转体的体积分别为

$$V_x=\pi\int_0^1 y^2\mathrm{d}x=\pi\int_0^1 (x^3)^2\mathrm{d}x=\frac{\pi}{7}x^7\Big|_0^1=\frac{\pi}{7},$$

$$V_y=\pi\int_0^1\left[1^2-\left(\sqrt[3]{y}\right)^2\right]\mathrm{d}y=\pi\int_0^1\left(1-y^{\frac{2}{3}}\right)\mathrm{d}y=\frac{2\pi}{5}.$$

例 7　求由上半椭圆 $\dfrac{x^2}{a^2}+\dfrac{y^2}{b^2}=1\ (y\geqslant 0)$ 与 x 轴所围平面区域 D 分别绕 x 轴和 y 轴旋转一周所得旋转体的体积.

解　如图 5-26, 并结合式(5-15)、(5-16)及区域 D 的对称性便得所求体积分别为

$$V_x=2\pi\int_0^a y^2\mathrm{d}x=2\pi\int_0^a\frac{b^2}{a^2}(a^2-x^2)\mathrm{d}x=\frac{2\pi b^2}{a^2}\left(a^2x-\frac{x^3}{3}\right)\Big|_0^a=\frac{4\pi ab^2}{3},$$

$$V_y=\pi\int_0^b x^2\mathrm{d}y=\pi\int_0^b\frac{a^2}{b^2}(b^2-y^2)\mathrm{d}y=\frac{\pi a^2}{b^2}\left(b^2y-\frac{y^3}{3}\right)\Big|_0^b=\frac{2\pi a^2b}{3}.$$

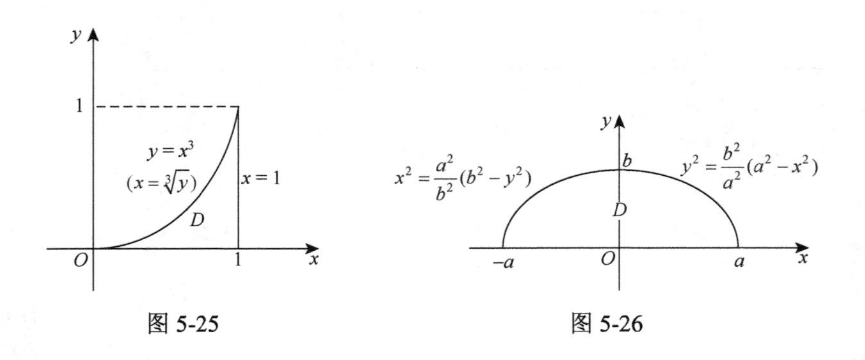

图 5-25　　　　图 5-26

*三、定积分在经济中的简单应用

在经济应用中, 定积分主要用来解决由边际函数求总量函数等问题. 例如, 由边际成本求总成本、由边际收益求总收益、由边际利润求总利润等.

1. 求总产量

若总产量Q是时间t的函数$Q=Q(t)$，且其边际产量函数(即**产出率**)为$Q'(t)$，则在时间段$[T_1,T_2]$内的产量为

$$Q=\int_{T_1}^{T_2}Q'(t)\mathrm{d}t. \tag{5-17}$$

例8 已知某产品在时刻t时的总产量变化率为

$$f(t)=Q'(t)=100+6t-0.3t^2\ (\text{单位/h}),$$

求从$t=8$到$t=12$这4个小时内的总产量.

解 因为总产量函数$Q(t)$是其边际产量函数$f(t)$的一个原函数，故由式(5-17)便得从$t=8$到$t=12$这4小时内的总产量为

$$Q=\int_8^{12}f(t)\mathrm{d}t=\int_8^{12}(100+6t-0.3t^2)\mathrm{d}t=(100t+3t^2-0.1t^3)\Big|_8^{12}=518.4\ (\text{单位}).$$

2. 求总成本

若固定成本为C_0，可变成本C_1是产量q的函数$C_1=C_1(q)$，则总成本函数为

$$C(q)=C_1(q)+C_0,$$

因而已知边际成本函数为$MC=C'(q)=C_1'(q)$时，生产q个单位产品的总成本为

$$C(q)=\int_0^q C'(t)\mathrm{d}t+C_0. \tag{5-18}$$

例9 已知某水泥厂生产某种型号水泥的固定成本为10^6元，当产量为q t时的边际成本为$C'(q)=100+\dfrac{45}{\sqrt{q}}$ (元/t)，求

(1) 产量从8100t增加到10000t时需增加的投资额；

(2) 产量从8100t增加到10000t时平均每吨需增加的投资额.

解 因为$C'(q)=100+\dfrac{45}{\sqrt{q}}$且$C_0=10^6$，故由式(5-18)得总成本函数为

$$C(q)=\int_0^q C'(t)\mathrm{d}t+C_0=\int_0^q\left(100+\frac{45}{\sqrt{t}}\right)\mathrm{d}t+10^6=100q+90\sqrt{q}+10^6,$$

从而

(1) 产量从8100t增加到10000t时需增加的投资额为

$$\begin{aligned}&C(10000)-C(8100)\\&=(10^6+90\sqrt{10000}+10^6)-(810000+90\sqrt{8100}+10^6)=190900\ (\text{元}).\end{aligned}$$

(2) 产量从8100吨增加到10000吨时平均每吨需增加的投资额为

$$\frac{C(10000)-C(8100)}{10000-8100}=\frac{190900}{1900}\approx 100.47\ (\text{元}).$$

3. 求总收益

若总收益 R 是生产(或销售)量 q 的函数 $R=R(q)$，并且其边际收益函数为 $MR=R'(q)$，则生产(或销售) q 个单位产品时的总收益为

$$R=R(q)=\int_0^q R'(t)\mathrm{d}t. \tag{5-19}$$

例 10 设生产某产品 q 单位时，其边际收益函数为 $R'(q)=200-\dfrac{q}{50}$ (元/单位)，求

(1) 总收益函数 $R(q)$；

(2) 如果已生产了 2000 单位，求再生产 1000 单位的总收益.

解 (1) 因为 $R'(q)=200-\dfrac{q}{50}$，故所求总收益函数为

$$R(q)=\int_0^q R'(t)\mathrm{d}t=\int_0^q\left(200-\frac{t}{50}\right)\mathrm{d}t=\left(200t-\frac{t^2}{100}\right)\Bigg|_0^q=200q-\frac{q^2}{100}.$$

(2) 因为 $R'(q)=200-\dfrac{q}{50}$，故生产 2000 单位后再生产 1000 单位的总收益为

$$R=\int_{2000}^{3000}R'(q)\mathrm{d}q=\int_{2000}^{3000}\left(200-\frac{q}{50}\right)\mathrm{d}q=\left(200q-\frac{q^2}{100}\right)\Bigg|_{2000}^{3000}=150000\text{ (元)}.$$

4. 求总利润

若总收益函数与总成本函数分别为

$$R(q)=\int_0^q R'(t)\mathrm{d}t \text{ 和 } C(q)=\int_0^q C'(t)\mathrm{d}t+C_0,$$

则利润函数为

$$L(q)=R(q)-C(q)=\int_0^q[R'(t)-C'(t)]\mathrm{d}t-C_0. \tag{5-20}$$

例 11 设生产某产品的固定成本为 10^5 元，而当产量为 q 时的边际成本函数为 $MC=C'(q)=-42-10q+0.03q^2$ (元/单位)，边际收入函数为 $MR=R'(q)=58+10q$ (元/单位)，求

(1) 生产 200 单位时的总利润；

(2) 生产 300 单位后再生产 200 单位的总利润.

解 因为 $C'(q)=-42-10q+0.03q^2$，$R'(q)=58+10q$，并且固定成本为 $C_0=10^5$，故

$$\begin{aligned}L'(q)&=R'(q)-C'(q)=(58+10q)-(-42-10q+0.03q^2)\\&=100+20q-0.03q^2,\end{aligned}$$

从而

(1) 生产 200 单位时的总利润为

$$L=\int_0^{200}L'(q)\mathrm{d}q-C_0=\int_0^{200}(100+20q-0.03q^2)\mathrm{d}q-10^5$$

$$=(100q+10q^2-0.01q^3)\Big|_0^{200}-10^5=2.4\times10^5\ (元)；$$

(2) 生产 300 单位后再生产 200 单位的总利润为

$$L=\int_{300}^{500}L'(q)\mathrm{d}q=\int_{300}^{500}(100+20q-0.03q^2)\mathrm{d}q$$

$$=(100q+10q^2-0.01q^3)\Big|_{300}^{500}=6.4\times10^5\ (元).$$

由例 11 看出后 200 个单位产品的利润比前 200 个单位产品的利润大得多.

5.6　广　义　积　分

已知定积分 $\int_a^b f(x)\mathrm{d}x$ 是作为积分和式极限 $\lim\limits_{\lambda\to0}\sum\limits_{i=1}^{n}f(\xi_i)\Delta x_i$ 来定义的，而且受到两个最基本的条件的约束：第一，积分区间为有限闭区间；第二，被积函数在积分区间上有界. 但在实际问题中，常会遇到积分区间为无穷区间(如 $\int_1^{+\infty}\frac{1}{x^2}\mathrm{d}x$)，或被积函数在积分区间上无界的积分(如 $\int_0^1\frac{1}{x}\mathrm{d}x$)问题，并把这类积分统称为**广义积分**或**反常积分**，以区别于前面所讨论的定积分，本节将给出广义积分的概念并研究其敛散性.

一、无穷限广义积分

定义 5.3　若 $f(x)$ 定义在无穷区间 $[a,+\infty)$ 上，并且对任意的实数 $b>a$，$f(x)$ 在闭区间 $[a,b]$ 上可积，则称 $\int_a^{+\infty}f(x)\mathrm{d}x$ 为函数 $f(x)$ 在无穷区间 $[a,+\infty)$ 上的**无穷限广义**(或**反常**)**积分**(简称**无穷积分**)，而当极限 $\lim\limits_{b\to+\infty}\int_a^b f(x)\mathrm{d}x$ 存在(有限)时，还称无穷积分 $\int_a^{+\infty}f(x)\mathrm{d}x$ **收敛**，并将极限值 $\lim\limits_{b\to+\infty}\int_a^b f(x)\mathrm{d}x$ 规定为**无穷积分** $\int_a^{+\infty}f(x)\mathrm{d}x$ **的值**，即

$$\int_a^{+\infty}f(x)\mathrm{d}x=\lim_{b\to+\infty}\int_a^b f(x)\mathrm{d}x,$$

否则称无穷积分 $\int_a^{+\infty}f(x)\mathrm{d}x$ **发散**.

显然，无穷积分 $\int_a^{+\infty}f(x)\mathrm{d}x$ 的敛散性可简述如下：

无穷积分 $\int_a^{+\infty}f(x)\mathrm{d}x$ 收敛(发散)$\Leftrightarrow$极限 $\lim\limits_{b\to+\infty}\int_a^b f(x)\mathrm{d}x$ 存在(不存在)，

类似地，可定义函数 $f(x)$ 在无穷区间 $(-\infty,b]$ 上的无穷积分 $\int_{-\infty}^b f(x)\mathrm{d}x$，并且规定：

无穷积分 $\int_{-\infty}^{b} f(x)\mathrm{d}x$ 收敛(发散)$\Leftrightarrow$极限 $\lim\limits_{a\to-\infty}\int_{a}^{b} f(x)\mathrm{d}x$ 存在(不存在)，并在收敛时，规定极限值 $\lim\limits_{a\to-\infty}\int_{a}^{b} f(x)\mathrm{d}x$ 为无穷积分 $\int_{-\infty}^{b} f(x)\mathrm{d}x$ 的值，即

$$\int_{-\infty}^{b} f(x)\mathrm{d}x=\lim_{a\to-\infty}\int_{a}^{b} f(x)\mathrm{d}x .$$

设函数 $f(x)$ 在区间 $(-\infty,+\infty)$ 上连续，如果广义积分 $\int_{-\infty}^{0} f(x)\mathrm{d}x$ 和 $\int_{0}^{+\infty} f(x)\mathrm{d}x$ 都收敛，则称上述两个广义积分的和为函数 $f(x)$ 在无穷区间 $(-\infty,+\infty)$ 上的广义积分(反常积分)，记作 $\int_{-\infty}^{+\infty} f(x)\mathrm{d}x$，即

$$\int_{-\infty}^{+\infty} f(x)\mathrm{d}x=\int_{-\infty}^{0} f(x)\mathrm{d}x+\int_{0}^{+\infty} f(x)\mathrm{d}x=\lim_{a\to-\infty}\int_{a}^{0} f(x)\mathrm{d}x+\lim_{b\to+\infty}\int_{0}^{b} f(x)\mathrm{d}x ,$$

这时也称广义积分 $\int_{-\infty}^{+\infty} f(x)\mathrm{d}x$ 收敛. 如果上述极限不存在，则称广义积分 $\int_{-\infty}^{+\infty} f(x)\mathrm{d}x$ 发散.

设 $F(x)$ 是连续函数 $f(x)$ 的一个原函数，记 $F(-\infty)=\lim\limits_{x\to-\infty}F(x)$，$F(+\infty)=\lim\limits_{x\to+\infty}F(x)$，则也有牛顿-莱布尼茨公式

$$\int_{a}^{+\infty} f(x)\mathrm{d}x=F(+\infty)-F(a)=F(x)\Big|_{a}^{+\infty},$$

$$\int_{-\infty}^{b} f(x)\mathrm{d}x=F(b)-F(-\infty)=F(x)\Big|_{-\infty}^{b}.$$

从上述定义可见：

(1)无穷区间上的广义积分实质上是任意有限区间上定积分的极限；

(2) $\int_{-\infty}^{+\infty} f(x)\mathrm{d}x$ 收敛等价于 $\int_{-\infty}^{c} f(x)\mathrm{d}x$ 和 $\int_{c}^{+\infty} f(x)\mathrm{d}x$ 同时收敛，且

$$\int_{-\infty}^{+\infty} f(x)\mathrm{d}x=\int_{-\infty}^{c} f(x)\mathrm{d}x+\int_{c}^{+\infty} f(x)\mathrm{d}x,$$

c 为任意常数. 若上式右边两个广义积分有一个发散，则广义积分 $\int_{-\infty}^{+\infty} f(x)\mathrm{d}x$ 发散.

例 1　讨论下列无穷积分的敛散性：

(1) $\int_{0}^{+\infty}\dfrac{x}{1+x^2}\mathrm{d}x$；　　(2) $\int_{-\infty}^{0}\dfrac{1}{1+x^2}\mathrm{d}x$；　　(3) $\int_{-\infty}^{+\infty}\sin x\mathrm{d}x$.

解　(1)因为极限

$$\lim_{b\to+\infty}\int_{0}^{b}\frac{x}{1+x^2}\mathrm{d}x=\frac{1}{2}\lim_{b\to+\infty}\ln(1+x^2)\Big|_{0}^{b}=\frac{1}{2}\lim_{b\to+\infty}\ln(1+b^2)=+\infty$$

不存在(无限)，故无穷积分 $\int_{0}^{+\infty}\dfrac{x}{1+x^2}\mathrm{d}x$ 发散.

(2)因为极限

$$\lim_{a\to-\infty}\int_{a}^{0}\frac{1}{1+x^2}\mathrm{d}x=\lim_{a\to-\infty}\arctan x\Big|_{a}^{0}=\lim_{a\to-\infty}(0-\arctan a)=\frac{\pi}{2}$$

存在(有限)，故无穷积分 $\int_{-\infty}^{0}\dfrac{1}{1+x^2}\mathrm{d}x$ 收敛且收敛于 $\dfrac{\pi}{2}$，即

$$\int_{-\infty}^{0}\frac{1}{1+x^2}\mathrm{d}x=\frac{\pi}{2}.$$

(3) 因为极限

$$\lim_{b\to+\infty}\int_0^b \sin x\mathrm{d}x=\lim_{b\to+\infty}(-\cos x)\Big|_0^b=\lim_{b\to+\infty}(1-\cos b)$$

不存在，故无穷积分 $\int_0^{+\infty}\sin x\mathrm{d}x$ 发散，从而无穷积分 $\int_{-\infty}^{+\infty}\sin x\mathrm{d}x$ 也发散.

例 2 计算下列无穷积分：

(1) $\int_0^{+\infty}x\mathrm{e}^{-x^2}\mathrm{d}x$； (2) $\int_{-\infty}^{+\infty}\frac{1}{1+x^2}\mathrm{d}x$.

解 (1) $\int_0^{+\infty}x\mathrm{e}^{-x^2}\mathrm{d}x=-\frac{1}{2}\int_0^{+\infty}\mathrm{e}^{-x^2}\mathrm{d}(-x^2)=-\frac{1}{2}\mathrm{e}^{-x^2}\Big|_0^{+\infty}$

$$=-\frac{1}{2}\lim_{x\to+\infty}\frac{1}{\mathrm{e}^{x^2}}+\frac{1}{2}=\frac{1}{2}.$$

(2) $\int_{-\infty}^{+\infty}\frac{1}{1+x^2}\mathrm{d}x=\arctan x\Big|_{-\infty}^{+\infty}=\lim_{x\to+\infty}\arctan x-\lim_{x\to-\infty}\arctan x=\pi$.

例 3 讨论无穷积分 $\int_1^{+\infty}\frac{1}{x^p}\mathrm{d}x$（称为 p **积分**）的敛散性与指数 p 的关系.

解 (1) 当 $p=1$ 时，因为极限

$$\lim_{b\to+\infty}\int_1^b\frac{1}{x}\mathrm{d}x=\lim_{b\to+\infty}\ln x\Big|_1^b=\lim_{b\to+\infty}\ln b=+\infty$$

不存在（无限），故当 $p=1$ 时无穷积分 $\int_1^{+\infty}\frac{1}{x^p}\mathrm{d}x$ 发散.

(2) 当 $p<1$ 时，因为极限

$$\lim_{b\to+\infty}\int_1^b\frac{1}{x^p}\mathrm{d}x=\lim_{b\to+\infty}\int_1^b x^{-p}\mathrm{d}x=\lim_{b\to+\infty}\frac{x^{1-p}}{1-p}\Bigg|_1^b=\lim_{b\to+\infty}\frac{b^{1-p}-1}{1-p}=+\infty$$

不存在（无限），故当 $p<1$ 时无穷积分 $\int_1^{+\infty}\frac{1}{x^p}\mathrm{d}x$ 也发散.

(3) 当 $p>1$ 时，因为极限

$$\lim_{b\to+\infty}\int_1^b\frac{1}{x^p}\mathrm{d}x=\lim_{b\to+\infty}\frac{x^{1-p}}{1-p}\Bigg|_1^b=\lim_{b\to+\infty}\frac{b^{1-p}-1}{1-p}=\lim_{b\to+\infty}\frac{1-\frac{1}{b^{p-1}}}{p-1}=\frac{1}{p-1}$$

存在（有限），故当 $p>1$ 时无穷积分 $\int_1^{+\infty}\frac{1}{x^p}\mathrm{d}x$ 收敛且收敛到 $\frac{1}{p-1}$，即

$$\int_1^{+\infty}\frac{1}{x^p}\mathrm{d}x=\frac{1}{p-1}.$$

综上所述可知

$$\text{无穷积分}\int_1^{+\infty}\frac{1}{x^p}\mathrm{d}x=\begin{cases}\dfrac{1}{p-1}\text{（收敛）}, & p>1,\\ +\infty\text{（发散）}, & p\leqslant 1.\end{cases}$$

*二、无界函数的广义积分

定义 5.4　若 $\lim\limits_{x\to a\left(\text{或}a^+,\ \text{或}a^-\right)} f(x)=\infty$（或 $+\infty$ 或 $-\infty$），则称点 a 为函数 $f(x)$ 的**瑕点**(即无界点).

定义 5.5　若 $f(x)$ 定义于 $(a,b]$ 上，a 为 $f(x)$ 的瑕点，且对任意 ε 有 $0<\varepsilon<b-a$，$f(x)$ 在 $[a+\varepsilon,b]$ 上可积，仍记作 $\int_a^b f(x)\mathrm{d}x$ 为函数 $f(x)$ 在区间 $(a,b]$ 上以 a 为瑕点的**无界函数的广义积分**(简称**瑕积分**)，而当极限 $\lim\limits_{\varepsilon\to0^+}\int_{a+\varepsilon}^b f(x)\mathrm{d}x$ 存在(有限)时，还称瑕积分收敛，并将极限值 $\lim\limits_{\varepsilon\to0^+}\int_{a+\varepsilon}^b f(x)\mathrm{d}x$ 规定为瑕积分 $\int_a^b f(x)\mathrm{d}x$ 的值，即

$$\int_a^b f(x)\mathrm{d}x=\lim_{\varepsilon\to0^+}\int_{a+\varepsilon}^b f(x)\mathrm{d}x,$$

否则称瑕积分 $\int_a^b f(x)\mathrm{d}x$ 发散.

显然，以下限 a 为瑕点的瑕积分 $\int_a^b f(x)\mathrm{d}x$ 的敛散性可简述如下：

瑕积分 $\int_a^b f(x)\mathrm{d}x$ 收敛(发散)$\Leftrightarrow$极限 $\lim\limits_{\varepsilon\to0^+}\int_{a+\varepsilon}^b f(x)\mathrm{d}x$ 存在(不存在)，

类似地，可定义函数 $f(x)$ 在区间 $[a,b)$ 上以 b **为瑕点的瑕积分** $\int_a^b f(x)\mathrm{d}x$，并且规定：

瑕积分 $\int_a^b f(x)\mathrm{d}x$ 收敛(发散)$\Leftrightarrow$极限 $\lim\limits_{\varepsilon\to0^+}\int_a^{b-\varepsilon} f(x)\mathrm{d}x$ 存在(不存在)，

并在收敛时，规定极限值 $\lim\limits_{\varepsilon\to0^+}\int_a^{b-\varepsilon} f(x)\mathrm{d}x$ 为瑕积分 $\int_a^b f(x)\mathrm{d}x$ 的值，即

$$\int_a^b f(x)\mathrm{d}x=\lim_{\varepsilon\to0^+}\int_a^{b-\varepsilon} f(x)\mathrm{d}x.$$

若 $f(x)$ 定义于区间 $[a,c)\cup(c,b]$（$a<c<b$）上，c 为函数 $f(x)$ 的瑕点，并且 $0<\varepsilon<\min\{c-a,b-c\}$，$f(x)$ 在 $[a,c-\varepsilon]$ 和 $[c+\varepsilon,b]$ 上均可积，仍记作 $\int_a^b f(x)\mathrm{d}x$ 为函数 $f(x)$ 在区间 $[a,c)\cup(c,b]$ 上的**瑕积分**，并且当瑕积分 $\int_a^c f(x)\mathrm{d}x$ 与 $\int_c^b f(x)\mathrm{d}x$ 都收敛时，称瑕积分 $\int_a^b f(x)\mathrm{d}x$ **收敛**，并规定该积分值为 $\int_a^c f(x)\mathrm{d}x+\int_c^b f(x)\mathrm{d}x$，即

$$\int_a^b f(x)\mathrm{d}x=\int_a^c f(x)\mathrm{d}x+\int_c^b f(x)\mathrm{d}x,$$

否则称瑕积分 $\int_a^b f(x)\mathrm{d}x$ **发散.**

从上述定义可见：瑕积分 $\int_a^b f(x)\mathrm{d}x$ 收敛等价于瑕积分 $\int_a^c f(x)\mathrm{d}x$ 和瑕积分 $\int_c^b f(x)\mathrm{d}x$ 同时收敛，且

$$\int_a^b f(x)\mathrm{d}x=\int_a^c f(x)\mathrm{d}x+\int_c^b f(x)\mathrm{d}x,$$

其中 $c\ (a<c<b)$，若上式右边两个瑕积分有一个发散，则瑕积分 $\int_a^b f(x)\mathrm{d}x$ 发散.

例 4 讨论下列瑕积分的敛散性:

(1) $\int_0^1 \frac{1}{\sqrt{x}}\mathrm{d}x$；(2) $\int_0^1 \frac{1}{\sqrt{1-x^2}}\mathrm{d}x$；(3) $\int_{-1}^1 \frac{1}{x}\mathrm{d}x$；(4) $\int_0^1 \ln x\mathrm{d}x$.

解 (1)因为下限 $x=0$ 为被积函数的瑕点，并且极限

$$\lim_{\varepsilon\to 0^+}\int_{0+\varepsilon}^1 \frac{1}{\sqrt{x}}\mathrm{d}x=\lim_{\varepsilon\to 0^+}2\sqrt{x}\Big|_{\varepsilon}^{1}=\lim_{\varepsilon\to 0^+}\left(2-2\sqrt{\varepsilon}\right)=2$$

存在(有限)，故瑕积分 $\int_0^1 \frac{1}{\sqrt{x}}\mathrm{d}x$ 收敛且收敛于 2，即

$$\int_0^1 \frac{1}{\sqrt{x}}\mathrm{d}x=2 .$$

(2)因为上限 $x=1$ 为被积函数的瑕点，并且极限

$$\lim_{\varepsilon\to 0^+}\int_0^{1-\varepsilon} \frac{1}{\sqrt{1-x^2}}\mathrm{d}x=\lim_{\varepsilon\to 0^+}\arcsin x\Big|_0^{1-\varepsilon}=\lim_{\varepsilon\to 0^+}\arcsin(1-\varepsilon)=\frac{\pi}{2}$$

存在(有限)，故瑕积分 $\int_0^1 \frac{1}{\sqrt{1-x^2}}\mathrm{d}x$ 收敛且收敛于 $\frac{\pi}{2}$，即

$$\int_0^1 \frac{1}{\sqrt{1-x^2}}\mathrm{d}x=\frac{\pi}{2}.$$

(3)因为 $x=0$ 为被积函数的瑕点，并且极限

$$\lim_{\varepsilon\to 0^+}\int_{0+\varepsilon}^1 \frac{1}{x}\mathrm{d}x=\lim_{\varepsilon\to 0^+}\ln|x|\Big|_{\varepsilon}^{1}=\lim_{\varepsilon\to 0^+}(-\ln\varepsilon)=\lim_{\varepsilon\to 0^+}\ln\frac{1}{\varepsilon}=+\infty$$

不存在，故瑕积分 $\int_0^1 \frac{1}{x}\mathrm{d}x$ 发散，从而瑕积分 $\int_{-1}^1 \frac{1}{x}\mathrm{d}x$ 也发散.

(4)因为下限 $x=0$ 为被积函数的瑕点，故

$$\begin{aligned}\int_0^1 \ln x\mathrm{d}x&=\lim_{\varepsilon\to 0^+}\int_{0+\varepsilon}^1 \ln x\mathrm{d}x=\lim_{\varepsilon\to 0^+}(x\ln x-x)\Big|_{\varepsilon}^{1}\\&=\lim_{\varepsilon\to 0^+}(\varepsilon-\varepsilon\ln\varepsilon-1)=-1 .\end{aligned}$$

例 5 讨论瑕积分 $\int_0^1 \frac{1}{x^q}\mathrm{d}x$ (称为 q **积分**)的敛散性与指数 q 的关系.

解 (1)当 $q=1$ 时，显然有瑕积分 $\int_0^1 \frac{1}{x^q}\mathrm{d}x$ 发散.

(2)当 $q>1$ 时，因为极限

$$\lim_{\varepsilon\to0^+}\int_{0+\varepsilon}^{1}\frac{1}{x^q}\mathrm{d}x=\lim_{\varepsilon\to0^+}\frac{x^{1-q}}{1-q}\Bigg|_{\varepsilon}^{1}=\lim_{\varepsilon\to0^+}\frac{1-\varepsilon^{1-q}}{1-q}=\lim_{\varepsilon\to0^+}\frac{\frac{1}{\varepsilon^{q-1}}-1}{q-1}=+\infty$$

不存在，故当$q>1$时瑕积分$\int_0^1\frac{1}{x^q}\mathrm{d}x$发散.

(3) 当$q<1$时，因为极限

$$\lim_{\varepsilon\to0^+}\int_{0+\varepsilon}^{1}\frac{1}{x^q}\mathrm{d}x=\lim_{\varepsilon\to0^+}\frac{x^{1-q}}{1-q}\Bigg|_{\varepsilon}^{1}=\lim_{\varepsilon\to0^+}\frac{1-\varepsilon^{1-q}}{1-q}=\frac{1}{1-q}$$

存在(有限)，故当$q<1$时瑕积分$\int_0^1\frac{1}{x^q}\mathrm{d}x$收敛且收敛于$\frac{1}{1-q}$，即

$$\int_0^1\frac{1}{x^q}\mathrm{d}x=\frac{1}{1-q}.$$

综上所述可知

$$\text{瑕积分}\int_0^1\frac{1}{x^q}\mathrm{d}x=\begin{cases}\frac{1}{1-q}（\text{收敛}），& q<1,\\ +\infty（\text{发散}），& q\geqslant1.\end{cases}$$

习　题　5

一、选择题

1. 若在区间$[a,b]$上$f(x)\geqslant0$且连续，则定积分$\int_a^b f(x)\mathrm{d}x$在几何上表示(　　).

A. 曲边$y=f(x)$ $(a\leqslant x\leqslant b)$；　B. 曲边$y=f(x)$ $(a\leqslant x\leqslant b)$的长度；

C. 曲边梯形；　D. 曲边梯形的面积.

2. 若函数$f(x)$在闭区间$[a,b]$上可积，则下列结论中错误的是(　　).

A. $\int_a^b f(x)\mathrm{d}x=-\int_b^a f(x)\mathrm{d}x$；　B. $\int_a^b f(x)\mathrm{d}x=\int_a^c f(x)\mathrm{d}x+\int_c^b f(x)\mathrm{d}x$；

C. $\int_a^b f(x)\mathrm{d}x=0$；　D. $\left[\int_a^b f(x)\mathrm{d}x\right]'=f(x)$.

3. 若$f(x)=\int_1^x\frac{\ln(1+t)}{t}\mathrm{d}t$，则$f'(2)=$(　　).

A. 0；　B. $2\ln3$；　C. $\frac{1}{2}\ln5$；　D. $\frac{1}{2}\ln5$.

4. 下列积分中，等于零的是(　　).

A. $\int_{-1}^1\ln\left(x+\sqrt{1+x^2}\right)\mathrm{d}x$；　B. $\int_{-1}^1\frac{1}{x^3+2}\mathrm{d}x$；

C. $\int_{-1}^1\frac{1}{\sqrt{1+x^2}}\mathrm{d}x$；　D. $\int_{-1}^1\frac{1}{1+\sin x}\mathrm{d}x$.

5. 若$\int_0^k\mathrm{e}^{2x}\mathrm{d}x=\frac{3}{2}$，则$k$的值是(　　).

A. $\frac{1}{2}\ln2$；　B. $\ln2$；　C. 1；　D. 2.

6. 曲线 $y=\mathrm{e}^x$，$y=\mathrm{e}^{-x}$ 和直线 $x=-1$ 所围平面图形面积的定积分表示式为（　　）.

A. $\int_{-1}^{1}(\mathrm{e}^x-\mathrm{e}^{-x})\mathrm{d}x$；　　B. $\int_{-1}^{1}(\mathrm{e}^{-x}-\mathrm{e}^x)\mathrm{d}x$；

C. $\int_{-1}^{0}(\mathrm{e}^{-x}-\mathrm{e}^x)\mathrm{d}x$；　　D. $\int_{0}^{1}(\mathrm{e}^x-\mathrm{e}^{-x})\mathrm{d}x$.

7. 若某产品的边际收入函数和边际成本函数分别为 $R'(q)$ 和 $C'(q)$，而固定成本为 C_0，则利润函数 $L(q)=$（　　）.

A. $\int_0^q[C'(t)-R'(t)]\mathrm{d}t+C_0$；　　B. $\int_0^q[C'(t)-R'(t)]\mathrm{d}t-C_0$；

C. $\int_0^q[R'(t)-C'(t)]\mathrm{d}t+C_0$；　　D. $\int_0^q[R'(t)-C'(t)]\mathrm{d}t-C_0$.

*8. 以下积分中不是广义积分的是（　　）.

A. $\int_0^1\frac{1}{x^3}\mathrm{d}x$；　　B. $\int_0^1\ln x\mathrm{d}x$；

C. $\int_{-1}^{1}\frac{1}{\sin x}\mathrm{d}x$；　　D. $\int_0^{2\pi}\cos^2 x\mathrm{d}x$.

二、填空题

1. $\int_a^b f(x)\mathrm{d}x-\int_a^b f(t)\mathrm{d}t=$ ________.

2. $\frac{\mathrm{d}}{\mathrm{d}x}\int_1^x\frac{\mathrm{d}t}{\sqrt{1+t^4}}=$ ________.

3. $\lim\limits_{x\to 0}\frac{\int_0^{2x}\tan t^3\mathrm{d}t}{x^4}=$ ________.

4. $\int_a^b f'(3x)\mathrm{d}x=$ ________.

5. $\int_0^{\frac{\pi}{2}}\sin^4 x\mathrm{d}x=$ ________.

6. 设 $x\mathrm{e}^{-x}$ 为 $f(x)$ 的一个原函数，则 $\int_0^1 xf'(x)\mathrm{d}x=$ ________.

7. 若 $\int_0^a 3t^2\mathrm{d}t=8$，则 $\int_0^a x\mathrm{e}^{-x^2}\mathrm{d}x=$ ________.

8. 设 $f(x)$ 在 $[-a,a]$ 上连续，则 $\int_{-a}^{a}x^2[f(x)-f(-x)]\mathrm{d}x=$ ________.

9. $\int_{-\frac{1}{2}}^{\frac{1}{2}}\frac{(\arcsin x)^2}{\sqrt{1-x^2}}\mathrm{d}x=$ ________.

10. $\int_2^{+\infty}\frac{\mathrm{s}x}{x^k}$，当 k 满足________时发散，当________时收敛.

11. $\int_0^{+\infty}x\mathrm{e}^{-x}\mathrm{d}x=$ ________.

12. $\int_1^2\frac{x}{\sqrt{x-1}}\mathrm{d}x=$ ________.（广义积分）

三、解答题

1. 利用定积分的几何意义计算下列定积分的值：

(1) $\int_0^{2\pi}\sin x\mathrm{d}x$；　　(2) $\int_{-1}^{1}(2x-1)\mathrm{d}x$.

2. 不求出定积分的值，试比较下列各对定积分值的大小：

(1) $\int_0^1 x\mathrm{d}x$ 与 $\int_0^1 x^2\mathrm{d}x$；　　(2) $\int_0^{\frac{\pi}{2}}x\mathrm{d}x$ 与 $\int_0^{\frac{\pi}{2}}\sin x\mathrm{d}x$；

(3) $\int_0^{-2} x\mathrm{d}x$ 与 $\int_0^{-2} \mathrm{e}^x\mathrm{d}x$.　　(4) $\int_1^2 \ln x\mathrm{d}x$ 与 $\int_1^2 \ln^2 x\mathrm{d}x$.

3. 计算下列变限积分函数的导数：

(1) $\left(\int_1^x (t^3-t^2)\sin t\mathrm{d}t\right)'$ ；　　(2) $\left(\int_x^0 t\cos t^2\mathrm{d}t\right)'$ ；　　(3) $\left(\int_x^1 \sin t\mathrm{d}t\right)'$.

4. 计算下列未定式的极限：

(1) $\lim\limits_{x\to 0}\dfrac{\int_0^x \cos t^2\mathrm{d}t}{x}$ ；　　(2) $\lim\limits_{x\to 0}\dfrac{\left(\int_0^x \mathrm{e}^{t^2}\mathrm{d}t\right)^2}{\int_0^x \mathrm{e}^{2t^2}\mathrm{d}t}$ ；　　(3) $\lim\limits_{x\to +\infty}\dfrac{\int_0^x (\arctan t)^2\mathrm{d}t}{\sqrt{x^2+1}}$.

(4) $\lim\limits_{x\to 0}\dfrac{\mathrm{e}^x\int_0^x \sin t\mathrm{d}t}{x}$ ；　　(5) $\lim\limits_{x\to 0}\dfrac{\int_0^x \arctan t\mathrm{d}t}{\int_0^x \sin t\mathrm{d}t}$ ；　　(6) $\lim\limits_{x\to 0}\dfrac{\int_0^x x\mathrm{e}^{t^2}\mathrm{d}t}{1-\mathrm{e}^{x^2}}$.

5. 计算下列定积分：

(1) $\int_1^3\left(x^3+\dfrac{3}{x}+1\right)\mathrm{d}x$ ；　　(2) $\int_{\frac{\pi}{6}}^{\frac{\pi}{4}}\dfrac{1}{\cos^2 x}\mathrm{d}x$ ；

(3) $\int_0^{\sqrt{3}a}\dfrac{\mathrm{d}x}{a^2+x^2}$ ；　　(4) $\int_{\frac{\pi}{6}}^{\frac{\pi}{3}}\tan^2 x\mathrm{d}x$.

6. 用定积分的换元积分法计算下列定积分：

(1) $\int_0^1\dfrac{\sqrt{x}}{1+x}\mathrm{d}x$ ；　　(2) $\int_0^{\frac{1}{2}}\dfrac{x^2}{\sqrt{1-x^2}}\mathrm{d}x$ ；　　(3) $\int_0^1 x^4\sqrt{1-x^2}\mathrm{d}x$ ；

(4) $\int_1^{\mathrm{e}}\dfrac{1}{x\sqrt{1-\ln^2 x}}\mathrm{d}x$ ；　　(5) $\int_0^1\dfrac{\mathrm{e}^x}{\sqrt{5+\mathrm{e}^x}}\mathrm{d}x$ ；　　(6) $\int_0^{\pi}(1-\cos^3 x)\mathrm{d}x$ ；

(7) $\int_0^1 x\mathrm{e}^{-\frac{x^2}{2}}\mathrm{d}x$ ；　　(8) $\int_1^{\mathrm{e}}\dfrac{1+\ln x}{x}\mathrm{d}x$ ；　　(9) $\int_0^{\frac{\pi}{2}}\dfrac{\cos x}{1+\sin^2 x}\mathrm{d}x$ ；

(10) $\int_4^9\dfrac{\sqrt{x}}{\sqrt{x}-1}\mathrm{d}x$ ；　　(11) $\int_{\frac{\sqrt{2}}{2}}^1\dfrac{\sqrt{1-x^2}}{x^2}\mathrm{d}x$.

7. 用定积分的分部积分法计算下列定积分：

(1) $\int_0^{\frac{\pi}{2}} x\cos x\mathrm{d}x$ ；　　(2) $\int_0^1 x\mathrm{e}^{-x}\mathrm{d}x$ ；　　(3) $\int_0^{\mathrm{e}-1}\ln(x+1)\mathrm{d}x$ ；　　(4) $\int_0^1 x\arctan x\mathrm{d}x$ ；

(5) $\int_1^{\mathrm{e}}\ln x\mathrm{d}x$ ；　　(6) $\int_0^{\ln 2} x\mathrm{e}^{-x}\mathrm{d}x$ ；　　(7) $\int_0^1\arccos x\mathrm{d}x$.

8. 设函数 $f(x)$ 连续，且满足 $f(x)=x+2\int_0^1 f(t)\mathrm{d}t$ ，求：

(1) $\int_0^1 f(x)\mathrm{d}x$ ；　　(2) $f(x)$.

*9. 设 $f(x)=\begin{cases}\dfrac{1}{x+1}, & x\geqslant 0,\\ \dfrac{1}{1+\mathrm{e}^x}, & x<0,\end{cases}$ 求 $\int_0^2 f(x-1)\mathrm{d}x$.

10. 求由下列曲线所围平面图形的面积：

(1) $y=\dfrac{1}{x}$ ，$y=x$ ，$x=2$ ；　　(2) $y=x^2$ ，$x+y=2$ ；

(3) $y^2=2x$ ，$y=x-4$ ；　　(4) $y^2=2x+1$ ，$y=x-1$ ；

(5) $y=\mathrm{e}^x$ ，$y=\mathrm{e}^{-x}$ ，$x=1$.

11. 求由下列曲线所围平面区域绕指定轴旋转一周所得旋转体的体积：

(1) $y=0$，$y=x^3$，$x=2$ 绕 x 轴；

(2) $y=x^2$，$y=\sqrt{x}$ 绕 y 轴；

(3) $xy=4$，$x=1$，$x=4$，$y=0$ 绕 x 轴；

(4) $y=\sqrt{x}$ 与直线 $x=1$，$x=4$，$y=0$ 绕 x 轴；

(5) $y=\sin x$ 与直线 $x=\frac{\pi}{2}$，$y=0$ $\left(0\leqslant x\leqslant\frac{\pi}{2}\right)$ 绕 x 轴；

(6) $x^2+(y-2)^2=1$，绕 x 轴.

12. 计算下列广义积分：

(1) $\int_1^{+\infty}\frac{1}{x^3}\mathrm{d}x$；　　(2) $\int_{-\infty}^{+\infty}x\mathrm{e}^{-x^2}\mathrm{d}x$；

(3) $\int_{-1}^{0}\frac{1}{\sqrt{1-x^2}}\mathrm{d}x$；　　(4) $\int_0^1\frac{\mathrm{e}^{\sqrt{x}}}{\sqrt{x}}\mathrm{d}x$.

13. 讨论下列广义积分的敛散性：

(1) $\int_2^{+\infty}\frac{1}{x(\ln x)^{\lambda}}\mathrm{d}x$；　　*(2) $\int_a^b\frac{1}{(x-a)^{\lambda}}\mathrm{d}x$ $(a<b,\ \lambda>0)$.

第6章　微分方程

函数是客观事物的内部联系在数量方面的反映，利用函数关系又可以对客观事物的规律性进行研究. 因此，如何寻求函数关系在实践中具有重要意义. 在许多问题中，往往不能直接得到有关变量之间的函数关系，但是可以建立含有这个函数导数或微分的关系式，这种关系式称为微分方程. 微分方程是利用一元微积分的知识解决几何问题、物理问题和其他各类实际问题的重要数学工具，也是对各种客观现象进行数学抽象，建立数学模型的重要方法，有着广泛的应用.

本章主要介绍微分方程的基本概念和几种常用的微分方程及其解法.

6.1　微分方程的基本概念

我们通过几个具体的例子来说明微分方程的基本概念.

例 1　一条曲线过点$(0,1)$，且在该曲线上任一点(x,y)处的切线斜率为$4x$，求曲线的方程.

解　设所求曲线方程为$y=f(x)$，则由导数的几何意义有

$$\frac{\mathrm{d}y}{\mathrm{d}x}=4x, \tag{6-1}$$

对方程(6-1)两端积分，得

$$y=\int 4x\mathrm{d}x=2x^2+C \quad (C\text{为任意常数}), \tag{6-2}$$

再由曲线经过点$(0,1)$，所以当$x=0$时，将$y=1$代入(6-2)式，求出$C=1$，于是，所求的曲线方程为$y=2x^2+1$.

例 2　英国经济学家和人口统计学家马尔萨斯根据一百多年的人口统计资料，在1798年提出了著名的人口指数增长模型. 人口数量的变化是离散的，但是，当人口的数量庞大时，增加一个人所引起的变化与人口的总量相比来说是微不足道的. 因此，可以假设人口数量$N(t)$是随时间连续变化的. 马尔萨斯认为：人口数量的增长速度与人口数量成正比，即有人口模型

$$\frac{\mathrm{d}N}{\mathrm{d}t}=kN, \tag{6-3}$$

其中，$k>0$是比例常数.

上面两个例子，虽然它们所需解决的问题不同，但处理的方法都是利用微分方程，下面介绍微分方程的一些基本概念.

含有未知函数导数(或微分)的方程称为**微分方程**.

上述例子中(6-1)、(6-3)就是微分方程.

未知函数为一元函数的微分方程，称为**常微分方程**；未知函数为多元函数的微分方程，

称为**偏微分方程**. 这里我们只讨论常微分方程, 因此, 在下面的讨论中均把常微分方程简称为微分方程.

微分方程中出现的未知函数的导数的最高阶数, 称为**微分方程的阶**. 例如前面两个例子都是一阶微分方程, $y''+y=0$ 是二阶微分方程.

一般地, n 阶微分方程的形式是

$$F(x,y,y',\cdots,y^{(n)})=0, \tag{6-4}$$

如果能从中解出最高阶导数, 得微分方程

$$y^{(n)}=f(x,y,y',\cdots,y^{(n-1)}), \tag{6-5}$$

则称该方程为 n 阶微分方程的显式形式, 或最高阶导数已解出的微分方程.

注意 在 n 阶微分方程(6-5)中, 自变量 x 和因变量 y 及 $y',y'',\cdots,y^{(n-1)}$ 均可以不出现, 但 $y^{(n)}$ 必须出现, 否则就不是 n 阶微分方程.

如果将函数 $y=f(x)$ 代入微分方程后, 能使方程成为恒等式, 则称 $y=f(x)$ 为该微分方程的**解**; 如果微分方程的解中含有相互独立的任意常数, 且任意常数的个数与该微分方程的阶数相同, 则称这样的解为微分方程的**通解**; 利用给定的一些条件将通解中的任意常数确定后所得到的解, 称为微分方程满足这些条件的**特解**, 并把这些条件称为微分方程的**初始条件**.

如例 1 中 $y=2x^2+C$ (C 为任意常数) 与 $y=2x^2+1$ 都是微分方程 $\frac{\mathrm{d}y}{\mathrm{d}x}=4x$ 的解, 其中 $y=2x^2+C$ 是通解, 而 $y=2x^2+1$ 是满足初始条件 $f(0)=1$ 的特解.

求微分方程满足初始条件的特解的问题, 称为**初值问题**.

一阶微分方程 $y'=f(x,y)$ 的初始条件是 $x=x_0$ 时 $y=y_0$, 因此初值问题为

$$\begin{cases} y'=f(x,y), \\ y|_{x=x_0}=y_0. \end{cases} \tag{6-6}$$

二阶微分方程 $y''=f(x,y,y')$ 的初始条件是 $x=x_0$ 时, $y=y_0$, $y'=y_0'$, 因此初值问题为

$$\begin{cases} y''=f(x,y,y'), \\ y|_{x=x_0}=y_0,\ y'|_{x=x_0}=y_0'. \end{cases} \tag{6-7}$$

微分方程的通解的图形是一组曲线, 称为**积分曲线族**; 特解的图形是积分曲线族中的一条曲线, 称为**积分曲线**. 如例 1 的积分曲线族是抛物线族 $y=2x^2+C$, 过点 $(0,1)$ 的积分曲线为抛物线 $y=2x^2+1$.

如果需要验证一个函数是否为微分方程的解, 只需将函数及其各阶导数代入方程, 看等式是否成立. 下面举例说明.

例 3 验证函数 $y=C_1\cos x+C_2\sin x$ 为二阶微分方程 $y''+y=0$ 的通解.

解 因为 $y'=-C_1\sin x+C_2\cos x$, $y''=-C_1\cos x-C_2\sin x$, 故有

$$y''+y=(-C_1\cos x-C_2\sin x)+(C_1\cos x+C_2\sin x)\equiv 0,$$

且 $y=C_1\cos x+C_2\sin x$ 中含有两个独立的任意常数 C_1 和 C_2, 从而 $y=C_1\cos x+C_2\sin x$ 是二阶微分方程 $y''+y=0$ 的通解.

6.2　一阶微分方程

一阶微分方程的一般形式为

$$F(x,y,y')=0, \tag{6-8}$$

或者写成显式 $y'=f(x,y)$，或对称形式 $P(x,y)\mathrm{d}x+Q(x,y)\mathrm{d}y=0$.

本节讨论三种类型一阶微分方程及其求解方法.

一、可分离变量的微分方程

形如

$$\frac{\mathrm{d}y}{\mathrm{d}x}=f(x)\cdot g(y) \tag{6-9}$$

的微分方程称为**可分离变量**的一阶微分方程.

求解方法是采用“分离变量法”，步骤为

(1) 将方程(6-9)分离变量，得

$$\frac{\mathrm{d}y}{g(y)}=f(x)\mathrm{d}x \quad (g(y)\neq 0);$$

(2) 两边积分，得

$$\int\frac{\mathrm{d}y}{g(y)}=\int f(x)\mathrm{d}x \quad (g(y)\neq 0);$$

(3) 计算不定积分得原方程的通解为：$G(y)=F(x)+C$.

例 1　求微分方程 $\dfrac{\mathrm{d}y}{\mathrm{d}x}=2xy$ 的通解.

解　分离变量，得

$$\frac{1}{y}\mathrm{d}y=2x\mathrm{d}x \quad (y\neq 0),$$

两边积分，得

$$\int\frac{1}{y}\mathrm{d}y=\int 2x\mathrm{d}x \quad (y\neq 0),$$

计算积分 $\ln|y|=x^2+C_1$. 从而 $y=\pm \mathrm{e}^{x^2+C_1}=\pm \mathrm{e}^{C_1}\mathrm{e}^{x^2}$，因 $\pm \mathrm{e}^{C_1}$ 是任意非零常数，而 $y=0$ 也是原方程的解，于是所给微分方程的通解为 $y=C\mathrm{e}^{x^2}$ (C 为任意常数).

例 2　求微分方程 $x(1-y)\mathrm{d}x+(1+x^2)\mathrm{d}y=0$ 的通解.

解　分离变量，得

$$\frac{\mathrm{d}y}{y-1}=\frac{x}{1+x^2}\mathrm{d}x \quad (y\neq 1),$$

两边积分得

$$\int\frac{\mathrm{d}y}{y-1}=\int\frac{x}{1+x^2}\mathrm{d}x,$$

计算积分

$$\ln|y-1|=\frac{1}{2}\ln(1+x^2)+\ln|C_1| \quad (C_1\neq 0),$$

从而 $y-1=\pm C_1\sqrt{1+x^2}$，两端平方后得

$$(y-1)^2=C(1+x^2) \quad (y\neq 1, C=C_1^2).$$

又 $y=1$ 也是原方程的解，于是得原方程的通解为

$$(y-1)^2=C(1+x^2) \quad (C\text{为任意常数}).$$

例 3 求解初值问题(马尔萨斯人口模型)

$$\frac{\mathrm{d}N}{\mathrm{d}t}=kN, \quad N|_{t=0}=N_0.$$

解 分离变量，得

$$\frac{\mathrm{d}N}{N}=k\mathrm{d}t,$$

两边积分，得

$$\ln N=kt+C_1,$$

从而 $N=\mathrm{e}^{C_1}\cdot\mathrm{e}^{kt}$，故方程的通解为 $N=C\mathrm{e}^{kt}(C=\mathrm{e}^{C_1})$.

将初始条件 $N|_{t=0}=N_0$ 代入通解后解得 $C=N_0$，从而所求特解为

$$N=N_0\mathrm{e}^{kt}.$$

二、齐次方程

形如

$$\frac{\mathrm{d}y}{\mathrm{d}x}=\varphi\left(\frac{y}{x}\right) \tag{6-10}$$

的微分方程称为**齐次方程**.

齐次方程可以通过变量替换，化为可分离变量的微分方程，步骤是：

(1) 令 $u=\frac{y}{x}$，则 $y=xu$，且 $\frac{\mathrm{d}y}{\mathrm{d}x}=u+x\frac{\mathrm{d}u}{\mathrm{d}x}$ 代入方程(6-10)得

$$u+x\frac{\mathrm{d}u}{\mathrm{d}x}=\varphi(u);$$

(2) 将 u 移项，并分离变量得

$$\frac{\mathrm{d}u}{\varphi(u)-u}=\frac{\mathrm{d}x}{x};$$

(3) 两边积分，求得原函数

$$G(u)=F(x)+C,$$

并用 $\frac{y}{x}$ 代替 u，便得到齐次方程的通解.

例 4 求微分方程 $\frac{\mathrm{d}y}{\mathrm{d}x}=\frac{y}{x}+\frac{x}{y}$ 的通解.

解　令 $u=\dfrac{y}{x}$，则 $y=xu$，且 $\dfrac{\mathrm{d}y}{\mathrm{d}x}=u+x\dfrac{\mathrm{d}u}{\mathrm{d}x}$，代入方程，得

$$u+x\frac{\mathrm{d}u}{\mathrm{d}x}=u+\frac{1}{u},$$

化简，分离变量得

$$u\mathrm{d}u=\frac{1}{x}\mathrm{d}x,$$

两边积分得

$$\frac{1}{2}u^2=\ln|x|+C_1,$$

即 $u^2=\ln x^2+C\ (C=2C_1)$，再将 $\dfrac{y}{x}$ 代入上式中的 u，得到微分方程的通解

$$y^2=x^2(\ln x^2+C)\quad(C\text{为任意常数}).$$

例 5　求微分方程 $y^2\mathrm{d}x-(xy-x^2)\mathrm{d}y=0$ 的通解.

解　所给方程可以写成

$$\frac{\mathrm{d}y}{\mathrm{d}x}=\frac{y^2}{xy-x^2}=\frac{\left(\dfrac{y}{x}\right)^2}{\dfrac{y}{x}-1},$$

这是一个齐次方程，令 $u=\dfrac{y}{x}$，则 $y=xu$，且 $\dfrac{\mathrm{d}y}{\mathrm{d}x}=u+x\dfrac{\mathrm{d}u}{\mathrm{d}x}$，代入上式，得

$$u+x\frac{\mathrm{d}u}{\mathrm{d}x}=\frac{u^2}{u-1},$$

将 u 移项化简，并分离变量得

$$\left(1-\frac{1}{u}\right)\mathrm{d}u=\frac{\mathrm{d}x}{x},$$

两边积分得

$$u-\ln|u|=\ln|x|+\ln|C_1|\quad(C_1\neq 0),$$

即 $\mathrm{e}^u=Cxu\quad(C=\pm C_1)$，将 $\dfrac{y}{x}$ 代入上式中的 u，得到微分方程的通解

$$\mathrm{e}^{\frac{y}{x}}=Cy\quad(C\text{为非零常数}).$$

三、一阶线性微分方程

形如

$$y'+P(x)y=Q(x)\tag{6-11}$$

的微分方程称为**一阶线性微分方程**，因为它对于未知函数 y 及其导数是一次方程.

当 $Q(x)=0$ 时，方程变为

$$y'+P(x)y=0,\tag{6-12}$$

称为**一阶齐次线性微分方程**；当 $Q(x)\neq 0$ 时，称为**一阶非齐次线性微分方程**.

显然，齐次线性微分方程(6-12)是可分离变量的方程，分离变量得

$$\frac{\mathrm{d}y}{y}=-P(x)\mathrm{d}x,$$

两端积分，得

$$\ln|y|=-\int P(x)\mathrm{d}x+\ln C_1\quad (C_1>0),$$

即$|y|=C_1\mathrm{e}^{-\int P(x)\mathrm{d}x}$，又$y=0$是原方程的解，从而

$$y=C\mathrm{e}^{-\int P(x)\mathrm{d}x}\qquad (C\text{为任意常数}),\tag{6-13}$$

这就是齐次线性微分方程的通解.

对于非齐次线性微分方程(6-11)的通解，我们采用“常数变易法”来解决.

将齐次线性微分方程的通解公式(6-13)中的任意常数C变成函数$u=u(x)$，即

$$y=u(x)\mathrm{e}^{-\int P(x)\mathrm{d}x},\tag{6-14}$$

设此函数为一阶非齐次线性方程(6-11)的解，代入方程，得

$$[u'(x)\mathrm{e}^{-\int P(x)\mathrm{d}x}-u(x)P(x)\mathrm{e}^{-\int P(x)\mathrm{d}x}]+P(x)u(x)\mathrm{e}^{-\int P(x)\mathrm{d}x}=Q(x),$$

即$u'(x)=Q(x)\mathrm{e}^{\int P(x)\mathrm{d}x}$，将其两端积分，得

$$u(x)=\int Q(x)\mathrm{e}^{\int P(x)\mathrm{d}x}\mathrm{d}x+C,$$

再将上式回代到(6-14)中便得方程(6-11)的通解

$$\begin{aligned}y&=\mathrm{e}^{-\int P(x)\mathrm{d}x}\left[\int Q(x)\mathrm{e}^{\int P(x)\mathrm{d}x}\mathrm{d}x+C\right]\quad (C\text{为任意常数})\\&=C\mathrm{e}^{-\int P(x)\mathrm{d}x}+\mathrm{e}^{-\int P(x)\mathrm{d}x}\int Q(x)\mathrm{e}^{\int P(x)\mathrm{d}x}\mathrm{d}x,\end{aligned}\tag{6-15}$$

称式(6-15)为一阶非齐次线性微分方程(6-11)的通解公式，求解此类方程时可以直接使用该公式，也可以用“常数变易法”. 另外，将公式右端去括号后发现第一项是齐次线性微分方程(6-12)的通解，第二项是非齐次线性微分方程(6-11)的一个特解(当$C=0$时). 由此可知，一阶非齐次线性微分方程的通解等于对应的齐次线性微分方程的通解与非齐次线性微分方程的一个特解之和.

例6 求微分方程$\dfrac{\mathrm{d}y}{\mathrm{d}x}-\dfrac{2y}{x+1}=(x+1)^{\frac{5}{2}}$的通解.

解 所给方程为一阶线性微分方程，其中$P(x)=-\dfrac{2}{x+1}$，$Q(x)=(x+1)^{\frac{5}{2}}$，故由公式(6-15)得所求通解

$$\begin{aligned}y&=\mathrm{e}^{-\int P(x)\mathrm{d}x}\left[\int Q(x)\mathrm{e}^{\int P(x)\mathrm{d}x}\mathrm{d}x+C\right]=\mathrm{e}^{-\int\left(-\frac{2}{x+1}\right)\mathrm{d}x}\left[\int (x+1)^{\frac{5}{2}}\mathrm{e}^{\int\left(-\frac{2}{x+1}\right)\mathrm{d}x}\mathrm{d}x+C\right]\\&=\mathrm{e}^{2\ln|x+1|}\left[\int (x+1)^{\frac{5}{2}}\mathrm{e}^{-2\ln|x+1|}\mathrm{d}x+C\right]=(x+1)^2\left[\int (x+1)^{\frac{5}{2}}(x+1)^{-2}\mathrm{d}x+C\right]\\&=\frac{2}{3}(x+1)^{\frac{7}{2}}+C(x+1)^2\quad (C\text{为任意常数}).\end{aligned}$$

例 7　求微分方程 $y\mathrm{d}x-(x+y^3)\mathrm{d}y=0$ 的通解.

解　若将方程变形为

$$\frac{\mathrm{d}y}{\mathrm{d}x}=\frac{y}{x+y^3},$$

则方程关于变量 y 不是线性的, 故变形为

$$\frac{\mathrm{d}x}{\mathrm{d}y}=\frac{x+y^3}{y}=\frac{1}{y}x+y^2,$$

即

$$\frac{\mathrm{d}x}{\mathrm{d}y}-\frac{1}{y}x=y^2,$$

这是关于变量 x 的一阶非齐次线性方程, 其中 $P(y)=-\dfrac{1}{y}$, $Q(y)=y^2$, 由通解公式得原方程的通解为

$$x=\mathrm{e}^{-\int P(y)\mathrm{d}y}\left[\int Q(y)\mathrm{e}^{\int P(y)\mathrm{d}y}\mathrm{d}y+C\right]=\mathrm{e}^{\int\frac{1}{y}\mathrm{d}y}\left(\int y^2\mathrm{e}^{-\int\frac{1}{y}\mathrm{d}y}\mathrm{d}y+C\right)$$

$$=y\left(\int y\mathrm{d}y+C\right)=y\left(\frac{1}{2}y^2+C\right)=\frac{1}{2}y^3+Cy\quad(C\text{为任意常数}).$$

6.3　二阶线性微分方程

一、二阶线性微分方程解的结构

二阶线性微分方程的一般形式为

$$y''+P(x)y'+Q(x)y=f(x),\tag{6-16}$$

当 $f(x)=0$ 时, 方程变为

$$y''+P(x)y'+Q(x)y=0\tag{6-17}$$

称为**二阶齐次线性微分方程**; 当 $f(x)\neq 0$ 时, 称(6-16)为**二阶非齐次线性微分方程**. 关于线性微分方程的解的讨论, 我们有如下定理.

定理 6.1　如果函数 $y_1(x)$ 与 $y_2(x)$ 是二阶齐次线性微分方程(6-17)的两个解, 那么它们的线性组合

$$y=C_1y_1(x)+C_2y_2(x)\tag{6-18}$$

也是(6-17)的解, 其中 C_1, C_2 为任意常数.

注意到(6-18)中含有两个任意常数, 那么它是否就是二阶齐次线性微分方程的通解呢? 为了回答这个问题, 先介绍函数线性相关与线性无关的概念.

设 $y_1(x)$ 与 $y_2(x)$ 是定义在区间 I 上的两个函数, 如果存在两个不同时为零的常数 k_1 和 k_2, 使得

$$k_1y_1(x)+k_2y_2(x)\equiv 0,\quad x\in I,$$

那么, 函数 $y_1(x)$ 与 $y_2(x)$ 在区间 I 上**线性相关**; 否则, 称函数 $y_1(x)$ 与 $y_2(x)$ **线性无关**.

例如，$\sin^2 x$ 与 $1-\cos^2 x$ 在 $(-\infty,+\infty)$ 上是线性相关的，因为要使对于任意 x，有 $k_1\sin^2 x+k_2(1-\cos^2 x)=0$ 恒成立，只须取 $k_1=1$，$k_2=-1$. 又如，函数 $x+1$ 与 x^2 在 $(-\infty,+\infty)$ 上是线性无关的，因为要使 $k_1(x+1)+k_2x^2=0$ 在 $(-\infty,+\infty)$ 上恒成立，除非 k_1 和 k_2 同时为零.

根据线性无关的定义知，$y_1(x)$ 与 $y_2(x)$ 线性无关的充分必要条件是 $y_1(x)$ 与 $y_2(x)$ 不成比例，即 $\dfrac{y_1(x)}{y_2(x)}$ 或 $\dfrac{y_2(x)}{y_1(x)}$ 不恒为常数. 利用这个性质，我们得到如下定理.

定理 6.2 如果函数 $y_1(x)$ 与 $y_2(x)$ 是二阶齐次线性微分方程(6-17)的两个线性无关的解，则(6-18)是该微分方程的通解.

例如，$y_1(x)=\sin x$ 与 $y_2(x)=\cos x$ 是二阶齐次线性微分方程 $y''+y=0$ 的解，并且 $\dfrac{y_1(x)}{y_2(x)}=\tan x\neq$ 常数，是线性无关的两个解，所以 $y=C_1\sin x+C_2\cos x$ 是该方程的通解.

由6.2节，已经知道一阶非齐次线性微分方程的通解等于对应的齐次线性微分方程的通解与非齐次线性微分方程的一个特解之和，对于二阶非齐次线性方程，也有类似结论.

定理 6.3 设 $y^*(x)$ 是非齐次线性微分方程(6-16)的一个特解，$Y(x)$ 是与其对应的齐次线性微分方程(6-17)的通解，则非齐次线性微分方程(6-16)的通解为

$$y=y^*(x)+Y(x). \tag{6-19}$$

另外，非齐次线性微分方程的解还具有叠加性质.

定理 6.4 设非齐次线性微分方程(6-16)的右端项 $f(x)$ 是几个函数之和，如 $y''+P(x)y'+Q(x)y=f_1(x)+f_2(x)$，而 $y_1^*(x)$ 和 $y_2^*(x)$ 分别是方程

$$y''+P(x)y'+Q(x)y=f_1(x),$$
$$y''+P(x)y'+Q(x)y=f_2(x)$$

的解，则 $y_1^*(x)+y_2^*(x)$ 就是原方程的解.

以上定理及结论对于 n 阶线性微分方程也是成立的.

二、二阶常系数齐次线性微分方程

如果二阶齐次线性微分方程(6-17)中的函数 $P(x)$ 和 $Q(x)$ 分别为常数 p 和 q，即

$$y''+py'+qy=0 \tag{6-20}$$

称(6-20)为**二阶常系数齐次线性微分方程**.

由于一阶齐次线性微分方程的解是指数函数，因此，我们猜想(6-20)的解也具有指数形式. 故设 $y=\mathrm{e}^{rx}$ 是(6-20)的解，将其代入方程，得到 $(r^2+pr+q)\mathrm{e}^{rx}=0$，即

$$r^2+pr+q=0. \tag{6-21}$$

因此，$y=\mathrm{e}^{rx}$ 是(6-20)解的充分必要条件是 r 满足方程(6-21). 称(6-21)是微分方程(6-20)的**特征方程**. 特征方程是一个二次代数方程，其中 r^2，r 的系数及常数项恰好依次是微分方程(6-20)中 y''，y' 及 y 的系数.

特征方程(6-21)的两个根 r_1，r_2 可以用求根公式

$$r_{1,2}=\frac{-p\pm\sqrt{\Delta}}{2}，其中 \Delta=p^2-4q$$

求出. 下面, 根据判别式Δ的不同情况来讨论(6-20)的通解.

(i) $\Delta>0$, 特征方程(6-21)有两个不相等的实根$r_1=\dfrac{-p+\sqrt{\Delta}}{2}$, $r_2=\dfrac{-p-\sqrt{\Delta}}{2}$. 此时微分方程(6-20)有两个线性无关的解

$$y_1=\mathrm{e}^{r_1x}, \quad y_2=\mathrm{e}^{r_2x},$$

根据定理 6.2, 微分方程的通解为

$$y=C_1\mathrm{e}^{r_1x}+C_2\mathrm{e}^{r_2x}.$$

(ii) $\Delta=0$, 特征方程(6-21)有两个相等的实根$r_1=r_2=r=\dfrac{-p}{2}$. 此时微分方程(6-20)只有一个解$y_1=\mathrm{e}^{rx}$. 为了求出它的另一个与y_1线性无关的解y_2, 令$\dfrac{y_2}{y_1}=u(x)$, 即$y_2=u(x)y_1=u(x)\mathrm{e}^{rx}$, 其中$u(x)$为待定函数. 将$y_2$代入微分方程(6-20)得

$$[(r^2+pr+q)u(x)+(2r+p)u'(x)+u''(x)]\mathrm{e}^{rx}=0,$$

即$(r^2+pr+q)u(x)+(2r+p)u'(x)+u''(x)=0$.

由r是特征方程的二重根, 知$r^2+pr+q=0$, $2r+p=0$, 所以$u''(x)=0$. 不妨选取$u(x)=x$. 于是, $y_2=xy_1=x\mathrm{e}^{rx}$. 微分方程的通解为

$$y=C_1\mathrm{e}^{rx}+C_2x\mathrm{e}^{rx}.$$

(iii) $\Delta<0$, 特征方程(6-21)有一对共轭的复根$r_1=\alpha+\beta\mathrm{i}$, $r_2=\alpha-\beta\mathrm{i}$, 其中$\alpha=-\dfrac{p}{2}$, $\beta=\dfrac{\sqrt{4q-p^2}}{2}$. 此时微分方程(6-20)有两个线性无关解

$$y_1=\mathrm{e}^{(\alpha+\beta\mathrm{i})x}, \quad y_2=\mathrm{e}^{(\alpha-\beta\mathrm{i})x},$$

因此微分方程的通解为

$$y=C_1\mathrm{e}^{(\alpha+\beta\mathrm{i})x}+C_2\mathrm{e}^{(\alpha-\beta\mathrm{i})x}.$$

此解为复函数形式, 为了得到实函数形式的解, 利用欧拉公式

$$\mathrm{e}^{\mathrm{i}x}=\cos x+\mathrm{i}\sin x,$$

我们有

$$\begin{aligned}y&=\mathrm{e}^{\alpha x}[C_1(\cos\beta x+\mathrm{i}\sin\beta x)+C_2(\cos\beta x-\mathrm{i}\sin\beta x)]\\&=\mathrm{e}^{\alpha x}[(C_1+C_2)\cos\beta x+\mathrm{i}(C_1-C_2)\sin\beta x],\end{aligned}$$

容易验证$\mathrm{e}^{\alpha x}\cos\beta x$与$\mathrm{e}^{\alpha x}\sin\beta x$是微分方程(6-20)的两个线性无关的实值解, 所以方程(6-20)的实函数形式的通解为

$$y=\mathrm{e}^{\alpha x}(C_1\cos\beta x+C_2\sin\beta x).$$

综上, 求二阶常系数齐次线性微分方程

$$y''+py'+qy=0$$

的通解步骤为

(1) 写出微分方程对应的特征方程 $r^2+pr+q=0$；

(2) 求出特征方程的特征根 r_1，r_2；

(3) 根据特征根的不同情形，按照表 6-1 写出微分方程的通解.

表 6-1

特征方程 $r^2+pr+q=0$ 的根 r_1，r_2	微分方程 $y''+py'+qy=0$ 的通解
两个不相等的实根 r_1，r_2	$y=C_1\mathrm{e}^{r_1x}+C_2\mathrm{e}^{r_2x}$
两个相等的实根 $r_1=r_2=r$	$y=C_1\mathrm{e}^{rx}+C_2x\mathrm{e}^{rx}$
一对共轭的复根 $r_{1,2}=\alpha\pm\beta\mathrm{i}$	$y=\mathrm{e}^{\alpha x}(C_1\cos\beta x+C_2\sin\beta x)$

例 1 求方程 $y''+3y'+2y=0$ 的通解.

解 由于特征方程 $r^2+3r+2=0$ 有两个不同实根 $r_1=-2$，$r_2=-1$，因此，微分方程的通解为

$$y=C_1\mathrm{e}^{-2x}+C_2\mathrm{e}^{-x}.$$

例 2 求方程 $y''-12y'+36y=0$ 的通解.

解 由于特征方程 $r^2-12r+36=0$ 有两个相等实根 $r_1=r_2=6$，因此，微分方程的通解为

$$y=(C_1+C_2x)\mathrm{e}^{6x}.$$

例 3 求方程 $y''+2y'+5y=0$ 的通解.

解 由于特征方程 $r^2+2r+5=0$ 有一对共轭的复根 $r_{1,2}=-1\pm2\mathrm{i}$，因此，微分方程的通解为

$$y=\mathrm{e}^{-x}(C_1\cos2x+C_2\sin2x).$$

三、二阶常系数非齐次线性微分方程

二阶常系数非齐次线性微分方程的一般形式为

$$y''+py'+qy=f(x), \tag{6-22}$$

其中 p，q 为常数.

根据定理 6.3，非齐次线性微分方程的通解等于它所对应的齐次线性方程的通解加上非齐次线性方程的特解. 前段已经解决了齐次线性方程通解的求法，下面对 (6-22) 中 $f(x)$ 的两种常见形式给出特解的求法.

(1) $f(x)=\mathrm{e}^{\lambda x}P_m(x)$，其中 λ 为常数，$P_m(x)$ 是关于 x 的 m 次多项式.

此时式 (6-22) 的右边是指数函数与多项式的乘积，而指数函数与多项式乘积的导数仍是同类型的函数，因此，我们猜测方程 (6-22) 具有如下形式的特解

$$y^*=\mathrm{e}^{\lambda x}Q(x)\quad（其中 Q(x) 是 x 的待定多项式）.$$

进一步考虑如何选取 $Q(x)$，使 $y^* = e^{\lambda x}Q(x)$ 满足方程(6-22)．为此，将 $y^* = e^{\lambda x}Q(x)$，$y^{*\prime} = e^{\lambda x}[\lambda Q(x) + Q'(x)]$，$y^{*\prime\prime} = e^{\lambda x}[\lambda^2 Q(x) + 2\lambda Q'(x) + Q''(x)]$ 代入方程，并消去 $e^{\lambda x}$，得

$$Q''(x) + (2\lambda + p)Q'(x) + (\lambda^2 + p\lambda + q)Q(x) = P_m(x). \tag{6-23}$$

又根据 λ 是否为特征方程 $r^2 + pr + q = 0$ 的根，有下列三种情况：

(i) 若 λ 不是特征方程的根，则 $\lambda^2 + p\lambda + q \neq 0$，由于 $P_m(x)$ 是 m 次多项式，要使式(6-23)成立，$Q(x)$ 也应是 m 次多项式．令

$$Q_m(x) = a_0 x^m + a_1 x^{m-1} + \cdots + a_{m-1}x + a_m,$$

将其代入(6-23)式，比较等式两端 x 的同次幂的系数，可以得到关于 a_0，a_1，…，a_m 的方程组，解此方程组便可以确定出这些待定系数 $a_i (i = 0,1,2,\cdots,m)$，并得到所求特解

$$y^* = e^{\lambda x}Q_m(x).$$

(ii) 若 λ 是特征方程的单根，则 $\lambda^2 + p\lambda + q = 0$，$2\lambda + p \neq 0$，要使式(6-23)成立，则 $Q'(x)$ 是 m 次多项式．可令

$$Q(x) = xQ_m(x),$$

用与(i)同样的方法来确定 $Q_m(x)$ 的待定系数 $a_i (i = 0,1,2,\cdots,m)$，于是，所求特解为

$$y^* = xe^{\lambda x}Q_m(x).$$

(iii) 若 λ 是特征方程的重根，则 $\lambda^2 + p\lambda + q = 0$，$2\lambda + p = 0$，要使式(6-23)成立，则 $Q''(x)$ 是 m 次多项式．可令

$$Q(x) = x^2 Q_m(x),$$

同样确定 $Q_m(x)$ 后，得特解为

$$y^* = x^2 e^{\lambda x}Q_m(x).$$

综上所述，当 $f(x) = e^{\lambda x}P_m(x)$ 时，二阶常系数非齐次线性微分方程(6-22)具有形如

$$y^* = x^k e^{\lambda x}Q_m(x) \tag{6-24}$$

的特解，其中 $Q_m(x)$ 是与 $P_m(x)$ 同次的多项式，而 k 按 λ 不是特征方程的根、是单根、是重根依次取 0, 1, 2.

例 4　求方程 $y'' + y' = x^2 + x$ 的通解.

解　原方程对应的齐次线性方程为

$$y'' + y' = 0,$$

特征方程为 $r^2 + r = 0$，特征根为 $r_1 = -1$，$r_2 = 0$．所以齐次线性方程的通解为 $y = C_1 e^{-x} + C_2$．

右端项 $f(x) = x^2 + x = e^{0\cdot x}P_2(x)$，$\lambda = 0$ 是特征方程的单根，所以原方程有特解 $y^* = x(a_0 x^2 + a_1 x + a_2)$，将它代入方程，整理得

$$3a_0 x^2 + (6a_0 + 2a_1)x + (2a_1 + a_2) = x^2 + x,$$

比较 x 的同次幂系数，得

$$\begin{cases} 3a_0 = 1, \\ 6a_0 + 2a_1 = 1, \\ 2a_1 + a_2 = 0, \end{cases}$$

解得 $a_0=\frac{1}{3},a_1=-\frac{1}{2},a_2=1$．于是特解为 $y^*=\frac{1}{3}x^2-\frac{1}{2}x^2+x$．

故原方程的通解为 $y=C_1e^{-x}+C_2+\frac{1}{3}x^2-\frac{1}{2}x^2+x$．

例 5　求方程 $y''+y'=e^{2x}$ 的通解.

解　由例4可知所给方程对应的齐次线性方程的通解为 $y=C_1e^{-x}+C_2$，右端项 $f(x)=e^{2x}=e^{2x}P_0(x)$，$\lambda=2$ 不是特征方程的根，故设特解为 $y^*=ae^{2x}$．将其代入方程，得

$$6ae^{2x}=e^{2x},$$

得 $a=\frac{1}{6}$，特解 $y^*=\frac{1}{6}e^{2x}$．

故原方程的通解为 $y=C_1e^{-x}+C_2+\frac{1}{6}e^{2x}$．

(2) $f(x)=e^{\lambda x}[P_l(x)\cos\omega x+P_n(x)\sin\omega x]$，其中 λ，ω 为常数，$P_l(x)$，$P_n(x)$ 分别为 x 的 l 次和 n 次多项式. 用类似(1)的讨论可以得出二阶常系数非齐次线性微分方程(6-22)有如下形式的特解

$$y^*=x^k e^{\lambda x}[Q_m(x)\cos\omega x+R_m(x)\sin\omega x], \tag{6-25}$$

其中，$Q_m(x)$，$R_m(x)$ 为 x 的 m 次多项式，$m=\max\{l,n\}$．k 按 $\lambda+\omega i$（或 $\lambda-\omega i$）不是特征方程的根、是特征方程的根依次取 0, 1.

例 6　求方程 $y''+y'=2\cos2x$ 的通解.

解　由例 4 知所给方程对应的齐次线性方程的通解为 $y=C_1e^{-x}+C_2$，右端项 $f(x)=2\cos2x=e^{0\cdot x}[2\cdot\cos2x+0\cdot\sin2x]$，其中 $l=0$，$n=0$，$\lambda=0$，$\omega=2$．又 $\lambda+i\omega=0+2i$ 不是特征方程的根，故设特解为 $y^*=a\cos2x+b\sin2x$．将其代入方程，得

$$(2b-4a)\cos2x-(2a+4b)\sin2x=2\cos2x,$$

比较同类项的系数，得 $a=-\frac{2}{5},b=\frac{1}{5}$．于是 $y^*=-\frac{2}{5}\cos2x+\frac{1}{5}\sin2x$．

故原方程的通解为 $y=C_1e^{-x}+C_2-\frac{2}{5}\cos2x+\frac{1}{5}\sin2x$．

习　题　6

1. 指出下列微分方程的阶数.

(1) $y+x\frac{dy}{dx}=1$；　　(2) $x(y')^2+y'-2x=0$；

(3) $(x-y)dy+(2x-3y)dx=0$；　　(4) $\left(\frac{dy}{dx}\right)^3+\frac{d^2y}{dx^2}=2$．

2. 验证下列各题中函数是所给微分方程的解.

(1) $y''-3y'+2y=0$，函数为 $y=2e^x+3e^{2x}$；

(2) $xy'-2y=0$，函数为 $y=5x^2$；

(3) $y''+y=0$，函数为 $y=3\sin x-4\cos x$；

(4) $(x-2y)y'=2x-y$，函数为 $x-xy+y^2=C$．

3. 求下列可分离变量的微分方程的解.

(1) $xyy' = 1 - x^2$；

(2) $x\sqrt{1+y^2}\mathrm{d}x + y\sqrt{1+x^2}\mathrm{d}y = 0$；

(3) $yy' + x\mathrm{e}^y = 0, y|_{x=1} = 0$；

(4) $\cos y\mathrm{d}x + (1+\mathrm{e}^{-x})\sin y\mathrm{d}y = 0, y|_{x=0} = \dfrac{\pi}{4}$.

4. 求下列齐次微分方程的解.

(1) $xy' = y + \sqrt{y^2 - x^2}$；

(2) $(x^3 + y^3)\mathrm{d}x - 3xy^2\mathrm{d}y = 0$；

(3) $(y^2 - 3x^2)\mathrm{d}y + 2xy\mathrm{d}x = 0, y|_{x=0} = 1$；

(4) $xy' + y = 2\sqrt{xy}, y|_{x=4} = 1$.

5. 求下列一阶线性微分方程的解.

(1) $\dfrac{\mathrm{d}y}{\mathrm{d}x} - \dfrac{2y}{x+1} = (x+1)^3$；

(2) $\dfrac{\mathrm{d}y}{\mathrm{d}x} = \dfrac{1}{x+y}$；

(3) $xy'\ln x + y = ax(\ln x + 1)$；

(4) $\dfrac{\mathrm{d}y}{\mathrm{d}x} = \dfrac{y}{2(\ln y - x)}$；

(5) $y' - y\tan x = \sec x, y|_{x=0} = 1$；

(6) $\dfrac{\mathrm{d}y}{\mathrm{d}x} + \dfrac{y}{x} = \dfrac{\sin x}{x}, y|_{x=\pi} = 1$.

6. 求下列线性微分方程的解.

(1) $y'' + 8y' + 15y = 0$；

(2) $y'' + 6y' + 9y = 0$；

(3) $y'' + 4y' + 5y = 0$；

(4) $y'' - 3y' = 2 - 6x$；

(5) $y'' - 3y' + 2y = 3\mathrm{e}^{2x}$；

(6) $y'' + y = \sin x$；

(7) $y'' - y' = 4x\mathrm{e}^x, y|_{x=0} = 0, y'|_{x=0} = 1$；

(8) $y'' - 4y' = 5, y|_{x=0} = 1, y'|_{x=0} = 0$.

第 7 章　多元函数微积分学

许多实际问题中，往往要考虑多个变量之间的关系，由此引入多元函数以及多元函数的微积分问题．本章以二元函数为主要研究对象，进而讨论多元函数的微积分问题，这不仅因为二元函数的有关概念和方法便于理解，而且这些概念和方法大多都能推广到二元以上的多元函数．

7.1　多元函数的基本概念

一、平面点集和区域

一元函数的定义域是在数轴上的某个点集，而二元函数，由于自变量多了一个，那么显然定义域是平面上的某个点集，所以先介绍平面上点集和区域等概念．

设 $P_0(x_0, y_0)$ 是直角坐标平面上的一个点，δ 为正数，则称以 P_0 为圆心、δ 为半径的圆的内部为点 P_0 的 δ **邻域**，记为 $U(P_0, \delta)$，即

$$U(P_0, \delta) = \{(x, y) \mid (x - x_0)^2 + (y - y_0)^2 < \delta^2\},$$

如图 7-1 所示．并称去掉邻域 $U(P_0, \delta)$ 的中心 P_0 后的点集为 P_0 的 δ **去心邻域**，记为 $\overset{o}{U}(P_0,\delta)$，即

$$\overset{o}{U}(P_0,\delta) = \{(x, y) \mid 0 < (x - x_0)^2 + (y - y_0)^2 < \delta^2\}.$$

有了邻域的概念，就可以描述点与点集之间的关系．

设 E 是平面上的一个点集，P 为平面上任意一点，则 P 与 E 的关系有以下三种．

(1) 若存在 $\delta > 0$，使得 $U(P, \delta) \subset E$，则称点 P 是点集 E 的**内点**(图 7-2 中的点 P_1)．

(2) 若存在 $\delta > 0$，使得 $U(P, \delta) \cap E = \varnothing$，即此邻域内的点都不属于 E，则称点 P 为 E 的**外点**(图 7-2 中的点 P_2)．

(3) 若点 P 的任意一个邻域内，既有属于 E 的点，也有不属于 E 的点，则称 P 为点集 E 的**边界点**(图 7-2 中的点 P_3)．

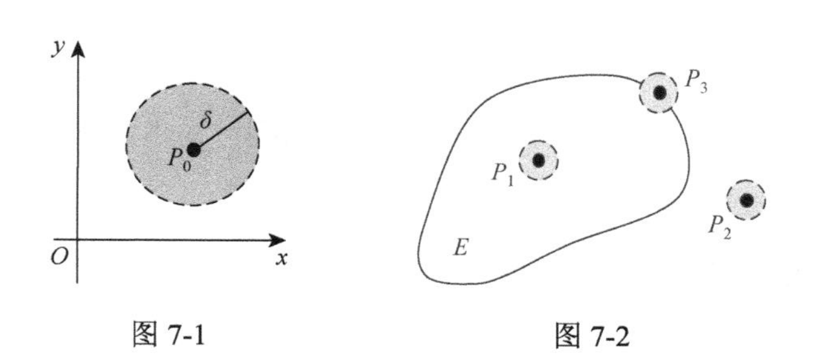

图 7-1　　　　图 7-2

E 的边界点的全体，称为它的**边界**，记为 ∂E .

显然，点集 E 的内点必定属于 E ； E 的外点必不属于 E ，而 E 的边界点可能属于 E ，也可能不属于 E .

根据点集中所属点的特征，可进一步定义以下重要的平面点集.

(1) 如果点集 E 的点都是 E 的内点，那么称 E 为**开集**.

(2) 如果点集 E 的边界 $\partial E \subset E$ ，那么称 E 为**闭集**.

例如，集合 $E_1 = \{(x,y) | 1 < x^2 + y^2 < 4\}$ 是开集；集合 $E_2 = \{(x,y) 1 \leqslant x^2 + y^2 \leqslant 4 |\}$ 是闭集；而集合 $E_3 = \{(x,y) | 1 < x^2 + y^2 \leqslant 4\}$ 既非开集，也非闭集.

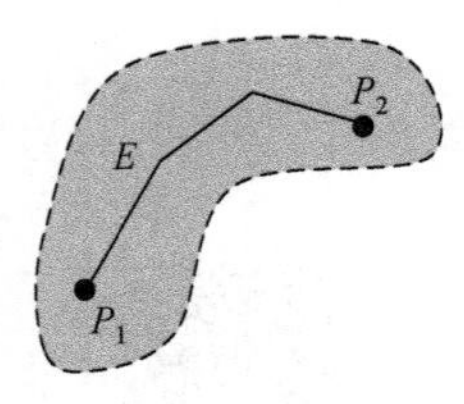

图 7-3

(3) 如果点集 E 的任何两点，都可以用折线连接起来，并且该折线上的点都属于 E ，那么称 E 为**连通集**(图 7-3).

(4) 连通的开集称为**区域**(**或开区域**).

(5) 开区域与其边界所构成的点集称为**闭区域**.

(6) 对于点集 E ，如果存在某个正数 r ，使 $E \subset U(O,r)$ ，则称 E 是**有界集**.

(7) 一个点集如果不是有界集，就称它是**无界集**.

例如，集合 E_1 是有界开区域，集合 E_2 是有界闭区域，集合 $E_4 = \{(x,y) | x + y > 0\}$ 是无界开区域.

二、二元函数的概念

定义 7.1　设 D 是平面上的一个非空点集，若对于 D 中任意的点 (x,y) ，按照某个法则 f ，总有唯一确定的实数 z 与之对应，则称 f 是 D 上的**二元函数**，记为

$$z = f(x,y), \quad (x,y) \in D,$$

其中 x,y 为自变量， z 为因变量，点集 D 为函数 $z = f(x,y)$ 的定义域，函数的值域为集合 $D_f = \{z | z = f(x,y),(x,y) \in D\}$.

与一元函数类似，关于二元函数的定义域，我们约定：如果一个算式表示的函数没有明确指出定义域，则该函数的定义域是使算式有意义的所有点 (x,y) 构成的集合，并称其为**自然定义域**.

例 1　求函数 $z = \ln(R^2 - x^2 - y^2) - \sqrt{x^2 + y^2 - r^2}\,(r < R)$ 的定义域.

解　要使函数 z 有意义， x,y 必须满足不等式组 $\begin{cases} R^2 - x^2 - y^2 > 0, \\ x^2 + y^2 - r^2 \geqslant 0, \end{cases}$ 即 $r^2 \leqslant x^2 + y^2 < R^2$.

所以，函数 z 的定义域为 $D = \{(x,y) | r^2 \leqslant x^2 + y^2 < R^2\}$ ，它是 xOy 面上的一个圆环.

例 2　求函数 $z = \sqrt{y - \sqrt{x}}$ 的定义域.

解　要使函数 z 有意义， x,y 必须满足不等式组 $\begin{cases} y - \sqrt{x} \geqslant 0, \\ x \geqslant 0, \end{cases}$ 即 $y^2 \geqslant x \geqslant 0$. 所以，函数 z 的定义域为 $D = \{(x,y) | y^2 \geqslant x, x \geqslant 0\}$ ，显然 D 是 xOy 面上的一个无界区域.

例 3　设 $f(x+y,x-y)=x(x+y^2)$，求 $f(x,y)$ 的表达式.

解　设 $x+y=u,x-y=v$，则 $x=\frac{u+v}{2},y=\frac{u-v}{2}$，于是有

$$f(u,v)=\frac{u+v}{2}\left[\frac{u+v}{2}+\left(\frac{u-v}{2}\right)^2\right]$$

$$=\frac{u+v}{8}[2(u+v)+(u-v)^2],$$

所以 $f(x,y)=\frac{1}{8}(x+y)[2(x+y)+(x-y)^2]$.

设二元函数 $z=f(x,y)$ 的定义域为 D，则对于任意取定的点 $(x,y)\in D$，对应的函数值为 $z=f(x,y)$．这样，$(x,y,f(x,y))$ 就是空间直角坐标系中的一个点．当 (x,y) 取遍 D 上的所有点时，得到一个空间点集

$$\{(x,y,z)\mid z=f(x,y),(x,y)\in D\},$$

这个点集称为二元函数 $z=f(x,y)$ 的图形，通常它是空间中的一张曲面，此曲面在 xOy 面上的投影就是 D.

三、二元函数的极限

与一元函数的极限概念类似，二元函数 $z=f(x,y)$ 的极限也是反映函数值随自变量变化而变化的趋势.

定义 7.2　设二元函数 $f(x,y)$ 在点 $P_0(x_0,y_0)$ 的某个去心邻域内有定义，如果当 $P(x,y)\to P_0(x_0,y_0)$ 时，$f(x,y)$ 无限趋于某个常数 A，则称 A 为 $P(x,y)\to P_0(x_0,y_0)$ 时 $f(x,y)$ 的极限，记为

$$\lim_{\substack{x\to x_0\\ y\to y_0}} f(x,y)=A \text{ 或 } \lim_{P\to P_0} f(x,y)=A.$$

为了区别于一元函数的极限，我们把上面定义的二元函数的极限叫做二重极限.

上述定义还可以更精确地表述为

定义 7.3　函数 $f(x,y)$ 在点 $P_0(x_0,y_0)$ 的某个去心邻域内有定义，如果存在某个常数 A，对任意给定的 $\varepsilon>0$, 存在 $\delta>0$, 使得当 $0<|PP_0|=\sqrt{(x-x_0)^2+(y-y_0)^2}<\delta$ 时，都有 $|f(x,y)-A|<\varepsilon$, 则称 A 为 $P\to P_0$ 时 $f(x,y)$ 的极限.

值得注意的是，在上述定义中，点 $P(x,y)$ 在平面上趋于点 $P_0(x_0,y_0)$ 的方式是任意的(图 7-4)．因此，当点 $P(x,y)$ 以某一特殊方式趋于点 $P_0(x_0,y_0)$ 时，即使 $f(x,y)$ 趋于某个值，我们也不能由此断定函数 $f(x,y)$ 的二重极限存在．但是，当点 $P(x,y)$ 以两种不同方式趋于点 $P_0(x_0,y_0)$ 时，如果函数 $f(x,y)$ 趋于不同的值，则可以断定 $f(x,y)$ 的二重极限不存在.

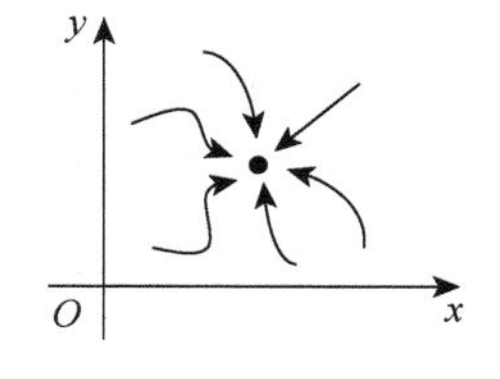

图 7-4

例 4　证明 $\lim\limits_{\substack{x\to 0\\ y\to 0}}\dfrac{xy}{x^2+y^2}$ 不存在.

证　当点 $P(x,y)$ 沿着 x 轴趋于点 $(0,0)$ 时,

$$\lim_{\substack{x\to 0\\ y=0}}\frac{xy}{x^2+y^2}=\lim_{x\to 0}\frac{x\cdot 0}{x^2+0^2}=0;$$

当点 $P(x,y)$ 沿着直线 $y=x$ 趋于点 $(0,0)$ 时,

$$\lim_{\substack{x\to 0\\ y=x}}\frac{xy}{x^2+y^2}=\lim_{x\to 0}\frac{x^2}{x^2+x^2}=\frac{1}{2},$$

所以二重极限 $\lim\limits_{\substack{x\to 0\\ y\to 0}}\dfrac{xy}{x^2+y^2}$ 不存在.

关于多元函数极限的计算, 有与一元函数极限类似的运算法则.

例 5　求 $\lim\limits_{\substack{x\to 0\\ y\to 2}}\dfrac{\sin(xy)}{x}$.

解　$\lim\limits_{\substack{x\to 0\\ y\to 2}}\dfrac{\sin(xy)}{x}=\lim\limits_{\substack{x\to 0\\ y\to 2}}\dfrac{\sin(xy)}{xy}\cdot y=\lim\limits_{xy\to 0}\dfrac{\sin(xy)}{xy}\cdot\lim\limits_{y\to 2}y=1\cdot 2=2$.

四、二元函数的连续性

有了多元函数极限的概念, 我们就可以考虑多元函数的连续性问题, 先给出连续的定义.

定义 7.4　设二元函数 $f(x,y)$ 在点 $P_0(x_0,y_0)$ 的某个邻域内有定义, 如果

$$\lim_{\substack{x\to x_0\\ y\to y_0}}f(x,y)=f(x_0,y_0),$$

则称 $f(x,y)$ 在点 $P_0(x_0,y_0)$ 处**连续**. 否则, 称 $f(x,y)$ 在点 P_0 处**不连续**或**间断**.

由定义可知, 二元函数 $f(x,y)$ 在点 $P_0(x_0,y_0)$ 连续需满足三个条件:

(1) $f(x,y)$ 在点 P_0 有定义;

(2) 极限 $\lim\limits_{\substack{x\to x_0\\ y\to y_0}}f(x,y)$ 存在;

(3) 极限值与函数值 $f(x_0,y_0)$ 相等.

如果函数 $f(x,y)$ 在区域 D 内每一点处都连续, 则称 $f(x,y)$ 在 D 内连续. 也称 $f(x,y)$ 是 D 内的连续函数. 连续函数的图形就是一张连续曲面.

与一元初等函数的定义类似, 二元初等函数是指可用一个式子表示的二元函数, 这个式子是由常数及具有不同自变量的一元基本初等函数经过有限次的四则运算和复合运算而得到的, 如 $\sin(x^2+y^2)$, $\dfrac{e^{x+y}}{x^2+1}$ 都是二元初等函数. 可以证明, 二元初等函数在其定义区域(即包含在定义域内的区域或闭区域)内连续.

由多元初等函数的连续性，如果要求它在点 $P_0(x_0, y_0)$ 处的极限，而该点又在此函数的定义区域内，那么极限值就是函数在该点的函数值.

例 6　求极限 $\lim\limits_{\substack{x\to 0\\ y\to 0}}\sqrt{1+x^2+y^2}$.

解　因为 $\sqrt{1+x^2+y^2}$ 是二元初等函数，其定义域是整个平面，此函数在点 $(0, 0)$ 处连续，故

$$\lim_{\substack{x\to 0\\ y\to 0}}\sqrt{1+x^2+y^2}=\sqrt{1+0^2+0^2}=1.$$

例 7　求极限 $\lim\limits_{\substack{x\to 0\\ y\to 0}}\dfrac{\sqrt{1-xy}-1}{xy}$.

解　$\lim\limits_{\substack{x\to 0\\ y\to 0}}\dfrac{\sqrt{1-xy}-1}{xy}=\lim\limits_{\substack{x\to 0\\ y\to 0}}\dfrac{1-xy-1}{xy(\sqrt{1-xy}+1)}=\lim\limits_{\substack{x\to 0\\ y\to 0}}\dfrac{-1}{\sqrt{1-xy}+1}=-\dfrac{1}{2}$.

运算的最后一步用到了二元函数 $\dfrac{-1}{\sqrt{1-xy}+1}$ 在点 $(0, 0)$ 处的连续性.

下面我们不加证明地给出有界闭区域上二元连续函数的性质.

定理 7.1（有界性定理）　设 $z=f(x,y)$ 在有界闭区域 D 上连续，则 $f(x,y)$ 在 D 上有界.

定理 7.2（最大最小值定理）　设 $z=f(x,y)$ 在有界闭区域 D 上连续，则 $f(x,y)$ 在 D 上能取得它的最大值和最小值.

定理 7.3（介值定理）　设 $z=f(x,y)$ 在有界闭区域 D 上连续，则 $f(x,y)$ 在 D 上可以取得介于最大值和最小值之间的任何值.

7.2　偏导数与全微分

一、偏导数

研究一元函数时，我们从研究函数的变化率引入了导数的概念. 对于多元函数同样需要讨论它的变化率问题. 但多元函数的自变量不止一个，因变量与自变量的关系要比一元函数复杂. 本节我们讨论多元函数关于其中一个自变量的变化率问题，这就是偏导数.

以二元函数 $z=f(x,y)$ 为例，如果固定 $y=y_0$（即 y 是常量），则函数 $z=f(x,y_0)$ 就是 x 的一元函数，此时对 x 求导，就称为二元函数 $z=f(x,y)$ 对 x 的偏导数. 一般地，我们有如下定义：

定义 7.5　设二元函数 $z=f(x,y)$ 在点 $P_0(x_0,y_0)$ 的某邻域内有定义，当 y 固定在 y_0，而 x 在 x_0 处有增量 Δx 时，相应的函数有增量 $\Delta z=f(x_0+\Delta x,y_0)-f(x_0,y_0)$，如果极限

$$\lim_{\Delta x\to 0}\frac{\Delta z}{\Delta x}=\lim_{\Delta x\to 0}\frac{f(x_0+\Delta x,y_0)-f(x_0,y_0)}{\Delta x}$$

存在，则称此极限值为函数 $f(x,y)$ 在点 $P_0(x_0,y_0)$ 处**对 x 的偏导数**，记为 $\left.\dfrac{\partial f}{\partial x}\right|_{(x_0,y_0)}$，$f_x(x_0,y_0)$，$\left.\dfrac{\partial z}{\partial x}\right|_{(x_0,y_0)}$ 或 $z_x(x_0,y_0)$.

类似地，如果极限 $\lim\limits_{\Delta y\to 0}\dfrac{\Delta z}{\Delta y}=\lim\limits_{\Delta y\to 0}\dfrac{f(x_0,y_0+\Delta y)-f(x_0,y_0)}{\Delta y}$ 存在，则称此极限值为函数 $f(x,y)$ 在点 $P_0(x_0,y_0)$ 处**对 y 的偏导数**，记为 $\left.\dfrac{\partial f}{\partial y}\right|_{(x_0,y_0)}$，$f_y(x_0,y_0)$，$\left.\dfrac{\partial z}{\partial y}\right|_{(x_0,y_0)}$ 或 $z_y(x_0,y_0)$.

如果二元函数 $z=f(x,y)$ 在区域 D 内每一点 (x,y) 处偏导数 $f_x(x,y)$ 和 $f_y(x,y)$ 都存在，则称 $f(x,y)$ 在 D 内存在偏导数，且称 $f_x(x,y)$ 和 $f_y(x,y)$ 为 $f(x,y)$ 在 D 内的**偏导函数**，简称为**偏导数**，并记为

$$\frac{\partial f}{\partial x},f_x,\quad \frac{\partial z}{\partial x}\text{或}z_x;$$

$$\frac{\partial f}{\partial y},f_y,\quad \frac{\partial z}{\partial y}\text{或}z_y.$$

偏导数的概念可以推广到二元以上的多元函数. 例如，三元函数 $u=f(x,y,z)$ 在点 (x,y,z) 处的偏导数为

$$f_x(x,y,z)=\lim_{\Delta x\to 0}\frac{f(x+\Delta x,y,z)-f(x,y,z)}{\Delta x};$$

$$f_y(x,y,z)=\lim_{\Delta y\to 0}\frac{f(x,y+\Delta y,z)-f(x,y,z)}{\Delta y};$$

$$f_z(x,y,z)=\lim_{\Delta z\to 0}\frac{f(x,y,z+\Delta z)-f(x,y,z)}{\Delta z}.$$

从上述定义可知，在求多元函数对某个自变量的偏导数时，只需把其余自变量看成常数，然后利用一元函数的求导公式及复合函数求导法则来计算.

例 1　求二元函数 $z=x^2+3xy-y^2$ 在点 $(1,-1)$ 处的偏导数.

解　将 y 看成常数，对 x 求导，得 $z_x=2x+3y$，将 $(1,-1)$ 代入 z_x 得

$$z_x|_{(1,-1)}=2\cdot 1+3(-1)=-1.$$

再将 x 看成常数，对 y 求导，得 $z_y=3x-2y$，再将点 $(1,-1)$ 代入 z_y 得

$$z_y|_{(1,-1)}=3\cdot 1-2(-1)=5.$$

本题还可以“先代入、再求导”，具体就是对 x 求偏导数时，先将 $y=-1$ 代入函数表达式，化成只含有 x 的函数，再对 x 求导即可. 同理对 y 求偏导数时，就将 $x=1$ 代入函数，再对 y 求导.

$$\left.\frac{\partial z}{\partial x}\right|_{(1,-1)}=\left.\frac{\mathrm{d}}{\mathrm{d}x}(x^2-3x-1)\right|_{x=1}=\left.(2x-3)\right|_{x=1}=-1,$$

$$\left.\frac{\partial z}{\partial y}\right|_{(1,-1)}=\left.\frac{\mathrm{d}}{\mathrm{d}y}(1+3y-y^2)\right|_{y=-1}=\left.(3-2y)\right|_{y=-1}=5.$$

例 2　求二元函数 $z = x^y + \ln(xy)(x>0, y>0)$ 的偏导数.

解　将 y 看成常数, 对 x 求导, 得

$$z_x = yx^{y-1} + \frac{y}{xy} = yx^{y-1} + \frac{1}{x},$$

将 x 看成常数, 对 y 求导, 得

$$z_y = x^y \ln x + \frac{x}{xy} = x^y \ln x + \frac{1}{y}.$$

例 3　求三元函数 $u = \sin(x^2 - y^2 - e^z)$ 的偏导数.

解　将 y 和 z 看成常数, 对 x 求导, 得

$$\frac{\partial u}{\partial x} = \cos(x^2 - y^2 - e^z)\cdot 2x = 2x\cos(x^2 - y^2 - e^z).$$

同理, 得到

$$\frac{\partial u}{\partial y} = \cos(x^2 - y^2 - e^z)\cdot(-2y) = -2y\cos(x^2 - y^2 - e^z).$$

$$\frac{\partial u}{\partial z} = \cos(x^2 - y^2 - e^z)\cdot(-e^z) = -e^z\cos(x^2 - y^2 - e^z).$$

与一元函数的导数一样, 偏导数也具有明显的几何意义. 根据偏导数的定义, $f_x(x_0, y_0)$ 表示曲面 $z = f(x,y)$ 与平面 $y = y_0$ 的交线在点 $M_0(x_0, y_0, f(x_0, y_0))$ 处切线 T_x 的斜率; $f_y(x_0, y_0)$ 表示曲面 $z = f(x,y)$ 与平面 $x = x_0$ 的交线在点 $M_0(x_0, y_0, f(x_0, y_0))$ 处切线 T_y 的斜率, 如图 7-5 所示.

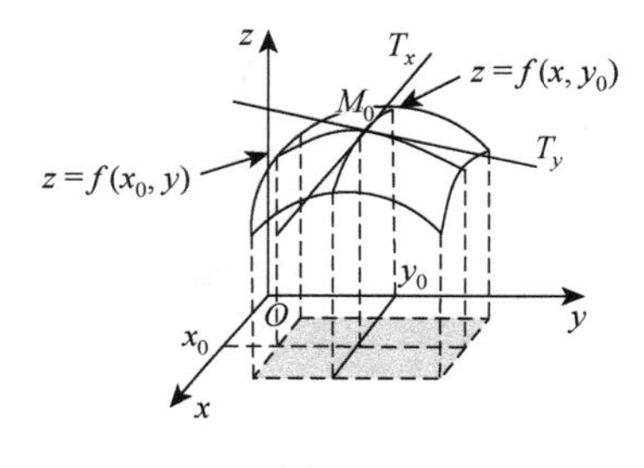

图 7-5

另外, 关于二元函数的偏导数, 我们强调以下几点:

(1) 一元函数中 $\frac{dy}{dx}$ 可看作函数的微分 dy 与自变量的微分 dx 的商, 但偏导数的记号 $\frac{\partial z}{\partial x}$ 是一个整体.

(2) 与一元函数类似, 对于分段函数在分段点的偏导数要利用偏导数的定义来求.

(3) 在一元函数微分学中, 如果函数在某点可导则在该点必连续, 但对于二元函数而言, 即使函数的各个偏导数都存在, 也不能保证函数在该点连续. 这是因为偏导数仅刻画了二元函数在某点处沿 x 轴或 y 轴特定方向变化时的特性.

例如, 二元函数

$$f(x,y) = \begin{cases} \dfrac{xy}{x^2+y^2}, & x^2+y^2 \neq 0, \\ 0, & x^2+y^2 = 0 \end{cases}$$

在点 $(0,0)$ 处的偏导数

$$f_x(0,0) = \lim_{\Delta x\to 0}\frac{f(\Delta x, 0) - f(0,0)}{\Delta x} = \lim_{\Delta x\to 0}\frac{0}{\Delta x} = 0,$$

$$f_y(0,0) = \lim_{\Delta y\to 0}\frac{f(0, \Delta y) - f(0,0)}{\Delta y} = \lim_{\Delta y\to 0}\frac{0}{\Delta y} = 0.$$

因此 $f(x,y)$ 在点 $(0,0)$ 处的偏导数存在，但是由 7.1 节例 4 知 $f(x,y)$ 在点 $(0,0)$ 处不连续.

二、高阶偏导数

如果二元函数 $z=f(x,y)$ 在区域 D 内存在偏导数 $f_x(x,y)$ 和 $f_y(x,y)$，则它们在 D 内仍是关于 x 和 y 的函数，可以继续考察它们的偏导数.

我们称 $f_x(x,y)$ 和 $f_y(x,y)$ 的偏导数为二元函数 $z=f(x,y)$ 的**二阶偏导数**. 按照对变量求导次序的不同，共有四个二阶偏导数

$$\frac{\partial}{\partial x}\left(\frac{\partial z}{\partial x}\right)=\frac{\partial^2 z}{\partial x^2}=f_{xx}(x,y),\quad \frac{\partial}{\partial y}\left(\frac{\partial z}{\partial x}\right)=\frac{\partial^2 z}{\partial x\partial y}=f_{xy}(x,y),$$

$$\frac{\partial}{\partial x}\left(\frac{\partial z}{\partial y}\right)=\frac{\partial^2 z}{\partial y\partial x}=f_{yx}(x,y),\quad \frac{\partial}{\partial y}\left(\frac{\partial z}{\partial y}\right)=\frac{\partial^2 z}{\partial y^2}=f_{yy}(x,y).$$

其中 $f_{xy}(x,y)$，$f_{yx}(x,y)$ 称为 $f(x,y)$ 的二阶**混合偏导数**，一般它们是不相等的，但是当 $f_{xy}(x,y)$ 和 $f_{yx}(x,y)$ 连续时，则相等(证明从略). 以后我们总认为混合偏导数是相等的，即 $f_{xy}(x,y)=f_{yx}(x,y)$.

类似地可以定义三阶、四阶直至 n 阶偏导数. 称二阶和二阶以上的偏导数为**高阶偏导数**.

例 4　求 $z=x^2-2xy+y^3$ 的二阶偏导数.

解　先求一阶偏导数 $\frac{\partial z}{\partial x}=2x-2y,\frac{\partial z}{\partial y}=-2x+3y^2$，因此

$$\frac{\partial^2 z}{\partial x^2}=2,\quad \frac{\partial^2 z}{\partial x\partial y}=-2,\quad \frac{\partial^2 z}{\partial y\partial x}=-2,\quad \frac{\partial^2 z}{\partial y^2}=6y.$$

例 5　求 $z=x\ln(x+y)$ 的二阶偏导数.

解　先求一阶偏导数 $\frac{\partial z}{\partial x}=\ln(x+y)+\frac{x}{x+y},\frac{\partial z}{\partial y}=\frac{x}{x+y}$，因此

$$\frac{\partial^2 z}{\partial x^2}=\frac{1}{x+y}+\frac{x+y-x}{(x+y)^2}=\frac{x+2y}{(x+y)^2},\frac{\partial^2 z}{\partial x\partial y}=\frac{1}{x+y}+\frac{-x}{(x+y)^2}=\frac{y}{(x+y)^2},$$

$$\frac{\partial^2 z}{\partial y\partial x}=\frac{(x+y)-x}{(x+y)^2}=\frac{y}{(x+y)^2},\frac{\partial^2 z}{\partial y^2}=\frac{-x}{(x+y)^2}.$$

三、全微分

多元函数的偏导数只描述了某个自变量变化而其他自变量保持不变时的变化率. 要研究所有自变量同时发生变化时多元函数的变化特性，需要引入全微分的概念.

定义 7.6　设函数 $z=f(x,y)$ 在点 $P(x,y)$ 的某一邻域内有定义，当自变量 x 和 y 有增量 Δx 和 Δy 时，如果函数 z 的增量 $\Delta z=f(x+\Delta x,y+\Delta y)-f(x,y)$ 可以表示成

$$\Delta z=A\Delta x+B\Delta y+o(\rho),$$

其中 A,B 是仅与 x 和 y 有关，而与 Δx 和 Δy 无关的常数，$\rho=\sqrt{(\Delta x)^2+(\Delta y)^2}$，则称函数 $z=f(x,y)$ 在点 $P(x,y)$ 处可微，且称 Δz 的主部 $A\Delta x+B\Delta y$ 为 $f(x,y)$ 在点 $P(x,y)$ 处的**全微分**，记为 $\mathrm{d}z$，即

$$\mathrm{d}z=A\Delta x+B\Delta y.$$

当二元函数 $f(x,y)$ 在区域 D 内处处可微时，称 $f(x,y)$ 在 D 内可微.

二元函数 $z=f(x,y)$ 在任一点 $P(x,y)$ 处的连续性、偏导存在、可微及两个偏导数连续之间的关系有下述三个定理：

定理 7.4　若二元函数 $z=f(x,y)$ 在点 $P(x,y)$ 处可微，则 $z=f(x,y)$ 在点 $P(x,y)$ 处的两个偏导数 $\dfrac{\partial z}{\partial x},\dfrac{\partial z}{\partial y}$ 必存在，且

$$\mathrm{d}z=\frac{\partial z}{\partial x}\Delta x+\frac{\partial z}{\partial y}\Delta y.$$

证　当 $z=f(x,y)$ 在点 $P(x,y)$ 处可微时，由定义知

$$\Delta z=A\Delta x+B\Delta y+o(\rho),$$

令 $\Delta y=0$，得

$$\lim_{\Delta x\to 0}\frac{\Delta z}{\Delta x}=A+\lim_{\Delta x\to 0}\frac{o(|\Delta x|)}{\Delta x}=A,\quad 即\ \frac{\partial z}{\partial x}=A.$$

同理可证 $\dfrac{\partial z}{\partial y}=B$. 因此 $\mathrm{d}z=\dfrac{\partial z}{\partial x}\Delta x+\dfrac{\partial z}{\partial y}\Delta y.$

定理 7.5　若二元函数 $z=f(x,y)$ 在点 $P(x,y)$ 处可微，则 $z=f(x,y)$ 在点 $P(x,y)$ 处连续.

证　当 $z=f(x,y)$ 在点 $P(x,y)$ 处可微时，由定义知

$$\Delta z=f(x+\Delta x,y+\Delta y)-f(x,y)=A(x,y)\Delta x+B(x,y)\Delta y+o(\rho),$$

所以当 $(\Delta x,\Delta y)\to(0,0)$ 时，

$$f(x+\Delta x,y+\Delta y)\to f(x,y),$$

即 $f(x,y)$ 在点 $P(x,y)$ 处连续.

定理 7.6　若二元函数 $z=f(x,y)$ 的两个偏导数 $\dfrac{\partial z}{\partial x}$ 和 $\dfrac{\partial z}{\partial y}$ 在点 $P(x,y)$ 处连续，则 $z=f(x,y)$ 在点 $P(x,y)$ 处可微.

此外，还可以证明上述三个定理的逆定理是不正确的.

综上所述，二元函数 $z=f(x,y)$ 在点 $P(x,y)$ 处的连续性、偏导存在、可微及两个偏导数的连续性之间的关系可以用以下示意图表示：

连续
两个偏导连续 ⇄ 可微
两个偏导存在

习惯上，常将自变量的增量 $\Delta x,\Delta y$ 分别记为 $\mathrm{d}x,\mathrm{d}y$，并分别称为**自变量的微分**. 这样，函数 $z=f(x,y)$ 的全微分就表示为

$$\mathrm{d}z=\frac{\partial z}{\partial x}\mathrm{d}x+\frac{\partial z}{\partial y}\mathrm{d}y.$$

上述关于二元函数全微分的定理, 可以完全类似地推广到三元及三元以上的多元函数中去. 例如, 三元函数 $u=f(x,y,z)$ 的全微分可表示为

$$\mathrm{d}u=\frac{\partial u}{\partial x}\mathrm{d}x+\frac{\partial u}{\partial y}\mathrm{d}y+\frac{\partial u}{\partial z}\mathrm{d}z.$$

例 6 求函数 $z=\mathrm{e}^{xy}$ 在 $(1,2)$ 处的全微分.

解 因为 $\dfrac{\partial z}{\partial x}=y\mathrm{e}^{xy}$, $\dfrac{\partial z}{\partial y}=x\mathrm{e}^{xy}$, 所以

$$\left.\frac{\partial z}{\partial x}\right|_{(1,2)}=y\mathrm{e}^{xy}\big|_{(1,2)}=2\mathrm{e}^2,\quad \left.\frac{\partial z}{\partial y}\right|_{(1,2)}=x\mathrm{e}^{xy}\big|_{(1,2)}=\mathrm{e}^2,$$

从而所求全微分为 $\mathrm{d}z=\dfrac{\partial z}{\partial x}\mathrm{d}x+\dfrac{\partial z}{\partial y}\mathrm{d}y=2\mathrm{e}^2\mathrm{d}x+\mathrm{e}^2\mathrm{d}y$.

例 7 求函数 $u=x^{yz}$ 的全微分.

解 由于 $\dfrac{\partial u}{\partial x}=yzx^{yz-1}$, $\dfrac{\partial u}{\partial y}=x^{yz}\cdot z\ln x$, $\dfrac{\partial u}{\partial z}=x^{yz}\cdot y\ln x$, 所以

$$\mathrm{d}u=\frac{\partial u}{\partial x}\mathrm{d}x+\frac{\partial u}{\partial y}\mathrm{d}y+\frac{\partial u}{\partial z}\mathrm{d}z=x^{yz}\left(\frac{yz}{x}\mathrm{d}x+z\ln x\mathrm{d}y+y\ln x\mathrm{d}z\right).$$

7.3 多元复合函数与隐函数求导法

一、多元复合函数求导法

在第 2 章中介绍过一元复合函数求导的“链式法则”, 这一法则可以推广到多元复合函数的情形.

定理 7.7 设 $z=f(u,v)$ 在点 (u,v) 处可微, 函数 $u=\varphi(x,y),v=\psi(x,y)$ 在点 (x,y) 处的偏导数都存在, 且有如下链式法则

$$\frac{\partial z}{\partial x}=\frac{\partial z}{\partial u}\cdot\frac{\partial u}{\partial x}+\frac{\partial z}{\partial v}\cdot\frac{\partial v}{\partial x},$$

$$\frac{\partial z}{\partial y}=\frac{\partial z}{\partial u}\cdot\frac{\partial u}{\partial y}+\frac{\partial z}{\partial v}\cdot\frac{\partial v}{\partial y}.$$

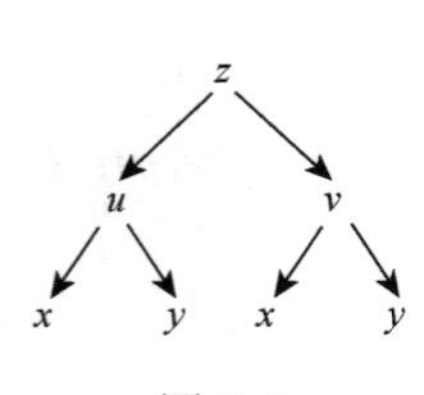

图 7-6

定理 7.7 中的链式法则可以借助函数关系图(图 7-6)记忆, 并且结论可以推广到中间变量个数或自变量个数多于两个的情形. 解题时, 先用函数关系图表示变量之间的关系, 再写出链式法则, 进而求解.

例 1 设 $z=\mathrm{e}^u\sin v$, $u=xy$, $v=3x+2y$, 求 $\dfrac{\partial z}{\partial x}$ 和 $\dfrac{\partial z}{\partial y}$.

解 $\dfrac{\partial z}{\partial x}=\dfrac{\partial z}{\partial u}\cdot\dfrac{\partial u}{\partial x}+\dfrac{\partial z}{\partial v}\cdot\dfrac{\partial v}{\partial x}=\mathrm{e}^u\sin v\cdot y+\mathrm{e}^u\cos v\cdot 3$

$$=e^{xy}[y\sin(3x+2y)+3\cos(3x+2y)].$$

$$\frac{\partial z}{\partial y}=\frac{\partial z}{\partial u}\cdot\frac{\partial u}{\partial y}+\frac{\partial z}{\partial v}\cdot\frac{\partial v}{\partial y}=e^u\sin v\cdot x+e^u\cos v\cdot 2$$
$$=e^{xy}[x\sin(3x+2y)+2\cos(3x+2y)].$$

例 2　设 $z=uv+\sin t$， $u=e^t$， $v=\cos t$，求 $\dfrac{dz}{dt}$.

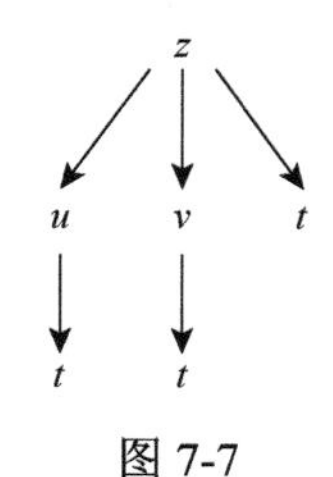

图 7-7

解　先用函数关系图表示变量之间的关系(图 7-7).

根据链式法则，函数 z 到自变量 t 的每一条通路可以组成 $\dfrac{dz}{\partial t}$ 的一项. 这里 z 到 t 有三条通路，所以

$$\frac{dz}{dt}=\frac{\partial z}{\partial u}\cdot\frac{du}{dt}+\frac{\partial z}{\partial v}\cdot\frac{dv}{dt}+\frac{\partial z}{\partial t}$$
$$=v\cdot e^t+u\cdot(-\sin t)+\cos t$$
$$=e^t\cos t-e^t\sin t+\cos t.$$

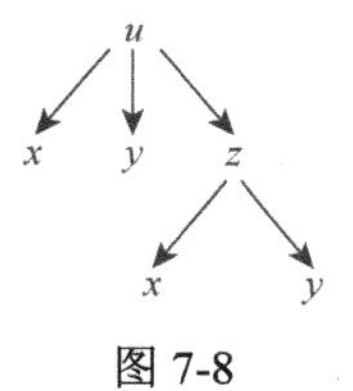

图 7-8

例 3　设 $u=f(x,y,z)$， $z=\varphi(x,y)$ 均可微，求 $\dfrac{\partial u}{\partial x}$ 和 $\dfrac{\partial u}{\partial y}$.

解　由题知 u 是 x,y,z 的三元函数，而其 z 又是 x,y 的函数，可用函数关系图表示(图 7-8). 先求 $\dfrac{\partial u}{\partial x}$，找到 u 到 x 有两条通路，写出链式法则

$$\frac{\partial u}{\partial x}=\frac{\partial f}{\partial x}+\frac{\partial f}{\partial z}\cdot\frac{\partial z}{\partial x}.$$

同理可得 $\dfrac{\partial u}{\partial y}=\dfrac{\partial f}{\partial y}+\dfrac{\partial f}{\partial z}\cdot\dfrac{\partial z}{\partial y}$.

注意　此处 $\dfrac{\partial u}{\partial x}$ 和 $\dfrac{\partial f}{\partial x}$ 是不同的， $\dfrac{\partial u}{\partial x}$ 是把复合函数 $u=f(x,y,\varphi(x,y))$ 中的 y 看成常量而对 x 的偏导数； $\dfrac{\partial f}{\partial x}$ 是把函数 $u=f(x,y,z)$ 中的 y 和 z 都看成常数而对 x 的偏导数.

例 4　设 $z=f(u,v)$ 可微，求 $z=f(x^2+y^2,xy)$ 的偏导数.

解　令 $u=x^2+y^2,v=xy$, 则 $z=f(u,v)$, 于是由复合函数求偏导数的公式法则得

$$\frac{\partial z}{\partial x}=\frac{\partial f}{\partial u}\cdot\frac{\partial u}{\partial x}+\frac{\partial f}{\partial v}\cdot\frac{\partial v}{\partial x}=2xf_1'(x^2+y^2,xy)+yf_2'(x^2+y^2,xy),$$

$$\frac{\partial z}{\partial y}=\frac{\partial f}{\partial u}\cdot\frac{\partial u}{\partial y}+\frac{\partial f}{\partial v}\cdot\frac{\partial v}{\partial y}=2yf_1'(x^2+y^2,xy)+xf_2'(x^2+y^2,xy).$$

注意　$f_1'(x^2+y^2,xy)$ 表示 $f(u,v)$ 关于第一个变量 u 在 (x^2+y^2,xy) 处的偏导数， $f_2'(x^2+y^2,xy)$ 也有类似的说法，这种表示方法我们以后常用.

二、全微分形式不变性

由复合函数求导的链式法则，可得到全微分形式不变性. 现以二元函数为例来说明. 设 $z=f(u,v)$，$u=u(x,y)$，$v=v(x,y)$ 是可微函数，则由全微分的定义和链式法则，有

$$\begin{aligned}
dz &= \frac{\partial z}{\partial x}dx+\frac{\partial z}{\partial y}dy \\
&= \left(\frac{\partial z}{\partial u}\cdot\frac{\partial u}{\partial x}+\frac{\partial z}{\partial v}\cdot\frac{\partial v}{\partial x}\right)dx+\left(\frac{\partial z}{\partial u}\cdot\frac{\partial u}{\partial y}+\frac{\partial z}{\partial v}\cdot\frac{\partial v}{\partial y}\right)dy \\
&= \frac{\partial z}{\partial u}\left(\frac{\partial u}{\partial x}dx+\frac{\partial u}{\partial y}dy\right)+\frac{\partial z}{\partial v}\left(\frac{\partial v}{\partial x}dx+\frac{\partial v}{\partial y}dy\right) \\
&= \frac{\partial z}{\partial u}du+\frac{\partial z}{\partial v}dv.
\end{aligned}$$

由此可见，尽管 u,v 是中间变量，但全微分 dz 与 x,y 是自变量时的表达式在形式上完全一致. 这个性质称为**全微分形式不变性**.

例 5 利用全微分形式不变性求例 1.

解 $dz=d(e^u\sin v)=e^u\cdot\sin v du+e^u\cdot\cos v dv$，又 $du=d(xy)=ydx+xdy$，$dv=d(3x+2y)=3dx+2dy$，代入上式后合并含 dx 和 dy 的项，得

$$dz=e^u(y\sin v+3\cos v)dx+e^u(x\sin v+2\cos v)dy,$$

即

$$\frac{\partial z}{\partial x}=e^u(y\sin v+3\cos v)=e^{xy}[y\sin(3x+2y)+3\cos(3x+2y)],$$
$$\frac{\partial z}{\partial y}=e^u(x\sin v+2\cos v)=e^{xy}[x\sin(3x+2y)+2\cos(3x+2y)].$$

例 6 求函数 $z=(x^2+y^2)\arctan\dfrac{y}{x}$ 的偏导数.

解 记 $u=x^2+y^2,v=\dfrac{y}{x}$，由全微分形式不变性及求导运算法则有

$$\begin{aligned}
dz &= d(u\arctan v)=\arctan v du+u\cdot\frac{1}{1+v^2}dv \\
&= \arctan\frac{y}{x}d(x^2+y^2)+(x^2+y^2)\cdot\frac{1}{1+\left(\frac{y}{x}\right)^2}d\left(\frac{y}{x}\right) \\
&= \arctan\frac{y}{x}(2xdx+2ydy)+(x^2+y^2)\cdot\frac{x^2}{x^2+y^2}\frac{xdy-ydx}{x^2} \\
&= \left(2x\arctan\frac{y}{x}-y\right)dx+\left(2y\arctan\frac{y}{x}+x\right)dy,
\end{aligned}$$

于是

$$\frac{\partial z}{\partial x}=2x\arctan\frac{y}{x}-y,\quad \frac{\partial z}{\partial y}=2y\arctan\frac{y}{x}+x.$$

三、多元隐函数求导法

第 2 章介绍了由二元方程 $F(x,y)=0$ 确定的一元隐函数的求导方法，在本段我们先给出二元方程 $F(x,y)=0$ 可确定隐函数的条件和一元隐函数的导数公式，然后将有关结论推广到多元隐函数的情形.

定理 7.8　设二元函数 $F(x,y)$ 在点 $P_0(x_0,y_0)$ 的某一邻域内具有连续的偏导数，且 $F(x_0,y_0)=0$，$F_y(x_0,y_0)\neq 0$，则在点 $P_0(x_0,y_0)$ 的某一邻域内，方程 $F(x,y)=0$ 能唯一地确定一个具有连续导数的函数 $y=f(x)$，它满足条件 $y_0=f(x_0)$，且有

$$\frac{\mathrm{d}y}{\mathrm{d}x}=-\frac{F_x}{F_y}. \tag{7-1}$$

这一公式即为**隐函数的导数公式**. 对于定理我们不做严格证明，仅对公式(7-1)给出推导.

将方程 $F(x,y)=0$ 所确定的函数 $y=f(x)$ 代入该方程，得

$$F[x,f(x)]=0,$$

利用复合函数求导法在方程两端对 x 求导，得

$$\frac{\partial F}{\partial x}+\frac{\partial F}{\partial y}\cdot\frac{\mathrm{d}y}{\mathrm{d}x}=0,$$

由于 F_y 连续，且 $F_y(x_0,y_0)\neq 0$，故存在点 $P_0(x_0,y_0)$ 的某一邻域，使得

$$\frac{\mathrm{d}y}{\mathrm{d}x}=-\frac{F_x}{F_y}.$$

例 7　求由方程 $\sin xy-x^2\mathrm{e}^{-y}=0$ 所确定的隐函数 $y=f(x)$ 的导数.

解　令 $F(x,y)=\sin xy-x^2\mathrm{e}^{-y}$，则

$$F_x=y\cos xy-2x\mathrm{e}^{-y},\quad F_y=x\cos xy-x^2\mathrm{e}^{-y}\cdot(-1),$$

因此

$$\frac{\mathrm{d}y}{\mathrm{d}x}=-\frac{F_x}{F_y}=-\frac{y\cos xy-2x\mathrm{e}^{-y}}{x\cos xy+x^2\mathrm{e}^{-y}}.$$

既然二元方程 $F(x,y)=0$ 可以确定一个一元隐函数，那么三元方程 $F(x,y,z)=0$ 就可能确定一个二元隐函数，此时我们有下面的定理.

定理 7.9　设 $F(x,y,z)$ 在点 $P_0(x_0,y_0,z_0)$ 的某一邻域内具有连续的偏导数，且 $F(x_0,y_0,z_0)=0$，$F_z(x_0,y_0,z_0)\neq 0$，则在点 $P_0(x_0,y_0,z_0)$ 的某一邻域内，方程 $F(x,y,z)=0$ 能唯一地确定一个具有连续偏导数的二元函数 $z=f(x,y)$，它满足条件 $z_0=f(x_0,y_0)$，且有

$$\frac{\partial z}{\partial x}=-\frac{F_x}{F_z},\quad \frac{\partial z}{\partial y}=-\frac{F_y}{F_z}. \tag{7-2}$$

公式(7-2)也有类似公式(7-1)的推导.

将方程 $F(x,y,z)=0$ 确定的函数 $z=f(x,y)$ 代入，得

$$F[x,y,f(x,y)]=0,$$

利用复合函数求导法在方程两端分别对 x,y 求导，得

$$F_x+F_z\cdot\frac{\partial z}{\partial x}=0,\quad F_y+F_z\cdot\frac{\partial z}{\partial y}=0.$$

由于 F_z 连续，且 $F_z(x_0,y_0,z_0)\neq 0$，故在点 $P_0(x_0,y_0,z_0)$ 的某一邻域内，有

$$\frac{\partial z}{\partial x}=-\frac{F_x}{F_z},\quad \frac{\partial z}{\partial y}=-\frac{F_y}{F_z}.$$

例 8　设二元函数 $z=f(x,y)$ 是由方程 $\mathrm{e}^z=xyz$ 确定的隐函数，其中 $\mathrm{e}^z-xy\neq 0$，求 $\frac{\partial z}{\partial x}$ 及 $\frac{\partial z}{\partial y}$.

解　令 $F(x,y,z)=\mathrm{e}^z-xyz$，则

$$F_x=-yz,\quad F_y=-xz,\quad F_z=\mathrm{e}^z-xy,$$

由于 $F_z=\mathrm{e}^z-xy\neq 0$，所以有

$$\frac{\partial z}{\partial x}=-\frac{F_x}{F_z}=\frac{yz}{\mathrm{e}^z-xy},\quad \frac{\partial z}{\partial y}=-\frac{F_y}{F_z}=\frac{xz}{\mathrm{e}^z-xy}.$$

7.4　多元函数的极值

在许多实际问题中，需要考虑多元函数的极值和最值问题. 与一元函数的情形类似，对于多元函数也可以用微分法来讨论这类问题.

一、多元函数的极值

这里以二元函数为例来讨论极值问题.

定义 7.7　设 $f(x,y)$ 在点 $P_0(x_0,y_0)$ 的某一邻域 $U(P_0,\delta)$ 内有定义，若

$$f(x,y)>f(x_0,y_0)\ (\text{或}\ f(x,y)<f(x_0,y_0)),\quad (x,y)\in \overset{o}{U}(P_0,\delta),$$

则称 $f(x_0,y_0)$ 是 $f(x,y)$ 的一个**极小值**(或**极大值**)，称 $P_0(x_0,y_0)$ 是 $f(x,y)$ 的一个**极小值点**(或**极大值点**). 极小值和极大值统称为**极值**，极小值点和极大值点统称为**极值点**.

例如，二元函数 $z=-\sqrt{x^2+y^2}$ 在点 $(0,0)$ 处有极大值(图 7-9). 函数 $z=3x^2+4y^2$ 在 $(0,0)$ 处有极小值(图 7-10). 而函数 $z=y-x^2$ 在点 $(0,0)$ 处无极值(图 7-11).

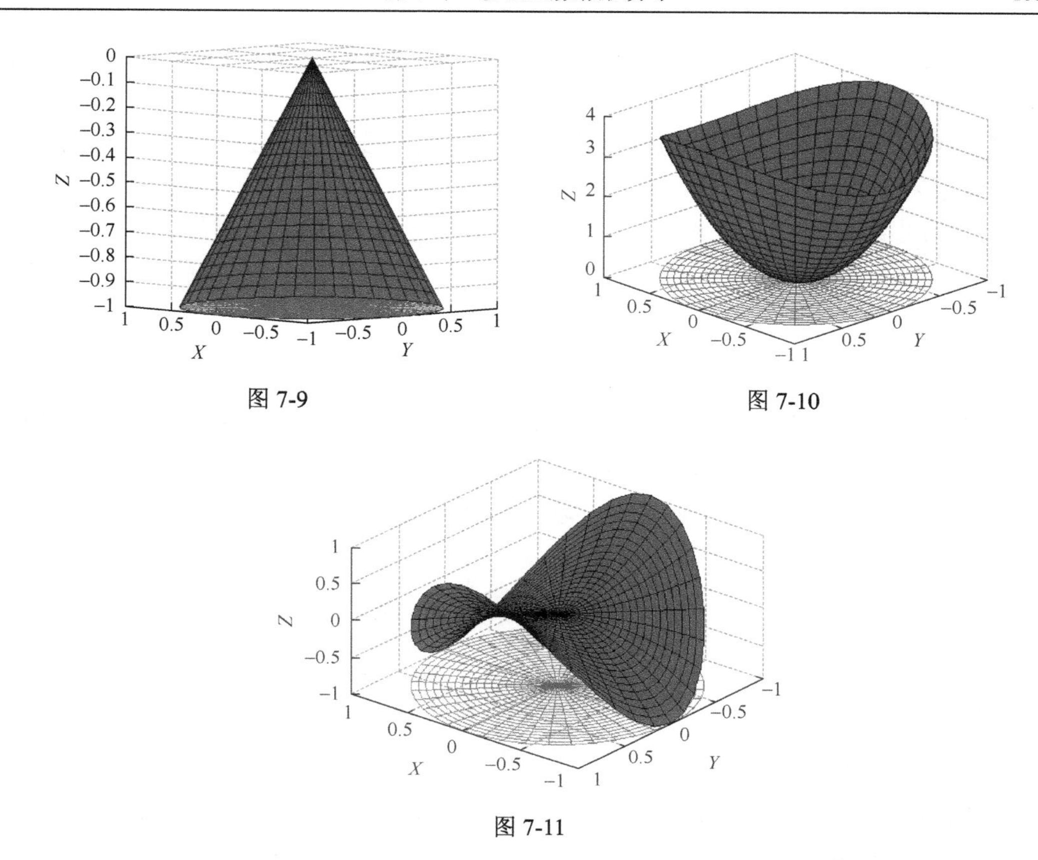

图 7-9　　图 7-10

图 7-11

若二元函数 $f(x,y)$ 在点 (x_0,y_0) 处取得极大值(或极小值)，则一元函数 $z=f(x,y_0)$ 在 $x=x_0$ 点也必取得极大值(或极小值)；对一元函数 $z=f(x_0,y)$ 也有同样的说法. 因此，由一元函数极值的必要条件我们可以得到二元函数极值的必要条件.

定理 7.10(极值的必要条件)　设 $z=f(x,y)$ 在点 (x_0,y_0) 处的偏导数 $f_x(x_0,y_0)$ 和 $f_y(x_0,y_0)$ 存在，若 (x_0,y_0) 是 $f(x,y)$ 的一个极值点，则必有

$$f_x(x_0,y_0)=0,\quad f_y(x_0,y_0)=0.$$

与一元函数类似，对于多元函数，凡是能使一阶偏导数同时为零的点称为函数的**驻点**.

由定理 7.10 可知，具有偏导数的函数，其极值点一定是驻点，但驻点却未必是极值点. 如函数 $z=y-x^2$，点 $(0,0)$ 是驻点但不是极值点. 下面我们给出判断驻点是极值点的条件.

定理 7.11 (极值的充分条件)　设 $f(x,y)$ 在点 (x_0,y_0) 的某一邻域内有连续二阶偏导数，且 (x_0,y_0) 是 $f(x,y)$ 的驻点，记

$$A=f_{xx}(x_0,y_0),\quad B=f_{xy}(x_0,y_0),\quad C=f_{yy}(x_0,y_0),$$

则

(1) 当 $AC-B^2>0$ 时，(x_0,y_0) 是 $f(x,y)$ 的一个极值点，且 $A>0$ 时 $f(x_0,y_0)$ 是极小值；$A<0$ 时，$f(x_0,y_0)$ 是极大值.

(2) 当 $AC-B^2<0$ 时，(x_0,y_0) 不是 $f(x,y)$ 的极值点.

(3) 当 $AC-B^2=0$ 时，(x_0,y_0) 可能是极值点，也可能不是极值点，对具体问题需要具体讨论.

根据定理 7.10 和定理 7.11 可以把具有二阶连续偏导数的函数 $z=f(x,y)$ 的极值的计算步骤总结如下：

(1) 解方程组

$$\begin{cases} f_x(x,y)=0, \\ f_y(x,y)=0, \end{cases}$$

求驻点 (x_i,y_i)，$i=1,2,\cdots$；

(2) 求出函数 $z=f(x,y)$ 的二阶偏导数，依次确定各驻点处 A，B，C 的值，并根据 $AC-B^2$ 的符号判定驻点是否为极值点，最后求出函数 $z=f(x,y)$ 在极值点处的极值.

例 1　求函数 $f(x,y)=x^3-y^3+3x^2+3y^2-9x$ 的极值.

解　解方程组

$$\begin{cases} f_x(x,y)=3x^2+6x-9=0, \\ f_y(x,y)=-3y^2+6y=0, \end{cases}$$

得驻点 $(1,0)$，$(1,2)$，$(-3,0)$，$(-3,2)$. 再求出二阶偏导数

$$A=f_{xx}(x,y)=6x+6, \quad B=f_{xy}(x,y)=0, \quad C=f_{yy}(x,y)=-6y+6.$$

在点 $(1,0)$ 处，$AC-B^2=12\times 6>0$，且 $A>0$，故函数在该点处有极小值 $f(1,0)=-5$；

在点 $(1,2)$ 处，$AC-B^2=12\times(-6)<0$，故函数在该点处没有极值；

在点 $(-3,0)$ 处，$AC-B^2=-12<0$，故函数在该点处没有极值；

在点 $(-3,2)$ 处，$AC-B^2=-12\times(-6)>0$，且 $A<0$，故函数在该点处有极大值 $f(-3,2)=31$.

在讨论一元函数的极值问题时，我们知道，函数的极值有可能在驻点处取得，也可能在导数不存在的点处取得. 同样，对于多元函数的极值问题，也要考虑这两类点，即驻点和偏导数不存在的点. 例如函数 $z=-\sqrt{x^2+y^2}$ 在点 $(0,0)$ 处的偏导数不存在，但该函数在点 $(0,0)$ 处有极大值.

与一元函数类似，我们可以利用函数的极值来求函数的最值. 在 7.1 节中已经指出，如果函数 $f(x,y)$ 在有界闭区域 D 上连续，则 $f(x,y)$ 在 D 上必能取得最大值和最小值. 这种能使得函数取得最值的点必为函数的极值点或 D 的边界点. 因此求函数 $f(x,y)$ 最值的一般步骤为：

(1) 求函数 $f(x,y)$ 在驻点、偏导数不存在的点处的函数值；

(2) 求函数在边界 D 上的最大值和最小值；

(3) 将 (1) (2) 中的数值进行比较，其中最大的就是最大值，最小的就是最小值.

例 2　求函数 $f(x,y)=x^3-\dfrac{5}{2}x^2+2xy-y^2$ 在有界闭区域 D 上最大值和最小值，其中 $\{D\,|\,-1\leqslant x\leqslant 2,-1\leqslant y\leqslant 1\}$.

解　(1) 解方程组

$$\begin{cases} f_x(x,y) = 3x^2 - 5x + 2y = 0, \\ f_y(x,y) = 2x - 2y = 0, \end{cases}$$

得到驻点 $(0,0)$，$(1,1)$．所以 $f(0,0)=0$，$f(1,1)=-\dfrac{1}{2}$．

(2) 求函数 $f(x,y)$ 在边界 D 上的最大值和最小值.

在边界 $x=-1,-1\leqslant y\leqslant 1$ 上，$f(x,y)$ 成为 $\varphi_1(y)=f(-1,y)=-y^2-2y-\dfrac{7}{2}$．易知 $\varphi_1(y)$ 在 $[-1,1]$ 上单调递减, 最大值是 $-\dfrac{5}{2}$, 最小值是 $-\dfrac{13}{2}$.

在边界 $x=2,-1\leqslant y\leqslant 1$ 上，$f(x,y)$ 成为 $\varphi_2(y)=f(2,y)=-y^2+4y-2$．易知 $\varphi_2(y)$ 在 $[-1,1]$ 上单调递增, 最大值是 1, 最小值是 -7．

在边界 $y=-1,-1\leqslant x\leqslant 2$ 上，$f(x,y)$ 成为 $\varphi_3(x)=f(x,-1)=x^3-\dfrac{5}{2}x^2-2x-1$．易知 $\varphi_3(x)$ 在 $[-1,2]$ 上的最大值是 $-\dfrac{35}{54}$，最小值是 -7．

在边界 $y=1,-1\leqslant x\leqslant 2$ 上，$f(x,y)$ 成为 $\varphi_4(x)=f(x,1)=x^3-\dfrac{5}{2}x^2+2x-1$．易知 $\varphi_4(x)$ 在 $[-1,2]$ 上的最大值是 1, 最小值是 $-\dfrac{13}{2}$.

所以 $f(x,y)$ 在 D 的边界上的最大值为 1, 最小值为 -7．

(3) $f(x,y)$ 在有界闭区域 D 上的最大值为 $\max\{f(0,0),1\}=1$，最小值为 $\min\{f(1,1),-7\}=-7$．

由此例题还可以看出：由极值的充分条件检验, 虽然 $(0,0)$ 是函数在 D 内的唯一极值点, 但它并不是最值点, 这与一元函数的情形是不同的.

二、条件极值　拉格朗日乘数法

1. 条件极值

在前面讨论的极值问题中, 只要求函数的自变量落在定义域内, 无其他条件, 这类极值称为**无条件极值**. 在实际问题中, 我们常常遇到对函数的自变量有附加条件的极值. 例如, 求表面积为 a^2 而体积为最大的长方体的体积问题. 设长方体的长、宽、高分别为 x,y,z，则该问题就是求 $V=xyz$ 在约束条件 $2(xy+yz+xz)=a^2$ 下极大值. 我们称这种极值问题为**条件极值**.

对于有些实际问题, 可以将条件极值转化成无条件极值, 然后用第一目中的方法加以解决. 例如上述问题, 可将条件 $2(xy+yz+xz)=a^2$ 中的 z 表示成

$$z=\frac{a^2-2xy}{2(x+y)},$$

再把它代入 $V=xyz$ 中，于是问题就转化成求

$$V=\frac{xy}{2}\left(\frac{a^2-2xy}{x+y}\right)$$

的无条件极值. 然而, 大多数情况下, 我们都无法将条件极值转化为无条件极值, 为此, 给出求解一般条件极值问题的拉格朗日乘数法.

2. 拉格朗日乘数法

要求函数 $z=f(x,y)$ 在约束条件 $\varphi(x,y)=0$ 下的极值, 可构造辅助函数(拉格朗日函数)

$$L(x,y,\lambda)=f(x,y)+\lambda\varphi(x,y),$$

其中 λ 是参数, 称为拉格朗日乘子, 则当 $L(x,y,\lambda)$ 在点 (x_0,y_0,λ_0) 处取到极值时, $f(x_0,y_0)$ 一定是 $z=f(x,y)$ 在约束条件 $\varphi(x,y)=0$ 下的极值. 这是因为若 $L(x,y,\lambda)$ 在点 (x_0,y_0,λ_0) 处取得极大值, 则有极值的必要条件可知

$$\begin{cases}L_x(x_0,y_0,\lambda_0)=f_x(x_0,y_0)+\lambda_0\varphi_x(x_0,y_0)=0,\\L_y(x_0,y_0,\lambda_0)=f_y(x_0,y_0)+\lambda_0\varphi_y(x_0,y_0)=0,\\L_\lambda(x_0,y_0,\lambda_0)=\varphi(x_0,y_0)=0,\end{cases}$$

且在点 (x_0,y_0,λ_0) 的某个邻域内, 有

$$L(x,y,\lambda)\leqslant L(x_0,y_0,\lambda_0),$$

即

$$f(x,y)+\lambda\varphi(x,y)\leqslant f(x_0,y_0)+\lambda_0\varphi(x_0,y_0).$$

再由 $\varphi(x,y)=0$, 得

$$f(x,y)\leqslant f(x_0,y_0),$$

即在约束条件 $\varphi(x,y)=0$ 下, $f(x,y)$ 在 (x_0,y_0) 处取得极大值. 同理, 若 $L(x,y,\lambda)$ 在点 (x_0,y_0,λ_0) 处取得极小值, 则在约束条件 $\varphi(x,y)=0$ 下, $f(x,y)$ 在 (x_0,y_0) 处取得极小值.

由此可见, 拉格朗日乘数法是函数取得极值的必要条件, 因此, 按照这种方法求出来的点是否为极值点还需要进一步讨论. 不过, 在实际问题中, 往往可以根据问题本身的性质直接判定.

根据以上的讨论, 用拉格朗日乘数法求 $z=f(x,y)$ 在约束条件 $\varphi(x,y)=0$ 下的极值的步骤为

(1) 构造拉格朗日函数

$$L(x,y,\lambda)=f(x,y)+\lambda\varphi(x,y);$$

(2) 解方程组

$$\begin{cases}L_x(x,y,\lambda)=f_x(x,y)+\lambda\varphi_x(x,y)=0,\\L_y(x,y,\lambda)=f_y(x,y)+\lambda\varphi_y(x,y)=0,\\L_\lambda(x,y,\lambda)=\varphi(x,y)=0,\end{cases}$$

求驻点, 记为 $(x_i,y_i)(i=1,2,\cdots,n)$;

(3) 判断所求驻点 $(x_i,y_i)(i=1,2,\cdots,n)$ 是否为极值点, 如果是极值点, 则求出极值.

另外, 拉格朗日乘数法还可以推广到自变量多于两个而条件多于一个的情形. 例

如，求函数 $u=f(x,y,z,t)$ 在条件 $\varphi(x,y,z,t)=0$，$\psi(x,y,z,t)=0$ 下的极值. 可构造拉格朗日函数

$$L(x,y,z,t,\lambda,\mu)=f(x,y,z,t)+\lambda\varphi(x,y,z,t)+\mu\psi(x,y,z,t),$$

其中 λ，μ 是参数. 由 $L(x,y,z,t,\lambda,\mu)$ 关于变量 x,y,z,t,λ,μ 的一阶偏导数为零的方程组中解出的 (x,y,z,t)，就是所求条件极值的可能极值点.

例 3　求表面积为 a^2 而体积最大的长方体的体积.

解　设长方体的长、宽、高分别为 x,y,z，由题意在约束条件 $2(xy+yz+xz)=a^2$ 下，求 $V=xyz$ 的最大值.

作拉格朗日函数

$$L(x,y,z,\lambda)=xyz+\lambda(2xy+2yz+2xz-a^2),$$

由方程组

$$\begin{cases}L_x=yz+2\lambda(y+z)=0,\\ L_y=xz+2\lambda(x+z)=0,\\ L_z=xy+2\lambda(x+y)=0,\\ L_\lambda=2(xy+yz+xz)-a^2=0,\end{cases}$$

可得驻点 $\left(\dfrac{\sqrt{6}}{6}a,\dfrac{\sqrt{6}}{6}a,\dfrac{\sqrt{6}}{6}a\right)$.

由问题的实际意义知，V 的最大值一定存在，所以最大值就在这个可能的极值点处取得. 即表面积为 a^2 的长方体中，以棱长为 $\dfrac{\sqrt{6}}{6}a$ 的正方体的体积为最大，最大体积为 $\dfrac{\sqrt{6}}{36}a^3$.

7.5　二 重 积 分

在一元函数中我们采用“以直代曲”和“微元累加”的思想，通过分割、近似、求和、取极限的方法，给出了定积分的概念. 如果把这种思想方法类推到二元函数，便可以得到二重积分的概念.

一、二重积分的概念

引例　求曲顶柱体的体积.

设空间直角坐标系中的一个立体 Ω，它的底是 xOy 平面上由连续曲线 C 所围成的有界闭区域 D，它的侧面是以 D 的边界 C 为准线、与 z 轴平行的直线为母线的柱面，它的顶是二元连续函数 $z=f(x,y)\geqslant 0$，$(x,y)\in D$ 所对应的曲面，这种立体称为**曲顶柱体**（图 7-12）. 下面来求它的体积.

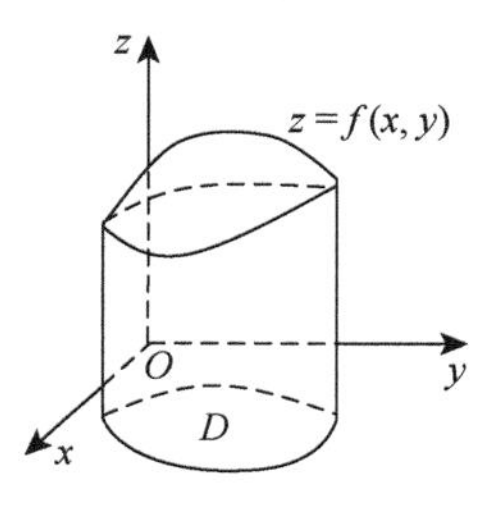

图 7-12

如果函数 $z=f(x,y)$ 在 D 上为常数，则曲顶柱体变成平顶柱体，体积可用公式

$$体积 = 底面积 \times 高$$

来计算，在一般情形下，我们采用“以直代曲”和“微元累加”的想法来解决这一问题.

1) 分割

用任意的曲线将区域D分割成n个小闭区域$\Delta\sigma_1, \Delta\sigma_2, \cdots, \Delta\sigma_n$，并用$\Delta\sigma_i$表示第$i$个小闭区域的面积$(i=1,2,\cdots,n)$. 再分别以小闭区域$\Delta\sigma_i$的边界曲线为准线，作母线平行于$z$轴的柱面，这些柱面把原来的曲顶柱体分为$n$个小曲顶柱体. 记第$i$个小曲顶柱体的体积为$\Delta V_i$ $(i=1,2,\cdots,n)$.

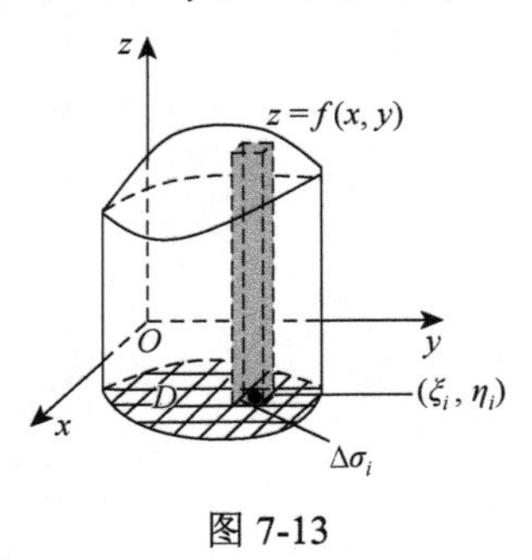

图 7-13

2) 近似

如果分割很细，我们可以将小曲顶柱体近似成平顶柱体. 在每个小闭区域$\Delta\sigma_i$上任取一点(ξ_i,η_i)，则ΔV_i近似等于以$\Delta\sigma_i$为底、以$f(\xi_i,\eta_i)$为高的平顶柱体的体积(图 7-13)，即

$$\Delta V_i \approx f(\xi_i,\eta_i)\Delta\sigma_i \quad (i=1,2,\cdots,n).$$

3) 求和

对n个小曲顶柱体的体积求和，得到所求曲顶柱体的体积V的近似值

$$V = \sum_{i=1}^{n}\Delta V_i \approx \sum_{i=1}^{n} f(\xi_i,\eta_i)\Delta\sigma_i .$$

4) 取极限

可以想象，当对D的分割无限变细，即每个$\Delta\sigma_i$几乎收缩成一点，使每个小曲顶柱体几乎成为一条线段时，上述的和式就变成精确相等的了.

为此，记λ为n个小闭区域的直径的最大值，显然当$\lambda\to 0$时，所有的小闭区域$\Delta\sigma_i$都将收缩成点，此时的极限值就是所求的V，即

$$V = \lim_{\lambda\to 0}\sum_{i=1}^{n} f(\xi_i,\eta_i)\Delta\sigma_i .$$

在许多实际问题中，都会遇到与上式形式相同的和的极限计算. 数学上把这种极限称为二重积分.

定义 7.8　设函数$z=f(x,y)$是有界闭区域D上的有界函数. 将闭区域D任意分成n个小闭区域$\Delta\sigma_1, \Delta\sigma_2, \cdots, \Delta\sigma_n$，其中$\Delta\sigma_i$表示第$i$个小闭区域的面积，在每个$\Delta\sigma_i$上任取一点$(\xi_i,\eta_i)$，作乘积$f(\xi_i,\eta_i)\Delta\sigma_i$ $(i=1,2,\cdots,n)$，并作和$\sum\limits_{i=1}^{n} f(\xi_i,\eta_i)\Delta\sigma_i$. 如果当各小闭区域的直径中的最大值$\lambda$趋于零时，这个和式的极限存在，则称此极限为函数$z=f(x,y)$在闭区域$D$上的**二重积分**，记作$\iint\limits_D f(x,y)\mathrm{d}\sigma$，即

$$\iint\limits_D f(x,y)\mathrm{d}\sigma = \lim_{\lambda\to 0}\sum_{i=1}^{n} f(\xi_i,\eta_i)\Delta\sigma_i ,$$

其中，$\iint$为**二重积分符号**，$f(x,y)$为**被积函数**，D为**积分区域**，x,y为**积分变量**，$\mathrm{d}\sigma$为**面积微元**，$f(x,y)\mathrm{d}\sigma$为**被积表达式**，$\sum\limits_{i=1}^{n} f(\xi_i,\eta_i)\Delta\sigma_i$为**积分和**.

可以证明，当二元函数 $f(x,y)$ 在有界闭区域 D 上连续时，则它在区域 D 上可积. 在下文中，我们总假定被积函数 $f(x,y)$ 在积分区域 D 上是连续的.

根据二重积分的定义，引例中曲顶柱体的体积可表示为

$$V=\iint_D f(x,y)\mathrm{d}\sigma,$$

其中，σ 为积分区域 D 的面积.

一般地，如果当二元函数 $f(x,y)$ 在有界闭区域 D 上连续且满足 $f(x,y)\geqslant 0$，二重积分 $\iint_D f(x,y)\mathrm{d}\sigma$ 表示以区域 D 为底、以 $z=f(x,y)$ 表示的曲面为顶的曲顶柱体的体积. 这就是二重积分的几何意义.

例 1　求 $\iint_D \sqrt{a^2-x^2-y^2}\mathrm{d}\sigma$，其中 $D=\{(x,y)\,|\,x^2+y^2\leqslant a^2\}$.

解　被积函数 $z=\sqrt{a^2-x^2-y^2}$ 是上半球面(图 7-14)，积分区域 D 是球面在 xOy 平面上的投影，根据二重积分的几何意义，所求的二重积分 $\iint_D \sqrt{a^2-x^2-y^2}\mathrm{d}\sigma$ 是上半球体的积体，即

$$V=\frac{1}{2}\times\frac{4\pi}{3}a^3=\frac{2\pi}{3}a^3.$$

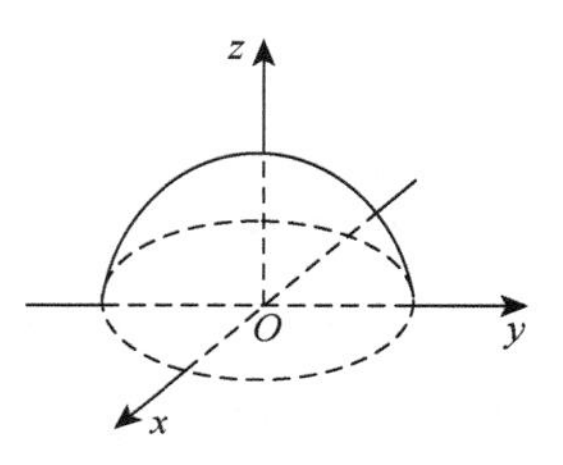

图 7-14

二、二重积分的性质

二重积分有与定积分类似的性质.

性质 1　若二元函数 $f(x,y)$，$g(x,y)$ 在有界闭区域 D 上可积，则对任意常数 α,β，函数 $\alpha f(x,y)\pm\beta g(x,y)$ 在 D 上可积，且

$$\iint_D[\alpha f(x,y)\pm\beta g(x,y)]\mathrm{d}\sigma=\alpha\iint_D f(x,y)\mathrm{d}\sigma\pm\beta\iint_D g(x,y)\mathrm{d}\sigma.$$

这个性质表明二重积分满足线性运算.

性质 2　若二元函数 $f(x,y)$ 在有界闭区域 D 上可积，D 被连续曲线分成 D_1，D_2 两部分，$D=D_1\cup D_2$ 且 D_1,D_2 无公共内点，则 $f(x,y)$ 在区域 D_1,D_2 上可积，且

$$\iint_D f(x,y)\mathrm{d}\sigma=\iint_{D_1} f(x,y)\mathrm{d}\sigma+\iint_{D_2} f(x,y)\mathrm{d}\sigma.$$

这个性质表明二重积分对积分区域具有可加性.

性质 3　若二元函数 $f(x,y)$，$g(x,y)$ 在有界闭区域 D 上可积，且 $f(x,y)\leqslant g(x,y)$，则

$$\iint_D f(x,y)\mathrm{d}\sigma\leqslant\iint_D g(x,y)\mathrm{d}\sigma.$$

特别地，有 $\left|\iint_D f(x,y)\mathrm{d}\sigma\right|\leqslant\iint_D |f(x,y)|\mathrm{d}\sigma.$

性质 4　若在有界闭区域 D 上 $f(x,y)=1$，σ 为 D 的面积，则

$$\iint_D 1\cdot \mathrm{d}\sigma=\sigma.$$

性质 5　若二元函数 $f(x,y)$ 在有界闭区域 D 上可积，m 和 M 分别是 $f(x,y)$ 在闭区域 D 上的最小值和最大值，σ 为 D 的面积，则

$$m\sigma\leqslant\iint_D f(x,y)\mathrm{d}\sigma\leqslant M\sigma .$$

这个不等式称为二重积分的估值不等式.

性质 6　若二元函数 $f(x,y)$ 在有界闭区域 D 上连续，σ 为 D 的面积，则至少存在一点 $(\xi,\eta)\in D$，使得

$$\iint_D f(x,y)\mathrm{d}\sigma=f(\xi,\eta)\sigma .$$

这个性质称为二重积分中值定理. 其几何意义为：

有界闭区域 D 上以曲面 $f(x,y)$ 为顶的曲顶柱体的体积等于以区域 D 内某一点 (ξ,η) 的函数值 $f(\xi,\eta)$ 为高的平顶柱体的体积. 此时，高度 $f(\xi,\eta)$ 可以理解为曲顶柱体的平均高度，因此，称 $\frac{1}{\sigma}\iint_D f(x,y)\mathrm{d}\sigma$ 为函数 $f(x,y)$ 在 D 上的平均值，记为

$$\overline{f}=\frac{1}{\sigma}\iint_D f(x,y)\mathrm{d}\sigma.$$

例 2　估计二重积分 $I=\iint_D \sin^2 x\sin^2 y\mathrm{d}\sigma$ 的值，其中 $D=\{(x,y)\,|\,0\leqslant x\leqslant \pi,0\leqslant y\leqslant \pi\}$.

解　因为 $f(x,y)=\sin^2 x\sin^2 y$，区域 D 的面积 $\sigma=\pi^2$，且在 D 上，$0\leqslant\sin^2 x\leqslant 1$，$0\leqslant\sin^2 y\leqslant 1$，所以 $0\leqslant f(x,y)\leqslant 1$. 由性质 5 可知

$$0\cdot\pi^2\leqslant I\leqslant 1\cdot\pi^2,$$

即 $0\leqslant I\leqslant\pi^2$.

例 3　比较积分 $\iint_D \ln(x+y)\mathrm{d}\sigma$ 与 $\iint_D [\ln(x+y)]^2\mathrm{d}\sigma$ 的大小，其中区域 D 是三角形闭区域，三顶点分别为 $(1,0)$，$(1,1)$，$(2,0)$.

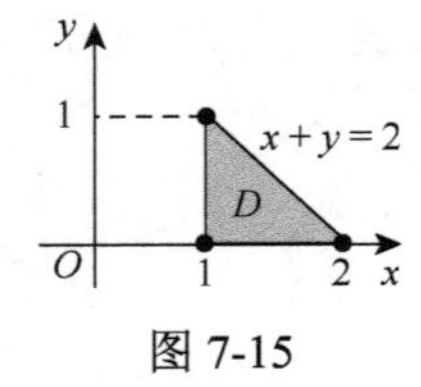

图 7-15

解　如图 7-15，在积分区域 D 内有

$$1\leqslant x+y\leqslant 2<\mathrm{e},$$

因此 $0\leqslant\ln(x+y)\leqslant\ln 2<1$，于是 $\ln(x+y)\geqslant[\ln(x+y)]^2$，由性质 3 有

$$\iint_D \ln(x+y)\mathrm{d}\sigma\geqslant\iint_D [\ln(x+y)]^2\mathrm{d}\sigma .$$

三、二重积分在直角坐标系下的计算

二重积分计算方法的基本思想是将二重积分化为两次定积分来计算，转化后的这种两次定积分称为二次积分或累次积分. 在具体讨论二重积分的计算之前，先介绍 X 型区域和 Y 型区域的概念.

1. 平面区域的分类及表示

若平面区域 D 可以表示为

$$D=\{(x,y)\,|\,a\leqslant x\leqslant b,\varphi_1(x)\leqslant y\leqslant \varphi_2(x)\},$$

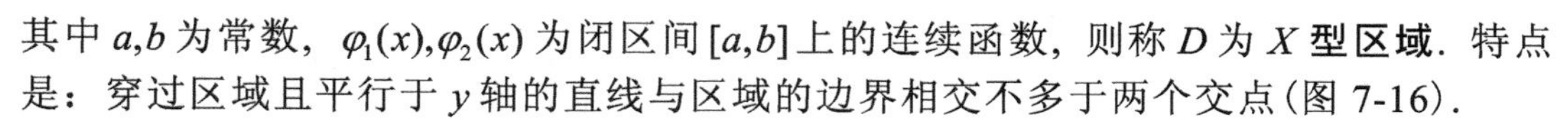
其中 a,b 为常数，$\varphi_1(x),\varphi_2(x)$ 为闭区间 $[a,b]$ 上的连续函数，则称 D 为 X **型区域**. 特点是：穿过区域且平行于 y 轴的直线与区域的边界相交不多于两个交点(图 7-16).

若平面区域 D 可以表示为

$$D=\{(x,y)\,|\,c\leqslant y\leqslant d,\psi_1(y)\leqslant x\leqslant \psi_2(y)\},$$

其中 c,d 为常数，$\psi_1(y),\psi_2(y)$ 为闭区间 $[c,d]$ 上的连续函数，则称 D 为 Y **型区域**，特点是：穿过区域且平行于 x 轴的直线与区域的边界相交不多于两个交点(图 7-17).

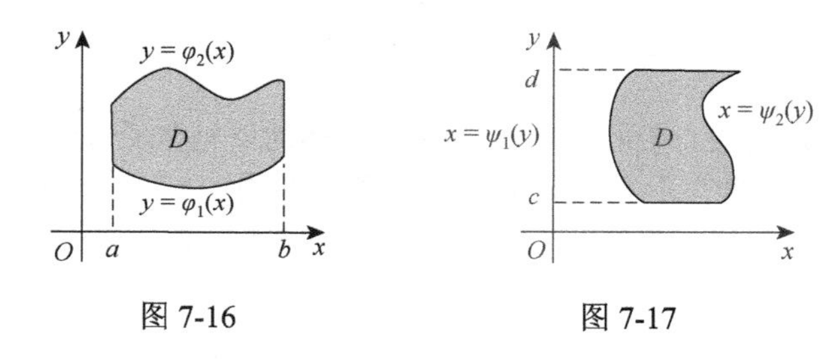

图 7-16　　　　图 7-17

事实上，对任何一个平面区域 D，都可以用若干条与坐标轴平行的直线，将它分割为一些 X 型区域或 Y 型区域，进而用上述方式予以表示. 所以 X 型区域和 Y 型区域是平面区域的两种基本形式.

例 4　将下列平面区域 D 分别用两种方式表示：

(1) 区域 D 由 $xy=1,y=x,x=2$ 围成；

(2) 区域 D 由 $y=\sqrt{x},x+y=2$ 及 x 轴围成.

解　(1) 区域 D 如图 7-18 所示，它是 X 型区域，故可表示为

$$D=\left\{(x,y)\middle|1\leqslant x\leqslant 2,\frac{1}{x}\leqslant y\leqslant x\right\}.$$

D 不是 Y 型区域，但可以过曲线 $xy=1$ 和直线 $y=x$ 的交点 (1,1) 作水平直线 l (图 7-18)，将 D 分割为两个 Y 型区域，故区域 D 又可表示为

$$D=\left\{(x,y)\middle|\frac{1}{2}\leqslant y\leqslant 1,\frac{1}{y}\leqslant x\leqslant 2\right\}\cup\{(x,y)\,|\,1\leqslant y\leqslant 2,y\leqslant x\leqslant 2\}.$$

(2) 区域 D 如图 7-19 所示，它是 Y 型区域，故可表示为

$$D=\{(x,y)\,|\,0\leqslant y\leqslant 1,y^2\leqslant x\leqslant 2-y\}.$$

D 不是 X 型区域，但可以过曲线 $y=\sqrt{x}$ 和直线 $x+y=2$ 的交点 (1,1) 作铅直直线 l (图 7-19)，将 D 分割为两个 X 型区域，故区域 D 又可表示为

$$D=\{(x,y)\mid 0\leqslant x\leqslant 1,0\leqslant y\leqslant \sqrt{x}\}\cup\{(x,y)\mid 1\leqslant x\leqslant 2,0\leqslant y\leqslant 2-x\}.$$

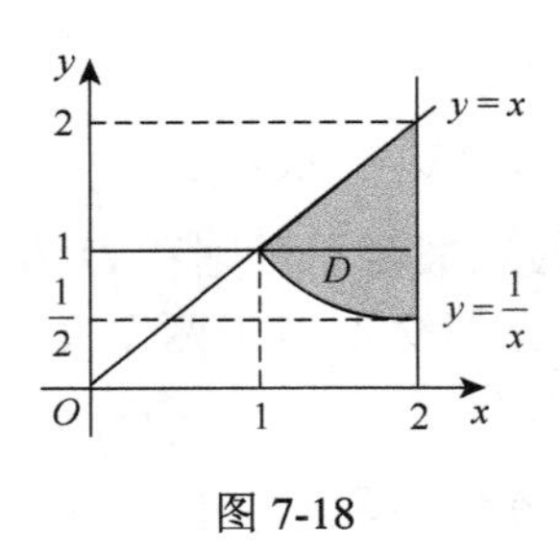

图 7-18

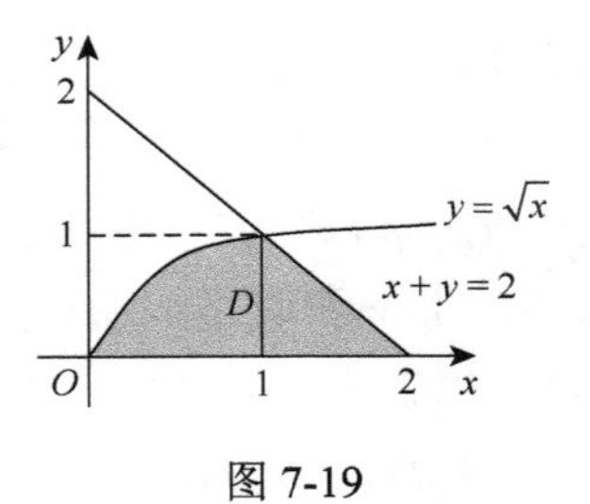

图 7-19

2. 二重积分的计算

1) 直角坐标系下的面积微元

根据二重积分的定义, 当函数 $f(x,y)$ 在有界闭区域 D 上可积时, 则二重积分 $\iint\limits_D f(x,y)\mathrm{d}\sigma$ 的值与区域 D 的划分无关. 现采用平行于两坐标轴的网格线分割区域 D , 这样除了包含边界点的一些小闭区域外, 其余的小闭区域都是矩形闭区域. 设第 i 个矩形闭区域 $\Delta\sigma_i$ 的边长为 Δx_i 和 Δy_i , 面积 $\Delta\sigma_i=\Delta x_i\Delta y_i$. 故在直角坐标系中, 面积微元 $\mathrm{d}\sigma=\mathrm{d}x\mathrm{d}y$, 所以直角坐标系下的二重积分又可以写为

$$\iint\limits_D f(x,y)\mathrm{d}\sigma=\iint\limits_D f(x,y)\mathrm{d}x\mathrm{d}y.$$

2) 各型区域下的二重积分计算

定理 7.12　设函数 $z=f(x,y)$ 在有界闭区域 D 上连续,

i) 若 D 是 X 型, 则

$$\iint\limits_D f(x,y)\mathrm{d}x\mathrm{d}y=\int_a^b\left[\int_{\varphi_1(x)}^{\varphi_2(x)}f(x,y)\mathrm{d}y\right]\mathrm{d}x=\int_a^b\mathrm{d}x\int_{\varphi_1(x)}^{\varphi_2(x)}f(x,y)\mathrm{d}y\ ;\tag{7-3}$$

ii) 若 D 是 Y 型, 则

$$\iint\limits_D f(x,y)\mathrm{d}x\mathrm{d}y=\int_c^d\left[\int_{\psi_1(y)}^{\psi_2(y)}f(x,y)\mathrm{d}x\right]\mathrm{d}y=\int_c^d\mathrm{d}y\int_{\psi_1(y)}^{\psi_2(y)}f(x,y)\mathrm{d}x.\tag{7-4}$$

这里仅对定理 7.12 中积分区域 D 是 X 型的情形给出几何上的说明(证明从略).

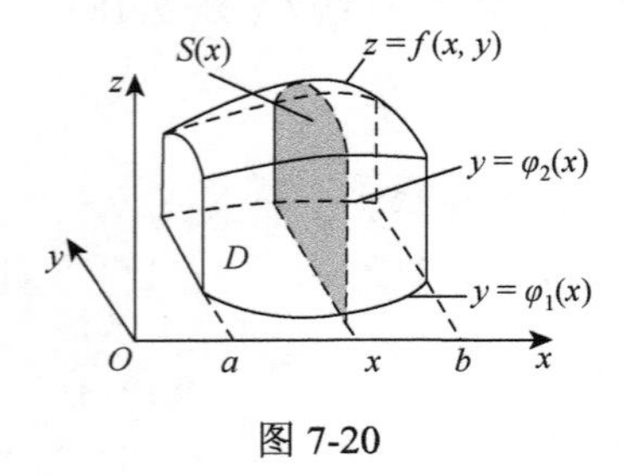

图 7-20

设函数 $z=f(x,y)\geqslant 0$, 此时的二重积分 $\iint\limits_D f(x,y)\mathrm{d}\sigma$ 是区域 D 为底、以曲面 $z=f(x,y)$ 为顶的曲顶柱体的体积, 如图 7-20 所示.

根据定积分应用中体积的计算方法, 我们在区间 $[a,b]$ 上任取一点 x , 过 x 作平行于 yOz 面的平面, 截曲顶柱体为一曲边梯形, 即图 7-20 中的阴影部分. 记该曲边梯形的面积为 $S(x)$, 则

$$V=\iint\limits_D f(x,y)\mathrm{d}\sigma=\int_a^b S(x)\mathrm{d}x.\tag{7-5}$$

再根据定积分的几何意义，曲边梯形的底为区间$[\varphi_1(x),\varphi_2(x)]$，高为$z=f(x,y)$，所以，曲边梯形的面积为

$$S(x)=\int_{\varphi_1(x)}^{\varphi_2(x)} f(x,y)\mathrm{d}y. \tag{7-6}$$

将(7-6)式代入(7-5)式得

$$\iint\limits_D f(x,y)\mathrm{d}x\mathrm{d}y=\int_a^b\left[\int_{\varphi_1(x)}^{\varphi_2(x)} f(x,y)\mathrm{d}y\right]\mathrm{d}x.$$

上式右端的积分称为先y后x的二次积分或累次积分，习惯上，常将其中的中括号省略不写，而记为

$$\iint\limits_D f(x,y)\mathrm{d}x\mathrm{d}y=\int_a^b\mathrm{d}x\int_{\varphi_1(x)}^{\varphi_2(x)} f(x,y)\mathrm{d}y\cdot$$

类似地，可以得到积分区域D为Y型的，先x后y的二次积分或累次积分

$$\iint\limits_D f(x,y)\mathrm{d}x\mathrm{d}y=\int_c^d\left[\int_{\psi_1(y)}^{\psi_2(y)} f(x,y)\mathrm{d}x\right]\mathrm{d}y=\int_c^d\mathrm{d}y\int_{\psi_1(y)}^{\psi_2(y)} f(x,y)\mathrm{d}x\ .$$

注意　虽然在讨论中，我们假定了$f(x,y)\geqslant 0$，这只是为了几何上说明方便而引入的条件. 实际上，定理 7.12 不受此条件的限制.

根据以上讨论，计算二重积分$\iint\limits_D f(x,y)\mathrm{d}\sigma$的步骤如下：

(1)在平面直角坐标系中画出积分区域D；

(2)根据D的类型和定理 7.12 将二重积分化为二次积分；

(3)依次计算二次积分.

例 5　计算二重积分$\iint\limits_D xy\mathrm{d}\sigma$，其中$D$由直线$y=x,x+y=2$及$y$轴围成.

解　画出积分区域D的图形(图 7-21). 由D是X型，故

$$D=\{(x,y)\,|\,0\leqslant x\leqslant 1,\ x\leqslant y\leqslant 2-x\},$$

于是

$$\iint\limits_D xy\mathrm{d}\sigma=\int_0^1\mathrm{d}x\int_x^{2-x}xy\mathrm{d}y$$

$$=\int_0^1 x\cdot\frac{y^2}{2}\bigg|_x^{2-x}\mathrm{d}x=\frac{1}{2}\int_0^1 x[(2-x)^2-x^2]\mathrm{d}x=2\left(\frac{x^2}{2}-\frac{x^3}{3}\right)\bigg|_0^1=\frac{1}{3}.$$

本题如果将区域D用直线$y=1$分割为D_1和D_2两部分(图 7-22)，则可用Y型区域的积分公式

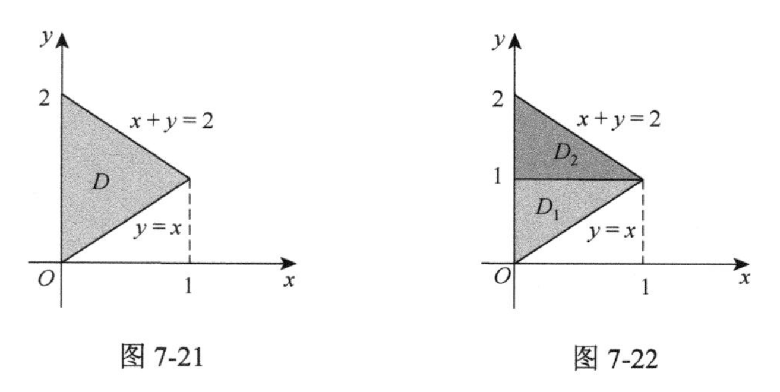

图 7-21　　图 7-22

$$D_1=\{(x,y)\,|\,0\leqslant y\leqslant 1,0\leqslant x\leqslant y\},\quad D_2=\{(x,y)\,|\,1\leqslant y\leqslant 2,0\leqslant x\leqslant 2-y\},$$

所以

$$\begin{aligned}\iint\limits_D xy\mathrm{d}\sigma&=\iint\limits_{D_1} xy\mathrm{d}\sigma+\iint\limits_{D_2} xy\mathrm{d}\sigma=\int_0^1\mathrm{d}y\int_0^y xy\mathrm{d}x+\int_1^2\mathrm{d}y\int_0^{2-y}xy\mathrm{d}x\\&=\int_0^1 y\cdot\frac{x^2}{2}\bigg|_0^y\mathrm{d}y+\int_1^2 y\cdot\frac{x^2}{2}\bigg|_0^{2-y}\mathrm{d}y=\int_0^1\frac{y^3}{2}\mathrm{d}y+\int_1^2\frac{y(2-y)^2}{2}\mathrm{d}y\\&=\frac{1}{8}y^4\Big|_0^1+\left(y^2-\frac{2}{3}y^3+\frac{1}{8}y^4\right)\bigg|_1^2=\frac{1}{3}.\end{aligned}$$

显然，这里的计算比前面麻烦. 由此可见，本题我们应该选择先 y 后 x 的二次积分次序.

合理选择积分次序以简化二重积分的计算是我们常常需要考虑的问题. 其中，不仅要考虑积分区域的类型，还要考虑被积函数的特性.

例 6　计算二重积分 $\iint\limits_D \mathrm{e}^{y^2}\mathrm{d}\sigma$，其中 D 由 $y=x,y=1$ 及 y 轴围成.

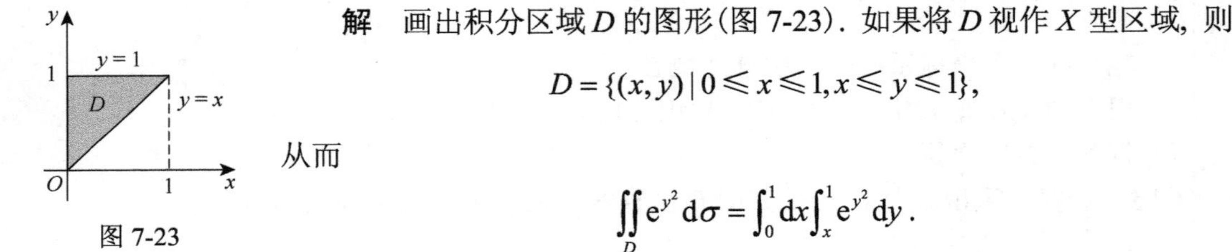

图 7-23

解　画出积分区域 D 的图形(图 7-23). 如果将 D 视作 X 型区域，则

$$D=\{(x,y)\,|\,0\leqslant x\leqslant 1,x\leqslant y\leqslant 1\},$$

从而

$$\iint\limits_D \mathrm{e}^{y^2}\mathrm{d}\sigma=\int_0^1\mathrm{d}x\int_x^1\mathrm{e}^{y^2}\mathrm{d}y.$$

但是 $\int\mathrm{e}^{y^2}\mathrm{d}y$ 的原函数不能用初等函数表示，所以应选择另一种积分次序. 将 D 视作 Y 型区域，则

$$D=\{(x,y)\,|\,0\leqslant y\leqslant 1,0\leqslant x\leqslant y\},$$

所以

$$\begin{aligned}\iint\limits_D \mathrm{e}^{y^2}\mathrm{d}\sigma&=\int_0^1\mathrm{d}y\int_0^y\mathrm{e}^{y^2}\mathrm{d}x=\int_0^1\mathrm{e}^{y^2}\cdot x\Big|_0^y\mathrm{d}y\\&=\int_0^1\mathrm{e}^{y^2}\cdot y\mathrm{d}y=\frac{1}{2}\int_0^1\mathrm{e}^{y^2}\mathrm{d}(y^2)=\frac{\mathrm{e}-1}{2}.\end{aligned}$$

下面再举几个二重积分计算的例子.

例 7　计算二重积分 $\iint\limits_D xy\mathrm{d}\sigma$，其中区域 D 由抛物线 $x=y^2$ 及直线 $y=x-2$ 围成.

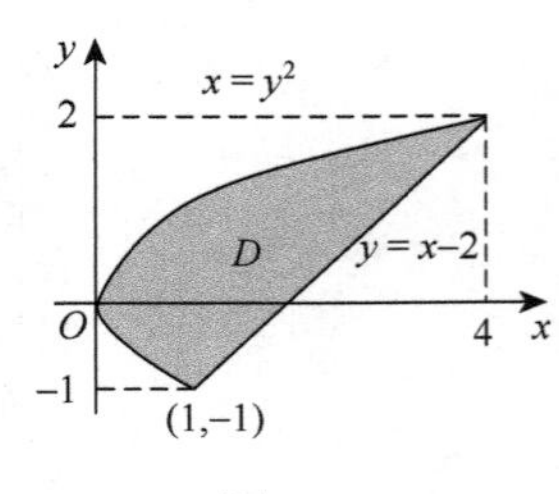

图 7-24

解　画出区域 D 的图形(图 7-24)，它是 Y 型区域且

$$D=\{(x,y)\,|\,-1\leqslant y\leqslant 2,y^2\leqslant x\leqslant y+2\},$$

所以

$$\iint_D xy\mathrm{d}\sigma=\int_{-1}^{2}\mathrm{d}y\int_{y^2}^{y+2}xy\mathrm{d}x$$

$$=\int_{-1}^{2}y\cdot\frac{x^2}{2}\bigg|_{y^2}^{y+2}\mathrm{d}y=\frac{1}{2}\int_{-1}^{2}[y(y+2)^2-y^5]\mathrm{d}y$$

$$=\frac{1}{2}\left(\frac{1}{4}y^4+\frac{4}{3}y^3+2y^2-\frac{1}{6}y^6\right)\bigg|_{-1}^{2}=\frac{45}{8}.$$

例 8　计算二重积分 $\iint\limits_D|x-y|\mathrm{d}\sigma$，其中区域 D 由坐标轴、直线 $x=1$ 及 $y=1$ 围成.

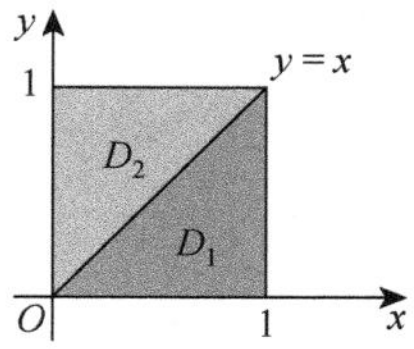

图 7-25

解　因为 $|x-y|=\begin{cases}x-y, & x\geqslant y,\\ y-x, & x<y,\end{cases}$ 故将 D 用直线 $y=x$ 划分为如图 7-25 所示的 D_1 和 D_2 两部分，于是，

$$\iint_D|x-y|\mathrm{d}\sigma=\iint_{D_1}(x-y)\mathrm{d}\sigma+\iint_{D_2}(y-x)\mathrm{d}\sigma$$

$$=\int_0^1\mathrm{d}x\int_0^x(x-y)\mathrm{d}y+\int_0^1\mathrm{d}y\int_0^y(y-x)\mathrm{d}x$$

$$=\int_0^1\left(xy-\frac{y^2}{2}\right)\bigg|_0^x\mathrm{d}x+\int_0^1\left(yx-\frac{x^2}{2}\right)\bigg|_0^y\mathrm{d}y$$

$$=\frac{1}{2}\int_0^1x^2\mathrm{d}x+\frac{1}{2}\int_0^1y^2\mathrm{d}y=\int_0^1x^2\mathrm{d}x=\frac{1}{2}.$$

由前面的例子可以发现，计算二重积分 $\iint\limits_D f(x,y)\mathrm{d}\sigma$ 时，合理选择积分次序是比较关键的一步，积分次序选择不当可能会使计算繁琐甚至无法计算出结果. 因此，对给定的二次积分，交换其积分次序也是一种常见的题型.

一般地，交换积分次序的步骤为：

(1) 确定积分区域 D 并判断类型，画出 D 的图形；

(2) 根据积分区域 D 的形状，变换积分区域类型，写出结果.

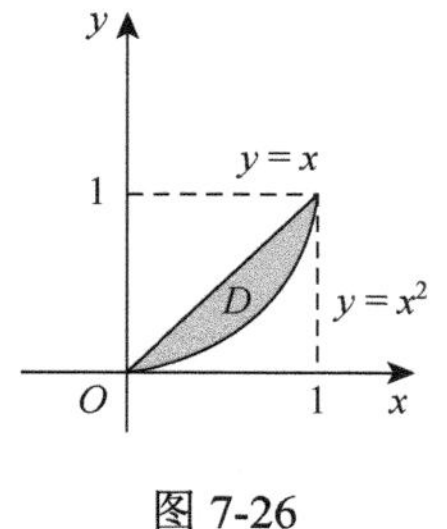

图 7-26

例 9　交换二次积分 $\int_0^1\mathrm{d}x\int_{x^2}^{x}f(x,y)\mathrm{d}y$ 的积分次序.

解　所给积分区域 $D=\{(x,y)\,|\,0\leqslant x\leqslant 1, x^2\leqslant y\leqslant x\}$ 为 X 型，画出积分区域 D (图 7-26).

重新将积分区域 D 看成 Y 型，则

$$D=\{(x,y)\,|\,0\leqslant y\leqslant 1, y\leqslant x\leqslant\sqrt{y}\},$$

所以

$$\int_0^1\mathrm{d}x\int_{x^2}^{x}f(x,y)\mathrm{d}y=\int_0^1\mathrm{d}y\int_y^{\sqrt{y}}f(x,y)\mathrm{d}x.$$

例 10　交换二次积分 $\int_0^1\mathrm{d}x\int_0^x f(x,y)\mathrm{d}y+\int_1^2\mathrm{d}x\int_0^{2-x}f(x,y)\mathrm{d}y$ 的积分次序.

解　记 $I_1=\int_0^1 \mathrm{d}x\int_0^x f(x,y)\mathrm{d}y$，则 $D_1=\{(x,y)\,|\,0\leqslant x\leqslant 1,0\leqslant y\leqslant x\}$ 为 X 型；类似地，记 $I_2=\int_1^2 \mathrm{d}x\int_0^{2-x} f(x,y)\mathrm{d}y$，则 $D_2=\{(x,y)\,|\,1\leqslant x\leqslant 2,0\leqslant y\leqslant 2-x\}$ 也为 X 型. 而 $D=D_1\cup D_2$.

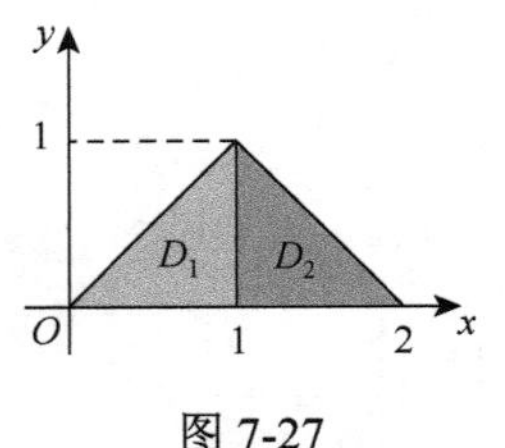

图 7-27

画出积分区域 D (图 7-27).

重新将积分区域 D 看成 Y 型，则

$$D=\{(x,y)\,|\,0\leqslant y\leqslant 1,y\leqslant x\leqslant 2-y\},$$

所以

$$\int_0^1 \mathrm{d}x\int_0^x f(x,y)\mathrm{d}y+\int_1^2 \mathrm{d}x\int_0^{2-x} f(x,y)\mathrm{d}y=\int_0^1 \mathrm{d}y\int_y^{2-y} f(x,y)\mathrm{d}x.$$

四、二重积分在极坐标下的计算

有些二重积分，积分区域 D 的边界线用极坐标方程表示比较方便，且被积函数用极坐标变量表达也很简单. 这时，就可以考虑用极坐标来计算二重积分 $\iint\limits_D f(x,y)\mathrm{d}\sigma$.

1. 极坐标系与平面区域的极坐标表示

1) 极坐标系

在平面上选定一点 O，从点 O 引一条射线 Ox，并在射线上规定一个单位长度，这样就得到了极坐标系(图 7-28)，其中 O 点称为**极点**，射线 Ox 称为**极轴**.

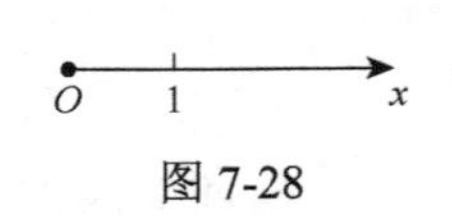

图 7-28

对平面上的任意点 P，线段 OP 的长度称为**极径**，记为 r. 显然 $r\geqslant 0$. 以极轴为始边、以线段 OP 为终边的角称为点 P 的**极角**，记为 θ.

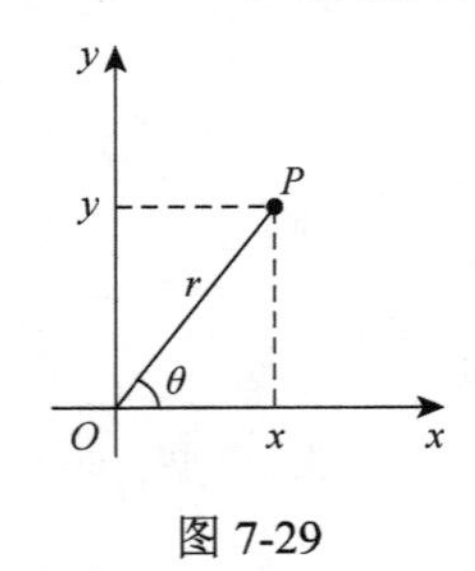

图 7-29

这样，平面上每一点 P 都可以用它的极径 r 和极角 θ 来确定其位置，称有序数对 (r,θ) 为点 P 的极坐标.

为了方便计算，我们将 xOy 直角坐标系中的原点 O 和 x 轴的正半轴选为极坐标系中的极点和极轴(图 7-29)，则平面上点 P 的直角坐标 (x,y) 与其极坐标 (r,θ) 有以下关系

$$\begin{cases} x=r\cos\theta, \\ y=r\sin\theta. \end{cases}$$

2) 平面区域的极坐标表示

利用曲线方程的极坐标表达式，可以将平面区域用极坐标表示，有以下三种情况.

(1) 极点 O 在区域 D 的内部(图 7-30).

设区域 D 由连续闭曲线 C 围成，曲线 C 的极坐标方程为

$$r=r(\theta),\quad 0\leqslant\theta\leqslant 2\pi,$$

且极点O在区域D内部，则区域D的极坐标表示为

$$D=\{(r,\theta)\,|\,0\leqslant\theta\leqslant 2\pi,0\leqslant r\leqslant r(\theta)\}.$$

(2) 极点O在区域D的边界上(图 7-31)

设区域D由连续曲线$r=r(\theta)$及射线$\theta=\alpha,\theta=\beta$所围成，其中$\alpha\leqslant\beta$为常数，且极点$O$在区域$D$的边界上，则区域$D$的极坐标表示为

$$D=\{(r,\theta)\,|\,\alpha\leqslant\theta\leqslant\beta,0\leqslant r\leqslant r(\theta)\}.$$

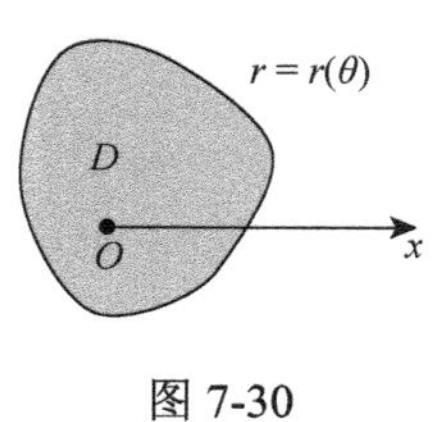

图 7-30

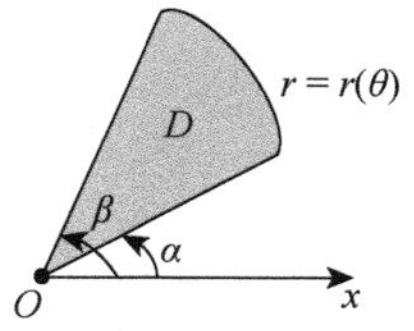

图 7-31

(3) 极点O在区域D的外部(图 7-32)

设区域D由连续曲线$r=r_1(\theta),r=r_2(\theta)$及射线$\theta=\alpha,\theta=\beta$围成，其中$\alpha\leqslant\beta$是常数，且极点$O$在区域$D$的外部，则区域$D$的极坐标表示为

$$D=\{(r,\theta)\,|\,\alpha\leqslant\theta\leqslant\beta,r_1(\theta)\leqslant r\leqslant r_2(\theta)\}.$$

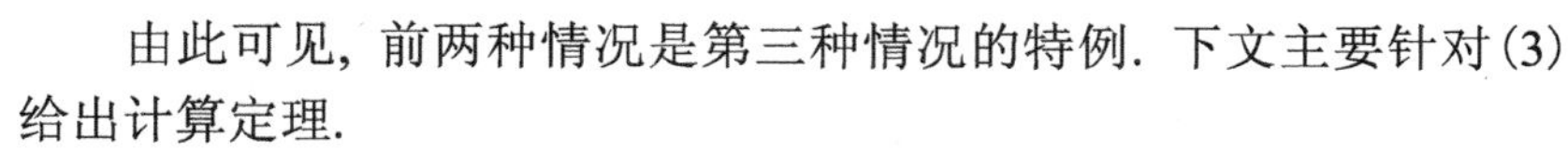

由此可见，前两种情况是第三种情况的特例．下文主要针对(3)给出计算定理．

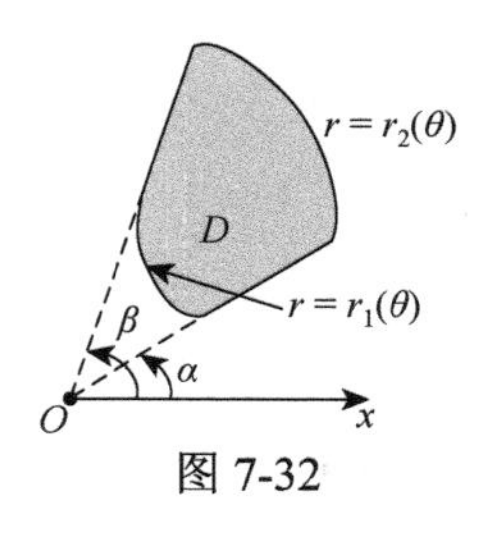

图 7-32

2. 极坐标下二重积分的计算

1) 极坐标下的面积微元

在二重积分的定义中，若函数$f(x,y)$可积，则二重积分$\iint\limits_D f(x,y)\mathrm{d}\sigma$的值与对区域$D$的划分无关．所以在极坐标系下，我们用一组射线$\theta=\theta_i$和一组同心圆$r=r_i$所组成的网格将区域$D$划分成$n$个小区域$\Delta\sigma_i(i=1,2,\cdots,n)$，如图 7-33 所示．

当划分无限变细，即$\lambda\to 0$(λ是所有小闭区域直径的最大值)时，那些完全包含于区域D的小网格$\Delta\sigma_i$都可以“以直代曲”，近似当作矩形，故其面积微元(图 7-34)等于

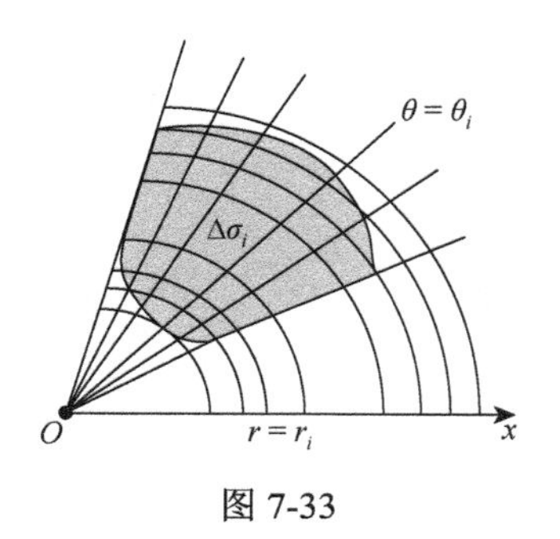

图 7-33

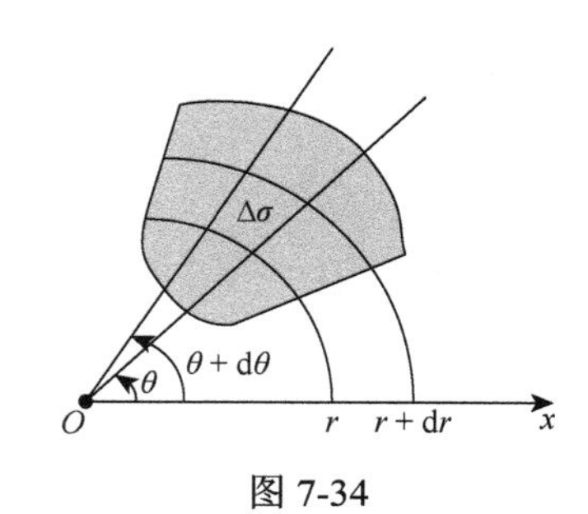

图 7-34

$$d\sigma = dr \cdot r d\theta,$$

从而

$$\iint_D f(x,y)d\sigma = \iint_D f(r\cos\theta, r\sin\theta) r dr d\theta.$$

2) 极坐标下二重积分的计算

定理 7.13　设函数 $z = f(x,y)$ 在有界闭区域 D 上连续, 若区域 D 的极坐标表示为

$$D=\{(r,\theta) \mid \alpha \leqslant \theta \leqslant \beta, r_1(\theta) \leqslant r \leqslant r_2(\theta)\},$$

则有

$$\iint_D f(x,y)d\sigma = \int_\alpha^\beta \left[\int_{r_1(\theta)}^{r_2(\theta)} f(r\cos\theta, r\sin\theta) r dr\right] d\theta = \int_\alpha^\beta d\theta \int_{r_1(\theta)}^{r_2(\theta)} f(r\cos\theta, r\sin\theta) r dr.$$

例 11　计算二重积分 $\iint_D \frac{1}{1+x^2+y^2} d\sigma$, 其中 D 是由圆 $1 \leqslant x^2+y^2 \leqslant 4$ 围成的闭区域.

解　在极坐标系中, 积分区域 D (图 7-35) 可表示为

$$D=\{(r,\theta) \mid 0 \leqslant \theta \leqslant 2\pi, 1 \leqslant r \leqslant 2\},$$

所以

$$\iint_D \frac{1}{1+x^2+y^2} d\sigma = \int_0^{2\pi} d\theta \int_1^2 \frac{r}{1+r^2} dr = 2\pi \cdot \frac{1}{2}\ln(1+r^2)\Big|_1^2 = \pi \ln\frac{5}{2}.$$

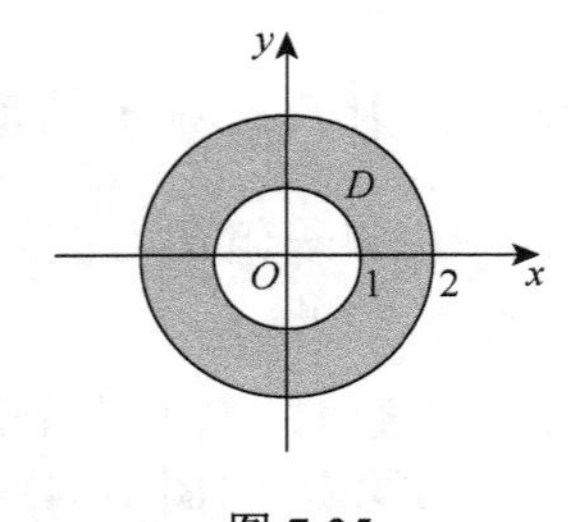

图 7-35

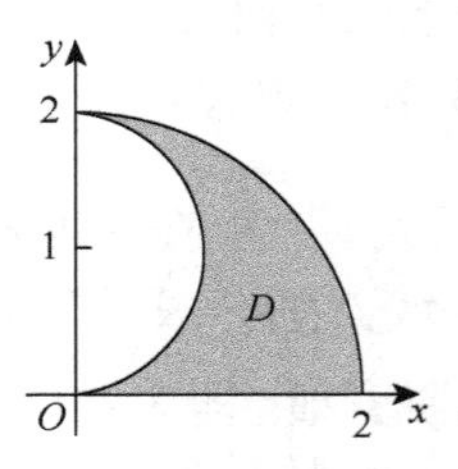

图 7-36

例 12　计算二重积分 $\iint_D \frac{x}{\sqrt{x^2+y^2}} d\sigma$, 其中 D 是由圆 $x^2+y^2=4$ 及 $x^2+(y-1)^2=1$ 围成的第一象限的闭区域.

解　在极坐标系中, 积分区域 D (图 7-36) 可表示为

$$D=\left\{(r,\theta) \middle| 0 \leqslant \theta \leqslant \frac{\pi}{2}, 2\sin\theta \leqslant r \leqslant 2\right\},$$

所以

$$\iint\limits_D \frac{x}{\sqrt{x^2+y^2}}\mathrm{d}\sigma = \int_0^{\frac{\pi}{2}}\mathrm{d}\theta.\int_{2\sin\theta}^{2}\frac{r\cos\theta}{r}\cdot r\mathrm{d}r$$

$$=\int_0^{\frac{\pi}{2}}\frac{\cos\theta}{2}\cdot r^2\Big|_{2\sin\theta}^{2}\mathrm{d}\theta$$

$$=2\int_0^{\frac{\pi}{2}}(\cos\theta-\cos\theta\cdot\sin^2\theta)\mathrm{d}\theta$$

$$=2\left(\sin\theta-\frac{1}{3}\sin^3\theta\right)\Bigg|_0^{\frac{\pi}{2}}$$

$$=\frac{4}{3}.$$

习　题　7

1. 求下列各函数的定义域.

(1) $z=\ln(y^2-2x+1)$；　(2) $z=\ln(y-x)+\dfrac{\sqrt{x}}{\sqrt{1-x^2-y^2}}$；

(3) $z=\arccos\dfrac{x}{y^2}+\arcsin(1-y)$.

2. 设函数 $f(x,y)=\dfrac{2xy}{x^2+y^2}$，求 $f\left(\dfrac{x}{y},\sqrt{xy}\right)$.

3. 设函数 $f\left(\dfrac{1}{x},\dfrac{1}{y}\right)=\dfrac{y^2-x^2}{2x+y}$，求 $f(x,y)$.

4. 求下列各极限.

(1) $\lim\limits_{\substack{x\to\infty\\ y\to\infty}}(x^2+y^2)\sin\dfrac{2}{x^2+y^2}$；　(2) $\lim\limits_{\substack{x\to0\\ y\to0}}\dfrac{\sqrt{xy+1}-1}{xy}$；

(3) $\lim\limits_{\substack{x\to0\\ y\to1}}\dfrac{\mathrm{e}^{xy}-1}{\sin xy}$；　(4) $\lim\limits_{\substack{x\to1\\ y\to0}}\dfrac{\ln(x+\mathrm{e}^y)}{\sqrt{x^2+y^2}}$；

(5) $\lim\limits_{\substack{x\to2\\ y\to0}}\dfrac{\tan(xy)}{y}$；　(6) $\lim\limits_{\substack{x\to0\\ y\to0}}\dfrac{1-\cos(x^2+y^2)}{(x^2+y^2)\mathrm{e}^{x^2y^2}}$.

5. 证明：当 $(x,y)\to(0,0)$ 时，函数 $f(x,y)=\dfrac{x^2y}{x^4+y^2}$ 的极限不存在.

6. 求下列函数的偏导数.

(1) $z=x^3y+3x^2y-xy^3$；　(2) $z=x^{\sin y}$；

(3) $z=\arctan\dfrac{y}{x}$；　(4) $z=\sqrt{\ln(xy)}$；

(5) $z=\cos(xy)+\sin^2(xy)$；　(6) $u=\left(\dfrac{x}{y}\right)^z$.

7. 设二元函数 $f(x,y)=\begin{cases}0, & x=0\text{或}y=0,\\ 1, & xy\neq0.\end{cases}$ 证明：函数 $f(x,y)$ 在点 $(0,0)$ 处的两个一阶偏导数存在，但不连续.

8. 求下列函数的二阶偏导数.

(1) $z=x^2\mathrm{e}^{2y}$；　(2) $z=\dfrac{x}{x^2+y^2}$.

9. 求下列函数的全微分.

(1) $z=x^2y+\dfrac{x}{y}$；　　(2) $z=\dfrac{x+y}{x-y}$；

(3) $z=\ln(2+x^2+y^2)$ 在点 $(2,1)$ 处的全微分.

10. 求下列复合函数的导数或偏导数.

(1) $z=u^2\ln v$，$u=\dfrac{y}{x}$，$v=x^2+y^2$，求 $\dfrac{\partial z}{\partial x}$ 和 $\dfrac{\partial z}{\partial y}$；

(2) $z=\mathrm{e}^{x-2y}$，$x=\sin t$，$y=t^3$，求 $\dfrac{\mathrm{d}z}{\mathrm{d}t}$；

(3) $z=\arctan(xy)$，$y=\mathrm{e}^x$，求 $\dfrac{\mathrm{d}z}{\mathrm{d}x}$；

(4) $z=f(x^2-y^2,\mathrm{e}^{xy})$，$f(x,y)$ 有连续的二阶偏导数，求 $\dfrac{\partial z}{\partial x}$，$\dfrac{\partial z}{\partial y}$，$\dfrac{\partial^2 z}{\partial x^2}$ 和 $\dfrac{\partial^2 z}{\partial y^2}$.

11. 求下列方程所确定的隐函数的导数或偏导数.

(1) $\ln\sqrt{x^2+y^2}=\arctan\dfrac{y}{x}$，求 $\dfrac{\mathrm{d}y}{\mathrm{d}x}$；

(2) $\dfrac{x}{z}=\ln\dfrac{z}{y}$，求 $\dfrac{\partial z}{\partial x}$ 和 $\dfrac{\partial z}{\partial y}$；

(3) $x^2+y^2+z^2-4z=0$，求 $\dfrac{\partial^2 z}{\partial x^2}$；

(4) $x^2+y^2+z^2=yf\left(\dfrac{z}{y}\right)$，其中 f 可导，求 $\dfrac{\partial z}{\partial x}$ 和 $\dfrac{\partial z}{\partial y}$.

12. 求下列函数的极值.

(1) $f(x,y)=x^3+y^3-3xy$；

(2) $f(x,y)=\sin x+\sin y+\sin(x+y)$，　$0\leqslant x\leqslant\dfrac{\pi}{2},0\leqslant y\leqslant\dfrac{\pi}{2}$.

13. 求下列函数在给定区域上的最值.

(1) $f(x,y)=xy^2$，　$D:x^2+y^2\leqslant 1$；

(2) $f(x,y)=x^2+y^2-xy-x-y$，　$D:x\geqslant 0,y\geqslant 0,x+y\leqslant 3$.

14. 比较二重积分的大小.

(1) $I_1=\iint\limits_D\sin(x+y)\mathrm{d}\sigma$ 与 $I_2=\iint\limits_D\mathrm{e}^{x+y}\mathrm{d}\sigma$，其中 $D:0\leqslant x\leqslant 1,0\leqslant y\leqslant 1$；

(2) $I_1=\iint\limits_D(x-y)^2\mathrm{d}\sigma$ 与 $I_2=\iint\limits_D xy\mathrm{d}\sigma$，其中 $D:x^2+y^2\leqslant 2y,x<0,y>0$；

(3) $I_1=\iint\limits_D\ln^3(x+y)\mathrm{d}\sigma$ 与 $I_2=\iint\limits_D(x+y)^3\mathrm{d}\sigma$，其中 $D:x+y\leqslant 1,x\geqslant 0,y\geqslant 0$；

(4) $I_1=\iint\limits_D(x^2+y^2)\mathrm{d}\sigma$ 与 $I_2=\iint\limits_D|xy|\mathrm{d}\sigma$，其中 $D:|x|+|y|\leqslant 1$.

15. 估计下列二重积分的值.

(1) $\iint\limits_D xy(x+y)\mathrm{d}\sigma$，其中 $D:0\leqslant x\leqslant 1,0\leqslant y\leqslant 1$；

(2) $\iint\limits_D\ln(1+x^2+y^2)\mathrm{d}\sigma$，其中 $D:x^2+y^2\leqslant 1$.

16. 对下列区域，将二重积分 $\iint\limits_D f(x,y)\mathrm{d}\sigma$ 按两种次序化为累次积分.

(1) D 由 $y=x^2$ 和 $x=y^2$ 围成；

(2) D 由 $y=\frac{1}{2}x$，$y=2x$ 和 $x+y=3$ 围成.

17. 交换积分次序.

(1) $\int_0^1 \mathrm{d}y\int_0^y f(x,y)\mathrm{d}x$；　(2) $\int_1^{\mathrm{e}} \mathrm{d}x\int_0^{\ln x} f(x,y)\mathrm{d}y$；

(3) $\int_{-1}^0 \mathrm{d}x\int_{x+1}^{\sqrt{1-x^2}} f(x,y)\mathrm{d}y$；　(4) $\int_0^2 \mathrm{d}y\int_{y^2}^{2y} f(x,y)\mathrm{d}x$.

18. 计算下列二重积分.

(1) $\iint\limits_D xy\mathrm{d}\sigma$，其中 D 由 $y=2x-1$，$x=0$ 和 $x=y$ 围成；

(2) $\iint\limits_D (x^2-y^2)\mathrm{d}\sigma$，其中 D 由 $y=\sin x$，$x=\pi$ 和坐标轴围成；

(3) $\iint\limits_D \frac{\sin x}{x}\mathrm{d}\sigma$，其中 D 由 $y=x$，$x=1$ 和 x 轴围成；

(4) $\iint\limits_D (|x|+y)\mathrm{d}\sigma$，其中 D 由 $|x|+|y|\leqslant 1$ 围成.

19. 化二重积分 $\iint\limits_D f(x,y)\mathrm{d}\sigma$ 为极坐标形式的二次积分. 其中积分区域 D 为

(1) $x^2+y^2\leqslant 4$；　(2) $x^2+y^2\leqslant 2x$.

20. 计算下列二重积分.

(1) $\iint\limits_D \mathrm{e}^{x^2+y^2}\mathrm{d}\sigma$，其中 D 由 $1\leqslant x^2+y^2\leqslant 4$ 围成；

(2) $\iint\limits_D (x^2+y^2)\mathrm{d}\sigma$，其中 D 由 $x^2+y^2=2x$ 和 x 轴围成的上半部分；

(3) $\iint\limits_D \frac{x+y}{x^2+y^2}\mathrm{d}\sigma$，其中 D 由 $x^2+y^2\leqslant 1$ 和 $x+y\geqslant 1$ 围成；

(4) $\iint\limits_D \sqrt{\frac{1-x^2-y^2}{1+x^2+y^2}}\mathrm{d}\sigma$，其中 D 由 $x^2+y^2\leqslant 1$ 围成.

第 8 章　无 穷 级 数

无穷级数在微积分学中占有重要地位，它是表示函数、研究函数性质和进行数值计算的有力工具，在解决经济、管理类问题中应用十分广泛. 本章主要介绍无穷级数的基本知识和简单应用.

8.1　常数项级数的概念与性质

一、常数项级数的概念

定义 8.1　设数列 $u_1,u_2,\cdots,u_n,\cdots$，则由数列构成的表达式

$$\sum_{n=1}^{\infty}u_n=u_1+u_2+\cdots+u_n+\cdots \tag{8-1}$$

称为**常数项无穷级数**，简称**级数**，其中 $u_1,u_2,\cdots,u_n,\cdots$ 称为级数的**项**，u_n 称为级数的**一般项**或**通项**.

无穷级数的定义只是形式上表达了无穷多个数的和. 应该怎样理解其意义呢？由于任意有限个数的和是可以完全确定的，因此，我们可以通过考察无穷级数的前 n 项和随着 n 的变化趋势来认识它.

定义 8.2　级数 $\sum\limits_{n=1}^{\infty}u_n$ 的前 n 项和

$$s_n=u_1+u_2+\cdots+u_n=\sum_{k=1}^{n}u_k \tag{8-2}$$

称为级数的**部分和**. 当 n 取 1, 2, 3, $\cdots$ 时，它们构成一个新的数列 $\{s_n\}$，即

$$s_1=u_1,\ s_2=u_1+u_2,\ \cdots,\ s_n=u_1+u_2+\cdots+u_n,\ \cdots$$

称为**部分和数列**.

数列 $\{s_n\}$ 的极限可能存在也可能不存在，故由此给出级数收敛与发散的定义.

定义 8.3　如果级数 $\sum\limits_{n=1}^{\infty}u_n$ 的部分和数列 $\{s_n\}$ 有极限，即

$$\lim_{n\to\infty}s_n=s,$$

则称级数 $\sum\limits_{n=1}^{\infty}u_n$ **收敛**，并称 s 为级数 $\sum\limits_{n=1}^{\infty}u_n$ 的**和**，记为

$$s=\sum_{n=1}^{\infty}u_n=u_1+u_2+\cdots+u_n+\cdots.$$

如果数列 $\{s_n\}$ 没有极限，则称级数 $\sum\limits_{n=1}^{\infty}u_n$ **发散**.

由定义 8.3 可知，级数$\sum_{n=1}^{\infty} u_n$收敛与否取决于部分和数列$\{s_n\}$是否有极限. 如果级数$\sum_{n=1}^{\infty} u_n$收敛于s，则部分和$s_n \approx s$，它们之间的差

$$r_n = s - s_n = u_{n+1} + u_{n+2} + \cdots$$

称为级数的**余项**. 用近似值s_n代替和s所产生的误差是这个余项的绝对值，即误差是$|r_n|$.

例 1　判定级数

$$\frac{1}{1\cdot 2}+\frac{1}{2\cdot 3}+\frac{1}{3\cdot 4}+\cdots+\frac{1}{n(n+1)}+\cdots$$

的收敛性.

解　级数的部分和

$$\begin{aligned} s_n &= \frac{1}{1\cdot 2}+\frac{1}{2\cdot 3}+\frac{1}{3\cdot 4}+\cdots+\frac{1}{n(n+1)} \\ &= \left(1-\frac{1}{2}\right)+\left(\frac{1}{2}-\frac{1}{3}\right)+\left(\frac{1}{3}-\frac{1}{4}\right)+\cdots+\left(\frac{1}{n}-\frac{1}{n+1}\right)=1-\frac{1}{n+1}, \end{aligned}$$

而$\lim\limits_{n\to\infty} s_n = \lim\limits_{n\to\infty}\left(1-\frac{1}{n+1}\right)=1$，所以该级数收敛，且和为 1.

例 2　证明级数$1+2+3+\cdots+n+\cdots$是发散的.

证　级数的部分和

$$s_n = 1+2+3+\cdots+n = \frac{n(1+n)}{2},$$

显然，$\lim\limits_{n\to\infty} s_n = \infty$，因此所给级数是发散的.

例 3　讨论**等比级数**(又称**几何级数**)

$$\sum_{n=0}^{\infty} aq^n = a + aq + aq^2 + \cdots + aq^n + \cdots$$

的收敛性，其中$a \neq 0$.

解　(1)当$q \neq 1$时，有

$$s_n = a + aq + aq^2 + \cdots + aq^{n-1} = \frac{a(1-q^n)}{1-q},$$

如果$|q|<1$，有$\lim\limits_{n\to\infty} q^n = 0$，则$\lim\limits_{n\to\infty} s_n = \lim\limits_{n\to\infty}\frac{a(1-q^n)}{1-q}=\frac{a}{1-q}$，此时级数收敛；如果$|q|>1$，有$\lim\limits_{n\to\infty} q^n = \infty$，则$\lim\limits_{n\to\infty} s_n = \infty$，因此级数发散.

(2)当$q=1$时，有$s_n = na$，则$\lim\limits_{n\to\infty} s_n = \lim\limits_{n\to\infty} na = \infty$，因此级数发散.

(3)当$q=-1$时，级数为

$$a-a+a-a+a-a+\cdots$$

显然 s_n 随着 n 为奇数或为偶数而等于 a 或者等于零，从而 $\lim\limits_{n\to\infty}s_n$ 不存在，级数也发散.

综合以上结果，当 $|q|<1$ 时，等比级数 $\sum\limits_{n=0}^{\infty}aq^n$ 收敛，且和为 $\dfrac{a}{1-q}$；当 $|q|\geqslant 1$ 时，等比级数 $\sum\limits_{n=0}^{\infty}aq^n$ 发散. 这一结论，以后可以直接使用.

二、收敛级数的基本性质

根据级数收敛、发散以及和的概念，可以得出收敛级数的几个基本性质.

性质 1　如果级数 $\sum\limits_{n=1}^{\infty}u_n$ 收敛于 s，则级数 $\sum\limits_{n=1}^{\infty}ku_n$ 也收敛，且和为 ks.

证　设级数 $\sum\limits_{n=1}^{\infty}u_n$ 与级数 $\sum\limits_{n=1}^{\infty}ku_n$ 的部分和分别为 s_n 与 σ_n，则

$$\sigma_n = ku_1 + ku_2 + \cdots + ku_n = k(u_1 + u_2 + \cdots + u_n) = ks_n,$$

于是 $\lim\limits_{n\to\infty}\sigma_n = \lim\limits_{n\to\infty}ks_n = k\lim\limits_{n\to\infty}s_n = ks$. 这表明级数 $\sum\limits_{n=1}^{\infty}ku_n$ 收敛，且和为 ks.

另外，由关系式 $\sigma_n = ks_n$ 知道，如果 $\{s_n\}$ 极限不存在，且 $k\neq 0$，那么 $\{\sigma_n\}$ 的极限也不存在，因此我们有结论：**级数的每一项同乘一个不为零的常数后，级数的敛散性不变**.

性质 2　如果级数 $\sum\limits_{n=1}^{\infty}u_n$，$\sum\limits_{n=1}^{\infty}v_n$ 分别收敛于 s，σ，则级数 $\sum\limits_{n=1}^{\infty}(u_n \pm v_n)$ 也收敛，且和为 $s\pm\sigma$.

证　设级数 $\sum\limits_{n=1}^{\infty}u_n$，$\sum\limits_{n=1}^{\infty}v_n$ 的部分和分别为 s_n，σ_n，则级数 $\sum\limits_{n=1}^{\infty}(u_n \pm v_n)$ 的部分和

$$\tau_n = (u_1 \pm v_1) + (u_2 \pm v_2) + \cdots + (u_n \pm v_n) = s_n \pm \sigma_n,$$

于是 $\lim\limits_{n\to\infty}\tau_n = \lim\limits_{n\to\infty}(s_n \pm \sigma_n) = s\pm\sigma$.

由证明过程可知，若级数 $\sum\limits_{n=1}^{\infty}u_n$ 收敛，而级数 $\sum\limits_{n=1}^{\infty}v_n$ 发散，则级数 $\sum\limits_{n=1}^{\infty}(u_n \pm v_n)$ 发散；但当级数 $\sum\limits_{n=1}^{\infty}u_n$ 和 $\sum\limits_{n=1}^{\infty}v_n$ 均发散时，级数 $\sum\limits_{n=1}^{\infty}(u_n \pm v_n)$ 可能收敛也可能发散.

性质 3　在级数中去掉、加上或改变有限项，不会改变级数的敛散性.

证　我们只需证明“在级数前面部分去掉或加上有限项，不会改变级数的敛散性”，因为其他情形都可以看成是在级数的前面部分先去掉有限项，然后再加上有限项的结果.

设将级数 $u_1 + u_2 + \cdots + u_k + u_{k+1} + \cdots + u_{k+n} + \cdots$ 的前 k 项去掉，得到新级数

$$u_{k+1} + \cdots + u_{k+n} + \cdots.$$

新级数的部分和为 $\sigma_n = u_{k+1} + \cdots + u_{k+n} = s_{k+n} - s_k$，其中 s_{k+n} 是原级数的前 $k+n$ 项的和，s_k 为前 k 项的和. 所以当 $n\to\infty$ 时，σ_n 与 s_{k+n} 或者同时有极限，或者同时没有极限.

性质 4 在收敛级数中，对其项任意加括号后所成的新级数仍为收敛级数，且和不变.

证 设级数 $\sum_{n=1}^{\infty} u_n = s$，其部分和为 s_n. 对这个级数的项任意加括号，所得的新级数为

$$(u_1 + \cdots + u_{n_1}) + (u_{n_1+1} + \cdots + u_{n_2}) + \cdots + (u_{n_{k-1}+1} + \cdots + u_{n_k}) + \cdots = \sum_{k=1}^{\infty} v_k .$$

设它的前 k 项的和为 σ_k，则

$$\sigma_k = (u_1 + \cdots + u_{n_1}) + (u_{n_1+1} + \cdots + u_{n_2}) + \cdots + (u_{n_{k-1}+1} + \cdots + u_{n_k}),$$

于是 $\lim\limits_{k\to\infty} \sigma_k = \lim\limits_{k\to\infty} s_{n_k} = s$. 所以新级数 $\sum_{k=1}^{\infty} v_k$ 收敛，且 $\sum_{k=1}^{\infty} v_k = s$.

注意 如果加括号后所成的新级数收敛，则不能断定原级数收敛. 例如，级数 $(1-1)+(1-1)+\cdots$ 收敛于零，但级数 $1-1+1-1+\cdots$ 却是发散的.

另外，根据性质 4 的证明可以得到推论：如果加括号后的新级数发散，则原级数也发散.

性质 5(级数收敛的必要条件) 如果级数 $\sum_{n=1}^{\infty} u_n$ 收敛，则它的一般项 u_n 趋于零，即 $\lim\limits_{n\to\infty} u_n = 0$.

证 设级数 $\sum_{n=1}^{\infty} u_n = s$，其部分和为 s_n，则由 $u_n = s_n - s_{n-1}$，得

$$\lim_{n\to\infty} u_n = \lim_{n\to\infty}(s_n - s_{n-1}) = s - s = 0 .$$

性质 5 常用来判定级数发散，即如果级数的一般项不趋于零，则级数必定发散.

例 4 判定级数 $\sum_{n=1}^{\infty} \frac{n}{n+1}$ 的敛散性.

解 因为一般项 $u_n = \frac{n}{n+1}$，而

$$\lim_{n\to\infty} u_n = \lim_{n\to\infty} \frac{n}{n+1} = 1 \neq 0 .$$

故由性质 5 可知级数发散.

另外需要强调的是，性质 5 只是级数收敛的必要条件，有些级数虽然 $\lim\limits_{n\to\infty} u_n = 0$，却是发散的.

例 5 判定**调和级数**

$$\sum_{n=1}^{\infty} \frac{1}{n} = 1 + \frac{1}{2} + \frac{1}{3} + \cdots + \frac{1}{n} + \cdots$$

是发散的.

解 对级数加括号

$$1 + \frac{1}{2} + \left(\frac{1}{3} + \frac{1}{4}\right) + \left(\frac{1}{5} + \frac{1}{6} + \frac{1}{7} + \frac{1}{8}\right) + \cdots + \left(\frac{1}{2^m + 1} + \frac{1}{2^m + 2} + \cdots + \frac{1}{2^{m+1}}\right) + \cdots$$

从第三项起, 依次按 2 项、2^2 项、2^3 项、…、2^m 项、… 加括号, 设所得的新级数为 $\sum_{m=1}^{\infty} v_m$, 则

$$v_1 = 1,\ v_2 = \frac{1}{2},\ v_3 = \frac{1}{3} + \frac{1}{4} > \frac{1}{2},\ v_4 = \frac{1}{5} + \frac{1}{6} + \frac{1}{7} + \frac{1}{8} > \frac{1}{2},\ \cdots$$

$$v_m = \frac{1}{2^m + 1} + \frac{1}{2^m + 2} + \cdots + \frac{1}{2^{m+1}} > 2^m \cdot \frac{1}{2^{m+1}} = \frac{1}{2},\ \cdots,$$

易见 $\lim_{m\to\infty} v_m \neq 0$, 由性质 5 知新级数 $\sum_{m=1}^{\infty} v_m$ 发散, 再由性质 4 的推论可知, 原调和级数是发散的.

例 6　判定级数 $\sum_{n=1}^{\infty}\left(\frac{1}{3n} - \frac{1}{3^n}\right)$ 的敛散性.

解　$\sum_{n=1}^{\infty}\left(\frac{1}{3n} - \frac{1}{3^n}\right) = \sum_{n=1}^{\infty}\frac{1}{3n} - \sum_{n=1}^{\infty}\frac{1}{3^n}$, 而 $\sum_{n=1}^{\infty}\frac{1}{3n} = \frac{1}{3}\sum_{n=1}^{\infty}\frac{1}{n}$, 由例 5 和性质 1 可知, 级数发散; 而级数 $\sum_{n=1}^{\infty}\frac{1}{3^n}$ 是公比为 $\frac{1}{3}$ 的等比级数, 是收敛的; 故由性质 2 知所给级数是发散的.

8.2　正 项 级 数

常数项级数的项可以是正数、负数或零. 如果级数 $\sum_{n=1}^{\infty} u_n$ 中的项 $u_n \geqslant 0 (n = 1, 2, \cdots)$, 则称此级数为**正项级数**.

显然, 正项级数的部分和数列 $\{s_n\}$ 是单调增加数列, 即 $s_1 \leqslant s_2 \leqslant \cdots \leqslant s_n \leqslant \cdots$. 根据数列极限的存在准则, 若单调增加的数列有上界则收敛. 所以, 我们得到如下判定正项级数收敛性的定理.

定理 8.1　正项级数 $\sum_{n=1}^{\infty} u_n$ 收敛的充分必要条件是它的部分和数列 $\{s_n\}$ 有界.

例 1　判定级数 $\sum_{n=0}^{\infty}\frac{1}{2^n + 1}$ 的敛散性.

解　由 $u_n = \frac{1}{2^n + 1} > 0$, 故题设级数为正项级数. 又因为 $\frac{1}{2^n + 1} < \frac{1}{2^n}$, 所以

$$s_n = \frac{1}{2+1} + \frac{1}{2^2 + 1} + \cdots + \frac{1}{2^n + 1} < \frac{1}{2} + \frac{1}{2^2} + \cdots + \frac{1}{2^n} = \frac{\frac{1}{2}\left(1 - \frac{1}{2^n}\right)}{1 - \frac{1}{2}} = 1 - \frac{1}{2^n} < 1;$$

部分和数列 $\{s_n\}$ 有界, 由定理 8.1 可知, 级数 $\sum_{n=0}^{\infty}\frac{1}{2^n + 1}$ 收敛.

由例 1 我们发现, 在判定正项级数的收敛性时, 可以通过和另一个级数进行比较来确定. 于是, 根据定理 8.1, 建立了正项级数收敛性的常用判别法.

定理 8.2（比较判别法） 设 $\sum_{n=1}^{\infty}u_n$ 和 $\sum_{n=1}^{\infty}v_n$ 都是正项级数，且满足 $u_n \leqslant v_n(n=1,2,\cdots)$，那么

(1) 若级数 $\sum_{n=1}^{\infty}v_n$ 收敛，则 $\sum_{n=1}^{\infty}u_n$ 收敛；

(2) 若级数 $\sum_{n=1}^{\infty}u_n$ 发散，则 $\sum_{n=1}^{\infty}v_n$ 发散.

证 (1) 设级数 $\sum_{n=1}^{\infty}v_n$ 收敛于 σ，则级数 $\sum_{n=1}^{\infty}u_n$ 的部分和

$$s_n = u_1+u_2+\cdots+u_n \leqslant v_1+v_2+\cdots+v_n \leqslant \sigma \quad (n=1,2,\cdots),$$

即部分和数列 $\{s_n\}$ 有界，由定理 8.1 可知级数 $\sum_{n=1}^{\infty}u_n$ 收敛.

(2) 设级数 $\sum_{n=1}^{\infty}u_n$ 发散，则级数 $\sum_{n=1}^{\infty}v_n$ 一定发散. 因为，若级数 $\sum_{n=1}^{\infty}v_n$ 收敛，则由 (1) 可知 $\sum_{n=1}^{\infty}u_n$ 也收敛，这与假设矛盾.

例 2 讨论 p 级数

$$\sum_{n=1}^{\infty}\frac{1}{n^p}=1+\frac{1}{2^p}+\frac{1}{3^p}+\cdots+\frac{1}{n^p}+\cdots,\quad p>0$$

的敛散性.

解 (1) 当 $p=1$ 时，级数 $\sum_{n=1}^{\infty}\frac{1}{n}$ 为调和级数，发散；

(2) 当 $p<1$ 时，因为 $\frac{1}{n}<\frac{1}{n^p}$，而 $\sum_{n=1}^{\infty}\frac{1}{n}$ 发散，故由比较判别法知，级数 $\sum_{n=1}^{\infty}\frac{1}{n^p}$ 发散；

(3) 当 $p>1$ 时，对正项级数按如下方式加括号，

$$1+\left(\frac{1}{2^p}+\frac{1}{3^p}\right)+\left(\frac{1}{4^p}+\frac{1}{5^p}+\frac{1}{6^p}+\frac{1}{7^p}\right)+\cdots+\left(\frac{1}{2^{np}}+\frac{1}{(2^n+1)^p}+\cdots+\frac{1}{(2^{n+1}-1)^p}\right)+\cdots.$$

上面各项均不大于

$$\begin{aligned}
&1+\left(\frac{1}{2^p}+\frac{1}{2^p}\right)+\left(\frac{1}{4^p}+\frac{1}{4^p}+\frac{1}{4^p}+\frac{1}{4^p}\right)+\cdots+\left(\frac{1}{2^{np}}+\frac{1}{2^{np}}+\cdots+\frac{1}{2^{np}}\right)+\cdots\\
&=1+\frac{2}{2^p}+\frac{2^2}{2^{2p}}+\cdots+\frac{2^n}{2^{np}}+\cdots\\
&=1+\frac{1}{2^{p-1}}+\left(\frac{1}{2^{p-1}}\right)^2+\cdots+\left(\frac{1}{2^{p-1}}\right)^n+\cdots,
\end{aligned}$$

不难看出，等比级数 $\sum_{n=0}^{\infty}\left(\frac{1}{2^{p-1}}\right)^n$ 的公比为 $\frac{1}{2^{p-1}}<1$，级数收敛. 再由比较判别法知级数 $\sum_{n=1}^{\infty}\frac{1}{n^p}$ 收敛.

综合以上讨论，对于 p 级数 $\sum_{n=1}^{\infty}\frac{1}{n^p}$，当 $p\leqslant 1$ 时发散；当 $p>1$ 时收敛.

这里需要注意，对 8.1 节的性质 4，我们说过如果加括号后所成的新级数收敛，则不能断定原级数也收敛，但是，如果原级数是正项级数，那么任意加括号是不会改变它的收敛性的.

例 3　证明级数 $\sum_{n=1}^{\infty}\frac{1}{\sqrt{n(n+1)}}$ 是发散的.

证　因为 $n(n+1)<(n+1)^2$，所以 $\frac{1}{\sqrt{n(n+1)}}>\frac{1}{n+1}$. 而级数

$$\sum_{n=1}^{\infty}\frac{1}{n+1}=\frac{1}{2}+\frac{1}{3}+\cdots+\frac{1}{n+1}+\cdots$$

是发散的. 根据比较判别法可知所给级数也是发散的.

例 4　判别级数 $\sum_{n=1}^{\infty}\frac{2n+1}{(n+2)^3}$ 的敛散性.

解　因为

$$\frac{2n+1}{(n+2)^3}<\frac{2n+4}{(n+2)^3}<\frac{2}{n^2},$$

而级数 $\sum_{n=1}^{\infty}\frac{2}{n^2}$ 是收敛的. 所以，由比较判别法知所给级数也是收敛的.

由上面例子可以看出，应用比较判别法来判定级数的收敛性时，必须将级数的一般项 u_n 适当的放缩，建立 u_n 与某一已知收敛性级数(称为**比较级数**，等比级数和 p 级数是常用的比较级数)的一般项之间的不等式. 为了应用的方便，我们给出比较判别法的极限形式.

定理 8.3(比较判别法的极限形式)　设 $\sum_{n=1}^{\infty}u_n$，$\sum_{n=1}^{\infty}v_n$ 均是正项级数，且 $\lim_{n\to\infty}\frac{u_n}{v_n}=l$.

(1) 当 $0<l<+\infty$ 时，级数 $\sum_{n=1}^{\infty}u_n$ 和 $\sum_{n=1}^{\infty}v_n$ 同时收敛或同时发散；

(2) 当 $l=0$ 时，若级数 $\sum_{n=1}^{\infty}v_n$ 收敛，则 $\sum_{n=1}^{\infty}u_n$ 收敛；

(3) 当 $l=+\infty$ 时，若级数 $\sum_{n=1}^{\infty}v_n$ 发散，则 $\sum_{n=1}^{\infty}u_n$ 发散.

证　(1) 由 $\lim_{n\to\infty}\frac{u_n}{v_n}=l>0$，根据极限的定义，对于 $\varepsilon=\frac{l}{2}>0$，存在正整数 N，当 $n>N$ 时，有

$$\left|\frac{u_n}{v_n}-l\right|<\frac{l}{2}，即\ l-\frac{l}{2}<\frac{u_n}{v_n}<l+\frac{l}{2},$$

从而有 $\frac{l}{2}v_n<u_n<\frac{3l}{2}v_n$. 由比较判别法知，此时 $\sum_{n=1}^{\infty}u_n$ 与 $\sum_{n=1}^{\infty}v_n$ 同时收敛或同时发散.

(2) 当 $l=0$ 时，取 $\varepsilon=1$，则存在正整数 N，当 $n>N$ 时，有

$$\left|\frac{u_n}{v_n}\right|<1，即 u_n<v_n .$$

由比较判别法知，若级数 $\sum_{n=1}^{\infty}v_n$ 收敛，则 $\sum_{n=1}^{\infty}u_n$ 收敛.

(3) 当 $l=+\infty$ 时，取 $X=1$，则存在正整数 N，当 $n>N$ 时，有 $\frac{u_n}{v_n}>1$，即 $u_n>v_n$. 由比较判别法知，若级数 $\sum_{n=1}^{\infty}v_n$ 发散，则 $\sum_{n=1}^{\infty}u_n$ 发散.

例 5　判别级数 $\sum_{n=1}^{\infty}\sin\frac{1}{n}$ 的敛散性.

解　因为

$$\lim_{n\to\infty}\frac{\sin\frac{1}{n}}{\frac{1}{n}}=1>0,$$

且级数 $\sum_{n=1}^{\infty}\frac{1}{n}$ 发散，根据定理 8.3 知此级数发散.

例 6　判别级数 $\sum_{n=1}^{\infty}\ln\left(1+\frac{1}{n^2}\right)$ 的敛散性.

解　因为

$$\lim_{n\to\infty}\frac{\ln\left(1+\frac{1}{n^2}\right)}{\frac{1}{n^2}}=1>0,$$

且级数 $\sum_{n=1}^{\infty}\frac{1}{n^2}$ 收敛，由定理 8.3 知此级数收敛.

通过上面的例子不难发现，使用比较判别法的极限形式，可以借助等价无穷小去找比较级数，但这多少有些困难. 下面介绍的判别法，可以不借助于比较级数而直接得到级数的收敛性.

定理 8.4 (比值判别法或达朗贝尔判别法)　设 $\sum_{n=1}^{\infty}u_n$ 是正项级数，且 $\lim_{n\to\infty}\frac{u_{n+1}}{u_n}=\rho$，则

(1) 当 $\rho<1$ 时，级数收敛；

(2) 当 $\rho>1$ 时 (包括 $\rho=+\infty$)，级数发散；

(3) 当 $\rho=1$ 时，无法判别.

证　(1) 当 $\rho<1$ 时，取 $0<\varepsilon<1-\rho$，令 $r=\rho+\varepsilon<1$，由极限定义，存在正整数 N，当 $n>N$ 时，有 $\left|\frac{u_{n+1}}{u_n}-\rho\right|<\varepsilon$，即 $(\rho-\varepsilon)u_n<u_{n+1}<(\rho+\varepsilon)u_n$，则 $u_{n+1}<ru_n$，因此

$$u_{N+2} < ru_{N+1}, \quad u_{N+3} < ru_{N+2} < r^2 u_{N+1}, \quad u_{N+m} < ru_{N+m-1} < \cdots < r^{m-1} u_{N+1}, \quad \cdots$$

而级数$\sum_{n=1}^{\infty} r^{m-1} u_{N+1}$收敛，由比较判别法知级数$\sum_{n=1}^{\infty} u_n$收敛.

(2) 当$\rho > 1$时，取$0 < \varepsilon < \rho - 1$，则当$n > N$时，有$u_{n+1} > (\rho - \varepsilon) u_n > u_n$，即从第$N+1$项开始，级数$\sum_{n=1}^{\infty} u_n$的一般项是逐渐增大的，从而$\lim_{n\to\infty} u_n \neq 0$．根据级数收敛的必要条件可知级数$\sum_{n=1}^{\infty} u_n$发散.

类似地，可以证明当$\lim_{n\to\infty} \frac{u_{n+1}}{u_n} = +\infty$时，级数$\sum_{n=1}^{\infty} u_n$发散.

(3) 当$\rho = 1$时，级数可能收敛也可能发散.

例如，对于级数$\sum_{n=1}^{\infty} \frac{1}{n}$和$\sum_{n=1}^{\infty} \frac{1}{n^2}$，都有$\lim_{n\to\infty} \frac{u_{n+1}}{u_n} = 1$，但是前者是发散的，后者是收敛的．因此当$\rho = 1$时，就利用其他判别法进行判断.

例 7　判定级数$\sum_{n=1}^{\infty} \frac{n!}{10^n}$的敛散性.

解　因为

$$\frac{u_{n+1}}{u_n} = \frac{(n+1)!}{10^{n+1}} \cdot \frac{10^n}{n!} = \frac{n+1}{10},$$

$$\lim_{n\to\infty} \frac{u_{n+1}}{u_n} = \lim_{n\to\infty} \frac{n+1}{10} = \infty,$$

故由比值判别法知所给级数发散.

例 8　判定级数$\sum_{n=1}^{\infty} \frac{1}{(2n-1)\cdot 2n}$的敛散性.

解　因为

$$\lim_{n\to\infty} \frac{u_{n+1}}{u_n} = \lim_{n\to\infty} \frac{\frac{1}{(2n+1)\cdot(2n+2)}}{\frac{1}{(2n-1)\cdot 2n}} = \lim_{n\to\infty} \frac{(2n-1)\cdot 2n}{(2n+1)\cdot(2n+2)} = 1,$$

比值判别法失效，故用其他方法判定.

因为$\lim_{n\to\infty} \frac{\frac{1}{(2n-1)\cdot 2n}}{\frac{1}{4n^2}} = \lim_{n\to\infty} \frac{4n^2}{(2n-1)\cdot 2n} = 1$，并且级数$\sum_{n=1}^{\infty} \frac{1}{4n^2}$收敛，故由比较判别法的极限形式可知所给级数收敛.

8.3　任意项级数

任意项级数是级数中的各项为任意实数的常数项级数，下面先来讨论一种特殊的级数——交错级数，再来讨论任意项级数.

一、交错级数及其判别法

交错级数是指级数中各项是正负交错的，一般写成

$$\sum_{n=1}^{\infty}(-1)^{n-1}u_n=u_1-u_2+u_3-u_4+\cdots,$$

其中$u_n>0$. 对于交错级数，我们有下面的判别法.

定理 8.5（莱布尼茨定理） 如果交错级数$\sum_{n=1}^{\infty}(-1)^{n-1}u_n$满足条件

(1) $u_n\geqslant u_{n+1}(n=1,2,3,\cdots)$；

(2) $\lim_{n\to\infty}u_n=0$.

则交错级数收敛，且其和$s\leqslant u_1$，其余项r_n的绝对值$|r_n|\leqslant u_{n+1}$.

证 设所给级数的部分和为s_n，由

$$0\leqslant s_{2n}=(u_1-u_2)+(u_3-u_4)+\cdots+(u_{2n-1}-u_{2n}),$$

由条件(1)可知数列$\{s_{2n}\}$是单调增加的，且

$$s_{2n}=u_1-(u_2-u_3)-\cdots-(u_{2n-2}-u_{2n-1})-u_{2n}\leqslant u_1,$$

故数列$\{s_{2n}\}$是有界的，则$\{s_{2n}\}$的极限存在. 设$\lim_{n\to\infty}s_{2n}=s$，由条件(2)有

$$\lim_{n\to\infty}s_{2n+1}=\lim_{n\to\infty}(s_{2n}+u_{2n+1})=s,$$

所以$\lim_{n\to\infty}s_n=s$，从而交错级数收敛于和s，且$s\leqslant u_1$. 此时，

$$|r_n|=\left|(-1)^n u_{n+1}+(-1)^{n+1}u_{n+2}+\cdots\right|=u_{n+1}-u_{n+2}+\cdots\leqslant u_{n+1},$$

所以余项r_n的绝对值$|r_n|\leqslant u_{n+1}$.

例 1 判定级数$\sum_{n=1}^{\infty}(-1)^{n-1}\frac{1}{n}$的敛散性.

解 交错级数中$u_n=\frac{1}{n}$，满足(1) $u_n=\frac{1}{n}>\frac{1}{n+1}=u_{n+1}$；(2) $\lim_{n\to\infty}u_n=\lim_{n\to\infty}\frac{1}{n}=0$，由莱布尼茨定理可知所给级数收敛.

这里需要强调，莱布尼茨定理是判定交错级数收敛的充分非必要条件，故当莱布尼茨定理的条件不满足时，不能断定交错级数是发散的.

二、任意项级数

任意项级数

$$\sum_{n=1}^{\infty}u_n=u_1+u_2+\cdots+u_n+\cdots,$$

其中u_n可以是正数、负数或零. 对应这个级数, 可以构造一个正项级数

$$\sum_{n=1}^{\infty}|u_n|=|u_1|+|u_2|+\cdots+|u_n|+\cdots,$$

上述两个级数的收敛性有一定的联系.

定理 8.6　若级数$\sum_{n=1}^{\infty}|u_n|$收敛, 则级数$\sum_{n=1}^{\infty}u_n$一定收敛.

证　令$v_n=\frac{1}{2}(u_n+|u_n|)(n=1,2,\cdots)$.

显然, $v_n\geqslant 0$且$v_n\leqslant|u_n|(n=1,2,\cdots)$. 因级数$\sum_{n=1}^{\infty}|u_n|$收敛, 由比较判别法知, 级数$\sum_{n=1}^{\infty}v_n$收敛. 所以, $\sum_{n=1}^{\infty}2v_n$也收敛, 而$u_n=2v_n-|u_n|$, 由收敛级数的性质可知$\sum_{n=1}^{\infty}u_n$收敛.

根据这个定理, 我们可以将任意项级数的收敛性判别问题转化为正项级数的收敛性判别问题. 并且, 对任意项级数的收敛, 我们给出下面的定义.

定义 8.4　设$\sum_{n=1}^{\infty}u_n$是任意项级数,

(1) 若级数$\sum_{n=1}^{\infty}|u_n|$收敛, 则称级数$\sum_{n=1}^{\infty}u_n$**绝对收敛**;

(2) 若级数$\sum_{n=1}^{\infty}|u_n|$发散, 而$\sum_{n=1}^{\infty}u_n$收敛, 则称级数$\sum_{n=1}^{\infty}u_n$**条件收敛**.

例 2　判定级数$\sum_{n=1}^{\infty}\frac{\sin n}{n^2}$的敛散性.

解　因为$\left|\frac{\sin n}{n^2}\right|\leqslant\frac{1}{n^2}$, 而级数$\sum_{n=1}^{\infty}\frac{1}{n^2}$收敛, 由正项级数的比较判别法知级数$\sum_{n=1}^{\infty}\left|\frac{\sin n}{n^2}\right|$收敛, 因此$\sum_{n=1}^{\infty}\frac{\sin n}{n^2}$绝对收敛.

例 3　讨论级数$\sum_{n=1}^{\infty}(-1)^n\frac{1}{n^p}$的敛散性.

解　因为$\left|(-1)^n\frac{1}{n^p}\right|=\frac{1}{n^p}$,

(1) 当$p>1$时, 级数$\sum_{n=1}^{\infty}\frac{1}{n^p}$收敛, 所以$\sum_{n=1}^{\infty}(-1)^n\frac{1}{n^p}$绝对收敛;

(2) 当$0<p\leqslant 1$时, 级数$\sum_{n=1}^{\infty}\frac{1}{n^p}$发散, 而交错级数$\sum_{n=1}^{\infty}(-1)^n\frac{1}{n^p}$中, $u_n=\frac{1}{n^p}>\frac{1}{(n+1)^p}=u_{n+1}$, 且$\lim\limits_{n\to\infty}u_n=\lim\limits_{n\to\infty}\frac{1}{n^p}=0$, 由莱布尼茨定理可知级数$\sum_{n=1}^{\infty}(-1)^n\frac{1}{n^p}$收敛, 故级数为条件收敛;

(3) 当$p\leqslant 0$时, 由于$\lim\limits_{n\to\infty}(-1)^n\frac{1}{n^p}\neq 0$, 此时级数发散.

综上，级数 $\sum_{n=1}^{\infty}(-1)^n\frac{1}{n^p}$ 当 $p>1$ 时绝对收敛；当 $0<p\leqslant 1$ 时条件收敛；当 $p\leqslant 0$ 时发散.

一般地，如果级数 $\sum_{n=1}^{\infty}|u_n|$ 发散，我们不能断定级数 $\sum_{n=1}^{\infty}u_n$ 也发散. 但是，如果我们用比值判别法根据 $\lim_{n\to\infty}\left|\frac{u_{n+1}}{u_n}\right|=\rho>1$ 判定出级数 $\sum_{n=1}^{\infty}|u_n|$ 发散，则可以断定级数 $\sum_{n=1}^{\infty}u_n$ 必定发散. 这是因为从 $\rho>1$ 可知 $\lim_{n\to\infty}|u_n|\neq 0$，从而 $\lim_{n\to\infty}u_n\neq 0$，因此级数 $\sum_{n=1}^{\infty}u_n$ 发散.

总之，对于任意项级数 $\sum_{n=1}^{\infty}u_n$，先用正项级数判别法考察级数 $\sum_{n=1}^{\infty}|u_n|$ 的收敛性. 若 $\sum_{n=1}^{\infty}|u_n|$ 收敛，则 $\sum_{n=1}^{\infty}u_n$ 绝对收敛；若 $\sum_{n=1}^{\infty}|u_n|$ 发散且是用比值判别法判定的，则 $\sum_{n=1}^{\infty}u_n$ 发散；否则在 $\sum_{n=1}^{\infty}|u_n|$ 发散的情况下，需直接根据级数收敛性的定义和性质判定.

8.4 幂 级 数

幂级数是一种特殊的函数项级数. 本节先简单介绍函数项级数的有关概念，然后讨论幂级数.

一、函数项级数的概念

设定义在区间 I 上的函数列

$$u_1(x),\ u_2(x),\ \cdots,\ u_n(x),\ \cdots,$$

则由此函数列构成的表达式

$$\sum_{n=1}^{\infty}u_n(x)=u_1(x)+u_2(x)+\cdots+u_n(x)+\cdots,$$

称为定义在区间 I 上的**函数项级数**.

与常数项级数类似，将函数项级数 $\sum_{n=1}^{\infty}u_n(x)$ 的前 n 项和记为

$$s_n(x)=u_1(x)+u_2(x)+\cdots+u_n(x),$$

称为函数项级数 $\sum_{n=1}^{\infty}u_n(x)$ 的**部分和**.

对函数项级数 $\sum_{n=1}^{\infty}u_n(x)$ 而言，当 x 取某一个确定的值 $x_0\in I$ 时，它就成为一个常数项级数 $\sum_{n=1}^{\infty}u_n(x_0)$. 如果级数 $\sum_{n=1}^{\infty}u_n(x_0)$ 收敛，即 $\lim_{n\to\infty}s_n(x_0)$ 存在，则称函数项级数 $\sum_{n=1}^{\infty}u_n(x)$ 在点 x_0 处收敛，x_0 为该函数项级数的**收敛点**. 如果级数 $\sum_{n=1}^{\infty}u_n(x_0)$ 发散，即 $\lim_{n\to\infty}s_n(x_0)$ 不存在，则

称函数项级数$\sum_{n=1}^{\infty}u_n(x)$在点$x_0$处发散，$x_0$为该函数项级数的**发散点**. 函数项级数$\sum_{n=1}^{\infty}u_n(x)$全体收敛点的集合称为该级数的**收敛域**，全体发散点的集合称为**发散域**.

设函数项级数$\sum_{n=1}^{\infty}u_n(x)$的收敛域为$D$，则对$D$内的每一点$x$，$\lim\limits_{n\to\infty}s_n(x)$存在，记$\lim\limits_{n\to\infty}s_n(x)=s(x)$，它是$x$的函数，称为函数项级数$\sum_{n=1}^{\infty}u_n(x)$的**和函数**. 即

$$s(x)=u_1(x)+u_2(x)+\cdots+u_n(x)+\cdots,\quad x\in D,$$

称

$$r_n(x)=s(x)-s_n(x)=u_{n+1}(x)+u_{n+2}(x)+\cdots$$

为函数项级数$\sum_{n=1}^{\infty}u_n(x)$的余项. 显然，对于收敛域上的每一个点$x$，有$\lim\limits_{n\to\infty}r_n(x)=0$.

二、幂级数的概念

函数项级数中最简单且最常见的就是各项都为幂函数的函数项级数，即**幂级数**，它的形式为

$$\sum_{n=0}^{\infty}a_nx^n=a_0+a_1x+a_2x^2+\cdots+a_nx^n+\cdots,$$

称为关于x的幂级数，其中常数$a_0,a_1,a_2,\cdots,a_n,\cdots$为幂级数的系数. 例如

$$\sum_{n=0}^{\infty}x^n=1+x+x^2+\cdots+x^n+\cdots,$$

$$\sum_{n=0}^{\infty}\frac{x^n}{n!}=1+x+\frac{x^2}{2!}+\cdots+\frac{x^n}{n!}+\cdots$$

都是幂级数.

更一般地，形如$\sum_{n=0}^{\infty}a_n(x-x_0)^n$称为$(x-x_0)$的幂级数，可通过变量代换$t=x-x_0$转化为$\sum_{n=0}^{\infty}a_nt^n$的形式. 所以，下面主要针对形如$\sum_{n=0}^{\infty}a_nx^n$的幂级数展开讨论.

对于给定的幂级数，它的收敛域是怎样的呢？

显然，当$x=0$时，幂级数$\sum_{n=0}^{\infty}a_nx^n$收敛于$a_0$，这说明幂级数的收敛域总是非空的. 考查幂级数

$$\sum_{n=0}^{\infty}x^n=1+x+x^2+\cdots+x^n+\cdots$$

的收敛域. 这是一个等比级数，当$|x|<1$时，它收敛于和$\frac{1}{1-x}$；当$|x|\geqslant1$时，它发散. 因此，该级数的收敛域是开区间$(-1,1)$，发散域为$(-\infty,-1]\cup[1,+\infty)$.

这个例子表明，幂级数$\sum_{n=0}^{\infty}x^n$的收敛域是一个区间. 事实上，这个结论对于一般的幂级数也成立.

定理 8.7(阿贝尔定理) (1)如果幂级数$\sum_{n=0}^{\infty}a_nx^n$在$x_0(x_0\neq 0)$处收敛，则对于满足不等式$|x|<|x_0|$的一切$x$，幂级数$\sum_{n=0}^{\infty}a_nx^n$绝对收敛；

(2)如果幂级数$\sum_{n=0}^{\infty}a_nx^n$在$x_0(x_0\neq 0)$处发散，则对于满足不等式$|x|>|x_0|$的一切$x$，幂级数$\sum_{n=0}^{\infty}a_nx^n$发散.

证 (1)若幂级数$\sum_{n=0}^{\infty}a_nx^n$在$x_0(x_0\neq 0)$处收敛，则根据收敛的必要条件有$\lim\limits_{n\to\infty}a_nx_0{}^n=0$，所以数列$\{a_nx_0{}^n\}$有界，即存在$M$，使得$|a_nx_0{}^n|\leqslant M$. 因为

$$|a_nx^n|=\left|a_nx_0{}^n\cdot\frac{x^n}{x_0{}^n}\right|=|a_nx_0{}^n|\cdot\left|\frac{x}{x_0}\right|^n\leqslant M\left|\frac{x}{x_0}\right|^n,$$

当$\left|\dfrac{x}{x_0}\right|<1$时，等比级数$\sum_{n=0}^{\infty}M\left|\dfrac{x}{x_0}\right|^n$收敛，再由比较判别法知级数$\sum_{n=0}^{\infty}|a_nx^n|$收敛，即级数$\sum_{n=0}^{\infty}a_nx^n$绝对收敛.

(2)反证法证明，设$x=x_0$时发散，另有点x_1存在，它满足$|x_1|>|x_0|$，并使得级数$\sum_{n=0}^{\infty}a_nx_1{}^n$收敛，则根据(1)的结论，当$x=x_0$时也收敛，这与假设矛盾，从而得证.

上述定理表明，如果幂级数$\sum_{n=0}^{\infty}a_nx^n$存在异于$x=0$的收敛点，则总有一个关于原点对称的开区间包含于其收敛域内. 所以当收敛点的集合有界时，则一定存在正实数R，使得当$x\in(-R,R)$时，幂级数$\sum_{n=0}^{\infty}a_nx^n$绝对收敛，而当$x\in(-\infty,-R)\cup(R,+\infty)$时，幂级数$\sum_{n=0}^{\infty}a_nx^n$发散. 称正实数$R$为该幂级数的收敛半径，$(-R,R)$为幂级数的收敛区间. 再由幂级数在$x=\pm R$处的敛散性就可以确定它的收敛域是$(-R,R)$，$[-R,R)$，$(-R,R]$或$[-R,R]$这四个区间之一.

显然，幂级数$\sum_{n=0}^{\infty}a_nx^n$在$x=0$处一定收敛. 若幂级数$\sum_{n=0}^{\infty}a_nx^n$仅在$x=0$处收敛，则规定收敛半径$R=0$；若幂级数$\sum_{n=0}^{\infty}a_nx^n$对一切$x$都收敛，则规定收敛半径$R=+\infty$.

关于幂级数收敛半径的求法，我们有下面的定理.

定理 8.8 设幂级数$\sum_{n=0}^{\infty}a_nx^n$，如果$\lim\limits_{n\to\infty}\left|\dfrac{a_{n+1}}{a_n}\right|=\rho$，则

(1) 当 $0<\rho<+\infty$ 时，$R=\dfrac{1}{\rho}$；

(2) 当 $\rho=0$ 时，$R=+\infty$；

(3) 当 $\rho=+\infty$ 时，$R=0$.

证　对级数 $\sum\limits_{n=0}^{\infty}|a_nx^n|$ 应用比值判别法

$$\lim_{n\to\infty}\left|\frac{a_{n+1}x^{n+1}}{a_nx^n}\right|=\lim_{n\to\infty}\frac{|a_{n+1}|}{|a_n|}|x|=\rho|x|,$$

(1) 当 $0<\rho<+\infty$ 时，由比值判别法知，若 $|x|<\dfrac{1}{\rho}$，幂级数绝对收敛；若 $|x|>\dfrac{1}{\rho}$，幂级数发散，所以 $R=\dfrac{1}{\rho}$；

(2) 当 $\rho=0$ 时，对任意实数 x，有 $\rho|x|=0<1$，幂级数总是绝对收敛，故 $R=+\infty$；

(3) 当 $\rho=+\infty$ 时，对任何非零的 x，有 $\rho|x|=+\infty$，幂级数发散，故 $R=0$.

这里需要强调，只有当 $\lim\limits_{n\to\infty}\left|\dfrac{a_{n+1}}{a_n}\right|$ 存在或无穷大时，才能按定理 8.8 的公式计算收敛半径. 如果幂级数有缺项，如缺少奇数次幂的项等，则应直接利用比值判别法来判定幂级数的收敛性.

求幂级数 $\sum\limits_{n=0}^{\infty}a_nx^n$ 收敛域的基本步骤：

(1) 求收敛半径 R；

(2) 判别常数项级数 $\sum\limits_{n=0}^{\infty}a_nR^n$，$\sum\limits_{n=0}^{\infty}a_n(-R)^n$ 的敛散性；

(3) 写出幂级数的收敛域.

例 1　求幂级数 $\sum\limits_{n=1}^{\infty}(-1)^n\dfrac{x^n}{n}$ 的收敛域.

解　因为 $a_n=\dfrac{(-1)^n}{n}$，由

$$\rho=\lim_{n\to\infty}\left|\frac{a_{n+1}}{a_n}\right|=\lim_{n\to\infty}\frac{\dfrac{1}{n+1}}{\dfrac{1}{n}}=\lim_{n\to\infty}\frac{n}{n+1}=1,$$

所以收敛半径 $R=1$.

当 $x=1$ 时，级数 $\sum\limits_{n=1}^{\infty}\dfrac{(-1)^n}{n}$ 由莱布尼茨定理可知收敛；当 $x=-1$ 时，级数 $\sum\limits_{n=1}^{\infty}\dfrac{1}{n}$ 发散. 从而幂级数的收敛域为 $(-1,1]$.

例 2　求幂级数 $\sum\limits_{n=0}^{\infty}n!x^n$ 的收敛域.

解　因为 $a_n=n!$，由

$$\rho=\lim_{n\to\infty}\left|\frac{a_{n+1}}{a_n}\right|=\lim_{n\to\infty}\frac{(n+1)!}{n!}=\lim_{n\to\infty}(n+1)=\infty,$$

所以收敛半径$R=0$，幂级数仅在$x=0$处收敛.

例 3　求幂级数$\sum_{n=0}^{\infty}\frac{x^n}{n!}$的收敛域.

解　因为$a_n=\frac{1}{n!}$，由

$$\rho=\lim_{n\to\infty}\left|\frac{a_{n+1}}{a_n}\right|=\lim_{n\to\infty}\frac{\frac{1}{(n+1)!}}{\frac{1}{n!}}=\lim_{n\to\infty}\frac{1}{n+1}=0,$$

所以收敛半径$R=+\infty$，收敛域为$(-\infty,+\infty)$.

例 4　求幂级数$\sum_{n=1}^{\infty}\frac{(-1)^n(x-2)^n}{\sqrt{n}}$的收敛域.

解　令$t=x-2$，级数化为$\sum_{n=1}^{\infty}\frac{(-1)^n t^n}{\sqrt{n}}$，由

$$\rho=\lim_{n\to\infty}\left|\frac{a_{n+1}}{a_n}\right|=\lim_{n\to\infty}\frac{\frac{1}{\sqrt{n+1}}}{\frac{1}{\sqrt{n}}}=\lim_{n\to\infty}\frac{\sqrt{n}}{\sqrt{n+1}}=1,$$

所以收敛半径$R=1$，收敛区间$|t|<1$，即$1<x<3$.

当$x=1$时，级数$\sum_{n=1}^{\infty}\frac{1}{\sqrt{n}}$发散；当$x=3$时，级数$\sum_{n=1}^{\infty}\frac{(-1)^n}{\sqrt{n}}$收敛. 从而所求收敛域为$(1,3]$.

例 5　求幂级数$\sum_{n=1}^{\infty}\frac{x^{2n}}{2^n}$的收敛域.

解　幂级数缺少奇数次幂，不能直接应用定理 8.8 的方法求收敛半径，由比值判别法

$$\lim_{n\to\infty}\left|\frac{u_{n+1}(x)}{u_n(x)}\right|=\lim_{n\to\infty}\left|\frac{x^{2n+2}}{2^{n+1}}\cdot\frac{2^n}{x^{2n}}\right|=\frac{|x|^2}{2},$$

所以，当$\frac{|x|^2}{2}<1$，即$|x|<\sqrt{2}$时，级数收敛；当$\frac{|x|^2}{2}>1$，即$|x|>\sqrt{2}$时，级数发散. 故收敛半径$R=\sqrt{2}$.

当$x=\pm\sqrt{2}$时，级数$\sum_{n=1}^{\infty}1$发散. 从而所求收敛域为$(-\sqrt{2},\sqrt{2})$.

三、幂级数的运算

定理 8.9(幂级数的代数运算)　设幂级数$\sum_{n=0}^{\infty}a_nx^n$和$\sum_{n=0}^{\infty}b_nx^n$的收敛半径分别为$R_1$，$R_2$，记$R=\min\{R_1,R_2\}$，则

(1) $\sum_{n=0}^{\infty}a_nx^n \pm \sum_{n=0}^{\infty}b_nx^n = \sum_{n=0}^{\infty}c_nx^n$，其中 $c_n = a_n \pm b_n$，$x \in (-R,R)$；

(2) $\sum_{n=0}^{\infty}a_nx^n \cdot \sum_{n=0}^{\infty}b_nx^n = \sum_{n=0}^{\infty}c_nx^n$，其中 $c_n = a_0b_n + a_1b_{n-1} + \cdots + a_nb_0$，$x \in (-R,R)$；

(3) $\dfrac{\sum_{n=0}^{\infty}a_nx^n}{\sum_{n=0}^{\infty}b_nx^n} = \sum_{n=0}^{\infty}c_nx^n$，$c_n$ 可以通过将级数 $\sum_{n=0}^{\infty}b_nx^n$ 与 $\sum_{n=0}^{\infty}c_nx^n$ 相乘，并与 $\sum_{n=0}^{\infty}a_nx^n$ 的同次幂比较系数确定. $\sum_{n=0}^{\infty}c_nx^n$ 的收敛半径比 R 小得多.

定理 8.10(幂级数的分析运算)　设幂级数 $\sum_{n=0}^{\infty}a_nx^n$ 的收敛半径为 R，则

(1) 幂级数的和函数 $s(x)$ 在其收敛域 I 上连续；

(2) 幂级数的和函数 $s(x)$ 在收敛域 I 上可积，并在 I 上由逐项积分公式

$$\int_0^x s(x)\mathrm{d}x = \int_0^x\left(\sum_{n=0}^{\infty}a_nx^n\right)\mathrm{d}x = \sum_{n=0}^{\infty}\int_0^x a_nx^n\mathrm{d}x = \sum_{n=0}^{\infty}\frac{a_n}{n+1}x^{n+1},$$

且逐项积分后得到的幂级数和原级数有相同的收敛半径；

(3) 幂级数的和函数 $s(x)$ 在收敛区间 $(-R,R)$ 内可导，并在 $(-R,R)$ 内有逐项可导公式

$$s'(x) = \left(\sum_{n=0}^{\infty}a_nx^n\right)' = \sum_{n=0}^{\infty}(a_nx^n)' = \sum_{n=0}^{\infty}na_nx^{n-1},$$

且逐项求导后得到的幂级数和原级数有相同的收敛半径.

通常用定理 8.9 和定理 8.10 求幂级数的和函数.

例 6　求幂级数 $\sum_{n=1}^{\infty}nx^{n-1}$ 的和函数.

解　因为 $\rho = \lim\limits_{n\to\infty}\left|\dfrac{a_{n+1}}{a_n}\right| = \lim\limits_{n\to\infty}\dfrac{n+1}{n} = 1$，收敛半径 $R=1$，易见 $x=\pm1$ 时，级数发散，所以收敛域为 $(-1,1)$．设和函数为 $s(x)$，则

$$s(x) = \sum_{n=1}^{\infty}nx^{n-1}, \quad x \in (-1,1),$$

于是

$$\int_0^x s(x)\mathrm{d}x = \int_0^x\left(\sum_{n=1}^{\infty}nx^{n-1}\right)\mathrm{d}x = \sum_{n=1}^{\infty}\int_0^x nx^{n-1}\mathrm{d}x = \sum_{n=1}^{\infty}x^n = x + x^2 + \cdots = \frac{x}{1-x}, \quad x \in (-1,1).$$

再对上式两端求导

$$s(x) = \left(\frac{x}{1-x}\right)' = \frac{1}{(1-x)^2}, \quad x \in (-1,1),$$

所以，和函数 $s(x) = \dfrac{1}{(1-x)^2}$，$x \in (-1,1)$．

例 7 求幂级数 $\sum_{n=1}^{\infty}(-1)^n \frac{x^n}{n}$ 的和函数.

解 由例 1 可知幂级数的收敛域为 $(-1,1]$. 设和函数为 $s(x)$, 则

$$s(x)=\sum_{n=1}^{\infty}(-1)^n \frac{x^n}{n}, \quad x\in(-1,1],$$

于是

$$s'(x)=\left(\sum_{n=1}^{\infty}(-1)^n \frac{x^n}{n}\right)'=\sum_{n=1}^{\infty}(-1)^n \frac{(x^n)'}{n}=\sum_{n=1}^{\infty}(-1)^n x^{n-1}=-1+x-x^2+\cdots=\frac{-1}{1+x}, \quad x\in(-1,1),$$

再对上式逐项积分, 得

$$\int_0^x s'(x)\mathrm{d}x=\int_0^x \frac{-1}{1+x}\mathrm{d}x=-\ln(x+1), \quad x\in(-1,1],$$

所以, 和函数 $s(x)=-\ln(x+1)$, $x\in(-1,1]$.

8.5 函数展开成幂级数

前面讨论了幂级数的收敛域及其和函数. 现在考虑相反的问题, 即对给定的函数 $f(x)$, 要确定它能否在某一区间内表示成幂级数. 如果能找到这样的幂级数, 我们就称函数 $f(x)$ 在该区间内能展开成幂级数, 而这个幂级数在该区间内就表达了此函数.

一、泰勒级数的概念

如果函数 $f(x)$ 在点 x_0 的某个邻域内有 $n+1$ 阶导数, 则对于该邻域内任意一点, 有

$$f(x)=\sum_{k=1}^{n}a_k(x-x_0)^k+R_n(x),$$

其中 $a_k=\frac{f^{(k)}(x_0)}{n!}(k=0,1,2,\cdots,n)$ 称为**泰勒系数**, $R_n(x)$ 称为**泰勒余项**, 它有多种形式, 常见的有**拉格朗日余项** $R_n(x)=\frac{f^{(n+1)}(\xi)}{(n+1)!}(x-x_0)^{n+1}$, 这里的 ξ 是介于 x_0 与 x 之间的某个实数.

进一步, 当函数 $f(x)$ 在点 x_0 的某个邻域内有任意阶导数时, 称幂级数

$$f(x_0)+f'(x_0)(x-x_0)+\frac{f''(x_0)}{2!}(x-x_0)^2+\cdots+\frac{f^{(n)}(x_0)}{n!}(x-x_0)^n+\cdots$$

为函数 $f(x)$ 在点 x_0 处的**泰勒级数**. 特别地, 当 $x_0=0$ 时, 上述幂级数为

$$f(0)+f'(0)x+\frac{f''(0)}{2!}x^2+\cdots+\frac{f^{(n)}(0)}{n!}x^n+\cdots,$$

称为函数 $f(x)$ 的**麦克劳林级数**.

由定义可知, 函数 $f(x)$ 在点 x_0 处的泰勒级数一定存在, 且唯一确定. 但是, 函数 $f(x)$

在点 x_0 处的泰勒级数却未必收敛于函数 $f(x)$. 下面的定理则给出了 $f(x)$ 在点 x_0 处的泰勒级数收敛于 $f(x)$ 的充分必要条件.

定理 8.11 设函数 $f(x)$ 在点 x_0 的某个邻域 $U(x_0)$ 内有任意阶导数，则函数 $f(x)$ 在点 x_0 处的泰勒级数 $\sum_{n=1}^{\infty}\frac{f^{(n)}(x_0)}{n!}(x-x_0)^n$ 在 $U(x_0)$ 内收敛于 $f(x)$ 的充分必要条件是泰勒余项 $R_n(x)$ 收敛于零，即当 $\lim_{n\to\infty}R_n(x)=0$， $x\in U(x_0)$ 时，有

$$f(x)=f(x_0)+f'(x_0)(x-x_0)+\frac{f''(x_0)}{2!}(x-x_0)^2+\cdots+\frac{f^{(n)}(x_0)}{n!}(x-x_0)^n+\cdots,\quad x\in U(x_0).$$

此时，我们称函数 $f(x)$ 在点 x_0 处可以展开成泰勒级数，并把上式称为函数 $f(x)$ 在点 x_0 处的泰勒级数展开式. 由于泰勒级数(包括麦克劳林级数)都是幂级数，所以上式也称为函数 $f(x)$ 在点 x_0 处的幂级数.

二、函数展开成幂级数

1. 直接法

把函数 $f(x)$ 展开成 $(x-x_0)$ 的幂级数，可按下列步骤进行：

(1) 对函数 $f(x)$ 求各阶导数 $f^{(n)}(x)$， $n=1,2,\cdots$；

(2) 计算泰勒系数 $a_n=\frac{f^{(n)}(x_0)}{n!}$， $n=1,2,\cdots$；

(3) 写出泰勒级数 $\sum_{n=1}^{\infty}\frac{f^{(n)}(x_0)}{n!}(x-x_0)^n$，求收敛区间 (x_0-R,x_0+R)；

(4) 验证在 (x_0-R,x_0+R) 内，有 $\lim_{n\to\infty}R_n(x)=0$；

(5) 写出函数 $f(x)$ 的幂级数及其收敛区间

$$f(x)=\sum_{n=0}^{\infty}\frac{f^{(n)}(x_0)}{n!}(x-x_0)^n,\quad x\in(x_0-R,x_0+R).$$

例 1 将函数 $f(x)=\mathrm{e}^x$ 展开成 x 的幂级数.

解 由 $f^{(n)}(x)=\mathrm{e}^x(n=1,2,\cdots)$，得 $f^{(n)}(0)=1$. 于是有 $f(x)$ 的麦克劳林级数

$$1+x+\frac{x^2}{2!}+\cdots+\frac{x^n}{n!}+\cdots,$$

它的收敛半径 $R=+\infty$.

对任何有限的数 x，ξ (ξ 是介于 0 与 x 之间)，有

$$|R_n(x)|=\left|\frac{\mathrm{e}^{\xi}}{(n+1)!}x^{n+1}\right|<\mathrm{e}^{|x|}\cdot\frac{|x|^{n+1}}{(n+1)!},$$

因为 $\mathrm{e}^{|x|}$ 有限，而 $\frac{|x|^{n+1}}{(n+1)!}$ 是收敛级数 $\sum_{n=0}^{\infty}\frac{|x|^{n+1}}{(n+1)!}$ 的一般项，所以，当 $n\to\infty$ 时，$\mathrm{e}^{|x|}\cdot\frac{|x|^{n+1}}{(n+1)!}\to 0$.
即 $\lim_{n\to\infty}R_n(x)=0$，于是

$$e^x = 1 + x + \frac{x^2}{2!} + \cdots + \frac{x^n}{n!} + \cdots, \quad x \in (-\infty, +\infty).$$

例 2 将函数 $f(x) = \sin x$ 展开成 x 的幂级数.

解 由 $f^{(n)}(x) = \sin\left(x + \frac{n\pi}{2}\right)(n = 0,1,2,\cdots)$，$f^{(n)}(0)$ 按顺序循环地取 $0,1,0,-1,\cdots(n = 0, 1,2,\cdots)$，于是得 $f(x)$ 的麦克劳林级数

$$x - \frac{x^3}{3!} + \frac{x^5}{5!} - \cdots + (-1)^n \frac{x^{2n+1}}{(2n+1)!} + \cdots,$$

它的收敛半径 $R = +\infty$.

对任何有限的数 x，ξ（ξ 是介于 0 与 x 之间），有

$$|R_n(x)| = \left| \frac{\sin\left(\xi + \frac{n+1}{2}\pi\right)}{(n+1)!} x^{n+1} \right| < \frac{|x|^{n+1}}{(n+1)!} \to 0 \quad (n \to \infty),$$

于是

$$\sin x = x - \frac{x^3}{3!} + \frac{x^5}{5!} - \cdots + (-1)^n \frac{x^{2n+1}}{(2n+1)!} + \cdots, \quad x \in (-\infty, +\infty).$$

2. 间接法

利用已知函数的展开式，通过线性运算、变量代换、恒等变形、逐项求导或逐项积分等方法间接地求幂级数的展开式，这种方法称为函数展开成幂级数的间接法.

例 3 将函数 $f(x) = \cos x$ 展开成 x 的幂级数.

解 因为 $(\sin x)' = \cos x$，根据定理 8.10 及例 2 有

$$\cos x = (\sin x)' = \left(x - \frac{x^3}{3!} + \frac{x^5}{5!} - \cdots + (-1)^n \frac{x^{2n+1}}{(2n+1)!} + \cdots \right)'$$

$$= 1 - \frac{x^2}{2!} + \frac{x^4}{4!} - \cdots + (-1)^{n-1} \frac{x^{2n-2}}{(2n-2)!} + \cdots, \quad x \in (-\infty, +\infty).$$

例 4 将函数 $f(x) = \ln(1+x)$ 展开成 x 的幂级数.

解 因为 $f'(x) = \frac{1}{1+x}$，而

$$\frac{1}{1+x} = 1 - x + x^2 - \cdots + (-1)^{n-1} x^{n-1} + \cdots, \quad x \in (-1,1).$$

所以，对上式两边从 0 到 x 逐项积分，得

$$\ln(1+x) = x - \frac{x^2}{2} + \frac{x^3}{3} - \cdots + (-1)^n \frac{x^{n+1}}{n+1} + \cdots, \quad x \in (-1,1].$$

上式对 $x = 1$ 也成立. 因为右边的幂级数在 $x = 1$ 处收敛，而左边的函数在 $x = 1$ 处有定义且连续.

掌握了函数展开成 x 的幂级数方法后，当要把函数展开成 $(x - x_0)$ 的幂级数时，只需将 $(x - x_0)$ 看做整体，把 $f(x)$ 转化成关于 $(x - x_0)$ 的表达式.

例 5　将函数 $f(x)=\dfrac{1}{x^2+4x+3}$ 展开成 $(x-1)$ 的幂级数.

解　因为

$$f(x)=\frac{1}{x^2+4x+3}=\frac{1}{(x+1)(x+3)}=\frac{1}{2}\left(\frac{1}{x+1}-\frac{1}{x+3}\right)$$
$$=\frac{1}{4\left(1+\dfrac{x-1}{2}\right)}-\frac{1}{8\left(1+\dfrac{x-1}{4}\right)},$$

而

$$\frac{1}{4\left(1+\dfrac{x-1}{2}\right)}=\frac{1}{4}\sum_{n=0}^{\infty}(-1)^n\left(\frac{x-1}{2}\right)^n=\sum_{n=0}^{\infty}\frac{(-1)^n}{2^{n+2}}(x-1)^n,\quad x\in(-1,3),$$

$$\frac{1}{8\left(1+\dfrac{x-1}{4}\right)}=\frac{1}{8}\sum_{n=0}^{\infty}(-1)^n\left(\frac{x-1}{4}\right)^n=\sum_{n=0}^{\infty}\frac{(-1)^n}{2^{n+3}}(x-1)^n,\quad x\in(-3,5).$$

所以 $f(x)=\dfrac{1}{x^2+4x+3}=\sum\limits_{n=0}^{\infty}(-1)^n\left(\dfrac{1}{2^{n+2}}-\dfrac{1}{2^{2n+3}}\right)(x-1)^n,x\in(-1,3).$

习　题　8

1. 根据级数的定义和性质，判定下列级数的收敛性.

(1) $\dfrac{8}{9}+\dfrac{8^2}{9^2}+\dfrac{8^3}{9^3}+\cdots+\dfrac{8^n}{9^n}+\cdots$；　(2) $\dfrac{1}{3}+\dfrac{1}{6}+\dfrac{1}{9}+\cdots+\dfrac{1}{3n}+\cdots$；

(3) $\sum\limits_{n=1}^{\infty}\left(\sqrt{n+1}-\sqrt{n}\right)$；　(4) $\sum\limits_{n=1}^{\infty}n^2\left(1-\cos\dfrac{1}{n}\right)$.

2. 用比较判别法或其极限形式判定下列级数的收敛性.

(1) $\sum\limits_{n=1}^{\infty}\dfrac{1}{(n+1)(n+4)}$；　(2) $\sum\limits_{n=1}^{\infty}\sin\dfrac{\pi}{2^n}$；

(3) $\sum\limits_{n=1}^{\infty}\dfrac{n+1}{n^2+1}$；　(4) $\sum\limits_{n=1}^{\infty}\dfrac{1}{na+b}(a>0,b>0)$；

(5) $\sum\limits_{n=1}^{\infty}\tan\dfrac{\pi}{4n}$；　(6) $\sum\limits_{n=1}^{\infty}\dfrac{\ln n}{n^2}$.

3. 用比值判别法判定下列级数的收敛性.

(1) $\sum\limits_{n=1}^{\infty}\dfrac{3^n}{n\cdot 2^n}$；　(2) $\dfrac{1}{2}+\dfrac{3}{2^2}+\dfrac{5}{2^3}+\cdots+\dfrac{2n-1}{2^n}+\cdots$；

(3) $\sum\limits_{n=1}^{\infty}\dfrac{1}{2^{2n-1}(2n-1)}$；　(4) $\sum\limits_{n=1}^{\infty}\dfrac{(n!)^2}{(2n)!}$.

4. 判别级数的收敛性，若收敛，是条件收敛还是绝对收敛.

(1) $\sum\limits_{n=1}^{\infty}(-1)^n\dfrac{1}{\sqrt{n}}$；　(2) $\sum\limits_{n=1}^{\infty}(-1)^n\dfrac{n}{3^{n-1}}$；

(3) $\sum\limits_{n=1}^{\infty}\dfrac{\sin n}{(n+1)^2}$；　(4) $\sum\limits_{n=1}^{\infty}(-1)^n\sqrt{\dfrac{n+2}{n+1}}$.

5. 求下列幂级数的收敛半径、收敛区间和收敛域.

(1) $\sum_{n=1}^{\infty}(-1)^n\frac{x^n}{n^2}$;

(2) $\sum_{n=1}^{\infty}\frac{x^n}{n\cdot 3^n}$;

(3) $\sum_{n=1}^{\infty}\frac{2^n}{n^2+1}x^n$;

(4) $\sum_{n=1}^{\infty}\frac{x^n}{2\cdot 4\cdot\cdots\cdot(2n)}$;

(5) $\sum_{n=0}^{\infty}\frac{(x-5)^n}{\sqrt{n}}$;

(6) $\sum_{n=1}^{\infty}(-1)^n\frac{x^{2n+1}}{2n+1}$.

6. 求下列级数的和函数.

(1) $\sum_{n=1}^{\infty}nx^n$;

(2) $\sum_{n=1}^{\infty}\frac{x^{n+1}}{n(n+1)}$.

7. 将下列函数在指定点处展开成幂级数.

(1) $y=x^2\mathrm{e}^{-x^2}$ 在点 $x_0=0$ 处;

(2) $y=\mathrm{e}^{3x+2}$ 在点 $x_0=1$ 处;

(3) $y=\sin x$ 在点 $x_0=\frac{\pi}{6}$ 处;

(4) $y=\frac{1}{x^2+3x+2}$ 在点 $x_0=-4$ 处.

习题参考答案

习　题　1

1. (1) 不同；(2) 相同；(3) 不同.

2. (1) $[-1,0)\cup(0,1]$；(2) $[2,4]$；(3) $(-\infty,0)\cup(0,3]$；(4) $(-\infty,0)\cup(0,+\infty)$.

3. 略.

4. (1) 奇函数；(2) 偶函数.

5. (1) 是周期函数, 周期为 π；(2) 非周期函数；

6. (1) $y=\dfrac{1-x}{1+x}$；(2) $y=e^{x-1}-2$；(3) $y=\log_2\dfrac{x}{1-x}$；(4) $y=\begin{cases}x+2, & -1<x\leqslant 0,\\ \sqrt{x}, & 0<x\leqslant 1.\end{cases}$

7. (1) $y=\ln u, u=\arccos v, v=e^t, t=x^2$；(2) $y=u^3, u=\sin v, v=\ln t, t=\sqrt{s}, s=x^2$.

8. (1) $[-1,1]$；(2) $\bigcup\limits_{n\in Z}[2n\pi,(2n+1)\pi]$.

9. $f[g(x)]=\begin{cases}1, & x<0,\\ 0, & x=0,\\ -1, & x>0.\end{cases}$ $g[f(x)]=\begin{cases}e, & |x|<1,\\ 1, & |x|=1,\\ e^{-1}, & |x|>1.\end{cases}$

10. (1) 同；(2) 高；(3) 高.

11. 水平渐近线 $y=0$，铅直渐近线 $x=\sqrt{2}$，$x=-\sqrt{2}$.

12. (1) -1；(2) ∞；(3) 0；(4) 2；(5) $\dfrac{1}{4}$；(6) -3；(7) $\sqrt{e}$；(8) $e^{-\frac{3}{2}}$.

13. $a=1,\quad b=-2$.

14. (1) 连续；(2) 不连续.

15. (1) $x=2$是无穷间断点；$x=1$是可去间断点，补充定义$f(1)=2$.

(2) $x=k\pi(k\neq 0)$ 是无穷间断点； $x=0$ 与 $x=k\pi+\dfrac{\pi}{2}(k=0,\pm1,\pm2,\cdots)$ 是可去间断点，补充定义 $f(0)=1$，$f\left(k\pi+\dfrac{\pi}{2}\right)=0$.

(3) $x=0$是振荡间断点.(4) $x=1$是跳跃间断点.

16. $a=0$.

17. 略.

习　题　2

1. (1) $-f'(x)$；(2) $-4f'(x)$.

2. 切线方程为 $\dfrac{\sqrt{3}}{2}x+y-\dfrac{1}{2}\left(1+\dfrac{\sqrt{3}}{3}\pi\right)=0$；法线方程 $\dfrac{2\sqrt{3}}{3}x-y+\dfrac{1}{2}-\dfrac{2\sqrt{3}}{9}\pi=0$.

3. $x=0, x=\dfrac{2}{3}$.

4. (1) 连续不可导；(2) 连续不可导.

5. $a=2,\quad b=-1$.

6. (1) $\dfrac{-2\ln x}{x(1+\ln x)^2}$；(2) $n\sin^{n-1}x\cdot\cos(n+1)x$；(3) $\sin x\ln x+x\cos x\ln x+\sin x$；(4) $\sec x$；

(5) $\dfrac{2\sqrt{x}+1}{4\sqrt{x}\sqrt{x+\sqrt{x}}}$；(6) $\dfrac{e^{\arctan\sqrt{x}}}{2\sqrt{x}(1+x)}$；(7) $\dfrac{1}{x\ln x\cdot\ln(\ln x)}$；(8) $\dfrac{1}{x^2}\tan\dfrac{1}{x}$.

7. (1) $2xf'(x^2)$；(2) $\sin 2x[f'(\sin^2 x)-f'(\cos^2 x)]$.

8. (1) $\dfrac{y}{y-x}$；(2) $\dfrac{e^{x+y}-y}{x-e^{x+y}}$.

9. (1) $\left(\dfrac{x}{1+x}\right)^x\left(\ln\dfrac{x}{1+x}+\dfrac{x}{1+x}\right)$；(2) $\dfrac{\sqrt{x+2}(3-x)^4}{(x+1)^5}\left[\dfrac{1}{2(x+2)}-\dfrac{4}{3-x}-\dfrac{5}{x+1}\right]$.

10. (1) $\dfrac{e^x(x^2-2x+2)}{x^3}$；(2) $-3(1-2x^2)(1-x^2)^{-\frac{1}{2}}$；(3) $-\dfrac{3R^2x}{y^5}$；(4) $\dfrac{f''(x)\cdot f(x)-[f'(x)]^2}{[f(x)]^2}$.

11. 当 $\Delta x=1$ 时，$\Delta y=18$，$dy=11$；当 $\Delta x=0.1$ 时，$\Delta y=1.161$，$dy=1.1$；当 $\Delta x=0.01$ 时，$\Delta y=0.111$，$dy=0.11$.

12. (1) $\left(-\dfrac{1}{x^2}+\dfrac{1}{\sqrt{x}}\right)dx$；(2) $(\sin 2x+2x\cos 2x)dx$；(3) $(x^2+1)^{-\frac{3}{2}}dx$；

(4) $8x\tan(1+2x^2)\sec^2(1+2x^2)dx$.

13. (1) $2x+C$；(2) $\dfrac{3}{2}x^2+C$；(3) $-\dfrac{1}{2}e^{-2x}+C$；(4) $\dfrac{1}{3}\tan 3x+C$.

14. (1) 9.9867；(2) 2.0052.

习 题 3

1. 略.
2. 有分别位于 $(1,2),(2,3),(3,4)$ 内的三个实根.
3. 略.
4. (1) 2；(2) $\cos a$；(3) 1；(4) 1；(5) $\dfrac{1}{2}$；(6) $-\dfrac{1}{2}$；(7) 1；(8) 1；(9) e^2；(10) $e^{-\frac{1}{6}}$.
5. 单调减少.
6. (1) 在 $(-\infty,-1]\cup[3,+\infty)$ 内单调增加；在 $[-1,3]$ 上单调减少.

(2) 在 $(0,2]$ 上单调减少；在 $[2,+\infty)$ 内单调增加.

(3) 在 $(-\infty,+\infty)$ 内单调增加.

(4) 在 $(-1,1)$ 内单调增加；在 $(-\infty,-1)\cup(1,+\infty)$ 内单调减少.

7. 略.
8. (1) 拐点 $\left(\dfrac{5}{3},\dfrac{20}{27}\right)$，$\left(-\infty,\dfrac{5}{3}\right]$ 内为凸函数，$\left(\dfrac{5}{3},+\infty\right]$ 内为凹函数.

(2) 拐点 $\left(2,\dfrac{2}{e^2}\right)$，$(-\infty,2]$ 内为凸函数，$[2,+\infty)$ 内为凹函数.

(3) 拐点 $(-1,\ln 2),(1,\ln 2)$，$(-\infty,-1]\cup[1,+\infty)$ 内为凸函数，$[-1,1]$ 内为凹函数

(4) 无拐点，处处为凹的.

9. (1) 极大值 $f(-1)=5$，极小值 $f(1)=-3$.

(2) 极小值 $f(e^{-1})=-e^{-1}$.

(3) 无极值.

(4) 极大值 $f\left(\dfrac{1}{4}\right)=\dfrac{1}{8}$，极小值 $f\left(\dfrac{1}{2}\right)=0$.

10. (1) 最大值 $f(-1)=13$，最小值 $f(1)=5$.

(2) 最大值 $f(1)=4\mathrm{e}+\dfrac{1}{\mathrm{e}}$，最小值 $f(-\ln 2)=4$.

(3) 最大值 $f\left(\dfrac{3}{4}\right)=1.25$，最小值 $f(-5)=-5+\sqrt{6}$.

(4) 最大值 $f(2)=f\left(\dfrac{1}{2}\right)=\dfrac{5}{2}$，最小值 $f(1)=2$.

习　题　4

一、1. A. 2. B. 3. C. 4. A. 5. B. 6. D. 7. D. 8. B. 9. A. 10. C.

二、1. $2x+C$. 2. $\mathrm{e}^x-\sin x$. 3. $3\ln 10\cdot 10^{3x}$. 4. $-\dfrac{1}{1+x^2}$. 5. $-x+C$. 6. $2x-2\arctan x+C$.

三、1. $f(x)=\dfrac{1}{3}x^3+1$　2. $y=\ln|x|+1$　3. $S=t^2+4$.

4. (1) $\dfrac{x^4}{4}+C$；(2) e^x+C；(3) x^3+C；(4) $-\dfrac{1}{2x^2}+C$；(5) $\sqrt{x}+C$.

5. (1) $\dfrac{4}{3}x^3+C$；(2) $\dfrac{2}{7}x^{\frac{7}{2}}+C$；(3) $\dfrac{3}{13}x^{\frac{13}{3}}+C$；(4) $-\dfrac{3}{4}x^{-\frac{4}{3}}+C$；(5) $\dfrac{n}{m+n}x^{\frac{m+n}{n}}+C$；

(6) $\dfrac{x^3}{3}+x^2+3x+C$；(7) $t-2\ln|t|-\dfrac{1}{t}+C$；(8) $2\sqrt{x}-\dfrac{2}{3}x^{\frac{3}{2}}+C$；(9) $2\arctan x+3\arcsin x+C$；

(10) $\dfrac{2^x\mathrm{e}^x}{1+\ln 2}+C$；(11) $3x+\dfrac{5\cdot 3^x}{(\ln 3-\ln 2)\cdot 2^x}+C$；(12) $\sec x-3\tan x+C$；(13) $x-\arctan x+C$；

(14) $\dfrac{2}{3}x^3+\arctan x+C$；(15) $-\dfrac{1}{2}\cot x+C$；(16) $\dfrac{1}{2}(x-\sin x)+C$；(17) $\dfrac{10^x}{\ln 10}-\cot x-x+C$.

6. (1) $-\dfrac{1}{12}(2-3x)^4+C$；(2) $\dfrac{1}{2}\ln|1+2x|+C$；(3) $2\left(\ln\left|1+\sqrt{3-x}\right|-\sqrt{3-x}\right)+C$；(4) $\dfrac{1}{2}\sqrt[3]{(2+3x)^2}+C$；

(5) $-2\cos\sqrt{t}+C$；(6) $\dfrac{1}{2}\sin x^2+C$；(7) $-\dfrac{1}{2}\mathrm{e}^{-x^2}+C$；(8) $-\dfrac{1}{2}\sqrt{3-2x^2}+C$；(9) $\sqrt[3]{x^3-5}+C$；

(10) $\dfrac{1}{2}\ln(1+x^4)+C$；(11) $\dfrac{1}{2}\arctan\dfrac{x-1}{2}+C$；(12) $\dfrac{1}{7}\tan^7 x+C$；(13) $\ln|\tan x|+C$；

(14) $-\dfrac{1}{3\omega}\cos^3(\omega t+\varphi c)+C$；(15) $-\dfrac{1}{4\sin^4 x}+C$；(16) $\dfrac{1}{3}\cos^3 x-\cos x+C$；

(17) $\dfrac{t}{2}+\dfrac{1}{4\omega}\sin 2(\omega t+\varphi)+C$；(18) $\dfrac{1}{3}\sec^3 t-\sec t+C$；(19) $\dfrac{1}{2}\arcsin\dfrac{2x}{3}-\dfrac{1}{4}\sqrt{9-4x^2}+C$；

(20) $[x^2-\ln(1+x^2)]+C$；(21) $\dfrac{1}{5}\ln\left|\dfrac{x-3}{x+2}\right|+C$；(22) $\dfrac{1}{3}(\arctan x)^3+C$；(23) $\ln|\arcsin \mathrm{e}^x|+C$；

(24) $-\ln\left|\cos\sqrt{1+x^2}\right|+C$.

7. (1) $\dfrac{9}{2}\arcsin\dfrac{x}{3}-\dfrac{x}{2}\sqrt{9-x^2}+C$；(2) $\dfrac{x}{\sqrt{1-x^2}}+C$；(3) $\dfrac{1}{2}\left(\arctan x+\dfrac{x}{1+x^2}\right)+C$；

(4) $\dfrac{x}{a^2\sqrt{a^2+x^2}}+C$；(5) $\sqrt{x^2-a^2}-a\arccos\dfrac{a}{x}+C$；(6) $\dfrac{1}{2}\left(\arcsin x+\ln\left|x+\sqrt{1-x^2}\right|\right)+C$.

8. (1) $\sqrt{2x}-\ln\left(1+\sqrt{2x}\right)+C$；(2) $\dfrac{1}{15}(3x+1)^{\frac{5}{3}}+\dfrac{1}{3}(3x+1)^{\frac{2}{3}}+C$；

(3) $2\sqrt{x}-4\sqrt[4]{x}+4\ln\left(\sqrt[4]{x}+1\right)+C$.

9. (1) $-\mathrm{e}^{-x}(x+1)+C$；(2) $-x\cos x+\sin x+C$；(3) $x\ln(x^2+1)-2x+2\arctan x+C$；

(4) $x\tan x+\ln|\cos x|-\frac{1}{2}x^2+C$；(5) $\frac{1}{4}x^2-\frac{1}{2}x\sin x-\frac{1}{2}\cos x+C$；(6) $\frac{1}{2}[(x^2+1)\arctan x-x]+C$；

(7) $-\frac{\ln x}{x}-\frac{1}{x}+C$；(8) $\frac{1}{2}\left[(x^2-1)\ln(x+1)-\frac{1}{2}x^2+x\right]+C$；(9) $\frac{1}{2}(\sin x+\cos x)e^x+C$.

习　题　5

一、1. D. 2. D. 3. C. 4. A. 5. B. 6. C. 7. D. 8. D.

二、1. 0. 2. $\frac{1}{\sqrt{1+x^4}}$. 3. 4. 4. $\frac{1}{3}[f(3b)-f(3a)]$. 5. $\frac{3\pi}{16}$. 6. $-e^{-1}$. 7. $\frac{1}{2}(1-e^{-4})$. 8. 0.

9. $\frac{2}{3}\left(\frac{\pi}{6}\right)^3$. 10. $k\leqslant 1, k>1$. 11. 1. 12. $\frac{8}{3}$.

三、1. (1) 0；(2) −2.

2. (1) 提示：由 $x^2\leqslant x$ 于 $[0,1]$ 有 $\int_0^1 x^2dx<\int_0^1 xdx$；

(2) 提示：由 $\sin x\leqslant x$ 于 $\left[0,\frac{\pi}{2}\right]$ 有 $\int_0^{\frac{\pi}{2}}\sin xdx<\int_0^{\frac{\pi}{2}}xdx$；

(3) 提示：由 $x<e^x$ 于 $[-2,0]$ 有 $\int_{-2}^0 xdx<\int_{-2}^0 e^xdx$，进而有 $\int_0^{-2}xdx>\int_0^{-2}e^xdx$.

(4) 提示：由 $\ln^2 x\leqslant \ln x$ 于 $[1,2]$ 有 $\int_1^2\ln^2 xdx<\int_1^2\ln xdx$.

3. (1) $(x^3-x^2)\sin x$；(2) $-x\cos x^2$；(3) $-\sin x$.

4. (1) 1；(2) 0；(3) $\frac{\pi^2}{4}$；(4) 0；(5) 1；(6) −1.

5. (1) $22+3\ln 3$；(2) $1-\frac{\sqrt{3}}{3}$；(3) $\frac{\pi}{3a}$；(4) $\frac{2\sqrt{3}}{3}-\frac{\pi}{6}$.

6. (1) $2-\frac{\pi}{2}$；(2) $\frac{\pi}{12}-\frac{\sqrt{3}}{8}$；(3) $\frac{\pi}{32}$；(4) $\frac{\pi}{2}$；(5) $2\left(\sqrt{5+e}-\sqrt{6}\right)$；(6) π；(7) $1-e^{-\frac{1}{2}}$；(8) $\frac{3}{2}$；(9) $\frac{\pi}{4}$；

(10) $7+2\ln 2$；(11) $1-\frac{\pi}{4}$.

7. (1) $\frac{\pi}{2}-1$；(2) $1-\frac{2}{e}$；(3) 1；(4) $\frac{\pi}{4}-\frac{1}{2}$；(5) 1；(6) $\frac{1}{2}(1-\ln 2)$；(7) 1.

8. (1) $\int_0^1 f(x)dx=-\frac{1}{2}$；(2) $f(x)=x-1$.

*9. $\int_0^2 f(x-1)dx=\ln(1+e)$.

10. (1) $\frac{3}{2}-\ln 2$；(2) $\frac{9}{2}$；(3) 18；(4) $\frac{16}{3}$；(5) $e+e^{-1}-2$.

11. (1) $\frac{128}{7}\pi$；(2) $\frac{3\pi}{10}$；(3) 12π；(4) $\frac{15}{2}\pi$；(5) $\frac{\pi^2}{4}$；(6) $4\pi^2$.

12. (1) $\frac{1}{2}$；(2) 0；(3) $\frac{\pi}{2}$；(4) $2(e-1)$.

13. (1) 当 $\lambda>1$ 时收敛，$\lambda\leqslant 1$ 时发散；(2) 当 $0<\lambda<1$ 时收敛，$\lambda\geqslant 1$ 时发散.

习　题　6

1. (1) 1 阶；(2) 1 阶；(3) 1 阶；(4) 2 阶.

2. 略.

3. (1) $x^2+y^2-\ln x^2=C$；(2) $\sqrt{1+x^2}+\sqrt{1+y^2}=C$；(3) $(y+1)\mathrm{e}^{-y}=\frac{1}{2}(1+x^2)$；

(4) $(1+\mathrm{e}^x)\sec y=2\sqrt{2}$.

4. (1) $y+\sqrt{y^2-x^2}=Cx^2$；(2) $x^3-2y^3=Cx$；(3) $y^3=y^2-x^2$；(4) $x-\sqrt{xy}=2$.

5. (1) $y=\frac{1}{2}(1+x)^4+C(1+x)^2$；(2) $x=C\mathrm{e}^y-y-1$；(3) $y=ax+\frac{C}{\ln x}$；

(4) $x=\frac{C}{y^2}+\ln y-\frac{1}{2}$；(5) $y=\frac{1+x}{\cos x}$；(6) $y=\frac{\pi-1-\cos x}{x}$.

6. (1) $y=C_1\mathrm{e}^{-5x}+C_2\mathrm{e}^{-3x}$；(2) $y=(C_1+C_2x)\mathrm{e}^{-3x}$；(3) $y=\mathrm{e}^{-2x}(C_1\cos x+C_2\sin x)$；

(4) $y=C_1+C_2\mathrm{e}^{3x}+x^2$；(5) $y=C_1\mathrm{e}^x+C_2\mathrm{e}^{2x}+3x\mathrm{e}^{2x}$；(6) $y=C_1\cos x+C_2\sin x-\frac{1}{2}x\cos x$；

(7) $y=\mathrm{e}^x-\mathrm{e}^{-x}+\mathrm{e}^x(x^2-x)$；(8) $y=\frac{11}{16}+\frac{5}{16}\mathrm{e}^{4x}-\frac{5}{4}x$.

习　题　7

1. (1) $\{(x,y)\,|\,y^2>2x-1\}$；(2) $\{(x,y)\,|\,y>x,x\geqslant 0,x^2+y^2<1\}$；

(3) $\{(x,y)\,|\,-y^2\leqslant x\leqslant y^2,0\leqslant y\leqslant 2\}$.

2. $\frac{2y\sqrt{xy}}{x+y^3}$.

3. $\frac{x^2-y^2}{xy(x+2y)}$.

4. (1) 2；(2) $\frac{1}{2}$；(3) 1；(4) $\ln 2$；(5) 2；(6) 0.

5. 略.

6. (1) $z_x=3x^2y+6xy-y^3$，$z_y=x^3+3x^2-3xy^2$；(2) $z_x=\sin y\cdot x^{\sin y-1}$，$z_y=x^{\sin y}\cdot\ln x\cdot\cos y$；

(3) $z_x=-\frac{y}{x^2+y^2}$，$z_y=\frac{x}{x^2+y^2}$；(4) $z_x=\frac{1}{2x\sqrt{\ln(xy)}}$，$z_y=\frac{1}{2y\sqrt{\ln(xy)}}$；

(5) $z_x=-y\sin(xy)+2y\sin(xy)\cos(xy)$，$z_y=-x\sin(xy)+2x\sin(xy)\cos(xy)$；

(6) $u_x=\frac{z}{y}\left(\frac{x}{y}\right)^{z-1}$，$u_y=-\frac{z}{y}\left(\frac{x}{y}\right)^{z}$，$u_z=\left(\frac{x}{y}\right)^{z}\cdot\ln\frac{x}{y}$.

7. 略.

8. (1) $z_{xx}=2\mathrm{e}^{2y}$，$z_{xy}=z_{yx}=4x\mathrm{e}^{2y}$，$z_{yy}=4x^2\mathrm{e}^{2y}$；

(2) $z_{xx}=\frac{2x(x^2-3y^2)}{(x^2+y^2)^3}$，$z_{xy}=z_{yx}=\frac{2y(3x^2-y^2)}{(x^2+y^2)^3}$，$z_{yy}=\frac{-2x(x^2-3y^2)}{(x^2+y^2)^3}$.

9. (1) $\mathrm{d}z=\left(2xy+\frac{1}{y}\right)\mathrm{d}x+\left(x^2-\frac{x}{y^2}\right)\mathrm{d}y$；(2) $\mathrm{d}z=\frac{2(x\mathrm{d}y-y\mathrm{d}x)}{(x-y)^2}$；

(3) $\mathrm{d}z=\frac{4}{7}\mathrm{d}x+\frac{2}{7}\mathrm{d}y$.

10. (1) $\frac{\partial z}{\partial x}=\frac{2y^2}{x^3}\left[\frac{x^2}{x^2+y^2}-\ln(x^2+y^2)\right]$，$\frac{\partial z}{\partial y}=\frac{2y^2}{x^2}\left[\frac{y^2}{x^2+y^2}+\ln(x^2+y^2)\right]$；

(2) $\frac{\mathrm{d}z}{\mathrm{d}t}=\mathrm{e}^{\sin t-2t^3}(\cos t-6t^2)$；(3) $\frac{\mathrm{d}z}{\mathrm{d}t}=\frac{\mathrm{e}^x(1+x)}{1+x^2\mathrm{e}^{2x}}$；

(4) $\frac{\partial z}{\partial x}=2xf_1'+ye^{xy}f_2'$，$\frac{\partial z}{\partial y}=-2yf_1'+xe^{xy}f_2'$，$\frac{\partial^2 z}{\partial x^2}=2f_1'+y^2e^{xy}f_2'+4x^2f_{11}''+4xye^{xy}f_{12}''+y^2e^{2xy}f_{22}''$，

$\frac{\partial^2 z}{\partial y^2}=-2f_1'+x^2e^{xy}f_2'+4y^2f_{11}''-4xye^{xy}f_{12}''+x^2e^{2xy}f_{22}''$.

11. (1) $\frac{dy}{dx}=\frac{x+y}{x-y}$；(2) $\frac{\partial z}{\partial x}=\frac{z}{x+z}$，$\frac{\partial z}{\partial y}=\frac{z^2}{y(x+z)}$；(3) $\frac{\partial^2 z}{\partial y^2}=\frac{(2-z)^2+x^2}{(2-z)^3}$；

(4) $\frac{\partial z}{\partial x}=-\frac{2x}{2z-f'}$，$\frac{\partial z}{\partial y}=-\frac{2y^2-yf+zf'}{y(2z-f')}$.

12. (1) 极小值 $f(1,1)=-1$；(2) 极大值 $f\left(\frac{\pi}{3},\frac{\pi}{3}\right)=\frac{3\sqrt{3}}{2}$.

13. (1) 最大值 $f\left(\frac{\sqrt{3}}{3},\pm\frac{\sqrt{6}}{3}\right)=\frac{2\sqrt{3}}{9}$，最小值 $f\left(-\frac{\sqrt{3}}{3},\pm\frac{\sqrt{6}}{3}\right)=-\frac{2\sqrt{3}}{9}$；

(2) 最大值 $f(0,3)=f(0,3)=6$，最小值 $f(1,1)=-1$.

14. (1) 小于；(2) 大于；(3) 小于；(4) 大于.

15. (1) $[0, 2]$；(2) $[0,\pi\ln 2]$.

16. (1) $\iint\limits_D f(x,y)d\sigma=\int_0^1 dx\int_{x^2}^{x} f(x,y)dy=\int_0^1 dy\int_{y^2}^{\sqrt{y}} f(x,y)dx$；

(2) $\iint\limits_D f(x,y)d\sigma=\int_0^1 dx\int_{\frac{x}{2}}^{2x} f(x,y)dy+\int_1^2 dx\int_{\frac{x}{2}}^{3-x} f(x,y)dy$

$=\int_0^1 dy\int_{\frac{y}{2}}^{2y} f(x,y)dx+\int_1^2 dy\int_{\frac{y}{2}}^{3-y} f(x,y)dx$.

17. (1) $\int_0^1 dx\int_x^1 f(x,y)dy$；(2) $\int_0^1 dy\int_{e^y}^{e} f(x,y)dx$；

(3) $\int_0^1 dy\int_{-\sqrt{1-y^2}}^{y-1} f(x,y)dx$；(4) $\int_0^4 dx\int_{\frac{x}{2}}^{\sqrt{x}} f(x,y)dy$.

18. (1) $\frac{5}{96}$；(2) $\pi^2-\frac{40}{9}$；(3) $1-\cos 1$；(4) $\frac{2}{3}$.

19. (1) $\int_0^{2\pi} d\theta\int_0^2 f(r\cos\theta,r\sin\theta)rdr$；(2) $\int_{-\frac{\pi}{2}}^{\frac{\pi}{2}} d\theta\int_0^{2\cos\theta} f(r\cos\theta,r\sin\theta)rdr$；

20. (1) $\pi(e^4-e)$；(2) $\frac{3}{4}\pi a^4$；(3) $2-\frac{\pi}{2}$；(4) $\frac{\pi}{2}(\pi-2)$.

习 题 8

1. (1) 收敛；(2) 发散；(3) 发散；(4) 发散.
2. (1) 收敛；(2) 收敛；(3) 发散；(4) 发散；(5) 发散；(6) 收敛.
3. (1) 发散；(2) 收敛；(3) 收敛；(4) 收敛.
4. (1) 条件收敛；(2) 绝对收敛；(3) 绝对收敛；(4) 发散.
5. (1) 1, $(-1, 1)$, $[-1, 1]$；(2) 3, $(-3, 3)$, $[-3,3)$；(3) $\frac{1}{2}$, $\left(-\frac{1}{2},\frac{1}{2}\right)$, $\left[-\frac{1}{2},\frac{1}{2}\right]$；

   (4) $+\infty$, $(-\infty,+\infty)$, $(-\infty,+\infty)$；(5) 1, $(4, 6)$, $[4,6)$；(6) 1, $(-1, 1)$, $[-1, 1]$.
6. (1) $s(x)=\frac{x}{(1-x)^2}, x\in(-1,1)$；(2) $s(x)=\begin{cases}(1-x)\ln(1-x)+x, & -1\leqslant x<x,\\ 1, & x=1.\end{cases}$
7. 略.

参 考 文 献

[1] 同济大学数学系. 高等数学（上册）. 6 版. 北京：高等教育出版社，2007.
[2] 王雪标，王拉娣，聂高辉. 微积分. 北京：高等教育出版社，2005.
[3] 吴赣昌. 高等数学. 北京：中国人民大学出版社，2011.
[4] 李炳照，王宏洲. 大学数学. 北京：清华大学出版社，2014.
[5] 马锐. 大学数学基础. 北京：高等教育出版社，2012.
[6] 林谦. 经济数学（一）. 北京：科学出版社，2014.
[7] 全国硕士研究生入学统一考试：数学考试大纲解析（数学三）. 北京：高等教育出版社，2017.

大 学 数 学

（经管类）下册

主　编　贾丽丽　朴丽莎
副主编　林　谦　邵晶晶

科 学 出 版 社
北　京

内 容 简 介

本书根据高等学校经济管理类数学课程的教学基本要求编写而成，是云南大学滇池学院精品课程建设项目成果之一.

全书分上、下两册，共三篇内容. 本书为下册，包含第二篇线性代数和第三篇概率统计，第二篇主要内容为矩阵、线性方程组、特征值与特征向量，第三篇主要内容为随机事件及其概率、随机变量及其分布、多维随机变量及其分布、随机变量的数字特征和数理统计. 书中每章配有习题，书末附有习题参考答案. 本书结构清晰、概念准确、贴近考研、可读性强，便于学生自学，且能启发和培养学生的自学能力并配有电子教案和录屏课件，便于广大师生的教与学.

本书可作为高等学校经管类大学数学课程教材，也适合经管类考研学生学习参考.

图书在版编目(CIP)数据

大学数学：经管类：全 2 册 / 贾丽丽，朴丽莎主编. —北京：科学出版社，2018.8

ISBN 978-7-03-057955-3

Ⅰ. ①大… Ⅱ. ①贾… ②朴… Ⅲ. ①高等数字–高等学校–教材 Ⅳ. ①O13

中国版本图书馆 CIP 数据核字(2018) 第 131189 号

责任编辑：李淑丽 孙翠勤 / 责任校对：王 瑞
责任印制：徐晓晨 / 封面设计：华路天然工作室

科 学 出 版 社 出版
北京东黄城根北街 16 号
邮政编码：100717
http://www.sciencep.com

北京虎彩文化传播有限公司 印刷

科学出版社发行 各地新华书店经销

*

2018 年 8 月第 一 版 开本：787 × 1092 1/16
2019 年 7 月第二次印刷 印张：24 3/4
字数：587 000

定价：66.00 元 (全 2 册)

目　录

第二篇　线性代数

第三篇　概率统计

第二篇 线 性 代 数

第 1 章　矩　　阵

矩阵实质是一张长方形数表. 它是解决数学问题的一种特殊的“数形结合”的方法, 矩阵被广泛应用于科学研究与日常生活中, 诸如课表、成绩统计表; 生产进度表、销售统计表; 列车时刻表、价目表; 科研领域的数据分析表等, 并且利用矩阵初等变换研究线性方程组的解是一个非常有力的工具. 本章主要介绍矩阵的概念、运算、方阵的行列式、矩阵的初等变换及逆矩阵.

1.1　矩阵的概念

本节通过引例展示数学问题或实际问题与一张数表——矩阵的联系, 从而给出矩阵的概念.

一、引例

例 1　线性方程组

$$\begin{cases} a_{11}x_1 + a_{12}x_2 + \cdots + a_{1n}x_n = 0, \\ a_{21}x_1 + a_{22}x_2 + \cdots + a_{2n}x_n = 0, \\ \qquad\cdots\cdots \\ a_{m1}x_1 + a_{m2}x_2 + \cdots + a_{mn}x_n = 0 \end{cases}$$

的系数可排列成一个 m 行 n 列的矩形数表

$$\begin{bmatrix} a_{11} & \cdots & a_{1n} \\ \vdots & & \vdots \\ a_{m1} & \cdots & a_{mn} \end{bmatrix},$$

这样的表叫做 $m \times n$ 矩阵.

例 2　某企业生产 4 种产品, 各种产品的季度产值(单位: 万元)如表 1-1.

表 1-1

季度	产品			
	A	B	C	D
1	80	75	75	78
2	98	70	85	84
3	90	75	90	90
4	88	70	82	80

数表$\begin{bmatrix} 80 & 75 & 75 & 78 \\ 98 & 70 & 85 & 84 \\ 90 & 75 & 90 & 90 \\ 88 & 70 & 82 & 80 \end{bmatrix}$具体描述了这家企业各种产品的季度产值，同时也揭示了产值随季度变化的规律、季增长率和年产量等情况.

例 3　某航空公司在 A,B,C,D 四个城市之间开辟了若干航线，图 1-1 表示了四城市间的航班情况，若从 A 到 B 有航班，则用带箭头的线连接 A 与 B . 四城市间的航班图还可用表格表示(行标表示发站，列标表示到站)

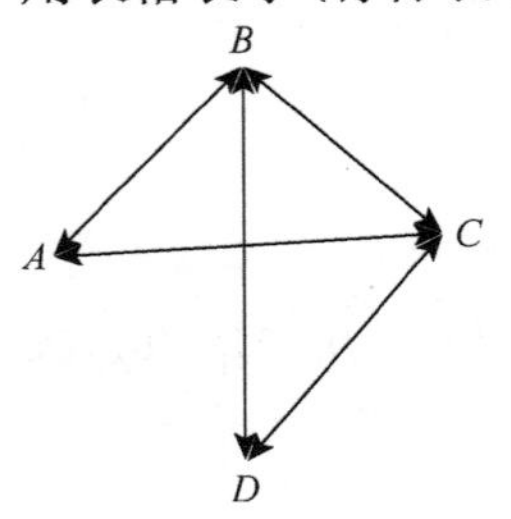

图 1-1

	A	B	C	D
A		√	√	
B	√		√	√
C	√	√		√
D		√	√	

其中 √ 表示有航班，为了便于研究，记表中 √ 为 1，空白处为 0，则得一数表，该数表反映了四城市间航班来往情况，即

$$\begin{bmatrix} 0 & 1 & 1 & 0 \\ 1 & 0 & 1 & 1 \\ 1 & 1 & 0 & 1 \\ 0 & 1 & 1 & 0 \end{bmatrix}.$$

二、矩阵的概念

定义 1.1　给出 $m\times n$ 个数 $a_{ij}(i=1,2,\cdots,m;j=1,2,\cdots,n)$，按一定顺序排成一个 m 行 n 列的矩形数表

$$\begin{bmatrix} a_{11} & a_{12} & \cdots & a_{1n} \\ a_{21} & a_{22} & \cdots & a_{2n} \\ \vdots & \vdots & & \vdots \\ a_{m1} & a_{m2} & \cdots & a_{mn} \end{bmatrix},$$

此数表叫做 **m 行 n 列矩阵**，简称 $m\times n$ 矩阵. 上面的矩阵一般用大写字母 $\boldsymbol{A}, \boldsymbol{B}, \boldsymbol{C}, \cdots$ 表示，有时亦记为 $\boldsymbol{A}=(a_{ij})_{m\times n}$ 或 $\boldsymbol{A}=(a_{ij})$ 或 $\boldsymbol{A}_{m\times n}$，$a_{ij}$ 叫做矩阵 $\boldsymbol{A}$ 的**元素**，它位于矩阵 $\boldsymbol{A}$ 的第 i 行、第 j 列的交叉处. 在 $m\times n$ 矩阵 $\boldsymbol{A}$ 中，如果 $m=n$，就称 $\boldsymbol{A}$ 为 **n 阶方阵**.

三、几种特殊矩阵

(1) 只有一行的矩阵 $\boldsymbol{A}=[a_1 \quad a_2 \quad \cdots \quad a_n]$ 叫做**行矩阵**.

(2) 只有一列的矩阵

$$B=\begin{bmatrix} b_1 \\ b_2 \\ \vdots \\ b_n \end{bmatrix}$$

叫做**列矩阵**.

(3) 当两个矩阵的行数相等、列数也相等时，就称它们是**同型矩阵**.

(4) 元素都是零的矩阵称为**零矩阵**，记作 $\boldsymbol{O}$，注意不同型的零矩阵是不同的.

(5) 方阵

$$\begin{bmatrix} 1 & 0 & \cdots & 0 \\ 0 & 1 & \cdots & 0 \\ \vdots & \vdots & & \vdots \\ 0 & 0 & \cdots & 1 \end{bmatrix}$$

叫做 n **阶单位阵**，简记作 $\boldsymbol{E}_n$ 或 $\boldsymbol{E}$，$\boldsymbol{E}_n$ 的特点是：从左上角到右下角的直线(主对角线)上的元素都是 1，其他元素都是 0.

(6) n 阶方阵 $\begin{bmatrix} a_1 & 0 & \cdots & 0 \\ 0 & a_2 & \cdots & 0 \\ \vdots & \vdots & & \vdots \\ 0 & 0 & \cdots & a_n \end{bmatrix}$ 称为 n **阶对角矩阵**，当它的对角元素全部相等时，即 $\begin{bmatrix} a & 0 & \cdots & 0 \\ 0 & a & \cdots & 0 \\ \vdots & \vdots & & \vdots \\ 0 & 0 & \cdots & a \end{bmatrix}$ 称为 n **阶数量矩阵**.

(7) 主对角线下(上)方的元素全为零的方阵 $\begin{bmatrix} a_{11} & a_{12} & \cdots & a_{1n} \\ 0 & a_{22} & \cdots & a_{2n} \\ \vdots & \vdots & & \vdots \\ 0 & 0 & \cdots & a_{nn} \end{bmatrix}$ $\left(\text{或}\begin{bmatrix} a_{11} & 0 & \cdots & 0 \\ a_{21} & a_{22} & \cdots & 0 \\ \vdots & \vdots & & \vdots \\ a_{n1} & a_{n2} & \cdots & a_{nn} \end{bmatrix}\right)$，称为**上(或下)三角形矩阵**.

(8) n 阶方阵 $\boldsymbol{A}=(a_{ij})$ 中的元素满足 $a_{ij}=a_{ji}(i,j=1,2,\cdots,n)$，则称 $\boldsymbol{A}$ 为**对称矩阵**，即

$$\boldsymbol{A}=\begin{bmatrix} a_{11} & a_{12} & \cdots & a_{1n} \\ a_{12} & a_{22} & \cdots & a_{2n} \\ \vdots & \vdots & & \vdots \\ a_{1n} & a_{2n} & \cdots & a_{nn} \end{bmatrix}.$$

1.2　矩阵的运算

矩阵除了是一个矩形数表，还定义了一些有理论意义和实际意义的运算，从而成为进行理论研究和解决实际问题的有力工具.

首先，我们来定义矩阵相等. 如果两同型矩阵的对应元素都相等，则称这两个**矩阵相等**.

一、矩阵的加法运算

定义 1.2　设有两个 $m\times n$ 矩阵 $\boldsymbol{A}=(a_{ij})$, $\boldsymbol{B}=(b_{ij})$，它们的和 $\boldsymbol{A}+\boldsymbol{B}$，规定为

$$\boldsymbol{A}+\boldsymbol{B}=\begin{bmatrix} a_{11}+b_{11} & a_{12}+b_{12} & \cdots & a_{1n}+b_{1n} \\ a_{21}+b_{21} & a_{22}+b_{22} & \cdots & a_{2n}+b_{2n} \\ \vdots & \vdots & & \vdots \\ a_{m1}+b_{m1} & a_{m2}+b_{m2} & \cdots & a_{mn}+b_{mn} \end{bmatrix}.$$

注　只有当两个矩阵同型时，才能进行加法运算.

由于矩阵的加法归结为它们对应位置元素的加法，所以，不难验证加法满足以下运算规律：

(1) $\boldsymbol{A}+\boldsymbol{B}=\boldsymbol{B}+\boldsymbol{A}$;（交换律）

(2) $(\boldsymbol{A}+\boldsymbol{B})+\boldsymbol{C}=\boldsymbol{A}+(\boldsymbol{B}+\boldsymbol{C})$.（结合律）

二、矩阵的数乘运算

定义 1.3　数 λ 与矩阵 $\boldsymbol{A}$ 的乘积记做 $\lambda\boldsymbol{A}$，规定

$$\lambda\boldsymbol{A}=\begin{bmatrix} \lambda a_{11} & \lambda a_{12} & \cdots & \lambda a_{1n} \\ \lambda a_{21} & \lambda a_{22} & \cdots & \lambda a_{2n} \\ \vdots & \vdots & & \vdots \\ \lambda a_{m1} & \lambda a_{m2} & \cdots & \lambda a_{mn} \end{bmatrix},$$

数与矩阵的乘积运算称为**数乘运算**.

数乘矩阵满足下列运算规律：

(1) $(\lambda\mu)\boldsymbol{A}=\lambda(\mu\boldsymbol{A})$；

(2) $(\lambda+\mu)\boldsymbol{A}=\lambda\boldsymbol{A}+\mu\boldsymbol{A}$；

(3) $\lambda(\boldsymbol{A}+\boldsymbol{B})=\lambda\boldsymbol{A}+\lambda\boldsymbol{B}$.

设矩阵 $\boldsymbol{A}=(a_{ij})$，记 $-\boldsymbol{A}=(-1)\cdot\boldsymbol{A}=(-1\cdot a_{ij})=(-a_{ij})$，$-\boldsymbol{A}$ 称为 $\boldsymbol{A}$ 的负矩阵，显然有

$$\boldsymbol{A}+(-\boldsymbol{A})=\boldsymbol{O}.$$

其中 $\boldsymbol{O}$ 为各元素均为 0 的同型矩阵. 由此规定

$$\boldsymbol{A}-\boldsymbol{B}=\boldsymbol{A}+(-\boldsymbol{B}).$$

例 1　若 $\boldsymbol{A}=\begin{bmatrix} 2 & 3 & 1 \\ 2 & 5 & 7 \end{bmatrix}$, $\boldsymbol{B}=\begin{bmatrix} 2 & 4 & 7 \\ 3 & 5 & 1 \end{bmatrix}$，则

$$\boldsymbol{A}+\boldsymbol{B}=\begin{bmatrix} 2+2 & 3+4 & 1+7 \\ 2+3 & 5+5 & 7+1 \end{bmatrix}=\begin{bmatrix} 4 & 7 & 8 \\ 5 & 10 & 8 \end{bmatrix};$$

$$\boldsymbol{A}-\boldsymbol{B}=\begin{bmatrix} 2-2 & 3-4 & 1-7 \\ 2-3 & 5-5 & 7-1 \end{bmatrix}=\begin{bmatrix} 0 & -1 & -6 \\ -1 & 0 & 6 \end{bmatrix};$$

$$3A=\begin{bmatrix}3\times 2 & 3\times 3 & 3\times 1\\ 3\times 2 & 3\times 5 & 3\times 7\end{bmatrix}=\begin{bmatrix}6 & 9 & 3\\ 6 & 15 & 21\end{bmatrix}.$$

例 2 若 $\boldsymbol{A}=\begin{bmatrix}3 & -1 & 2\\ 0 & 1 & 4\end{bmatrix}$，$\boldsymbol{B}=\begin{bmatrix}-2 & 1 & 3\\ 5 & 2 & -1\end{bmatrix}$，则

$$4\boldsymbol{A}-3\boldsymbol{B}=4\begin{bmatrix}3 & -1 & 2\\ 0 & 1 & 4\end{bmatrix}-3\begin{bmatrix}-2 & 1 & 3\\ 5 & 2 & -1\end{bmatrix}=\begin{bmatrix}12 & -4 & 8\\ 0 & 4 & 16\end{bmatrix}-\begin{bmatrix}-6 & 3 & 9\\ 15 & 6 & -3\end{bmatrix}$$

$$=\begin{bmatrix}12-(-6) & -4-3 & 8-9\\ 0-15 & 4-6 & 16-(-3)\end{bmatrix}=\begin{bmatrix}18 & -7 & -1\\ -15 & -2 & 19\end{bmatrix}.$$

例 3 已知 $\boldsymbol{A}=\begin{bmatrix}-3 & 1 & 2 & 0\\ 1 & 5 & 7 & 9\\ 2 & 4 & 6 & 8\end{bmatrix}$，$\boldsymbol{B}=\begin{bmatrix}7 & 5 & -2 & 4\\ 5 & 1 & 9 & 7\\ -1 & -3 & -5 & 0\end{bmatrix}$，且 $\boldsymbol{A}+2\boldsymbol{X}=\boldsymbol{B}$，求 $\boldsymbol{X}$.

解 因 $\boldsymbol{A}+2\boldsymbol{X}=\boldsymbol{B}$，故有 $2\boldsymbol{X}=\boldsymbol{B}-\boldsymbol{A}$，进而有

$$\boldsymbol{X}=\frac{1}{2}(\boldsymbol{B}-\boldsymbol{A})=\frac{1}{2}\left(\begin{bmatrix}7 & 5 & -2 & 4\\ 5 & 1 & 9 & 7\\ -1 & -3 & -5 & 0\end{bmatrix}-\begin{bmatrix}-3 & 1 & 2 & 0\\ 1 & 5 & 7 & 9\\ 2 & 4 & 6 & 8\end{bmatrix}\right)$$

$$=\frac{1}{2}\begin{bmatrix}10 & 4 & -4 & 4\\ 4 & -4 & 2 & -2\\ -3 & -7 & -11 & -8\end{bmatrix}=\begin{bmatrix}5 & 2 & -2 & 2\\ 2 & -2 & 1 & -1\\ -\frac{3}{2} & -\frac{7}{2} & -\frac{11}{2} & -4\end{bmatrix}.$$

三、矩阵的乘法运算

定义 1.4 设 $\boldsymbol{A}=(a_{ij})_{m\times s}$，$\boldsymbol{B}=(b_{ij})_{s\times n}$，那么规定矩阵 $\boldsymbol{A}$ 与 $\boldsymbol{B}$ 的乘积是

$$\boldsymbol{C}=(c_{ij})_{m\times n},$$

其中

$$c_{ij}=a_{i1}b_{1j}+a_{i2}b_{2j}+\cdots+a_{is}b_{sj}=\sum_{k=1}^{s}a_{ik}b_{kj}\quad (i=1,2,\cdots,m;j=1,2,\cdots,n),$$

并把此乘积记作 $\boldsymbol{C}=\boldsymbol{AB}$.

特别地，当行矩阵 $[a_{i1}\quad a_{i2}\quad \cdots\quad a_{is}]$ 与列矩阵 $\begin{bmatrix}b_{1j}\\ b_{2j}\\ \vdots\\ b_{sj}\end{bmatrix}$ 相乘时，即

$$[a_{i1}\quad a_{i2}\quad \cdots\quad a_{is}]\begin{bmatrix}b_{1j}\\ b_{2j}\\ \vdots\\ b_{sj}\end{bmatrix}=a_{i1}b_{1j}+a_{i2}b_{2j}+\cdots+a_{is}b_{sj},$$

就是一个数 c_{ij}，这表明 c_{ij} 就是 $\boldsymbol{A}$ 的第 i 行与 $\boldsymbol{B}$ 的第 j 列对应元素乘积之和.

注　只有当第一个矩阵(左矩阵)的列数与第二个矩阵(右矩阵)的行数相等时，两个矩阵才能相乘.

例 4　线性方程组

$$\begin{cases} a_{11}x_1 + a_{12}x_2 + \cdots + a_{1n}x_n = b_1, \\ a_{21}x_1 + a_{22}x_2 + \cdots + a_{2n}x_n = b_2, \\ \cdots\cdots \\ a_{m1}x_1 + a_{m2}x_2 + \cdots + a_{mn}x_n = b_m. \end{cases}$$

若记 $\boldsymbol{A} = \begin{bmatrix} a_{11} & a_{12} & \cdots & a_{1n} \\ a_{21} & a_{22} & \cdots & a_{2n} \\ \vdots & \vdots & & \vdots \\ a_{m1} & a_{m2} & \cdots & a_{mn} \end{bmatrix}$，$\boldsymbol{x} = \begin{bmatrix} x_1 \\ x_2 \\ \vdots \\ x_n \end{bmatrix}$，$\boldsymbol{b} = \begin{bmatrix} b_1 \\ b_2 \\ \vdots \\ b_m \end{bmatrix}$，则利用矩阵的乘法，线性方程组可表示为矩阵形式 $\boldsymbol{Ax} = \boldsymbol{b}$.

例 5　设 $\boldsymbol{A}, \boldsymbol{B}$ 分别是 $n \times 1$ 和 $1 \times n$ 矩阵，且

$$\boldsymbol{A} = \begin{bmatrix} a_1 \\ a_2 \\ \vdots \\ a_n \end{bmatrix}, \quad \boldsymbol{B} = [b_1 \quad b_2 \quad \cdots \quad b_n],$$

计算 $\boldsymbol{AB}$ 和 $\boldsymbol{BA}$.

解

$$\boldsymbol{AB} = \begin{bmatrix} a_1 \\ a_2 \\ \vdots \\ a_n \end{bmatrix} [b_1 \quad b_2 \quad \cdots \quad b_n] = \begin{bmatrix} a_1b_1 & a_1b_2 & \cdots & a_1b_n \\ a_2b_1 & a_2b_2 & \cdots & a_2b_n \\ \vdots & \vdots & & \vdots \\ a_nb_1 & a_nb_2 & \cdots & a_nb_n \end{bmatrix}.$$

$$\boldsymbol{BA} = [b_1 \quad b_2 \quad \cdots \quad b_n] \begin{bmatrix} a_1 \\ a_2 \\ \vdots \\ a_n \end{bmatrix} = a_1b_1 + a_2b_2 + \cdots + a_nb_n.$$

$\boldsymbol{AB}$ 是 n 阶矩阵，$\boldsymbol{BA}$ 是 1 阶矩阵，运算的最后结果为 1 阶矩阵时，可以把它与数等同看待.

例 6　设 $\boldsymbol{A} = \begin{bmatrix} 1 & 2 \\ 1 & 3 \end{bmatrix}, \boldsymbol{B} = \begin{bmatrix} 1 & 0 \\ 1 & 2 \end{bmatrix}$，讨论以下等式是否成立？

(1) $\boldsymbol{AB} = \boldsymbol{BA}$;

(2) $(\boldsymbol{A} + \boldsymbol{B})^2 = \boldsymbol{A}^2 + 2\boldsymbol{AB} + \boldsymbol{B}^2$.

解　(1) 因为 $\boldsymbol{AB} = \begin{bmatrix} 1 & 2 \\ 1 & 3 \end{bmatrix}\begin{bmatrix} 1 & 0 \\ 1 & 2 \end{bmatrix} = \begin{bmatrix} 3 & 4 \\ 4 & 6 \end{bmatrix}$，$\boldsymbol{BA} = \begin{bmatrix} 1 & 0 \\ 1 & 2 \end{bmatrix}\begin{bmatrix} 1 & 2 \\ 1 & 3 \end{bmatrix} = \begin{bmatrix} 1 & 2 \\ 3 & 8 \end{bmatrix}$，所以 $\boldsymbol{AB} \neq \boldsymbol{BA}$.

(2) 因为 $(\boldsymbol{A}+\boldsymbol{B})^2=\left(\begin{bmatrix}1&2\\1&3\end{bmatrix}+\begin{bmatrix}1&0\\1&2\end{bmatrix}\right)^2=\begin{bmatrix}2&2\\2&5\end{bmatrix}^2=\begin{bmatrix}8&14\\14&29\end{bmatrix}$,

$$\boldsymbol{A}^2+2\boldsymbol{AB}+\boldsymbol{B}^2=\begin{bmatrix}1&2\\1&3\end{bmatrix}^2+2\begin{bmatrix}1&2\\1&3\end{bmatrix}\begin{bmatrix}1&0\\1&2\end{bmatrix}+\begin{bmatrix}1&0\\1&2\end{bmatrix}^2=\begin{bmatrix}10&16\\15&27\end{bmatrix},$$

所以 $(\boldsymbol{A}+\boldsymbol{B})^2\neq\boldsymbol{A}^2+2\boldsymbol{AB}+\boldsymbol{B}^2$.

注　由例5、例6可知，矩阵乘法不满足交换律.

此外，矩阵乘法一般也不满足消去律，即不能从 $\boldsymbol{AC}=\boldsymbol{BC}$ 推出 $\boldsymbol{A}=\boldsymbol{B}$. 例如，设

$$\boldsymbol{A}=\begin{bmatrix}1&2\\0&3\end{bmatrix},\quad \boldsymbol{B}=\begin{bmatrix}1&0\\0&4\end{bmatrix},\quad \boldsymbol{C}=\begin{bmatrix}1&1\\0&0\end{bmatrix},$$

则

$$\boldsymbol{AC}=\begin{bmatrix}1&2\\0&3\end{bmatrix}\begin{bmatrix}1&1\\0&0\end{bmatrix}=\begin{bmatrix}1&1\\0&0\end{bmatrix}=\begin{bmatrix}1&0\\0&4\end{bmatrix}\begin{bmatrix}1&1\\0&0\end{bmatrix}=\boldsymbol{BC},$$

但 $\boldsymbol{A}\neq\boldsymbol{B}$.

然而，假设运算都可行的情况下，矩阵的乘法仍满足下列运算规律：

(1) $(\boldsymbol{AB})\boldsymbol{C}=\boldsymbol{A}(\boldsymbol{BC})$;（结合律）

(2) $\boldsymbol{A}(\boldsymbol{B}+\boldsymbol{C})=\boldsymbol{AB}+\boldsymbol{AC}$;（左分配律）

$(\boldsymbol{B}+\boldsymbol{C})\boldsymbol{A}=\boldsymbol{BA}+\boldsymbol{CA}$;（右分配律）

(3) $\lambda(\boldsymbol{AB})=(\lambda\boldsymbol{A})\boldsymbol{B}$（其中 λ 为数）.

对于单位矩阵 $\boldsymbol{E}$，容易验证

$$\boldsymbol{E}_m\boldsymbol{A}_{m\times n}=\boldsymbol{A}_{m\times n},\quad \boldsymbol{A}_{m\times n}\boldsymbol{E}_n=\boldsymbol{A}_{m\times n}.$$

运算规律(1)中令 $\boldsymbol{A}=\boldsymbol{B}=\boldsymbol{C}$ 为方阵，则 $\boldsymbol{A}(\boldsymbol{A}\cdot\boldsymbol{A})=\boldsymbol{A}^3$ 称为方阵 $\boldsymbol{A}$ 的3次幂. 一般地，称 $\boldsymbol{A}^n=\underbrace{\boldsymbol{A}\cdot\boldsymbol{A}\cdot\cdots\cdot\boldsymbol{A}}_{n个}$ 为方阵 $\boldsymbol{A}$ 的 n 次幂，规定 $\boldsymbol{A}^0=\boldsymbol{E}$.

例7　设矩阵 $\boldsymbol{A}=\begin{bmatrix}1&-3&2\\-2&1&-1\\1&2&-1\end{bmatrix}$, $\boldsymbol{B}=\begin{bmatrix}2&5&4\\4&-2&2\\1&4&1\end{bmatrix}$，求 $\boldsymbol{A}^2-4\boldsymbol{B}^2-2\boldsymbol{BA}+2\boldsymbol{AB}$.

解　$\boldsymbol{A}^2-4\boldsymbol{B}^2-2\boldsymbol{BA}+2\boldsymbol{AB}=(\boldsymbol{A}^2+2\boldsymbol{AB})-(4\boldsymbol{B}^2+2\boldsymbol{BA})$

$$=\boldsymbol{A}(\boldsymbol{A}+2\boldsymbol{B})-2\boldsymbol{B}(2\boldsymbol{B}+\boldsymbol{A})=(\boldsymbol{A}-2\boldsymbol{B})(\boldsymbol{A}+2\boldsymbol{B})$$

$$=\left(\begin{bmatrix}1&-3&2\\-2&1&-1\\1&2&-1\end{bmatrix}-2\begin{bmatrix}2&5&4\\4&-2&2\\1&4&1\end{bmatrix}\right)\left(\begin{bmatrix}1&-3&2\\-2&1&-1\\1&2&-1\end{bmatrix}+2\begin{bmatrix}2&5&4\\4&-2&2\\1&4&1\end{bmatrix}\right)$$

$$=\begin{bmatrix}-3&-13&-6\\-10&5&-5\\-1&-6&-3\end{bmatrix}\begin{bmatrix}5&7&10\\6&-3&3\\3&10&1\end{bmatrix}=\begin{bmatrix}-111&-42&-75\\-35&-135&-90\\-50&-19&-31\end{bmatrix}.$$

四、矩阵的转置

定义 1.5 将矩阵 $\boldsymbol{A}=(a_{ij})_{m\times n}$ 的行列互换，可得到一个 $n\times m$ 矩阵，称此矩阵为 $\boldsymbol{A}$ 的**转置矩阵**，记为 $\boldsymbol{A}^{\mathrm{T}}$.

即若 $\boldsymbol{A}=\begin{bmatrix} a_{11} & a_{12} & \cdots & a_{1n} \\ a_{21} & a_{22} & \cdots & a_{2n} \\ \vdots & \vdots & & \vdots \\ a_{m1} & a_{m2} & \cdots & a_{mn} \end{bmatrix}$，则 $\boldsymbol{A}^{\mathrm{T}}=\begin{bmatrix} a_{11} & a_{21} & \cdots & a_{m1} \\ a_{12} & a_{22} & \cdots & a_{m2} \\ \vdots & \vdots & & \vdots \\ a_{1n} & a_{2n} & \cdots & a_{mn} \end{bmatrix}$.

矩阵的转置满足以下运算规律：

(1) $(\boldsymbol{A}^{\mathrm{T}})^{\mathrm{T}}=\boldsymbol{A}$；

(2) $(\boldsymbol{A}+\boldsymbol{B})^{\mathrm{T}}=\boldsymbol{A}^{\mathrm{T}}+\boldsymbol{B}^{\mathrm{T}}$；

(3) $(\boldsymbol{AB})^{\mathrm{T}}=\boldsymbol{B}^{\mathrm{T}}\boldsymbol{A}^{\mathrm{T}}$；

(4) $(k\boldsymbol{A})^{\mathrm{T}}=k\boldsymbol{A}^{\mathrm{T}}$（$k$ 为实数）.

例 8 已知 $\boldsymbol{A}=\begin{bmatrix} 2 & 0 & -1 \\ 1 & 3 & 2 \end{bmatrix}$，$\boldsymbol{B}=\begin{bmatrix} 1 & 7 & -1 \\ 4 & 2 & 3 \\ 2 & 0 & 1 \end{bmatrix}$，求 $(\boldsymbol{AB})^{\mathrm{T}}$.

解　法一 因为 $\boldsymbol{AB}=\begin{bmatrix} 2 & 0 & -1 \\ 1 & 3 & 2 \end{bmatrix}\begin{bmatrix} 1 & 7 & -1 \\ 4 & 2 & 3 \\ 2 & 0 & 1 \end{bmatrix}=\begin{bmatrix} 0 & 14 & -3 \\ 17 & 13 & 10 \end{bmatrix}$，所以

$$(\boldsymbol{AB})^{\mathrm{T}}=\begin{bmatrix} 0 & 17 \\ 14 & 13 \\ -3 & 10 \end{bmatrix}.$$

法二　$(\boldsymbol{AB})^{\mathrm{T}}=\boldsymbol{B}^{\mathrm{T}}\boldsymbol{A}^{\mathrm{T}}=\begin{bmatrix} 1 & 4 & 2 \\ 7 & 2 & 0 \\ -1 & 3 & 1 \end{bmatrix}\begin{bmatrix} 2 & 1 \\ 0 & 3 \\ -1 & 2 \end{bmatrix}=\begin{bmatrix} 0 & 17 \\ 14 & 13 \\ -3 & 10 \end{bmatrix}$.

1.3　方阵的行列式

行列式的概念来源于解线性方程组的问题，而方阵的行列式是研究矩阵的一个重要工具.

一、行列式的定义

1. 二阶行列式

用消元法解二元线性方程组

$$\begin{cases} a_{11}x_1 + a_{12}x_2 = b_1, & (1\text{-}1)\\ a_{21}x_1 + a_{22}x_2 = b_2. & (1\text{-}2)\end{cases}$$

式(1-1)$\times a_{22}$ −式(1-2)$\times a_{12}$ 得

$$(a_{11}a_{22} - a_{12}a_{21})x_1 = b_1a_{22} - a_{12}b_2. \tag{1-3}$$

式(1-2)$\times a_{11}$ −式(1-1)$\times a_{21}$ 得

$$(a_{11}a_{22} - a_{12}a_{21})x_2 = a_{11}b_2 - b_1a_{21}. \tag{1-4}$$

当$a_{11}a_{22} - a_{12}a_{21} \neq 0$时，此方程组有唯一解，即

$$x_1 = \frac{b_1a_{22} - a_{12}b_2}{a_{11}a_{22} - a_{12}a_{21}}, \quad x_2 = \frac{a_{11}b_2 - b_1a_{21}}{a_{11}a_{22} - a_{12}a_{21}}.$$

为便于记忆上述结果，我们引入二阶行列式.

定义 1.6 记号$\begin{vmatrix} a_{11} & a_{12} \\ a_{21} & a_{22} \end{vmatrix}$表示代数和$a_{11}a_{22} - a_{12}a_{21}$，称为**二阶行列式**，它由$2^2$个数组成，其中$a_{ij}(i, j = 1,2)$称为**行列式的元素**，从二阶行列式可以看出，行列式实质是一个数，即

$$\begin{vmatrix} a_{11} & a_{12} \\ a_{21} & a_{22} \end{vmatrix} = a_{11}a_{22} - a_{12}a_{21}.$$

二阶行列式表示的代数和，其运算规律性可用"对角线法则"，如图 1-2 所示，即：实线(主对角线)连接的两个元素之积减去虚线(副对角线)连接的两个元素之积.

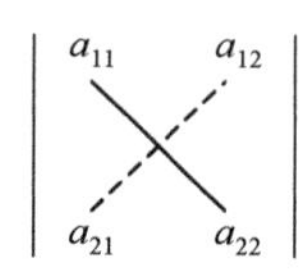

图 1-2

显然，对于线性方程组$\begin{cases} a_{11}x_1 + a_{12}x_2 = b_1, \\ a_{21}x_1 + a_{22}x_2 = b_2. \end{cases}$

若记

$$D = \begin{vmatrix} a_{11} & a_{12} \\ a_{21} & a_{22} \end{vmatrix}, \quad D_1 = \begin{vmatrix} b_1 & a_{12} \\ b_2 & a_{22} \end{vmatrix}, \quad D_2 = \begin{vmatrix} a_{11} & b_1 \\ a_{21} & b_2 \end{vmatrix},$$

则二元线性方程组的解为

$$x_1 = \frac{D_1}{D} = \frac{\begin{vmatrix} b_1 & a_{12} \\ b_2 & a_{22} \end{vmatrix}}{\begin{vmatrix} a_{11} & a_{12} \\ a_{21} & a_{22} \end{vmatrix}}, \quad x_2 = \frac{D_2}{D} = \frac{\begin{vmatrix} a_{11} & b_1 \\ a_{21} & b_2 \end{vmatrix}}{\begin{vmatrix} a_{11} & a_{12} \\ a_{21} & a_{22} \end{vmatrix}}.$$

注 分母的行列式$D = \begin{vmatrix} a_{11} & a_{12} \\ a_{21} & a_{22} \end{vmatrix}$称为系数行列式.

例 1 求解二元线性方程组

$$\begin{cases} 2x_1 + 3x_2 = 8, \\ x_1 - 2x_2 = -3. \end{cases}$$

解 $D = \begin{vmatrix} 2 & 3 \\ 1 & -2 \end{vmatrix} = 2 \times (-2) - 3 \times 1 = -7 \neq 0,$

$$D_1=\begin{vmatrix}8 & 3\\ -3 & -2\end{vmatrix}=-7,\quad D_2=\begin{vmatrix}2 & 8\\ 1 & -3\end{vmatrix}=-14,$$

因 $D\neq 0$，故该方程组有唯一解

$$x_1=\frac{D_1}{D}=\frac{-7}{-7}=1,\quad x_2=\frac{D_2}{D}=\frac{-14}{-7}=2.$$

2. 三阶行列式

定义 1.7　记号 $\begin{vmatrix}a_{11} & a_{12} & a_{13}\\ a_{21} & a_{22} & a_{23}\\ a_{31} & a_{32} & a_{33}\end{vmatrix}$ 表示代数和

$$a_{11}a_{22}a_{33}+a_{12}a_{23}a_{31}+a_{13}a_{21}a_{32}-a_{11}a_{23}a_{32}-a_{12}a_{21}a_{33}-a_{13}a_{22}a_{31},$$

称为**三阶行列式**.

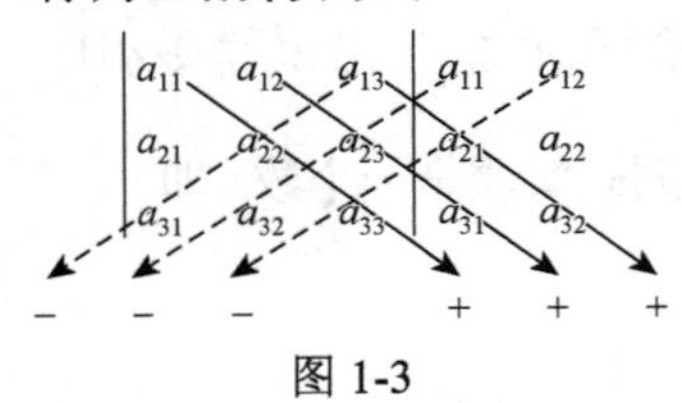

图 1-3

由上述定义可见，三阶行列式有3!项，每一项均为不同行不同列的三个元素之积再冠以正负号，其运算的规律性可用“沙路法则”(图 1-3)来表述.

注　实线上三元素的积冠以正号，虚线上三元素的积冠以负号.

例 2　a, b 满足什么条件时有

$$\begin{vmatrix}a & b & 0\\ -b & a & 0\\ 1 & 0 & 1\end{vmatrix}=0.$$

解　按沙路法则，有

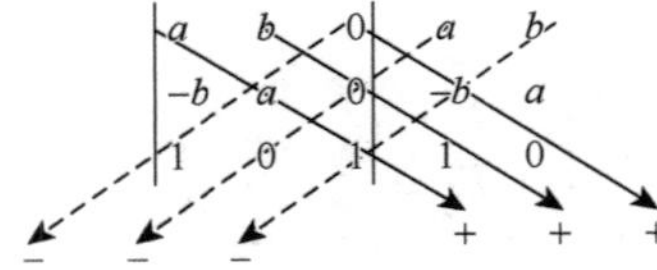

$$\begin{vmatrix}a & b & 0\\ -b & a & 0\\ 1 & 0 & 1\end{vmatrix}=a\times a\times 1+b\times 0\times 1+0\times(-b)\times 0-0\times a\times 1-a\times 0\times 0-b\times(-b)\times 1=a^2+b^2.$$

若要 $a^2+b^2=0$，则 a 与 b 须同时等于零. 因此，当 $a=0, b=0$ 时，给定行列式等于零.

例 3　计算三阶行列式

$$\begin{vmatrix}2 & 3 & 5\\ -4 & 3 & 1\\ 2 & 1 & -2\end{vmatrix}.$$

解　原式 $=\begin{vmatrix}2 & 3 & 5\\ -4 & 3 & 1\\ 2 & 1 & -2\end{vmatrix}\begin{matrix}2 & 3\\ -4 & 3\\ 2 & 1\end{matrix}$

$$=2\times 3\times(-2)+3\times 1\times 2+5\times(-4)\times 1-5\times 3\times 2-2\times 1\times 1-3\times(-4)\times(-2)$$

$$=-12+6-20-30-2-24=-82.$$

如果三元线性方程组$\begin{cases} a_{11}x_1 + a_{12}x_2 + a_{13}x_3 = b_1, \\ a_{21}x_1 + a_{22}x_2 + a_{23}x_3 = b_2, \\ a_{31}x_1 + a_{32}x_2 + a_{33}x_3 = b_3 \end{cases}$的系数行列式$D = \begin{vmatrix} a_{11} & a_{12} & a_{13} \\ a_{21} & a_{22} & a_{23} \\ a_{31} & a_{32} & a_{33} \end{vmatrix} \neq 0$，若记

$$D_1 = \begin{vmatrix} b_1 & a_{12} & a_{13} \\ b_2 & a_{22} & a_{23} \\ b_3 & a_{32} & a_{33} \end{vmatrix}, \quad D_2 = \begin{vmatrix} a_{11} & b_1 & a_{13} \\ a_{21} & b_2 & a_{23} \\ a_{31} & b_3 & a_{33} \end{vmatrix}, \quad D_3 = \begin{vmatrix} a_{11} & a_{12} & b_1 \\ a_{21} & a_{22} & b_2 \\ a_{31} & a_{32} & b_3 \end{vmatrix},$$

则三元线性方程组的解为

$$x_1 = \frac{D_1}{D}, \quad x_2 = \frac{D_2}{D}, \quad x_3 = \frac{D_3}{D}.$$

例4 解线性方程组

$$\begin{cases} 3x_1 - x_2 + x_3 = 26, \\ 2x_1 - 4x_2 - x_3 = 9, \\ x_1 + 2x_2 + x_3 = 16. \end{cases}$$

解 由于方程组的系数行列式

$$D = \begin{vmatrix} 3 & -1 & 1 \\ 2 & -4 & -1 \\ 1 & 2 & 1 \end{vmatrix} = 5 \neq 0.$$

同理可得

$$D_1 = \begin{vmatrix} 26 & -1 & 1 \\ 9 & -4 & -1 \\ 16 & 2 & 1 \end{vmatrix} = 55, \quad D_2 = \begin{vmatrix} 3 & 26 & 1 \\ 2 & 9 & -1 \\ 1 & 16 & 1 \end{vmatrix} = 20, \quad D_3 = \begin{vmatrix} 3 & -1 & 26 \\ 2 & -4 & 9 \\ 1 & 2 & 16 \end{vmatrix} = -15,$$

故方程组的解为

$$x_1 = \frac{D_1}{D} = 11, \quad x_2 = \frac{D_2}{D} = 4, \quad x_3 = \frac{D_3}{D} = -3.$$

3. *n* 阶行列式

观察二阶行列式$\begin{vmatrix} a_{11} & a_{12} \\ a_{21} & a_{22} \end{vmatrix} = a_{11}a_{22} - a_{12}a_{21}$和三阶行列式

$$\begin{aligned} D = \begin{vmatrix} a_{11} & a_{12} & a_{13} \\ a_{21} & a_{22} & a_{23} \\ a_{31} & a_{32} & a_{33} \end{vmatrix} &= a_{11}a_{22}a_{33} + a_{12}a_{23}a_{31} + a_{13}a_{21}a_{32} - a_{11}a_{23}a_{32} - a_{12}a_{21}a_{33} - a_{13}a_{22}a_{31} \\ &= a_{11}\begin{vmatrix} a_{22} & a_{23} \\ a_{32} & a_{33} \end{vmatrix} - a_{12}\begin{vmatrix} a_{21} & a_{23} \\ a_{31} & a_{33} \end{vmatrix} + a_{13}\begin{vmatrix} a_{21} & a_{22} \\ a_{31} & a_{32} \end{vmatrix}. \end{aligned}$$

首先，观察三阶行列式的结果发现三阶行列式 D 中第一行的三个元素 a_{11},a_{12},a_{13} 分别乘上三个二阶行列式，而所乘的二阶行列式是三阶行列式 D 中划去该元素所在的第一行与第 $j(j=1,2,3)$ 列元素后余下的元素所组成.

其次，每一项之前都要乘一个 $(-1)^{1+j}$，1 和 j 正好是元素 a_{1j} 的行标和列标.

按照这一规律，四阶行列式可由三阶行列式定义，以此类推，可以归纳地给出 n 阶行列式的定义.

定义 1.8　由 n^2 个元素 $a_{ij}(i,j=1,2,\cdots,n)$ 组成的记号

$$\begin{vmatrix} a_{11} & a_{12} & \cdots & a_{1n} \\ a_{21} & a_{22} & \cdots & a_{2n} \\ \vdots & \vdots & & \vdots \\ a_{n1} & a_{n2} & \cdots & a_{nn} \end{vmatrix}$$

称为 n **阶行列式**，其中 $a_{ij}(i,j=1,2,\cdots,n)$ 称为行列式的元素，i 称为行标，j 称为列标，n 阶行列式值为

$$(-1)^{1+1}a_{11}\begin{vmatrix} a_{22} & a_{23} & \cdots & a_{2n} \\ a_{32} & a_{33} & \cdots & a_{3n} \\ \vdots & \vdots & & \vdots \\ a_{n2} & a_{n3} & \cdots & a_{nn} \end{vmatrix}+(-1)^{1+2}a_{12}\begin{vmatrix} a_{21} & a_{23} & \cdots & a_{2n} \\ a_{31} & a_{33} & \cdots & a_{3n} \\ \vdots & \vdots & & \vdots \\ a_{n1} & a_{n3} & \cdots & a_{nn} \end{vmatrix}+\cdots+(-1)^{1+n}a_{1n}\begin{vmatrix} a_{21} & a_{22} & \cdots & a_{2n-1} \\ a_{31} & a_{32} & \cdots & a_{3n-1} \\ \vdots & \vdots & & \vdots \\ a_{n1} & a_{n2} & \cdots & a_{nn-1} \end{vmatrix}$$

这种用低一阶行列式计算高一阶行列式的方法，称为**递推式定义法.**

注　一个 n 阶行列式实质是一个 n 阶方阵 $\boldsymbol{A}=(a_{ij})$ 取行列式构成的，因此称为**方阵 $\boldsymbol{A}$ 的行列式**，记为 $\det\boldsymbol{A}$，或 $|\boldsymbol{A}|$.

二、行列式的计算

利用行列式的定义计算低阶行列式，即二、三阶行列式，但是，利用行列式定义计算高阶行列式却很复杂，为了寻求容易计算 n 阶行列式的方法，下面我们将介绍行列式的性质、行列式按行（列）展开，并利用“三角化”法、“降阶”法计算 n 阶行列式.

1. 行列式的基本性质

性质 1　方阵行列式与其转置行列式值相等，即若 $D=\begin{vmatrix} a_{11} & a_{12} & \cdots & a_{1n} \\ a_{21} & a_{22} & \cdots & a_{2n} \\ \vdots & \vdots & & \vdots \\ a_{n1} & a_{n2} & \cdots & a_{nn} \end{vmatrix}$，

$D^{\mathrm{T}}=\begin{vmatrix} a_{11} & a_{21} & \cdots & a_{n1} \\ a_{12} & a_{22} & \cdots & a_{n2} \\ \vdots & \vdots & & \vdots \\ a_{1n} & a_{2n} & \cdots & a_{nn} \end{vmatrix}$，则 $D=D^{\mathrm{T}}$.

由此性质可知，行列式中的行与列具有相同的地位，行列式的行具有的性质，它的列也同样具有.

性质 2 交换行列式的两行(列)，行列式变号.

注 交换 i, j 两行(列)记为 $r_i \leftrightarrow r_j$（$c_i \leftrightarrow c_j$）.

推论 1 如果行列式中有两行(列)的对应元素相同，则此行列式的值为零.

证明 互换相同的两行(列)，有 $D=-D$，所以 $D=0$.

性质 3 用数 k 乘行列式的某一行(列)，等于用数 k 乘此行列式. 即 $D=|a_{ij}|$，则

$$D_1=\begin{vmatrix} a_{11} & a_{12} & \cdots & a_{1n} \\ \vdots & \vdots & & \vdots \\ ka_{i1} & ka_{i2} & \cdots & ka_{in} \\ \vdots & \vdots & & \vdots \\ a_{n1} & a_{n2} & \cdots & a_{nn} \end{vmatrix}=k\begin{vmatrix} a_{11} & a_{12} & \cdots & a_{1n} \\ \vdots & \vdots & & \vdots \\ a_{i1} & a_{i2} & \cdots & a_{in} \\ \vdots & \vdots & & \vdots \\ a_{n1} & a_{n2} & \cdots & a_{nn} \end{vmatrix}=kD.$$

注 第 i 行(列)乘以 k，记为 $r_i \times k$（$c_i \times k$）.

推论 2 行列式若有一行(或一列)中的元素皆为零，则此行列式的值必为零.

推论 3 如果行列式某行(列)的所有元素有公因子，则公因子可以提到行列式外面.

推论 4 如果行列式有两行(列)的对应元素成比例，则行列式的值为零.

因为由推论 3 可将行列式中这两行(列)的比例系数提到行列式外面，则余下的行列式有两行(列)对应元素相同，由推论 1 可知此行列式的值为零，所以原行列式的值为零.

例 5 行列式 $D=\begin{vmatrix} 2 & -4 & 5 \\ 3 & -6 & 3 \\ -4 & 8 & 4 \end{vmatrix}$，因为第一列与第二列对应元素成比例，根据性质 3 的推论 4 得 $D=0$.

性质 4 如果行列式 D 中的某一行(列)的元素都是两个数的和，则此行列式可写成两个行列式的和，即若

$$D=\begin{vmatrix} a_{11} & a_{12} & \cdots & a_{1n} \\ \vdots & \vdots & & \vdots \\ a_{i1}+b_{i1} & a_{i2}+b_{i2} & \cdots & a_{in}+b_{in} \\ \vdots & \vdots & & \vdots \\ a_{n1} & a_{n2} & \cdots & a_{nn} \end{vmatrix},$$

$$D_1=\begin{vmatrix} a_{11} & a_{12} & \cdots & a_{1n} \\ \vdots & \vdots & & \vdots \\ a_{i1} & a_{i2} & \cdots & a_{in} \\ \vdots & \vdots & & \vdots \\ a_{n1} & a_{n2} & \cdots & a_{nn} \end{vmatrix}, \quad D_2=\begin{vmatrix} a_{11} & a_{12} & \cdots & a_{1n} \\ \vdots & \vdots & & \vdots \\ b_{i1} & b_{i2} & \cdots & b_{in} \\ \vdots & \vdots & & \vdots \\ a_{n1} & a_{n2} & \cdots & a_{nn} \end{vmatrix},$$

则 $D=D_1+D_2$.

性质 5　将行列式某一行(列)的所有元素都乘以数 k 后加到另一行(列)对应位置的元素上, 行列式的值不变.

注　以数 k 乘第 j 行加到第 i 行上, 记为 r_i+kr_j；以数 k 乘第 j 列加到第 i 列上, 记为 c_i+kc_j.

例 6　$D=\begin{vmatrix}1 & 2\\ -2 & 2\end{vmatrix}=6$, $D=\begin{vmatrix}1 & 2\\ -2 & 2\end{vmatrix}\overset{r_2+2r_1}{=\!=\!=}\begin{vmatrix}1 & 2\\ 0 & 6\end{vmatrix}=6$.

2. 行列式按行(列)展开定理

定义 1.9　在 n 阶行列式 $D=|a_{ij}|$ 中去掉元素 a_{ij} 所在的第 i 行和第 j 列后, 余下的 $n-1$ 阶行列式, 称为 D 中元素 a_{ij} 的**余子式**, 记为 M_{ij}. 即

$$M_{ij}=\begin{vmatrix}a_{11} & \cdots & a_{1j-1} & a_{1j+1} & \cdots & a_{1n}\\ \vdots & & \vdots & \vdots & & \vdots\\ a_{i-11} & \cdots & a_{i-1j-1} & a_{i-1j+1} & \cdots & a_{i-1n}\\ a_{i+11} & \cdots & a_{i+1j-1} & a_{i+1j+1} & \cdots & a_{i+1n}\\ \vdots & & \vdots & \vdots & & \vdots\\ a_{n1} & \cdots & a_{nj-1} & a_{nj+1} & \cdots & a_{nn}\end{vmatrix}.$$

再记 $A_{ij}=(-1)^{i+j}M_{ij}$, 称 A_{ij} 为元素 a_{ij} 的**代数余子式**.

例 7　四阶行列式

$$D=\begin{vmatrix}1 & 2 & 3 & 4\\ 1 & 3 & 1 & 2\\ 3 & -1 & 1 & 2\\ 1 & 2 & 0 & -5\end{vmatrix}$$

中, a_{32} 的余子式和代数余子式为

$$M_{32}=\begin{vmatrix}1 & 3 & 4\\ 1 & 1 & 2\\ 1 & 0 & -5\end{vmatrix},\quad A_{32}=(-1)^{3+2}M_{32}=-\begin{vmatrix}1 & 3 & 4\\ 1 & 1 & 2\\ 1 & 0 & -5\end{vmatrix}.$$

引理 1.1　n 阶行列式 D, 若其中第 i 行所有元素除 a_{ij} 外都为零, 则 $D=a_{ij}A_{ij}$.

定理 1.1　n 阶行列式 $D=|a_{ij}|$ 等于它的任意一行(列)的各元素与其对应代数余子式乘积的和, 即

$$D=a_{i1}A_{i1}+a_{i2}A_{i2}+\cdots+a_{in}A_{in}\quad(i=1,2,\cdots,n)$$

或

$$D=a_{1j}A_{1j}+a_{2j}A_{2j}+\cdots+a_{nj}A_{nj}\quad(j=1,2,\cdots,n).$$

*证　利用引理 1.1 得

$$D=\begin{vmatrix} a_{11} & a_{12} & a_{1n} \\ \vdots & \vdots & \vdots \\ a_{i1}+0+\cdots+0 & 0+a_{i2}+\cdots+0 & 0+\cdots+0+a_{in} \\ \vdots & \vdots & \vdots \\ a_{n1} & a_{n2} & a_{nn} \end{vmatrix}$$

$$=\begin{vmatrix} a_{11} & a_{12} & \cdots & a_{1n} \\ \vdots & \vdots & & \vdots \\ a_{i1} & 0 & \cdots & 0 \\ \vdots & \vdots & & \vdots \\ a_{n1} & a_{n2} & \cdots & a_{nn} \end{vmatrix}+\begin{vmatrix} a_{11} & a_{12} & \cdots & a_{1n} \\ \vdots & \vdots & & \vdots \\ 0 & a_{i2} & \cdots & 0 \\ \vdots & \vdots & & \vdots \\ a_{n1} & a_{n2} & \cdots & a_{nn} \end{vmatrix}+\cdots+\begin{vmatrix} a_{11} & a_{12} & \cdots & a_{1n} \\ \vdots & \vdots & & \vdots \\ 0 & 0 & \cdots & a_{in} \\ \vdots & \vdots & & \vdots \\ a_{n1} & a_{n2} & \cdots & a_{nn} \end{vmatrix}$$

$$=a_{i1}A_{i1}+a_{i2}A_{i2}+\cdots+a_{in}A_{in} \quad (i=1,2,\cdots,n).$$

同理可得D按列展开公式

$$D=a_{1j}A_{1j}+a_{2j}A_{2j}+\cdots+a_{nj}A_{nj} \quad (j=1,2,\cdots,n).$$

例 8 行列式$D=\begin{vmatrix} -3 & -5 & 3 \\ 0 & -1 & 0 \\ 7 & 7 & 2 \end{vmatrix}$，若按第一行展开，得

$$D=(-3)\times(-1)^{1+1}\begin{vmatrix} -1 & 0 \\ 7 & 2 \end{vmatrix}+(-5)\times(-1)^{1+2}\begin{vmatrix} 0 & 0 \\ 7 & 2 \end{vmatrix}+3\times(-1)^{1+3}\begin{vmatrix} 0 & -1 \\ 7 & 7 \end{vmatrix}=27,$$

若按第二行展开，得$D=-(-1)^{2+2}\begin{vmatrix} -3 & 3 \\ 7 & 2 \end{vmatrix}=27.$

例 9 计算n阶行列式

$$D=\begin{vmatrix} a_{11} & 0 & 0 & \cdots & 0 \\ a_{21} & a_{22} & 0 & \cdots & 0 \\ a_{31} & a_{32} & a_{33} & \cdots & 0 \\ \vdots & \vdots & \vdots & & \vdots \\ a_{n1} & a_{n2} & a_{n3} & \cdots & a_{nn} \end{vmatrix}$$

的值，其中$a_{ij}\neq 0\,(i,j=1,2,\cdots,n)$（行列式$D$称为**下三角形行列式**）.

解 因为第一行中除a_{11}不为零外，其余元素均为零，因此D按第一行展开只有$a_{11}A_{11}$（A_{11}为a_{11}的代数余子式）得

$$D=\begin{vmatrix} a_{11} & 0 & 0 & \cdots & 0 \\ a_{21} & a_{22} & 0 & \cdots & 0 \\ a_{31} & a_{32} & a_{33} & \cdots & 0 \\ \vdots & \vdots & \vdots & & \vdots \\ a_{n1} & a_{n2} & a_{n3} & \cdots & a_{nn} \end{vmatrix}=(-1)^{1+1}a_{11}\begin{vmatrix} a_{22} & 0 & 0 & \cdots & 0 \\ a_{32} & a_{33} & 0 & \cdots & 0 \\ a_{42} & a_{43} & a_{44} & \cdots & 0 \\ \vdots & \vdots & \vdots & & \vdots \\ a_{n2} & a_{n3} & a_{n4} & \cdots & a_{nn} \end{vmatrix}$$

$$=a_{11}a_{22}\begin{vmatrix} a_{33} & 0 & 0 & \cdots & 0 \\ a_{43} & a_{44} & 0 & \cdots & 0 \\ a_{53} & a_{54} & a_{55} & \cdots & 0 \\ \vdots & \vdots & \vdots & & \vdots \\ a_{n3} & a_{n4} & a_{n5} & \cdots & a_{nn} \end{vmatrix}=a_{11}a_{22}a_{33}\cdots a_{nn}.$$

同理, 可计算**上三角行列式** $D=\begin{vmatrix} a_{11} & a_{12} & a_{13} & \cdots & a_{1n} \\ 0 & a_{22} & a_{23} & \cdots & a_{2n} \\ 0 & 0 & a_{33} & \cdots & a_{3n} \\ \vdots & \vdots & \vdots & & \vdots \\ 0 & 0 & 0 & \cdots & a_{nn} \end{vmatrix}=a_{11}a_{22}a_{33}\cdots a_{nn}$.

以上结论应视为公式记住, 计算 n 阶行列式多用此结论.

3. 行列式的计算方法

1) 利用“三角化法”计算行列式

利用“三角化法”计算行列式, 就是利用行列式的性质, 将行列式化为上(下)三角形行列式来计算. 例如化为上三角形行列式的步骤是: ①如果第一列第一个元素为 0, 先将第一行与其他行交换, 使第一列第一个元素不为 0; ②然后把第一行分别乘以适当的数加到其他各行, 使第一列除第一个元素外其余元素全为 0; 再用同样的方法处理除去第一行和第一列后余下的低一阶行列式; 依次作下去, 直至使它成为上三角形行列式, 这时主对角线上元素的乘积就是行列式的值.

例 10　计算行列式 $D=\begin{vmatrix} 0 & -1 & -1 & 2 \\ 1 & -1 & 0 & 2 \\ -1 & 2 & -1 & 0 \\ 2 & 1 & 1 & 0 \end{vmatrix}$.

解　$D=\begin{vmatrix} 0 & -1 & -1 & 2 \\ 1 & -1 & 0 & 2 \\ -1 & 2 & -1 & 0 \\ 2 & 1 & 1 & 0 \end{vmatrix} \xlongequal{r_1\leftrightarrow r_2} -\begin{vmatrix} 1 & -1 & 0 & 2 \\ 0 & -1 & -1 & 2 \\ -1 & 2 & -1 & 0 \\ 2 & 1 & 1 & 0 \end{vmatrix}$

$$\xlongequal[r_4-2r_1]{r_3+r_1} -\begin{vmatrix} 1 & -1 & 0 & 2 \\ 0 & -1 & -1 & 2 \\ 0 & 1 & -1 & 2 \\ 0 & 3 & 1 & -4 \end{vmatrix} \xlongequal[r_4+3r_2]{r_3+r_2} -\begin{vmatrix} 1 & -1 & 0 & 2 \\ 0 & -1 & -1 & 2 \\ 0 & 0 & -2 & 4 \\ 0 & 0 & -2 & 2 \end{vmatrix} \xlongequal{r_4-r_3} -\begin{vmatrix} 1 & -1 & 0 & 2 \\ 0 & -1 & -1 & 2 \\ 0 & 0 & -2 & 4 \\ 0 & 0 & 0 & -2 \end{vmatrix}$$

$$=(-1)\times(-1)\times(-2)\times(-2)=4.$$

例 11　计算 $D=\begin{vmatrix} 3 & 1 & 1 & 1 \\ 1 & 3 & 1 & 1 \\ 1 & 1 & 3 & 1 \\ 1 & 1 & 1 & 3 \end{vmatrix}$.

解　观察行列式中各行(列)4个数之和都为6, 故可把第二、三、四行同时加到第一行, 提出公因子6, 然后各行减去第一行, 化为上三角行列式来计算.

$$D\xlongequal{r_1+r_2+r_3+r_4}\begin{vmatrix}6&6&6&6\\1&3&1&1\\1&1&3&1\\1&1&1&3\end{vmatrix}=6\begin{vmatrix}1&1&1&1\\1&3&1&1\\1&1&3&1\\1&1&1&3\end{vmatrix}\xlongequal[r_4-r_1]{\substack{r_2-r_1\\r_3-r_1}}6\begin{vmatrix}1&1&1&1\\0&2&0&0\\0&0&2&0\\0&0&0&2\end{vmatrix}=48.$$

注　仿照上述方法可得到更一般的结果：

$$\begin{vmatrix}a&b&b&\cdots&b\\b&a&b&\cdots&b\\b&b&a&\cdots&b\\\vdots&\vdots&\vdots&&b\\b&b&b&\cdots&a\end{vmatrix}=[a+(n-1)b](a-b)^{n-1}.$$

例 12　计算$D=\begin{vmatrix}a_1&-a_1&0&0\\0&a_2&-a_2&0\\0&0&a_3&-a_3\\1&1&1&1\end{vmatrix}$.

解　根据行列式的特点, 可将第1列加至第2列, 然后第2列加至第3列, 再将第3列加至第4列, 目的是使D中的零元素增多.

$$D\xlongequal{c_2+c_1}\begin{vmatrix}a_1&0&0&0\\0&a_2&-a_2&0\\0&0&a_3&-a_3\\1&2&1&1\end{vmatrix}\xlongequal{c_3+c_2}\begin{vmatrix}a_1&0&0&0\\0&a_2&0&0\\0&0&a_3&-a_3\\1&2&3&1\end{vmatrix}\xlongequal{c_4+c_3}\begin{vmatrix}a_1&0&0&0\\0&a_2&0&0\\0&0&a_3&0\\1&2&3&4\end{vmatrix}=4a_1a_2a_3.$$

例 13　解方程

$$\begin{vmatrix}a_1&a_2&a_3&\cdots&a_{n-1}&a_n\\a_1&a_1+a_2-x&a_3&\cdots&a_{n-1}&a_n\\a_1&a_2&a_2+a_3-x&\cdots&a_{n-1}&a_n\\\vdots&\vdots&\vdots&&\vdots&\vdots\\a_1&a_2&a_3&\cdots&a_{n-2}+a_{n-1}-x&a_n\\a_1&a_2&a_3&\cdots&a_{n-1}&a_{n-1}+a_n-x\end{vmatrix}=0\text{，其中 }a_1\neq 0.$$

解　对左端行列式, 从第二行开始每一行都减去第一行得

$$\begin{vmatrix}a_1&a_2&a_3&\cdots&a_{n-1}&a_n\\0&a_1-x&0&\cdots&0&0\\0&0&a_2-x&\cdots&0&0\\\vdots&\vdots&\vdots&&\vdots&\vdots\\0&0&0&\cdots&a_{n-2}-x&0\\0&0&0&\cdots&0&a_{n-1}-x\end{vmatrix}=a_1(a_1-x)(a_2-x)\cdots(a_{n-2}-x)(a_{n-1}-x),$$

即

$$a_1(a_1-x)(a_2-x)\cdots(a_{n-2}-x)(a_{n-1}-x)=0,$$

解得方程的 $n-1$ 个根

$$x_1=a_1,\quad x_2=a_2,\quad \cdots,\quad x_{n-2}=a_{n-2},\quad x_{n-1}=a_{n-1}.$$

2) 利用“降阶法”计算行列式

利用“降阶法”计算行列式时，可以先用行列式的性质将行列式中某一行(列)化为仅含有一个非零元素，再按此行(列)展开，变为低一阶的行列式，如此继续下去，直到化为二阶或三阶行列式再计算.

例 14　计算行列式 $D=\begin{vmatrix}6&0&8&1\\5&-1&0&0\\0&2&0&0\\1&4&4&-1\end{vmatrix}$.

解　观察 D 中第三行只有一个非零元素，因此按第三行展开

$$D=2\times(-1)^{3+2}\begin{vmatrix}6&8&1\\5&0&0\\1&4&-1\end{vmatrix}=(-2)\times5\times(-1)^{2+1}\begin{vmatrix}8&1\\4&-1\end{vmatrix}=-120.$$

例 15　计算行列式 $D=\begin{vmatrix}1&2&3&4\\1&0&1&2\\3&-1&-1&0\\1&2&0&-5\end{vmatrix}$.

解　$D=\begin{vmatrix}1&2&3&4\\1&0&1&2\\3&-1&-1&0\\1&2&0&-5\end{vmatrix}\overset{r_1-3r_2}{\underset{r_3+r_2}{=\!=\!=}}\begin{vmatrix}-2&2&0&-2\\1&0&1&2\\4&-1&0&2\\1&2&0&-5\end{vmatrix}$

$$=1\times(-1)^{2+3}\begin{vmatrix}-2&2&-2\\4&-1&2\\1&2&-5\end{vmatrix}=-24.$$

例 16　计算 $n(n\geqslant2)$ 阶行列式

$$D=\begin{vmatrix}a&0&0&\cdots&0&1\\0&a&0&\cdots&0&0\\0&0&a&\cdots&0&0\\\vdots&\vdots&\vdots&&\vdots&\vdots\\1&0&0&\cdots&0&a\end{vmatrix}.$$

解　按第 1 行展开，得

$$D=a\begin{vmatrix} a & 0 & \cdots & 0 & 0 \\ 0 & a & \cdots & 0 & 0 \\ \vdots & \vdots & & \vdots & \vdots \\ 0 & 0 & \cdots & 0 & a \end{vmatrix}+(-1)^{1+n}\begin{vmatrix} 0 & a & 0 & \cdots & 0 \\ 0 & 0 & a & \cdots & 0 \\ \vdots & \vdots & \vdots & & \vdots \\ 0 & 0 & 0 & \cdots & a \\ 1 & 0 & 0 & \cdots & 0 \end{vmatrix},$$

再将上式等号右边的第二个行列式按第 1 列展开，得

$$D=a^n+(-1)^{1+n}(-1)^{(n-1)+1}a^{n-2}=a^n-a^{n-2}=a^{n-2}(a^2-1).$$

例 17 计算五阶行列式

$$D_5=\begin{vmatrix} 0 & 2 & 0 & 0 & 0 \\ 2 & 5 & 1 & 1 & 5 \\ -1 & 2 & 3 & -1 & 3 \\ 3 & 7 & -2 & 6 & 2 \\ 5 & 1 & 0 & 0 & 0 \end{vmatrix}.$$

解 $D_5 \xlongequal{\text{按第1行展开}} 2\cdot(-1)^{1+2}\cdot\begin{vmatrix} 2 & 1 & 1 & 5 \\ -1 & 3 & -1 & 3 \\ 3 & -2 & 6 & 2 \\ 5 & 0 & 0 & 0 \end{vmatrix} \xlongequal{\text{按第4行展开}} -2\cdot 5\cdot(-1)^{4+1}\cdot\begin{vmatrix} 1 & 1 & 5 \\ 3 & -1 & 3 \\ -2 & 6 & 2 \end{vmatrix}$

$$\xlongequal[r_3+2r_1]{r_2-3r_1} 10\cdot\begin{vmatrix} 1 & 1 & 5 \\ 0 & -4 & -12 \\ 0 & 8 & 12 \end{vmatrix} \xlongequal{r_3+2r_2} 10\cdot\begin{vmatrix} 1 & 1 & 5 \\ 0 & -4 & -12 \\ 0 & 0 & -12 \end{vmatrix}$$

$$=10\times(-4)\times(-12)=480.$$

三、方阵的行列式运算性质

设 $\boldsymbol{A},\boldsymbol{B}$ 是 n 阶方阵，k 是常数，则有

性质 6 $|\boldsymbol{A}^{\mathrm{T}}|=|\boldsymbol{A}|$.

性质 7 $|k\boldsymbol{A}|=k^n|\boldsymbol{A}|$.

性质 8 $|\boldsymbol{AB}|=|\boldsymbol{A}||\boldsymbol{B}|$.

将性质 8 推广到多个同阶方阵的情形，即有以下结论.

若 $\boldsymbol{A}_1,\boldsymbol{A}_2,\cdots,\boldsymbol{A}_n$ 是同阶方阵，则

$$|\boldsymbol{A}_1\boldsymbol{A}_2\cdots\boldsymbol{A}_n|=|\boldsymbol{A}_1||\boldsymbol{A}_2|\cdots|\boldsymbol{A}_n|.$$

例 18 若 $\boldsymbol{A}=(a_{ij})$ 为三阶方阵且 $|\boldsymbol{A}|=-3$，则

$$||\boldsymbol{A}|\boldsymbol{A}|=|(-3)\boldsymbol{A}|$$

$$=(-3)^3|\boldsymbol{A}|=(-3)^3(-3)=(-3)^4=81.$$

注 方阵 $\boldsymbol{A}$ 与方阵 $\boldsymbol{A}$ 的行列式 $|\boldsymbol{A}|$ 是两个完全不同的概念，$\boldsymbol{A}$ 表示一个正方形数表，而 $|\boldsymbol{A}|$ 表示一个数值，二者运算性质完全不同.

1.4 矩阵的初等变换与矩阵的秩

矩阵的初等行变换是处理矩阵问题的一种十分重要的运算方法，它在化简矩阵、解线性方程组、求逆矩阵和求矩阵的秩等诸多领域中都发挥着重要作用. 而矩阵的秩则是矩阵的一个重要的数字特征，它反映的是矩阵本质属性的一个不变量，并且在线性方程组等问题的研究中也起着十分重要的作用.

一、矩阵的初等行变换

定义 1.10 下面的三种变换称为矩阵的**初等行变换**：

(1) 交换矩阵的两行(交换第 i 行和第 j 行，记为 $r(i,j)$).

(2) 矩阵的某行乘以一个非零常数 k(第 i 行乘以 k，记为 $r(i(k))$).

(3) 把矩阵的某一行的 k 倍加到另一行(第 i 行的 k 倍加到第 j 行，记为 $r(j+i(k))$).

若矩阵 $\boldsymbol{A}$ 经过有限次初等行变换变成矩阵 $\boldsymbol{B}$，则矩阵 **$\boldsymbol{A}$ 与 $\boldsymbol{B}$ 等价**，记为 $\boldsymbol{A}\to\boldsymbol{B}$.

例 1 已知矩阵 $\boldsymbol{A}=\begin{bmatrix}1&-2&-1&0&2\\-2&4&2&6&-6\\2&-1&0&2&3\\3&3&3&3&4\end{bmatrix}$，对其作如下初等行变换

$$\boldsymbol{A}=\begin{bmatrix}1&-2&-1&0&2\\-2&4&2&6&-6\\2&-1&0&2&3\\3&3&3&3&4\end{bmatrix}\xrightarrow[r(4+1(-3))]{\substack{r(2+1(2))\\r(3+1(-2))}}\begin{bmatrix}1&-2&-1&0&2\\0&0&0&6&-2\\0&3&2&2&-1\\0&9&6&3&-2\end{bmatrix}\xrightarrow[r(3,4)]{r(2,3)}\begin{bmatrix}1&-2&-1&0&2\\0&3&2&2&-1\\0&9&6&3&-2\\0&0&0&6&-2\end{bmatrix}$$

$$\xrightarrow{r(3+2(-3))}\begin{bmatrix}1&-2&-1&0&2\\0&3&2&2&-1\\0&0&0&-3&1\\0&0&0&6&-2\end{bmatrix}\xrightarrow{r(4+3(2))}\begin{bmatrix}1&-2&-1&0&2\\0&3&2&2&-1\\0&0&0&-3&1\\0&0&0&0&0\end{bmatrix}=\boldsymbol{B}.$$

这里的矩阵 $\boldsymbol{B}$ 依其形状的特征称为**行阶梯形矩阵.**

一般地，满足下列条件的矩阵称为**行阶梯形矩阵**：

(1) 零行(元素全为零的行)位于矩阵的下方；

(2) 各非零行的首非零元(从左至右第一个不为零的元素)的列标随行标的增大而严格增大.

对例 1 中的矩阵 $\boldsymbol{B}=\begin{bmatrix}1&-2&-1&0&2\\0&3&2&2&-1\\0&0&0&-3&1\\0&0&0&0&0\end{bmatrix}$ 再作初等行变换

$$
\boldsymbol{B}=\begin{bmatrix}1&-2&-1&0&2\\0&3&2&2&-1\\0&0&0&-3&1\\0&0&0&0&0\end{bmatrix}\xrightarrow[r\left(3\left(-\frac{1}{3}\right)\right)]{r\left(2\left(\frac{1}{3}\right)\right)}\begin{bmatrix}1&-2&-1&0&2\\0&1&\frac{2}{3}&\frac{2}{3}&-\frac{1}{3}\\0&0&0&1&-\frac{1}{3}\\0&0&0&0&0\end{bmatrix}\xrightarrow[r(1+2(2))]{r\left(2+3\left(-\frac{2}{3}\right)\right)}\begin{bmatrix}1&0&\frac{1}{3}&0&\frac{16}{9}\\0&1&\frac{2}{3}&0&-\frac{1}{9}\\0&0&0&1&-\frac{1}{3}\\0&0&0&0&0\end{bmatrix}
$$

$=\boldsymbol{C}.$

这种特殊形状的阶梯形矩阵 $\boldsymbol{C}$ 称为**行最简形矩阵.**

一般地, 满足下列条件的阶梯形矩阵为**行最简形矩阵**:

(1) 各非零行的首非零元都是 1;

(2) 每个首非零元所在列的其余元素都是零.

例 2　矩阵 $\boldsymbol{A}=\begin{bmatrix}1&0&0&0&-2\\0&1&0&0&-1\\0&0&1&0&3\\0&0&0&1&2\end{bmatrix}$, $\boldsymbol{B}=\begin{bmatrix}1&0&2&0&5\\0&1&-4&0&3\\0&0&0&1&2\\0&0&0&0&0\end{bmatrix}$ 与 $\boldsymbol{C}=[0\ 1\ 2\ 0]$ 均为行最简阶梯形矩阵.

例 3　用矩阵的初等行变换将矩阵 $\boldsymbol{A}=\begin{bmatrix}0&16&-7&-5&5\\1&-5&2&1&-1\\-1&-11&5&4&-4\\2&6&-3&-3&7\end{bmatrix}$ 分别化为行阶梯形矩阵和行最简阶梯形矩阵.

解

$$
\boldsymbol{A}\xrightarrow{r(1,2)}\begin{bmatrix}1&-5&2&1&-1\\0&16&-7&-5&5\\-1&-11&5&4&-4\\2&6&-3&-3&7\end{bmatrix}\xrightarrow[r(4+1(-2))]{r(3+1)}\begin{bmatrix}1&-5&2&1&-1\\0&16&-7&-5&5\\0&-16&7&5&-5\\0&16&-7&-5&9\end{bmatrix}
$$

$$
\xrightarrow[r(4+2(-1))]{r(3+2)}\begin{bmatrix}1&-5&2&1&-1\\0&16&-7&-5&5\\0&0&0&0&0\\0&0&0&0&4\end{bmatrix}\xrightarrow{r(3,4)}\begin{bmatrix}1&-5&2&1&-1\\0&16&-7&-5&5\\0&0&0&0&4\\0&0&0&0&0\end{bmatrix}\text{——行阶梯形矩阵}
$$

$$
\xrightarrow[r\left(3\left(\frac{1}{4}\right)\right)]{r\left(2\left(\frac{1}{16}\right)\right)}\begin{bmatrix}1&-5&2&1&-1\\0&1&-\frac{7}{16}&-\frac{5}{16}&\frac{5}{16}\\0&0&0&0&1\\0&0&0&0&0\end{bmatrix}\text{——行阶梯形矩阵}
$$

$$\xrightarrow[r\left(2+3\left(-\frac{5}{16}\right)\right)]{r(1+3)} \begin{bmatrix} 1 & -5 & 2 & 1 & 0 \\ 0 & 1 & -\frac{7}{16} & -\frac{5}{16} & 0 \\ 0 & 0 & 0 & 0 & 1 \\ 0 & 0 & 0 & 0 & 0 \end{bmatrix} \text{——行阶梯形矩阵}$$

$$\xrightarrow{r(1+2(5))} \begin{bmatrix} 1 & 0 & -\frac{3}{16} & -\frac{9}{16} & 0 \\ 0 & 1 & -\frac{7}{16} & -\frac{5}{16} & 0 \\ 0 & 0 & 0 & 0 & 1 \\ 0 & 0 & 0 & 0 & 0 \end{bmatrix} \text{——行最简阶梯形矩阵.}$$

由例 3 看出：一个矩阵的行阶梯形矩阵不唯一. 但是, **一个矩阵的所有行阶梯形矩阵中所含非零行的行数却是一个唯一确定的非负整数**, 矩阵的这一性质在矩阵理论中占有重要地位, 由此性质便可引出下面将要介绍的矩阵的“秩”的概念.

二、矩阵的秩

定义 1.11　非零矩阵 $\boldsymbol{A}=(a_{ij})_{m\times n}$ 的任一行阶梯形矩阵的非零行的行数都为同一个数 r $(1\leqslant r\leqslant \min(m,n))$, 并称数 r 为矩阵 $\boldsymbol{A}$ 的**秩**, 记为 秩$(\boldsymbol{A})$ 或 $r(\boldsymbol{A})$, 即 $r(\boldsymbol{A})=r$.

若矩阵 $\boldsymbol{A}=\boldsymbol{O}$, 则规定 $r(\boldsymbol{A})=0$, 于是对任意 $m\times n$ 矩阵 $\boldsymbol{A}$ 都有

$$0\leqslant r(\boldsymbol{A})\leqslant \min(m,n),$$

且当 $r(\boldsymbol{A})=\min(m,n)$ 时, 还称矩阵 $\boldsymbol{A}$ 为**满秩矩阵**.

定理 1.2　n 阶方阵 $\boldsymbol{A}$ 为满秩矩阵 $\Leftrightarrow |\boldsymbol{A}|\neq 0 \Leftrightarrow r(\boldsymbol{A})=n$.

定理 1.3　任一矩阵 $\boldsymbol{A}$ 经矩阵的初等行变换后保持矩阵的秩不变(即初等行变换不改变矩阵的秩), 即若 $\boldsymbol{A}\xrightarrow{\text{初等行变换}}\boldsymbol{B}$, 则

$$r(\boldsymbol{A})=r(\boldsymbol{B}).$$

推论 1　对任意矩阵 $\boldsymbol{A}$ 都有 $r(\boldsymbol{A})=r(\boldsymbol{A}^{\mathrm{T}})$, 且 $\boldsymbol{A}$ 的秩是唯一的.

例 4　若 $\boldsymbol{A}=\begin{bmatrix} 1 & 0 & 1 \\ 0 & 1 & 2 \\ 0 & 0 & -1 \end{bmatrix}$, $\boldsymbol{B}=\begin{bmatrix} 1 & 1 \\ 0 & 2 \\ 0 & 0 \end{bmatrix}$, $\boldsymbol{C}=\begin{bmatrix} 1 & -2 & 3 & 0 \\ 0 & 1 & 0 & 1 \\ 0 & 0 & -1 & 0 \end{bmatrix}$, 则

$$r(\boldsymbol{A})=3=n,\quad r(\boldsymbol{B})=2=\min(3,2),\quad r(\boldsymbol{C})=3=\min(3,4),$$

且都为满秩矩阵.

例 5　设矩阵 $\boldsymbol{A}=\begin{bmatrix} 3 & -3 & 0 & 7 & 0 \\ 1 & -1 & 0 & 2 & 1 \\ 1 & -1 & 2 & 3 & 2 \\ 2 & -2 & 2 & 5 & 3 \end{bmatrix}$, 求 $r(\boldsymbol{A})$ 和 $r(\boldsymbol{A}^{\mathrm{T}})$.

解　因有

$$A \xrightarrow{r(1,2)} \begin{bmatrix} 1 & -1 & 0 & 2 & 1 \\ 3 & -3 & 0 & 7 & 0 \\ 1 & -1 & 2 & 3 & 2 \\ 2 & -2 & 2 & 5 & 3 \end{bmatrix} \xrightarrow[\substack{r(3+1(-1)) \\ r(4+1(-2))}]{r(2+1(-3))} \begin{bmatrix} 1 & -1 & 0 & 2 & 1 \\ 0 & 0 & 0 & 1 & -3 \\ 0 & 0 & 2 & 1 & 1 \\ 0 & 0 & 2 & 1 & 1 \end{bmatrix}$$

$$\xrightarrow{r(4+3(-1))} \begin{bmatrix} 1 & -1 & 0 & 2 & 1 \\ 0 & 0 & 0 & 1 & -3 \\ 0 & 0 & 2 & 1 & 1 \\ 0 & 0 & 0 & 0 & 0 \end{bmatrix} \xrightarrow{r(2,3)} \begin{bmatrix} 1 & -1 & 0 & 2 & 1 \\ 0 & 0 & 2 & 1 & 1 \\ 0 & 0 & 0 & 1 & -3 \\ 0 & 0 & 0 & 0 & 0 \end{bmatrix},$$

$$A^{\mathrm{T}} = \begin{bmatrix} 3 & 1 & 1 & 2 \\ -3 & -1 & -1 & -2 \\ 0 & 0 & 2 & 2 \\ 7 & 2 & 3 & 5 \\ 0 & 1 & 2 & 3 \end{bmatrix} \xrightarrow[r(4+1(-2))]{r(2+1)} \begin{bmatrix} 3 & 1 & 1 & 2 \\ 0 & 0 & 0 & 0 \\ 0 & 0 & 2 & 2 \\ 1 & 0 & 1 & 1 \\ 0 & 1 & 2 & 3 \end{bmatrix} \xrightarrow[r(2,5)]{r(1,4)} \begin{bmatrix} 1 & 0 & 1 & 1 \\ 0 & 1 & 2 & 3 \\ 0 & 0 & 2 & 2 \\ 3 & 1 & 1 & 2 \\ 0 & 0 & 0 & 0 \end{bmatrix}$$

$$\xrightarrow{r(4+1(-3))} \begin{bmatrix} 1 & 0 & 1 & 1 \\ 0 & 1 & 2 & 3 \\ 0 & 0 & 2 & 2 \\ 0 & 1 & -2 & -1 \\ 0 & 0 & 0 & 0 \end{bmatrix} \xrightarrow{r(4+2(-1))} \begin{bmatrix} 1 & 0 & 1 & 1 \\ 0 & 1 & 2 & 3 \\ 0 & 0 & 2 & 2 \\ 0 & 0 & -4 & -4 \\ 0 & 0 & 0 & 0 \end{bmatrix}$$

$$\xrightarrow{r(4+3(2))} \begin{bmatrix} 1 & 0 & 1 & 1 \\ 0 & 1 & 2 & 3 \\ 0 & 0 & 2 & 2 \\ 0 & 0 & 0 & 0 \\ 0 & 0 & 0 & 0 \end{bmatrix},$$

故 $r(A) = r(A^{\mathrm{T}}) = 3$.

三、初等行变换的两个重要定理

定理 1.4 任一矩阵 A 均可经过有限次初等行变换化为行阶梯形矩阵和行最简阶梯形矩阵，且矩阵 A 的行最简阶梯形矩阵是唯一的.

定理 1.5 任一满秩方阵 A 均可经过有限次初等行变换化为单位矩阵.

例 6 设方阵 $A = \begin{bmatrix} 0 & 2 & -1 \\ 1 & 1 & 2 \\ -1 & -1 & -1 \end{bmatrix}$，判断 A 是否为满秩方阵，若是，则将 A 化为单位矩阵.

解 因 $A \xrightarrow{r(1,2)} \begin{bmatrix} 1 & 1 & 2 \\ 0 & 2 & -1 \\ -1 & -1 & -1 \end{bmatrix} \xrightarrow{r(3+1)} \begin{bmatrix} 1 & 1 & 2 \\ 0 & 2 & -1 \\ 0 & 0 & 1 \end{bmatrix}$——行阶梯形矩阵，故 $r(A) = 3 = n$,

由此知 $\boldsymbol{A}$ 是满秩矩阵. 下面将 $\boldsymbol{A}$ 化为单位矩阵:

$$\begin{bmatrix} 1 & 1 & 2 \\ 0 & 2 & -1 \\ 0 & 0 & 1 \end{bmatrix} \xrightarrow[]{\substack{r(1+3(-2)) \\ r(2+3)}} \begin{bmatrix} 1 & 1 & 0 \\ 0 & 2 & 0 \\ 0 & 0 & 1 \end{bmatrix} \xrightarrow[]{\substack{r\left(1+2\left(-\frac{1}{2}\right)\right) \\ r\left(2\left(\frac{1}{2}\right)\right)}} \begin{bmatrix} 1 & 0 & 0 \\ 0 & 1 & 0 \\ 0 & 0 & 1 \end{bmatrix} = \boldsymbol{E}_3 .$$

1.5 逆 矩 阵

回顾实数乘法逆元, 对于数 $a \neq 0$, 总存在唯一乘法逆元 a^{-1}, 使得 $aa^{-1} = a^{-1}a = 1$, 数的逆在解方程中起着重要作用. 现将逆元推广到矩阵, 由于矩阵乘法不满足交换律, 仅当两矩阵均为方阵时, 才有可能得到一个完全的推广.

一、逆矩阵的概念

定义 1.12　对于 n 阶方阵 $\boldsymbol{A}$, 如果有一个 n 阶方阵 $\boldsymbol{B}$, 使得

$$\boldsymbol{AB} = \boldsymbol{BA} = \boldsymbol{E},$$

则称方阵 $\boldsymbol{A}$ **可逆**, 而方阵 $\boldsymbol{B}$ 称为 $\boldsymbol{A}$ 的**逆矩阵**.

如果 $\boldsymbol{A}$ 是可逆的, 则 $\boldsymbol{A}$ 的逆矩阵是唯一的, 且如果 $\boldsymbol{A}$ 的逆矩阵为 $\boldsymbol{B}$, 则 $\boldsymbol{B}$ 的逆矩阵也为 $\boldsymbol{A}$.

事实上, 设 $\boldsymbol{B}, \boldsymbol{C}$ 都是 $\boldsymbol{A}$ 的逆矩阵, 则有

$$\boldsymbol{B} = \boldsymbol{BE} = \boldsymbol{B}(\boldsymbol{AC}) = (\boldsymbol{BA})\boldsymbol{C} = \boldsymbol{EC} = \boldsymbol{C} .$$

$\boldsymbol{A}$ 的逆矩阵记作 $\boldsymbol{A}^{-1}$, 即 $\boldsymbol{AB} = \boldsymbol{BA} = \boldsymbol{E}$, 则 $\boldsymbol{B} = \boldsymbol{A}^{-1}$.

方阵满足什么条件才可逆呢? 我们给出如下定理:

定理 1.6　n 阶方阵 $\boldsymbol{A}$ 可逆 $\Leftrightarrow r(\boldsymbol{A}) = n$ (即 $\boldsymbol{A}$ 为满秩矩阵) $\Leftrightarrow |\boldsymbol{A}| \neq 0$.

例 1　如果 $\boldsymbol{A} = \begin{bmatrix} a_1 & 0 & \cdots & 0 \\ 0 & a_2 & \cdots & 0 \\ \vdots & \vdots & & \vdots \\ 0 & 0 & \cdots & a_n \end{bmatrix}$, 其中 $\boldsymbol{a}_i \neq 0 (i = 1, 2, \cdots, n)$, 试求 $\boldsymbol{A}^{-1}$.

解　因为

$$\begin{bmatrix} a_1 & 0 & \cdots & 0 \\ 0 & a_2 & \cdots & 0 \\ \vdots & \vdots & & \vdots \\ 0 & 0 & \cdots & a_n \end{bmatrix} \begin{bmatrix} a_1^{-1} & 0 & \cdots & 0 \\ 0 & a_2^{-1} & \cdots & 0 \\ \vdots & \vdots & & \vdots \\ 0 & 0 & \cdots & a_n^{-1} \end{bmatrix} = \begin{bmatrix} a_1^{-1} & 0 & \cdots & 0 \\ 0 & a_2^{-1} & \cdots & 0 \\ \vdots & \vdots & & \vdots \\ 0 & 0 & \cdots & a_n^{-1} \end{bmatrix} \begin{bmatrix} a_1 & 0 & \cdots & 0 \\ 0 & a_2 & \cdots & 0 \\ \vdots & \vdots & & \vdots \\ 0 & 0 & \cdots & a_n \end{bmatrix} = \boldsymbol{E}_n,$$

所以

$$\boldsymbol{A}^{-1} = \begin{bmatrix} a_1^{-1} & 0 & \cdots & 0 \\ 0 & a_2^{-1} & \cdots & 0 \\ \vdots & \vdots & & \vdots \\ 0 & 0 & \cdots & a_n^{-1} \end{bmatrix}.$$

例 2　设矩阵 $\boldsymbol{A}=\begin{bmatrix}1&2\\2&5\end{bmatrix}$，求 $\boldsymbol{A}^{-1}$.

解　由 $|\boldsymbol{A}|=\begin{vmatrix}1&2\\2&5\end{vmatrix}=1\neq0$，故矩阵 $\boldsymbol{A}$ 可逆.

设 $\boldsymbol{B}=\begin{bmatrix}x_{11}&x_{12}\\x_{21}&x_{22}\end{bmatrix}$，根据逆矩阵定义 $\boldsymbol{AB}=\boldsymbol{E}$，有

$$\boldsymbol{AB}=\begin{bmatrix}1&2\\2&5\end{bmatrix}\begin{bmatrix}x_{11}&x_{12}\\x_{21}&x_{22}\end{bmatrix}=\begin{bmatrix}1&0\\0&1\end{bmatrix}=\boldsymbol{E},$$

建立两个二元一次方程组可求得

$$x_{11}=5,\quad x_{12}=-2,\quad x_{21}=-2,\quad x_{22}=1.$$

所以

$$\boldsymbol{B}=\begin{bmatrix}5&-2\\-2&1\end{bmatrix}.$$

例 3　设方阵 $\boldsymbol{A}=\begin{bmatrix}1&0&0&1\\1&2&0&-1\\3&-1&0&4\\1&4&5&1\end{bmatrix}$，$\boldsymbol{B}=\begin{bmatrix}1&-1&1\\2&3&3\\1&1&2\end{bmatrix}$，试判断方阵 $\boldsymbol{A}$，$\boldsymbol{B}$ 是否可逆.

解　因

$$\boldsymbol{A}\xrightarrow[r(4+1(-1))]{\substack{r(2+1(-1))\\r(3+1(-3))}}\begin{bmatrix}1&0&0&1\\0&2&0&-2\\0&-1&0&1\\0&4&5&0\end{bmatrix}\xrightarrow[r(3+2)]{r\left(2\left(\frac{1}{2}\right)\right)}\begin{bmatrix}1&0&0&1\\0&1&0&-1\\0&0&0&0\\0&4&5&0\end{bmatrix}$$

$$\xrightarrow{r(3,4)}\begin{bmatrix}1&0&0&1\\0&1&0&-1\\0&4&5&0\\0&0&0&0\end{bmatrix}\xrightarrow{r(3+2(-4))}\begin{bmatrix}1&0&0&1\\0&1&0&-1\\0&0&5&4\\0&0&0&0\end{bmatrix},$$

$$\boldsymbol{B}=\begin{bmatrix}1&-1&1\\2&3&3\\1&1&2\end{bmatrix}\xrightarrow[r(3+1(-1))]{r(2+1(-2))}\begin{bmatrix}1&-1&1\\0&5&1\\0&2&1\end{bmatrix}\xrightarrow{r\left(3+2\left(-\frac{2}{5}\right)\right)}\begin{bmatrix}1&-1&1\\0&5&1\\0&0&\frac{3}{5}\end{bmatrix},$$

故 $r(\boldsymbol{A})=3<4=n$，$r(\boldsymbol{B})=3=n$，从而 $\boldsymbol{A}$ 不可逆，$\boldsymbol{B}$ 可逆.

二、逆矩阵的运算性质

性质 1　若矩阵 $\boldsymbol{A}$ 可逆，则 $\boldsymbol{A}^{-1}$ 也可逆，且 $(\boldsymbol{A}^{-1})^{-1}=\boldsymbol{A}$.

性质 2　若矩阵 $\boldsymbol{A}$ 可逆，数 $k\neq 0$，则 $(k\boldsymbol{A})^{-1}=\dfrac{1}{k}\boldsymbol{A}^{-1}$.

性质 3　两个同阶可逆矩阵 $\boldsymbol{A},\boldsymbol{B}$ 的乘积是可逆矩阵，且 $(\boldsymbol{AB})^{-1}=\boldsymbol{B}^{-1}\boldsymbol{A}^{-1}$.

证　因 $\boldsymbol{AB}(\boldsymbol{B}^{-1}\boldsymbol{A}^{-1})=\boldsymbol{A}(\boldsymbol{BB})^{-1}\boldsymbol{A}^{-1}=\boldsymbol{AEA}^{-1}=\boldsymbol{AA}^{-1}=\boldsymbol{E}$，故 $(\boldsymbol{AB})^{-1}=\boldsymbol{B}^{-1}\boldsymbol{A}^{-1}$.

将性质 3 推广到多个同阶可逆矩阵的情形，即

若 $\boldsymbol{A}_1,\boldsymbol{A}_2,\cdots,\boldsymbol{A}_n$ 均为 n 阶可逆方阵，则 $\boldsymbol{A}_1\boldsymbol{A}_2\cdots\boldsymbol{A}_n$ 也可逆，且

$$(\boldsymbol{A}_1,\boldsymbol{A}_2,\cdots,\boldsymbol{A}_n)^{-1}=\boldsymbol{A}_n^{-1}\cdots\boldsymbol{A}_2^{-1}\boldsymbol{A}_1^{-1}.$$

性质 4　若矩阵 $\boldsymbol{A}$ 可逆，则 $\boldsymbol{A}^{\mathrm{T}}$ 也可逆，且 $(\boldsymbol{A}^{\mathrm{T}})^{-1}=(\boldsymbol{A}^{-1})^{\mathrm{T}}$.

性质 5　若矩阵 $\boldsymbol{A}$ 可逆，则 $\left|\boldsymbol{A}^{-1}\right|=\left|\boldsymbol{A}\right|^{-1}$.

例 4　若 $\boldsymbol{A}$，$\boldsymbol{B}$，$\boldsymbol{C}$ 均为 n 阶矩阵且 $\boldsymbol{A}$ 可逆，则易说明结论

(1) 当 $\boldsymbol{AB}=\boldsymbol{AC}$ 时，$\boldsymbol{B}=\boldsymbol{C}$；

(2) 当 $\boldsymbol{AB}=\boldsymbol{O}$ 时，$\boldsymbol{B}=\boldsymbol{O}$

均成立(这是由于 $\boldsymbol{A}$ 可逆)，而结论

(3) 当 $\boldsymbol{AB}=\boldsymbol{CB}$ 时，$\boldsymbol{A}=\boldsymbol{C}$；

(4) 当 $\boldsymbol{BC}=\boldsymbol{O}$ 时，$\boldsymbol{B}=\boldsymbol{O}$

却不一定成立(这是由于 $\boldsymbol{B}$，$\boldsymbol{C}$ 不一定可逆).

三、用初等变换法求逆矩阵

求可逆矩阵 $\boldsymbol{A}$ 的逆矩阵 $\boldsymbol{A}^{-1}$ 的方法：构造 $n\times 2n$ 矩阵 $(\boldsymbol{A}\mid\boldsymbol{E})$，对其用初等行变换将 $\boldsymbol{A}$ 化为单位矩阵 $\boldsymbol{E}$，同时也将其中的单位矩阵 $\boldsymbol{E}$ 化为 $\boldsymbol{A}^{-1}$，即

$$(\boldsymbol{A}\mid\boldsymbol{E})\xrightarrow{\text{初等行变换}}(\boldsymbol{E}\mid\boldsymbol{A}^{-1}).$$

例 5　设 $\boldsymbol{A}=\begin{bmatrix}3&-1\\2&-1\end{bmatrix}$，求逆矩阵 $\boldsymbol{A}^{-1}$.

解　对 $(\boldsymbol{A}\mid\boldsymbol{E})$ 作初等行变换

$$(\boldsymbol{A}\mid\boldsymbol{E})_{2\times4}=\left[\begin{array}{cc|cc}3&-1&1&0\\2&-1&0&1\end{array}\right]\xrightarrow{r(1+2(-1))}\left[\begin{array}{cc|cc}1&0&1&-1\\2&-1&0&1\end{array}\right]$$

$$\xrightarrow{r(2+1(-2))}\left[\begin{array}{cc|cc}1&0&1&-1\\0&-1&-2&3\end{array}\right]\xrightarrow{r(2(-1))}\left[\begin{array}{cc|cc}1&0&1&-1\\0&1&2&-3\end{array}\right],$$

于是 $\boldsymbol{A}^{-1}=\begin{bmatrix}1&-1\\2&-3\end{bmatrix}$.

例 6　设 $\boldsymbol{A}=\begin{bmatrix}0&1&2\\1&1&4\\2&-1&0\end{bmatrix}$，求逆矩阵 $\boldsymbol{A}^{-1}$.

解　对 $(\boldsymbol{A}\mid\boldsymbol{E})$ 作初等行变换

$$(A \mid E)=\left[\begin{array}{ccc|ccc}0&1&2&1&0&0\\1&1&4&0&1&0\\2&-1&0&0&0&1\end{array}\right]\xrightarrow{r(1,2)}\left[\begin{array}{ccc|ccc}1&1&4&0&1&0\\0&1&2&1&0&0\\2&-1&0&0&0&1\end{array}\right]$$

$$\xrightarrow{r(3+1(-2))}\left[\begin{array}{ccc|ccc}1&1&4&0&1&0\\0&1&2&1&0&0\\0&-3&-8&0&-2&1\end{array}\right]\xrightarrow{r(3+2(3))}\left[\begin{array}{ccc|ccc}1&1&4&0&1&0\\0&1&2&1&0&0\\0&0&-2&3&-2&1\end{array}\right]$$

$$\xrightarrow[r(1+2(-1))]{\substack{r(2+3(1))\\r(1+3(2))}}\left[\begin{array}{ccc|ccc}1&0&0&2&-1&1\\0&1&0&4&-2&1\\0&0&-2&3&-2&1\end{array}\right]\xrightarrow{r\left(3\left(-\frac{1}{2}\right)\right)}\left[\begin{array}{ccc|ccc}1&0&0&2&-1&1\\0&1&0&4&-2&1\\0&0&1&-\frac{3}{2}&1&-\frac{1}{2}\end{array}\right].$$

于是$A^{-1}=\begin{bmatrix}2&-1&1\\4&-2&1\\-\frac{3}{2}&1&-\frac{1}{2}\end{bmatrix}$.

若A,B可逆，对于矩阵方程$AX=B$，$XA=B$，$AXB=C$，利用矩阵乘法的运算规律和逆矩阵的运算，则矩阵方程的解分别为

$$X=A^{-1}B,\quad X=BA^{-1},\quad X=A^{-1}CB^{-1}.$$

例7　设$A=\begin{bmatrix}1&2&3\\2&2&1\\3&4&3\end{bmatrix}$，$B=\begin{bmatrix}2&1\\5&3\end{bmatrix}$，$C=\begin{bmatrix}1&3\\2&0\\3&1\end{bmatrix}$，求矩阵$X$，使满足$AXB=C$.

解　由$|A|=\begin{vmatrix}1&2&3\\2&2&1\\3&4&3\end{vmatrix}=2\neq 0$，$|B|=\begin{vmatrix}2&1\\5&3\end{vmatrix}=1\neq 0$，故$A^{-1},B^{-1}$都存在，且求逆矩阵的初等变换法得

$$A^{-1}=\begin{bmatrix}1&3&-2\\-\frac{3}{2}&-3&\frac{5}{2}\\1&1&-1\end{bmatrix},\quad B^{-1}=\begin{bmatrix}3&-1\\-5&2\end{bmatrix},$$

从而有$X=A^{-1}CB^{-1}=\begin{bmatrix}1&3&-2\\-\frac{3}{2}&-3&\frac{5}{2}\\1&1&-1\end{bmatrix}\begin{bmatrix}1&3\\2&0\\3&1\end{bmatrix}\begin{bmatrix}3&-1\\-5&2\end{bmatrix}=\begin{bmatrix}-2&1\\10&-4\\-10&4\end{bmatrix}$.

习　题　1

一、填空题

1. $\begin{bmatrix}1&5\\7&0\end{bmatrix}+\begin{bmatrix}-2&1\\10&-3\end{bmatrix}=$________.

2. $2\begin{bmatrix}1 & 2 & 0 & -3 & 1\\ 2 & 0 & -1 & 4 & 0\end{bmatrix}-5\begin{bmatrix}-3 & 1 & 2 & 0 & 7\\ 3 & 0 & -1 & 2 & 1\end{bmatrix}=$________.

3. 设矩阵 $\boldsymbol{A}$ 的阶数为偶数, 则恒有 $|-\boldsymbol{A}|=$________.

4. 当 x 满足________时, $\begin{vmatrix}3 & 1 & x\\ 4 & x & 0\\ 1 & 0 & x\end{vmatrix}\neq 0$.

5. $\begin{vmatrix}a & 1 & 1\\ 0 & -1 & 0\\ 4 & a & a\end{vmatrix}>0$ 的充分必要条件是________.

6. 当 a,b 满足条件________________时, 行列式 $\begin{vmatrix}a & b & 0\\ -b & a & 0\\ 1 & 0 & 1\end{vmatrix}=0$.

7. 若 $|a_{ij}|=a$.则 $D=|-a_{ij}|=$________.

8. 设 x_1,x_2,x_3 是方程 $x^3+px+q=0$ 的三个根, 则行列式 $\begin{vmatrix}x_1 & x_2 & x_3\\ x_3 & x_1 & x_2\\ x_2 & x_3 & x_1\end{vmatrix}=$__________.

9. 已知 $f(x)=\begin{vmatrix}x & 1 & 1 & 2\\ 1 & x & 1 & -1\\ 3 & 2 & x & 1\\ 1 & 1 & 2x & 1\end{vmatrix}$, 则 x^3 的系数=__________.

10. 设 n 阶行列式中有 n^2-n 个以上元素为零, 则行列式=__________.

11. 若 $\boldsymbol{A}^{\mathrm{T}}=\boldsymbol{A}$, $\boldsymbol{B}^{\mathrm{T}}=\boldsymbol{B}$, 则当__________时, $(\boldsymbol{AB})^{\mathrm{T}}=\boldsymbol{AB}$.

12. 若 $\boldsymbol{A}$ 为 n 阶可逆矩阵, 则 $(\boldsymbol{A}^{-1})^{-1}=$________.

13. 若 $\boldsymbol{A}$ 为 n 阶可逆矩阵, 则 $(\boldsymbol{A}^{-1})^{\mathrm{T}}=$________.

14. 若 $\begin{bmatrix}\lambda & 1 & \lambda\\ 3 & 0 & 1\\ 0 & 2 & -1\end{bmatrix}\begin{bmatrix}3\\ \lambda\\ -3\end{bmatrix}=\begin{bmatrix}\lambda\\ 6\\ 5\end{bmatrix}$, 则 $\lambda=$________.

15. $\begin{bmatrix}0 & 0 & 1\\ 0 & 2 & 0\\ -1 & 0 & 0\end{bmatrix}^{-1}=$______________.

二、选择题

1. 设 $\boldsymbol{A}$ 是 $m\times n$ 矩阵, $\boldsymbol{B}$ 是 $n\times m$ 矩阵 ($m\neq n$), 则下列运算结果是 n 阶的是(　　).

A. $\boldsymbol{A}\times\boldsymbol{B}$;　　B. $\boldsymbol{A}-\boldsymbol{B}$;　　C. $\boldsymbol{B}-\boldsymbol{A}$;　　D. $\boldsymbol{B}\times\boldsymbol{A}$.

2. 设 $\boldsymbol{A}$ 是 $m\times l$ 矩阵, $\boldsymbol{B}$ 是 $n\times m$ 矩阵 ($m\neq n$), 如果 $\boldsymbol{A}\times\boldsymbol{C}\times\boldsymbol{B}$ 有意义, 则 $\boldsymbol{ACB}$ 是(　　)阶矩阵.

A. $m\times n$;　　B. $n\times m$;　　C. $n\times n$;　　D. $m\times m$.

3. 设 $\boldsymbol{A}$, $\boldsymbol{B}$ 是 n 阶矩阵, 则 $(\boldsymbol{A}+\boldsymbol{B})(\boldsymbol{A}-\boldsymbol{B})=\boldsymbol{A}^2-\boldsymbol{B}^2$ 成立的充要条件是(　　).

A. $\boldsymbol{A}=\boldsymbol{E}$;　　B. $\boldsymbol{B}=\boldsymbol{O}$;　　C. $\boldsymbol{AB}=\boldsymbol{BA}$;　　D. $\boldsymbol{A}=\boldsymbol{B}$.

4. 设方阵 $\boldsymbol{A}$ 满足 $\boldsymbol{A}^2-2\boldsymbol{A}-3\boldsymbol{E}=\boldsymbol{O}$, 且 $\boldsymbol{A}$ 可逆, 则 $\boldsymbol{A}^{-1}=$(　　).

A. $\boldsymbol{A}-2\boldsymbol{E}$;　　B. $\boldsymbol{A}+\boldsymbol{E}$;　　C. $\frac{1}{2}(\boldsymbol{A}-2\boldsymbol{E})$;　　D. $\frac{1}{3}(\boldsymbol{A}-2\boldsymbol{E})$.

5. $\begin{vmatrix} k-1 & 2 \\ 2 & k-1 \end{vmatrix} \neq 0$ 的充分必要条件是(　　).

A. $k \neq -1$；　B. $k \neq 3$；　C. $k \neq -1$ 且 $k \neq 3$；　D. $k \neq -1$ 或 $k \neq 3$.

6. $\begin{vmatrix} k & 2 & 1 \\ 2 & k & 0 \\ 1 & -1 & 1 \end{vmatrix} = 0$ 的充分条件是(　　).

A. $k = 2$；　B. $k = -2$ 或 3；　C. $k = 0$；　D. $k = -3$.

7. 如果 $D = \begin{vmatrix} a_{11} & a_{12} & a_{13} \\ a_{21} & a_{22} & a_{23} \\ a_{31} & a_{32} & a_{33} \end{vmatrix} = M \neq 0$，$D_1 = \begin{vmatrix} 2a_{11} & 2a_{12} & 2a_{13} \\ 2a_{31} & 2a_{32} & 2a_{33} \\ 2a_{21} & 2a_{22} & 2a_{23} \end{vmatrix}$，那么 $D_1 =$ (　　).

A. $2M$；　B. $-2M$；　C. $8M$；　D. $-8M$.

8. 若 $\boldsymbol{A}$，$\boldsymbol{B}$ 均为 n 阶可逆矩阵，则下列命题中错误的是(　　).

A. $\boldsymbol{AB} = \boldsymbol{BA}$；　B. $(\boldsymbol{AB})^{\mathrm{T}} = \boldsymbol{B}^{\mathrm{T}}\boldsymbol{A}^{\mathrm{T}}$；

C. $(\boldsymbol{AB})^{-1} = \boldsymbol{B}^{-1}\boldsymbol{A}^{-1}$；　D. $|\boldsymbol{AB}| = |\boldsymbol{A}||\boldsymbol{B}|$.

9. 若三阶方阵 $\boldsymbol{A} = \begin{bmatrix} 1 & 2 & 3 \\ 0 & 1 & 2 \\ 2 & 0 & 1 \end{bmatrix}$，则 $r(\boldsymbol{A}) =$ (　　).

A. 0；　B. 1；　C. 2；　D. 3.

10. 若三阶方阵 $\boldsymbol{A} = \begin{bmatrix} 1 & 1 & 1 \\ 1 & 2 & 1 \\ 2 & 3 & \lambda+1 \end{bmatrix}$ 且 $r(\boldsymbol{A}) = 2$，则 $\lambda =$ (　　).

A. -1；　B. 1；　C. -2；　D. 2.

11. 若 n 阶方阵 $\boldsymbol{A}$ 既是上三角形矩阵，又是下三角形矩阵，则 $\boldsymbol{A}$ 必是(　　).

A. 零矩阵；　B. 单位矩阵；　C. 数量矩阵；　D. 对角矩阵.

12. 若 $\boldsymbol{A}$，$\boldsymbol{B}$ 均为 n 阶矩阵，且 $\boldsymbol{AB}$ 不可逆，则(　　).

A. $\boldsymbol{A}$，$\boldsymbol{B}$ 中至少有一个可逆；　B. $\boldsymbol{A}$，$\boldsymbol{B}$ 都可逆；

C. $\boldsymbol{A}$，$\boldsymbol{B}$ 中至少有一个不可逆；　D. $\boldsymbol{A}$，$\boldsymbol{B}$ 都不可逆.

13. 若 $\boldsymbol{A}$ 为已知的 n 阶可逆矩阵，$\boldsymbol{B}$ 为已知的 $n \times m$ 矩阵，$\boldsymbol{X}$ 为未知的 $n \times m$ 矩阵，则矩阵方程 $\boldsymbol{AX} = \boldsymbol{B}$ 的解矩阵 $\boldsymbol{X} =$ (　　).

A. $\boldsymbol{BA}^{-1}$；　B. $\boldsymbol{A}^{-1}\boldsymbol{B}$；　C. $\boldsymbol{AB}^{-1}$；　D. $\boldsymbol{B}^{-1}\boldsymbol{A}$.

三、计算题

1. 设 $\boldsymbol{A} = \begin{bmatrix} 1 & 1 & 1 \\ -1 & 1 & 1 \\ 1 & -1 & 1 \end{bmatrix}$，$\boldsymbol{B} = \begin{bmatrix} 1 & 2 & 1 \\ 1 & 3 & -1 \\ 2 & 1 & 4 \end{bmatrix}$，求(1) $\boldsymbol{AB} - 2\boldsymbol{A}$；(2) $\boldsymbol{AB} - \boldsymbol{BA}$；(3) $(\boldsymbol{A}+\boldsymbol{B})(\boldsymbol{A}-\boldsymbol{B}) = \boldsymbol{A}^2 - \boldsymbol{B}^2$.

2. 设矩阵 $\boldsymbol{X}$ 满足等式 $\boldsymbol{X} - 2\boldsymbol{A} = \boldsymbol{B} - \boldsymbol{X}$，其中 $\boldsymbol{A} = \begin{bmatrix} 2 & -1 \\ -1 & 2 \end{bmatrix}$，$\boldsymbol{B} = \begin{bmatrix} 0 & -2 \\ -2 & 0 \end{bmatrix}$，求 $\boldsymbol{X}$.

3. 计算下列矩阵的乘积.

(1) $\begin{bmatrix}1\\-1\\2\\3\end{bmatrix}[3\quad 2\quad -1\quad 0]$；

(2) $\begin{bmatrix}5&0&0\\0&3&1\\0&2&1\end{bmatrix}\begin{bmatrix}1\\-2\\3\end{bmatrix}$；

(3) $[1\quad 2\quad 3\quad 4]\begin{bmatrix}3\\2\\1\\0\end{bmatrix}$；

(4) $[x_1\quad x_2\quad x_3]\begin{bmatrix}a_{11}&a_{12}&a_{13}\\a_{21}&a_{22}&a_{23}\\a_{31}&a_{32}&a_{33}\end{bmatrix}\begin{bmatrix}x_1\\x_2\\x_3\end{bmatrix}$；

(5) $\begin{bmatrix}a_{11}&a_{12}&a_{13}\\a_{21}&a_{22}&a_{23}\\a_{31}&a_{32}&a_{33}\end{bmatrix}\begin{bmatrix}1&0&0\\0&1&1\\0&0&1\end{bmatrix}$；

(6) $\begin{bmatrix}1&2&1&0\\0&1&0&1\\0&0&2&1\\0&0&0&3\end{bmatrix}\begin{bmatrix}1&0&3&1\\0&1&2&-1\\0&0&-2&3\\0&0&0&-3\end{bmatrix}$.

4. 设 $\boldsymbol{A}=\begin{bmatrix}1&\lambda\\0&1\end{bmatrix}$，求 $\boldsymbol{A}^2$，$\boldsymbol{A}^3$.

5. 计算行列式.

(1)求行列式的值：

① $\begin{vmatrix}\cos\alpha&-\sin\alpha\\\sin\alpha&\cos\alpha\end{vmatrix}$；

② $\begin{vmatrix}1&-1&3\\2&-1&1\\1&2&0\end{vmatrix}$；

③ $\begin{vmatrix}34215&35215\\28092&29092\end{vmatrix}$；

④ $\begin{vmatrix}5&-1&3\\2&2&2\\196&203&199\end{vmatrix}$；

⑤ $\begin{vmatrix}4&1&1&1\\1&4&1&1\\1&1&4&1\\1&1&1&4\end{vmatrix}$；

⑥ $\begin{vmatrix}1&2&3&4\\2&3&4&1\\3&4&1&2\\4&1&2&3\end{vmatrix}$；

⑦ $\begin{vmatrix}1&1&1&1\\-1&1&1&1\\-1&-1&1&1\\-1&-1&-1&1\end{vmatrix}$；

⑧ $\begin{vmatrix}1&1&1&1\\1&2&3&4\\1&3&6&10\\1&4&10&20\end{vmatrix}$；

⑨ $\begin{vmatrix}1&2&3&4\\-1&0&1&2\\1&-1&1&0\\1&0&1&-1\end{vmatrix}$.

(2)解方程：

① $\begin{vmatrix}1&1&1\\1&2&x\\1&x&6\end{vmatrix}=1$；

② $\begin{vmatrix}1&1&2&3\\1&2-x^2&2&3\\2&3&1&5\\2&3&1&9-x^2\end{vmatrix}=0$；

(3)① $\begin{vmatrix}x&y&x+y\\y&x+y&x\\x+y&x&y\end{vmatrix}$；

② $\begin{vmatrix}0&1&1&\cdots&1\\1&0&1&\cdots&1\\1&1&0&\cdots&1\\\vdots&\vdots&\vdots&&\vdots\\1&1&1&\cdots&0\end{vmatrix}$；

③ $\begin{vmatrix}x&y&0&\cdots&0&0\\0&x&y&\cdots&0&0\\\vdots&\vdots&\vdots&&\vdots&\vdots\\0&0&0&\cdots&x&y\\y&0&0&\cdots&0&x\end{vmatrix}$.

6. 用矩阵的初等行变换把下列矩阵化为行阶梯形矩阵：

(1) $\begin{bmatrix}7&-2&0&1\\-1&4&5&-3\\2&0&3&8\end{bmatrix}$；

(2) $\begin{bmatrix}2&1&5&4&7\\1&2&1&-1&2\\1&1&2&1&3\end{bmatrix}$；

(3) $\begin{bmatrix} 1 & 0 & 1 \\ 2 & 1 & 0 \\ -3 & 2 & -5 \end{bmatrix}$；　(4) $\begin{bmatrix} -3 & 0 & 1 & 5 \\ 2 & -1 & 4 & 7 \\ 1 & 3 & 0 & 6 \\ 2 & 0 & -4 & 5 \end{bmatrix}$.

7. 用矩阵的初等行变换把下列矩阵化为行最简阶梯形矩阵：

(1) $\begin{bmatrix} 3 & -2 & 0 & -1 \\ 0 & 2 & 2 & 1 \\ 1 & -2 & -3 & -2 \\ 0 & 1 & 2 & 1 \end{bmatrix}$；　(2) $\begin{bmatrix} 1 & -1 & 3 & -4 & 3 \\ 3 & -3 & 5 & -4 & 1 \\ 2 & -2 & 3 & -2 & 0 \\ 3 & -3 & 4 & -2 & -1 \end{bmatrix}$.

8. 求下列矩阵的秩：

(1) $\begin{bmatrix} 3 & 1 & 0 & 2 \\ 1 & -1 & 2 & -1 \\ 1 & 3 & -4 & 4 \end{bmatrix}$；　(2) $\begin{bmatrix} 1 & -1 & 1 & 2 \\ 2 & 3 & 3 & 2 \\ 1 & 1 & 2 & 1 \end{bmatrix}$；　(3) $\begin{bmatrix} 1 & 3 & -1 & -2 \\ 2 & -1 & 2 & 3 \\ 2 & 3 & 1 & 1 \\ 1 & -4 & 3 & 5 \end{bmatrix}$.

9. 设 $\boldsymbol{A}=\begin{bmatrix} 3 & -1 & 2 & 0 \\ 1 & 0 & -4 & 2 \\ 0 & -2 & 3 & 1 \end{bmatrix}$，求 $r(\boldsymbol{A})$ 和 $r(\boldsymbol{A}^{\mathrm{T}})$.

10. 设 $\boldsymbol{A}=\begin{bmatrix} 1 & -2 & 3\lambda \\ -1 & 2\lambda & -3 \\ \lambda & -2 & 3 \end{bmatrix}$，问 λ 为何值时，可使：

(1) $r(\boldsymbol{A})=1$；　(2) $r(\boldsymbol{A})=2$；　(3) $r(\boldsymbol{A})=3$.

11. 判断下列方阵是否可逆：

(1) $\begin{bmatrix} 1 & 2 \\ 3 & 4 \end{bmatrix}$；　(2) $\begin{bmatrix} a & b \\ c & d \end{bmatrix}$ $(ad-bc=0)$；　(3) $\begin{bmatrix} 2 & 2 & 3 \\ 1 & -1 & 0 \\ -1 & 2 & 1 \end{bmatrix}$；

(4) $\begin{bmatrix} 0 & 3 & 3 \\ 1 & 1 & 0 \\ -1 & 2 & 3 \end{bmatrix}$；　(5) $\begin{bmatrix} 1 & 2 & 3 & 4 \\ 0 & 1 & 2 & 3 \\ 0 & 0 & 1 & 2 \\ 0 & 0 & 0 & 1 \end{bmatrix}$；　(6) $\begin{bmatrix} 0 & 0 & 0 & 1 \\ 0 & 0 & 2 & 0 \\ 0 & 3 & 0 & 0 \\ 4 & 0 & 0 & 0 \end{bmatrix}$.

12. 求下列矩阵的逆矩阵：

(1) $\begin{bmatrix} 1 & 2 \\ 3 & 1 \end{bmatrix}$；　(2) $\begin{bmatrix} 1 & 2 & 3 \\ 0 & 1 & 2 \\ 0 & 0 & 1 \end{bmatrix}$；　(3) $\begin{bmatrix} 1 & 2 & -1 \\ 3 & 4 & -2 \\ 5 & -4 & -1 \end{bmatrix}$；

(4) $\begin{bmatrix} 1 & 0 & 0 & 0 \\ 1 & 2 & 0 & 0 \\ 2 & 1 & 3 & 0 \\ 1 & 2 & 1 & 4 \end{bmatrix}$；　(5) $\begin{bmatrix} 5 & 2 & 0 & 0 \\ 2 & 1 & 0 & 0 \\ 0 & 0 & 8 & 3 \\ 0 & 0 & 5 & 2 \end{bmatrix}$；

(6) $\begin{bmatrix} a_1 & & & \\ & a_2 & & \\ & & \ddots & \\ & & & a_n \end{bmatrix}$ $(a_1,a_2,\cdots,a_n\neq 0)$，

未写出的元素都是 0(以下均同，不另注).

13. 已知 $A^{-1}=\begin{bmatrix}1&2&1\\0&1&3\\1&2&4\end{bmatrix}$，$B^{-1}=\begin{bmatrix}2&1&0\\-1&2&1\\-2&3&1\end{bmatrix}$，求：

(1) $(AB)^{-1}$；　(2) $(A^{\mathrm{T}}B)^{-1}$；　(3) $[(AB)^{\mathrm{T}}]^{-1}$.

14. 解下列矩阵方程：

(1) $\begin{bmatrix}1&2\\1&3\end{bmatrix}X=\begin{bmatrix}4&-6\\2&1\end{bmatrix}$；

(2) $X\begin{bmatrix}2&1&-1\\2&1&0\\1&-1&1\end{bmatrix}=\begin{bmatrix}2&1&-1\\2&1&0\\1&-1&1\end{bmatrix}$；

(3) $\begin{bmatrix}1&4\\-1&2\end{bmatrix}X\begin{bmatrix}2&0\\-1&1\end{bmatrix}=\begin{bmatrix}3&1\\0&-1\end{bmatrix}$；

(4) $\begin{bmatrix}0&1&0\\1&0&0\\0&0&1\end{bmatrix}X\begin{bmatrix}1&0&0\\0&0&1\\0&1&0\end{bmatrix}=\begin{bmatrix}0&-4&3\\2&0&-1\\1&-2&0\end{bmatrix}$.

15. 设 $A=\begin{bmatrix}4&2&3\\1&1&0\\-1&2&3\end{bmatrix}$，$AB=A+2B$，求 B .

第 2 章　线性方程组

线性方程组是线性代数的核心，在处理许多实际问题和数学问题时，往往归结为解线性方程组的问题. 反过来，线性方程组又广泛应用于数学的各个分支、自然科学、工程技术及经济方面等众多领域中. 本章主要介绍 n 元线性方程组的求解方法.

m 个方程的 **n 元线性方程组**的一般形式是

$$\begin{cases} a_{11}x_1 + a_{12}x_2 + \cdots + a_{1n}x_n = b_1, \\ a_{21}x_1 + a_{22}x_2 + \cdots + a_{2n}x_n = b_2, \\ \qquad \cdots\cdots \\ a_{m1}x_1 + a_{m2}x_2 + \cdots + a_{mn}x_n = b_m, \end{cases} \tag{2-1}$$

其中 a_{ij} 称为未知量 x_j 的系数，当右端的常数项 b_j（i=1, 2, $\cdots$, m；$j=1,2,\cdots,n$）不全为零时，线性方程组(2-1)称为**非齐次线性方程组**.

如果存在常数 $c_1,c_2,\cdots,c_n$，代入线性方程组(2-1)中的 x_j（$j=1,2,\cdots,n$），使得方程组两边恒等，即

$$\begin{cases} a_{11}c_1 + a_{12}c_2 + \cdots + a_{1n}c_n = b_1, \\ a_{21}c_1 + a_{22}c_2 + \cdots + a_{2n}c_n = b_2, \\ \qquad \cdots\cdots \\ a_{m1}c_1 + a_{m2}c_2 + \cdots + a_{mn}c_n = b_m, \end{cases}$$

则称 $x_1=c_1$，$x_2=c_2$，$\cdots$，$x_n=c_n$ 为线性方程组(2-1)的一个解，寻求这样的常数 $c_1,c_2,\cdots,c_n$ 的过程称为**解线性方程组**.

如果线性方程组(2-1)右端的常数项都是零，即

$$\begin{cases} a_{11}x_1 + a_{12}x_2 + \cdots + a_{1n}x_n = 0, \\ a_{21}x_1 + a_{22}x_2 + \cdots + a_{2n}x_n = 0, \\ \qquad \cdots\cdots \\ a_{m1}x_1 + a_{m2}x_2 + \cdots + a_{mn}x_n = 0, \end{cases} \tag{2-2}$$

则称其为**齐次线性方程组**.

对(2-2)观察后发现，齐次线性方程组一定有解，$x_1=0$，$x_2=0$，$\cdots$，$x_n=0$ 就是它的一个解. 因此，对齐次线性方程组而言，寻求其非零解是主要任务.

一个线性方程组的全体解称为该线性方程组的**解集合**. 如果两个线性方程组有相同的解集合，就称这两个线性方程组是**同解方程组**，或称它们**同解**.

显然，**解线性方程组**就是求方程组的解集合或全部解.

2.1　克拉默法则

在线性代数的第 1 章中，已经研究了二元、三元线性方程组的解法，本节研究的克拉

默法则是其推广, 用类比的方法就可得到求解 n 个方程的 n 元线性方程组的克拉默法则.

定理 2.1 (克拉默法则) n 个方程的 n 元线性方程组

$$\begin{cases} a_{11}x_1 + a_{12}x_2 + \cdots + a_{1n}x_n = b_1, \\ a_{21}x_1 + a_{22}x_2 + \cdots + a_{2n}x_n = b_2, \\ \qquad\cdots\cdots \\ a_{n1}x_1 + a_{n2}x_2 + \cdots + a_{nn}x_n = b_n \end{cases} \tag{2-3}$$

有唯一解的充分必要条件是：它的系数行列式

$$D = \begin{vmatrix} a_{11} & a_{12} & \cdots & a_{1n} \\ a_{21} & a_{22} & \cdots & a_{2n} \\ \vdots & \vdots & & \vdots \\ a_{n1} & a_{n2} & \cdots & a_{nn} \end{vmatrix} \neq 0,$$

这时它的唯一解是

$$x_1 = \frac{D_1}{D}, \quad x_2 = \frac{D_2}{D}, \quad \cdots, \quad x_n = \frac{D_n}{D},$$

其中 $D_j\ (j = 1, 2, \cdots, n)$ 是将系数行列式 D 的第 j 列换成常数项而得到的行列式.

定理 2.2 n 个方程的 n 元齐次线性方程组

$$\begin{cases} a_{11}x_1 + a_{12}x_2 + \cdots + a_{1n}x_n = 0, \\ a_{21}x_1 + a_{22}x_2 + \cdots + a_{2n}x_n = 0, \\ \qquad\cdots\cdots \\ a_{n1}x_1 + a_{n2}x_2 + \cdots + a_{nn}x_n = 0 \end{cases} \tag{2-4}$$

有且只有零解的充分必要条件是：它的系数行列式

$$D = \begin{vmatrix} a_{11} & a_{12} & \cdots & a_{1n} \\ a_{21} & a_{22} & \cdots & a_{2n} \\ \vdots & \vdots & & \vdots \\ a_{n1} & a_{n2} & \cdots & a_{nn} \end{vmatrix} \neq 0.$$

推论 1 n 个方程的 n 元齐次线性方程组 (2-4) 有非零解的充分必要条件是：它的系数行列式

$$D = \begin{vmatrix} a_{11} & a_{12} & \cdots & a_{1n} \\ a_{21} & a_{22} & \cdots & a_{2n} \\ \vdots & \vdots & & \vdots \\ a_{n1} & a_{n2} & \cdots & a_{nn} \end{vmatrix} = 0.$$

例 1 解线性方程组

$$\begin{cases} 2x_1 + x_2 - 5x_3 + x_4 = 8, \\ x_1 - 3x_2 - 6x_4 = 9, \\ 2x_2 - x_3 + 2x_4 = -5, \\ x_1 + 4x_2 - 7x_3 + 6x_4 = 0. \end{cases}$$

解 方程组的系数行列式

$$D=\begin{vmatrix}2&1&-5&1\\1&-3&0&-6\\0&2&-1&2\\1&4&-7&6\end{vmatrix}=27\neq 0,$$

所以线性方程组有唯一解.

$$D_1=\begin{vmatrix}8&1&-5&1\\9&-3&0&-6\\-5&2&-1&2\\0&4&-7&6\end{vmatrix}=81,\quad D_2=\begin{vmatrix}2&8&-5&1\\1&9&0&-6\\0&-5&-1&2\\1&0&-7&6\end{vmatrix}=-108,$$

$$D_3=\begin{vmatrix}2&1&8&1\\1&-3&9&-6\\0&2&-5&2\\1&4&0&6\end{vmatrix}=-27,\quad D_4=\begin{vmatrix}2&1&-5&8\\1&-3&0&9\\0&2&-1&-5\\1&4&-7&0\end{vmatrix}=27.$$

由克拉默法则，得线性方程组的唯一解

$$x_1=\frac{D_1}{D}=3,\quad x_2=\frac{D_2}{D}=-4,\quad x_3=\frac{D_3}{D}=-1,\quad x_4=\frac{D_4}{D}=1.$$

例 2　当λ取什么值时，齐次线性方程组有非零解？

$$\begin{cases}(1-\lambda)x_1-2x_2+4x_3=0,\\2x_1+(3-\lambda)x_2+x_3=0,\\x_1+x_2+(1-\lambda)x_3=0.\end{cases}$$

解　方程组的系数行列式

$$D=\begin{vmatrix}1-\lambda&-2&4\\2&3-\lambda&1\\1&1&1-\lambda\end{vmatrix}=\lambda(\lambda-2)(3-\lambda),$$

当$\lambda=0$或$\lambda=2$或$\lambda=3$时，$D=0$，这时齐次线性方程组有非零解.

一般来说，用克拉默法则求解线性方程组时，计算量较大，对具体数字的线性方程组，当未知数较多时，可采用计算机求解. 克拉默法则在一定条件下给出了线性方程组解的存在性、唯一性，具有更重要的理论价值. 撇开求解公式，克拉默法则可叙述为如下定理.

定理 2.3　如果线性方程组(2-3)的系数行列式$D\neq 0$，则线性方程组(2-3)一定有解，且解是唯一的.

定理 2.4　如果齐次线性方程组(2-4)的系数行列式$D\neq 0$，则线性方程组(2-4)只有零解.

2.2　消　元　法

中学阶段，用消元法求解二元、三元线性方程组. 现在，我们要把此方法推广到一般n元线性方程组中去.

引例　用消元法求解三元线性方程组

$$\begin{cases}2x_1+2x_2-x_3=6,\\ x_1-2x_2+4x_3=3,\\ 5x_1+7x_2+x_3=28.\end{cases} \tag{2-5}$$

解　第一步. 将方程组(2-5)中第一、二个方程互换位置, 得

$$\begin{cases}x_1-2x_2+4x_3=3,\\ 2x_1+2x_2-x_3=6,\\ 5x_1+7x_2+x_3=28.\end{cases} \tag{2-6}$$

第二步. 将方程组(2-6)中第一个方程乘以(−2)加到第二个方程, 第一个方程乘以(−5)加到第三个方程, 得

$$\begin{cases}x_1-2x_2+4x_3=3,\\ 6x_2-9x_3=0,\\ 17x_2-19x_3=13.\end{cases} \tag{2-7}$$

第三步. 用常数$\frac{1}{6}$乘以(2-7)中第二个方程, 得

$$\begin{cases}x_1-2x_2+4x_3=3,\\ x_2-\frac{3}{2}x_3=0,\\ 17x_2-19x_3=13.\end{cases} \tag{2-8}$$

第四步. 将方程组(2-8)中第二个方程乘以(−17)加到第三个方程, 得

$$\begin{cases}x_1-2x_2+4x_3=3,\\ x_2-\frac{3}{2}x_3=0, \qquad \text{——阶梯形方程组}\\ \frac{13}{2}x_3=13.\end{cases} \tag{2-9}$$

第五步. 由方程组(2-9)中第三个方程可以解出$x_3=2$, 于是, 将方程组(2-9)中第三个方程分别乘以常数(−4)和$\frac{3}{2}$, 然后分别加到第一、二这两个方程上, 得

$$\begin{cases}x_1-2x_2=-5,\\ x_2=3,\\ x_3=2.\end{cases} \tag{2-10}$$

第六步. 再将方程组(2-10)中第二个方程乘以常数2加到第一个方程上, 得如下特殊方程组

$$\begin{cases} x_1 = 1, \\ x_2 = 3, \text{——最简阶梯形方程组} \\ x_3 = 2. \end{cases} \tag{2-11}$$

由此便得到原方程组(2-5)的唯一解为

$$\begin{cases} x_1 = 1, \\ x_2 = 3, \\ x_3 = 2. \end{cases}$$

引例中解线性方程组的方法称为**消元法**，而方程组(2-6)到(2-9)的过程称为**消元过程**，方程组(2-9)到(2-11)的过程称为**回代过程**.

从上述解题过程可以看出，用消元法求解线性方程组的具体做法就是对方程组反复实施以下三种同解变换：

(1) 互换方程组中某两个方程的位置；

(2) 用一个非零常数 k 乘以方程组中的一个方程；

(3) 方程组中一个方程乘以常数 k 后加到另一个方程上去.

以上这三种变换称为**线性方程组的初等变换**. 对方程组作消元变换时，实际上是对原方程组施行一系列的初等变换将其化为同解的阶梯形方程组，然后通过回代求出原方程组的解.

现把消元法推广到 m 个方程 n 个未知量的一般情形的线性方程组，这就是**高斯消元法**. 高斯消元法的基本思想是通过消元变形把线性方程组化为容易求解的同解方程组. 此方法的消元步骤规范而又简便，易在计算机上实现. 同时可以发现，对方程组作初等变换消元时，只是对未知量的系数和常数项进行运算.

因此，如果将方程组(2-1)的系数与常数项合在一起作成一个矩阵(称为**增广矩阵**)，即

$$\overline{\boldsymbol{A}} = \begin{bmatrix} a_{11} & a_{12} & \cdots & a_{1n} & b_1 \\ a_{21} & a_{22} & \cdots & a_{2n} & b_2 \\ \vdots & \vdots & & \vdots & \vdots \\ a_{m1} & a_{m2} & \cdots & a_{mn} & b_m \end{bmatrix},$$

那么，用消元法解线性方程组就可以在增广矩阵 $\overline{\boldsymbol{A}}$ 上实现，即将增广矩阵 $\overline{\boldsymbol{A}}$ 经矩阵的初等行变换后化为行阶梯形矩阵，且行阶梯形矩阵对应的方程组与原方程组同解.

下面通过例子来说明高斯消元法原理.

例 1　解线性方程组

$$\begin{cases} x_1 + 5x_2 - x_3 - x_4 = -1, \\ x_1 - 2x_2 + x_3 + 3x_4 = 3, \\ 3x_1 + 8x_2 - x_3 + x_4 = 1, \\ x_1 - 9x_2 + 3x_3 + 7x_4 = 7. \end{cases}$$

解　对方程组的增广矩阵 $\overline{\boldsymbol{A}}$ 施行一系列初等行变换

$$\overline{\boldsymbol{A}}=\begin{bmatrix}1&5&-1&-1&-1\\1&-2&1&3&3\\3&8&-1&1&1\\1&-9&3&7&7\end{bmatrix}\xrightarrow[\substack{r(3+1(-3))\\r(4+1(-1))}]{r(2+1(-1))}\begin{bmatrix}1&5&-1&-1&-1\\0&-7&2&4&4\\0&-7&2&4&4\\0&-14&4&8&8\end{bmatrix}\xrightarrow[r(4+2(-2))]{r(3+2(-1))}\begin{bmatrix}1&5&-1&-1&-1\\0&-7&2&4&4\\0&0&0&0&0\\0&0&0&0&0\end{bmatrix}$$

$$\xrightarrow{r\left(2\left(-\frac{1}{7}\right)\right)}\begin{bmatrix}1&5&-1&-1&-1\\0&1&-\frac{2}{7}&-\frac{4}{7}&-\frac{4}{7}\\0&0&0&0&0\\0&0&0&0&0\end{bmatrix}\text{——行阶梯形矩阵}$$

$$\xrightarrow{r(1+2(-5))}\begin{bmatrix}1&0&\frac{3}{7}&\frac{13}{7}&\frac{13}{7}\\0&1&-\frac{2}{7}&-\frac{4}{7}&-\frac{4}{7}\\0&0&0&0&0\\0&0&0&0&0\end{bmatrix}.\text{——行最简阶梯形矩阵}$$

原方程组与下列方程组同解

$$\begin{cases}x_1=\frac{13}{7}-\frac{3}{7}x_3-\frac{13}{7}x_4,\\x_2=-\frac{4}{7}+\frac{2}{7}x_3+\frac{4}{7}x_4.\end{cases}$$

由于 x_3,x_4 可取任意常数(称为自由未知量)，所以方程组有无穷多个解. 取 $x_3=c_1,x_4=c_2$ (其中 c_1,c_2 为任意常数)，则方程组的全部解为

$$\begin{cases}x_1=\frac{13}{7}-\frac{3}{7}c_1-\frac{13}{7}c_2,\\x_2=-\frac{4}{7}+\frac{2}{7}c_1+\frac{4}{7}c_2,\\x_3=c_1,\\x_4=c_2.\end{cases}$$

例 2　解线性方程组

$$\begin{cases}2x_1-x_2+3x_3=1,\\4x_1-2x_2+5x_3=4,\\2x_1-x_2+4x_3=0.\end{cases}$$

解　对方程组的增广矩阵 $\overline{\boldsymbol{A}}$ 施行一系列初等行变换

$$\overline{\boldsymbol{A}}=\begin{bmatrix}2&-1&3&1\\4&-2&5&4\\2&-1&4&0\end{bmatrix}\xrightarrow[r(3+1(-1))]{r(2+1(-2))}\begin{bmatrix}2&-1&3&1\\0&0&-1&2\\0&0&1&-1\end{bmatrix}\xrightarrow{r(3+2(1))}\begin{bmatrix}2&-1&3&1\\0&0&-1&2\\0&0&0&1\end{bmatrix},$$

方程组与下列方程组同解

$$\begin{cases}2x_1-x_2+3x_3=1,\\-x_3=2,\\0=1.\end{cases}$$

第三个方程为矛盾方程，所以原方程组无解.

例 3　解线性方程组

$$\begin{cases} x_1 + x_3 = -2, \\ 2x_1 + x_2 = 1, \\ -3x_1 + 2x_2 - 5x_3 = 0. \end{cases}$$

解　对方程组的增广矩阵 $\overline{\boldsymbol{A}}$ 施行一系列初等行变换为

$$\overline{\boldsymbol{A}} = \begin{bmatrix} 1 & 0 & 1 & -2 \\ 2 & 1 & 0 & 1 \\ -3 & 2 & -5 & 0 \end{bmatrix} \xrightarrow[r(3+1(3))]{r(2+1(-2))} \begin{bmatrix} 1 & 0 & 1 & -2 \\ 0 & 1 & -2 & 5 \\ 0 & 2 & -2 & -6 \end{bmatrix} \xrightarrow{r(3+2(-2))} \begin{bmatrix} 1 & 0 & 1 & -2 \\ 0 & 1 & -2 & 5 \\ 0 & 0 & 2 & -16 \end{bmatrix}$$

$$\xrightarrow{r\left(3\left(\frac{1}{2}\right)\right)} \begin{bmatrix} 1 & 0 & 1 & -2 \\ 0 & 1 & -2 & 5 \\ 0 & 0 & 1 & -8 \end{bmatrix} \xrightarrow[r(2+3(2))]{r(1+3(-1))} \begin{bmatrix} 1 & 0 & 0 & 6 \\ 0 & 1 & 0 & -11 \\ 0 & 0 & 1 & -8 \end{bmatrix},$$

方程组与下列方程组同解

$$\begin{cases} x_1 = 6, \\ x_2 = -11, \\ x_3 = -8. \end{cases}$$

所以方程组的唯一解为

$$\begin{cases} x_1 = 6, \\ x_2 = -11, \\ x_3 = -8. \end{cases}$$

由前面的例题可见，一个非齐次线性方程组可能有唯一解，也可能有无穷多解，也可能无解.

消元法具体步骤如下：

(1) 写出线性方程组的增广矩阵 $\overline{\boldsymbol{A}}$；

(2) 对 $\overline{\boldsymbol{A}}$ 用矩阵的初等行变换化为行阶梯形矩阵（或行最简阶梯形矩阵）；

(3) 判断线性方程组是否有解，有解时，给出相应的解（有无穷多解时，给出一般解）.

例 4　解线性方程组

$$\begin{cases} 2x_1 + 4x_2 - x_3 + x_4 = 0, \\ x_1 - 3x_2 + 2x_3 + 3x_4 = 0, \\ 3x_1 + x_2 + x_3 + 4x_4 = 0. \end{cases}$$

解　这是一个齐次线性方程组，且方程个数小于未知量个数，故此方程组必有非零解. 对方程组的增广矩阵 $\overline{\boldsymbol{A}}$ 实施一系列初等行变换

$$\overline{\boldsymbol{A}} = \begin{bmatrix} 2 & 4 & -1 & 1 & 0 \\ 1 & -3 & 2 & 3 & 0 \\ 3 & 1 & 1 & 4 & 0 \end{bmatrix} \xrightarrow{r(1,2)} \begin{bmatrix} 1 & -3 & 2 & 3 & 0 \\ 2 & 4 & -1 & 1 & 0 \\ 3 & 1 & 1 & 4 & 0 \end{bmatrix} \xrightarrow[r(3+1(-3))]{r(2+1(-2))} \begin{bmatrix} 1 & -3 & 2 & 3 & 0 \\ 0 & 10 & -5 & -5 & 0 \\ 0 & 10 & -5 & -5 & 0 \end{bmatrix}$$

$$\xrightarrow[r\left(2\left(\frac{1}{10}\right)\right)]{r(3+2(-1))} \begin{bmatrix} 1 & -3 & 2 & 3 & 0 \\ 0 & 1 & -\frac{1}{2} & -\frac{1}{2} & 0 \\ 0 & 0 & 0 & 0 & 0 \end{bmatrix} \xrightarrow{r(1+2(3))} \begin{bmatrix} 1 & 0 & \frac{1}{2} & \frac{3}{2} & 0 \\ 0 & 1 & -\frac{1}{2} & -\frac{1}{2} & 0 \\ 0 & 0 & 0 & 0 & 0 \end{bmatrix},$$

由此可得同解方程组

$$\begin{cases} x_1 = -\dfrac{1}{2}x_3 - \dfrac{3}{2}x_4, \\ x_2 = \dfrac{1}{2}x_3 + \dfrac{1}{2}x_4. \end{cases}$$

取自由未知量 $x_3 = c_1, x_4 = c_2$，得原方程组的一般解为

$$\begin{cases} x_1 = -\dfrac{1}{2}c_1 - \dfrac{3}{2}c_2, \\ x_2 = \dfrac{1}{2}c_1 + \dfrac{1}{2}c_2, \\ x_3 = c_1, \\ x_4 = c_2 \end{cases} \quad (\text{其中} c_1, c_2 \text{为任意常数}).$$

2.3　向量组的线性关系

一、n 维向量及其线性运算

定义 2.1　n 个实数 $a_1, a_2, \cdots, a_n$ 组成的有次序数组称为 n **维实向量**，简称 n **维向量**，记为

$$\boldsymbol{\alpha} = \begin{bmatrix} a_1 \\ a_2 \\ \vdots \\ a_n \end{bmatrix} \text{或} \boldsymbol{\alpha}^{\mathrm{T}} = [a_1, a_2, \cdots, a_n].$$

$\boldsymbol{\alpha}$ 叫做 n 维列向量，$\boldsymbol{\alpha}^{\mathrm{T}}$ 叫做 n 维行向量. 数 a_i 叫做向量的第 i 个分量.

如中学中的平面直角坐标系中点的坐标 (x, y) 是二维向量，空间直角坐标系中点的坐标 (x, y, z) 是三维向量.

若干个同维数的列向量(或行向量)所组成的集合称为**向量组**.

一个 $m \times n$ 矩阵 $\boldsymbol{A} = \begin{bmatrix} a_{11} & a_{12} & \cdots & a_{1n} \\ a_{21} & a_{22} & \cdots & a_{2n} \\ \vdots & \vdots & & \vdots \\ a_{m1} & a_{m2} & \cdots & a_{m3} \end{bmatrix}$ 中的每一列 $\boldsymbol{\alpha}_j = \begin{bmatrix} a_{1j} \\ a_{2j} \\ \vdots \\ a_{mj} \end{bmatrix} (j = 1, 2, \cdots, n)$ 都是 m 维列向量，组成的向量组 $\boldsymbol{\alpha}_1, \boldsymbol{\alpha}_2, \cdots, \boldsymbol{\alpha}_n$ 称为矩阵 $\boldsymbol{A}$ 的**列向量组**，矩阵 $\boldsymbol{A}$ 每一行 $[a_{i1}, a_{i2}, \cdots, a_{in}]$ $(i = 1, 2, \cdots, m)$ 都是 n 维行向量，组成的向量组 $\boldsymbol{\beta}_1, \boldsymbol{\beta}_2, \cdots, \boldsymbol{\beta}_m$ 称为矩阵 $\boldsymbol{A}$ 的**行向量组**.

由此，矩阵 $\boldsymbol{A}$ 可记为

$$\boldsymbol{A} = [\boldsymbol{\alpha}_1, \boldsymbol{\alpha}_2, \cdots, \boldsymbol{\alpha}_n] \text{或} \boldsymbol{A} = \begin{bmatrix} \boldsymbol{\beta}_1 \\ \boldsymbol{\beta}_2 \\ \vdots \\ \boldsymbol{\beta}_m \end{bmatrix}.$$

这样，矩阵 $\boldsymbol{A}$ 就与其列向量组或行向量之间建立了一一对应关系.

定义 2.2　两个 n 维向量 $\boldsymbol{\alpha}=[a_1,a_2,\cdots,a_n]^{\mathrm{T}}$ 与 $\boldsymbol{\beta}=[b_1,b_2,\cdots,b_n]^{\mathrm{T}}$，当且仅当 $a_i=b_i(i=1,2,\cdots,n)$ 时，$\boldsymbol{\alpha}=\boldsymbol{\beta}$，称为**向量 $\boldsymbol{\alpha}$ 与 $\boldsymbol{\beta}$ 相等**.

所有分量都为 0 的向量称为**零向量**，记为 $\mathbf{0}=[0,0,\cdots,0]^{\mathrm{T}}$.

n 维向量 $\boldsymbol{\alpha}=[a_1,a_2,\cdots,a_n]^{\mathrm{T}}$ 的各分量的相反数组成的 n 维向量，称为向量 $\boldsymbol{\alpha}$ 的负向量，记为 $-\boldsymbol{\alpha}=[-a_1,-a_2,\cdots,-a_n]^{\mathrm{T}}$.

定义 2.3　两个 n 维向量 $\boldsymbol{\alpha}=[a_1,a_2,\cdots,a_n]^{\mathrm{T}}$ 与 $\boldsymbol{\beta}=[b_1,b_2,\cdots,b_n]^{\mathrm{T}}$ 的各对应分量之和组成的向量，称为**向量 $\boldsymbol{\alpha}$ 与 $\boldsymbol{\beta}$ 的和**，记为

$$\boldsymbol{\alpha}+\boldsymbol{\beta}=[a_1+b_1,a_2+b_2,\cdots,a_n+b_n]^{\mathrm{T}}.$$

由加法和负向量的定义，可定义**向量的减法**

$$\boldsymbol{\alpha}-\boldsymbol{\beta}=\boldsymbol{\alpha}+(-\boldsymbol{\beta})=[a_1-b_1,a_2-b_2,\cdots,a_n-b_n]^{\mathrm{T}}.$$

定义 2.4　n 维向量 $\boldsymbol{\alpha}=[a_1,a_2,\cdots,a_n]^{\mathrm{T}}$ 的每个分量都乘以实数 k 所组成的向量称为数 k 与向量 $\boldsymbol{\alpha}$ 的乘积，记为 $k\boldsymbol{\alpha}=[ka_1,ka_2,\cdots,ka_n]^{\mathrm{T}}$.

向量的加(减)法和数乘运算统称为向量的线性运算.

定义 2.5　所有 n 维实向量的集合，连同向量的加法及数乘运算称为实 n 维向量空间. 记为 $\mathbf{R}^n$.

在 $\mathbf{R}^n$ 中的向量满足以下 8 条规律：

(1) $\boldsymbol{\alpha}+\boldsymbol{\beta}=\boldsymbol{\beta}+\boldsymbol{\alpha}$；

(2) $\boldsymbol{\alpha}+(\boldsymbol{\beta}+\boldsymbol{\gamma})=(\boldsymbol{\alpha}+\boldsymbol{\beta})+\boldsymbol{\gamma}$；

(3) $\boldsymbol{\alpha}+\mathbf{0}=\boldsymbol{\alpha}$；

(4) $\boldsymbol{\alpha}+(-\boldsymbol{\alpha})=\mathbf{0}$；

(5) $(k+l)\boldsymbol{\alpha}=k\boldsymbol{\alpha}+l\boldsymbol{\alpha}$；

(6) $k(\boldsymbol{\alpha}+\boldsymbol{\beta})=k\boldsymbol{\alpha}+k\boldsymbol{\beta}$；

(7) $(kl)\boldsymbol{\alpha}=k(l\boldsymbol{\alpha})$；

(8) $1\cdot\boldsymbol{\alpha}=\boldsymbol{\alpha}$.

其中 $\boldsymbol{\alpha},\boldsymbol{\beta},\boldsymbol{\gamma}$ 都是 n 维向量，k,l 为实数.

例 1　设 $\boldsymbol{\alpha}=[2,0,-1,3]^{\mathrm{T}},\boldsymbol{\beta}=[1,7,4,-2]^{\mathrm{T}},\boldsymbol{\gamma}=[0,1,0,1]^{\mathrm{T}}$.

(1) 求 $2\boldsymbol{\alpha}+\boldsymbol{\beta}-3\boldsymbol{\gamma}$；

(2) 若有 $\boldsymbol{x}$ 满足 $3\boldsymbol{\alpha}-\boldsymbol{\beta}+5\boldsymbol{\gamma}+2\boldsymbol{x}=\mathbf{0}$，求 $\boldsymbol{x}$.

解　(1) $2\boldsymbol{\alpha}+\boldsymbol{\beta}-3\boldsymbol{\gamma}=2[2,0,-1,3]^{\mathrm{T}}+[1,7,4,-2]^{\mathrm{T}}-3[0,1,0,1]^{\mathrm{T}}=[5,4,2,1]^{\mathrm{T}}$;

(2) 由 $3\boldsymbol{\alpha}-\boldsymbol{\beta}+5\boldsymbol{\gamma}+2\boldsymbol{x}=\mathbf{0}$，得

$$\boldsymbol{x}=\frac{1}{2}(-3\boldsymbol{\alpha}+\boldsymbol{\beta}-5\boldsymbol{\gamma})=\frac{1}{2}(-3[2,0,-1,3]^{\mathrm{T}}+[1,7,4,-2]^{\mathrm{T}}-5[0,1,0,1]^{\mathrm{T}})=\left[-\frac{5}{2},1,\frac{7}{2},-8\right]^{\mathrm{T}}.$$

二、向量组的线性组合

定义 2.6　对于向量 $\boldsymbol{\beta},\boldsymbol{\alpha}_1,\boldsymbol{\alpha}_2,\cdots,\boldsymbol{\alpha}_n$，如果有一组数 $k_1,k_2,\cdots,k_n$，使 $\boldsymbol{\beta}=k_1\boldsymbol{\alpha}_1+k_2\boldsymbol{\alpha}_2+\cdots+$

$k_n\boldsymbol{\alpha}_n$，则称向量$\boldsymbol{\beta}$是向量组$\boldsymbol{\alpha}_1,\boldsymbol{\alpha}_2,\cdots,\boldsymbol{\alpha}_n$的**线性组合**，或称$\boldsymbol{\beta}$可由向量组$\boldsymbol{\alpha}_1,\boldsymbol{\alpha}_2,\cdots,\boldsymbol{\alpha}_n$**线性表示**.

例如$\boldsymbol{\beta}=[2,-1,1]^{\mathrm{T}},\boldsymbol{\alpha}_1=[1,0,0]^{\mathrm{T}},\boldsymbol{\alpha}_2=[0,1,0]^{\mathrm{T}},\boldsymbol{\alpha}_3=[0,0,1]^{\mathrm{T}}$，则有$\boldsymbol{\beta}=2\boldsymbol{\alpha}_1-\boldsymbol{\alpha}_2+\boldsymbol{\alpha}_3$，即$\boldsymbol{\beta}$是向量组$\boldsymbol{\alpha}_1,\boldsymbol{\alpha}_2,\boldsymbol{\alpha}_3$的线性组合，也就是$\boldsymbol{\beta}$可由向量组$\boldsymbol{\alpha}_1,\boldsymbol{\alpha}_2,\boldsymbol{\alpha}_3$线性表示.

例 2 任何一个n维向量$\boldsymbol{\alpha}=[a_1,a_2,\cdots,a_n]^{\mathrm{T}}$都是$n$维向量组$\boldsymbol{\varepsilon}_1=[1,0,\cdots,0]^{\mathrm{T}},\boldsymbol{\varepsilon}_2=[0,1,\cdots,0]^{\mathrm{T}},\cdots,\boldsymbol{\varepsilon}_n=[0,0,\cdots,1]^{\mathrm{T}}$的线性组合.

这是因为$\boldsymbol{\alpha}=a_1\boldsymbol{\varepsilon}_1+a_2\boldsymbol{\varepsilon}_2+\cdots+a_n\boldsymbol{\varepsilon}_n$.

向量组$\boldsymbol{\varepsilon}_1,\boldsymbol{\varepsilon}_2,\cdots,\boldsymbol{\varepsilon}_n$称为$\mathbf{R}^n$的**单位向量组**.

例 3 零向量是任何一组向量的线性组合.

这是因为$\mathbf{0}=0\boldsymbol{\alpha}_1+0\boldsymbol{\alpha}_2+\cdots+0\boldsymbol{\alpha}_n$.

例 4 向量组$\boldsymbol{\alpha}_1,\boldsymbol{\alpha}_2,\cdots,\boldsymbol{\alpha}_n$中的任一向量$\boldsymbol{\alpha}_i(1\leqslant i\leqslant n)$都是此向量的线性组合.

这是因为$\boldsymbol{\alpha}_i=0\boldsymbol{\alpha}_1+\cdots+1\boldsymbol{\alpha}_i+\cdots+0\boldsymbol{\alpha}_n$.

定义 2.7 设有两个向量组$A:\boldsymbol{\alpha}_1,\boldsymbol{\alpha}_2,\cdots,\boldsymbol{\alpha}_s$和$B:\boldsymbol{\beta}_1,\boldsymbol{\beta}_2,\cdots,\boldsymbol{\beta}_t$，若向量组$B$中的每一个向量都能由向量组$A$线性表示，则称向量组$B$能由向量组$A$线性表示. 若向量组$A$与向量组$B$能相互表示，则称这两个向量组**等价**.

三、向量组的线性相关性

定义 2.8 给定向量组$\boldsymbol{\alpha}_1,\boldsymbol{\alpha}_2,\cdots,\boldsymbol{\alpha}_n$，如果存在一组不全为零的数$k_1,k_2,\cdots,k_n$，使

$$k_1\boldsymbol{\alpha}_1+k_2\boldsymbol{\alpha}_2+\cdots+k_n\boldsymbol{\alpha}_n=\mathbf{0},$$

则称向量组$\boldsymbol{\alpha}_1,\boldsymbol{\alpha}_2,\cdots,\boldsymbol{\alpha}_n$**线性相关**. 当且仅当$k_1=k_2=\cdots=k_n=0$时，上式成立，则称向量组$\boldsymbol{\alpha}_1,\boldsymbol{\alpha}_2,\cdots,\boldsymbol{\alpha}_n$**线性无关**.

例如，初始单位向量组是线性无关的.

一般说向量组$\boldsymbol{\alpha}_1,\boldsymbol{\alpha}_2,\cdots,\boldsymbol{\alpha}_n$线性相关，通常是指$n\geqslant 2$的情形，当$n=1$时，向量组只含有一个向量，对于只含一个向量$\boldsymbol{\alpha}$的向量组，当$\boldsymbol{\alpha}=\mathbf{0}$时线性相关，当$\boldsymbol{\alpha}\neq\mathbf{0}$时线性无关，对于含 2 个向量$\boldsymbol{\alpha}_1,\boldsymbol{\alpha}_2$的向量组，它线性相关的充分必要条件是$\boldsymbol{\alpha}_1,\boldsymbol{\alpha}_2$的分量对应成比例，其几何意义是两向量共线. 3 个向量线性相关的几何意义是三向量共面.

四、向量组的秩

首先引入极大线性无关组的概念.

定义 2.9 如果一个向量组T的一个部分组$\boldsymbol{\alpha}_1,\boldsymbol{\alpha}_2,\cdots,\boldsymbol{\alpha}_r$满足下述条件：

(1) $\boldsymbol{\alpha}_1,\boldsymbol{\alpha}_2,\cdots,\boldsymbol{\alpha}_r$线性无关；

(2) 向量组T中任意一个向量都可以由$\boldsymbol{\alpha}_1,\boldsymbol{\alpha}_2,\cdots,\boldsymbol{\alpha}_r$线性表示.

则称部分组$\boldsymbol{\alpha}_1,\boldsymbol{\alpha}_2,\cdots,\boldsymbol{\alpha}_r$为向量组$T$的一个**极大线性无关组**(简称极大无关组)；极大无关组所含向量个数r称为**向量组T的秩，记为R_T**.

只含零向量的向量组，没有极大无关组，规定它的秩为 0；任何一个含有非零向量的向量组一定存在极大无关组；线性无关的向量组的极大无关组就是自身.

根据极大无关组定义直接可得到：

定理 2.5　任一向量组与它的极大无关组等价，且该向量组可由它的极大无关组线性表示.

定理 2.6　列(行)向量组的秩等于它构成矩阵的秩.

设向量组 $A:\boldsymbol{\alpha}_1,\boldsymbol{\alpha}_2,\cdots,\boldsymbol{\alpha}_m$ 构成矩阵 $\boldsymbol{A}=[\boldsymbol{\alpha}_1,\boldsymbol{\alpha}_2,\cdots,\boldsymbol{\alpha}_m]$，有

$$R_A=R(\boldsymbol{\alpha}_1,\boldsymbol{\alpha}_2,\cdots,\boldsymbol{\alpha}_m)=r(\boldsymbol{A}).$$

向量组的极大无关组一般不是唯一的. 例如，向量组 $\boldsymbol{\alpha}_1,\boldsymbol{\alpha}_2,\boldsymbol{\alpha}_3$ 构成的矩阵 $\boldsymbol{A}$

$$\boldsymbol{A}=[\boldsymbol{\alpha}_1,\boldsymbol{\alpha}_2,\boldsymbol{\alpha}_3]=\begin{bmatrix}1&0&2\\1&2&4\\1&5&7\end{bmatrix},$$

易求 $r(\boldsymbol{A})=2$，故向量组的秩 $R(\boldsymbol{\alpha}_1,\boldsymbol{\alpha}_2,\boldsymbol{\alpha}_3)=2$，知 $\boldsymbol{\alpha}_1,\boldsymbol{\alpha}_2,\boldsymbol{\alpha}_3$ 线性相关；又由 $R(\boldsymbol{\alpha}_1,\boldsymbol{\alpha}_2)=2$，知 $\boldsymbol{\alpha}_1,\boldsymbol{\alpha}_2$ 线性无关；因此 $\boldsymbol{\alpha}_1,\boldsymbol{\alpha}_2$ 是向量组 $\boldsymbol{\alpha}_1,\boldsymbol{\alpha}_2,\boldsymbol{\alpha}_3$ 的一个极大无关组.

此外，由 $R(\boldsymbol{\alpha}_1,\boldsymbol{\alpha}_3)=2$ 及 $R(\boldsymbol{\alpha}_2,\boldsymbol{\alpha}_3)=2$ 可知 $\boldsymbol{\alpha}_1,\boldsymbol{\alpha}_3$ 和 $\boldsymbol{\alpha}_2,\boldsymbol{\alpha}_3$ 都是向量组 $\boldsymbol{\alpha}_1,\boldsymbol{\alpha}_2,\boldsymbol{\alpha}_3$ 的极大无关组.

结论　极大无关组不唯一，任意两个极大无关组等价且有相同的秩.

例 5　全体 n 维向量构成的向量组记作 $\mathbf{R}^n$，求 $\mathbf{R}^n$ 的一个极大无关组及 $\mathbf{R}^n$ 的秩.

解　n 维单位向量构成的向量组

$$\boldsymbol{E}:\boldsymbol{\varepsilon}_1,\boldsymbol{\varepsilon}_2,\cdots,\boldsymbol{\varepsilon}_n$$

是线性无关的，又 $\mathbb{R}^n$ 中的任意 $n+1$ 个向量都线性相关，因此向量组 E 是 $\mathbb{R}^n$ 的一个极大无关组，且 $\mathbb{R}^n$ 的秩等于 n.

例 6　设矩阵

$$\boldsymbol{A}=\begin{bmatrix}2&-1&-1&1&2\\1&1&-2&1&4\\4&-6&2&-2&4\\3&6&-9&7&9\end{bmatrix},$$

求矩阵 $\boldsymbol{A}$ 的列向量组的一个极大无关组.

解　对 $\boldsymbol{A}$ 施行初等行变换变为行最简阶梯形矩阵

$$\boldsymbol{A}\to\begin{bmatrix}1&0&-1&0&4\\0&1&-1&0&3\\0&0&0&1&-3\\0&0&0&0&0\end{bmatrix},$$

知 $r(\boldsymbol{A})=3$，故列向量组的极大无关组含 3 个向量. 而三个非零行的首非零元在 1, 2, 4 列，故 $\boldsymbol{\alpha}_1,\boldsymbol{\alpha}_2,\boldsymbol{\alpha}_4$ 为列向量组的一个极大无关组. 这是因为

$$(\boldsymbol{\alpha}_1,\boldsymbol{\alpha}_2,\boldsymbol{\alpha}_4)\to\begin{bmatrix}1&0&0\\0&1&0\\0&0&1\\0&0&0\end{bmatrix},$$

知 $R(\boldsymbol{\alpha}_1,\boldsymbol{\alpha}_2,\boldsymbol{\alpha}_4)=3$，故 $\boldsymbol{\alpha}_1,\boldsymbol{\alpha}_2,\boldsymbol{\alpha}_4$ 线性无关.

2.4　线性方程组解的结构

一、线性方程组有解的判定定理

由 2.2 节的消元法可知，线性方程组是否有解的关键在于初等行变换把增广矩阵化为行阶梯形矩阵后，增广矩阵的秩与系数矩阵的秩是否相等的问题.

定理 2.7　n 元非齐次线性方程组 $\boldsymbol{Ax}=\boldsymbol{b}$ 有解的充分必要条件是系数矩阵 $\boldsymbol{A}$ 的秩等于增广矩阵 $\overline{\boldsymbol{A}}$ 的秩，且当 $r(\boldsymbol{A})=r(\overline{\boldsymbol{A}})=n$ 时方程组有唯一解；当 $r(\boldsymbol{A})=r(\overline{\boldsymbol{A}})=r<n$ 时方程组有无限多个解.

推论 1　n 元齐次线性方程组 $\boldsymbol{Ax}=\boldsymbol{0}$ 仅有零解的充分必要条件是系数矩阵 $\boldsymbol{A}$ 的秩 $r(\boldsymbol{A})=n$；有非零解的充分必要条件是系数矩阵的秩 $r(\boldsymbol{A})<n$.

下面我们用向量组线性相关性的理论来讨论线性方程组解的结构，首先讨论齐次线性方程组.

二、齐次线性方程组解的结构

考虑齐次线性方程组(2-2)

$$\begin{cases} a_{11}x_1+a_{12}x_2+\cdots+a_{1n}x_n=0, \\ a_{21}x_1+a_{22}x_2+\cdots+a_{2n}x_n=0, \\ \cdots\cdots \\ a_{m1}x_1+a_{m2}x_2+\cdots+a_{mn}x_n=0. \end{cases}$$

记

$$\boldsymbol{A}=\begin{bmatrix} a_{11} & a_{12} & \cdots & a_{1n} \\ a_{21} & a_{22} & \cdots & a_{2n} \\ \vdots & \vdots & & \vdots \\ a_{m1} & a_{m2} & \cdots & a_{mn} \end{bmatrix},\quad \boldsymbol{x}=\begin{bmatrix} x_1 \\ x_2 \\ \vdots \\ x_n \end{bmatrix},$$

则(2-2)式可写成向量方程

$$\boldsymbol{Ax}=\boldsymbol{0}. \tag{2-12}$$

若 $x_1=\xi_{11},x_2=\xi_{21},\cdots,x_n=\xi_{n1}$ 为(2-2)的解，则

$$\boldsymbol{x}=\boldsymbol{\xi}_1=\begin{bmatrix} \xi_{11} \\ \xi_{21} \\ \vdots \\ \xi_{n1} \end{bmatrix}$$

称为方程组(2-2)的**解向量**，它也是向量方程(2-12)的解.

根据向量方程(2-12)，我们来讨论解向量的性质.

性质 1　若 $\boldsymbol{x}=\boldsymbol{\xi}_1,\boldsymbol{x}=\boldsymbol{\xi}_2$ 为(2-12)的解，则 $\boldsymbol{x}=\boldsymbol{\xi}_1+\boldsymbol{\xi}_2$ 也是(2-12)的解.

证　只要验证 $\boldsymbol{x}=\boldsymbol{\xi}_1+\boldsymbol{\xi}_2$ 满足方程(2-12)

$$\boldsymbol{A}(\boldsymbol{\xi}_1+\boldsymbol{\xi}_2)=\boldsymbol{A}\boldsymbol{\xi}_1+\boldsymbol{A}\boldsymbol{\xi}_2=\boldsymbol{0}+\boldsymbol{0}=\boldsymbol{0}.$$

性质 2　若 $\boldsymbol{x}=\boldsymbol{\xi}_1$ 为(2-12)的解，k 为实数，则 $\boldsymbol{x}=k\boldsymbol{\xi}_1$ 也是(2-12)的解.

证　$\boldsymbol{A}(k\boldsymbol{\xi}_1)=k\boldsymbol{A}(\boldsymbol{\xi}_1)=k\boldsymbol{0}=\boldsymbol{0}$. 把方程(2-12)的全体解所组成的集合记作 S，如果能求得解集 S 的一个极大无关组 $S_0:\boldsymbol{\xi}_1,\boldsymbol{\xi}_2,\cdots,\boldsymbol{\xi}_t$，那么方程(2-12)的任一解都可由极大无关组 S_0 线性表示；另一方面，由上述性质 1 和性质 2 可知，极大无关组 S_0 的任何线性组合

$$x=k_1\boldsymbol{\xi}_1+k_2\boldsymbol{\xi}_2+\cdots+k_t\boldsymbol{\xi}_t \tag{2-13}$$

都是方程(2-12)的解，因此式(2-13)便是方程(2-12)的通解.

齐次线性方程组的解集的极大无关组称为该**齐次线性方程组的基础解系**. 由上面的讨论可知，要求齐次线性方程组的通解，只需求出它的基础解系.

设方程组(2-2)的系数矩阵 $\boldsymbol{A}$ 的秩为 r，并不妨设 $\boldsymbol{A}$ 的前 r 个列向量线性无关，于是 $\boldsymbol{A}$ 的行最简形矩阵为

$$\boldsymbol{B}=\begin{bmatrix}1&\cdots&0&b_{11}&\cdots&b_{1,n-r}\\ \vdots&&\vdots&\vdots&&\vdots\\ 0&\cdots&1&b_{r1}&\cdots&b_{r,n-r}\\ 0&\cdots&0&0&\cdots&0\\ \vdots&&\vdots&\vdots&&\vdots\\ 0&\cdots&0&0&\cdots&0\end{bmatrix},$$

与 $\boldsymbol{B}$ 对应，即有方程组

$$\begin{cases}x_1=-b_{11}x_{r+1}-\cdots-b_{1,n-r}x_n,\\ \qquad\cdots\cdots\\ x_r=-b_{r1}x_{r+1}-\cdots-b_{r,n-r}x_n,\end{cases} \tag{2-14}$$

令自由未知数 $x_{r+1},x_{r+2},\cdots,x_n$ 取下列 $n-r$ 组数

$$\begin{bmatrix}x_{r+1}\\ x_{r+2}\\ \vdots\\ x_n\end{bmatrix}=\begin{bmatrix}1\\0\\ \vdots\\0\end{bmatrix},\begin{bmatrix}0\\1\\ \vdots\\0\end{bmatrix},\cdots,\begin{bmatrix}0\\0\\ \vdots\\1\end{bmatrix},$$

由(2-14)即依次可得

$$\begin{bmatrix}x_1\\ \vdots\\ x_r\end{bmatrix}=\begin{bmatrix}-b_{11}\\ \vdots\\ -b_{r1}\end{bmatrix},\begin{bmatrix}-b_{12}\\ \vdots\\ -b_{r2}\end{bmatrix},\cdots,\begin{bmatrix}-b_{1,n-r}\\ \vdots\\ -b_{r,n-r}\end{bmatrix},$$

合起来便得基础解系

$$\boldsymbol{\xi}_1=\begin{bmatrix}-b_{11}\\ \vdots\\ -b_{r1}\\ 1\\ 0\\ \vdots\\ 0\end{bmatrix},\quad \boldsymbol{\xi}_2=\begin{bmatrix}-b_{12}\\ \vdots\\ -b_{r2}\\ 0\\ 1\\ \vdots\\ 0\end{bmatrix},\cdots,\quad \boldsymbol{\xi}_{n-r}=\begin{bmatrix}-b_{1,n-r}\\ \vdots\\ -b_{r,n-r}\\ 0\\ 0\\ \vdots\\ 1\end{bmatrix},$$

于是，可得方程组(2-2)的通解 $\boldsymbol{x}=c_1\boldsymbol{\xi}_1+c_2\boldsymbol{\xi}_2+\cdots+c_{n-r}\boldsymbol{\xi}_{n-r}$，即

$$\boldsymbol{x}=\begin{bmatrix}x_1\\ \vdots\\ x_r\\ x_{r+1}\\ x_{r+2}\\ \vdots\\ x_n\end{bmatrix}=c_1\begin{bmatrix}-b_{11}\\ \vdots\\ -b_{r1}\\ 1\\ 0\\ \vdots\\ 0\end{bmatrix}+c_2\begin{bmatrix}-b_{12}\\ \vdots\\ -b_{r2}\\ 0\\ 1\\ \vdots\\ 0\end{bmatrix}+\cdots+c_{n-r}\begin{bmatrix}-b_{1,n-r}\\ \vdots\\ -b_{r,n-r}\\ 0\\ 0\\ \vdots\\ 1\end{bmatrix}.$$

依据以上的讨论，还可推得

定理 2.8　设 $m\times n$ 矩阵 $\boldsymbol{A}$ 的秩 $r(\boldsymbol{A})=r$，则 n 元齐次线性方程组 $\boldsymbol{Ax}=\boldsymbol{0}$ 的基础解系的个数是 $n-r$.

当 $r(\boldsymbol{A})=n$ 时，方程(2-11)只有零解，没有基础解系(此时解集 S 只含一个零向量)；当 $r(\boldsymbol{A})=r<n$ 时，由定理 2.8 可知方程组(2-11)的基础解系含 $n-r$ 个向量. 因此，由极大无关组的概念可知，方程组(2-2)的任何 $n-r$ 个线性无关的解都可构成它的基础解系. 并由此可知齐次线性方程组的基础解系并不是唯一的，它的通解的形式也不是唯一的.

例 1　求齐次线性方程组 $\begin{cases}x_1+x_2-x_3-x_4=0,\\ 2x_1-5x_2+3x_3+2x_4=0,\\ 7x_1-7x_2+3x_3+x_4=0\end{cases}$ 的基础解系与通解.

解　对系数矩阵 $\boldsymbol{A}$ 作初等行变换，变为行最简形矩阵，有

$$\boldsymbol{A}=\begin{bmatrix}1&1&-1&-1\\ 2&-5&3&2\\ 7&-7&3&1\end{bmatrix}\xrightarrow[r(3+1(-7))]{r(2+1(-2))}\begin{bmatrix}1&1&-1&-1\\ 0&-7&5&4\\ 0&-14&10&8\end{bmatrix}\xrightarrow{r(3+2(-2))}\begin{bmatrix}1&1&-1&-1\\ 0&-7&5&4\\ 0&0&0&0\end{bmatrix}$$

$$\xrightarrow[r(1+2(-1))]{r\left(2\left(-\frac{1}{7}\right)\right)}\begin{bmatrix}1&0&-\frac{2}{7}&-\frac{3}{7}\\ 0&1&-\frac{5}{7}&-\frac{4}{7}\\ 0&0&0&0\end{bmatrix},$$

得

$$\begin{cases}x_1=\dfrac{2}{7}x_3+\dfrac{3}{7}x_4,\\ x_2=\dfrac{5}{7}x_3+\dfrac{4}{7}x_4.\end{cases}$$

令 $\begin{bmatrix} x_3 \\ x_4 \end{bmatrix} = \begin{bmatrix} 1 \\ 0 \end{bmatrix}$ 及 $\begin{bmatrix} 0 \\ 1 \end{bmatrix}$，则对应有 $\begin{bmatrix} x_1 \\ x_2 \end{bmatrix} = \begin{bmatrix} \frac{2}{7} \\ \frac{5}{7} \end{bmatrix}$ 及 $\begin{bmatrix} \frac{3}{7} \\ \frac{4}{7} \end{bmatrix}$，即得基础解系

$$\boldsymbol{\xi}_1 = \begin{bmatrix} \frac{2}{7} \\ \frac{5}{7} \\ 1 \\ 0 \end{bmatrix}, \quad \boldsymbol{\xi}_2 = \begin{bmatrix} \frac{3}{7} \\ \frac{4}{7} \\ 0 \\ 1 \end{bmatrix},$$

并由此写出通解

$$\boldsymbol{x} = c_1\boldsymbol{\xi}_1 + c_2\boldsymbol{\xi}_2 = c_1\begin{bmatrix} \frac{2}{7} \\ \frac{5}{7} \\ 1 \\ 0 \end{bmatrix} + c_2\begin{bmatrix} \frac{3}{7} \\ \frac{4}{7} \\ 0 \\ 1 \end{bmatrix} \quad (c_1, c_2 \in \mathbf{R}).$$

三、非齐次线性方程组解的结构

非齐次线性方程组(2-1)

$$\begin{cases} a_{11}x_1 + a_{12}x_2 + \cdots + a_{1n}x_n = b_1, \\ a_{21}x_1 + a_{22}x_2 + \cdots + a_{2n}x_n = b_2, \\ \cdots\cdots \\ a_{m1}x_1 + a_{m2}x_2 + \cdots + a_{mn}x_n = b_m. \end{cases}$$

它也可写作向量方程

$$\boldsymbol{A}\boldsymbol{x} = \boldsymbol{b}, \tag{2-15}$$

向量方程(2-15)的解也是方程组(2-1)的解向量，它具有

性质 3　设 $\boldsymbol{x} = \boldsymbol{\eta}_1$ 及 $\boldsymbol{x} = \boldsymbol{\eta}_2$ 都是(2-15)的解，则 $\boldsymbol{x} = \boldsymbol{\eta}_1 - \boldsymbol{\eta}_2$ 为对应的齐次线性方程组 $\boldsymbol{A}\boldsymbol{x} = \boldsymbol{0}$ 的解.

证　$\boldsymbol{A}(\boldsymbol{\eta}_1 - \boldsymbol{\eta}_2) = \boldsymbol{A}\boldsymbol{\eta}_1 - \boldsymbol{A}\boldsymbol{\eta}_2 = \boldsymbol{b} - \boldsymbol{b} = \boldsymbol{0}$，即 $\boldsymbol{x} = \boldsymbol{\eta}_1 - \boldsymbol{\eta}_2$ 满足方程 $\boldsymbol{A}\boldsymbol{x} = \boldsymbol{0}$.

性质 4　设 $\boldsymbol{x} = \boldsymbol{\eta}$ 是方程(2-15)的解，$\boldsymbol{x} = \boldsymbol{\xi}$ 是方程 $\boldsymbol{A}\boldsymbol{x} = \boldsymbol{0}$ 的解，则 $\boldsymbol{x} = \boldsymbol{\xi} + \boldsymbol{\eta}$ 仍是方程(2-15)的解.

证　$\boldsymbol{A}(\boldsymbol{\xi} + \boldsymbol{\eta}) = \boldsymbol{A}\boldsymbol{\xi} + \boldsymbol{A}\boldsymbol{\eta} = \boldsymbol{0} + \boldsymbol{b} = \boldsymbol{b}$，即 $\boldsymbol{x} = \boldsymbol{\xi} + \boldsymbol{\eta}$ 满足方程(2-15).

由性质 3 可知，若求得(2-15)的一个解 $\boldsymbol{\eta}^*$，则(2-15)的任一解总可表示为 $\boldsymbol{x} = \boldsymbol{\xi} + \boldsymbol{\eta}^*$，其中 $\boldsymbol{x} = \boldsymbol{\xi}$ 为方程组(2-15)对应的齐次线性方程组 $\boldsymbol{A}\boldsymbol{x} = \boldsymbol{0}$ 的解，又若方程 $\boldsymbol{A}\boldsymbol{x} = \boldsymbol{0}$ 的通解为 $\boldsymbol{x} = k_1\boldsymbol{\xi}_1 + k_2\boldsymbol{\xi}_2 + \cdots + k_{n-r}\boldsymbol{\xi}_{n-r}$，则方程(2-15)的任一解总可表示为

$$\boldsymbol{x} = k_1\boldsymbol{\xi}_1 + k_2\boldsymbol{\xi}_2 + \cdots + k_{n-r}\boldsymbol{\xi}_{n-r} + \boldsymbol{\eta}^*.$$

而由性质 4 可知，对任何实数 $\boldsymbol{k}_1,\cdots,\boldsymbol{k}_{n-r}$，上式总是方程(2-15)的解．于是方程(2-15)的通解为

$$\boldsymbol{x}=k_1\boldsymbol{\xi}_1+k_2\boldsymbol{\xi}_2+\cdots+k_{n-r}\boldsymbol{\xi}_{n-r}+\boldsymbol{\eta}^* \quad (k_1,\cdots,k_{n-r}\text{为任意实数}),$$

其中 $\boldsymbol{\xi}_1,\cdots,\boldsymbol{\xi}_{n-r}$ 是方程组(2-15)对应的齐次线性方程组的基础解系.

例 2　求解方程组

$$\begin{cases} x_1-x_2-x_3+x_4=0, \\ x_1-x_2+x_3-3x_4=1, \\ x_1-x_2-2x_3+3x_4=-\dfrac{1}{2}. \end{cases}$$

解　设系数矩阵为 $\boldsymbol{A}$，增广矩阵为 $\overline{\boldsymbol{A}}$，现对 $\overline{\boldsymbol{A}}$ 施行初等行变换

$$\overline{\boldsymbol{A}}=\begin{bmatrix} 1 & -1 & -1 & 1 & 0 \\ 1 & -1 & 1 & -3 & 1 \\ 1 & -1 & -2 & 3 & -\dfrac{1}{2} \end{bmatrix} \xrightarrow[r(3+1(-1))]{r(2+1(-1))} \begin{bmatrix} 1 & -1 & -1 & 1 & 0 \\ 0 & 0 & 2 & -4 & 1 \\ 0 & 0 & -1 & 2 & -\dfrac{1}{2} \end{bmatrix}$$

$$\xrightarrow[r(3+2(1))]{r\left(2\left(\frac{1}{2}\right)\right)} \begin{bmatrix} 1 & -1 & -1 & 1 & 0 \\ 0 & 0 & 1 & -2 & \dfrac{1}{2} \\ 0 & 0 & 0 & 0 & 0 \end{bmatrix} \xrightarrow{r(1+2(1))} \begin{bmatrix} 1 & -1 & 0 & -1 & \dfrac{1}{2} \\ 0 & 0 & 1 & -2 & \dfrac{1}{2} \\ 0 & 0 & 0 & 0 & 0 \end{bmatrix},$$

可见 $r(\boldsymbol{A})=r(\overline{\boldsymbol{A}})=2$，故方程组有解，并有

$$\begin{cases} x_1=x_2+x_4+\dfrac{1}{2}, \\ x_3=2x_4+\dfrac{1}{2}. \end{cases}$$

取 $x_2=x_4=0$，则 $x_1=x_3=\dfrac{1}{2}$，即得方程组的一个解

$$\boldsymbol{\eta}^*=\begin{bmatrix} \dfrac{1}{2} \\ 0 \\ \dfrac{1}{2} \\ 0 \end{bmatrix},$$

在对应的齐次线性方程组 $\begin{cases} x_1=x_2+x_4, \\ x_3=2x_4 \end{cases}$ 中，取

$$\begin{bmatrix} x_2 \\ x_4 \end{bmatrix}=\begin{bmatrix} 1 \\ 0 \end{bmatrix}\text{及}\begin{bmatrix} 0 \\ 1 \end{bmatrix},\text{则}\begin{bmatrix} x_1 \\ x_3 \end{bmatrix}=\begin{bmatrix} 1 \\ 0 \end{bmatrix}\text{及}\begin{bmatrix} 1 \\ 2 \end{bmatrix},$$

得对应的齐次线性方程组的基础解系为

$$\boldsymbol{\xi}_1=\begin{bmatrix}1\\1\\0\\0\end{bmatrix},\quad \boldsymbol{\xi}_2=\begin{bmatrix}1\\0\\2\\1\end{bmatrix}.$$

于是所求通解为

$$\boldsymbol{x}=c_1\boldsymbol{\xi}_1+c_2\boldsymbol{\xi}_2+\boldsymbol{\eta}^*=c_1\begin{bmatrix}1\\1\\0\\0\end{bmatrix}+c_2\begin{bmatrix}1\\0\\2\\1\end{bmatrix}+\begin{bmatrix}\frac{1}{2}\\0\\\frac{1}{2}\\0\end{bmatrix}\quad (c_1,c_2\in\mathbf{R}).$$

*2.5　线性方程组的应用

案例 1　商品利润率问题

某商场甲，乙，丙，丁四种商品四个月的总利润如表 2-1 所示，试求出每种商品的利润率.

表 2-1

月次	销售额/万元				总利润/万元
	甲	乙	丙	丁	
1	4	6	8	10	2.74
2	4	6	9	9	2.76
3	5	6	8	10	3.89
4	5	5	9	9	2.79

解　要求出每种商品的利润率，不防假设甲，乙，丙，丁四种商品的利润率分别为 x_1,x_2,x_3,x_4，则很容易建立如下关于 x_1,x_2,x_3,x_4 的一个线性方程组

$$\begin{cases}4x_1+6x_2+8x_3+10x_4=2.74,\\4x_1+6x_2+9x_3+9x_4=2.76,\\5x_1+6x_2+8x_3+10x_4=3.89,\\5x_1+5x_2+9x_3+9x_4=2.79.\end{cases}$$

对该方程组的增广矩阵实施初等行变换，得

$$\overline{\boldsymbol{A}}=\begin{bmatrix}4&6&8&10&2.74\\4&6&9&9&2.76\\5&6&8&10&3.89\\5&5&9&9&2.79\end{bmatrix}\to\cdots\cdots\to\begin{bmatrix}1&0&0&0&0.15\\0&1&0&0&0.12\\0&0&1&0&0.09\\0&0&0&1&0.07\end{bmatrix},$$

可解得 $x_1=0.15, x_2=0.12, x_3=0.09, x_4=0.07$，即甲，乙，丙，丁四种商品的利润率分别为 15%, 12%, 9%, 7%.

案例 2　交通问题

某城市有两组单行道，构成了一个包含四个节点 A, B, C, D 的十字路口，如图 2-1，汽车进出十字路口的流量(每小时的车流数)标在图上，试求每两个节点之间路段上的交通流量.

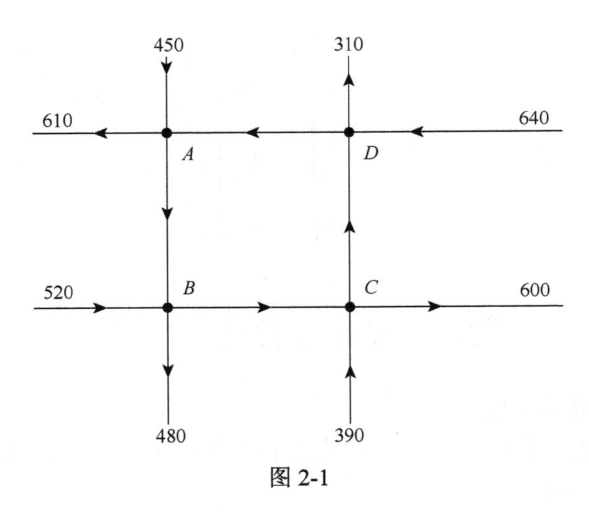

图 2-1

解　设每两个节点之间路段上的交通流量为 $D \to A: x_1, A \to B: x_2, B \to C: x_3, C \to D: x_4$，且假设针对每个节点，进入和离开的车数相等，则由已知条件可建立四个节点的流通线性方程组

$$\begin{cases} x_1 + 450 = x_2 + 610, \\ x_2 + 520 = x_3 + 480, \\ x_3 + 390 = x_4 + 600, \\ x_4 + 640 = x_1 + 310. \end{cases}$$

整理得等价线性方程组

$$\begin{cases} x_1 - x_2 = 160, \\ x_2 - x_3 = -40, \\ x_3 - x_4 = 210, \\ -x_1 + x_4 = -330. \end{cases}$$

该线性方程组有无穷多个解

$$\begin{cases} x_1 = x_4 + 330, \\ x_2 = x_4 + 170, \quad (x_4\text{为自由未知量}). \\ x_3 = x_4 + 210 \end{cases}$$

因此，方程组有无穷多解表明：如果有一些车围绕十字路 $D \to A \to B \to C$ 绕行，流量 x_1, x_2, x_3, x_4 都会增加，但并不影响出入十字路口的流量，仍然满足方程组.

案例 3　减肥食谱问题

一位营养学家计划设计一种减肥食谱，这种食谱供给一定量的蛋白质、碳水化合物和脂肪，食谱中包含三种食物：脱脂奶粉、大豆粉和乳清，它们的量用适当的单位计算，这些食物所供给的营养素和该食谱要求的营养素如表 2-2.

表 2-2

营养素	每单位成分所含营养素/g			需要的总营养素/g
	脱脂奶粉	大豆粉	乳清	
蛋白质	36	51	13	33
碳水化合物	52	34	74	45
脂肪	0	7	1.1	3

求出三种食物的某种组合，使该食谱符合列表中规定的蛋白质、碳水化合物和脂肪的含量.

解　设 x_1, x_2, x_3 分别表示三种食物的数量，则有

$$\begin{cases}36x_1+51x_2+13x_3=33,\\52x_1+34x_2+74x_3=45,\\7x_2+1.1x_3=3.\end{cases}$$

可解得 $x_1=0.277, x_2=0.392, x_3=0.233$，所以该食谱需要脱脂奶粉、大豆粉和乳清分别为 0.277 单位、0.392 单位和 0.233 单位.

案例 4　工资问题

现有一个木工、一个电工、一个油漆工、三人相互同意彼此装修他们自己的房子. 在装修之前，他们达成了如下协议：(1)每人总共工作十天(包括给自己家干活在内)；(2)每人的日工资根据一般的市价为 60～80 元；(3)每人的日工资数应使得每人的总收入与总支出相等，表 2-3 是他们协商后制定出的工作天数的分配方案，试确定他们每人的日工资.

表 2-3

工作天数	木工	电工	油漆工
在木工家	2	1	6
在电工家	4	5	1
在油漆工家	4	4	3

解　设木工、电工和油漆工的日工资分别为 x_1, x_2, x_3，根据协议中每人总支出与总收入相等的原则，建立收支平衡的方程组为

$$\begin{cases}2x_1+x_2+6x_3=10x_1,\\4x_1+5x_2+x_3=10x_2,\\4x_1+4x_2+3x_3=10x_3.\end{cases}$$

即

$$\begin{cases}-8x_1+x_2+6x_3=0,\\4x_1-5x_2+x_3=0,\\4x_1+4x_2-7x_3=0.\end{cases}$$

原方程组的等价方程组为

$$\begin{cases} x_1 = \dfrac{31}{36}x_3, \\ x_2 = \dfrac{8}{9}x_3 \end{cases} \quad (x_3\text{为自由未知量}).$$

为了确定满足条件 $60 \leqslant x_1 \leqslant 80, 60 \leqslant x_2 \leqslant 80, 60 \leqslant x_3 \leqslant 80$ 的方程组的解，取一种情况 $x_3 = 72$，得 $x_1 = 62, x_2 = 64$，满足题意，即木工、电工和油漆工日工资分别为 62 元、64 元、72 元.

案例 5　生产计划的安排问题

一制造商生产三种不同的化学产品 *A*, *B*, *C* 每一产品必须经过两部机器 M, N 的制作，而生产每一吨不同的产品需要使用两部机器的时间也是不同的，机器 M 每星期最多可使用 80 小时，而机器 N 每星期最多可使用 60 小时，假设制造商可以卖出每周所制造出来的所有产品. 经营者不希望使昂贵的机器有空闲时间，因此想知道在一周内每一产品需制造多少才能使机器被充分地利用. 生产每吨产品需要两部机器工作的时间如表 2-4 所示.

表 2-4

机器	产品 *A*	产品 *B*	产品 *C*
M	2	3	4
N	2	2	3

解　设 x_1, x_2, x_3 分别表示每周内制造产品 *A*, *B*, *C* 的吨数. 于是机器 M 一周内被使用的实际时间为 $2x_1 + 3x_2 + 4x_3$，为了充分利用机器，可以令 $2x_1 + 3x_2 + 4x_3 = 80$. 同理，可得 $2x_1 + 2x_2 + 3x_3 = 60$. 于是，这一生产规划问题即转化为求方程组 $\begin{cases} 2x_1 + 3x_2 + 4x_3 = 80, \\ 2x_1 + 2x_2 + 3x_3 = 60 \end{cases}$ 的非负解.

原方程组的等价方程组为

$$\begin{cases} x_1 = 10 - 0.5x_3, \\ x_2 = 20 - x_3 \end{cases} \quad (x_3\text{为自由未知量}).$$

为了使变量为正数，取 $x_3 = 10$，得 $x_1 = 5, x_2 = 10$，由此得一生产计划安排方案：一周内产品 *A* 生产 5 吨，产品 *B* 生产 10 吨，产品 *C* 生产 10 吨. 其实，所有方程组的非负解都是一样好. 除非有特别的限制，否则没有所谓的最好的解.

习　题　2

一、填空题

1. 非齐次线性方程组 $\boldsymbol{Ax} = \boldsymbol{b}$ 有解的充分必要条件是________.

2. 假设 $\boldsymbol{u}_1$ 是齐次线性方程组 $\boldsymbol{Ax} = \boldsymbol{b}$ 的一个解，$\boldsymbol{v}$ 是其导出组的通解，则非齐次线性方程组 $\boldsymbol{Ax} = \boldsymbol{b}$ 的通解可以表示为________.

3. 如果线性方程组 $\begin{cases} 2x_1 - x_2 + x_3 + x_4 = 1, \\ x_1 + 2x_2 - x_3 + x_4 = 2, \\ x_1 + 7x_2 - 4x_3 + 11x_4 = a \end{cases}$ 有解，a 应为________.

4. 如果线性方程组 $\begin{cases} ax_1 + x_2 + x_3 = 1, \\ x_1 + ax_2 + x_3 = a, \\ x_1 + x_2 + ax_3 = 0 \end{cases}$ 有解，a 应为________.

5. 如果线性方程组 $\begin{cases} x_1 + 2x_2 - 2x_3 + 2x_4 = 2, \\ x_2 - x_3 - x_4 = 1, \\ x_1 + x_2 - x_3 + 3x_4 = a, \\ x_1 - x_2 + x_3 + 5x_4 = b \end{cases}$ 有解，a 应为________，b 应为________.

6. 若已知向量 $\boldsymbol{\alpha}_1 = [1,2,3]^{\mathrm{T}}, \boldsymbol{\alpha}_2 = [3,2,1]^{\mathrm{T}}, \boldsymbol{\alpha}_3 = [-2,0,2]^{\mathrm{T}}, \boldsymbol{\alpha}_4 = [1,2,4]^{\mathrm{T}}$，则 $3\boldsymbol{\alpha}_1 + 2\boldsymbol{\alpha}_2 - 5\boldsymbol{\alpha}_3 + 4\boldsymbol{\alpha}_4 =$________.

7. 已知向量 $\boldsymbol{\alpha}_1 = [2,5,1,3]^{\mathrm{T}}, \boldsymbol{\alpha}_2 = [10,1,5,10]^{\mathrm{T}}, \boldsymbol{\alpha}_3 = [4,1,-1,1]^{\mathrm{T}}$，若 $3(\boldsymbol{\alpha}_1 - \boldsymbol{\xi}) + 2(\boldsymbol{\alpha}_2 + \boldsymbol{\xi}) = 5(\boldsymbol{\alpha}_3 + \boldsymbol{\xi})$，则 $\boldsymbol{\xi} =$________.

8. 如果向量组中有一个部分组线性相关，则整个向量组________.

二、选择题

1. $\lambda =$（　　），下面方程组有唯一解.

$$\begin{cases} x_1 + x_2 + x_3 = \lambda - 1, \\ 2x_2 - x_3 = \lambda - 2, \\ x_3 = \lambda - 3, \\ (\lambda - 1)x_3 = -(\lambda - 3)(\lambda - 1). \end{cases}$$

A. 1；　　B. 2；　　C. −3；　　D. 4.

2. $\lambda =$（　　），下面方程组有无穷多解.

$$\begin{cases} x_1 + 2x_2 - x_3 = \lambda - 1, \\ 3x_2 - x_3 = \lambda - 2, \\ \lambda x_2 - x_3 = (\lambda - 3)(\lambda - 4) + (\lambda - 2). \end{cases}$$

A. 1；　　B. 2；　　C. 3；　　D. 4.

3. $\lambda =$（　　），下面方程组有无解.

$$\begin{cases} x_1 + 2x_2 - x_3 = 4, \\ x_2 + 2x_3 = 2, \\ (\lambda - 1)(\lambda - 2)x_3 = (\lambda - 3)(\lambda - 4). \end{cases}$$

A. 1 或 2；　　B. 2 或 4；　　C. 3 或 4；　　D. 1 或 3.

4. 有向量组 $\boldsymbol{\alpha}_1^{\mathrm{T}} = (1,0,0)$，$\boldsymbol{\alpha}_2^{\mathrm{T}} = [0,0,1]$，$\boldsymbol{\beta}^{\mathrm{T}} =$（　　）时，$\boldsymbol{\beta}^{\mathrm{T}}$ 是 $\boldsymbol{\alpha}_1^{\mathrm{T}}$，$\boldsymbol{\alpha}_2^{\mathrm{T}}$ 的线性组合.

A. [2, 1, 1]；　　B. [−3, 0, 4]；　　C. [1, 1, 0]；　　D. [0, −1, 0].

5. 向量组 $\boldsymbol{\alpha}_1, \boldsymbol{\alpha}_2, \cdots, \boldsymbol{\alpha}_s$（$s \geqslant 2$）线性相关的充分必要条件是（　　）.

A. $\boldsymbol{\alpha}_1, \boldsymbol{\alpha}_2, \cdots, \boldsymbol{\alpha}_s$ 中至少有一个零向量；

B. $\boldsymbol{\alpha}_1, \boldsymbol{\alpha}_2, \cdots, \boldsymbol{\alpha}_s$ 中任意两个向量成比例；

C. $\boldsymbol{\alpha}_1, \boldsymbol{\alpha}_2, \cdots, \boldsymbol{\alpha}_s$ 中至少有一个向量可由其余向量线性表示；

D. $\boldsymbol{\alpha}_1, \boldsymbol{\alpha}_2, \cdots, \boldsymbol{\alpha}_s$ 中任意一部分组线性无关.

6. 向量组 $\boldsymbol{\alpha}_1, \boldsymbol{\alpha}_2, \cdots, \boldsymbol{\alpha}_s$ 线性无关的充分条件是（　　）.

A. $\boldsymbol{\alpha}_1, \boldsymbol{\alpha}_2, \cdots, \boldsymbol{\alpha}_s$ 均不是零向量；

B. $\boldsymbol{\alpha}_1, \boldsymbol{\alpha}_2, \cdots, \boldsymbol{\alpha}_s$ 中任意两个向量成比例；

C. $\boldsymbol{\alpha}_1, \boldsymbol{\alpha}_2, \cdots, \boldsymbol{\alpha}_s$ 中任意一个向量均不能由其余 $s-1$ 个向量线性表示；

D. $\boldsymbol{\alpha}_1, \boldsymbol{\alpha}_2, \cdots, \boldsymbol{\alpha}_s$ 中任意一部分组线性无关.

7. 设 $\boldsymbol{A}$ 为 n 矩阵，且 $|\boldsymbol{A}| = 0$，则（　　）.

A. $\boldsymbol{A}$ 的列秩等于零；

B. $\boldsymbol{A}$ 的秩等于零；

C. $\boldsymbol{A}$ 的任一列向量可由其他向量线性表示；

D. $\boldsymbol{A}$ 中必有一列向量可由其他向量线性表示.

8. 已知向量组 $\boldsymbol{\alpha}_1,\boldsymbol{\alpha}_2,\cdots,\boldsymbol{\alpha}_s$ 秩为 r，则下列说法错误的是(　　).

A. $\boldsymbol{\alpha}_1,\boldsymbol{\alpha}_2,\cdots,\boldsymbol{\alpha}_s$ 中至少含有一个 r 个向量的部分组线性无关；

B. $\boldsymbol{\alpha}_1,\boldsymbol{\alpha}_2,\cdots,\boldsymbol{\alpha}_s$ 中任何 r 个向量的线性无关部分组与 $\boldsymbol{\alpha}_1,\boldsymbol{\alpha}_2,\cdots,\boldsymbol{\alpha}_s$ 可以互相线性表示；

C. $\boldsymbol{\alpha}_1,\boldsymbol{\alpha}_2,\cdots,\boldsymbol{\alpha}_s$ 中 r 个向量的部分组皆线性无关；

D. $\boldsymbol{\alpha}_1,\boldsymbol{\alpha}_2,\cdots,\boldsymbol{\alpha}_s$ 中 $r+1$ 个向量的部分组皆线性相关.

9. 矩阵 $\boldsymbol{A}_{m\times n}$，有 $r(\boldsymbol{A})=r$，则下述结论中不正确的是(　　).

A. 齐次线性方程组 $\boldsymbol{Ax}=\boldsymbol{0}$ 的任何一个基础解系中都含有 $n-r$ 个线性无关的解向量；

B. 当 $\boldsymbol{AX}=\boldsymbol{O}$ 时，$\boldsymbol{X}$ 为 $n\times s$ 矩阵，则 $r(\boldsymbol{X})\leqslant n-r$；

C. $\boldsymbol{\beta}$ 为一 m 维向量，$r(\boldsymbol{AB})=r(\boldsymbol{A})$，则 $\boldsymbol{\beta}$ 可由 $\boldsymbol{A}$ 的列向量组线性表示；

D. 线性方程组 $\boldsymbol{Ax}=\boldsymbol{b}$ 必有无穷多个解.

10. 齐次线性方程组 $\boldsymbol{Ax}=\boldsymbol{0}$ 是线性方程组 $\boldsymbol{Ax}=\boldsymbol{b}$ 的导出组，则(　　).

A. $\boldsymbol{Ax}=\boldsymbol{0}$ 只有零解时，$\boldsymbol{Ax}=\boldsymbol{b}$ 有唯一解；

B. $\boldsymbol{Ax}=\boldsymbol{0}$ 有非零解时，$\boldsymbol{Ax}=\boldsymbol{b}$ 有无穷多个解；

C. $\boldsymbol{Ax}=\boldsymbol{b}$ 有无穷多个解时，$\boldsymbol{Ax}=\boldsymbol{0}$ 有非零解；

D. $\boldsymbol{Ax}=\boldsymbol{b}$ 有无穷多个解时，$\boldsymbol{Ax}=\boldsymbol{0}$ 仅有零解.

三、计算题

1. 用克拉默法则解线性方程组.

(1) 求解线性方程组：

① $\begin{cases} x_1+x_2+x_3+x_4=5, \\ x_1+2x_2-x_3+4x_4=-2, \\ 2x_1-3x_2-x_3-5x_4=-2, \\ 3x_1+x_2+2x_3+11x_4=0; \end{cases}$　　② $\begin{cases} 5x_1+6x_2=1, \\ x_1+5x_2+6x_3=0, \\ x_2+5x_3+6x_4=-2, \\ x_3+5x_4=1. \end{cases}$

(2) 问 λ,μ 为何值时，齐次线性方程组：

$$\begin{cases} \lambda x_1+x_2+x_3=0, \\ x_1+\mu x_2+x_3=0, \\ x_1+2\mu x_2+x_3=0 \end{cases}$$

有非零解？

(3) 问 λ 为何值时，齐次线性方程组：

$$\begin{cases} (1-\lambda)x_1-2x_2+4x_3=0, \\ 2x_1+(3-\lambda)x_2+x_3=0, \\ x_1+x_2+(1-\lambda)x_3=0 \end{cases}$$

有非零解？

2. 用消元法解下列线性方程组.

(1) $\begin{cases} 5x_1+x_2+2x_3=2, \\ 2x_1+x_2+x_3=4, \\ 9x_1+2x_2+5x_3=3; \end{cases}$　　(2) $\begin{cases} 4x_1+2x_2-x_3=2, \\ 3x_1-x_2+2x_3=10, \\ 11x_1+3x_2=8; \end{cases}$

(3) $\begin{cases} 2x_1-x_2+3x_3=1, \\ 4x_1+2x_2+5x_3=4, \\ x_1+x_3=3; \end{cases}$　　(4) $\begin{bmatrix} 1 & 3 & -7 \\ 2 & 5 & 4 \\ -3 & -7 & -2 \\ 1 & 4 & -12 \end{bmatrix}\begin{bmatrix} x_1 \\ x_2 \\ x_3 \end{bmatrix}=\begin{bmatrix} -8 \\ 4 \\ -3 \\ -15 \end{bmatrix}$;

(5) $\begin{bmatrix} 1 & 1 & 1 & 1 \\ 1 & 0 & -3 & -1 \\ 1 & 2 & -1 & 1 \\ 3 & 3 & 3 & 2 \\ 2 & 2 & 2 & 1 \end{bmatrix}\begin{bmatrix} x_1 \\ x_2 \\ x_3 \\ x_4 \end{bmatrix}=\begin{bmatrix} -7 \\ 8 \\ -2 \\ -11 \\ -4 \end{bmatrix}$；

(6) $\begin{cases} x_1+2x_2+2x_3+x_4=1, \\ 2x_1+x_2-2x_3-2x_4=3, \\ x_1-x_2-4x_3-3x_4=-1; \end{cases}$

(7) $\begin{cases} 3x_1-5x_2+x_3-2x_4=0, \\ 2x_1+3x_2-5x_3+x_4=0, \\ -x_1+7x_2-4x_3+3x_4=0, \\ 4x_1+15x_2-7x_3+10x_4=0. \end{cases}$

3. 当参数 λ 取何值时，三元非齐次线性方程组 $\begin{cases} x_1+x_2+\lambda x_3=1, \\ x_1+\lambda x_2+x_3=1, \\ \lambda x_1+x_2+x_3=1 \end{cases}$ 有唯一解？

4. 当参数 a,b,c 满足何条件时，三元齐次线性方程组 $\begin{cases} x_1+x_2+x_3=0, \\ ax_1+bx_2+cx_3=0, \\ a^2x_1+b^2x_2+c^2x_3=0 \end{cases}$ 只有零解？

5. 参数 λ 取何值时是四元非齐次线性方程组 $\begin{cases} x_1-x_2=\lambda, \\ x_2-x_3=2\lambda, \\ x_3-x_4=3\lambda, \\ -x_1+x_4=1 \end{cases}$ 有解的充要条件？

6. 参数 λ 取何值时下列三元非齐次线性方程组无解、有无穷多解或有唯一解？

(1) $\begin{bmatrix} \lambda & 1 & 1 \\ 1 & \lambda & 1 \\ 1 & 1 & \lambda \end{bmatrix}\begin{bmatrix} x_1 \\ x_2 \\ x_3 \end{bmatrix}=\begin{bmatrix} 1 \\ \lambda \\ \lambda^2 \end{bmatrix}$；

(2) $\begin{cases} x_1-2x_2+3x_3=-1, \\ 2x_2-x_3=0, \\ \lambda(\lambda-1)x_3=(\lambda-1)(\lambda-2). \end{cases}$

7. 参数 λ 取何值时下列非齐次线性方程组无解或有无穷多解？

(1) $\begin{cases} x_1-x_2-x_3=1, \\ x_1+x_2-2x_3=2, \\ x_1+3x_2-3x_3=\lambda; \end{cases}$

(2) $\begin{cases} x_1-2x_2+3x_3-4x_4=4, \\ x_2-x_3+x_4=-3, \\ x_1+3x_2-3x_4=1, \\ -7x_2+3x_3+x_4=\lambda. \end{cases}$

8. 参数 λ 取何值时下列四元齐次线性方程组有非零解或只有唯一零解？

(1) $\begin{cases} x_1-x_2+x_4=0, \\ x_2-\lambda x_3-x_4=0, \\ x_1+x_3=0, \\ \lambda x_2-x_3+x_4=0; \end{cases}$

(2) $\begin{cases} x_1-2x_2+x_3-x_4=0, \\ 2x_1+x_2-x_3+x_4=0, \\ x_1+7x_2-5x_3+5x_4=0, \\ 3x_1-x_2-2x_3-\lambda x_4=0. \end{cases}$

9. 求齐次线性方程组的全部解.

(1) $\begin{cases} x_1+2x_3-x_4=0, \\ -x_1+x_2-3x_3+2x_4=0, \\ 2x_1-x_2+5x_3-3x_4=0; \end{cases}$

(2) $\begin{cases} x_1+2x_2+x_3-x_4=0, \\ 3x_1+6x_2-x_3-3x_4=0, \\ 5x_1+10x_2+x_3-5x_4=0; \end{cases}$

(3) $\begin{cases} 2x_1+3x_2-x_3+5x_4=0, \\ 3x_1+x_2+2x_3-7x_4=0, \\ 4x_1+x_2-3x_3+6x_4=0, \\ x_1-2x_2+4x_3-7x_4=0; \end{cases}$

(4) $\begin{cases} x_1+2x_2+x_3+x_4+x_5=0, \\ 2x_1+4x_2+3x_3+x_4+x_5=0, \\ 3x_1+6x_2+4x_3+2x_4+2x_5=0, \\ 5x_1+10x_2+7x_3+3x_4+3x_5=0. \end{cases}$

10. 下列非齐次线性方程组是否有解？若有解，求其全部解

(1) $\begin{cases} 4x_1 + 2x_2 - x_3 = 2, \\ 3x_1 - x_2 + 2x_3 = 10, \\ 11x_1 + 3x_2 = 8; \end{cases}$

(2) $\begin{cases} 2x + 3y + z = 4, \\ x - 2y + 4z = -5, \\ 3x + 8y - 2z = 13, \\ 4x - y + 9z = -6; \end{cases}$

(3) $\begin{cases} 2x + y - z + w = 1, \\ 4x + 2y - 2z + w = 2, \\ 2x + y - z - w = 1; \end{cases}$

(4) $\begin{cases} x_1 + 3x_2 - x_3 + 2x_4 - x_5 = -4, \\ -3x_1 + x_2 + 2x_3 - 5x_4 - 4x_5 = -1, \\ 2x_1 - 3x_2 - x_3 - x_4 + x_5 = 4, \\ -4x_1 + 16x_2 + x_3 + 3x_4 - 9x_5 = -21. \end{cases}$

第 3 章　特征值与特征向量

本章主要讨论方阵的特征值、特征向量理论及方阵的相似对角化等问题，这些内容在许多学科中都有着非常重要的作用.

3.1　方阵的特征值与特征向量

一、特征值与特征向量的定义

先看一个例子.

设 $\boldsymbol{A}=\begin{bmatrix}1&5\\2&4\end{bmatrix}$，取 $\boldsymbol{\alpha}=\begin{bmatrix}1\\1\end{bmatrix}$，可验证 $\boldsymbol{A\alpha}=\begin{bmatrix}1&5\\2&4\end{bmatrix}\begin{bmatrix}1\\1\end{bmatrix}=\begin{bmatrix}6\\6\end{bmatrix}=6\boldsymbol{\alpha}$.

这说明矩阵 $\boldsymbol{A}$ 作用在向量 $\boldsymbol{\alpha}$ 上只改变了常数倍. 我们把具有这种性质的非零向量 $\boldsymbol{\alpha}$ 称为矩阵 $\boldsymbol{A}$ 的特征向量，常数 6 称为对应于 $\boldsymbol{\alpha}$ 的特征值.

对于一般的 n 阶方阵，引入如下概念：

定义 3.1　设 $\boldsymbol{A}$ 为 n 阶方阵，如果存在数 λ_0 以及一个非零 n 维列向量 $\boldsymbol{\alpha}$，使得关系式

$$\boldsymbol{A\alpha}=\lambda_0\boldsymbol{\alpha} \tag{3-1}$$

成立，则称 λ_0 为 $\boldsymbol{A}$ 的一个**特征值**，非零向量 $\boldsymbol{\alpha}$ 为 $\boldsymbol{A}$ 的属于特征值 λ_0 的**特征向量**.

由定义 3.1 可看出，矩阵 $\boldsymbol{A}$ 的特征向量有如下性质：

性质 1　如果向量 $\boldsymbol{\alpha}$ 是矩阵 $\boldsymbol{A}$ 的属于特征值 λ_0 的特征向量，则 $\boldsymbol{\alpha}$ 是非零向量，并且 $k\boldsymbol{\alpha}(k\neq 0)$ 也是 $\boldsymbol{A}$ 的属于 λ_0 的特征向量.

事实上，$\boldsymbol{A}(k\boldsymbol{\alpha})=k\boldsymbol{A}(\boldsymbol{\alpha})=k\lambda_0\boldsymbol{\alpha}=\lambda_0(k\boldsymbol{\alpha})$.

性质 2　如果向量 $\boldsymbol{\alpha}_1,\boldsymbol{\alpha}_2$ 都是矩阵 $\boldsymbol{A}$ 的属于特征值 λ_0 的特征向量，且 $\boldsymbol{\alpha}_1+\boldsymbol{\alpha}_2\neq\boldsymbol{0}$，则 $\boldsymbol{\alpha}_1+\boldsymbol{\alpha}_2$ 也是 $\boldsymbol{A}$ 的属于 λ_0 的特征向量.

事实上，$\boldsymbol{A}(\boldsymbol{\alpha}_1+\boldsymbol{\alpha}_2)=\boldsymbol{A\alpha}_1+\boldsymbol{A\alpha}_2=\lambda_0\boldsymbol{\alpha}_1+\lambda_0\boldsymbol{\alpha}_2=\lambda_0(\boldsymbol{\alpha}_1+\boldsymbol{\alpha}_2)$.

由性质 1 和性质 2，不难得到：

性质 3　如果向量 $\boldsymbol{\alpha}_1,\boldsymbol{\alpha}_2,\cdots,\boldsymbol{\alpha}_s$ 都是矩阵 $\boldsymbol{A}$ 的属于特征值 λ_0 的特征向量，$k_1,k_2,\cdots,k_s$ 是一组数，且 $k_1\boldsymbol{\alpha}_1+k_2\boldsymbol{\alpha}_2+\cdots+k_s\boldsymbol{\alpha}_s\neq\boldsymbol{0}$，则 $k_1\boldsymbol{\alpha}_1+k_2\boldsymbol{\alpha}_2+\cdots+k_s\boldsymbol{\alpha}_s$ 也是 $\boldsymbol{A}$ 的属于 λ_0 的特征向量.

二、特征值与特征向量的求法

下面讨论如何求出矩阵 $\boldsymbol{A}$ 的特征值和特征向量.

将 (3-1) 式改写为 $(\boldsymbol{A}-\lambda_0\boldsymbol{E})\boldsymbol{\alpha}=\boldsymbol{0}$. 这表明 $\boldsymbol{\alpha}$ 是 n 元齐次线性方程组

$$(\boldsymbol{A}-\lambda_0\boldsymbol{E})\boldsymbol{X}=\boldsymbol{0} \tag{3-2}$$

的一个非零解.

由n元齐次线性方程组有非零解的充要条件知，方程(3-2)有非零解的充要条件是其系数矩阵$\boldsymbol{A}-\lambda_0\boldsymbol{E}$的行列式等于零，即

$$|\boldsymbol{A}-\lambda_0\boldsymbol{E}|=\begin{vmatrix} a_{11}-\lambda_0 & a_{12} & \cdots & a_{1n} \\ a_{21} & a_{22}-\lambda_0 & \cdots & a_{2n} \\ \vdots & \vdots & & \vdots \\ a_{n1} & a_{n2} & \cdots & a_{nn}-\lambda_0 \end{vmatrix}=0. \tag{3-3}$$

由行列式的定义可知，(3-3)式为λ_0的n次多项式. 在复数范围内它一定有n个根(k重根算作k个根).

为了叙述方便，引入如下术语：

定义 3.2 设$\boldsymbol{A}$是一个n阶方阵，λ是一个未知量. 矩阵$\boldsymbol{A}-\lambda\boldsymbol{E}$称为$\boldsymbol{A}$的**特征矩阵**，其行列式$|\boldsymbol{A}-\lambda\boldsymbol{E}|$称为$\boldsymbol{A}$的**特征多项式**，记为$f(\lambda)$；方程$|\boldsymbol{A}-\lambda\boldsymbol{E}|=0$称为$\boldsymbol{A}$的**特征方程**.

上面的分析表明：若λ_0是$\boldsymbol{A}$的一个特征值，则方程(3-2)有非零解，此时一定有$|\boldsymbol{A}-\lambda_0\boldsymbol{E}|=0$，即$\lambda_0$是$\boldsymbol{A}$的特征方程$|\boldsymbol{A}-\lambda_0\boldsymbol{E}|=0$的一个根；反之，若$\lambda_0$是$\boldsymbol{A}$的特征方程$|\boldsymbol{A}-\lambda\boldsymbol{E}|=0$的一个根，则方程(3-2)有非零解，即存在非零$n$维列向量$\boldsymbol{\alpha}$，使$(\boldsymbol{A}-\lambda_0\boldsymbol{E})\boldsymbol{\alpha}=\boldsymbol{0}$，由定义3.1知，$\lambda_0$是$\boldsymbol{A}$的一个特征值，$\boldsymbol{\alpha}$是$\boldsymbol{A}$的属于$\lambda_0$的特征向量.

综上所述，求n阶方阵$\boldsymbol{A}$的特征值和特征向量的步骤如下：

(1)求特征方程$|\boldsymbol{A}-\lambda\boldsymbol{E}|=0$的全部根，它们就是$\boldsymbol{A}$的所有特征值；

(2)对于$\boldsymbol{A}$的每一个特征值λ_0，求解齐次线性方程组$(\boldsymbol{A}-\lambda_0\boldsymbol{E})\boldsymbol{X}=\boldsymbol{0}$. 设它的一个基础解系为$\boldsymbol{\xi}_1,\boldsymbol{\xi}_2,\cdots,\boldsymbol{\xi}_{n-r}$(其中$r=r(\boldsymbol{A}-\lambda_0\boldsymbol{E})$)，则$\boldsymbol{A}$的属于$\lambda_0$的全部特征向量为

$$k_1\boldsymbol{\xi}_1+k_2\boldsymbol{\xi}_2+\cdots+k_{n-r}\boldsymbol{\xi}_{n-r},$$

其中$k_1,k_2,\cdots,k_{n-r}$是不全为零的任意数.

例 1 求矩阵$\boldsymbol{A}=\begin{bmatrix} 2 & 1 & 1 \\ 1 & 2 & 1 \\ 1 & 1 & 2 \end{bmatrix}$的特征值和特征向量.

解 $\boldsymbol{A}$的特征多项式为

$$|\boldsymbol{A}-\lambda\boldsymbol{E}|=\begin{vmatrix} 2-\lambda & 1 & 1 \\ 1 & 2-\lambda & 1 \\ 1 & 1 & 2-\lambda \end{vmatrix}=(4-\lambda)(1-\lambda)^2,$$

所以$\boldsymbol{A}$的特征值为

$$\lambda_1=4, \quad \lambda_2=\lambda_3=1.$$

(1)把特征值$\lambda_1=4$代入齐次线性方程组$(\boldsymbol{A}-\lambda_0\boldsymbol{E})\boldsymbol{X}=\boldsymbol{0}$，得

$$\begin{bmatrix} -2 & 1 & 1 \\ 1 & -2 & 1 \\ 1 & 1 & -2 \end{bmatrix}\begin{bmatrix} x_1 \\ x_2 \\ x_3 \end{bmatrix}=\begin{bmatrix} 0 \\ 0 \\ 0 \end{bmatrix},$$

求得它的一个基础解系 $\boldsymbol{\xi}_1=\begin{bmatrix}1\\1\\1\end{bmatrix}$，则属于 $\lambda_1=4$ 的全部特征向量为 $k_1\begin{bmatrix}1\\1\\1\end{bmatrix}$，其中 k_1 为任意非零数.

(2) 把特征值 $\lambda_2=\lambda_3=1$ 代入齐次线性方程组 $(\boldsymbol{A}-\lambda\boldsymbol{E})\boldsymbol{X}=\boldsymbol{0}$，得

$$\begin{bmatrix}1&1&1\\1&1&1\\1&1&1\end{bmatrix}\begin{bmatrix}x_1\\x_2\\x_3\end{bmatrix}=\begin{bmatrix}0\\0\\0\end{bmatrix},$$

求得它的一个基础解系 $\boldsymbol{\xi}_2=\begin{bmatrix}-1\\1\\0\end{bmatrix}$，$\boldsymbol{\xi}_3=\begin{bmatrix}-1\\0\\1\end{bmatrix}$，则属于 $\lambda_2=\lambda_3=1$ 的全部特征向量为 $k_2\begin{bmatrix}-1\\1\\0\end{bmatrix}+k_3\begin{bmatrix}-1\\0\\1\end{bmatrix}$，其中 k_2,k_3 为不全为零的任意数.

例 2　求矩阵 $\boldsymbol{A}=\begin{bmatrix}0&-1&0\\1&-2&0\\-1&0&-1\end{bmatrix}$ 的特征值和特征向量.

解　$\boldsymbol{A}$ 的特征多项式为

$$|\boldsymbol{A}-\lambda\boldsymbol{E}|=\begin{vmatrix}-\lambda&-1&0\\1&-2-\lambda&0\\-1&0&-1-\lambda\end{vmatrix}=-(1+\lambda)^3,$$

所以 $\boldsymbol{A}$ 的特征值为 $\lambda_1=\lambda_2=\lambda_3=-1$，将它代入齐次线性方程组 $(\boldsymbol{A}-\lambda\boldsymbol{E})\boldsymbol{X}=\boldsymbol{0}$，得

$$\begin{bmatrix}1&-1&0\\1&-1&0\\-1&0&0\end{bmatrix}\begin{bmatrix}x_1\\x_2\\x_3\end{bmatrix}=\begin{bmatrix}0\\0\\0\end{bmatrix},$$

求得它的一个基础解系 $\boldsymbol{\xi}=\begin{bmatrix}0\\0\\1\end{bmatrix}$，则属于 $\lambda_1=\lambda_2=\lambda_3=-1$ 的全部特征向量为 $k\begin{bmatrix}0\\0\\1\end{bmatrix}$，其中 k 为任意非零数.

三、有关特征值与特征向量的几个重要结论

定理 3.1　方阵 $\boldsymbol{A}$ 与其转置矩阵 $\boldsymbol{A}^{\mathrm{T}}$ 有相同的特征多项式，从而有相同的特征值.

证　由于 $(\boldsymbol{A}-\lambda\boldsymbol{E})^{\mathrm{T}}=\boldsymbol{A}^{\mathrm{T}}-\lambda\boldsymbol{E}$，两边取行列式，得

$$|\boldsymbol{A}^{\mathrm{T}}-\lambda\boldsymbol{E}|=|(\boldsymbol{A}-\lambda\boldsymbol{E})^{\mathrm{T}}|=|\boldsymbol{A}-\lambda\boldsymbol{E}|,$$

即 $\boldsymbol{A}$ 与 $\boldsymbol{A}^{\mathrm{T}}$ 有相同的特征多项式，从而有相同的特征值. 但应注意，虽然 $\boldsymbol{A}$ 与 $\boldsymbol{A}^{\mathrm{T}}$ 有相同特征值，特征向量却不一定相同.

例如，设$A=\begin{bmatrix}1 & -1\\ 2 & 4\end{bmatrix}$，则$A$与$A^{\mathrm{T}}$有相同特征值$\lambda_1=2$，$\lambda_2=3$，易验证

$$A\begin{bmatrix}1\\ -1\end{bmatrix}=2\begin{bmatrix}1\\ -1\end{bmatrix},$$

即$\begin{bmatrix}1\\ -1\end{bmatrix}$是$A$的一个特征向量. 而

$$A^{\mathrm{T}}\begin{bmatrix}1\\ -1\end{bmatrix}\neq 2\begin{bmatrix}1\\ -1\end{bmatrix},\quad A^{\mathrm{T}}\begin{bmatrix}1\\ -1\end{bmatrix}\neq 3\begin{bmatrix}1\\ -1\end{bmatrix},$$

即$\begin{bmatrix}1\\ -1\end{bmatrix}$不是$A^{\mathrm{T}}$的一个特征向量.

定理 3.2　设λ是矩阵A的特征值，$\boldsymbol{\alpha}$是A的属于λ的特征向量，若A可逆，则λ^{-1}是A^{-1}的特征值，且$\boldsymbol{\alpha}$仍为A^{-1}的属于λ^{-1}的特征向量.

证　$A\boldsymbol{\alpha}=\lambda\boldsymbol{\alpha}$，且$A$可逆，两边左乘$A^{-1}$，得$\boldsymbol{\alpha}=\lambda A^{-1}\boldsymbol{\alpha}$，即$A^{-1}\boldsymbol{\alpha}=\lambda^{-1}\boldsymbol{\alpha}$.

定理 3.3　设$\lambda_1,\lambda_2,\cdots,\lambda_s$是$n$阶方阵$A$的$s$个不同的特征值，$\boldsymbol{\alpha}_1,\boldsymbol{\alpha}_2,\cdots,\boldsymbol{\alpha}_s$是$A$的分别属于$\lambda_1,\lambda_2,\cdots,\lambda_s$的特征向量，则$\boldsymbol{\alpha}_1,\boldsymbol{\alpha}_2,\cdots,\boldsymbol{\alpha}_s$线性无关.

***证**　对特征向量的个数s作数学归纳法.

当$s=1$时，由于$\boldsymbol{\alpha}_1\neq\mathbf{0}$，因此$\boldsymbol{\alpha}_1$线性无关.

假设对$s-1$个相异的特征值，定理成立，即$\boldsymbol{\alpha}_1,\boldsymbol{\alpha}_2,\cdots,\boldsymbol{\alpha}_{s-1}$线性无关.

对向量组$\boldsymbol{\alpha}_1,\boldsymbol{\alpha}_2,\cdots,\boldsymbol{\alpha}_s$，设有数$k_1,k_2,\cdots,k_s$，使

$$k_1\boldsymbol{\alpha}_1+k_2\boldsymbol{\alpha}_2+\cdots+k_s\boldsymbol{\alpha}_s=\mathbf{0}, \tag{3-4}$$

两端左乘矩阵A，并利用条件$A\boldsymbol{\alpha}_i=\lambda_i\boldsymbol{\alpha}_i$，得

$$k_1\lambda_1\boldsymbol{\alpha}_1+k_2\lambda_2\boldsymbol{\alpha}_2+\cdots+k_s\lambda_s\boldsymbol{\alpha}_s=\mathbf{0}, \tag{3-5}$$

将(3-4)式的左端乘以λ_s，得

$$k_1\lambda_s\boldsymbol{\alpha}_1+k_2\lambda_s\boldsymbol{\alpha}_2+\cdots+k_s\lambda_s\boldsymbol{\alpha}_s=\mathbf{0}, \tag{3-6}$$

(3-5)式～(3-6)式，得

$$k_1(\lambda_1-\lambda_s)\boldsymbol{\alpha}_1+k_2(\lambda_2-\lambda_s)\boldsymbol{\alpha}_2+\cdots+k_{s-1}(\lambda_{s-1}-\lambda_s)\boldsymbol{\alpha}_{s-1}=\mathbf{0},$$

由归纳假设$\boldsymbol{\alpha}_1,\boldsymbol{\alpha}_2,\cdots,\boldsymbol{\alpha}_{s-1}$线性无关，可得

$$k_1(\lambda_1-\lambda_s)=k_2(\lambda_2-\lambda_s)=\cdots=k_{s-1}(\lambda_{s-1}-\lambda_s)=0,$$

而$\lambda_1,\lambda_2,\cdots,\lambda_s$互不相同，即$\lambda_i-\lambda_s\neq 0,i=1,2,\cdots,s-1$，故

$$k_1=k_2=\cdots=k_{s-1}=0,$$

将此代回(3-4)式，则有

$$k_s\boldsymbol{\alpha}_s=\mathbf{0}.$$

而$\boldsymbol{\alpha}_s\neq\mathbf{0}$，故$k_s=0$，所以$\boldsymbol{\alpha}_1,\boldsymbol{\alpha}_2,\cdots,\boldsymbol{\alpha}_s$线性无关.

推论 1　如果n阶矩阵A的n个不同的特征值，则A有n个线性无关的特征向量.

定理 3.4　设$\lambda_1,\lambda_2,\cdots,\lambda_m$是$n$阶矩阵$A$的$m(m<n)$个互不相同的特征值，$\boldsymbol{\alpha}_{i1},\boldsymbol{\alpha}_{i2},\cdots,\boldsymbol{\alpha}_{is_i}$是$A$的属于特征值$\lambda_i$（$i=1,2,\cdots,m$）的线性无关的特征向量，则向量组$\boldsymbol{\alpha}_{11},\boldsymbol{\alpha}_{12},\cdots,\boldsymbol{\alpha}_{1s_1}$，$\boldsymbol{\alpha}_{21},\boldsymbol{\alpha}_{22},\cdots,\boldsymbol{\alpha}_{2s_2},\cdots,\boldsymbol{\alpha}_{m1},\boldsymbol{\alpha}_{m2},\cdots,\boldsymbol{\alpha}_{ms_m}$线性无关.

定理 3.5　设 λ 是矩阵 $\boldsymbol{A}$ 的 k 重特征值，则 $\boldsymbol{A}$ 的属于 λ 的线性无关的特征向量至多有 k 个.

定理 3.5 表明，一个 n 阶方阵最多有 n 个线性无关的特征向量.

3.2　相似矩阵

在矩阵的运算中，对角矩阵的运算最方便. 那么，对于一个 n 阶方阵 $\boldsymbol{A}$，是否可化为对角矩阵，且保持矩阵 $\boldsymbol{A}$ 的一些重要性质不变. 本节将讨论这个问题.

一、相似矩阵的概念与性质

定义 3.3　设 $\boldsymbol{A},\boldsymbol{B}$ 都是 n 阶方阵，如果存在 n 阶可逆矩阵 $\boldsymbol{P}$，使

$$\boldsymbol{P}^{-1}\boldsymbol{A}\boldsymbol{P}=\boldsymbol{B},$$

则称矩阵 $\boldsymbol{A}$ 与 $\boldsymbol{B}$ **相似**，记为 $\boldsymbol{A}\sim\boldsymbol{B}$.

这种相似关系有如下三个简单性质：

(1) 反身性：$\boldsymbol{A}\sim\boldsymbol{A}$；

(2) 对称性：若 $\boldsymbol{A}\sim\boldsymbol{B}$，则 $\boldsymbol{B}\sim\boldsymbol{A}$；

(3) 传递性：若 $\boldsymbol{A}\sim\boldsymbol{B}$，$\boldsymbol{B}\sim\boldsymbol{C}$，则 $\boldsymbol{A}\sim\boldsymbol{C}$.

定理 3.6　相似矩阵有相同的特征多项式，从而有相同的特征值.

证　设 $\boldsymbol{A}\sim\boldsymbol{B}$，则存在可逆矩阵 $\boldsymbol{P}$，使得 $\boldsymbol{P}^{-1}\boldsymbol{A}\boldsymbol{P}=\boldsymbol{B}$，于是

$$|\boldsymbol{B}-\lambda\boldsymbol{E}|=|\boldsymbol{P}^{-1}\boldsymbol{A}\boldsymbol{P}-\lambda\boldsymbol{P}^{-1}\boldsymbol{P}|=|\boldsymbol{P}^{-1}(\boldsymbol{A}-\lambda\boldsymbol{E})\boldsymbol{P}|=|\boldsymbol{P}^{-1}||\boldsymbol{A}-\lambda\boldsymbol{E}||\boldsymbol{P}|=|\boldsymbol{A}-\lambda\boldsymbol{E}|.$$

即 $\boldsymbol{A}$，$\boldsymbol{B}$ 的特征多项式相同，因而有相同的特征值.

但应注意，这个定理的逆命题不成立，即若 $\boldsymbol{A}$ 与 $\boldsymbol{B}$ 的特征多项式相同(或所有特征值相同)，$\boldsymbol{A}$ 不一定与 $\boldsymbol{B}$ 相似.

例如，矩阵 $\boldsymbol{A}=\begin{bmatrix}1&0\\0&1\end{bmatrix}$，$\boldsymbol{B}=\begin{bmatrix}1&1\\0&1\end{bmatrix}$，它们的特征多项式均为 $(1-\lambda)^2$，但它们并不相似. 事实上，若 $\boldsymbol{A}$ 与 $\boldsymbol{B}$ 相似，则有可逆矩阵 P，使

$$\boldsymbol{B}=\boldsymbol{P}^{-1}\boldsymbol{A}\boldsymbol{P}=\boldsymbol{P}^{-1}\boldsymbol{E}\boldsymbol{P}=\boldsymbol{E},$$

这与 $\boldsymbol{B}$ 不是单位矩阵相矛盾.

推论 1　相似矩阵有相同的行列式.

定义 3.4　对 n 阶方阵 $\boldsymbol{A}$，如果存在 n 阶对角矩阵 $\boldsymbol{\Lambda}$，使 $\boldsymbol{A}\sim\boldsymbol{\Lambda}$，则称 $\boldsymbol{A}$ 可对角化.

如果方阵 $\boldsymbol{A}$ 能够对角化，则可大大地简化许多运算过程. 但并不是每个矩阵都能对角化，即矩阵的可对角化是有条件的. 下面将从特征向量的角度来刻画矩阵可对角化的条件.

二、矩阵可对角化的条件

定理 3.7　n 阶方阵 $\boldsymbol{A}$ 可对角化的充要条件是 $\boldsymbol{A}$ 有 n 个线性无关的特征向量.

*证　**必要性**　设 $\boldsymbol{A}$ 可对角化，即存在可逆矩阵 $\boldsymbol{P}$ 和 n 阶对角阵 $\boldsymbol{\Lambda}$，使

$$P^{-1}AP=\Lambda=\begin{bmatrix}\lambda_1 & & & \\ & \lambda_2 & & \\ & & \ddots & \\ & & & \lambda_n\end{bmatrix},$$

则有 $AP=P\Lambda$.

设 $P=[\alpha_1,\alpha_2,\cdots,\alpha_n]$, 则 $AP=P\Lambda$ 可写成

$$A[\alpha_1,\alpha_2,\cdots,\alpha_n]=[\alpha_1,\alpha_2,\cdots,\alpha_n]\begin{bmatrix}\lambda_1 & & & \\ & \lambda_2 & & \\ & & \ddots & \\ & & & \lambda_n\end{bmatrix},$$

由此得

$$A\alpha_i=\lambda_i\alpha_i,\quad i=1,2,\cdots,n.$$

由于 P 为可逆矩阵, $\alpha_i\neq 0(i=1,2,\cdots,n)$, 所以 $\alpha_1,\alpha_2,\cdots,\alpha_n$ 分别是矩阵 A 的属于特征值 $\lambda_1,\lambda_2,\cdots,\lambda_n$ 的特征向量, 且由 P 可逆知, 它们是线性无关的.

充分性 设 $\alpha_1,\alpha_2,\cdots,\alpha_n$ 为 A 的分别属于特征值为 $\lambda_1,\lambda_2,\cdots,\lambda_n$ 的 n 个线性无关的特征向量, 则有

$$A\alpha_i=\lambda_i\alpha_i,\quad i=1,2,\cdots,n.$$

取 $P=[\alpha_1,\alpha_2,\cdots,\alpha_n]$, 因为 $\alpha_1,\alpha_2,\cdots,\alpha_n$ 线性无关, 所以 P 可逆, 于是有

$$AP=P\begin{bmatrix}\lambda_1 & & & \\ & \lambda_2 & & \\ & & \ddots & \\ & & & \lambda_n\end{bmatrix},$$

即

$$P^{-1}AP=\begin{bmatrix}\lambda_1 & & & \\ & \lambda_2 & & \\ & & \ddots & \\ & & & \lambda_n\end{bmatrix}=\Lambda.$$

因此 A 可对角化.

由于 n 阶方阵一定有 n 个特征值(k 重特征值算作 k 个), 结合定理 3.4, 定理 3.5 及定理 3.7, 可得

定理 3.8 n 阶方阵 A 可对角化的充要条件是 A 的 k 重特征值有 k 个线性无关的特征向量.

推论 2 若 n 阶方阵 A 有 n 个不同的特征值, 则 A 可对角化.

必须注意的是, 以上推论只是矩阵 A 可对角化的一个充分条件, 并非必要的. 也就是说, 可对角化的矩阵并不一定有 n 个不同的特征值.

三、矩阵对角化的方法

将矩阵对角化的方法具体步骤如下:

(1)求出矩阵 $\boldsymbol{A}$ 的所有不同特征值 $\lambda_1,\lambda_2,\cdots,\lambda_m$，它们的重数分别为 $n_1,n_2,\cdots,n_m$；

(2)对每个特征值 λ_i，求出齐次线性方程组 $(\boldsymbol{A}-\lambda_i\boldsymbol{E})\boldsymbol{X}=\boldsymbol{0}$ 的一个基础解系，设为

$$\boldsymbol{\alpha}_{i1},\boldsymbol{\alpha}_{i2},\cdots,\boldsymbol{\alpha}_{is_i}\quad (i=1,2,\cdots,m),$$

进而得到矩阵 $\boldsymbol{A}$ 的所有特征值对应的特征向量；

(3)判断 $\boldsymbol{A}$ 是否可对角化；

若 $\boldsymbol{A}$ 的 n_i 重特征值有 n_i 个线性无关的特征向量 $(i=1,2,\cdots,m)$，则 $\boldsymbol{A}$ 可对角化，否则 $\boldsymbol{A}$ 不可对角化；

(4)当 $\boldsymbol{A}$ 可对角化时，求出可逆矩阵 $\boldsymbol{P}$.

取 $\boldsymbol{P}=(\boldsymbol{\alpha}_{11},\boldsymbol{\alpha}_{12},\cdots,\boldsymbol{\alpha}_{1n_1},\boldsymbol{\alpha}_{21},\boldsymbol{\alpha}_{22},\cdots,\boldsymbol{\alpha}_{2n_2},\cdots,\boldsymbol{\alpha}_{m1},\boldsymbol{\alpha}_{m2},\cdots,\boldsymbol{\alpha}_{mn_m})$，则有

$$\boldsymbol{P}^{-1}\boldsymbol{A}\boldsymbol{P}=\boldsymbol{\Lambda}=\begin{bmatrix}\lambda_1 &&&&&&&&\\ &\ddots&&&&&&&\\ &&\lambda_1&&&&&&\\ &&&\lambda_2&&&&&\\ &&&&\ddots&&&&\\ &&&&&\lambda_2&&&\\ &&&&&&\ddots&&\\ &&&&&&&\lambda_m&\\ &&&&&&&&\ddots\\ &&&&&&&&&\lambda_m\end{bmatrix}\begin{matrix}\left.\right\}n_1\\ \left.\right\}n_2.\\ \left.\right\}n_m\end{matrix}$$

例1　对3.1节中例1和例2的两个矩阵判断它们是否可对角化. 如果可对角化，求出可逆矩阵 $\boldsymbol{P}$，使 $\boldsymbol{P}^{-1}\boldsymbol{A}\boldsymbol{P}=\boldsymbol{\Lambda}$ 为对角矩阵，并写出相应的对角矩阵 $\boldsymbol{\Lambda}$.

解　(1)在例1中，特征值 $\lambda_1=4$ 为单根，对应有一个线性无关的特征向量

$$\boldsymbol{\xi}_1=\begin{bmatrix}1\\1\\1\end{bmatrix},$$

特征值 $\lambda_2=\lambda_3=1$ 为二重根，对应有两个线性无关的特征向量，

$$\boldsymbol{\xi}_2=\begin{bmatrix}-1\\1\\0\end{bmatrix},\ \boldsymbol{\xi}_3=\begin{bmatrix}-1\\0\\1\end{bmatrix},$$

因此，$\boldsymbol{A}$ 可对角化.

取 $\boldsymbol{P}=(\boldsymbol{\xi}_1,\boldsymbol{\xi}_2,\boldsymbol{\xi}_3)=\begin{bmatrix}1&-1&-1\\1&1&0\\1&0&1\end{bmatrix},\boldsymbol{\Lambda}=\begin{bmatrix}\lambda_1&&\\&\lambda_2&\\&&\lambda_3\end{bmatrix}=\begin{bmatrix}4&&\\&1&\\&&1\end{bmatrix}$，则有

$$\boldsymbol{P}^{-1}\boldsymbol{A}\boldsymbol{P}=\boldsymbol{\Lambda}.$$

(2)在例2中，三重特征值 $\lambda_1=\lambda_2=\lambda_3=1$ 只对应一个线性无关的特征向量，因此 $\boldsymbol{A}$ 不能对角化.

例 2　判断矩阵 $\boldsymbol{A}=\begin{bmatrix}1&1&0\\0&2&1\\0&0&3\end{bmatrix}$ 是否可对角化，若能对角化，求出相应的矩阵 $\boldsymbol{P}$ 和对角矩阵 $\boldsymbol{\Lambda}$.

解　A 的特征多项式为

$$|\boldsymbol{A}-\lambda\boldsymbol{E}|=(1-\lambda)(2-\lambda)(3-\lambda),$$

故 $\boldsymbol{A}$ 有三个互异的特征值 $\lambda_1=1,\lambda_2=2,\lambda_3=3$，因此，$\boldsymbol{A}$ 可对角化.

把 $\lambda_1=1$ 代入方程组 $(\boldsymbol{A}-\lambda\boldsymbol{E})\boldsymbol{X}=\boldsymbol{0}$，得

$$\begin{bmatrix}0&1&0\\0&1&1\\0&0&2\end{bmatrix}\begin{bmatrix}x_1\\x_2\\x_3\end{bmatrix}=\begin{bmatrix}0\\0\\0\end{bmatrix}.$$

求得它的一个基础解系

$$\boldsymbol{\xi}_1=\begin{bmatrix}1\\0\\0\end{bmatrix},$$

同样把 $\lambda_2=2$ 代入方程组 $(\boldsymbol{A}-\lambda\boldsymbol{E})\boldsymbol{X}=\boldsymbol{0}$，求得一个基础解系

$$\boldsymbol{\xi}_2=\begin{bmatrix}1\\1\\0\end{bmatrix},$$

把 $\lambda_3=3$ 代入方程组 $(\boldsymbol{A}-\lambda\boldsymbol{E})\boldsymbol{X}=\boldsymbol{0}$，求得一个基础解系

$$\boldsymbol{\xi}_3=\begin{bmatrix}1\\2\\2\end{bmatrix},$$

取

$$\boldsymbol{P}=[\boldsymbol{\xi}_1,\boldsymbol{\xi}_2,\boldsymbol{\xi}_3]=\begin{bmatrix}1&1&1\\0&1&2\\0&0&2\end{bmatrix},\quad \boldsymbol{\Lambda}=\begin{bmatrix}\lambda_1&&\\&\lambda_2&\\&&\lambda_3\end{bmatrix}=\begin{bmatrix}1&&\\&2&\\&&3\end{bmatrix},$$

则有

$$\boldsymbol{P}^{-1}\boldsymbol{A}\boldsymbol{P}=\boldsymbol{\Lambda}.$$

3.3　实对称矩阵的对角化

一、向量的内积

定义 3.5　在 $\mathbf{R}^n$ 中的向量 $\boldsymbol{\alpha}=[a_1,a_2,\cdots,a_n]^{\mathrm{T}}$，$\boldsymbol{\beta}=[b_1,b_2,\cdots,b_n]^{\mathrm{T}}$，称

$$(\boldsymbol{\alpha},\boldsymbol{\beta})=\boldsymbol{\alpha}^{\mathrm{T}}\boldsymbol{\beta}=[a_1,a_2,\cdots,a_n]\begin{bmatrix}b_1\\b_2\\\vdots\\b_n\end{bmatrix}=a_1b_1+a_2b_2+\cdots+a_nb_n=\sum_{i=1}^{n}a_ib_i$$

为向量$\boldsymbol{\alpha}$和$\boldsymbol{\beta}$的内积. 显然, $\boldsymbol{\alpha}^{\mathrm{T}}\boldsymbol{\beta}\in\mathbf{R}$.

例如, 设$\boldsymbol{\alpha}=[-1,1,0,2]^{\mathrm{T}}$, $\boldsymbol{\beta}=[2,0,-1,3]^{\mathrm{T}}$, 则$\boldsymbol{\alpha}$和$\boldsymbol{\beta}$的内积为

$$(\boldsymbol{\alpha},\boldsymbol{\beta})=\boldsymbol{\alpha}^{\mathrm{T}}\boldsymbol{\beta}=(-1)\times2+1\times0+0\times(-1)+2\times3=4.$$

可以验证内积具有下述性质:

(1) $\boldsymbol{\alpha}^{\mathrm{T}}\boldsymbol{\beta}=\boldsymbol{\beta}^{\mathrm{T}}\boldsymbol{\alpha}$;

(2) $(k\boldsymbol{\alpha})^{\mathrm{T}}\boldsymbol{\beta}=k\boldsymbol{\alpha}^{\mathrm{T}}\boldsymbol{\beta}$;

(3) $(\boldsymbol{\alpha}+\boldsymbol{\beta})^{\mathrm{T}}\boldsymbol{\gamma}=\boldsymbol{\alpha}^{\mathrm{T}}\boldsymbol{\gamma}+\boldsymbol{\beta}^{\mathrm{T}}\boldsymbol{\gamma}$;

(4) $\boldsymbol{\alpha}^{\mathrm{T}}\boldsymbol{\alpha}\geqslant0$, 当且仅当$\boldsymbol{\alpha}=\mathbf{0}$时, 有$\boldsymbol{\alpha}^{\mathrm{T}}\boldsymbol{\alpha}=0$.

其中$\boldsymbol{\alpha},\boldsymbol{\beta},\boldsymbol{\gamma}$为$\mathbf{R}^n$中任意向量.

定义 3.6　对$\mathbf{R}^n$中的向量$\boldsymbol{\alpha}=[a_1,a_2,\cdots,a_n]^{\mathrm{T}}$, 称

$$\|\boldsymbol{\alpha}\|=\sqrt{\boldsymbol{\alpha}^{\mathrm{T}}\boldsymbol{\alpha}}=\sqrt{a_1^2+a_2^2+\cdots+a_n^2}$$

为**向量长度**.

例如, 在$\mathbf{R}^2$中向量$\boldsymbol{\alpha}=[-3,4]^{\mathrm{T}}$的长度为

$$\|\boldsymbol{\alpha}\|=\sqrt{\boldsymbol{\alpha}^{\mathrm{T}}\boldsymbol{\alpha}}=\sqrt{(-3)^2+4^2}=5.$$

不难看出, 在$\mathbf{R}^2$中向量$\boldsymbol{\alpha}$的长度就是坐标平面上对应的点到原点的距离.

向量长度具有以下性质:

(1) $\|\boldsymbol{\alpha}\|\geqslant0$, 当且仅当$\boldsymbol{\alpha}=0$时, 有$\|\boldsymbol{\alpha}\|=0$;

(2) $\|k\boldsymbol{\alpha}\|=|k|\|\boldsymbol{\alpha}\|$ (k为实数);

(3) 对任意向量$\boldsymbol{\alpha},\boldsymbol{\beta}$, 有$|\boldsymbol{\alpha}^{\mathrm{T}}\boldsymbol{\beta}|\leqslant\|\boldsymbol{\alpha}\|\cdot\|\boldsymbol{\beta}\|$.

长度为 1 的向量称为**单位向量**. 对于$\mathbf{R}^n$中的任一非零向量$\boldsymbol{\alpha}$, 向量$\dfrac{1}{\|\boldsymbol{\alpha}\|}\boldsymbol{\alpha}$是一个单位向量. 这是因为

$$\left\|\frac{1}{\|\boldsymbol{\alpha}\|}\boldsymbol{\alpha}\right\|=\frac{1}{\|\boldsymbol{\alpha}\|}\|\boldsymbol{\alpha}\|=1.$$

通常称为把向量$\boldsymbol{\alpha}$单位化.

二、正交向量组

定义 3.7　若两个向量$\boldsymbol{\alpha}$与$\boldsymbol{\beta}$的内积等于零, 即$(\boldsymbol{\alpha},\boldsymbol{\beta})=0$, 则称向量$\boldsymbol{\alpha}$与$\boldsymbol{\beta}$正交.

例如, 零向量与任意向量的内积为零, 因此零向量与任意向量正交.

定义 3.8　若$\mathbf{R}^n$中的非零向量组$\boldsymbol{\alpha}_1,\boldsymbol{\alpha}_2,\cdots,\boldsymbol{\alpha}_s$的向量两两正交, 即

$$\boldsymbol{\alpha}_i^{\mathrm{T}}\boldsymbol{\alpha}_j=0\quad(i\neq j),$$

则称该向量组为**正交向量组**. 如果一个正交向量组中的每一个向量都是单位向量, 则称该向量组为**标准正交向量组**.

定理 3.9　$\mathbf{R}^n$ 中的正交向量组线性无关.

证　设 $\boldsymbol{\alpha}_1,\boldsymbol{\alpha}_2,\cdots,\boldsymbol{\alpha}_s$ 为 $\mathbf{R}^n$ 中的正交向量组, 且有数 $k_1,k_2,\cdots,k_s$, 使

$$k_1\boldsymbol{\alpha}_1+k_2\boldsymbol{\alpha}_2+\cdots+k_s\boldsymbol{\alpha}_s=\mathbf{0},$$

上式两边与向量组中的任意向量 $\boldsymbol{\alpha}_i$ 作内积,

$$\boldsymbol{\alpha}_i^{\mathrm{T}}(k_1\boldsymbol{\alpha}_1+k_2\boldsymbol{\alpha}_2+\cdots+k_s\boldsymbol{\alpha}_s)=\mathbf{0}\quad(1\leqslant i\leqslant s).$$

可得 $k_i\boldsymbol{\alpha}_i^{\mathrm{T}}\boldsymbol{\alpha}_i=0$, 但 $\boldsymbol{\alpha}_i\neq\mathbf{0}$, 有 $\boldsymbol{\alpha}_i^{\mathrm{T}}\boldsymbol{\alpha}_i>0$. 所以 $k_i=0(1\leqslant i\leqslant s)$, 则 $\boldsymbol{\alpha}_1,\boldsymbol{\alpha}_2,\cdots,\boldsymbol{\alpha}_s$ 线性无关.

一个向量组线性无关是其成为正交向量组的必要条件. 我们从一个线性无关的向量组出发, 求出一个与之等价的正交向量组的方法, 称为**施密特正交化方法**.

施密特正交化方法具体如下:

对于 $\mathbf{R}^n$ 中的线性无关向量组 $\boldsymbol{\alpha}_1,\boldsymbol{\alpha}_2,\cdots,\boldsymbol{\alpha}_s$, 令

$$\begin{aligned}
\boldsymbol{\beta}_1&=\boldsymbol{\alpha}_1,\\
\boldsymbol{\beta}_2&=\boldsymbol{\alpha}_2-\frac{\boldsymbol{\alpha}_2^{\mathrm{T}}\boldsymbol{\beta}_1}{\boldsymbol{\beta}_1^{\mathrm{T}}\boldsymbol{\beta}_1}\boldsymbol{\beta}_1,\\
\boldsymbol{\beta}_3&=\boldsymbol{\alpha}_3-\frac{\boldsymbol{\alpha}_3^{\mathrm{T}}\boldsymbol{\beta}_1}{\boldsymbol{\beta}_1^{\mathrm{T}}\boldsymbol{\beta}_1}\boldsymbol{\beta}_1-\frac{\boldsymbol{\alpha}_3^{\mathrm{T}}\boldsymbol{\beta}_2}{\boldsymbol{\beta}_2^{\mathrm{T}}\boldsymbol{\beta}_2}\boldsymbol{\beta}_2,\\
&\cdots\cdots\\
\boldsymbol{\beta}_s&=\boldsymbol{\alpha}_s-\frac{\boldsymbol{\alpha}_s^{\mathrm{T}}\boldsymbol{\beta}_1}{\boldsymbol{\beta}_1^{\mathrm{T}}\boldsymbol{\beta}_1}\boldsymbol{\beta}_1-\frac{\boldsymbol{\alpha}_s^{\mathrm{T}}\boldsymbol{\beta}_2}{\boldsymbol{\beta}_2^{\mathrm{T}}\boldsymbol{\beta}_2}\boldsymbol{\beta}_2-\cdots-\frac{\boldsymbol{\alpha}_s^{\mathrm{T}}\boldsymbol{\beta}_{s-1}}{\boldsymbol{\beta}_{s-1}^{\mathrm{T}}\boldsymbol{\beta}_{s-1}}\boldsymbol{\beta}_{s-1}.
\end{aligned}$$

可以验证, 向量组 $\boldsymbol{\beta}_1,\boldsymbol{\beta}_2,\cdots,\boldsymbol{\beta}_s$ 是正交向量组, 并且与向量组 $\boldsymbol{\alpha}_1,\boldsymbol{\alpha}_2,\cdots,\boldsymbol{\alpha}_s$ 可以互相线性表示.

例 1　设线性无关的向量组 $\boldsymbol{\alpha}_1=[1,1,1,1]^{\mathrm{T}},\boldsymbol{\alpha}_2=[3,3,-1,-1]^{\mathrm{T}},\boldsymbol{\alpha}_3=[-2,0,6,8]^{\mathrm{T}}$, 试将 $\boldsymbol{\alpha}_1,\boldsymbol{\alpha}_2,\boldsymbol{\alpha}_3$ 正交化.

解　利用施密特正交化方法, 令

$$\begin{aligned}
\boldsymbol{\beta}_1&=\boldsymbol{\alpha}_1=[1,1,1,1]^{\mathrm{T}},\\
\boldsymbol{\beta}_2&=\boldsymbol{\alpha}_2-\frac{\boldsymbol{\alpha}_2^{\mathrm{T}}\boldsymbol{\beta}_1}{\boldsymbol{\beta}_1^{\mathrm{T}}\boldsymbol{\beta}_1}\boldsymbol{\beta}_1=[3,3,-1,-1]^{\mathrm{T}}-\frac{4}{4}[1,1,1,1]^{\mathrm{T}}=[2,2,-2,-2]^{\mathrm{T}},\\
\boldsymbol{\beta}_3&=\boldsymbol{\alpha}_3-\frac{\boldsymbol{\alpha}_3^{\mathrm{T}}\boldsymbol{\beta}_1}{\boldsymbol{\beta}_1^{\mathrm{T}}\boldsymbol{\beta}_1}\boldsymbol{\beta}_1-\frac{\boldsymbol{\alpha}_3^{\mathrm{T}}\boldsymbol{\beta}_2}{\boldsymbol{\beta}_2^{\mathrm{T}}\boldsymbol{\beta}_2}\boldsymbol{\beta}_2\\
&=[-2,0,6,8]^{\mathrm{T}}-\frac{12}{4}[1,1,1,1]^{\mathrm{T}}-\frac{-32}{16}[2,2,-2,-2]^{\mathrm{T}}=[-1,1,-1,1]^{\mathrm{T}}.
\end{aligned}$$

可以验证, 向量组 $\boldsymbol{\beta}_1,\boldsymbol{\beta}_2,\boldsymbol{\beta}_3$ 是正交向量组, 并且与向量组 $\boldsymbol{\alpha}_1,\boldsymbol{\alpha}_2,\boldsymbol{\alpha}_3$ 可以互相线性表示.

三、正交矩阵

定义 3.9　设 n 阶实矩阵 $\boldsymbol{Q}$ 满足

$$Q^{\mathrm{T}}Q=E,$$

则称 Q 为**正交矩阵**.

正交矩阵具有以下性质:

(1) 若 Q 为正交矩阵, 则其行列式的值为 1 或−1;

(2) 若 Q 为正交矩阵, 则 Q 可逆, 且 $Q^{-1}=Q^{\mathrm{T}}$;

(3) 若 P,Q 为正交矩阵, 则它们的积 PQ 也是正交矩阵.

定理 3.10　设 Q 为 n 阶实矩阵, 则 Q 为正交矩阵的充要条件是其列(行)向量组是标准正交向量组.

证　设 $Q=[\alpha_1,\alpha_2,\cdots,\alpha_n]$, 其中 $\alpha_1,\alpha_2,\cdots,\alpha_n$ 为 Q 的列向量组, 则

$$Q^{\mathrm{T}}Q=\begin{bmatrix}\alpha_1^{\mathrm{T}}\\ \alpha_2^{\mathrm{T}}\\ \vdots\\ \alpha_n^{\mathrm{T}}\end{bmatrix}[\alpha_1,\alpha_2,\cdots,\alpha_n]=\begin{bmatrix}\alpha_1^{\mathrm{T}}\alpha_1 & \alpha_1^{\mathrm{T}}\alpha_2 & \cdots & \alpha_1^{\mathrm{T}}\alpha_n\\ \alpha_2^{\mathrm{T}}\alpha_1 & \alpha_2^{\mathrm{T}}\alpha_2 & \cdots & \alpha_2^{\mathrm{T}}\alpha_n\\ \vdots & \vdots & & \vdots\\ \alpha_n^{\mathrm{T}}\alpha_1 & \alpha_n^{\mathrm{T}}\alpha_2 & \cdots & \alpha_n^{\mathrm{T}}\alpha_n\end{bmatrix}=E,$$

由 $Q^{\mathrm{T}}Q=E$ 等价于

$$\begin{cases}\alpha_i^{\mathrm{T}}\alpha_i=1 & (i=j,i,j=1,2,\cdots,n),\\ \alpha_i^{\mathrm{T}}\alpha_j=0 & (i\neq j,i,j=1,2,\cdots,n).\end{cases}$$

即 Q 为正交矩阵的充要条件是其列向量组是标准正交向量组.

类似可证, Q 为正交矩阵的充要条件是其行向量组是标准正交向量组.

四、实对称矩阵的特征值和特征向量

从上一节看到, 一般的矩阵并不一定可对角化. 然而实对称矩阵一定可对角化.

首先, 实对称矩阵的特征值和特征向量具有下列特殊的性质:

定理 3.11　实对称矩阵的特征值都是实数.

由于实对称矩阵的特征值是实数, 所以相应的特征向量也是实向量.

定理 3.12　实对称矩阵的属于不同特征值的特征向量两两正交.

证　设 λ_1,λ_2 为实对称矩阵 A 的两个不同的特征值, α_1,α_2 分别是 A 的属于 λ_1,λ_2 的特征向量, 即

$$A\alpha_1=\lambda_1\alpha_1,\quad A\alpha_2=\lambda_2\alpha_2,$$

且由 A 为实对称矩阵, 有 $A^{\mathrm{T}}=A$, 所以

$$(A\alpha_1,\alpha_2)=(A\alpha_1)^{\mathrm{T}}\alpha_2=\alpha_1^{\mathrm{T}}A^{\mathrm{T}}\alpha_2=(\alpha_1,A\alpha_2),$$

即 $(\lambda_1\alpha_1,\alpha_2)=(\alpha_1,\lambda_2\alpha_2)$, 由此得 $\lambda_1(\alpha_1,\alpha_2)=\lambda_2(\alpha_1,\alpha_2)$.

又 $\lambda_1\neq\lambda_2$, 所以 $(\alpha_1,\alpha_2)=0$, 即 α_1与α_2 正交.

定理 3.13　设 λ 是实对称矩阵 A 的 k 重特征值, 则 A 的属于 λ 的线性无关的特征向量恰有 k 个.

定理 3.13 表明, 任一个 n 阶实对称矩阵 A 一定可以对角化. 若将 A 的每个 k 重特征值 λ 对应的 k 个线性无关的特征向量先正交化, 后单位化. 它们仍是属于 λ 的 k 个线性无关

的特征向量, 再由定理 3.12 知, A 可得到 n 个两两正交的单位特征向量, 用这 n 个两两正交的单位特征向量构成矩阵 Q, 则 Q 为正交矩阵, 有

$$Q^{-1}AQ=\Lambda,$$

其中 $\Lambda=\mathrm{diag}(\lambda_1,\lambda_2,\cdots,\lambda_n)$, $\lambda_1,\lambda_2,\cdots,\lambda_n$ 为 A 的 n 个特征值.

于是我们有:

定理 3.14 设 A 为 n 阶实对称矩阵, 则必存在正交矩阵 Q, 使

$$Q^{-1}AQ=\begin{bmatrix}\lambda_1 & & & \\ & \lambda_2 & & \\ & & \ddots & \\ & & & \lambda_n\end{bmatrix},$$

其中 $\lambda_1,\lambda_2,\cdots,\lambda_n$ 是 A 的特征值.

用正交矩阵 Q 将实对称矩阵 A 对角化的步骤:

(1) 求出矩阵 A 的所有不同特征值 $\lambda_1,\lambda_2,\cdots,\lambda_m$, 它们的重数分别为 $n_1,n_2,\cdots,n_m$.

(2) 对每个特征值 λ_i, 求出其线性无关的特征向量 $\boldsymbol{\alpha}_{i1},\boldsymbol{\alpha}_{i2},\cdots,\boldsymbol{\alpha}_{in_i}$.

(3) 用施密特正交化法将其正交化, 然后单位化(若 λ_{is} 是单根, 则只需将其线性无关的特征向量单位化), 得 A 的属于 λ_i 的 n_i 个两两正交的单位特征向量

$$\boldsymbol{\beta}_{i1},\boldsymbol{\beta}_{i2},\cdots,\boldsymbol{\beta}_{in_i}\quad(i=1,2,\cdots,m).$$

(4) 取 $Q=(\boldsymbol{\beta}_{11},\boldsymbol{\beta}_{12},\cdots,\boldsymbol{\beta}_{1n_1},\boldsymbol{\beta}_{21},\boldsymbol{\beta}_{22},\cdots,\boldsymbol{\beta}_{2n_2},\cdots,\boldsymbol{\beta}_{m1},\boldsymbol{\beta}_{m2},\cdots,\boldsymbol{\beta}_{mn_m})$, 则 Q 为正交矩阵, 且使

$$Q^{-1}AQ=\Lambda=\begin{bmatrix}\lambda_1 & & & & & & & & \\ & \ddots & & & & & & & \\ & & \lambda_1 & & & & & & \\ & & & \lambda_2 & & & & & \\ & & & & \ddots & & & & \\ & & & & & \lambda_2 & & & \\ & & & & & & \ddots & & \\ & & & & & & & \lambda_m & & \\ & & & & & & & & \ddots & \\ & & & & & & & & & \lambda_m\end{bmatrix}\begin{matrix}\left.\right\}n_1\\ \left.\right\}n_2.\\ \left.\right\}n_m\end{matrix}$$

例 2 设 $A=\begin{bmatrix}0 & 1 & 1 & -1\\ 1 & 0 & -1 & 1\\ 1 & -1 & 0 & 1\\ -1 & 1 & 1 & 0\end{bmatrix}$, 求正交矩阵 Q, 使 $Q^{-1}AQ$ 为对角矩阵.

解 A 的特征多项式为

$$|\boldsymbol{A}-\lambda\boldsymbol{E}|=\begin{vmatrix}-\lambda & 1 & 1 & -1\\ 1 & -\lambda & -1 & 1\\ 1 & -1 & -\lambda & 1\\ -1 & 1 & 1 & -\lambda\end{vmatrix}=(\lambda-1)^3(\lambda+3),$$

故 $\boldsymbol{A}$ 的特征值为

$$\lambda_1=\lambda_2=\lambda_3=1,\quad \lambda_4=-3,$$

将 $\lambda_1=\lambda_2=\lambda_3=1$ 代入齐次线性方程组 $(\boldsymbol{A}-\lambda\boldsymbol{E})\boldsymbol{X}=\boldsymbol{0}$，求得一个基础解系：

$$\boldsymbol{\xi}_1=\begin{bmatrix}1\\1\\0\\0\end{bmatrix},\quad \boldsymbol{\xi}_2=\begin{bmatrix}1\\0\\1\\0\end{bmatrix},\quad \boldsymbol{\xi}_3=\begin{bmatrix}-1\\0\\0\\1\end{bmatrix},$$

经过施密特正交化，再单位化

$$\boldsymbol{\eta}_1=\frac{1}{\sqrt{2}}\begin{bmatrix}1\\1\\0\\0\end{bmatrix},\quad \boldsymbol{\eta}_2=\frac{1}{\sqrt{6}}\begin{bmatrix}1\\-1\\2\\0\end{bmatrix},\quad \boldsymbol{\eta}_3=\frac{1}{2\sqrt{3}}\begin{bmatrix}-1\\1\\1\\3\end{bmatrix},$$

将 $\lambda_4=-3$ 代入齐次线性方程组 $(\boldsymbol{A}-\lambda\boldsymbol{E})\boldsymbol{X}=\boldsymbol{0}$，求得一个基础解系：

$$\boldsymbol{\xi}_4=\begin{bmatrix}1\\-1\\-1\\1\end{bmatrix},$$

单位化得

$$\boldsymbol{\eta}_4=\frac{1}{2}\begin{bmatrix}1\\-1\\-1\\1\end{bmatrix},$$

取

$$\boldsymbol{Q}=[\boldsymbol{\eta}_1,\boldsymbol{\eta}_2,\boldsymbol{\eta}_3,\boldsymbol{\eta}_4]=\begin{bmatrix}\frac{1}{\sqrt{2}} & \frac{1}{\sqrt{6}} & -\frac{1}{2\sqrt{3}} & \frac{1}{2}\\ \frac{1}{\sqrt{2}} & -\frac{1}{\sqrt{6}} & \frac{1}{2\sqrt{3}} & -\frac{1}{2}\\ 0 & \frac{2}{\sqrt{6}} & \frac{1}{2\sqrt{3}} & -\frac{1}{2}\\ 0 & 0 & \frac{\sqrt{3}}{2} & \frac{1}{2}\end{bmatrix},$$

则

$$Q^{-1}AQ=\begin{bmatrix}1&&&\\&1&&\\&&1&\\&&&-3\end{bmatrix}.$$

例 3　设 3 阶实对称矩阵 A 的特征值 $\lambda_1=0$, $\lambda_2=1$ (二重). A 的属于 λ_1 的特征向量为 $\alpha_1=\begin{bmatrix}0\\1\\1\end{bmatrix}$, 求 A.

解　因为 A 为实对称矩阵, 由定理 3.13 知, A 的属于二重特征值 $\lambda_2=1$ 的线性无关的特征向量有两个, 设为 α_2,α_3. 根据定理 3.12, α_2,α_3 正交于 α_1, 因此 α_2,α_3 满足方程

$$[0,1,1]\begin{bmatrix}x_1\\x_2\\x_3\end{bmatrix}=x_2+x_3=0.$$

由于 α_2,α_3 线性无关, α_2,α_3 是该方程的一个基础解系. 解得

$$\alpha_2=\begin{bmatrix}1\\0\\0\end{bmatrix},\quad \alpha_3=\begin{bmatrix}0\\1\\-1\end{bmatrix},$$

取 $P=[\alpha_1,\alpha_2,\alpha_3]=\begin{bmatrix}0&1&0\\1&0&1\\1&0&-1\end{bmatrix}$, 则有 $P^{-1}AP=\begin{bmatrix}0&&\\&1&\\&&1\end{bmatrix}$, 于是

$$A=P\begin{bmatrix}0&&\\&1&\\&&1\end{bmatrix}P^{-1}=\begin{bmatrix}0&1&0\\1&0&1\\1&0&-1\end{bmatrix}\begin{bmatrix}0&&\\&1&\\&&1\end{bmatrix}\begin{bmatrix}0&\frac{1}{2}&\frac{1}{2}\\1&0&0\\0&\frac{1}{2}&-\frac{1}{2}\end{bmatrix}=\begin{bmatrix}1&0&0\\0&\frac{1}{2}&-\frac{1}{2}\\0&-\frac{1}{2}&\frac{1}{2}\end{bmatrix}.$$

习　题　3

一、填空题

1. 已知 n 阶矩阵 A, λ 是一个数, 则矩阵 A 的特征方程为________.
2. 已知 n 阶矩阵 A 的特征值为 λ_0, 若 A 可逆, 则 A^{-1} 的特征值为________.
3. 已知 n 阶矩阵 A 的特征值为, 则 kA (k 为任意实数)的特征值为________.

二、选择题

1. λ_1,λ_2 都是 n 阶矩阵 A 的特征值, $\lambda_1\neq\lambda_2$, 且 x_1 与 x_2 分别是对应于 λ_1 与 λ_2 的特征向量, 当(　　)时, $x=k_1x_1+k_2x_2$ 必是 A 的特征向量.

A. $k_1=0$ 且 $k_2=0$;　　B. $k_1\neq0$ 且 $k_2\neq0$;

B. $k_1\cdot k_2=0$;　　D. $k_1\neq0$ 而 $k_2=0$.

2. A 与 B 是两个相似的 n 阶矩阵, 则(　　).

A. 存在矩阵 P, $P^{-1}AP=B$;　　B. 存在对角矩阵 D, 使 A 与 B 都似于 D;

C. $|A|=|B|$;　　D. $\lambda A-A=\lambda E-B$.

3. 如果(　　)，则矩阵 $\boldsymbol{A}$ 与矩阵 $\boldsymbol{B}$ 相似.

A. $|\boldsymbol{A}|=|\boldsymbol{B}|$；

B. $r(\boldsymbol{A})=r(\boldsymbol{B})$；

C. $\boldsymbol{A}$ 与 $\boldsymbol{B}$ 有相同的特征多项式；

D. n 阶矩阵 $\boldsymbol{A}$ 与 $\boldsymbol{B}$ 有相同的特征值且 n 个特征值各不相同.

4. 矩阵 $\boldsymbol{A}=\begin{bmatrix}1&0&0\\0&1&0\\0&0&2\end{bmatrix}$ 与矩阵(　　)相似.

A. $\begin{bmatrix}1&0&1\\0&1&0\\0&0&2\end{bmatrix}$；　　B. $\begin{bmatrix}1&1&0\\0&1&0\\0&0&2\end{bmatrix}$；

C. $\begin{bmatrix}1&1&0\\0&2&1\\0&0&1\end{bmatrix}$；　　D. $\begin{bmatrix}1&0&1\\0&2&0\\0&0&1\end{bmatrix}$.

5. 下述结论中，不正确的有(　　).

A. 若向量 $\boldsymbol{\alpha}$ 与 $\boldsymbol{\beta}$ 正交，则对任意实数 $a,b,a\boldsymbol{\alpha}$ 与 $b\boldsymbol{\beta}$ 也正交；

B. 若向量 $\boldsymbol{\beta}$ 与向量 $\boldsymbol{\alpha}_1,\boldsymbol{\alpha}_2$ 都正交，则 $\boldsymbol{\beta}$ 与 $\boldsymbol{\alpha}_1,\boldsymbol{\alpha}_2$ 的任一线性组合也正交；

C. 若向量 $\boldsymbol{\alpha}$ 与 $\boldsymbol{\beta}$ 正交，则 $\boldsymbol{\alpha},\boldsymbol{\beta}$ 中至少有一个零向量；

D. 若向量 $\boldsymbol{\alpha}$ 与任意同维向量正交，则 $\boldsymbol{\alpha}$ 是零向量.

6. 若 $\boldsymbol{A}$ 是实对称矩阵，则必有(　　) $\boldsymbol{Q}$，使 $\boldsymbol{A}$ 与一个对角矩阵相似.

A. 对称矩阵；　　B. 对角矩阵；

C. 正交矩阵；　　D. 奇异矩阵.

三、计算题

1. 求下列矩阵的特征值与特征向量：

(1) $\begin{bmatrix}1&2\\3&2\end{bmatrix}$；　　(2) $\begin{bmatrix}1&1&0\\1&1&2\\0&0&2\end{bmatrix}$；

(3) $\begin{bmatrix}2&0&0\\1&2&1\\0&0&2\end{bmatrix}$；　　(4) $\begin{bmatrix}1&2&4\\1&2&1\\0&0&2\end{bmatrix}$；

(5) $\begin{bmatrix}0&0&1\\0&1&0\\1&0&0\end{bmatrix}$；　　(6) $\begin{bmatrix}0&1&1&-1\\1&0&-1&1\\1&-1&0&1\\-1&1&1&1\end{bmatrix}$.

2. 设三阶矩阵 $\boldsymbol{A}$ 的特征值为 $\lambda_1=-1$（二重根），$\lambda_2=4$，试求 $|\boldsymbol{A}|$.

3. 已知三阶方阵 $\boldsymbol{A}$ 的特征值为 1, 2, 3, 求 $(2\boldsymbol{A})^{-1}$.

4. 设三阶矩阵 $\boldsymbol{A}$ 的特征值为 $1,-1,2$,

(1) 求 $\boldsymbol{B}=\boldsymbol{A}^2-5\boldsymbol{A}+2\boldsymbol{E}$ 的特征值；

(2) 求 $|\boldsymbol{B}|$；

(3) 求 $|\boldsymbol{A}-5\boldsymbol{E}|$.

5. 已知三阶矩阵 $\boldsymbol{A}$ 的特征值为 1, 0, −1, 所对应的特征向量分别为 $\boldsymbol{x}_1=(1,2,2)^{\mathrm{T}}$，$\boldsymbol{x}_2=(2,-2,1)^{\mathrm{T}}$，$\boldsymbol{x}_3=(-2,-1,2)^{\mathrm{T}}$，求 $\boldsymbol{A}$.

6. 第 1 题中哪些矩阵可以相似对角化？求出能相似对角化的矩阵的变化矩阵 $\boldsymbol{P}$ 和对角矩阵.

7. 设下列矩阵 $\boldsymbol{A}$ 与 $\boldsymbol{B}$ 相似

$$\boldsymbol{A}=\begin{bmatrix}2&0&0\\0&0&1\\0&1&x\end{bmatrix},\quad \boldsymbol{B}=\begin{bmatrix}2&0&0\\0&y&0\\0&0&-1\end{bmatrix},$$

求 x 和 y 的值, 并求出 $\boldsymbol{P}$，使得 $\boldsymbol{P}^{-1}\boldsymbol{A}\boldsymbol{P}=\boldsymbol{B}$.

8. 设矩阵 $\boldsymbol{B}=\begin{bmatrix}2&0&0\\0&2&0\\0&0&3\end{bmatrix}$, 判断下述矩阵是否与 $\boldsymbol{B}$ 相似：

(1) $\boldsymbol{A}_1=\begin{bmatrix}3&0&0\\0&2&0\\0&0&2\end{bmatrix}$；　　(2) $\boldsymbol{A}_2=\begin{bmatrix}3&1&0\\0&2&0\\0&0&2\end{bmatrix}$；

(3) $\boldsymbol{A}_3=\begin{bmatrix}3&0&1\\0&2&0\\0&0&2\end{bmatrix}$；　　(4) $\boldsymbol{A}_4=\begin{bmatrix}3&1&0\\0&2&1\\0&0&2\end{bmatrix}$.

9. 将下列线性无关的向量组正交化、单位化：

(1) $\boldsymbol{\alpha}_1=[1,-2,-2]^{\mathrm{T}}$，$\boldsymbol{\alpha}_2=[-1,0,-1]^{\mathrm{T}}$，$\boldsymbol{\alpha}_3=[5,-3,-7]^{\mathrm{T}}$；

(2) $\boldsymbol{\alpha}_1=[1,2,2,-1]^{\mathrm{T}}$，$\boldsymbol{\alpha}_2=[1,1,-5,3]^{\mathrm{T}}$，$\boldsymbol{\alpha}_3=[3,2,8,-7]^{\mathrm{T}}$.

10. 设三阶实对称矩阵 $\boldsymbol{A}$ 的特征值为 $\lambda_1=-1,\lambda_2=\lambda_3=1$，对应于 λ_1 的特征向量为 $\alpha_1=[0,1,1]^{\mathrm{T}}$，求 $\boldsymbol{A}$.

11. 对下列实对称矩阵 $\boldsymbol{A}$，求正交矩阵 $\boldsymbol{Q}$，是 $\boldsymbol{Q}^{-1}\boldsymbol{A}\boldsymbol{Q}$ 为对称矩阵.

(1) $\boldsymbol{A}=\begin{bmatrix}0&0&1\\0&0&0\\1&0&0\end{bmatrix}$；　　(2) $\boldsymbol{A}=\begin{bmatrix}1&1&1\\1&1&1\\1&1&1\end{bmatrix}$；

(3) $\boldsymbol{A}=\begin{bmatrix}1&-2&0\\-2&2&-2\\0&-2&3\end{bmatrix}$；　　(4) $\boldsymbol{A}=\begin{bmatrix}2&-1&-1&1\\-1&2&1&-1\\-1&1&2&-1\\1&-1&-1&2\end{bmatrix}$.

12. 已知矩阵 $\boldsymbol{A}=\begin{bmatrix}1&a&-3\\-1&4&-3\\1&-2&5\end{bmatrix}$的特征值有重根, 判断 $\boldsymbol{A}$ 能否对角化, 并说明理由.

13. 设矩阵 $\boldsymbol{A}=\begin{bmatrix}3&2&-2\\-k&-1&k\\4&2&-3\end{bmatrix}$，问当 k 为何值时, 存在可逆矩阵 $\boldsymbol{P}$，使 $\boldsymbol{P}^{-1}\boldsymbol{A}\boldsymbol{P}$ 为对角矩阵？并求出 $\boldsymbol{P}$ 及相应的对角矩阵.

14. 已知 $\boldsymbol{\alpha}=[1,k,1]^{\mathrm{T}}$ 是矩阵 $\boldsymbol{A}=\begin{bmatrix}2&1&1\\1&2&1\\1&1&2\end{bmatrix}$的逆矩阵 $\boldsymbol{A}^{-1}$ 的特征向量, 试求常数 k 的值.

第三篇　概 率 统 计

第 1 章　随机事件及其概率

概率论是一门从数量上研究随机现象规律性的数学学科，是近代数学的重要组成部分，也是近代经济理论应用与研究的重要数学工具，其理论广泛应用于工程计算及金融管理决策等诸多领域. 本章主要介绍随机事件与概率、条件概率与全概率公式以及事件的独立性等有关内容.

1.1　随 机 事 件

一、随机现象与随机试验

1. 随机现象

在自然界和人类社会生活中普遍存在着两类现象：一类是在一定的条件下必然会发生的现象，称为**确定性现象**. 例如："将水在一个标准大气压下加热到 100℃，水沸腾""向空中抛一块石头，石头会落地""异性电荷相互吸引，同性电荷相互排斥" 等等. 另一类则是在一定的条件下具有多种可能结果，预先不能断定哪种结果出现的这类现象，称为**随机现象**. 例如："抛掷一枚硬币，可能出现正面也可能出现反面""抽样检查工业产品时，可能抽到合格品也可能抽到次品" 等等.

确定性现象和随机现象是自然界和人类社会生活中的常见现象. 人们在长期的实践中发现，随机现象就每次试验来说具有不确定性，然而进行大量的重复观测后其结果却呈现出一种完全确定的规律性. 例如，抛一次硬币，到底会出现正面还是反面我们事先不能预知，但当我们进行了大量重复抛掷后，出现正面的频率就会接近于常数 $\frac{1}{2}$. 人们把对随机现象进行大量重复观测时所呈现出的规律性称为随机现象的**统计规律性**. 概率论就是研究随机现象统计规律性的一门数学学科.

2. 随机试验

要对随机现象的统计规律性进行研究，就需要对随机现象进行重复观测，我们把对随机现象进行观测的过程称为**试验**. 例如：

(1) 掷一枚硬币，观察出现正反面的情况.

(2) 记录射击弹着点到目标中心的距离.

(3) 从一批产品中随意抽取 10 件产品，观察取到的次品数.

(4) 预测明天某城市的天气情况.

上述试验具有以下共同特征：

(1) 可重复性：试验在相同条件下可以重复进行；

(2) 可观察性：每次试验中可能出现的各种不同结果是明确的；

(3) 不确定性：每次试验中有且只有一种结果会出现，且在试验之前无法预知到底哪个结果会出现.

在概率论中，我们将具有上述三种特征的试验称为**随机试验**，记作 E .

二、样本空间与随机事件

1. 样本空间

把随机试验的每一个可能结果称为一个**样本点**，记作 ω . 由所有样本点构成的集合称为该试验的**样本空间**，记作 Ω .

例如：

(1) 在抛掷一枚硬币观察其出现正面还是反面的试验中，有两个样本点：ω_1=正面，ω_2=反面，则样本空间 $\Omega=\{\omega_1,\omega_2\}$.

(2) 记录射击弹着点到目标中心的距离. 其样本点有无穷多个且不可列：$x(x\geqslant 0, x\in\mathbf{R})$，则样本空间 $\Omega=\{x\mid x\geqslant 0, x\in\mathbf{R}\}$.

(3) 从一批产品中进行有放回地抽取，观察直到取得次品为止共取出的产品件数. 其样本点有无限可列个：1, 2, 3, …，则样本空间 $\Omega=\{1,2,3,\cdots\}$.

2. 随机事件

具有某一可观测特征的随机试验的结果称为**事件**. 事件可分为三类.

(1) 随机事件(简称事件)：在试验中可能发生也可能不发生的事件. 通常用字母 A, B, C 等表示.

例如：在抛一枚骰子的试验中，用 A 表示“出现的点数不少于 3”，则 A 是一个随机事件.

(2) 必然事件：在每次试验中都必然会发生的事件. 通常用字母 Ω 表示.

例如：在抛一枚骰子的试验中，“点数小于 7”是一个必然事件.

(3) 不可能事件：在每次试验中都不会发生的事件. 通常用字母 $\varnothing$ 表示.

例如：在抛一枚骰子的试验中，“点数为 7”是一个不可能事件.

显然，必然事件与不可能事件都是确定性事件，把它们看作特殊的随机事件.

例 1　在抛骰子的试验中，样本空间 $\Omega=\{1, 2, 3, 4, 5, 6\}$，则

事件 A：“出现的点数为 1”可表示为 $A=\{1\}$；

事件 B：“出现的点数为奇数”可表示为 $B=\{1, 3, 5\}$；

事件 C：“出现的点数为 8”可表示为 $C=\varnothing$；

事件 D：“出现的点数为 1, 2, …, 6 点之一”可表示为 $D=\{1, 2, \cdots, 6\}$.

在例 1 中把仅包含一个样本点的事件称为**基本事件**，例如事件 A . 把含有两个或两个以上样本点的事件称为**复合事件**，例如事件 B, D . 显然事件 D 是必然事件，与样本空间是同一个集合，也是二者同用 Ω 表示的原因，样本空间作为事件而言是一个必然事件. 事件 C 显然是一个不可能事件，作为集合是一个不包含任何样本点的空集，所以用空集的符号 $\varnothing$ 来表示不可能事件.

三、随机事件之间的关系与运算

因事件可视为一个集合，故事件间的关系与事件间的运算自然就可以按照集合论中有关集合间的关系和集合间的运算来处理. 为直观起见，可用平面上某一个矩形(或正方形)区域表示必然事件，该区域的一个子区域表示事件，并称这样的图形为**韦恩图**.

下面所讨论的问题都假定在同一样本空间 Ω 中进行，即所给事件涉及的集合均是样本空间 Ω 中的子集(不再重复).

1. 事件的包含关系与相等关系

符号 $A\subset B$ 表示事件 A **包含于**事件 B 或事件 B **包含**事件 A，即指事件 A 的发生必然导致事件 B 的发生(图 1-1).

符号 $A=B$ 表示事件 A 与事件 B **相等**，即指事件 A 与事件 B 同时发生或同时不发生.

2. 事件的和(或并)运算

符号 $A+B=\{x\,|\,x\in A$ 或 $x\in B\}$ 表示事件 A 与事件 B 的**和(或并)事件**，即指事件 A 与事件 B 中至少有一个事件发生(图 1-2(a))，也可用符号 $A\cup B$ 表示.

类似地，称符号 $\sum\limits_{k=1}^{n}A_k$ 或 $\bigcup\limits_{k=1}^{n}A_k$ 为 n 个事件 $A_1,A_2,\cdots,A_n$ 的**和事件**，即事件组 $A_1,A_2,\cdots,A_n$ 中至少有一个事件发生.

3. 事件的积(或交)运算

符号 $AB=\{x\,|\,x\in A$ 且 $x\in B\}$ 表示事件 A 与事件 B 的**积(或交)事件**，即指事件 A 与事件 B 同时发生(图 1-2(b))，也可用符号 $A\cap B$ 表示.

类似地，称符号 $\bigcap\limits_{k=1}^{n}A_k$ 为 n 个事件 $A_1,A_2,\cdots,A_n$ 的**积事件**，即事件组 $A_1,A_2,\cdots,A_n$ 中所有事件同时发生.

4. 事件的差运算

符号 $A-B=\{x\,|\,x\in A$ 且 $x\notin B\}$ 表示事件 A 与事件 B 的**差事件**，即指事件 A 发生而事件 B 不发生(图 1-2(c)).

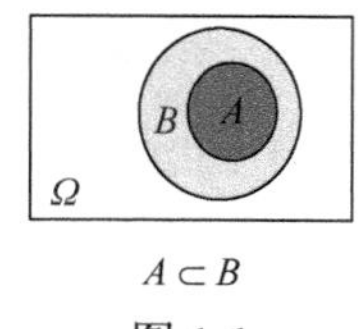

$A\subset B$

图 1-1

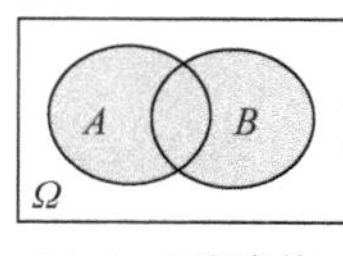

(a) $A+B$(和事件)

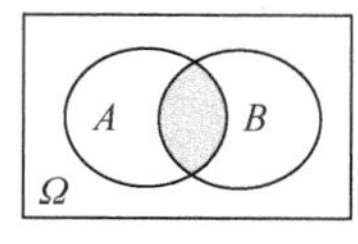

(b) AB(积事件)

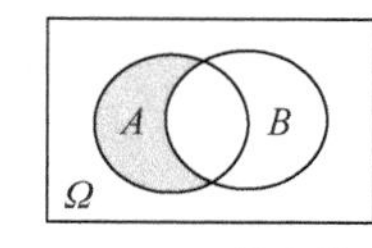

(c) $A-B$(差事件)

图 1-2

5. 互不相容(即互斥)关系

符号 $AB=\varnothing$ 表示事件 A 与事件 B **互不相容(即互斥)**，即指事件 A 与事件 B 不能同时发生，亦即事件 A 发生时事件 B 必然不会发生，反之亦然(图 1-3(a)).

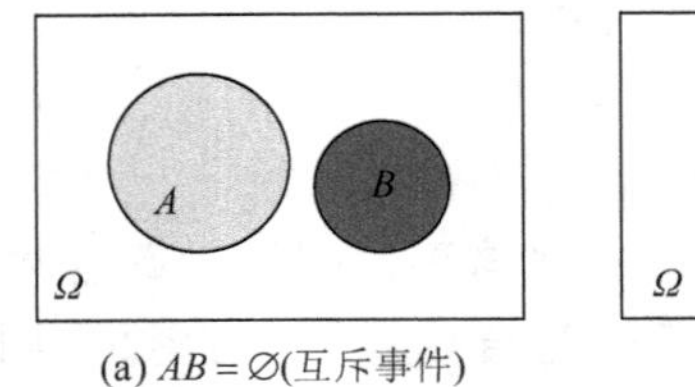

(a) $AB=\varnothing$(互斥事件)　　(b) $\overline{A}$(对立事件)

图 1-3

6. 对立关系

若 $A+B=\Omega$ 且 $AB=\varnothing$，则称事件 A 与事件 B **互为对立**(**或逆**)**事件**，即指事件 A 与事件 B 中有且只有一个事件发生，并记 A 的对立事件为 $\overline{A}$ (图 1-3(b))，即 $\overline{A}=\Omega-A=B$.

显然，$\overline{(\overline{A})}=A$，即事件 A 与事件 $\overline{A}$ **互为对立事件**或**互为逆事件**，亦即

$$A+\overline{A}=\Omega,\quad A\overline{A}=\varnothing \quad (\text{图 1-3(b)}),$$

也就是事件 A 与事件 $\overline{A}$ 中必有一个发生，且仅有一个发生(不会同时发生).

注　两个互为对立的事件一定是互斥事件；反之，互斥事件不一定是对立事件.

7. 完备事件组

若事件 A_1，A_2，…，A_n 满足：

(1) $A_iA_j=\varnothing(i\neq j,i,j=1,2,\cdots,n)$,

(2) $\sum\limits_{i=1}^{n}A_i=\Omega$.

则称 A_1，A_2，…，A_n 构成一个**完备事件组**.

显然，$\overline{A}$ 与 A 构成一个完备事件组.

为便于记忆，下面将事件与集合的有关概念加以比较和对照(表 1-1)，以方便学习.

表 1-1　事件与集合对照表

符号	事件	集合
Ω	必然事件	全集
$\varnothing$	不可能事件	空集
A	事件	子集
$\overline{A}$	A 的对立事件	A 的补集
$A\subset B$	事件 A 包含于事件 B	A 为 B 的子集
$A=B$	A 与 B 是相等事件	集合 A 与 B 相等
$A+B$	A 与 B 的和事件	A 与 B 的并集
AB	A 与 B 的积事件	A 与 B 的交集
$A-B$	A 与 B 差事件	A 与 B 的差集
$AB=\varnothing$	事件 A 与事件 B 互不相容	A 与 B 不相交

四、随机事件的运算律

类似于集合的运算律, 随机事件的运算律如表 1-2.

表 1-2　随机事件的运算律

运算律	运算	
	求和运算	求积运算
交换律	$A+B=B+A$	$AB=BA$
结合律	$A+(B+C)=(A+B)+C$	$(AB)C=A(BC)$
分配律	$A(B+C)=AB+AC$	$A+(BC)=(A+B)(A+C)$
包含律	$A\subset A+B,\ B\subset A+B$	$AB\subset A,\ AB\subset B$
重叠律	$A+A=A$	$AA=A$
吸收律	$A+\Omega=\Omega,\ A+\varnothing=A$	$A\Omega=A,\ A\varnothing=\varnothing$
对立律	$A+\overline{A}=\Omega$	$A\overline{A}=\varnothing$
德摩根律	$\overline{A+B}=\overline{A}\,\overline{B}$	$\overline{AB}=\overline{A}+\overline{B}$

例 2　设 A, B, C 是三个随机事件, 请用 A, B, C 的运算表示下列事件:

(1) A, B, C 中只有 A 发生;

(2) A, B, C 至少有一个发生;

(3) A, B, C 都发生;

(4) A, B 发生而 C 不发生;

(5) A, B, C 至少有两个发生;

(6) A, B, C 都不发生;

(7) A, B, C 至多 1 个发生;

(8) A, B, C 至多 2 个发生;

(9) A, B, C 恰有 2 个发生.

解　(1) $A\overline{B}\overline{C}$;　(2) $A+B+C$;　(3) ABC;　(4) $AB\overline{C}$;　(5) $AB+BC+AC$;
(6) $\overline{A}\overline{B}\overline{C}$;　(7) $\overline{A}\overline{B}+\overline{B}\overline{C}+\overline{A}\overline{C}$;　(8) $\overline{A}+\overline{B}+\overline{C}$;　(9) $AB\overline{C}+A\overline{B}C+\overline{A}BC$.

例 3　某人看管甲、乙、丙三台机床, A, B, C 分别表示甲、乙、丙三台机床运转正常, 试用 A, B, C 的运算表述下列事件:

(1) 仅甲机床运转正常;

(2) 三台机床中恰有一台发生故障;

(3) 至少有一台发生故障;

(4) 恰好有两台正常运转;

(5) 至少有两台正常运转;

(6) 不多于两台正常.

解　(1) {仅甲运转正常}={甲正常, 乙、丙均出故障} = $A\overline{B}\overline{C}$;

(2) {三台机床中恰有一台发生故障}={仅甲出故障或仅乙出故障或仅丙出故障}= $\overline{A}BC + A\overline{B}C + AB\overline{C}$;

(3) {至少有一台发生故障}={甲乙丙不可能同时正常运转}= $\overline{ABC}$或$\overline{A} + \overline{B} + \overline{C}$;

(4) {恰好有两台正常运转}={恰有一台发生故障}=(2);

(5) {恰好有两台正常或三台均正常}={至少有两台正常} = $AB\overline{C} + A\overline{B}C + \overline{A}BC + ABC = AB + BC + AC$;

(6) {三台均不正常或仅一台正常或仅两台正常}={至少有一台出故障}={三台不能同时正常}= $\overline{A}\overline{B}\overline{C} + \overline{A}\overline{B}C + A\overline{B}\overline{C} + \overline{A}B\overline{C} + \overline{A}BC + A\overline{B}C + AB\overline{C} = \overline{A} + \overline{B} + \overline{C} = \overline{ABC}$.

1.2　随机事件的概率

对于一个随机事件 A, 在一次试验中既可能发生也可能不发生, 人们关注的是它发生的可能性有多大. 为了刻画出事件发生的可能性大小, 引入概率的定义. 在概率论的发展过程中, 人们针对不同的问题, 从不同角度去研究事件的概率, 下面从不同角度给出概率的定义.

一、概率的统计定义

为了给出概率的统计定义, 首先介绍一下频率的概念.

定义 1.1　在相同条件(即同一试验)下, 独立地重复 n 次试验, 并记录到事件 A 在 n 次试验中发生了 m 次, 则称 m 为在 n 次试验中事件 A 发生的频数, 而称比值 $\frac{m}{n}$ 为在 n 次试验中事件 A 发生的**频率**, 记为 $f_n(A)$, 即 $f_n(A) = \frac{m}{n}$.

人们在长期的实践中发现: 设在 n 次重复试验中, 事件 A 发生了 m 次, 若随着试验次数 n 的增加, 带有随机性的频率 $f_n(A) = \frac{m}{n}$ 就越来越稳定地在某一常数 p 的附近摆动. n 越大, 频率 $f_n(A)$ 与 p 出现偏差的情况越少, 呈现出一种稳定性, 而且这个常数 p 客观存在, 不依赖于任何主观意愿. 由于频率的大小在一定的程度上能反映事件发生可能性的大小, 频率的值又带有随机性, 因此用频率的稳定值 p 来刻画事件 A 发生的可能性大小——事件 A 的概率. 概率的统计定义就是根据频率的稳定性提出来的.

定义 1.2　如果在大量重复试验中, 事件 A 出现的频率 $f_n(A) = \frac{m}{n}$ 随着试验次数 n 的增大而稳定地在某个常数 p 的附近摆动, 则称 p 为 A 的概率, 记作 $P(A) = p$.

例 1　将一枚硬币在一定条件下重复抛掷几次, 五位学者的试验结果如表 1-3.

表 1-3　试验结果

试验者	掷币次数 n	正面向上次数 m	频率 $\frac{m}{n}$
德摩根(De Morgan)	2048	1061	0.5181
蒲丰(Buffon)	4040	2048	0.5069
费勒	10000	4979	0.4979
皮尔逊(Pearson)	24000	12012	0.5005
维尼	30000	14994	0.4998

从表 1-3 中可以看出，频率的稳定值为 0.5，则 $P(\text{正面出现}) = 0.5$.

日常生活中提到的“某疾病的死亡率”“某校的升学率”等等都是统计定义得到的概率. 统计概率易于理解，但需事先进行大量重复试验，故带来较大的局限性.

二、概率的古典定义

我们称具有下列三个特征的随机试验为**古典概型**：

(1) 有限性：随机试验只有有限个可能结果，即 $\Omega = \{\omega_1, \omega_2, \cdots, \omega_n\}$；

(2) 等可能性：每个试验结果发生的可能性相同，即 $P(\omega_1) = P(\omega_2) = \cdots = P(\omega_n)$；

(3) 互斥性：在任一次试验中有且仅有一个结果出现，即基本事件 $\omega_1, \omega_2, \cdots, \omega_n$ 是两两互斥的.

古典概型在概率论的产生和发展过程中，是最早的研究对象，而且在实际应用中也是最常见的一种概率模型. 根据古典概型的特征，给出以下定义：

定义 1.3　在古典概型中，设样本空间 Ω 中的样本点数为 n，事件 A 中的样本点数为 m，则事件 A 发生的概率为 $P(A) = \frac{m}{n}$，并称该定义是**概率的古典定义**.

注　(1) 概率的古典定义与概率的统计定义是一致的；

(2) 概率的古典定义**只适用于试验结果为等可能且为有限个的情形**，其优点是便于计算，缺点是不具有普遍性；而概率的统计定义适用于一般情形，其优点是具有普遍性，缺点是不便于进行计算.

例 2　掷一枚骰子一次，求出现偶数点的概率.

解　设 A={出现偶数点}，则 $A = \{2,4,6\}$，且样本空间 $\Omega = \{1,2,3,4,5,6\}$，故 $n = 6$，$m = 3$，从而由定义 1.3 有

$$P(A) = \frac{m}{n} = \frac{3}{6} = \frac{1}{2} = 0.5.$$

例 3　设袋中有大小相同的 7 个白球，3 个黑球，从中任取 2 个球，求：

(1) 两个球都是白球的概率；　　(2) 两个球都是黑球的概率；

(3) 两个球为一黑一白的概率.

解　设事件 $A=\{$两个球都是白球$\}$，$B=\{$两个球都是黑球$\}$，$C=\{$两个球一黑一白$\}$，且由题意知基本事件的总数 $n=C_{10}^{2}=\dfrac{10\times 9}{2\times 1}=45$，故

(1) 因事件 A 所含基本事件数相当于“从 7 个白球中取 2 个白球，从 3 个黑球中取 0 个黑球”的总数，即 $m_A=C_7^2C_3^0=\dfrac{7\times 6}{2\times 1}\times 1=21$，从而由定义 1.3 有

$$P(A)=\frac{m_A}{n}=\frac{21}{45}=\frac{7}{15}.$$

(2) 因事件 B 所含基本事件数相当于“从 7 个白球中取 0 个白球，从 3 个黑球中取 2 个黑球”的总数，即 $m_B=C_7^0C_3^2=1\times 3=3$，从而由定义 1.3 有

$$P(B)=\frac{m_B}{n}=\frac{3}{45}=\frac{1}{15}.$$

(3) 因事件 C 所含基本事件数相当于“从 7 个白球中取 1 个白球，从 3 个黑球中取 1 个黑球”的总数，即 $m_C=C_7^1C_3^1=7\times 3=21$，从而由定义 1.3 有

$$P(C)=\frac{m_C}{n}=\frac{21}{45}=\frac{7}{15}.$$

例 4　将标号为 1, 2, 3, 4 的四个球随意地排成一行，求下列各事件的概率：

(1) 各球自左至右或自右至左恰好排成 1, 2, 3, 4 的顺序；

(2) 第 1 号球排在最右边或最左边；

(3) 第 1 号球与第 2 号球相邻.

解　因将 4 个球随意地排成一行共有 $4!=24$ 种排法，即基本事件总数 $n=24$. 另外，记(1), (2), (3)中的事件分别为 A，B，C，则有以下结果.

(1) 因事件 A 中只有两种排法，即 $m_A=2$，故由定义 1.3 有

$$P(A)=\frac{m_A}{n}=\frac{2}{24}=\frac{1}{12}.$$

(2) 因事件 B 中有 $2\times 3!=12$ 种排法，即 $m_B=12$，故由定义 1.3 有

$$P(B)=\frac{m_B}{n}=\frac{12}{24}=\frac{1}{2}.$$

(3) 因将 1, 2 号球排在任意相邻两个位置的排法共有 $(2!)\times C_3^1=2\times 3=6$ 种，而其余两个球在剩余两个位置相排时又有 $2!=2$ 种排法，从而结合乘法原理可得到 $m_C=2\times 6=12$，故由定义 1.3 有

$$P(C)=\frac{m_C}{n}=\frac{12}{24}=\frac{1}{2}.$$

概率古典定义虽然直观、具体、容易理解，但它在使用时必须要求试验满足有限性和等可能性，故而也限制了它的适用范围.

三、概率的公理化定义

前面从不同角度给出了计算概率的统计定义和古典定义，在运用中我们发现了它们

在使用上的局限性，因此不作为概率的严格数学定义．经过漫长的探索历程，直到 1933 年，苏联著名的数学家柯尔莫哥洛夫在他的《概率论的基本概念》一书中给出了现在已被广泛接受的概率公理化体系，第一次将概率论建立在严密的逻辑基础上.

定义 1.4　设 E 是随机试验，Ω 是它的样本空间，对于 E 中的每个事件 A，都赋予一个实数 $P(A)$ 与之对应．若 $P(A)$ 满足下列条件：

(1) 非负性：对于任意事件 A，都有 $P(A)\geqslant 0$；

(2) 规范性：$P(\Omega)=1$；

(3) 可列可加性：设 $A_1,A_2,\cdots,A_n,\cdots$ 是可列个两两互斥的事件，则有 $P\left(\bigcup_{i=1}^{\infty}A_i\right)=\sum_{i=1}^{\infty}P(A_i)$.

则称 $P(A)$ 为事件 A 的**概率**.

由概率的公理化定义容易推出概率的以下性质：

性质 1（有限可加性）　设 $A_1,A_2,\cdots,A_n$ 两两互斥，则有 $P\left(\bigcup_{i=1}^{n}A_i\right)=\sum_{i=1}^{n}P(A_i)$.

证明略.

性质 2　不可能事件的概率为零．即 $P(\varnothing)=0$.

证　因为 $P(\Omega)=P(\varnothing+\Omega)=P(\varnothing)+P(\Omega)=1$，又 $P(\Omega)=1$，所以 $P(\varnothing)=1-P(\Omega)=1-1=0$.

性质 3（对立事件的概率）　任意事件 A，有 $P(A)\leqslant 1$，且 $P(\bar{A})=1-P(A)$.

证　因为 $P(\Omega)=P(A+\bar{A})=P(A)+P(\bar{A})=1$，所以 $P(\bar{A})=1-P(A)$.

性质 4（可减性与单调性）　若事件 A,B，有 $B\subset A$，则 $P(A-B)=P(A)-P(B)$，且 $P(B)\leqslant P(A)$.

证　若 $B\subset A$，则 $(A-B)+B=A$ 且 $(A-B)B=\varnothing$，由性质 1 有

$$P(A)=P[(A-B)+B]=P(A-B)+P(B),$$

故 $P(A-B)=P(A)-P(B)$．又 $P(A-B)\geqslant 0$，所以 $P(B)\leqslant P(A)$.

推论 1　$P(A-B)=P(A)-P(AB)$.

证　因为 $P(A-B)=P(A-AB)$ 又因 $AB\subset A$，由性质 4 则

$$P(A-B)=P(A-AB)=P(A)-P(AB).$$

性质 5（加法公式）　$P(A+B)=P(A)+P(B)-P(AB)$.

证　因为 $A+B=(A-B)+B$，又 $(A-B)B=\varnothing$，所以

$$\begin{aligned}P(A+B)&=P(A-B)+P(B)\\&=P(A)-P(AB)+P(B)\\&=P(A)+P(B)-P(AB).\end{aligned}$$

推论 2　$P(A+B+C)=P(A)+P(B)+P(C)-P(AB)-P(AC)-P(BC)+P(ABC)$.

证　
$$\begin{aligned}P(A+B+C)&=P[(A+B)+C]=P(A+B)+P(C)-P[(A+B)C]\\&=P(A)+P(B)-P(AB)+P(C)-P(AC+BC)\\&=P(A)+P(B)-P(AB)+P(C)-P(AC)-P(BC)+P(ABC).\end{aligned}$$

例 5　设事件 A，B 的概率分别为 $\frac{1}{3}$ 和 $\frac{1}{2}$，试求下列情况下 $P(B-A)$ 的值.

(1) A 与 B 互斥；　　(2) $A\subset B$；　　(3) $P(AB)=\frac{1}{8}$.

解　(1)因 A 与 B 互斥(即 $AB=\varnothing$)，故由假设条件并结合推论 1 有

$$P(B-A)=P(B)-P(AB)=\frac{1}{2}-0=\frac{1}{2}.$$

(2)因 $A\subset B$，故由假设条件并结合性质 4 有

$$P(B-A)=P(B)-P(A)=\frac{1}{2}-\frac{1}{3}=\frac{1}{6}.$$

(3)因 $P(AB)=\frac{1}{8}$，故由假设条件并结合推论 1 有

$$P(B-A)=P(B)-P(AB)=\frac{1}{2}-\frac{1}{8}=\frac{3}{8}.$$

例 6　设 A 与 B 为给定的两个事件，且 $P(\overline{A})=0.5$，$P(\overline{A}B)=0.2$，$P(B)=0.4$，求：

(1) $P(AB)$；　　(2) $P(A+B)$；　　(3) $P(\overline{A}\overline{B})$.

解　(1)因 $AB+\overline{A}B=B$ 且 AB 与 $\overline{A}B$ 互斥，故有 $P(AB)+P(\overline{A}B)=P(B)$，从而结合所给条件有

$$P(AB)=P(B)-P(\overline{A}B)=0.4-0.2=0.2.$$

(2)因 $P(\overline{A})=0.5$，故 $P(A)=1-P(\overline{A})=1-0.5=0.5$，从而由加法公式并结合(1)和条件 $P(B)=0.4$ 有

$$P(A+B)=P(A)+P(B)-P(AB)=0.5+0.4-0.2=0.7.$$

(3)因 $P(A+B)=0.7$，故由性质 3 有

$$P(\overline{A}\overline{B})=P(\overline{A+B})=1-P(A+B)=1-0.7=0.3.$$

例 7　观察某地区未来 5 天的天气情况，并记事件 $A_i=\{$有 i 天不下雨$\}$，且 $P(A_i)=iP(A_0)(i=1,2,3,4,5)$，求下列各事件的概率：

(1)每天都下雨；　　(2)至少有一天不下雨.

解　显然，A_0，A_1，A_2，A_3，A_4，A_5 是两两互斥的事件组，且 $\sum_{i=0}^{5}A_i=\Omega$，故有

$$1=P(\Omega)=P\left(\sum_{i=0}^{5}A_i\right)=P(A_0)+\sum_{i=1}^{5}P(A_i)=P(A_0)+\sum_{i=1}^{5}iP(A_0)=16P(A_0),$$

由此有 $P(A_0)=\frac{1}{16}$，$P(A_i)=\frac{i}{16}(i=1,2,3,4,5)$.

显然，(1)，(2)中的事件可分别表示为 $A_0=\{$每天都下雨$\}$，$\sum_{i=1}^{5}A_i=\{$至少有一天不下雨$\}$，故有

(1) $P(A_0)=\frac{1}{16}$；　　(2) $P\left(\sum_{i=1}^{5}A_i\right)=1-P(A_0)=1-\frac{1}{16}=\frac{15}{16}$.

例 8　某城市发行甲、乙两种报纸, 经调查, 在这两种报纸的订户中, 订阅甲种报纸的有 45%, 订阅乙种报纸的有 35%, 同时订阅甲、乙两种报纸的有 10%, 求只订阅一种报纸的概率.

解　记事件 $A=\{$订阅甲报$\}$, $B=\{$订阅乙报$\}$, 则 $(A-B)+(B-A)=\{$只订阅一种报$\}$, 且

$$P(A)=0.45,\ P(B)=0.35,\ P(AB)=0.1,$$

以及事件 $A-B$ 与事件 $B-A$ 互斥, 故由加法公式并结合推论 1 有

$$\begin{aligned}P[(A-B)+(B-A)]&=P(A-B)+P(B-A)=P(A)-P(AB)+P(B)-P(AB)\\&=0.45-0.1+0.35-0.1=0.6.\end{aligned}$$

例 9　若 A, B, C 是三个随机事件, 且 $P(A)=P(B)=P(C)=\dfrac{1}{4}$, $P(AB)=0$, $P(BC)=0$, $P(AC)=\dfrac{1}{8}$, 求事件 A, B, C 中至少有一个事件发生的概率.

解　因 A, B, C 中至少有一个事件发生的事件可表示为 $A+B+C$, 且由 $ABC\subset AB$, $P(AB)=0$ 有 $0\leqslant P(ABC)\leqslant P(AB)=0$, 由此有 $P(ABC)=0$, 从而由推论 2 并结合所给条件有

$$\begin{aligned}P(A+B+C)&=P(A)+P(B)+P(C)-P(AB)-P(AC)-P(BC)+P(ABC)\\&=\frac{1}{4}+\frac{1}{4}+\frac{1}{4}-0-\frac{1}{8}-0+0=\frac{5}{8}.\end{aligned}$$

1.3　条件概率与全概率公式

一、条件概率与乘法公式

1. 条件概率

前面所讨论的事件 A 的概率 $P(A)$ 指的是在某种确定不变条件下事件 A 发生的概率, 但在实际问题中, 有时会在事件 B 已经发生了的条件下求事件 A 的概率, 这样的概率称为条件概率, 记作 $P(A|B)$.

引例　现有一批灯泡, 甲厂生产 200 个, 其中次品 30 个, 乙厂生产 100 个, 其中次品 10 个, 随机抽取一个检测.

设 $A=$“抽到甲厂生产的灯泡”, $B=$“取到次品”, 因为 300 个灯泡, 每一个都等可能地被抽到, 若将甲、乙厂的灯泡由 1～300 依次编号, 则样本空间 $\Omega_1=\{1,2,3,\cdots,300\}$.

显然抽到甲厂生产的灯泡的概率

$$P(A)=\frac{200}{300}.$$

抽到次品的概率

$$P(B)=\frac{40}{300}=\frac{2}{15}.$$

抽到甲厂生产的灯泡且为次品的概率

$$P(AB)=\frac{30}{300}=\frac{1}{10}.$$

如果已获得信息知道抽到的是甲厂生产的，在此条件下，考虑抽到次品的概率．此时所有可能结果变了，也即样本空间变了，应为 $\Omega_2=\{1,2,3,\cdots,200\}$．

于是抽到次品的概率应为 $\frac{30}{200}=\frac{3}{20}$，再记为 $P(B)$ 显然不妥，为区别二者，记后者为 $P(B\mid A)=\frac{3}{20}$，表示在事件 A 发生的条件下，事件 B 发生的概率．

分析 $P(B\mid A)$ 与 $P(A)$，$P(AB)$ 的关系，有

$$P(B\mid A)=\frac{30}{200}=\left(\frac{30}{300}\right)\Big/\left(\frac{200}{300}\right)=\frac{P(AB)}{P(A)}.$$

下面给出在已知事件 A 发生的条件下，事件 B 发生的概率的定义．

定义 1.5 设 $P(A)>0$，则称

$$P(B\mid A)=\frac{P(AB)}{P(A)}$$

为在事件 A 发生的条件下，事件 B 发生的条件概率，简称**条件概率**．

显然，条件概率 $P(\bullet\mid A)$ 满足以下重要性质：

(1) 对任意事件 B，都有 $0\leqslant P(B\mid A)\leqslant 1$．

(2) 对必然事件 Ω 和不可能事件 $\varnothing$，有 $P(\Omega\mid A)=1$ 和 $P(\varnothing\mid A)=0$．

(3) 若 B_1，B_2，$\cdots$，B_n，$\cdots$ 为两两互斥事件组，则

$$P(B_1+B_2+\cdots+B_n+\cdots\mid A)=P(B_1\mid A)+P(B_2\mid A)+\cdots+P(B_n\mid A)+\cdots.$$

同样，概率的一些其他性质都适用于条件概率．例如：对任意事件 B_1 和 B_2 都有

$$P(B_1+B_2\mid A)=P(B_1\mid A)+P(B_2\mid A)-P(B_1B_2\mid A).$$

2. 乘法公式

由条件概率的定义，立即得到**乘法公式**：

(1) 若 $P(B)>0$，则 $P(AB)=P(B)P(A\mid B)$；

(2) 若 $P(A)>0$，则 $P(AB)=P(A)P(B\mid A)$；

推广 若 $P(A_1)>0$ 且 $P(A_1A_2)>0$，则 $P(A_1A_2A_3)=P(A_1)P(A_2\mid A_1)P(A_3\mid A_1A_2)$．

3. 计算条件概率的方法

法一 改变样本空间，在条件样本空间 Ω_A 中计算 B 发生的概率得

$$P(B\mid A)=P_{\Omega_A}(B);$$

法二 在样本空间 Ω 中先计算 $P(AB)$ 和 $P(A)$，再由条件概率的定义便得

$$P(B\mid A)=\frac{P(AB)}{P(A)}.$$

例 1 在装有 3 个黑球和 7 个白球的袋中，无放回地从袋中连取两球，计算：

(1) 已知第一次取出的是黑球，求第二次取出的仍是黑球的概率；

(2) 已知第二次取出的是黑球，求第一次取出的也是黑球的概率.

解 令 $A_i=\{第 i 次取到黑球\}\ (i=1,2)$，则 $A_1A_2=\{第一次和第二次都取到黑球\}$，$A_2\mid A_1=\{在第一次取到黑球的条件下第二次取到黑球\}$，$A_1\mid A_2=\{在第二次取到黑球的条件下第一次取到黑球\}$.

法一 (1) 因事件 A_1 所含基本事件数相当于“从 3 个黑球中取 1 个黑球，再从剩下的 9 个球中取 1 个球的”的总数，即 $n_{A_1}=\mathrm{C}_3^1\mathrm{C}_9^1$，即条件样本空间中所含基本事件的总数；条件事件 $A_2\mid A_1$ 所含基本事件数相当于“从 3 个黑球中取 1 个黑球，再从剩下的 2 个黑球中取 1 个黑球”的总数，即 $m_{A_2|A_1}=\mathrm{C}_3^1\mathrm{C}_2^1$，从而由概率的古典定义计算有

$$P(A_2\mid A_1)=\frac{m_{A_2|A_1}}{n_{A_1}}=\frac{\mathrm{C}_3^1\mathrm{C}_2^1}{\mathrm{C}_3^1\mathrm{C}_9^1}=\frac{3\times 2}{3\times 9}=\frac{2}{9}.$$

(2) 因事件 A_2 所含基本事件数相当于“先从 7 个白球中取出 1 个白球后再从 3 个黑球中取出 1 个黑球，或先从 3 个黑球中取出 1 个黑球后再从剩下的 2 个黑球中取出 1 个黑球的”的总数，即 $n_{A_2}=\mathrm{C}_7^1\mathrm{C}_3^1+\mathrm{C}_3^1\mathrm{C}_2^1$，即条件样本空间中所含基本事件的总数)；另外，因条件事件 $A_1\mid A_2$ 表示两次都取到黑球且事件 A_2 先发生，故条件事件 $A_1\mid A_2$ 所包含的基本事件数相当于“先从 3 个黑球中取出 1 个黑球后再从剩下的 2 个黑球中取出 1 个黑球”的总数，即 $m_{A_2|A_1}=\mathrm{C}_3^1\mathrm{C}_2^1$，从而由概率的古典定义计算有

$$P(A_1\mid A_2)=\frac{m_{A_1|A_2}}{n_{A_2}}=\frac{\mathrm{C}_3^1\mathrm{C}_2^1}{\mathrm{C}_7^1\mathrm{C}_3^1+\mathrm{C}_3^1\mathrm{C}_2^1}=\frac{6}{27}=\frac{2}{9}.$$

法二 由题设知，样本空间中所包含的基本事件总数为 $n=\mathrm{P}_{10}^2$，$m_{A_1}=\mathrm{C}_3^1\mathrm{C}_9^1$，$m_{A_2}=\mathrm{C}_7^1\mathrm{C}_3^1+\mathrm{C}_3^1\mathrm{C}_2^1$，$m_{A_1A_2}=\mathrm{C}_3^1\mathrm{C}_2^1$，故由概率的古典定义计算有

$$P(A_1A_2)=\frac{m_{A_1A_2}}{n}=\frac{\mathrm{C}_3^1\mathrm{C}_2^1}{\mathrm{P}_{10}^2}=\frac{3\times 2}{10\times 9}=\frac{1}{15},$$

$$P(A_1)=\frac{m_{A_1}}{n}=\frac{\mathrm{C}_3^1\mathrm{C}_9^1}{\mathrm{P}_{10}^2}=\frac{3\times 9}{10\times 9}=\frac{3}{10},$$

$$P(A_2)=\frac{m_{A_2}}{n}=\frac{\mathrm{C}_7^1\mathrm{C}_3^1+\mathrm{C}_3^1\mathrm{C}_2^1}{\mathrm{P}_{10}^2}=\frac{7\times 3+3\times 2}{10\times 9}=\frac{3}{10},$$

从而由条件概率的定义有

(1) $P(A_2\mid A_1)=\dfrac{P(A_1A_2)}{P(A_1)}=\dfrac{\dfrac{1}{15}}{\dfrac{3}{10}}=\dfrac{2}{9}$；

(2) $P(A_1\mid A_2)=\dfrac{P(A_1A_2)}{P(A_2)}=\dfrac{\dfrac{1}{15}}{\dfrac{3}{10}}=\dfrac{2}{9}$.

例 2　在装有 3 个红球和 2 个白球的袋中，无放回地从袋中连取两球，求在第一次取得红球的前提下第二次取得白球的概率.

解　记 $A=\{$第一次取到红球$\}$，$B=\{$第二次取到白球$\}$，则 $AB=\{$第一次取到红球而第二次取到白球$\}$，$B|A=\{$在第一次取到红球的前提下第二次取到白球$\}$.

由题设知，样本空间中所包含的基本事件总数 $n=\mathrm{P}_5^2$ (因在 5 个球中无放回地连取两球的取法有 P_5^2 种)；事件 A 所含基本事件数相当于“第一次从 3 个红球中取 1 个红球，第二次从剩下的 4 个球中取 1 个球的”的总数，即 $m_A=\mathrm{C}_3^1\mathrm{C}_4^1$；事件 AB 所含基本事件数相当于“第一次从 3 个红球中取 1 个红球，第二次从 2 个白球中取 1 个白球的”的总数，即 $m_{AB}=\mathrm{C}_3^1\mathrm{C}_2^1$，从而由概率的古典定义计算有

$$P(A)=\frac{m_A}{n}=\frac{\mathrm{C}_3^1\mathrm{C}_4^1}{\mathrm{P}_5^2}=\frac{3\times4}{5\times4}=\frac{3}{5},\quad P(AB)=\frac{m_{AB}}{n}=\frac{\mathrm{C}_3^1\mathrm{C}_2^1}{\mathrm{P}_5^2}=\frac{3\times2}{5\times4}=\frac{3}{10},$$

最后由条件概率的定义有

$$P(B|A)=\frac{P(AB)}{P(A)}=\frac{\frac{3}{10}}{\frac{3}{5}}=\frac{1}{2}.$$

例 3　已知 100 件产品中有 4 件次品，无放回地从中抽取两次，每次抽取一件，求下列事件的概率：

(1) 第一次取到次品，第二次取到正品；

(2) 两次都取到正品；

(3) 两次抽取中恰有一次取到正品.

解　记事件 $A=\{$第一次取到次品$\}$，$B=\{$第二次取到正品$\}$，则

$$AB=\{\text{第一次取到次品，第二次取到正品}\},$$
$$\overline{A}B=\{\text{两次都取到正品}\},$$
$$\overline{A}\overline{B}=\{\text{第一次取到正品，第二次取到次品}\},$$
$$AB+\overline{A}\overline{B}=\{\text{两次抽取中恰有一次取到正品}\},$$

故

(1) 因无放回地抽取，故有 $P(A)=\dfrac{4}{100}$，$P(B|A)=\dfrac{96}{99}$，从而由乘法公式有

$$P(AB)=P(A)P(B|A)=\frac{1}{100}\times\frac{96}{99}=\frac{32}{825}.$$

(2) 因 $P(\overline{A})=1-P(A)=\dfrac{24}{25}$，$P(B|\overline{A})=\dfrac{95}{99}$，故由乘法公式有

$$P(\overline{A}B)=P(\overline{A})P(B|\overline{A})=\frac{24}{25}\cdot\frac{95}{99}=\frac{152}{165}.$$

(3) 因 $P(\overline{A})=\dfrac{24}{25}$，$P(\overline{B}|\overline{A})=\dfrac{4}{99}$，故由乘法公式有

$$P(\overline{A}\overline{B})=P(\overline{A})P(\overline{B}|\overline{A})=\frac{24}{25}\times\frac{4}{99}=\frac{32}{825},$$

又因事件 AB 与事件 $\overline{A}\overline{B}$ 互斥，故结合(1)及上式有

$$P(AB+\overline{A}\overline{B})=P(AB)+P(\overline{A}\overline{B})=\frac{32}{825}+\frac{32}{825}=\frac{64}{825}.$$

例 4　已知 $P(A)=0.3$，$P(B)=0.4$，$P(A|B)=0.5$，计算 $P(B|(A+B))$.

解　因 $P(B)=0.4$，$P(A|B)=0.5$，故由乘法公式有

$$P(AB)=P(A|B)P(B)=0.5\times0.4=0.2,$$

由 $P(A)=0.3$，$P(B)=0.4$ 及加法公式有

$$P(A+B)=P(A)+P(B)-P(AB)=0.5,$$

又因 $B\subset A+B$ 有

$$P(B|A+B)=\frac{P(B(A+B))}{P(A+B)}=\frac{P(B)}{0.5}=\frac{0.4}{0.5}=\frac{4}{5}.$$

二、全概率公式和贝叶斯公式

1. 全概率公式

全概率公式是概率论中的一个很重要的基本公式，也是概率加法公式和乘法公式的综合应用，它将一个复杂事件的概率问题，转化为在不同情况下的简单事件概率的求和问题.

定理 1.1(全概率公式)　设 A_1，A_2，…，A_n 构成一个完备事件组，且 $P(A_i)>0$，$i=1,2,\cdots,n$，则对于任意事件 B，有 $P(B)=\sum\limits_{i=1}^{n}P(A_i)P(B|A_i)$.

例 5　在装有 3 个黑球和 7 个白球的袋中，无放回地从袋中连取两球，求第二次取出的是黑球的概率.

解　记事件 $A=\{$第二次取出的是黑球$\}$，$B_1=\{$第一次取出的是黑球$\}$，$B_2=\{$第一次取出的是白球$\}$，则 B_1，B_2 显然构成一完备事件组，且由假设有

$$P(B_1)=\frac{3}{10},\quad P(B_2)=\frac{7}{10},\quad P(A|B_1)=\frac{2}{9},\quad P(A|B_2)=\frac{3}{9},$$

故由全概率公式有

$$P(A)=P(B_1)P(A|B_1)+P(B_2)P(A|B_2)=\frac{3}{10}\times\frac{2}{9}+\frac{7}{10}\times\frac{3}{9}=\frac{3}{10}.$$

例 6　三人同时向一架飞机射击，已知三人都不射中的概率为 0.09，三人中只有一人射中的概率为 0.36，三人中恰有两人射中的概率为 0.41，三人同时射中的概率为 0.14. 又设无人射中飞机不会坠毁，只有一人射中飞机坠毁的概率为 0.2，两人射中飞机坠毁的概率为 0.6，三人射中飞机一定坠毁，求三人同时向飞机射击一次飞机坠毁的概率.

解　记事件 $A=\{$飞机坠毁$\}$，$B_0=\{$三人都射不中$\}$，$B_1=\{$只有一人射中$\}$，$B_2=\{$恰有二人射中$\}$，$B_3=\{$三人同时射中$\}$，则 B_0，B_1，B_2，B_3 显然构成一完备事件组，且由假设有

$$P(B_0)=0.09,\quad P(B_1)=0.36,\quad P(B_2)=0.41,\quad P(B_3)=0.14,$$
$$P(A|B_0)=0,\quad P(A|B_1)=0.2,\quad P(A|B_2)=0.6,\quad P(A|B_3)=1,$$

故由全概率公式有

$$\begin{aligned}P(A)&=P(B_0)P(A|B_0)+P(B_1)P(A|B_1)+P(B_2)P(A|B_2)+P(B_3)P(A|B_3)\\&=0.09\times0+0.36\times0.2+0.41\times0.6+0.14\times1=0.458.\end{aligned}$$

2. 贝叶斯公式

定理 1.2(贝叶斯公式)　设 $A_1,A_2,\cdots,A_n$ 构成一个完备事件组，且 $P(A_i)>0\ (i=1,2,\cdots,n)$，对于任意事件 B，若 $P(B)>0$，则

$$P(A_m|B)=\frac{P(A_m)P(B|A_m)}{\sum_{i=1}^{n}P(A_i)P(B|A_i)},\quad m=1,2,\cdots,n.$$

由条件概率的定义及全概率公式即可得证.

例 7　箱中有一号袋 1 个，二号袋 2 个. 一号袋中装有 1 个红球、2 个黄球，每个二号袋中装有 2 个红球、1 个黄球. 现从箱中随机抽取一袋，再从袋中随机抽取一球，结果是红球，求这个红球来自一号袋的概率.

解　记事件 $A=\{$取到红球$\}$，$B=\{$取到一号袋$\}$，则 $\overline{B}=\{$取到二号袋$\}$，则 B，$\overline{B}$ 显然构成一完备事件组且由假设有

$$P(B)=\frac{1}{3},\ P(\overline{B})=\frac{2}{3},\ P(A|B)=\frac{1}{3},\quad P(A|\overline{B})=\frac{2}{3},$$

故由贝叶斯公式有

$$P(B|A)=\frac{P(B)P(A|B)}{P(B)P(A|B)+P(\overline{B})P(A|\overline{B})}=\frac{\frac{1}{3}\times\frac{1}{3}}{\frac{1}{3}\times\frac{1}{3}+\frac{2}{3}\times\frac{2}{3}}=\frac{1}{5}.$$

例 8　某人乘火车、轮船、汽车、飞机来的概率分别是 0.3，0.2，0.1 和 0.4. 若他乘火车、轮船、汽车来，迟到的概率分别为 0.2，0.3 和 0.5，若乘飞机来则不会迟到. 结果他迟到了，问他乘火车来的概率是多少？

解　记事件 $A=\{$迟到$\}$，$B_1=\{$乘火车$\}$，$B_2=\{$乘轮船$\}$，$B_3=\{$乘汽车$\}$，$B_4=\{$乘飞机$\}$，则 B_1，B_2，B_3，B_4 显然构成一完备事件组，且由假设有

$$P(B_1)=0.3,\quad P(B_2)=0.2,\quad P(B_3)=0.1,\quad P(B_4)=0.4,$$
$$P(A|B_1)=0.2,\quad P(A|B_2)=0.3,\quad P(A|B_3)=0.5,\quad P(A|B_4)=0,$$

故由贝叶斯公式计算有

$$\begin{aligned}P(B_1|A)&=\frac{P(B_1)P(A|B_1)}{P(B_1)P(A|B_1)+P(B_2)P(A|B_2)+P(B_3)P(A|B_3)+P(B_4)P(A|B_4)}\\&=\frac{0.3\times0.2}{0.3\times0.2+0.2\times0.3+0.1\times0.5+0.4\times0}=\frac{0.06}{0.17}=\frac{6}{17}.\end{aligned}$$

1.4　事件的独立性

从上节例 3 知，从有 4 件次品的 100 件产品中无放回地从中抽取两次，每次抽取一件，并记事件 $A=\{$第一次取到次品$\}$，$B=\{$第二次取到正品$\}$，则已计算出 $P(A)=\dfrac{1}{25}$，$P(AB)=\dfrac{32}{825}$，且不难计算出 $P(B)=\dfrac{C_{96}^1C_{95}^1+C_4^1C_{96}^1}{P_{100}^2}=\dfrac{24}{25}$，由此可看出

$$P(AB)=\frac{32}{825}\neq\frac{24}{625}=\frac{1}{25}\cdot\frac{24}{25}=P(A)\cdot P(B),$$

即 $P(AB)\neq P(A)\cdot P(B)$．但是，若将"**无放回地抽取**"的条件改为"**有放回地抽取**(即第一次取到产品并确认它是正品还是次品，然后放回去再作第二次抽取)"，则有概率

$$P(A)=\frac{4}{100}=\frac{1}{25},\quad P(B)=\frac{96}{100}=\frac{24}{25},\quad P(B\mid A)=\frac{96}{100}=\frac{24}{25},$$

由此有 $P(B\mid A)=P(B)$ (即 A 的发生与否并不影响 B 发生的概率)，且由乘法公式还有

$$P(AB)=P(A)P(B\mid A)=\frac{1}{25}\times\frac{24}{25}=P(A)P(B),$$

即**第一次取得正品还是次品，对第二次取得正品没有影响**，亦即两次取产品的做法是互不影响的，也就是**相互独立**的．

一般来说，事件 A 的发生对事件 B 发生的概率是有影响的，即 $P(B\mid A)\neq P(B)$，只有这种影响消除之后才会有 $P(B\mid A)=P(B)$，从而有

$$P(AB)=P(A)\cdot P(B\mid A)=P(A)\cdot P(B).$$

由此可给出事件 A 与事件 B 相互独立的定义．

定义 1.6　若事件 A，B 满足条件

$$P(AB)=P(A)\cdot P(B),$$

则称事件 A 与 B **相互独立**，简称 **A 与 B 独立**．

由乘法公式易知：当事件 A 与 B 相互独立时有

$$P(B\mid A)=P(B),\quad P(A\mid B)=P(A),$$

且不难验证：当 A 与 B 相互独立时，$\bar{A}$ 与 B，A 与 $\bar{B}$，$\bar{A}$ 与 $\bar{B}$ 均相互独立．

定义 1.7　若事件 A, B, C 满足下列三个条件：

(1) $P(AB)=P(A)P(B)$；

(2) $P(BC)=P(B)P(C)$；

(3) $P(AC)=P(A)P(C)$．

则称事件 A, B, C **两两相互独立**．

定义 1.8　若事件 A, B, C 两两独立，且 $P(ABC)=P(A)P(B)P(C)$，则称事件 A, B, C **相互独立**．

性质 1　若事件 A_1，A_2，$\cdots$，A_n 相互独立，则 $P(A_1A_2\cdots A_n)=P(A_1)P(A_2)\cdots P(A_n)$．

性质 2　若事件 A_1，A_2，$\cdots$，A_n 相互独立，则

$$P(A_1+A_2+\cdots+A_n)=1-P(\bar{A}_1)P(\bar{A}_2)\cdots P(\bar{A}_n).$$

例 1　甲、乙两人各投篮一次, 设甲投中的概率为 0.7, 乙投中的概率为 0.8, 求:

(1) 两人都投中的概率;　(2) 至少有一人投中的概率;　(3) 恰有一人投中的概率.

解　记事件 $A=\{$甲投中$\}$, $B=\{$乙投中$\}$. 易知事件 A 与 B 相互独立, 且由假设有 $P(A)=0.7$, $P(B)=0.8$, 故有 $P(\overline{A})=1-P(A)=0.3$, $P(\overline{B})=1-P(B)=0.2$, 从而所求概率分别为

(1) $P(AB)=P(A)P(B)=0.7\times0.8=0.56$;

(2) $P(A+B)=P(A)+P(B)-P(AB)=0.7+0.8-0.56=0.94$;

(3) $$P(A\overline{B}+\overline{A}B)=P(A\overline{B})+P(\overline{A}B)=P(A)P(\overline{B})+P(\overline{A})P(B)$$
$$=0.7\times0.2+0.3\times0.8=0.38.$$

例 2　加工某一零件共需经过四道工序, 且已知第一、二、三、四道工序的次品率分别为 2%, 3%, 5% 和 3%. 假定各道工序是互不影响的, 求加工出来的零件的次品率.

解　记事件 $A_i=\{$第 i 道工序发生次品$\}$ $(i=1,2,3,4)$, $A=\{$加工出来的零件为次品$\}$, 则 $\overline{A}=\overline{A_1A_2A_3A_4}=\{$加工出来的零件为正品$\}$, 且 $P(A_1)=0.02$, $P(A_2)=0.03$, $P(A_3)=0.05$, $P(A_4)=0.03$, 以及由题设知事件组 A_1, A_2, A_3, A_4 相互独立, 故有

$$P(\overline{A})=P(\overline{A_1})P(\overline{A_2})P(\overline{A_3})P(\overline{A_4})=[1-P(A_1)][1-P(A_2)][1-P(A_3)][1-P(A_4)]$$
$$=(1-0.02)(1-0.03)(1-0.05)(1-0.03)=0.8759779\approx0.876,$$

进而有

$$P(A)=1-P(\overline{A})\approx1-0.876=0.124.$$

习　题　1

一、填空题

1. 设 $\overline{A}$ 与 B 相互独立, 且 $P(\overline{A})=0.7$, $P(B)=0.4$, 则 $P(AB)=$________.

2. 设 $P(A)=0.1$, $P(A+B)=0.3$, 且 A 与 B 互不相容, 则 $P(B)=$________.

3. 设 $P(A)=\dfrac{1}{3}$, $P(B)=\dfrac{1}{4}$, $P(A+B)=\dfrac{1}{2}$, 则 $P(\overline{A}+\overline{B})=$________.

4. 若 $P(A)=0.5$, $P(B)=0.4$, $P(A-B)=0.3$, 则 $P(A+B)=$________, $P(\overline{A}+\overline{B})=$________.

5. 已知 $P(\overline{A})=0.3$, $P(B)=0.4$, $P(A\overline{B})=0.5$, 则 $P(B\mid A+\overline{B})=$________.

6. 已知 $P(A)=0.7$, $P(B)=0.5$, $P(A-B)=0.3$, 则 $P(AB)=$________, $P(B-A)=$________, $P(\overline{B}\mid\overline{A})=$________.

7. 已知 $P(A)=\dfrac{1}{4}$, $P(B\mid A)=\dfrac{1}{3}$, $P(A\mid B)=\dfrac{1}{2}$, 则 $P(A+B)=$________.

8. 设 A, B, C 相互独立, 且 $P(A)=0.2, P(B)=0.4, P(C)=0.3$, 则 $P(A+B+C)=$________.

9. 设 A, B 为两个随机事件, 且 $P(A)=0.4$, $P(B)=0.8$, $P(\overline{A}B)=0.5$, 则 $P(B\mid A)=$________.

10. 将 C, C, E, E, I, N, S 七个字母随机地排成一行, 则恰好排成英文单词 SCIENCE 的概率为________.

二、选择题

1. 设 A, B 相互独立, 且 $P(A)>0, P(B)>0$, 则(　　)一定成立.

A. $P(A)=1-P(B)$;　　B. $P(AB)=0$;

C. $P(\overline{A}\mid\overline{B})=1-P(A)$;　　D. $P(A\mid B)=P(B)$.

2. 设$P(A)>0,P(B)>0$，当(　　)成立时，A与B独立.

A. $P(\overline{A}\overline{B})=P(\overline{A})P(\overline{B})$；　　B. $P(\overline{AB})=P(\overline{A})P(\overline{B})$；

C. $P(A|B)=P(B)$；　　D. $P(A|B)=P(\overline{A})$.

3. 设A，B为两个随机事件，若$P(A)\neq P(B)$，且$B\subset A$，则(　　)一定成立.

A. $P(A|B)=1$；　　B. $P(B|A)=1$；

C. $P(B|\overline{A})=1$；　　D. $P(A|\overline{B})=0$.

4. 设A，B为两个随机事件，且$B\subset A$，则下列选项正确的是(　　).

A. $P(AB)=P(A)$；　　B. $P(A+B)=P(A)$；

C. $P(B|A)=P(B)$；　　D. $P(B-A)=P(B)-P(A)$.

5. 某学生做了三道题，并记事件$A_i=\{$做对第i题$\}$ $(i=1,2,3)$，则该生至少做对两道题的事件可表为(　　).

A. $\overline{A}_1A_2A_3+A_1\overline{A}_2A_3+A_1A_2\overline{A}_3$；　　B. $\overline{A}_1\overline{A}_2A_3+\overline{A}_1A_2\overline{A}_3+A_1\overline{A}_2\overline{A}_3$；

C. $\overline{A_1A_2A_3}$；　　D. $A_1A_2+A_2A_3+A_1A_3$.

6. 若事件A，B满足条件$P(AB)=0$，则(　　).

A. 事件A与B互斥；　　B. AB是不可能事件；

C. AB未必是不可能事件；　　D. $P(A)=0$或$P(B)=0$.

7. 若A，B为两个事件，则$P(A-B)=$(　　).

A. $P(A)-P(B)$；　　B. $P(A)-P(B)+P(AB)$；

C. $P(A)-P(AB)$；　　D. $P(A)+P(B)-P(AB)$.

8. 若事件$A=\{$甲种产品畅销，乙种产品滞销$\}$，则$\overline{A}=$(　　).

A. {甲种产品滞销，乙种产品畅销}；　　B. {甲、乙两种产品均畅销}；

C. {甲种产品滞销}；　　D. {甲种产品滞销或乙种产品畅销}.

9. 若A，B为两个随机事件，且$B\subset A$，则下列结论中正确的是(　　).

A. $P(A+B)=P(A)$；　　B. $P(AB)=P(A)$；

C. $P(B|A)=P(B)$；　　D. $P(B-A)=P(B)-P(A)$.

10. 若随机事件A与B满足等式$P(B|A)=1$，则(　　).

A. A是必然事件；　　B. $P(B|\overline{A})=O$；

C. $A\supset B$；　　D. $A\subset B$.

三、解答题

1. 用集合的形式写出下列随机试验的样本空间Ω与随机事件A：

(1) 掷一颗骰子，观察向上一面的点数；事件A表示“出现奇数点”；

(2) 某射手向同一目标连续进行射击，一旦击中目标便停止射击，观察射击的次数；事件A表示“射击不超过 3 次”；

(3) 把单位长度的一根细棒折成三段，观察各段的长度；事件A表示“三段细棒能构成一个三角形”.

2. 设某人对产品进行抽样检验，令A_i表示“第i次取到合格品”(i=1, 2, 3)，试用语言描述下列事件：

(1) $\overline{A}_1\cup\overline{A}_2\cup\overline{A}_3$；　　(2) $\overline{A_1\cup A_2}$；

(3) $(A_1A_2\overline{A}_3)\cup(\overline{A}_1A_2A_3)$；　　(4) $A_1A_2+A_2A_3+A_1A_3$.

3. 若A，B是随机试验样本空间Ω中的随机事件，且$\Omega=\{x|0\leqslant x\leqslant 5\}$，$A=\{x|1\leqslant x\leqslant 2\}$，$B=\{x|0\leqslant x\leqslant 2\}$. 试求：

(1) $A+B$；　(2) AB；　(3) $A-B$；　(4) $B-A$；　(5) $\overline{A}$.

4. 10 把钥匙中有 3 把能打开门，现在任取两把，求能打开门的概率.

5. 掷一枚骰子两次，求点数之和为 3 的概率.

6. 从一副扑克牌(52 张)任取 3 张(不重复)，求至少有 2 张花色相同的概率.

7. 在 1500 个产品中有 400 个次品, 1100 个正品，任取 200 个,

(1) 求恰有 90 个次品的概率；　　(2) 求至少有 2 个次品的概率.

8. 两封信随机地投入 4 个邮筒，求前两邮筒没有信的概率及第一个邮筒恰有一封信的概率.

9. 一辆机场的交通车载有 25 名乘客，途经 9 个站，每位乘客都等可能在 9 个站中任意一站下车，交通车只在有乘客下车时才停车. 求下列事件的概率：

(1) 交通车在第 i 站停车；

(2) 交通车在第 i 站和第 j 站至少有一站停车；

(3) 交通车在第 i 站和第 j 站均停车；

(4) 在第 i 站恰有 3 人下车.

10. 设 10 个考签中有 4 题难签, 3 人参加抽签，甲先抽，乙次之，丙最后，求下列事件的概率：

(1) 甲抽到难签；

(2) 甲未抽到难签而乙抽到难签；

(3) 甲、乙、丙均抽到难签.

11. 为了防止意外，在矿内同时装有两种报警系统 1 和 2，两种报警单独使用时，系统 1 和 2 有效的概率分别为 0.92 和 0.93，在系统 1 失灵的条件下，系统 2 仍有效的概率为 0.85，求：

(1) 两种报警系统都有效的概率；

(2) 系统 2 失灵而系统 1 有效的概率；

(3) 在系统 2 失灵的条件下，系统 1 仍有效的概率；

(4) 发生意外时，至少有一个报警系统有效的概率.

12. 甲乙两人同时射击，甲击中的概率为 0.8，乙击中的概率为 0.7，假定中靶与否是独立的，求：

(1) 两人都中靶的概率；

(2) 甲中乙不中的概率；

(3) 甲不中乙中的概率.

13. 加工一个产品要经三道工序，第一、二、三道工序不出废品的概率分别为 0.9, 0.95, 0.8，假定各工序是否出废品独立的，求经过三道工序生产出的是废品的概率.

第 2 章　随机变量及其分布

为了全面地研究随机现象的结果，揭示随机现象的统计规律，本章我们引进随机变量的概念及随机变量的分布，并介绍一些常用的分布.

2.1　随机变量及其分布函数

许多随机试验，其结果都可以直接用数值表示，例如，抽样检验灯泡质量，试验中灯泡的寿命；而有些随机试验，其结果看起来与数值无关，如性别抽查试验中所抽到的性别，但我们仍然可以赋予其数值. 在性别抽查试验中，它有两个可能结果：$\omega_0=\{$出现男性$\}$和$\omega_1=\{$出现女性$\}$. 为了讨论方便，我们引入变量 X，ω_0 出现时，取 $X=1$，ω_1 出现时，取 $X=0$. 可以看出，这样的变量 X 随着试验的不同结果而取不同的值，即 X 可以看成是定义在样本空间上的函数

$$X=X(\omega)=\begin{cases}1, & \omega=\omega_0,\\ 0, & \omega=\omega_1.\end{cases}$$

我们称这种取值具有随机性的变量为随机变量.

一、随机变量

定义 2.1　设随机试验的样本空间为 $\Omega=\{\omega\}$，若对 Ω 中每一个样本点 ω，都有一个实数 $X(\omega)$ 与之对应，则得到一个定义在 Ω 上的单值实函数 $X=X(\omega)$，称 $X(\omega)$ 为**随机变量**，并将 $X(\omega)$ 简记为 X.

随机变量与我们熟悉的一般变量有差别. 随机变量的取值随试验结果而定，在试验之前只能知道它可能取值的范围，而不能预知它取哪个值，只有在试验之后才知道它的确切值；而试验的各个结果出现有一定的概率，故随机变量取某个值或某个范围内的值也有一定的概率. 再者，普通函数是定义在实数集或实数集的一个子集上的，而随机变量是定义在样本空间上的(样本空间的样本点不一定是实数)，这也是二者的差别.

随机变量的引入，使随机试验中的各事件可通过随机变量的关系式表达出来.

例如，掷骰子一次，出现的点数 X 是一随机变量：

(1) 事件 $A=\{$出现点数 1$\}$，它可表示为 $\{X=1\}$；

(2) 事件 $B=\{$出现点数不少于 3$\}$，它可表示为 $\{X\geqslant 3\}$；

(3) 事件 $C=\{$出现点数不多于 4$\}$，它可表示为 $\{X\leqslant 4\}$；

由此可见，随机事件这个概念是包容在随机变量这个更广的概念中，随机事件是以静态的观点来研究随机现象的，而随机变量是以动态的观点来研究随机现象的. 引入随机变量后，对随机现象的研究，就由对事件及事件的概率的研究转化为对随机变量及其取值规律的研究.

二、随机变量的分布函数

为了研究随机变量的统计规律，我们主要把握两个方面：一是随机变量可能要取哪些值；二是随机变量以多大的概率取这些值．为了更清楚地研究随机变量以及随机变量与概率的关系，我们引入下面分布函数的概念.

定义 2.2　设 X 是一随机变量，则称函数

$$F(x)=P(X\leqslant x)=P(-\infty<X\leqslant x),\quad x\in(-\infty,+\infty)$$

为随机变量 X 的**分布函数**．它表示随机变量 X 在区间 $(-\infty,x]$ 上取值的概率.

对于任意实数 x_1，x_2（$x_1<x_2$），有

$$P\{x_1<X\leqslant x_2\}=P\{X\leqslant x_2\}-P\{X\leqslant x_1\}=F(x_2)-F(x_1).$$

因此，若已知 X 的分布函数，便可知道 X 落在任意区间 $(x_1,x_2]$ 上的概率.

分布函数 $F(x)$ 具有以下性质.

性质 1（非负有界性）　$0\leqslant F(x)\leqslant 1$，$x\in\mathbf{R}$；

性质 2（单调递增性）　$F(x)$ 在 $\mathbf{R}$ 内递增，即当 $x_1<x_2$ 时，有 $F(x_1)\leqslant F(x_2)$；

性质 3（极限性）　$F(-\infty)=\lim\limits_{x\to-\infty}F(x)=0$，$F(+\infty)=\lim\limits_{x\to+\infty}F(x)=1$；

性质 4（右连续性）　$F(x+0)=F(x)$.

例 1　设随机变量 X 的分布函数为 $F(x)=A+B\arctan x$，$-\infty<x<+\infty$，试求常数 A,B.

解　由分布函数的性质及 $\lim\limits_{x\to-\infty}\arctan x=-\dfrac{\pi}{2}$，$\lim\limits_{x\to+\infty}\arctan x=\dfrac{\pi}{2}$ 得

$$\begin{cases}0=\lim\limits_{x\to-\infty}F(x)=\lim\limits_{x\to-\infty}(A+B\arctan x)=A-\dfrac{\pi}{2}B,\\[2mm] 1=\lim\limits_{x\to+\infty}F(x)=\lim\limits_{x\to+\infty}(A+B\arctan x)=A+\dfrac{\pi}{2}B.\end{cases}$$

解方程组得

$$A=\frac{1}{2},\quad B=\frac{1}{\pi}.$$

从随机试验的结果来看，随机变量取值方式不同，主要有两种不同的类型：一种称为**离散型随机变量**，即试验的结果可以一一列举出来；另一种称为**连续型随机变量**，即试验结果不可以一一列举出来，而是可以取到某个区间上的所有值.

2.2　离散型随机变量及其分布

如果随机变量所有可能的取值为有限个或可列无穷多个，则称这种随机变量为**离散型随机变量**．容易知道，要掌握一个离散型随机变量 X 的统计规律，必须知道 X 的所有可能的取值以及取每一个可能取值的概率.

一、离散型随机变量的分布律

定义 2.3　设离散型随机变量 X 所有可能的取值为 $x_i\ (i=1,2,3,\cdots)$，X 取各个可能值的概率为

$$P\{X=x_i\}=p_i \quad i=1,2,3,\cdots,$$

称为离散型随机变量 X 的分布律(或概率分布、分布列)，也常用表 2-1 来表示.

表 2-1

X	x_1	x_2	x_3	$\cdots$	x_i	$\cdots$
P	p_1	p_2	p_3	$\cdots$	p_i	$\cdots$

分布律具有以下两个基本性质：

(1) 非负性：$p_i \geqslant 0$，$i=0,1,2,\cdots$；

(2) 规范性：$\sum\limits_{i=1}^{\infty} p_i = 1$.

例 1　抛掷一颗均匀的骰子, 求向上的面出现的点数的分布律.

解　用 X 表示向上的面出现的点数, 则 X 可能的取值分别是 1, 2, 3, 4, 5, 6, 且出现各点的概率均为 $\frac{1}{6}$，故 X 的分布律为

X	1	2	3	4	5	6
$p_k=P(X=k)$	$\frac{1}{6}$	$\frac{1}{6}$	$\frac{1}{6}$	$\frac{1}{6}$	$\frac{1}{6}$	$\frac{1}{6}$

二、离散型随机变量的分布函数

设离散型随机变量 X 的概率分布如表 2-2 所示.

表 2-2

X	x_1	x_2	$\cdots$	x_n	$\cdots$
p	p_1	p_2	$\cdots$	p_n	$\cdots$

则 X 的**分布函数**为

$$F(x)=P\{X\leqslant x\}=\sum_{x_k\leqslant x}P\{X=x_k\}=\sum_{x_k\leqslant x}p_k=\begin{cases}0, & x<x_1,\\ p_1, & x_1\leqslant x<x_2,\\ p_1+p_2, & x_2\leqslant x<x_3\\ \cdots & \cdots\end{cases}\quad (x\in\mathbf{R}).$$

例 2　设随机变量 X 的概率分布为

X	-1	2	3
p	$\frac{1}{4}$	$\frac{1}{2}$	$\frac{1}{4}$

求 X 的分布函数, $P\left\{X\leqslant\frac{1}{2}\right\}$, $P\left\{\frac{3}{2}<X\leqslant\frac{5}{2}\right\}$, $P\{2\leqslant X\leqslant 3\}$.

解　$F(x)=\begin{cases}0, & x<-1,\\ \frac{1}{4}, & -1\leqslant x<2,\\ \frac{3}{4}, & 2\leqslant x<3,\\ 1, & x\geqslant 3.\end{cases}$ 从而

$$P\left\{X\leqslant\frac{1}{2}\right\}=F\left(\frac{1}{2}\right)=\frac{1}{4},\quad P\left\{\frac{3}{2}<X\leqslant\frac{5}{2}\right\}=F\left(\frac{5}{2}\right)-F\left(\frac{3}{2}\right)=\frac{3}{4}-\frac{1}{4}=\frac{1}{2},$$

$$P\{2\leqslant X\leqslant 3\}=F(3)-F(2)+P\{X=2\}=1-\frac{3}{4}+\frac{1}{2}=\frac{3}{4}.$$

由例 2 可知 $F(x)$ 是一个阶梯形的函数, 如图 2-1, 它在 X 的可能取值点处发生跳跃, 跳跃高度等于相应点处的概率, 而在两个相邻跳跃点之间分布函数值保持不变. 这一特征实际上是所有离散型随机变量的共同特征. 反之, 如果一个随机变量 X 的分布函数 $F(x)$ 是阶梯形函数, 则 X 一定是一个离散型随机变量, 其概率分布可由分布函数唯一确定: $F(x)$ 的跳跃点全体构成 X 的所有可能取值, 每一跳跃点处的跳跃高度则是 X 在相应点处的概率.

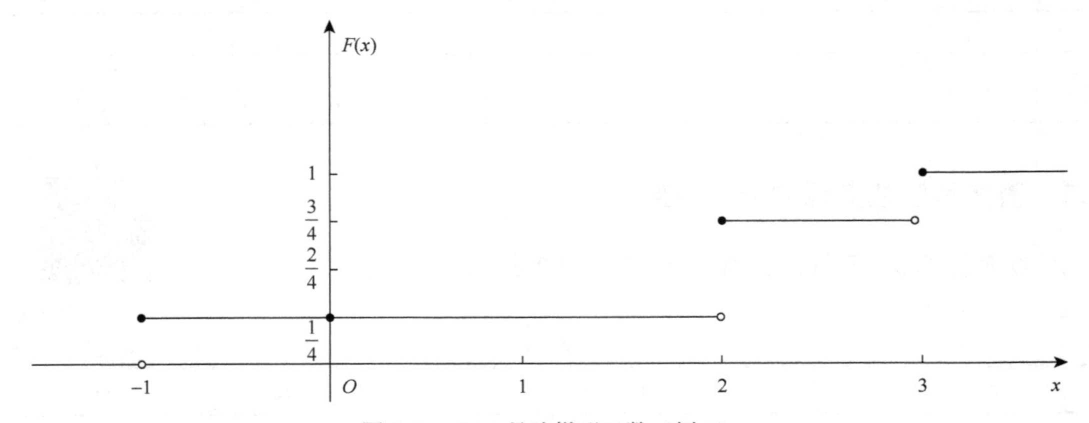

图 2-1　$F(x)$ 是阶梯形函数（例 2）

例 3　设随机变量 X 的分布函数为 $F(x)=\begin{cases}0, & x<1,\\ \frac{9}{19}, & 1\leqslant x<2,\\ \frac{15}{19}, & 2\leqslant x<3,\\ 1, & x\geqslant 3.\end{cases}$ 求 X 的概率分布.

解　由于 $F(x)$ 是一个阶梯形函数，故知 X 是一个离散型随机变量，$F(x)$ 的跳跃点分别为 1, 2, 3，对应的跳跃高度分别为 $\frac{9}{19}$，$\frac{6}{19}$，$\frac{4}{19}$，如图 2-2.

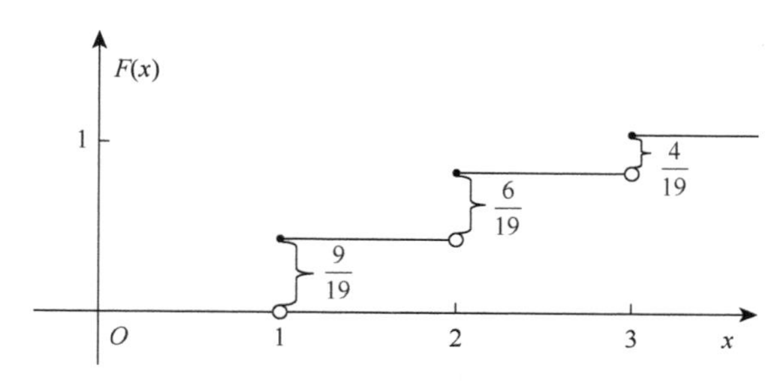

图 2-2　$F(x)$ 是阶梯形函数（例 3）

因此，X 的概率分布为

X	1	2	3
p	$\frac{9}{19}$	$\frac{6}{19}$	$\frac{4}{19}$

三、几种常见的离散型随机变量的分布

1. 两点分布

定义 2.4　若离散型随机变量只有两个可能取值，设其分布为

$$P\{X=x_1\}=p,\quad P\{X=x_2\}=1-p,\quad 0<p<1,$$

则称 X 服从 x_1，x_2 处参数为 p 的**两点分布**. 且其**分布函数为**

$$F(x)=P\{X\leqslant x\}=\begin{cases}0, & x<0,\\ 1-p, & 0\leqslant x<1,\\ 1, & 1\leqslant x.\end{cases}$$

特别地，如果 X 服从 $x_1=1$，$x_2=0$ 处的参数为 p 的两点分布，即

$$P\{X=1\}=p,\quad P\{X=0\}=1-p,\quad 0<p<1,$$

也称(0–1)分布，记作 X～(0–1) 分布. 写成分布律表 2-3 形式.

表 2-3

X	0	1
$p_k=P\{X=k\}$	$1-p$	p

例 4　从次品率为 3%(即 $p=3\%=0.03$)的一批产品中，随机抽取 1 件产品进行检验，求次品件数的分布律和分布函数.

解　若用 X 表示所取出的正品件数，并记事件 $\{X=0\}$={抽取的产品为正品}，$\{X=1\}$={抽取的产品为次品}，则由假设有 $P(X=0)=1-0.03=0.97$，$P\{X=1\}=0.03$，由此知 X 的分布律为

X	0	1
$p_k=P\{X=k\}$	0.97	0.03

从而随机变量 X 的分布函数 $F(x)=P(\{X\leqslant x\})=\begin{cases}0, & x<0,\\ 0.97, & 0\leqslant x<1,\\ 1, & x\geqslant 1.\end{cases}$

2. 二项分布

定义 2.5　若随机变量 X 的分布律为

$$P\{X=k\}=\mathrm{C}_n^k p^k(1-p)^{n-k},\quad k=0,1,2,\cdots,n,$$

则称 X 服从参数为 n，p 的二项分布，记作 $X\sim B(n,p)$. 写成分布律表 2-4 形式为

表 2-4

X	0	1	2	$\cdots$	n
$p_k=P\{X=k\}$	$\mathrm{C}_n^0p^0q^{n-0}$	$\mathrm{C}_n^1p^1q^{n-1}$	$\mathrm{C}_n^2p^2q^{n-2}$	$\cdots$	$\mathrm{C}_n^np^nq^{n-n}$

二项分布的特点：(1) 每次试验只有两个结果；(2) 相同的试验独立重复 n 次. 因此，若某事件在 n 次相同的独立试验中发生 k 次，则用二项分布来计算该事件发生 k 次的概率.

显然，两点分布是二项分布中当 $n=1$ 时的特殊情形，即两点分布是特殊的二项分布.

例 5　一张考卷上有 5 道选择题，每道题列出 4 个可能答案，其中只有一个答案是正确的. 某学生靠猜测至少能答对 4 道题的概率是多少？

解　每答一道题只有对错两个结果，答 5 道题相当于重复相同试验 5 次，符合二项分布的特点. 设 $A=\{$答对一道题$\}$，则 $P(A)=\dfrac{1}{4}$，X 为该学生靠猜测能答对的题数，则 $X\sim B\left(5,\dfrac{1}{4}\right)$，则所求概率为

$$\begin{aligned}P\{\text{至少能答对4道题}\}&=P\{X\geqslant 4\}\\&=P\{X=4\}+P\{X=5\}=\mathrm{C}_5^4\left(\frac{1}{4}\right)^4\cdot\frac{3}{4}+\left(\frac{1}{4}\right)^5=\frac{15+1}{4^5}=\frac{1}{64}.\end{aligned}$$

3. 泊松分布

定义 2.6　若离散型随机变量 X 的分布列为

$$P\{X=k\}=\frac{\lambda^k}{k!}\mathrm{e}^{-\lambda}\quad(k=0,\ 1,\ 2,\ \cdots;\ \lambda>0),$$

则称 X 为服从以 λ 为参数的**泊松分布**，记为 $X\sim P(\lambda)$. 写成分布律表 2-5 形式为

表 2-5

X	0	1	2	$\cdots$
$p_k=P\{X=k\}$	$\dfrac{\lambda^0}{0!}\mathrm{e}^{-\lambda}$	$\dfrac{\lambda^1}{1!}\mathrm{e}^{-\lambda}$	$\dfrac{\lambda^2}{2!}\mathrm{e}^{-\lambda}$	$\cdots$

泊松分布通常运用在确定的时间内通过某交通路口的小轿车的辆数，容器内的细菌数，铸件的疵点数，交换台电话被呼叫的次数等问题.

例 6　电话交换台每分钟接到的呼叫次数 X 为随机变量, 设 $X \sim P(3)$，求一分钟内呼叫次数不超过 1 次的概率(注：参数 $\lambda = 3$ 表示该电话交换台平均每分钟接到 3 次呼叫).

解　因 $X \sim P(3)$，即 $\lambda = 3$，故 $P\{X = k\} = \dfrac{3^k}{k!}\mathrm{e}^{-3}$（$k = 0,1,2,\cdots$），从而所求事件 A = {一分钟内呼叫次数不超过 1 次}= $\{X \leqslant 1\} = \{X = 0\} + \{X = 1\}$ 的概率为

$$P(A) = P\{X \leqslant 1\} = P\{X = 0\} + P\{X = 1\} = \frac{3^0}{0!}\mathrm{e}^{-3} + \frac{3^1}{1!}\mathrm{e}^{-3} = 4\mathrm{e}^{-3} \approx 0.199 .$$

在实际计算中，当 n 较大且 p 较小(如 $np < 5$)时，通常可把泊松分布作为二项分布的近似分布来应用，其中取 $\lambda = np$.

2.3　连续型随机变量及其分布

连续型随机变量是非离散型随机变量中最重要的一种随机变量，但对连续型随机变量来说，由于它的取值不是集中在有限个或可数个点上，而是集中在某个区间上. 因此，考察 X 的取值于一点的概率意义不大. 所以，只有确知 X 取值于任一区间上的概率(即 $P\{a \leqslant X \leqslant b\}$，其中 $a < b$ 且 a，b 为任意实数)，才能掌握它取值的概率分布.

一、连续型随机变量的概率密度

定义 2.7　若对随机变量 X 的分布函数 $F(x)$，存在非负可积函数 $f(x)$，使得对于任意实数 x 有

$$F(x) = \int_{-\infty}^{x} f(t)\mathrm{d}t,$$

则称 X 为连续型随机变量，其中 $f(x)$ 称为 X 的**概率密度函数**，简称**概率密度**或**密度函数**.

连续型随机变量 X 的分布函数 $F(x)$ 是连续函数. 由分布函数的性质 $F(-\infty) = 0$，$F(+\infty) = 1$ 及 $F(x)$ 单调递增性，知 $F(x)$ 是一条位于直线 $y = 0$ 与 $y = 1$ 之间的单调递增的连续(但不一定光滑)曲线.

由定义知 $f(x)$ 具有以下性质.

性质 1(非负性)　$f(x) \geqslant 0$；

性质 2(规范性)　$\int_{-\infty}^{+\infty} f(x)\mathrm{d}x = 1$；

性质 3　$P\{x_1 < X \leqslant x_2\} = F(x_2) - F(x_1) = \int_{x_1}^{x_2} f(x)\mathrm{d}x\ (x_1 \leqslant x_2)$；

性质 4　若 $f(x)$ 在 x 点处连续，则有 $F'(x) = f(x)$.

由性质 2 知，介于概率密度曲线 $y = f(x)$ 与 $y = 0$ 之间的面积为 1. 由性质 3 知, X 落在区间 $(x_1, x_2]$ 上的概率 $P\{x_1 < X \leqslant x_2\}$ 等于区间 $(x_1, x_2]$ 上概率密度曲线 $y = f(x)$ 之下的曲边梯形面积. 由性质 4 知，$f(x)$ 的连续点 x 处有

$$f(x)=\lim_{\Delta x\to 0^+}\frac{F(x+\Delta x)-F(x)}{\Delta x}=\lim_{\Delta x\to 0^+}\frac{P\{x<X\leqslant x+\Delta x\}}{\Delta x}.$$

前面我们曾指出对连续型随机变量 X 而言，它取任一特定值 a 的概率为零，即

$$P\{X=a\}=0,$$

由此很容易推导出

$$P\{a<X\leqslant b\}=P\{a\leqslant X<b\}=P\{a<X<b\}=P\{a\leqslant X\leqslant b\}.$$

即在计算连续型随机变量落在某区间上的概率时，可不必区分该区间端点的情况. 此外还要说明的是，事件$\{X=a\}$“几乎不可能发生”，但并不保证绝不会发生，它是“零概率事件”而不是不可能事件.

例 1　设连续型随机变量 X 的分布函数为 $F(x)=\begin{cases}0, & x<0,\\ Ax^2, & 0\leqslant x<1,\\ 1, & x\geqslant 1.\end{cases}$ 试求：

(1) 系数 A；

(2) X 落在区间 $(0.3,0.7)$ 内的概率；

(3) X 的密度函数.

解　(1) 由于 X 为连续型随机变量，故 $F(x)$ 是连续函数，因此有

$$1=F(1)=\lim_{x\to 1-0}F(x)=\lim_{x\to 1-0}Ax^2=A,$$

即 $A=1$，于是有

$$F(x)=\begin{cases}0, & x<0,\\ x^2, & 0\leqslant x<1,\\ 1, & x\geqslant 1.\end{cases}$$

(2) $P\{0.3<X<0.7\}=F(0.7)-F(0.3)=(0.7)^2-(0.3)^2=0.4$；

(3) X 的密度函数为

$$f(x)=F'(x)=\begin{cases}2x, & 0\leqslant x<1,\\ 0, & 其他.\end{cases}$$

例 2　若连续型随机变量 X 的密度函数 $f(x)=\begin{cases}kx+1, & 0\leqslant x\leqslant 2,\\ 0, & x<0或x>2.\end{cases}$ 求：

(1) 系数 k；(2) 分布函数 $F(x)$；(3) $f(-4\leqslant X<1)$；(4) $f(1.5<X<2.5)$.

解　(1) 因 $1=\int_{-\infty}^{+\infty}f(x)\mathrm{d}x=\int_{-\infty}^{0}0\mathrm{d}x+\int_{0}^{2}(kx+1)\mathrm{d}x+\int_{2}^{+\infty}0\mathrm{d}x=2k+2$，故

$$k=-\frac{1}{2}.$$

(2) 因 $k=-\dfrac{1}{2}$，故 $f(x)=\begin{cases}1-\dfrac{1}{2}x, & 0\leqslant x\leqslant 2,\\ 0, & x<0或x>2,\end{cases}$ 由此知：

当 $x<0$ 时有

$$F(x)=\int_{-\infty}^{x}p(t)\mathrm{d}t=\int_{-\infty}^{x}0\mathrm{d}t=0;$$

当$0 \leqslant x \leqslant 2$时有

$$F(x)=\int_{-\infty}^{x} p(t)\mathrm{d}t=\int_{-\infty}^{x} 0\mathrm{d}t+\int_{0}^{x}\left(1-\frac{1}{2}t\right)\mathrm{d}t=x-\frac{1}{4}x^{2};$$

当$x>2$时有

$$F(x)=\int_{-\infty}^{x} p(t)\mathrm{d}t=\int_{-\infty}^{x} 0\mathrm{d}t+\int_{0}^{2}\left(1-\frac{1}{2}t\right)\mathrm{d}t+\int_{2}^{x} 0\mathrm{d}t=1.$$

综上所述有

$$F(x)=\begin{cases}0, & x<0,\\ x-\dfrac{1}{4}x^{2}, & 0\leqslant x\leqslant 2,\\ 1, & x>2.\end{cases}$$

(3) 由性质 3 和 (2) 的结果有

$$P\{-4\leqslant X<1\}=F(1)-F(-4)=\left(1-\frac{1}{4}\right)-0=\frac{3}{4}=0.75.$$

(4) 由性质 3 和 (2) 的结果有

$$P\{1.5<X<2.5\}=F(2.5)-F(1.5)=1-\left(1.5-\frac{1}{4}\times 1.5^{2}\right)=0.0625.$$

二、几种常见的连续型随机变量的分布

1. 均匀分布

定义 2.8　若连续型随机变量 X 的概率密度为

$$f(x)=\begin{cases}\dfrac{1}{b-a}, & a\leqslant x\leqslant b,\\ 0, & 其他\end{cases}\quad (图 2\text{-}3),$$

则称随机变量 X 为服从以 a，b 为参数的**均匀分布**，记为 $X\sim U(a,b)$，且易求得

$$F(x)=P\{X\leqslant x\}=\begin{cases}0, & x<a,\\ \dfrac{x-a}{b-a}, & a\leqslant x\leqslant b,\\ 1, & x>b\end{cases}\quad (图 2\text{-}4).$$

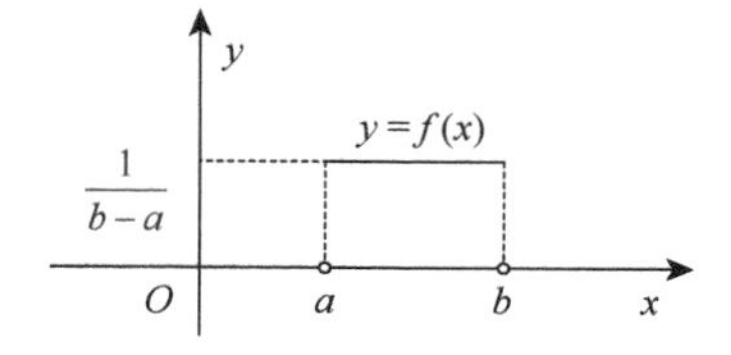

图 2-3　均匀分布的概率密度曲线图

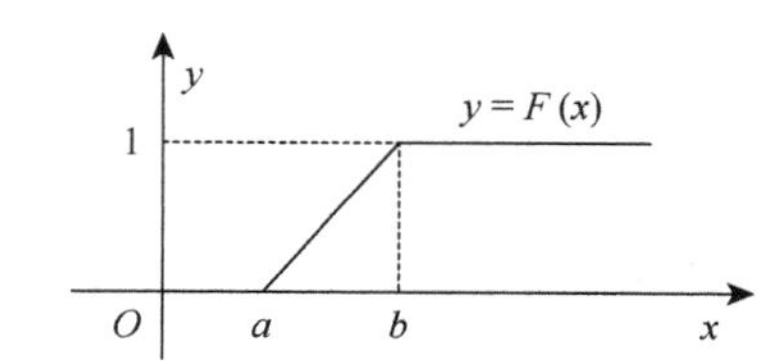

图 2-4　均匀分布的分布函数曲线图

例 3　已知乘客到车站候车的时间 X (单位：分钟)服从(0, 5)内的均匀分布，即 $X\sim U(0,5)$，求某人等车时间：(1) 2～3 分钟的概率；(2) 3 分钟以上的概率.

解　因由题意易得 X 的概率密度 $f(x)=\begin{cases}\dfrac{1}{5-0}, & 0\leqslant x\leqslant 5,\\ 0, & \text{其他}\end{cases}=\begin{cases}\dfrac{1}{5}, & 0\leqslant x\leqslant 5,\\ 0, & \text{其他},\end{cases}$ 故

(1) $P\{2\leqslant X\leqslant 3\}=\int_2^3 p(x)\mathrm{d}x=\int_2^3\frac{1}{5}\mathrm{d}x=\frac{1}{5}=0.2$.

(2) $P\{X\geqslant 3\}=\int_3^{+\infty}p(x)\mathrm{d}x=\int_3^5\frac{1}{5}\mathrm{d}x+\int_5^{+\infty}0\mathrm{d}x=\frac{2}{5}=0.4$.

2. 指数分布

定义 2.9　若连续型随机变量 X 的概率密度为

$$f(x)=\begin{cases}\dfrac{1}{\lambda}\mathrm{e}^{-\frac{x}{\lambda}}, & x\geqslant 0,\\ 0, & x<0\end{cases}\quad(\text{图 2-5}),$$

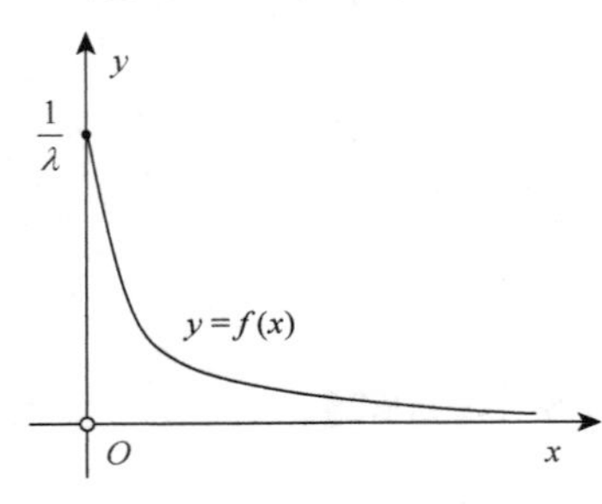

图 2-5　指数分布的概率密度曲线图

则称随机变量 X 为服从以 $\lambda(\lambda>0)$ 为参数的**指数分布**，记为 $X\sim E(\lambda)$，且易求得

$$F(x)=P\{X\leqslant x\}=\begin{cases}0, & x<0,\\ 1-\mathrm{e}^{-\frac{x}{\lambda}}, & x\geqslant 0.\end{cases}$$

指数分布应用广泛，不仅在可靠性理论与排队论中得到应用，而且有许多种“寿命”的分布，如电子元件的寿命、动物的寿命、电话的通话时间、随机服务系统的服务时间等，都近似地服从指数分布.

例 4　设某型号的日光灯管的使用寿命 X (单位: h)服从参数 $\lambda=2000$ 的指数分布，求：

(1) 任取该型号的灯管一只，能正常使用 1000h 以上的概率；

(2) 任取该型号的灯管一只，能正常使用 1000h 到 2000h 的概率.

解　由题意知，X 为连续型随机变量且 $X\sim E(2000)$，故 X 的分布函数为

$$F(x)=P\{X\leqslant x\}=\begin{cases}0, & x<0,\\ 1-\mathrm{e}^{-\frac{x}{2000}}, & x\geqslant 0,\end{cases}$$

于是

(1) 能正常使用 1000h 以上的概率为

$$P\{X>1000\}=1-P\{X\leqslant 1000\}=1-F(1000)=1-\left(1-\mathrm{e}^{-\frac{1000}{2000}}\right)=\mathrm{e}^{-\frac{1}{2}}\approx 0.607.$$

(2) 能正常使用 1000h 到 2000h 的概率为

$$P\{1000\leqslant X\leqslant 2000\}=F(2000)-F(1000)=\mathrm{e}^{-\frac{1}{2}}-\mathrm{e}^{-1}\approx 0.239.$$

3. 正态分布

1) 正态分布的定义及性质

定义 2.10　若连续型随机变量 X 的概率密度为

$$f(x)=\frac{1}{\sqrt{2\pi}\sigma}\mathrm{e}^{-\frac{(x-\mu)^2}{2\sigma^2}}\quad(-\infty<x<+\infty),$$

其中 μ，σ 为常数且 $\sigma>0$（图 2-6），则称随机变量 X 为服从以 μ，σ 为参数的**正态分布**，记为 $X\sim N(\mu,\sigma^2)$，且(图 2-7)

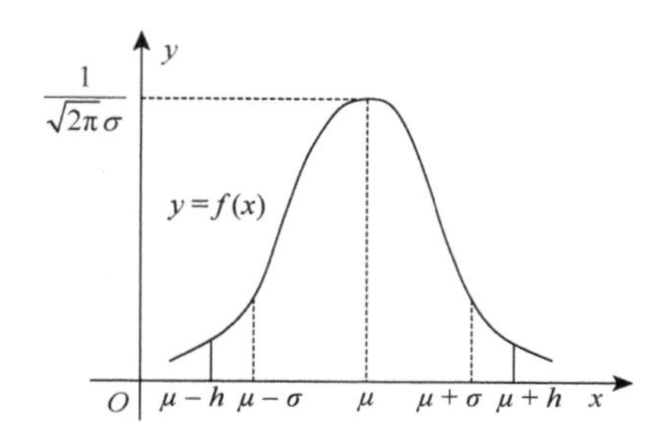

图 2-6　正态分布的密度函数曲线图

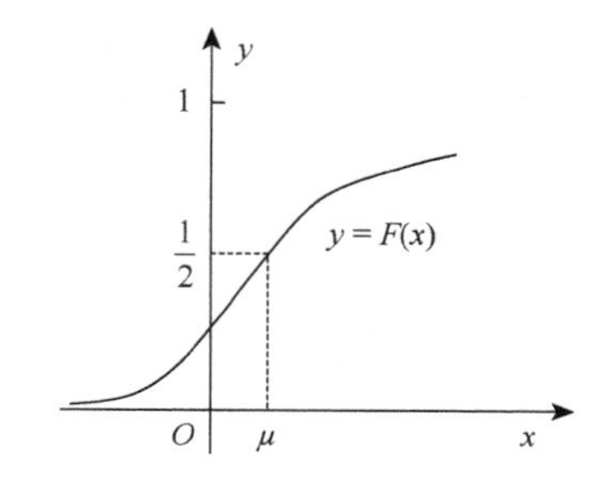

图 2-7　正态分布的分布函数曲线图

$$F(x)=P\{X\leqslant x\}=\int_{-\infty}^{x}f(t)\mathrm{d}t=\frac{1}{\sqrt{2\pi}\sigma}\int_{-\infty}^{x}\mathrm{e}^{-\frac{(t-\mu)^2}{2\sigma^2}}\mathrm{d}t\quad(-\infty<x<+\infty).$$

显然，由图 2-6 得，正态分布的概率密度 $f(x)$ 具有如下性质：

性质 5　曲线 $y=f(x)$ 关于直线 $x=\mu$ 对称，即对任意 $h>0$ 有

$$P\{\mu-h<X<\mu\}=P\quad(\mu<X<\mu+h).$$

性质 6　当 $x=\mu$ 时，$f(x)$ 取得最大值 $f(\mu)=\dfrac{1}{\sqrt{2\pi}\sigma}$，且 x 离 μ 越远 $f(x)$ 的值越小，这表明对于同样长度的区间，离 μ 越远，则 X 落在该区间上的概率越小.

2) 标准正态分布

定义 2.11　若连续型随机变量 $X\sim N(0,1)$（即 $\mu=0$，$\sigma=1$），则称随机变量 X 服从**标准正态分布**，此时 X 的概率密度(图 2-8)和分布函数分别记为

$$\varphi(x)=\frac{1}{\sqrt{2\pi}}\mathrm{e}^{-\frac{x^2}{2}}\quad(-\infty<x<+\infty),$$

$$\varPhi(x)=P\{-\infty<X\leqslant x\}=\int_{-\infty}^{x}p(t)\mathrm{d}t=\frac{1}{\sqrt{2\pi}}\int_{-\infty}^{x}\mathrm{e}^{-\frac{t^2}{2}}\mathrm{d}t\quad(-\infty<x<+\infty).$$

且有

(1) $\varphi(-x)=\varphi(x)$，即 $\varphi(x)$ 的图形关于 y 轴对称(图 2-9)；

(2) $\varPhi(-x)=1-\varPhi(x)$.

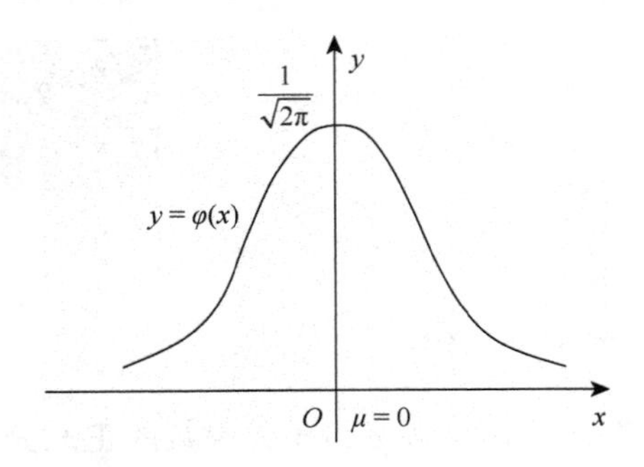

图 2-8　标准正态分布的密度函数曲线图

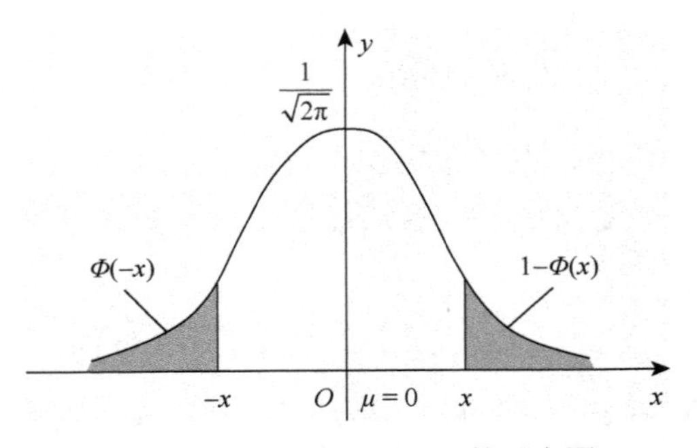

图 2-9　$\Phi(-x)$ 与 $1-\Phi(x)$ 的示意图

3) 一般正态分布与标准正态分布的关系

一般的正态分布可以转化为标准正态分布进行计算，具体转化公式如下：

(1) $f(x)=\frac{1}{\sigma}\varphi\left(\frac{x-\mu}{\sigma}\right)$,

(2) $F(x)=\Phi\left(\frac{x-\mu}{\sigma}\right)$,

(3) 若 $X\sim N(\mu,\sigma^2)$，则有 $\frac{X-\mu}{\sigma}\sim N(0,1)$.

由一般正态分布与标准正态分布的关系有：若 $X\sim N(\mu,\sigma^2)$，

(1) $P\{X\leqslant x\}=P\left\{\frac{X-\mu}{\sigma}\leqslant\frac{x-\mu}{\sigma}\right\}=\Phi\left(\frac{x-\mu}{\sigma}\right)$,

(2) $P\{X>x\}=1-\Phi\left(\frac{x-\mu}{\sigma}\right)$,

(3) 对于任意区间 $(x_1,x_2]$，有

$$P\{x_1<X\leqslant x_2\}=P\left\{\frac{x_1-\mu}{\sigma}<\frac{X-\mu}{\sigma}\leqslant\frac{x_2-\mu}{\sigma}\right\}=\Phi\left(\frac{x_2-\mu}{\sigma}\right)-\Phi\left(\frac{x_1-\mu}{\sigma}\right).$$

下面介绍计算服从正态分布的随机变量 X 在任一区间上的概率.

若 $X\sim N(0,1)$，则对任意 $x\in(0,+\infty)$，可直接通过查标准正态分布数值表查出相应的概率值 $P\{X\leqslant x\}=\Phi(x)$. 如查标准正态分布数值表可得

$$P\{X\leqslant 1.96\}=\Phi(1.96)=0.9750.$$

例 5　若 $X\sim N(0,1)$，求：

(1) $P\{X<2.35\}$；(2) $P\{X<-1.25\}$；(3) $P\{X>2\}$；(4) $P\{|X|<1.54\}$.

解　(1) $P\{X<2.35\}=\Phi(2.35)\overset{\text{查表}}{=\!=\!=}0.9906$；

(2) $P\{X<-1.25\}=\Phi(-1.25)=1-\Phi(1.25)\overset{\text{查表}}{=\!=\!=}1-0.8944=0.1056$；

(3) $P\{X>2\}=1-P\{X\leqslant 2\}=1-\Phi(2)\overset{\text{查表}}{=\!=\!=}1-0.9772=0.0228$；

(4)
$$\begin{aligned}P\{|X|<1.54\}&=P\{-1.54<X<1.54\}=\Phi(1.54)-\Phi(-1.54)\\&=\Phi(1.54)-[1-\Phi(1.54)]=2\Phi(1.54)-1\\&\overset{\text{查表}}{=\!=\!=}2\times0.9382-1=0.8764.\end{aligned}$$

例 6　若 $X \sim N(1.5,4)=N(1.5,2^2)$，求：

(1) $P\{X \leqslant -4\}$；(2) $P\{X>2\}$；(3) $P\{|X| \leqslant 3\}$.

解　(1) 因 $\mu=1.5$，$\sigma=2$，$x=-4$，故由 $P\{X \leqslant x\}=\Phi\left(\dfrac{x-\mu}{\sigma}\right)$，有

$$P\{X \leqslant -4\}=\Phi\left(\frac{-4-1.5}{2}\right)=\Phi(-2.75)=1-\Phi(2.75)$$
$$\xlongequal{\text{查表}}1-0.9970=0.0030;$$

(2) 因 $\mu=1.5$，$\sigma=2$，$x=2$，故由 $P\{X>x\}=1-\Phi\left(\dfrac{x-\mu}{\sigma}\right)$，有

$$P\{X>2\}=1-P\{X \leqslant 2\}=1-\Phi\left(\frac{2-1.5}{2}\right)=1-\Phi(0.25)$$
$$\xlongequal{\text{查表}}1-0.5987=0.4013;$$

(3) 因 $\mu=1.5$，$\sigma=2$，$x_1=-3$，$x_2=3$，故由

$$P\{x_1<X \leqslant x_2\}=\Phi\left(\frac{x_2-\mu}{\sigma}\right)-\Phi\left(\frac{x_1-\mu}{\sigma}\right),$$

有

$$P\{|X| \leqslant 3\}=P\{-3 \leqslant X \leqslant 3\}=\Phi\left(\frac{3-1.5}{2}\right)-\Phi\left(\frac{-3-1.5}{2}\right)=\Phi(0.75)-\Phi(-2.25)$$
$$=\Phi(0.75)-[1-\Phi(2.25)]\xlongequal{\text{查表}}0.7734-1+0.9878=0.7612.$$

例 7　公共汽车车门的高度是按成年男子与车门顶碰头的机会在 1%以下来设计的. 设男子身高 X 服从 $\mu=170(\text{cm})$，$\sigma=6(\text{cm})$ 的正态分布，即 $X \sim N(170,\sigma^2)$，问车门高度应如何确定？

解　设车门高度为 $h(\text{cm})$，按设计要求 $P\{X \geqslant h\} \leqslant 0.01$ 或 $P\{X<h\} \geqslant 0.99$，因为 $X \sim N(170,\sigma^2)$，故

$$P(X<h)=P\left\{\frac{X-170}{6}<\frac{h-170}{6}\right\}=\Phi\left(\frac{h-170}{6}\right) \geqslant 0.99,$$

查表得 $\Phi(2.33)=0.9901>0.99$，故取 $\dfrac{h-170}{6}=2.33$，即 $h=184$. 设计车门高度为 184cm 时，可使成年男子与车门碰头的机会不超过 1%.

2.4　随机变量函数的分布

在实际问题中，常常会遇到一些随机变量，它们的分布往往难于直接得到(如滚珠体积的测量值等)，但与它们有关系的另一些随机变量，其分布却是容易知道的(如滚珠直径的测量值). 因此，我们不仅要研究随机变量的分布，还要研究随机变量之间存在的函数关系和这些函数的分布，即通过它们之间的关系，由已知随机变量的分布求出与之相关的另一个未知随机变量的分布.

一、随机变量的函数

定义 2.12　一般地，如果存在一个函数 $g(x)$，使得随机变量 X，Y 满足

$$Y = g(X),$$

则称随机变量 Y 是随机变量 X 的函数.

例 1　若球体直径的测量值为随机变量 X，则相应的体积 Y 也为随机变量，且随机变量 Y 与随机变量 X 之间有如下函数关系：

$$Y = f(X) = \frac{\pi}{6}X^3 .$$

如何根据 X 的分布求出 $Y = f(X)$ 的分布. 下面通过离散型和连续型两种情形进行讨论.

二、离散型随机变量函数的分布

离散型随机变量 X 的函数 $Y = g(X)$，显然还是离散型随机变量.

设 X 是离散型随机变量，其概率分布为 $P\{X = x_n\} = p_n$ $(n=1,2,\cdots)$ 或表 2-6 形式：

表 2-6

X	x_1	x_2	$\cdots$	x_n
p	p_1	p_2	$\cdots$	p_n

则随机变量 $Y = g(X)$ 的全部可能的取值如下：

$$\{y_n \mid y_n = g(x_n),\ n=1,2,\cdots\},$$

如何求离散型随机变量 X 的函数 $Y = g(X)$ 的分布函数？

情形 1　如果 $y_1, y_2, \cdots, y_n, \cdots$ 两两不相同，则由 $P\{Y = y_n\} = P\{X = x_n\}$ $(n=1,2,\cdots)$ 可知随机变量 Y 的分布为 $P\{Y = y_n\} = p_n, n=1,2,\cdots$ 或表 2-7 形式：

表 2-7

Y	y_1	y_2	$\cdots$	y_n
p	p_1	p_2	$\cdots$	p_n

情形 2　如果 $y_1, y_2, \cdots, y_n, \cdots$ 有相同的项，则把这些相同的项合并(看作是一项)，并把相应的概率相加，即可得到随机变量 $Y = g(X)$ 的概率分布.

例 2　若离散型随机变量 X 的分布列为

X	-1	0	1	2
$p_k = P\{X = x_k\}$	0.1	0.2	0.3	0.4

求随机变量 $Y = X^2$ 的分布列.

解　因 $Y = X^2$ 对应的函数为 $y = x^2$，故对随机变量 X 的一切取值 $x = -1$，0，1，2，

随机变量 Y 对应的全部取值为 $y=0$，1，4，故结合 X 的分布列有

$$P_1=P\{Y=0\}=P\{X^2=0\}=P\{X=0\}=0.2,$$

$$P_2=P\{Y=1\}=P\{X^2=1\}=P\{X=-1或X=1\}$$

$$=P\{X=-1\}+P\{X=1\}=0.1+0.3=0.4,$$

$$P_3=P\{Y=4\}=P\{X^2=4\}=P\{X=2\}=0.4,$$

即随机变量 $Y=X^2$ 的分布列为

Y	0	1	4
$P_i=P\{Y=y_i\}$	0.2	0.4	0.4

三、连续型随机变量函数的分布

当随机变量 X 是连续型随机变量时，为求其函数 $Y=g(X)$ 的分布，首先应根据 X 的取值范围及函数 $Y=g(X)$ 确定随机变量 Y 的取值范围. 因为在取值范围之外 Y 的概率密度 $f_Y(y)=0$，只要找到在取值范围之内 Y 的概率密度即可.

求随机变量 Y 的概率密度，应该从 Y 的分布函数着手，因为分布函数是概率，最后通过求导，得到 Y 的概率密度，这种方法称为分布函数法.

分布函数法：

(1) 先求 $Y=g(X)$ 的分布函数

$$F_Y(y)=P\{Y\leqslant y\}=P\{g(X)\leqslant y\}=p\{X\in C_x\}=\int_{C_x}f(x)\mathrm{d}x.$$

(2) 利用 $Y=g(X)$ 的分布函数与密度函数之间的关系求 $Y=g(X)$ 的密度函数 $f_Y(y)=F_Y'(y)$.

例 3　对一圆片直径进行测量，其值在[5, 6]上均匀分布，求圆片面积的概率密度.

解　设圆片直径的测量值为 X，面积为 Y，则 X，Y 均为随机变量，且有关系式

$$Y=g(X)=\frac{\pi}{4}X^2.$$

因由假设有 $f_X(x)=\begin{cases}\dfrac{1}{6-5}, & 5\leqslant x\leqslant 6,\\ 0, & x<5 \text{ 或 } x>6\end{cases}=\begin{cases}1, & 5\leqslant x\leqslant 6,\\ 0, & x<5或x>6,\end{cases}$ 且函数 $y=g(x)=\dfrac{\pi}{4}x^2$ 在区间 $I=[5,6]$ 上严格增加且连续，故有

$$\alpha=\inf_{x\in I}\{g(x)\}=\min_{x\in[5,6]}\left\{\frac{\pi}{4}x^2\right\}=\frac{25}{4}\pi,\quad \beta=\sup_{x\in I}\{g(x)\}=\max_{x\in[5,6]}\left\{\frac{\pi}{4}x^2\right\}=9\pi,$$

所以，当 $\dfrac{25}{4}\pi=\alpha\leqslant y\leqslant\beta=9\pi$ 时有

$$F_Y(y)=P\{Y\leqslant y\}=P\left\{\frac{\pi}{4}X^2\leqslant y\right\}=P\left\{-\sqrt{\frac{4}{\pi}y}\leqslant X\leqslant\sqrt{\frac{4}{\pi}y}\right\}=\int_{-\sqrt{\frac{4}{\pi}y}}^{\sqrt{\frac{4}{\pi}y}}f_X(x)\mathrm{d}x$$

$$=\int_{-\sqrt{\frac{4}{\pi}y}}^{5}0\mathrm{d}x+\int_{5}^{\sqrt{\frac{4}{\pi}y}}1\mathrm{d}x=\sqrt{\frac{4}{\pi}y}-5,$$

进而结合关系式 $f_Y(y)=F_Y'(y)$ 便可得到 $Y=\frac{\pi}{4}X^2$ 的概率密度 $f_Y(y)$ 如下：

$$f_Y(y)=\begin{cases}\left(\sqrt{\frac{4}{\pi}y}-5\right)', & \frac{25}{4}\pi\leqslant y\leqslant 9\pi,\\ 0, & y<\frac{25}{4}\pi\text{或}y>9\pi\end{cases}$$

$$=\begin{cases}\frac{1}{\sqrt{\pi y}}, & \frac{25}{4}\pi\leqslant y\leqslant 9\pi,\\ 0, & y<\frac{25}{4}\pi\text{或}y>9\pi.\end{cases}$$

例 4 证明：若 $X\sim N(\mu,\sigma^2)$，则随机变量 X 的线性函数 $Y=aX+b\ (a\neq 0)$ 服从正态分布.

证 因 $X\sim N(\mu,\sigma^2)$，故 $p_X(x)=\frac{1}{\sqrt{2\pi}\sigma}\mathrm{e}^{-\frac{(x-\mu)^2}{2\sigma^2}}\quad(-\infty<x<+\infty)$.

又因 $a\neq 0$，故函数 $y=f(x)=ax+b$ 在 $I=(-\infty,+\infty)$ 内严格单调，且

$$x=f^{-1}(y)=\frac{y-b}{a},\quad [f^{-1}(y)]'=\left(\frac{y-b}{a}\right)'=\frac{1}{a}\quad(-\infty<x<+\infty),$$

故随机变量 $Y=aX+b$ 的密度函数如下

$$p_Y(y)=p_X[f^{-1}(y)]\,|[f^{-1}(y)]'|=p_X\left(\frac{y-b}{a}\right)\cdot\left|\frac{1}{a}\right|$$

$$=\frac{1}{|a|}\cdot\frac{1}{\sqrt{2\pi}\sigma}\mathrm{e}^{-\frac{\left(\frac{y-b}{a}-\mu\right)^2}{2\sigma^2}}=\frac{1}{\sqrt{2\pi}\cdot(|a|\sigma)}\mathrm{e}^{-\frac{[y-(a\mu+b)]^2}{2(|a|\sigma)^2}}\quad(-\infty<x<+\infty),$$

即 $Y=aX+b\sim N(a\mu+b,(|a|\sigma)^2)$. 特别地，若在例 4 中取 $a=\frac{1}{\sigma}$，$b=-\frac{\mu}{\sigma}$，则得 $Y=\frac{X-\mu}{\sigma}\sim N(0,1)$.

习 题 2

一、填空题

1. 若 X 的概率分布是

X	0	1
p	0.4	0.6

则其分布函数 $F(x)=P\{X\leqslant x\}=$__________.

2. 分布函数 $F(x)=P\{X\leqslant x\}$ 在点 x 处是__________连续.

3. 若 X 的概率分布是

X	0	1	2
p	0.2	0.3	0.5

则 $P\{X \geqslant -1\} =$ ________，$P\{X \leqslant -1\} =$ ________.

4. 若已知 X 的分布函数是 $F(x) = P\{X \leqslant x\}$，$-\infty < x < +\infty$，则当 $x_1 < x_2$ 时，$P\{x_1 < X \leqslant x_2\} =$ ________.

5. 若 $f(x)=\begin{cases} kx, & 0<x<1, \\ 0, & 其他 \end{cases}$ 是某连续型随机变量 X 的概率密度，则 $k =$ ________.

6. 若 X 的分布函数是 $F(x)=\begin{cases} 0, & x<0, \\ x^2, & 0 \leqslant x<1, \\ 1, & x \geqslant 1. \end{cases}$ 则 $P\{-0.5 < X < 0.5\} =$ ________.

7. 若 X 是连续型随机变量，则对任何 $x \in \mathbf{R}$ 恒有 $P\{X = x\} =$ ________.

8. 设连续型随机变量 X 的概率密度 $f(x)=\begin{cases} x, & 0 \leqslant x<1, \\ 2-x, & 1 \leqslant x \leqslant 2, \\ 0, & 其他, \end{cases}$ 则 $P\{X \leqslant 1.5\} =$ ________.

9. 已知随机变量 X 的概率密度 $f(x)=\begin{cases} 2x, & 0<x<1, \\ 0, & 其他, \end{cases}$ 则 $P\{X = 0.5\} =$ ________，$P\{X \leqslant 0.5\} =$ ________.

10. 若随机变量 X 的概率密度 $f(x)=\begin{cases} k(1-x)^2, & -1<x<1, \\ 0, & 其他, \end{cases}$ 则 $k =$ ________，$P\left\{X = \frac{1}{2}\right\} =$ ________.

二、选择题

1. 下列四个命题中正确命题的个数是（　　）.

(1) 15s 内，通过某十字路口的汽车的数量是随机变量；

(2) 在一段时间内，某候车室内候车的旅客人数是随机变量；

(3) 一条河流每年的最大流量是随机变量；

(4) 一个剧场共有三个出口，散场后从某一出口退场人数是随机变量.

A. 1；　　B. 2；　　C. 3；　　D. 4.

2. 下列结果中，构成分布列的是（　　）.

A. $\begin{bmatrix} X & 0 & 1 & 2 \\ p & 0.3 & 0.4 & 0.5 \end{bmatrix}$；　　B. $\begin{bmatrix} X & 0 & 1 & 2 \\ p & 0.3 & 0.2 & 0.5 \end{bmatrix}$；

C. $\begin{bmatrix} X & 0 & 1 & 2 \\ p & 0.4 & 0.3 & 0.5 \end{bmatrix}$；　　D. $\begin{bmatrix} X & 0 & 1 & 2 \\ p & 0.5 & 0.3 & 0.4 \end{bmatrix}$.

3. 若 X 的概率分布是 $\begin{bmatrix} X & 1 & 0 \\ p & 0.3 & 0.7 \end{bmatrix}$，则其分布函数 $F(x) = P\{X \leqslant x\}$ 是（　　）.

A. $F(x)=\begin{cases} 0, & x \leqslant 0, \\ 0.3, & 0<x \leqslant 1, \\ 1, & x>1; \end{cases}$　　B. $F(x)=\begin{cases} 0, & x<0, \\ 0.3, & 0 \leqslant x<1, \\ 1, & x \geqslant 1; \end{cases}$

C. $F(x)=\begin{cases} 0, & x \leqslant 0, \\ 0.7, & 0<x \leqslant 1, \\ 1, & x>1; \end{cases}$　　D. $F(x)=\begin{cases} 0, & x<0, \\ 0.7, & 0 \leqslant x<1, \\ 1, & x \geqslant 1. \end{cases}$

4. 若 X 的概率分布是 $\begin{bmatrix} X & 0 & 1 & 2 \\ p & \frac{1}{3} & \frac{1}{6} & \frac{1}{2} \end{bmatrix}$，则下列结果中成立的是（　　）.

A. $P\{X \leqslant 0\} = 0$；　　B. $P\left\{1 < X \leqslant \frac{3}{2}\right\} = 0$；

C. $P\left\{1\leqslant X\leqslant \frac{3}{2}\right\}=0$；　　D. $P\{X<0\}=\frac{1}{3}$.

5. 若 X 的分布函数是 $F(x)=\begin{cases}0, & x\leqslant 0,\\ \frac{x^2}{4}, & 0<x<2,\\ 1, & x\geqslant 2,\end{cases}$ 则下列结果中成立的是(　　).

A. X 的概率密度 $f(x)=\begin{cases}\frac{x}{2}, & 0<x<2,\\ 0, & \text{其他};\end{cases}$　　B. $P\{X\geqslant 2\}=0.5$；

C. $P\{0<X<1\}=0.2$；　　D. $P\{X<0\}>0$.

6. 若 X 的分布列是 $\begin{bmatrix}X & -1 & 1 & 2\\ p & \frac{1}{3} & \frac{1}{6} & \frac{1}{2}\end{bmatrix}$，则下列结果中成立的是(　　).

A. $\begin{bmatrix}X^2 & 1 & 1 & 4\\ p & \frac{1}{3} & \frac{1}{6} & \frac{1}{2}\end{bmatrix}$；　　B. $\begin{bmatrix}X^2 & 1 & 4\\ p & 0.5 & 0.5\end{bmatrix}$；

C. $P\{X\geqslant 2\}=1$；　　D. $P\{X<-1\}=\frac{1}{3}$.

7. 若 X 的概率密度是 $f(x)=\begin{cases}1, & 0<x<1,\\ 0, & \text{其他},\end{cases}$ 则其分布函数是(　　).

A. $F(x)=\begin{cases}x, & 0<x<1,\\ 0, & \text{其他};\end{cases}$　　B. $F(x)=\begin{cases}0.5x^2, & 0<x<1,\\ 0, & \text{其他};\end{cases}$

C. $F(x)=\begin{cases}0, & x<0,\\ 0.5x^2, & 0\leqslant x<1,\\ 1, & x\geqslant 1;\end{cases}$　　D. $F(x)=\begin{cases}0, & x<0,\\ x, & 0\leqslant x<1,\\ 1, & x\geqslant 1.\end{cases}$

8. 下列函数中，可作为概率密度的是(　　).

A. $f(x)=\frac{1}{1+x^2}\quad (x\in\mathbf{R})$；　　B. $f(x)=\frac{1}{\pi(1+x^2)}\quad (-\infty<x\leqslant 0)$；

C. $f(x)=\frac{1}{\pi(1+x^2)}\quad (0\leqslant x<+\infty)$；　　D. $f(x)=\frac{1}{\pi(1+x^2)}\quad (x\in\mathbf{R})$.

9. 设随机变量 X 的概率密度为 $f(x)$，且 $f(-x)=f(x)$，$F(x)$ 为 X 的分布函数. 则对任意实数 a，有(　　).

A. $F(-a)=1-F(a)$；　　B. $F(-a)=F(a)$；

C. $F(-a)=2F(a)-1$；　　D. $F(-a)=-F(a)$.

三、解答题

1. 有 3 个小球和 2 只杯子，将小球随机地放入杯中. 设 X 为有小球的杯子数，求 X 的概率分布.

2. 一汽车沿一街道行驶，需要通过三个均设有红绿信号灯的路口. 每个信号灯为红或绿与其他信号灯为红或绿独立，且红绿两种信号显示时间相等. 以 X 表示汽车首次遇到红灯前已通过的路口数，求 X 的概率分布.

3. 设某运动员投篮命中的概率为 0.6，求他一次投篮时，投篮命中数的概率分布.

4. 一袋中有 5 个新球，3 个旧球. 每次从中任取一个，有下述两种方式进行抽样，X 表示直到取得新球为止所进行的抽样次数：(1) 不放回地抽取；(2) 有放回地抽取. 求 X 的分布律.

5. 若每次射击中靶的概率为 0.7，求射击 10 炮，

(1) 命中三炮的概率；(2) 至少命中三炮的概率.

6. 一台总机共有 300 台分机，总机拥有 13 条外线，假设每台分机向总机要外线的概率为 0.03，求每台分机向总机要外线时，能及时得到满足的概率.

7. 已知离散型随机变量 X 只能取 $-1,0,1,\sqrt{2}$ 共四个值，相应的概率依次为 $\frac{1}{2a},\frac{3}{4a},\frac{5}{8a},\frac{7}{16a}$. 计算概率 $P\{|X|\leqslant 1|X\geqslant 0\}$.

8. 已知随机变量 X 的概率密度为

$$f(x)=\begin{cases}2x, & 0<x<1,\\ 0, & \text{其他}.\end{cases}$$

求 $P\{X\leqslant 0.5\}$； $P\{X=0.5\}$.

9. 连续型随机变量 X 的概率密度为

$$f(x)=\begin{cases}\dfrac{2}{\pi(1+x^2)}, & a<x<+\infty,\\ 0, & \text{其他}.\end{cases}$$

(1) 试确定常数 a 的值；

(2) 如果概率 $P\{a<X<b\}=0.5$，确定常数 b 的值.

10. 设随机变量 X 的分布函数为 $F(x)=\begin{cases}1-(1+x)\mathrm{e}^{-x}, & x\geqslant 0,\\ 0, & x<0.\end{cases}$ 求相应的概率密度，并求 $P\{X\leqslant 1\}$.

11. 设连续型随机变量 X 的分布函数为 $F(x)=\begin{cases}0, & x<0,\\ Ax^2, & 0\leqslant x<1,\\ 1, & x\geqslant 1.\end{cases}$ 求常数 A 及概率密度 $f(x)$.

12. 设 X 在 $(0,5)$ 上服从均匀分布，求 t 的方程 $4t^2+4Xt+X+2=0$ 有实根的概率.

13. 设 $X\sim N(1,4)$，求 $F(5)$， $P\{0<X\leqslant 1.6\}$， $P\{|X-1|\leqslant 2\}$.

14. 设某项竞赛成绩 $X\sim N(65,100)$，若按参赛人数的 10%发奖，问获奖分数线应定为多少？

15. 在电源电压不超过 200V，200～240V 和超过 240V 三种情形下，某种电子元件损坏的概率分别为 0.1，0.001 和 0.2. 假设电源电压 X 服从正态分布 $N(220,25^2)$，试求：

(1) 该电子元件损坏的概率 α；

(2) 该电子元件损坏时，电源电压为 200～240V 的概率 β.

第 3 章　多维随机变量及其分布

在实际问题中，有些随机试验需要用两个或两个以上的随机变量来描述. 例如，炮弹落地点的位置，就需要用两个随机变量 X 和 Y 来描述. 要研究这些随机变量及其之间的关系，就必须同时考虑这些随机变量及其“联合”分布等内容. 本章主要以二维随机变量为例介绍其分布.

3.1　多维随机变量及其分布简介

定义 3.1　设 $X_1,X_2,\cdots,X_n$ 是定义在同一样本空间上的 n 个随机变量，称 n 维向量 $(X_1,X_2,\cdots,X_n)$ 为 n **维随机变量**，并称 n 元函数

$$F(x_1,x_2,\cdots,x_n)=P\{X_1\leqslant x_1,X_2\leqslant x_2,\cdots,X_n\leqslant x_n\}\quad (x_1,x_2,\cdots,x_n\in\mathbf{R})$$

为 n 维随机变量 $(X_1,X_2,\cdots,X_n)$ 的**分布函数(或联合分布函数)**.

据此定义，上一章讨论的随机变量称为一维随机变量，本章将着重讨论二维随机变量 (X,Y)，其分布函数为

$$F(x,y)=P\{X\leqslant x,Y\leqslant y\}.$$

其几何意义表示随机点 (X,Y) 落在图 3-1 所示无穷矩形区域内的概率.

由分布函数 $F(x,y)$ 的定义及概率的性质可以证明 $F(x,y)$ 具有以下基本性质：

性质 1　$F(x,y)$ 对 x 或 y 都是递增函数，即若 $x_1<x_2$，则 $F(x_1,y)\leqslant F(x_2,y)$；若 $y_1<y_2$，则 $F(x,y_1)\leqslant F(x,y_2)$；

性质 2　$F(-\infty,y)=0$，$F(x,-\infty)=0$，$F(-\infty,+\infty)=1$；

性质 3　$F(x,y)$ 分别对 x，y 右连续，即有

$$F(x+0,y)=F(x,y)\text{ 及 }F(x,y+0)=F(x,y).$$

性质 4　对于任意的 $(x_1,y_1),(x_2,y_2)\in\mathbf{R}^2$，当 $x_1<x_2$ 和 $y_1<y_2$ (图 3-2)时，不等式

$$F(x_2,y_2)-F(x_2,y_1)-F(x_1,y_2)+F(x_1,y_1)\geqslant 0$$

恒成立.

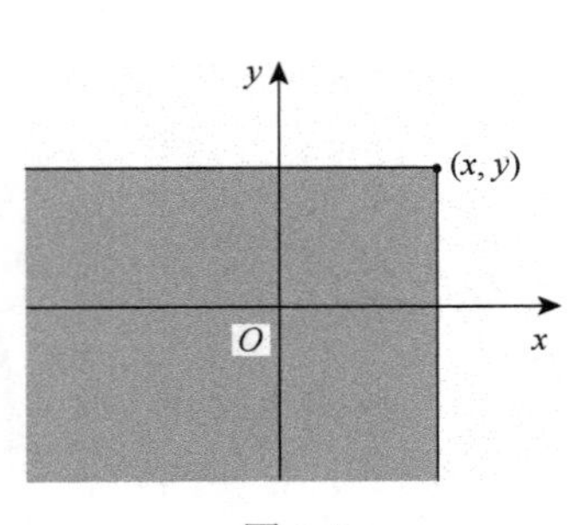

图 3-1

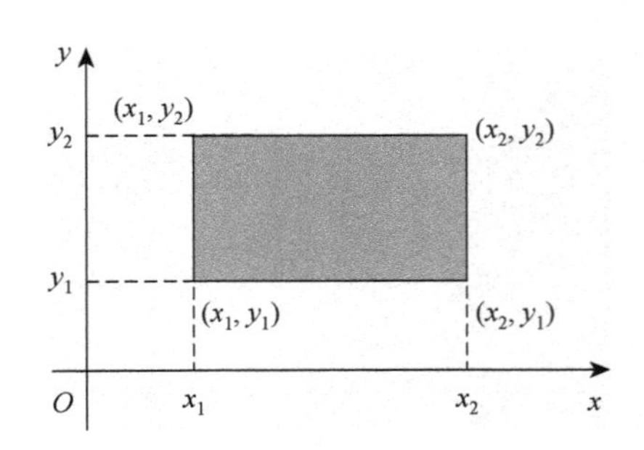

图 3-2

3.2　二维离散型随机变量

一、二维离散型随机变量的联合分布与边缘分布

定义 3.2　若二维随机变量 (X,Y) 的所有可能取值为有限个或者无限可列个数对, 则称 (X,Y) 为**二维离散型随机变量**.

显然, 当且仅当 X,Y 均为离散型随机变量时, 二维随机变量 (X,Y) 为离散型随机变量.

既然二维随机变量 (X,Y) 的每一个分量都是随机变量, 那么掌握了 X,Y 各自的概率分布是否就掌握了 (X,Y) 的全部可能取值及其概率规律性呢？下面我们将讨论这个问题.

定义 3.3　设 (X,Y) 为二维离散型随机变量, 其全部可能取值为 $(x_i,y_j)\ (i,j=1,2,\cdots)$, 称

$$P\{X=x_i,Y=y_j\}=p_{ij}\quad (i,j=1,2,\cdots)$$

为 (X,Y) 的**联合概率分布**, 简称**联合分布**, 也称**联合分布律**.

由概率的性质, 显然有

(1) $0\leqslant p_{ij}\leqslant 1$；　　(2) $\sum_{j=1}^{\infty}\sum_{i=1}^{\infty}p_{ij}=1$.

定义 3.4　称二维随机变量 (X,Y) 中 X(或Y) 的概率分布为 (X,Y) 关于 (X,Y) 的 X(或Y)**边缘分布**.

边缘分布可以由联合分布求得

$$\begin{aligned}P\{X=x_i\}&=P\left\{X=x_i,\bigcup_j(Y=y_j)\right\}=P\left\{\bigcup_j(X=x_i,Y=y_i)\right\}\\&=\sum_j P\{X=x_i,Y=y_i\}=\sum_j p_{ij}\quad (i=1,2,\cdots),\end{aligned}$$

类似地, 有

$$P\{Y=y_j\}=\sum_j p_{ij}\quad (i=1,2,\cdots).$$

通常记 $P\{X=x_i\}=p_{i\cdot},P\{Y=y_j\}=p_{\cdot j}$, 于是有

$$p_{i\cdot}=\sum_j p_{ij},p_{\cdot j}=\sum_i p_{ij}\quad (i,j=1,2,\cdots).$$

二维离散型随机变量 (X,Y) 的联合分布和边缘分布也可列成表 3-1 的形式:

表 3-1

X	Y					
	y_1	y_2	$\cdots$	y_j	$\cdots$	$p_{i\cdot}$
x_1	p_{11}	p_{12}	$\cdots$	p_{1j}	$\cdots$	$p_{1\cdot}$
x_2	p_{21}	p_{22}	$\cdots$	p_{2j}	$\cdots$	$p_{2\cdot}$

续表

X	Y					
	y_1	y_2	…	y_j	…	$p_{i\cdot}$
…	…	…	…	…	…	…
x_i	p_{i1}	p_{i2}	…	p_{ij}	…	$p_{i\cdot}$
…	…	…	…	…	…	…
$p_{\cdot j}$	$p_{\cdot 1}$	$p_{\cdot 2}$	…	$p_{\cdot j}$	…	

表 3-1 中最后一列是 (X,Y) 关于 X 的边缘分布，$p_{i\cdot}$ 是表中第 i 行前面各数之和；类似地，最后一行是 (X,Y) 关于 Y 的边缘分布，$p_{\cdot j}$ 是表中第 j 列上面各数之和.

例 1 设袋中有 2 只白球, 3 只红球, 现做放回摸球, 每次 1 球, 连摸两次, 令

$$X=\begin{cases}1, & 第一次摸到白球,\\ 0, & 第一次摸到红球,\end{cases}\quad Y=\begin{cases}1, & 第二次摸到白球,\\ 0, & 第二次摸到红球.\end{cases}$$

试求二维随机变量 (X,Y) 的联合分布和边缘分布. 若改做不放回摸球情况又如何?

解 “放回”和“不放回”两种摸球方式下 (X,Y) 的联合分布与边缘分布分别由表 3-2 和表 3-3 给出.

表 3-2 放回摸球

X	Y		
	0	1	$p_{i\cdot}$
0	$\frac{3}{5}\cdot\frac{3}{5}$	$\frac{3}{5}\cdot\frac{2}{5}$	$\frac{3}{5}$
1	$\frac{2}{5}\cdot\frac{3}{5}$	$\frac{2}{5}\cdot\frac{2}{5}$	$\frac{2}{5}$
$p_{\cdot j}$	$\frac{3}{5}$	$\frac{2}{5}$	

表 3-3 不放回摸球

X	Y		
	0	1	$p_{i\cdot}$
0	$\frac{3}{5}\cdot\frac{2}{4}$	$\frac{3}{5}\cdot\frac{2}{4}$	$\frac{3}{5}$
1	$\frac{2}{5}\cdot\frac{3}{4}$	$\frac{2}{5}\cdot\frac{1}{4}$	$\frac{2}{5}$
$p_{\cdot j}$	$\frac{3}{5}$	$\frac{2}{5}$	

例 1 的结果表明, 两种摸球方式下, (X,Y) 具有不同的联合分布, 但它们相应的边缘分布却一样. 这一事实说明, 虽然二维随机变量 (X,Y) 的联合分布完全确定了它的两个边缘分

布，但反过来，(X,Y) 的两个边缘分布却不能完全确定出 (X,Y) 的联合分布. 这也是将二维随机变量 (X,Y) 作为一个整体来研究的原因.

例 2　从三张分别标有 1, 2, 3 号的卡片中任取一张，以 X 记其号码，放回之后，拿掉三张卡片中号码大于 X 的卡片，从剩下的卡片中再任取一张，以 Y 记其号码. 求随机变量 (X,Y) 的联合概率分布和边缘分布.

解　利用乘法公式，有

$$P\{X=1,Y=1\}=P\{X=1\}P\{Y=1\mid X=1\}=\frac{1}{3}\cdot 1=\frac{1}{3},$$

类似地，有

$$P\{X=2,Y=1\}=\frac{1}{3}\cdot\frac{1}{2}=\frac{1}{6},\quad P\{X=2,Y=2\}=\frac{1}{3}\cdot\frac{1}{2}=\frac{1}{6},$$
$$P\{X=3,Y=1\}=\frac{1}{3}\cdot\frac{1}{3}=\frac{1}{9},\quad P\{X=3,Y=2\}=\frac{1}{3}\cdot\frac{1}{3}=\frac{1}{9},$$
$$P\{X=3,Y=3\}=\frac{1}{3}\cdot\frac{1}{3}=\frac{1}{9}.$$

又

$$P\{X=1,Y=2\}=P\{X=1,Y=3\}=P\{X=2,Y=3\}=0.$$

将计算结果列成表格，再分别依行、列求和即得边缘分布. 结果见表 3-4.

表 3-4

X	Y			
	1	2	3	$p_{i\cdot}$
1	$\frac{1}{3}$	0	0	$\frac{1}{3}$
2	$\frac{1}{6}$	$\frac{1}{6}$	0	$\frac{1}{3}$
3	$\frac{1}{9}$	$\frac{1}{9}$	$\frac{1}{9}$	$\frac{1}{3}$
$p_{\cdot j}$	$\frac{11}{18}$	$\frac{5}{18}$	$\frac{1}{9}$	

二、随机变量的独立性

定义 3.5　若二维离散型随机变量 (X,Y) 的联合分布与边缘分布满足

$$p_{ij}=p_{i\cdot}\cdot p_{\cdot j}\quad (i,j=1,2,\cdots),$$

则称随机变量 X 与 Y 相互独立.

据此定义容易验证，例 1 的放回摸球试验中的随机变量 X 与 Y 相互独立，而不放回摸球试验中的随机变量 X 与 Y 则不相互独立；例 2 中的随机变量 X 与 Y 不独立.

一般地，边缘分布不能确定二维随机变量的联合分布，但当 X 与 Y 相互独立时，据定义 3.5，二维离散型随机变量 (X,Y) 的联合分布被它的两个边缘分布完全确定.

例 3 设随机变量 X 分布密度为 $f_x(x)=\begin{cases}e^{-x}, & x>0,\\ 0, & x\leqslant 0,\end{cases}$ 令

$$Y_1=\begin{cases}0, & x<\ln 2,\\ 1, & x\geqslant \ln 2,\end{cases}\quad Y_2=\begin{cases}0, & x<\ln 3,\\ 1, & x\geqslant \ln 3,\end{cases}$$

(1) 求 (Y_1,Y_2) 的联合分布；(2) 判断 Y_1 与 Y_2 是否相互独立？

解 (1) 由题设，(Y_1,Y_2) 的全部可能取值为 $(0,0),(0,1),(1,0),(1,1)$, 其联合分布为

$$P\{Y_1=0,Y_2=0\}=P\{X<\ln 2,X<\ln 3\}=P\{X<\ln 2\}=\int_0^{\ln 2}e^{-x}dx=\frac{1}{2},$$

$$P\{Y_1=0,Y_2=1\}=P\{X<\ln 2,X\geq \ln 3\}=0,$$

$$P\{Y_1=1,Y_2=0\}=P\{X\leqslant \ln 2,X<\ln 3\}=\int_{\ln 2}^{\ln 3}e^{-x}dx=\frac{1}{6},$$

$$P\{Y_1=1,Y_2=1\}=P\{X\geqslant \ln 2,X\geqslant \ln 3\}=P\{X\geqslant \ln 3\}=\int_{\ln 3}^{+\infty}e^{-x}dx=\frac{1}{3}.$$

(2) 因

$$P\{Y_1=0\}=P\{X<\ln 2\}=\frac{1}{2},P\{Y_2=1\}=P\{X\geqslant \ln 3\}=\frac{1}{3},$$

$$P\{Y_1=0\}\cdot P\{Y_2=1\}=\frac{1}{6}\neq P\{Y_1=0,Y_2=1\},$$

从而 Y_1 与 Y_2 不独立.

三、条件分布

对于二维随机变量 (X,Y)，有时需考虑其中某个分量在另一个分量取固定值的条件下的概率分布，通常称之为条件分布. 条件分布刻画了随机变量 X 与 Y 之间的依赖性.

定义 3.6 设二维离散型随机变量 (X,Y) 的联合分布为

$$P\{X=x_i,Y=y_j\}=p_{ij}\quad (i,j=1,2,\cdots),$$

若 $P(Y=y_j)=p_{\cdot j}>0$, 则称

$$P\{X=x_i\mid Y=y_j\}=\frac{P\{X=x_i,Y=y_j\}}{P\{Y=y_j\}}=\frac{p_{ij}}{p_{\cdot j}}\quad (i=1,2,\cdots)$$

为 $Y=y_j$ 条件下 X 的条件概率分布，简称**条件分布**.

该定义表明二维离散型随机变量 (X,Y) 的联合分布不但确定了其边缘分布，而且也确定了其条件分布.

显然，条件分布亦具有一般概率分布(亦称无条件概率分布)的基本性质：

(1) $P\{X=x_i\mid Y=y_j\}\geqslant 0(i=1,2,\cdots)$;

(2) $\sum\limits_i P\{X=x_i\mid Y=y_j\}=1$.

类似地，当 $P\{X=x_i\}=p_{i\cdot}>0$ 时，可定义在 $X=x_i$ 条件下的条件分布

$$P\{Y=y_j\mid X=x_i\}=\frac{p_{ij}}{p_{i\cdot}}\quad (j=1,2,\cdots).$$

利用条件分布的定义及离散型随机变量的独立性定义，容易得出下面的定理.

定理 3.1　当且仅当下列两条件之一成立时，离散型随机变量 X 与 Y 相互独立：

(1) $P\{X=x_i \mid Y=y_j\}=p_{\cdot i}(i,j=1,2,\cdots)$;

(2) $P\{Y=y_j \mid X=x_i\}=p_{\cdot j}(i,j=1,2,\cdots)$.

例 4　求例 2 中随机变量 X 在 $Y=y_j$ 条件下的条件分布.

解　由定义 3.6 可得，在 $Y=1$ 条件下，X 的条件分布为

$$P\{X=1Y=1 \mid Y=1\}=\frac{6}{11},\quad P\{X=2 \mid Y=1\}=\frac{3}{11},\quad P\{X=3 \mid Y=1\}=\frac{2}{11}.$$

在 $Y=2$ 条件下，X 的条件分布为

$$P\{X=1 \mid Y=2\}=0,\quad P\{X=2 \mid Y=2\}=\frac{3}{5},\quad P\{X=3 \mid Y=2\}=\frac{2}{5}.$$

在 $Y=3$ 条件下，X 的条件分布为

$$P\{X=1 \mid Y=3\}=0,\quad P\{X=2 \mid Y=3\}=0,\quad P\{X=3 \mid Y=3\}=1.$$

有时条件分布可直接利用条件概率的概念求得.

3.3　二维连续型随机变量

一、二维连续型随机变量的联合分布

定义 3.7　设 $F(x,y)$ 为二维随机变量 (X,Y) 的联合分布函数，若存在非负可积函数 $f(x,y)$，使得对于任意 $x,y\in\mathbf{R}$，有

$$F(x,y)=\int_{-\infty}^{x}\mathrm{d}u\int_{-\infty}^{y}f(x,y)\mathrm{d}v,$$

则称 (X,Y) 为二维连续型随机变量，并称 $f(x,y)$ 为 (X,Y) 的**联合概率密度函数**，简称**联合密度**，或**二维密度函数**.

联合密度具有以下基本性质：

性质 1　$f(x,y)\geqslant 0$;

性质 2　$\int_{-\infty}^{+\infty}\int_{-\infty}^{+\infty}f(x,y)\mathrm{d}x\mathrm{d}y=1$;

反之，若一个二元函数具有以上两条性质，则此二元函数可作为某二维随机变量的联合概率密度函数.

性质 3　若 D 为 xy 平面上一个区域，则 (X,Y) 落入 D 的概率为

$$P\{(X,Y)\in D\}=\iint_D f(x,y)\mathrm{d}x\mathrm{d}y;$$

性质 4　在 $f(x,y)$ 的连续点 (x,y) 处有

$$\frac{\partial^2 F(x,y)}{\partial x\partial y}=f(x,y).$$

例 1　设二维随机变量 (X,Y) 的联合概率密度函数为

$$f(x,y)=\begin{cases}\dfrac{A}{x^2y^3}, & x>\dfrac{1}{2},y>\dfrac{1}{2},\\ 0, & 其他,\end{cases}$$

求(1) A 系数；(2) (X,Y) 的分布函数；(3) $P\{XY<1\}$.

解 (1) 由性质 2，有

$$\int_{\frac{1}{2}}^{+\infty}\mathrm{d}x\int_{\frac{1}{2}}^{+\infty}\frac{A}{x^2y^3}\mathrm{d}y=1,$$

解之得 $A=\dfrac{1}{4}$，于是

$$f(x,y)=\begin{cases}\dfrac{1}{4x^2y^3}, & x>\dfrac{1}{2},y>\dfrac{1}{2},\\ 0, & 其他.\end{cases}$$

(2) $$F(x,y)=\begin{cases}\displaystyle\int_{\frac{1}{2}}^{x}\mathrm{d}u\int_{\frac{1}{2}}^{y}\frac{1}{4u^2v^3}\mathrm{d}v, & x>\dfrac{1}{2},y>\dfrac{1}{2},\\ 0, & 其他.\end{cases}$$

$$=\begin{cases}\left(-\dfrac{1}{2x}\right)\left(1-\dfrac{1}{4y^2}\right), & x>\dfrac{1}{2},y>\dfrac{1}{2},\\ 0, & 其他.\end{cases}$$

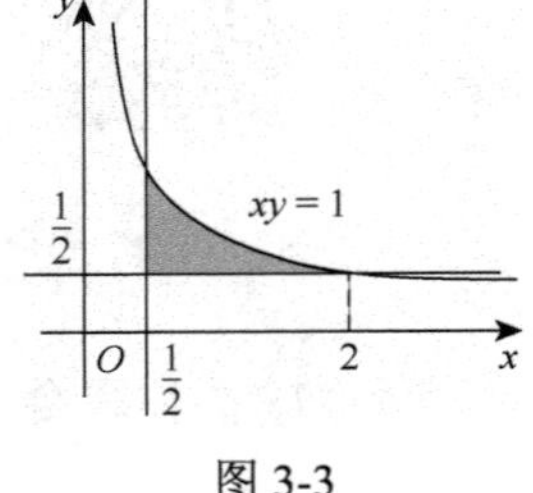

图 3-3

(3) 记 $D=\left\{(x,y)\,|\,x>\dfrac{1}{2},y>\dfrac{1}{2}\right\}$，$G=\{(x,y)\,|\,xy<1\}$ (图 3-3)，因 $f(x,y)$ 仅在 D 内取非零值，故由性质 3 得

$$P\{XY<1\}=\iint\limits_{xy<1}f(x,y)\mathrm{d}x\mathrm{d}y=\iint\limits_{D\cap G}\frac{1}{4x^2y^3}\mathrm{d}x\mathrm{d}y$$

$$=\int_{\frac{1}{2}}^{2}\mathrm{d}x\int_{\frac{1}{2}}^{\frac{1}{x}}\frac{1}{4x^2y^3}\mathrm{d}y=\frac{9}{16}.$$

二、二维连续型随机变量的边缘分布

定义 3.8 称二维随机变量 (X,Y) 中分量 X 的分布函数 $F_X(x)$ 为 (X,Y) 关于 X **的边缘分布函数**，分量 Y 的分布函数 $F_Y(y)$ 为 (X,Y) 关于 Y **的边缘分布函数**.

对于二维连续型随机变量 (X,Y)，若已知其密度函数为 $f(x,y)$，则其关于 X 的边缘分布函数为

$$F_X(x)=P\{X\leqslant x,Y<+\infty\}=F(x,+\infty)$$

$$=\int_{-\infty}^{x}\mathrm{d}u\int_{-\infty}^{+\infty}f(u,v)\mathrm{d}v=\int_{-\infty}^{x}\left[\int_{-\infty}^{+\infty}f(u,v)\mathrm{d}v\right]\mathrm{d}u,$$

同理有

$$F_Y(y)=F(+\infty,y)=\int_{-\infty}^{y}\left[\int_{-\infty}^{+\infty}f(u,v)\mathrm{d}u\right]\mathrm{d}v.$$

这表明，二维连续型随机变量 (X,Y) 的两个分量 X 与 Y 亦为连续型随机变量，且 X 与 Y 的概率密度分别为

$$f_X(x)=\int_{-\infty}^{+\infty} f(x,y)\mathrm{d}y,$$

$$f_Y(y)=\int_{-\infty}^{+\infty} f(x,y)\mathrm{d}x,$$

分别称之为二维随机变量 (X,Y) 关于 X 及 Y 的边缘分布密度，简称**边缘密度**.

例 2　求例 1 中二维随机变量的两个边缘密度.

解　直接利用例 1 中求得的联合分布函数 $F(x,y)$ 可得

$$F_X(x)=F(x)=\begin{cases}1-\dfrac{1}{2x}, & x>\dfrac{1}{2},\\ 0, & x\leqslant\dfrac{1}{2},\end{cases}$$

$$F_Y(y)=F(+\infty,y)=\begin{cases}1-\dfrac{1}{4y^2}, & x>\dfrac{1}{2},\\ 0, & x\leqslant\dfrac{1}{2}.\end{cases}$$

于是有

$$f_X(x)=F_X'(x)=\begin{cases}\dfrac{1}{2x^2}, & x>\dfrac{1}{2},\\ 0, & x\leqslant\dfrac{1}{2},\end{cases}$$

$$f_Y(y)=F_Y'(y)=\begin{cases}\dfrac{1}{2y^3}, & x>\dfrac{1}{2},\\ 0, & x\leqslant\dfrac{1}{2}.\end{cases}$$

定义 3.9　设 D 为 xOy 平面上的有界区域，面积为 S_D，若 (X,Y) 的联合密度函数为

$$f(x,y)=\begin{cases}\dfrac{1}{S_D}, & (x,y)\in D,\\ 0, & (x,y)\notin D,\end{cases}$$

则称二维随机变量 (X,Y) 在区域 D 上服从**二维均匀分布**.

若 (X,Y) 在区域 D 上服从二维均匀分布，则对于任一平面区域 G，有

$$P\{(X,Y)\in G\}=\iint_G f(x,y)\mathrm{d}x\mathrm{d}y$$

$$=\iint_{G\cap D}\frac{1}{S_D}\mathrm{d}x\mathrm{d}y=\frac{1}{S_D}\iint_{G\cap D}\mathrm{d}x\mathrm{d}y=\frac{S_{G\cap D}}{S_D},$$

其中 $S_{G\cap D}$ 为平面区域 G 与 D 之公共部分的面积(图 3-4).

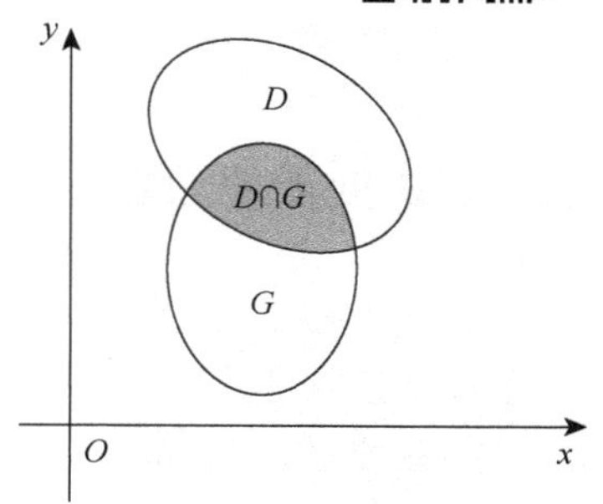

图 3-4

特别地，当 $G\subset D$ 时，有

$$P\{(X,Y)\in G\}=\frac{S_G}{S_D},$$

这表明 D 上二维均匀分布随机变量 (X,Y) 落入 D 内任意子区域 G 内的概率只与区域 G 的面积有关, 而与区域 G 的性质及位置无关.

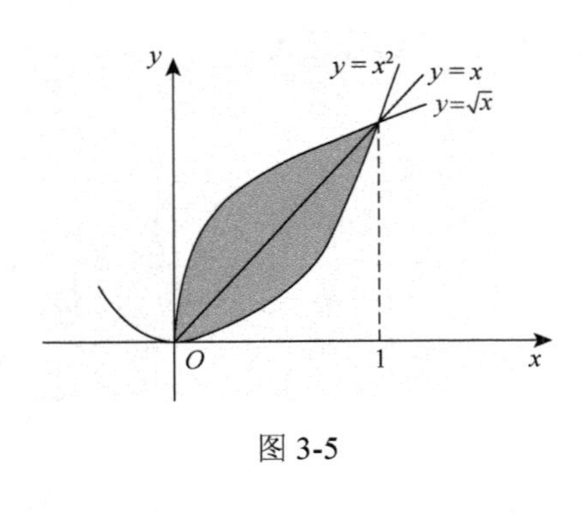

图 3-5

例 3　设 D 为由曲线 $y=x^2$ 与 $y=\sqrt{x}$ 围成的平面区域(图 3-5), (X,Y) 在 D 上服从均匀分布. 求: (1) $P\{X>Y\}$; (2) (X,Y) 的两个边缘密度.

解　区域 D 的面积

$$S_D=\int_0^1(\sqrt{x}-x^2)\mathrm{d}x=\frac{1}{3},$$

故 (X,Y) 的联合密度为

$$f(x,y)=\begin{cases}3, & (x,y)\in D,\\ 0, & (x,y)\notin D.\end{cases}$$

(1) 设 $G=\{(x,y)\mid x>y\}$, 则

$$P\{X>Y\}=P\{(X,Y)\in G\}=\frac{S_{G\cap D}}{S_D}=\frac{1}{2}.$$

(2) 由边缘密度公式有

$$f_X(x)=\int_{-\infty}^{+\infty}f(x,y)\mathrm{d}y=\begin{cases}\int_{x^2}^{\sqrt{x}}3\mathrm{d}y, & 0\leqslant x\leqslant 1,\\ 0, & \text{其他}\end{cases}$$

$$=\begin{cases}3(\sqrt{x}-x^2), & 0\leqslant x\leqslant 1,\\ 0, & \text{其他};\end{cases}$$

$$f_Y(y)=\int_{-\infty}^{+\infty}f(x,y)\mathrm{d}x=\begin{cases}\int_{y^2}^{\sqrt{y}}3\mathrm{d}x, & 0\leqslant y\leqslant 1,\\ 0, & \text{其他}\end{cases}$$

$$=\begin{cases}3(\sqrt{y}-y^2), & 0\leqslant y\leqslant 1,\\ 0, & \text{其他}.\end{cases}$$

三、随机变量的独立性

前面我们讨论了二维离散型随机变量的独立性, 下面我们给出适用于任意二维随机变量的独立性定义.

定义 3.10　若在任意点 (x,y) 处, 二维随机变量 (X,Y) 的联合分布函数与边缘分布函数满足等式

$$F(x,y)=F_X(x)F_Y(y),$$

则称随机变量 X 与 Y 相互独立.

定义 3.10 表明, 若二维随机变量 (X,Y) 中的 X 与 Y 相互独立, 则由 (X,Y) 的两个边缘分布完全确定了 (X,Y) 的联合分布.

可以证明, 对于二维离散型随机变量 (X,Y), 定义 3.10 与定义 3.5 是等价的.

对于二维连续型随机变量 (X,Y), 利用分布函数与概率密度的关系容易证得如下判断随机变量独立性的定理:

定理 3.2　二维连续型随机变量 (X,Y) 中的两个分量 X 与 Y 相互独立的充分必要条件是, 在其联合分布密度 $f(x,y)$ 的任意连续点 (x,y) 处 $f(x,y)=f_X(x)f_Y(y)$ 都成立.

例 4　某人欲到车站乘车. 已知人、车到达车站的时间相互独立, 且都服从 8:00～8:30 的均匀分布. 又设车到车站停留 10 分钟后准时离站, 求此人能乘上车的概率.

解　设人、车到达车站的时间分别为 8 点过 X 分和 8 点过 Y 分, 则当且仅当"$X<Y+10$"时此人方能乘上车. 由题设 $X\sim U[0,30], Y\sim U[0,30]$, 从而有

$$f_X(x)=\begin{cases}\dfrac{1}{30}, & 0\leqslant x\leqslant 30,\\ 0, & \text{其他};\end{cases}\qquad f_Y(y)=\begin{cases}\dfrac{1}{30}, & 0\leqslant y\leqslant 30,\\ 0, & \text{其他}.\end{cases}$$

又因 X 与 Y 相互独立, 故 (X,Y) 的联合密度为

$$f(x,y)=f_X(x)f_Y(y)=\begin{cases}\dfrac{1}{900}, & 0\leqslant x\leqslant 30, 0\leqslant y\leqslant 30,\\ 0, & \text{其他}.\end{cases}$$

于是, 此人能乘上车的概率为

$$P\{X<Y+10\}=\iint\limits_{x<y+10} f(x,y)\mathrm{d}x\mathrm{d}y=\frac{1}{900}\iint\limits_{G}\mathrm{d}x\mathrm{d}y,$$

上式右端中的区域为 $G=\{(x,y)\mid x<y+10\}\cap\{(x,y)\mid 0\leqslant x\leqslant 30, 0\leqslant y\leqslant 30\}$, 其面积(图 3-6)为

$$S_G=900-\frac{1}{2}\times 20\times 20=700,$$

故得

$$P\{X<Y+10\}=\frac{7}{9}.$$

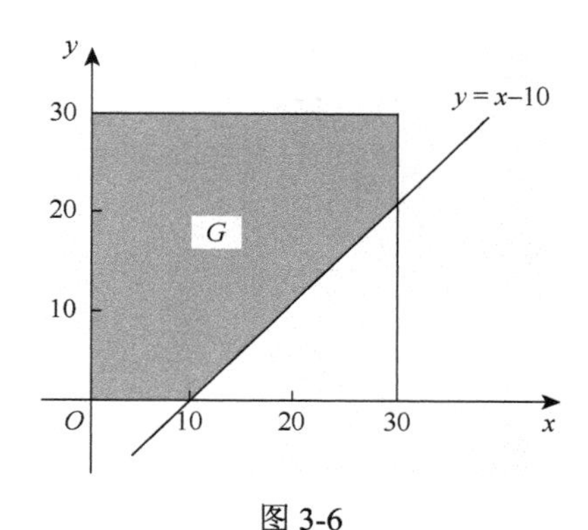

图 3-6

*四、条件分布

定义 3.11　设 (X,Y) 为连续型随机变量, y 为定值, 且对于任意给定的 $\varepsilon>0$, 有 $P\{y<Y\leqslant y+\varepsilon\}>0$. 若极限

$$\lim_{\varepsilon\to 0^+}P\{X\leqslant x\mid y<Y\leqslant y+\varepsilon\}\quad (x\in\mathbf{R})$$

存在, 则称此极限为 X 在条件下"$Y=y$"下的**条件分布函数**, 记作 $F_X(x\mid Y=y)$.

当 (X,Y) 的联合密度 $f(x,y)$ 为连续函数且关于 Y 的边缘密度 $f_Y(y)>0$ 时, 我们有

$$F_X(x|Y=y)=\lim_{\varepsilon\to0^+}\frac{P\{X\leqslant x,y<Y\leqslant y+\varepsilon\}}{P\{y<Y\leqslant y+\varepsilon\}}=\lim_{\varepsilon\to0^+}\frac{\int_{-\infty}^{x}\mathrm{d}u\int_{y}^{y+\mathrm{e}}f(u,v)\mathrm{d}v}{\int_{y}^{y+\mathrm{e}}f_Y(v)\mathrm{d}v}.$$

由积分中值定理，得

$$\int_{y}^{y+\mathrm{e}}f(u,v)\mathrm{d}v=f(u,v_1)\cdot\varepsilon,\quad \int_{y}^{y+\mathrm{e}}f_Y(v)\mathrm{d}v=f_Y(v_2)\cdot\varepsilon,$$

其中 $y<v_1,v_2\leqslant y+\varepsilon$. 于是

$$F_X(x|Y=y)=\lim_{\varepsilon\to0^+}\frac{\int_{-\infty}^{x}f(u,v_1)\mathrm{d}u}{f_Y(v_2)}=\int_{-\infty}^{x}\frac{f(u,y)}{f_Y(y)}\mathrm{d}u.$$

这表明，对于二维连续型随机变量 (X,Y)，随机变量 X 在条件 $Y=y$ 下的条件分布仍是连续型分布，且其条件密度函数为 $\dfrac{f(x,y)}{f_Y(y)}$，我们将其记作 $f_X(x|Y=y)$, 即

$$f_X(x|Y=y)=\frac{f(x,y)}{f_Y(y)}.$$

类似地，可以定义在条件 $X=x$ 下 Y 的条件分布函数 $F_r(y|X=x)$，并可得到相应的条件概率密度

$$f_Y(y|X=x)=\frac{f(x,y)}{f_X(x)}.$$

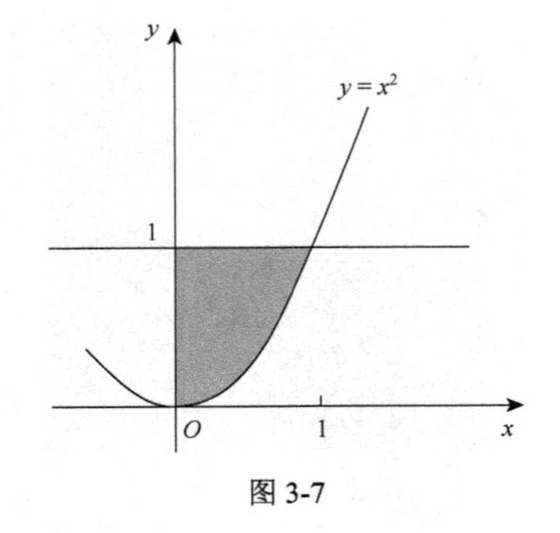

图 3-7

例 5　设随机变量 (X,Y) 的联合密度为(图 3-7)

$$f(x,y)=\begin{cases}8xy, & 0<x<\sqrt{y}<1,\\0, & 其他,\end{cases}$$

求条件密度 $f_X(x|Y=y)$ 与 $f_Y(y|X=x)$.

解 $f_X(x)=\int_{-\infty}^{+\infty}f(x,y)\mathrm{d}y=\begin{cases}\int_{x^2}^{1}8xy^2\mathrm{d}y, & 0<x<1,\\0, & 其他\end{cases}$

$$=\begin{cases}\dfrac{8}{3}(x-x^7), & 0<x<1,\\0, & 其他.\end{cases}$$

$$f_Y(y)=\int_{-\infty}^{+\infty}f(x,y)\mathrm{d}x=\begin{cases}\int_{0}^{\sqrt{y}}8xy^2\mathrm{d}x, & 0<y<1,\\0, & 其他\end{cases}$$

$$=\begin{cases}4y^3, & 0<y<1,\\0, & 其他.\end{cases}$$

于是，由条件概率密度公式得

当 $0<y<1$ 时，

$$f_X(x \mid Y=y)=\frac{f(x,y)}{f_Y(y)}=\begin{cases}\dfrac{2x}{y}, & 0<x<\sqrt{y},\\ 0, & \text{其他};\end{cases}$$

当$0<x<1$时,

$$f_Y(y \mid X=x)=\frac{f(x,y)}{f_X(x)}=\begin{cases}\dfrac{3y^2}{1-x^6}, & x^2<y<1,\\ 0, & \text{其他}.\end{cases}$$

例 6 设随机变量 X 的密度函数为

$$f_X(x)=\begin{cases}\lambda^2 x\mathrm{e}^{-\lambda x}, & x>0,\\ 0, & x\leqslant 0\end{cases} \quad (\text{其中}\lambda>0),$$

而随机变量Y在$(0,X)$上服从均匀分布，求Y的密度函数$f_Y(y)$.

解 由题设，显然 X 只在$(0,+\infty)$内取值，且Y在条件$X=x$下的条件分布为$(0,x)$上的均匀分布，于是当$x>0$时

$$f_Y(y \mid X=x)=\begin{cases}\dfrac{1}{x}, & 0<y<x,\\ 0, & \text{其他},\end{cases}$$

从而(X,Y)的联合密度

$$f(x,y)=f_Y(y \mid X=x)f_X(x)=\begin{cases}\lambda^2\mathrm{e}^{-\lambda x}, & 0<y<x,\\ 0, & \text{其他},\end{cases}$$

故得

$$f_Y(y \mid X=x)=\int_{-\infty}^{+\infty}f(x,y)\mathrm{d}x=\begin{cases}\displaystyle\int_y^{+\infty}\lambda^2\mathrm{e}^{-\lambda x}\mathrm{d}x, & 0<y,\\ 0, & y\leqslant 0\end{cases}$$

$$=\begin{cases}\lambda\mathrm{e}^{-\lambda y}, & y>0,\\ 0, & y\leqslant 0.\end{cases}$$

可见$Y\sim \mathrm{e}(\lambda)$.

3.4 二维随机变量函数的分布

一般地，二维随机变量(X,Y)的函数$Z=g(X,Y)$也是一个随机变量. 本节将讨论当(X,Y)的联合分布已知时，如何求出$Z=g(X,Y)$的概率分布. 将会看到，所用的方法与求一维随机变量X的函数$g(X)$的分布的方法是完全类似的. 下面我们用例子对离散型、连续型两种情形分别予以展示.

一、二维离散型随机变量函数的分布

例 1 设(X,Y)的联合概率分布为

X	Y		
	0	1	2
1	0.2	0.1	0.3
2	0.1	0.2	0.1

求(1) $Z_1 = X+Y$；　　(2) $Z_2=\max\{X,Y\}$ 的概率分布.

解　(1) $Z_1 = X+Y$ 可能取1,2,3,4共四个值，相应概率为

$$P\{Z_1=1\}=P\{X=1,Y=0\}=0.2,$$
$$P\{Z_1=2\}=P\{X=1,Y=1\}+P\{X=2,Y=0\}=0.1+0.1=0.2,$$
$$P\{Z_1=3\}=P\{X=1,Y=2\}+P\{X=2,Y=1\}=0.3+0.2=0.5,$$
$$P\{Z_1=4\}=P\{X=2,Y=2\}=0.1.$$

(2) $Z_2=\max\{X,Y\}$ 的可能取值为1,2，相应概率为

$$P\{Z_1=1\}=P\{(X=1,Y=0)\cup(X=1,Y=1)\}$$
$$=P\{X=1,Y=0\}+P\{X=1,Y=1\}=0.2+0.1=0.3,$$
$$P\{Z_1=2\}=1-P\{Z_2=1\}=1-0.3=0.7.$$

例 2　设随机变量 X 与 Y 相互独立且分别服从参数为 λ_1 和 λ_2 的泊松分布，求 $Z=X+Y$ 的分布.

解　由题设，X,Y 的全部可能取值均为全体非负整数，从而 $Z=X+Y$ 亦取值全体非负整数. 现设 X,Y,Z 的全部可能取值分别为 $i,j,k(i,j,k=0,1,2,\cdots)$，则有

$$P(X=i)=\frac{\lambda_1^i}{i!}\mathrm{e}^{-\lambda_1},\quad P(Y=j)=\frac{\lambda_2^j}{j!}\mathrm{e}^{-\lambda_2}.$$

显然，事件 $\{Z=k\}$ 当且仅当事件 $\{X+Y=k\}$ 发生时发生，而

$$\{X+Y=k\}=\bigcup_{i=0}^{k}\{X=i,Y=k-i\},$$

又因为随机变量 X 与 Y 相互独立，所以 Z 的分布为

$$P\{Z=k\}=P\{X+Y=k\}=P\left\{\bigcup_{i=0}^{k}\{X=i,Y=k-i\}\right\}$$
$$=\sum_{i=0}^{k}P\{X=i\}P\{Y=k-i\}$$
$$=\sum_{i=0}^{k}\left[\frac{\lambda_1^i\mathrm{e}^{-\lambda_1}}{i!}\frac{\lambda_2^{k-i}\mathrm{e}^{-\lambda_2}}{(k-i)!}\right]$$
$$=\mathrm{e}^{-(\lambda_1+\lambda_2)}\sum_{i=0}^{k}\frac{\lambda_1^i\lambda_2^{k-i}}{i!(k-i)!}=\mathrm{e}^{-(\lambda_1+\lambda_2)}\sum_{i=1}^{k}\frac{\mathrm{C}_k^i\lambda_1^i\lambda_2^{k-i}}{k!}$$
$$=\frac{(\lambda_1+\lambda_2)^k}{k!}\mathrm{e}^{-(\lambda_1+\lambda_2)}\quad(k=0,1,2,\cdots).$$

此结果表明，两个相互独立的泊松随机变量之和仍然具有泊松分布，且其参数恰为原有两个分布参数之和.

二、二维连续型随机变量函数的分布

对于二维连续型随机变量 (X,Y)，当知道它的联合分布时，欲求其函数 $Z=g(X,Y)$ 的概率分布(通常指其密度函数)，一般需从 Z 的分布函数入手，将有关 Z 的概率计算转化为关于 (X,Y) 的概率计算，从而得到 Z 的分布函数，进而通过求导获得 Z 的密度函数.

例 3　设二维连续型随机变量 (X,Y) 在 $D=\{(x,y)\,|\,0<x<1,0<y<2\}$ 上服从均匀分布，求 $Z=XY$ 的密度函数.

解　由题设，(X,Y) 的联合密度函数为

$$f(x,y)=\begin{cases}\dfrac{1}{2}, & 0<x<1,0<y<2,\\ 0, & \text{其他}.\end{cases}$$

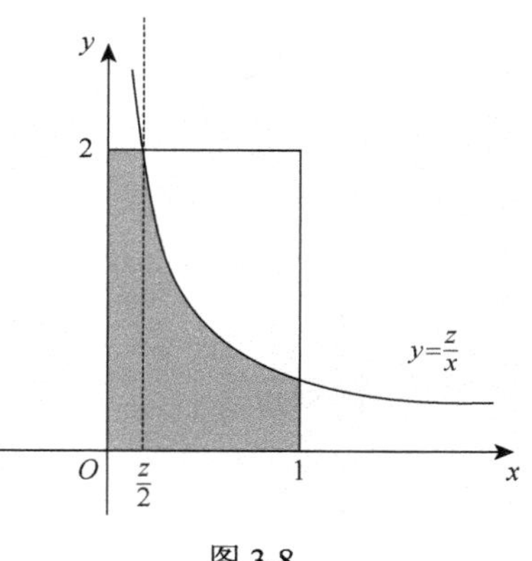

图 3-8

显然，$Z=XY$ 的取值介于 0 到 2 之间，因此当 $z\leqslant 0$ 时，其分布函数 $F_Z(z)=P\{Z\leqslant z\}=0$；当 $z\geqslant 2$ 时，$F_Z(z)=P\{Z\leqslant z\}=1$，当 $0<z<2$ 时(图 3-8)，$F_Z(z)=P\{Z\leqslant z\}=P\{XY\leqslant z\}=\iint\limits_{xy\leqslant z} f(x,y)\mathrm{d}x\mathrm{d}y=\int_0^{\frac{z}{2}}\mathrm{d}x\int_0^2\frac{1}{2}\mathrm{d}y+\int_{\frac{z}{2}}^1\mathrm{d}x\int_0^{\frac{z}{x}}\frac{1}{2}\mathrm{d}y=\frac{z}{2}\left(1-\ln\frac{z}{2}\right)$，即

$$F_Z(z)=\begin{cases}0, & z\leqslant 0,\\ \dfrac{z}{2}\left(1-\ln\dfrac{z}{2}\right), & 0<z<2,\\ 1, & z\geqslant 2,\end{cases}$$

故得

$$f_Z(z)=F_Z'(z)=\begin{cases}\dfrac{1}{2}(\ln 2-\ln z), & 0<z<2,\\ 0, & \text{其他}.\end{cases}$$

例 4　设随机变量 X 与 Y 相互独立，且有 $X\sim E(\lambda_1)$，$Y\sim E(\lambda_2)$，求随机变量 $Z=\dfrac{X}{Y}$ 的密度函数.

解　由题设，二维随机变量 (X,Y) 的联合密度函数为

$$f(x,y)=f_X(x)f_Y(y)=\begin{cases}\lambda_1\lambda_2\mathrm{e}^{-\lambda_1 x-\lambda_2 y}, & x>0,y>0,\\ 0, & \text{其他}.\end{cases}$$

因为 X，Y 均取正值，故当 $z\leqslant 0$ 时，随机变量 $Z=\dfrac{X}{Y}$ 的分布函数 $F_Z(z)=0$，当 $z>0$ 时(图 3-9)，

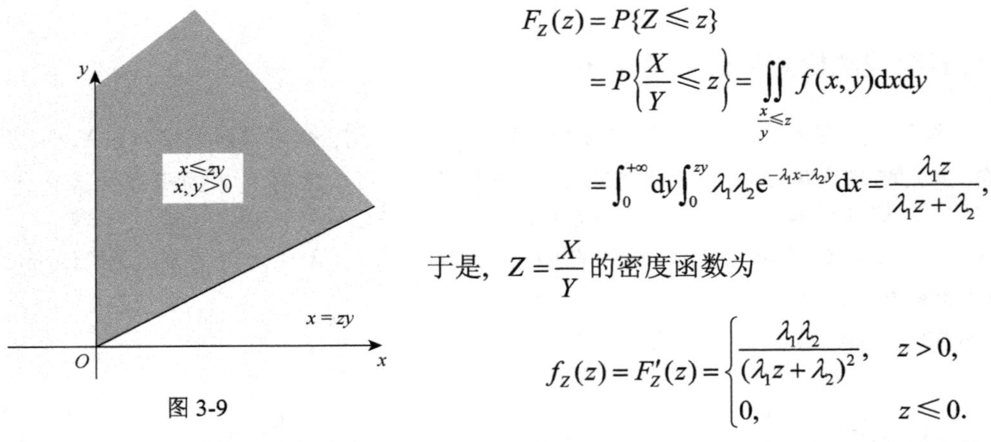

图 3-9

$$F_Z(z)=P\{Z\leqslant z\}$$
$$=P\left\{\frac{X}{Y}\leqslant z\right\}=\iint_{\frac{x}{y}\leqslant z} f(x,y)\mathrm{d}x\mathrm{d}y$$
$$=\int_0^{+\infty}\mathrm{d}y\int_0^{zy}\lambda_1\lambda_2\mathrm{e}^{-\lambda_1 x-\lambda_2 y}\mathrm{d}x=\frac{\lambda_1 z}{\lambda_1 z+\lambda_2},$$

于是，$Z=\dfrac{X}{Y}$ 的密度函数为

$$f_Z(z)=F_Z'(z)=\begin{cases}\dfrac{\lambda_1\lambda_2}{(\lambda_1 z+\lambda_2)^2}, & z>0,\\ 0, & z\leqslant 0.\end{cases}$$

例 5 设 X 与 Y 相互独立，且 $X\sim U(0,1)$，$Y\sim U(0,2)$，求 $Z=\max\{X,Y\}$ 的分布.

解 $F_Z(z)=P\{Z\leqslant z\}=P\{\max\{X,Y\}\leqslant z\}=P\{X\leqslant z,Y\leqslant z\}$，因为 X 与 Y 相互独立，所以有

$$F_Z(z)=P\{X\leqslant z\}P\{Y\leqslant z\}=F_X(z)F_Y(z),$$

两边对 z 求导得

$$f_Z(z)=f_X(z)F_Y(z)+F_X(z)f_Y(z). \tag{*}$$

由题设，有

$$f_X(x)=\begin{cases}1, & 0<x<1,\\ 0, & \text{其他}.\end{cases}\quad F_X(x)=\begin{cases}0, & x\leqslant 0,\\ x, & 0<x<1,\\ 1, & x\geqslant 1.\end{cases}$$

$$f_Y(y)=\begin{cases}\dfrac{1}{2}, & 0<y<2,\\ 0, & \text{其他}.\end{cases}\quad F_Y(y)=\begin{cases}0, & y\leqslant 0,\\ \dfrac{1}{2}y, & 0<y<2,\\ 1, & y\geqslant 2.\end{cases}$$

代入式(*)，得 $Z=\max\{X,Y\}$ 的密度函数

$$f_Z(z)=\begin{cases}z, & 0<z<1,\\ \dfrac{1}{2}, & 1\leqslant z<2,\\ 0, & \text{其他}.\end{cases}$$

在本节的最后，我们给出一个在今后有重要应用的关于随机变量函数独立性的定理.

定理 3.3 设随机变量 X 与 Y 相互独立，$f(x)$，$g(x)$ 为连续函数，则随机变量 $f(X)$ 与 $g(Y)$ 亦相互独立.

习 题 3

一、填空题

1. 随机点 (X,Y) 落在矩形域 $\{x_1<x\leqslant x_2, y_1<y\leqslant y_2\}$ 的概率为________.

2. (X,Y) 的分布函数为 $F(x,y)$，则 $F(-\infty,y)=$ ________，$F(x+0,y)=$ ________，$F(x,+\infty)=$ ________.

3. 设随机变量 (X,Y) 的概率密度为 $f(x,y)=\begin{cases}k(6-x-y), & 0<x<2, 2<y<4,\\ 0, & 其他,\end{cases}$ 则 $k=$ ________.

4. 设 $f(x,y)$ 是 X,Y 的联合分布密度，$f_X(x)$ 是 X 的边缘分布密度，则 $\int_{-\infty}^{+\infty} f_X(x)\mathrm{d}x=$ ________.

5. 如果随机变量 (X,Y) 的联合概率分布为

X	Y		
	1	2	3
1	$\frac{1}{6}$	$\frac{1}{9}$	$\frac{1}{18}$
2	$\frac{1}{3}$	α	β

则 α,β 应满足的条件是________；若 X 与 Y 相互独立，则 $\alpha=$ ________，$\beta=$ ________.

6. 设 X,Y 相互独立，$X\sim N(0,1)$，$Y\sim N(0.1)$，则 (X,Y) 的联合概率密度 $f(x,y)=$ ________，$Z=X+Y$ 的概率密度 $f_Z(Z)=$ ________.

7. 设 (ξ,η) 的联合分布函数为 $F(x,y)=\begin{cases}A+\dfrac{1}{(1+x+y)^2}-\dfrac{1}{(1+x)^2}-\dfrac{1}{(1+y)^2} & x\geqslant 0, y\geqslant 0,\\ 0, & 其他.\end{cases}$ 则 $A=$ ________.

二、解答题

1. 袋中有三个球，分别标着数字 1, 2, 2，从袋中任取一球，不放回，再取一球，设第一次取的球上标的数字为 X，第二次取的球上标的数字 Y，求 (X,Y) 的联合分布律.

2. 三封信随机地投入编号为 1, 2, 3 的三个信箱中，设 X 为投入 1 号信箱的信数，Y 为投入 2 号信箱的信数，求 (X,Y) 的联合分布律.

3. 设函数 $F(x,y)=\begin{cases}1, & x+2y>1,\\ 0, & x+2y\leqslant 1,\end{cases}$ 问 $F(x,y)$ 是不是某二维随机变量的联合分布函数？并说明理由.

4. 在$[0, \pi]$上均匀地任取两数 X 与 Y，求 $P\{\cos(X+Y)<0\}$的值.

5. 设随机变量 (X,Y) 的密度函数为 $f(x,y)=\begin{cases}k,\mathrm{e}^{-(3x+4y)}, & x>0, y>0,\\ 0, & 其他.\end{cases}$

(1) 确定常数 k；　(2) 求 (X,Y) 的分布函数；　(3) 求 $P\{0<X\leqslant 1, 0<Y\leqslant 2\}$.

6. 设随机变量 (X,Y) 的概率密度为 $f(x,y)=\begin{cases}x^2+\dfrac{xy}{3}, & 0\leqslant x\leqslant 1, 0\leqslant y\leqslant 2,\\ 0, & 其他,\end{cases}$ 求 $P\{X+Y\geqslant 1\}$.

7. 设随机变量 (X,Y) 在矩形区域 $D=\{(x,y)\,|\,a<x<b, c<y<d\}$ 内服从均匀分布，

(1) 求联合概率密度及边缘概率密度；(2) 问随机变量 X,Y 是否独立？

8. 随机变量 (X,Y) 的分布函数为 $F(x,y)=\begin{cases}1-3^{-x}-3^{-y}+3^{-x-y}, & x\geqslant 0, y\geqslant 0,\\ 0, & 其他,\end{cases}$

求：(1) 边缘密度；　(2) 验证 X, Y 是否独立.

9. 一电子器件包含两部分，分别以 X,Y 记这两部分的寿命(单位：小时)，设 (X,Y) 的分布函数为

$$F(x,y)=\begin{cases}1-\mathrm{e}^{-0.01x}-\mathrm{e}^{-0.01y}+\mathrm{e}^{-0.01(x+y)}, & x\geqslant 0, y\geqslant 0,\\ 0, & 其他.\end{cases}$$

(1)问 X 和 Y 是否相互独立? (2)求 $P\{X>120, Y>120\}$.

10. 设随机变量(X, Y)的分布函数为 $F(x,y)=A\left(B+\arctan\dfrac{x}{2}\right)\left(C+\arctan\dfrac{y}{3}\right)$, 求:

(1)系数 A, B 及 C 的值; (2) (X, Y)的联合概率密度$\varphi(x, y)$.

11. 设 (X,Y) 相互独立且分别具有下列表格所确定的分布律

X	-2	-1	0	$\frac{1}{2}$
P_k	$\frac{1}{4}$	$\frac{1}{3}$	$\frac{1}{12}$	$\frac{1}{3}$

Y	$-\frac{1}{2}$	1	3
P_r	$\frac{1}{2}$	$\frac{1}{4}$	$\frac{1}{4}$

试写出 (X,Y) 的联合分布律.

12. 设 X,Y 相互独立, 且各自的分布律如下:

X	1	2
P_k	$\frac{1}{2}$	$\frac{1}{2}$

Y	1	2
P_r	$\frac{1}{2}$	$\frac{1}{4}$

求 $Z=X+Y$ 的分布律.

13. X, Y 相互独立, 其分布密度函数分别为

$$f_X(x)=\begin{cases}\dfrac{1}{2}\mathrm{e}^{\frac{1}{2}x}, & x\geqslant 0,\\ 0, & x<0.\end{cases} \qquad f_Y(y)=\begin{cases}\dfrac{1}{3}\mathrm{e}^{\frac{y}{3}}, & y\geqslant 0,\\ 0, & y<0.\end{cases}$$

求 $Z=X+Y$ 的密度函数.

第 4 章　随机变量的数字特征

前两章介绍了随机变量的分布函数，分布函数包含了随机变量的全部信息，能够完整地描述随机变量的统计特征. 然而，在实际问题中，分布函数一般是较难确定的，或并不需要知道随机变量完整的概率分布，只需要知道随机变量的某些特征. 例如，在研究水稻的品种优劣时，时常关心稻穗的平均稻谷粒数；在检查一批棉花的质量时，既要注意纤维的平均长度，又要注意纤维长度与平均长度的偏离长度，平均长度较大、偏离程度较小，质量就较好.

上述例子可以看出，与随机变量有关的某些数值，虽不能完整地描述随机变量，但能描述随机变量在某些方面的重要特征. 这些数字特征在理论上和实践上都具有重要的意义. 本章介绍随机变量的几个常用的数字特征：数学期望、方差、协方差和相关系数.

4.1　数 学 期 望

一、一维随机变量的数学期望

1. 离散型随机变量的数学期望

引例（分赌本问题）　17 世纪中叶，一位赌徒向法国数学家帕斯卡(1623～1662)提出一个使他苦恼很久的分赌本问题：甲、乙两赌徒赌技相同，各出赌注 50 法郎，每局中无平局. 他们约定，谁先赢三局则得到全部 100 法郎的赌本. 当甲赢了两局，乙赢了一局时，因故要中止赌博，现问这 100 法郎如何分才算公平？

分析　第一种分法：甲得$100\times\frac{1}{2}=50$（法郎），乙得$100\times\frac{1}{2}=50$（法郎）. 第二种分法：甲得$100\times\frac{2}{3}\approx 67$（法郎），乙得$100\times\frac{1}{3}\approx 33$（法郎）. 这两种分法都没有考虑到如果继续比下去会出现什么结果，没有照顾到两人在现有基础下对比赛结果的一种“期望”. 再赌两局比赛必定结束，其结果不外乎四种：(甲赢甲赢)，(甲赢乙赢)，(乙赢甲赢)，(乙赢乙赢). 于是甲赢得法郎数 X 的分布列为

X	0	100
p	$\frac{1}{4}$	$\frac{3}{4}$

帕斯卡认为甲的“期望”所得应为$0\times\frac{1}{4}+100\times\frac{3}{4}=75$（法郎），乙的“期望”所得应为$100-75=25$（法郎）. 这种分法既照顾到了已赌局数，又包括了再赌下去的一种“期望”，它比前两种分法都更合理. 这就是数学期望这个名称的由来.

定义 4.1 设离散型随机变量 X 的分布列为

$$P(X=x_i)=p_i=p(x_i) \quad (i=1,2,\cdots),$$

若级数 $\sum_{i=1}^{\infty}x_ip_i$ 绝对收敛, 则称级数 $\sum_{i=1}^{\infty}x_ip_i$ 为随机变量 X 的**数学期望**, 简称**期望**或**均值**, 记作 $E(X)$.

若级数 $\sum_{i=1}^{\infty}x_ip_i$ 不绝对收敛, 则称随机变量 X 的数学期望不存在.

例 1 设随机变量 X 服从"0-1"分布, 求数学期望 $E(X)$.

解 $E(X)=1\times p+0\times(1-p)=p$.

例 2 有甲、乙两射手, 击中的环数分别记为 X 和 Y, 且其概率分布列分别是

X	8	9	10
p	0.3	0.2	0.5

Y	8	9	10
p	0.4	0.3	0.3

试评价二人射击水平.

解 要比较两人射击水平, 从分布上很难看出, 我们利用数学期望来比较:

$$E(X)=8\times0.3+9\times0.2+10\times0.5=9.2,$$

$$E(Y)=8\times0.4+9\times0.3+10\times0.3=8.9,$$

因为 $E(X)>E(Y)$, 所以可以认为甲的射击本领高于乙.

例 3 设随机变量 $X\sim B(n,p)$, 求数学期望 $E(X)$.

解 因 $X\sim B(n,p)$, 故 $P(X=k)=\mathrm{C}_n^kp^k(1-p)^{n-k}$ $(0\leqslant k\leqslant n)$, 所以

$$\begin{aligned}E(X)&=\sum_{k=0}^{n}k\cdot P(X=k)=\sum_{k=0}^{n}k\cdot\mathrm{C}_n^kp^k(1-p)^{n-k}\\&=\sum_{k=0}^{n}k\cdot\frac{n!}{k!(n-k)!}p^k(1-p)^{n-k}\\&=\sum_{k=1}^{n}\frac{n!}{(k-1)!(n-k)!}p^k(1-p)^{n-k}\\&=np\sum_{k=1}^{n}\mathrm{C}_{n-1}^{k-1}p^{k-1}(1-p)^{(n-1)-(k-1)}\\&=np[p+(1-p)]^{n-1}=np.\end{aligned}$$

例 4 设随机变量 $X\sim P(\lambda)$, 求数学期望 $E(X)$.

解 因为 $P(X=k)=\frac{\lambda^k}{k!}\mathrm{e}^{-\lambda}$ $(k=0,1,2,\cdots)$, 所以

$$\begin{aligned}E(X)&=\sum_{k=0}^{+\infty}k\cdot P(X=k)=\sum_{k=0}^{+\infty}k\cdot\frac{\lambda^k}{k!}\mathrm{e}^{-\lambda}\\&=\lambda\cdot\mathrm{e}^{-\lambda}\sum_{k=1}^{+\infty}\frac{\lambda^{k-1}}{(k-1)!}=\lambda.\end{aligned}$$

2. 连续型随机变量的数学期望

定义 4.2　设连续型随机变量 X 的概率密度为 $f(x)$，若积分 $\int_{-\infty}^{+\infty} xf(x)\mathrm{d}x$ 绝对收敛，则称其为随机变量 X 的**数学期望**，简称**期望**或**均值**，记为 $E(X)$.

若积分 $\int_{-\infty}^{+\infty} xf(x)\mathrm{d}x$ 不绝对收敛，则称随机变量 X 的数学期望不存在.

例 5　设随机变量 $X\sim U(a,b)$，求数学期望 $E(X)$.

解　因为均匀分布的密度函数为

$$f(x)=\begin{cases}\dfrac{1}{b-a}, & a\leqslant x\leqslant b,\\ 0, & 其他,\end{cases}$$

故 $E(X)=\int_{-\infty}^{+\infty} xf(x)\mathrm{d}x=\int_a^b \dfrac{x}{b-a}\mathrm{d}x=\dfrac{a+b}{2}$.

例 6　设连续型随机变量 X 的分布密度为 $f(x)=\begin{cases}2x, & 0<x\leqslant 1,\\ 0, & 其他,\end{cases}$ 试求数学期望 $E(X)$.

解　$E(X)=\int_{-\infty}^{+\infty} xf(x)\mathrm{d}x=\int_0^1 x\cdot 2x\mathrm{d}x=\left(\dfrac{2x^3}{3}\right)_0^1=\dfrac{2}{3}$.

二、二维随机变量的数学期望

定义 4.3　二维随机变量 (X,Y) 的数学期望为 $E(X,Y)=(EX,EY)$.

(1) 设二维离散型随机变量 (X,Y) 的联合分布列为

$$P\{X=x_i,Y=y_j\}=p_{ij}\quad (i,j=1,2,\cdots),$$

则 $E(X)=\sum\limits_{i=1}^{+\infty}\sum\limits_{j=1}^{+\infty} x_i p_{ij}=\sum\limits_{i=1}^{+\infty} x_i p_{i\cdot}$，$E(Y)=\sum\limits_{i=1}^{+\infty}\sum\limits_{j=1}^{+\infty} y_j p_{ij}=\sum\limits_{j=1}^{+\infty} y_j p_{\cdot j}$.

(2) 设二维连续型随机变量 (X,Y) 的联合概率密度为 $f(x,y)$.

则 $E(X)=\int_{-\infty}^{+\infty}\int_{-\infty}^{+\infty} xf(x,y)\mathrm{d}x\mathrm{d}y=\int_{-\infty}^{+\infty} xf_X(x)\mathrm{d}x$，$E(Y)=\int_{-\infty}^{+\infty}\int_{-\infty}^{+\infty} yf(x,y)\mathrm{d}x\mathrm{d}y=\int_{-\infty}^{+\infty} yf_Y(y)\mathrm{d}y$.

例 7　设二维离散型随机变量 (X,Y) 的分布列为

Y	X		
	1	2	3
−1	0.2	0.1	0
0	0.1	0	0.3
1	0.1	0.1	0.1

求 $E(X),E(Y)$.

解　X 和 Y 的分布列分别为

X	1	2	3
p	0.4	0.2	0.4

Y	−1	0	1
p	0.3	0.4	0.3

所以 $E(X)=1\times0.4+2\times0.2+3\times0.4=2$， $E(Y)=-1\times0.3+0\times0.4+1\times0.3=0$.

例 8 设二维随机变量 (X,Y) 的密度函数为

$$f(x,y)=\begin{cases}e^{-x-y}, & x>0,y>0,\\ 0, & 其他,\end{cases}$$

求 $E(X),E(Y)$.

解 由于 $f_X(x)=\begin{cases}e^{-x}, & x>0,\\ 0, & 其他,\end{cases}$ $f_Y(y)=\begin{cases}e^{-y}, & y>0,\\ 0, & 其他,\end{cases}$ 所以

$$E(X)=\int_{-\infty}^{+\infty}xf_X(x)dx=\int_0^{+\infty}xe^{-x}dx=1, \quad E(Y)=\int_{-\infty}^{+\infty}yf_Y(y)dy=\int_0^{+\infty}ye^{-y}dy=1.$$

三、随机变量函数的数学期望

定义 4.4 若随机变量 X 的分布用分布列 $p(x_i)$ 或用密度函数 $f(x)$ 表示，则 X 的某一函数 $g(X)$ 的数学期望为

$$E(g(X))=\begin{cases}\sum_{i=1}^{+\infty}g(x_i)p(x_i), & 离散型,\\ \int_{-\infty}^{+\infty}g(x)f(x)dx, & 连续型.\end{cases}$$

注 假设上述级数和反常积分都是绝对收敛的.

例 9 设随机变量 X 的概率分布列如下：

X	−2	−1	0	1
p	0.1	0.2	0.3	0.4

求 $E(3X+1),E(X^2)$.

解 $E(3X+1)=\sum_{i=1}^{4}(3x_i+1)p(x_i)=-5\times0.1-2\times0.2+1\times0.3+4\times0.4=1$.

$$E(X^2)=\sum_{i=1}^{4}x_i^2p(x_i)=4\times0.1+1\times0.2+0\times0.3+1\times0.4=1.$$

例 10 设随机变量 X 在区间 $[0,\pi]$ 上服从均匀分布，求随机变量函数 $Y=\sin X$ 的数学期望.

解 随机变量 X 的概率密度函数为

$$f(x)=\begin{cases}\dfrac{1}{\pi}, & 0\leqslant x\leqslant\pi,\\ 0, & 其他,\end{cases}$$

所以 $E(Y)=\int_{-\infty}^{+\infty}\sin x\cdot f(x)dx=\int_0^{\pi}\sin x\cdot\frac{1}{\pi}dx=\frac{2}{\pi}$.

定义 4.5　设二维随机变量 (X,Y) 的分布用分布列 $p(x_i,y_j)$ 或用密度函数 $f(x,y)$ 表示，则 (X,Y) 的某一函数 $g(X,Y)$ 的数学期望为

$$E(g(X,Y))=\begin{cases}\sum_{i=1}^{+\infty}\sum_{j=1}^{+\infty}g(x_i,y_j)p(x_i,y_j), & \text{离散型},\\ \int_{-\infty}^{+\infty}\int_{-\infty}^{+\infty}g(x,y)f(x,y)\mathrm{d}x\mathrm{d}y, & \text{连续型}.\end{cases}$$

注　假设上述级数和反常积分都是绝对收敛的.

例 11　已知二维随机变量 (X,Y) 的联合分布列为

X	Y		
	-1	0	1
0	0	$\frac{1}{3}$	0
1	$\frac{1}{3}$	0	$\frac{1}{3}$

求 $E(XY)$.

解　$E(XY)=\sum_{i=1}^{2}\sum_{j=1}^{3}x_iy_jp(x_i,y_j)$

$$=(-1)\times0\times0+(-1)\times1\times\frac{1}{3}+0\times0\times\frac{1}{3}+0\times1\times0+1\times0\times0+1\times1\times\frac{1}{3}=0.$$

四、数学期望的性质

假定以下所提及的随机变量的数学期望均存在.

性质 1　设 C 为常数，则有 $E(C)=C$.

性质 2　设 C 为常数，则有 $E(CX)=CE(X)$.

性质 3　设 X,Y 是任意两个随机变量，则有 $E(X+Y)=E(X)+E(Y)$.

上述性质 2 和性质 3 可推广到有限个随机变量的情形，C_i 为实数 $(i=1,2,\cdots,n)$，即

$$E\left(\sum_{i=1}^{n}C_iX_i\right)=\sum_{i=1}^{n}C_iE(X_i).$$

性质 4　若随机变量 X,Y 相互独立，则有 $E(XY)=E(X)E(Y)$.

这一性质可推广到有限个相互独立的随机变量的情形.

例 12　已知 $E(X)=3,E(Y)=-1$ 且 X,Y 相互独立，求 $E(X+5Y-2XY+4)$.

解　根据数学期望的性质得

$$E(X+5Y-2XY+4)=E(X)+5E(Y)-2E(X)E(Y)+4=8.$$

例 13　一民航送客车载有 20 位旅客自机场开出，旅客有 10 个车站可以下车. 如到达一个车站没有旅客下车就不停车. 以 X 表示停车的次数，求平均停车次数 $E(X)$（设每位旅客在各个车站下车是等可能的，并设各旅客是否下车相互独立）.

解　引入随机变量

$$X_i=\begin{cases}0, & \text{在第}i\text{站没有人下车},\\ 1, & \text{在第}i\text{站有人下车},\end{cases}\qquad i=1,2,\cdots,10,$$

有

$$X=X_1+X_2+\cdots+X_{10}.$$

依题意，任一旅客在第 i 站不下车的概率为 $\frac{9}{10}$，则 $X_i \sim b\left(1,1-\frac{9}{10}^{20}\right)$ $(i=1,2,\cdots,10)$，进而平均停车次数为

$$E(X)=\sum_{i=1}^{10}E(X_i)=10\cdot\left[1-\left(\frac{9}{10}\right)^{20}\right]\approx 8.784.$$

4.2 方　　差

一、方差的定义

引例 设甲、乙两种型号的手表的日走时误差分别为 X,Y，其分布列如表 4-1.

表 4-1

X	-1	0	1	Y	-2	-1	0	1	2
p	0.1	0.8	0.1	p	0.1	0.2	0.4	0.2	0.1

哪种手表质量较好？

解 $E(X)=0=E(Y)$，但显然 Y 的取值要比 X 的取值波动大，则甲型号的手表质量较好.

为了用数值来反映出随机变量取值的“波动”大小，引入方差这个数字特征.

定义 4.6 设 X 是随机变量，若 $E[X-E(X)]^2$ 存在，则称其值为 X 的**方差**，记为 $D(X)$ 或 $\mathrm{Var}(X)$，即

$$D(X)=E[X-E(X)]^2,$$

并称 $\sqrt{D(X)}$ 为 X 的**标准差或均方差**.

按定义，随机变量 X 的方差描述了 X 的取值与其数学期望的偏离程度. 若 X 取值比较集中，则 $D(X)$ 较小；若 X 取值比较分散，则 $D(X)$ 较大. 因此，$D(X)$ 是刻画 X 取值分散程度的一个量.

由定义知，方差实际上就是随机变量 X 的函数 $g(X)=[X-E(X)]^2$ 的数学期望.

关于离散型和连续型随机变量的方差计算公式如下所述.

(1) 若 X 是离散型随机变量，其概率分布为 $P\{X=x_i\}=p_i$ $(i=1,2,\cdots)$，则

$$D(X)=\sum_{i=1}^{\infty}[x_i-E(X)]^2p_i.$$

(2) 若 X 为连续型随机变量，其密度函数为 $f(x)$，则

$$D(X)=\int_{-\infty}^{+\infty}[x-E(X)]^2f(x)\mathrm{d}x.$$

(3) 常用以下公式计算：

$$D(X)=E(X^2)-[E(X)]^2.$$

例 1　某人有一笔资金，可投入房地产和商业，其收益都与市场状态有关. 若把未来市场分为好、中、差三个等级，其发生的概率分别为 0.2, 0.7, 0.1. 通过调查该投资者认为投资于房地产的收益 X（单位：万元）和投资于商业的收益 Y（单位：万元）的分布列分别为

X	11	3	−3
p	0.2	0.7	0.1

Y	6	4	−1
p	0.2	0.7	0.1

试问该投资者投资哪个项目？

解　$E(X)=11\times 0.2+3\times 0.7+(-3)\times 0.1=4.0$，$E(Y)=6\times 0.2+4\times 0.7+(-1)\times 0.1=3.9$.

从平均收益看，投资房地产比投资商业更划算.

$$D(X)=(11-4)^2\times 0.2+(3-4)^2\times 0.7+(-3-4)^2\times 0.1=15.4,$$

$$D(Y)=(6-3.9)^2\times 0.2+(4-3.9)^2\times 0.7+(-1-3.9)^2\times 0.1=3.29.$$

若综合权衡收益和风险，选择投资房地产的平均收益比投资商业多了 0.1 万元，但风险却提高了很多倍，故建议投资商业.

例 2　设随机变量 X 服从“0-1”分布，试求 $D(X)$.

解　$E(X)=1\times p+0\times q=p$ (记$1-p=q$)，

$$E(X^2)=1^2\times p+0^2\times q=p,$$

$$D(X)=E(X^2)-E^2(X)=p-p^2=p(1-p)=pq.$$

例 3　设随机变量 $X\sim U(a,b)$，求 $D(X)$.

解　已知 $E(X)=\dfrac{a+b}{2}$，

$$E(X^2)=\int_a^b x^2\frac{1}{b-a}\mathrm{d}x=\frac{b^3-a^3}{3(b-a)}=\frac{b^2+ab+a^2}{3},$$

$$D(X)=E(X^2)-E^2(X)=\frac{b^2+ab+a^2}{3}-\left(\frac{b+a}{2}\right)^2=\frac{(b-a)^2}{12}.$$

二、方差的性质

假定以下所提及的随机变量的方差均存在.

性质 1　设 C 为常数，则有 $D(C)=0$.

性质 2　设 a,b 为常数，则有 $D(aX+b)=a^2D(X)$.

性质 3　设 X,Y 是两个相互独立的随机变量，则有 $D(X+Y)=D(X)+D(Y)$.

性质 2 和性质 3 可推广到有限个相互独立的随机变量的情形，a_i 为实数 $(i=1,2,\cdots,n)$，即

$$D\left(\sum_{i=1}^n a_iX_i\right)=\sum_{i=1}^n a_i^2D(X_i).$$

例 4　已知相互独立的随机变量 X 和 Y，$D(X)=4, D(Y)=7$，求 $D(2X+3Y-1)$.

解　由方差的性质可知

$$D(2X-3Y-1)=2^2D(X)+3^2D(Y)=79.$$

例 5(随机变量的标准化) 设随机变量 X，$E(X)=\mu$，$D(X)=\sigma^2\neq 0$，令 $X^*=\dfrac{X-\mu}{\sigma}$，证明 $E(X^*)=0,D(X^*)=1$.

证 由期望和方差的性质可知

$$E(X^*)=E\left(\frac{X-\mu}{\sigma}\right)=\frac{1}{\sigma}[E(X)-\mu]=0,$$

$$D(X^*)=D\left(\frac{X-\mu}{\sigma}\right)=\frac{D(X)}{\sigma^2}=1.$$

称 X^* 为 X 的标准化随机变量.

三、常见分布的数学期望和方差

(1)“0-1”分布

设随机变量 X 服从“0-1”分布，则 $E(X)=p,D(X)=p(1-p)$.

(2) 二项分布

设随机变量 $X\sim B(n,p)$，则 $E(X)=np,D(X)=np(1-p)$.

(3) 泊松分布

设随机变量 $X\sim P(\lambda)$，则 $E(X)=\lambda,D(X)=\lambda$.

(4) 均匀分布

设随机变量 $X\sim U(a,b)$，则 $E(X)=\dfrac{a+b}{2},D(X)=\dfrac{(b-a)^2}{12}$.

(5) 指数分布

设随机变量 $X\sim E(\lambda)$，则 $E(X)=\dfrac{1}{\lambda},D(X)=\dfrac{1}{\lambda^2}$.

(6) 正态分布

设随机变量 $X\sim N(\mu,\sigma^2)$，则 $E(X)=\mu$，$D(X)=\sigma^2$.

写成概率分布表如表 4-2.

表 4-2

分布	符号	分布列或概率密度	数学期望	方差
“0-1”分布	$B(1,p)$	$P(X=i)=p^i(1-p)^{1-i}$ $i=0,1$	p	$p(1-p)$
二项分布	$B(n,p)$	$P(X=i)=\mathrm{C}_n^i p^i(1-p)^{n-i}$ $i=0,1,\cdots,n$	np	$np(1-p)$
泊松分布	$P(\lambda)$	$P(X=i)=\dfrac{\lambda^i\mathrm{e}^{-\lambda}}{i!}$ $i=0,1,\cdots$	λ	λ
均匀分布	$U(a,b)$	$f(x)=\begin{cases}\dfrac{1}{b-a}, & a\leqslant x\leqslant b\\ 0, & \text{其他}\end{cases}$	$\dfrac{a+b}{2}$	$\dfrac{(b-a)^2}{12}$

续表

分布	符号	分布列或概率密度	数学期望	方差
指数分布	$E(\lambda)$	$f(x)=\begin{cases}\lambda e^{-\lambda x}, & x>0\\ 0, & \text{其他}\end{cases}$	$\frac{1}{\lambda}$	$\frac{1}{\lambda^2}$
正态分布	$N(\mu,\sigma^2)$	$f(x)=\frac{1}{\sqrt{2\pi}\sigma}e^{-\frac{(x-\mu)^2}{2\sigma^2}}$	μ	σ^2

4.3　协方差与相关系数

一、协方差的定义

前两节介绍了描述单个随机变量取值的平均值和偏离程度的两个数字特征——数学期望和方差. 二维随机变量, 不仅要考虑单个随机变量的统计规律性, 还要考虑两个随机变量相互联系的统计规律性. 故需要反映两个随机变量之间关系的数字特征, 即本节要介绍的协方差和相关系数.

定义 4.7　设 (X,Y) 是二维随机变量, 若数学期望 $E[X-E(X)][Y-E(Y)]$ 存在, 则称此期望为 X 与 Y 的**协方差**, 记为 $\mathrm{Cov}(X,Y)$, 即

$$\mathrm{Cov}(X,Y)=E[X-E(X)][Y-E(Y)].$$

特别地, $\mathrm{Cov}(X,X)=D(X)$.

由数学期望的性质, 容易得到协方差的另一个计算公式

$$\mathrm{Cov}(X,Y)=E(XY)-E(X)E(Y).$$

协方差的性质:

性质 1　$\mathrm{Cov}(X,Y)=\mathrm{Cov}(Y,X)$.

性质 2　若随机变量 X,Y 相互独立, 则 $\mathrm{Cov}(X,Y)=0$.

性质 3　设 C 为常数, 则 $\mathrm{Cov}(X,C)=0$.

性质 4　设 a,b 为常数, 则 $\mathrm{Cov}(aX,bY)=ab\mathrm{Cov}(X,Y)$.

性质 5　$\mathrm{Cov}(X+Y,Z)=\mathrm{Cov}(X,Z)+\mathrm{Cov}(Y,Z)$.

例 1　设二维随机变量 (X,Y) 的联合分布列为

X	Y	
	0	1
0	$\frac{1}{4}$	$\frac{1}{4}$
1	$\frac{1}{3}$	$\frac{1}{6}$

求 $\mathrm{Cov}(X,Y)$.

解　由于 $\mathrm{Cov}(X,Y)=E(XY)-E(X)E(Y)$,

$$E(XY)=1\times1\times\frac{1}{6}=\frac{1}{6},\quad E(X)=1\times\frac{1}{2}=\frac{1}{2},\quad E(Y)=1\times\frac{5}{12}=\frac{5}{12}.$$

$$\mathrm{Cov}(X,Y)=\frac{1}{6}-\frac{1}{2}\times\frac{5}{12}=-\frac{1}{24}.$$

二、相关系数的定义

定义 4.8　设(X,Y)是二维随机变量，且$D(X)>0,D(Y)>0$，称$\frac{\mathrm{Cov}(X,Y)}{\sqrt{D(X)}\sqrt{D(Y)}}$为随机变量$X$和$Y$的相关系数，记作$\rho_{XY}$，即

$$\rho_{XY}=\frac{\mathrm{Cov}(X,Y)}{\sqrt{D(X)}\sqrt{D(Y)}}.$$

相关系数的性质：

性质 6　$|\rho_{XY}|\leqslant 1$.

性质 7　$|\rho_{XY}|=1$的充分必要条件是：存在常数a,b，使得$P(Y=aX+b)=1$.

当$\rho_{XY}=0$时，称X与Y**不线性相关**；当$|\rho_{XY}|=1$时，称X与Y**完全线性相关**.

例 2　将一颗均匀的骰子重复投掷n次，随机变量X表示出现点数小于 3 的次数，随机变量Y表示出现点数不小于 3 的次数. 求相关系数ρ_{XY}.

解　依题意知，$X\sim B\left(n,\frac{1}{3}\right)$，$Y=n-X\sim B\left(n,\frac{2}{3}\right)$，由相关系数的定义知

$$\rho=\frac{\mathrm{Cov}(X,Y)}{\sqrt{D(X)}\sqrt{D(Y)}}=\frac{\mathrm{Cov}(X,n-X)}{\sqrt{n\times\frac{1}{3}\times\frac{2}{3}}\sqrt{n\times\frac{2}{3}\times\frac{1}{3}}}=\frac{-\frac{2n}{9}}{\frac{2n}{9}}=-1.$$

习　题　4

一、选择题

1. 设随机变量X，且$E(X)$存在，则$E(X)$是(　　).

A. X 的函数；　B. 确定常数；　C. 随机变量；　D. X 的函数.

2. 设X的概率密度为$f(x)=\begin{cases}\frac{1}{9}\mathrm{e}^{-\frac{x}{9}}, & x\geqslant 0,\\ 0, & x<0,\end{cases}$ 则$E\left(-\frac{1}{9}X\right)=$(　　).

A. $\frac{1}{9}\int_{-\infty}^{+\infty}x\cdot\mathrm{e}^{\frac{x}{9}}\mathrm{d}x$；　B. $-\frac{1}{9}\int_{-\infty}^{+\infty}x\cdot\mathrm{e}^{\frac{x}{9}}\mathrm{d}x$；

C. -1；　D. 1.

3. 设ξ是随机变量，$E(\xi)$存在，若$\eta=\frac{\xi-2}{3}$，则$E(\eta)=$(　　).

A. $E(\xi)$；　B. $\frac{E(\xi)}{3}$；　C. $E(\xi)-2$；　D. $\frac{E(\xi)}{3}-\frac{2}{3}$.

4. 已知$E(X)=-1,D(X)=3$，则$E[3(X^2-2)]=$(　　).

A. 9；　B. 6；　C. 30；　D. 36.

5. 对任意两个随机变量X,Y，若$E(XY)=E(X)E(Y)$，则(　　).

A. $D(XY)=D(X)D(Y)$；　B. $D(X+Y)=D(X)+D(Y)$；

C. X与Y相互独立；　D. X与Y不相互独立.

二、填空题

1. 设 X 为北方人的身高，Y 为南方人的身高，则“北方人比南方人高”相当于_________.

2. 设 X 为今年任一时刻天津的气温，Y 为今年任一时刻北京的气温，则今年天津的气温变化比北京的大，相当于_________.

3. 设随机变量 X 的可能取值为 0,1,2，相应的概率分布为 0.6,0.3,0.1，则 $E(X)=$_________，$D(X)=$_________.

4. 若随机变量 X 服从 $[0,2\pi]$ 上的均匀分布，则 $E(X)=$_________.

5. 若 X,Y 相互独立，$E(X)=0, E(Y)=2$，则 $E(XY)=$_________.

6. 若 $D(X)=8, D(Y)=4$，且 X,Y 相互独立，则 $D(2X-Y)=$_________.

7. 若 $D(X)=25, D(Y)=36, \rho_{XY}=0.4$，则 $\mathrm{Cov}(X,Y)=$_________，$D(X+Y)=$_________，$D(X-Y)=$_________.

8. 已知 $E(X)=3$，$D(X)=5$，则 $E(X+2)^2=$_________.

9. 若随机变量 X 的概率密度为 $\phi(x)=\begin{cases}\mathrm{e}^{-x}, & x\geqslant 0,\\ 0, & x<0,\end{cases}$ 则 $E(2X)=$_________，$E(\mathrm{e}^{-2X})=$_________.

10. 设 X,Y 相互独立，则协方差 $\mathrm{Cov}(X,Y)=$_________. 这时，X,Y 之间的相关系数 $\rho_{XY}=$_________.

11. 随机变量 X 服从区间 $[0,2]$ 上的均匀分布，则 $\dfrac{D(X)}{[E(X)]^2}=$_________.

12. 设 $D(X)=25, D(Y)=36, \rho_{XY}=0.4$，则 $D(X-Y)=$_________.

三、解答题

1. 袋中有 5 个乒乓球，编号为 1,2,3,4,5，从中任取 3 个，以 X 表示取出的 3 个球中最大编号，求 $E(X)$.

2. 已知二维随机变量 (X,Y) 的概率密度为 $f(x,y)=\begin{cases}12\mathrm{e}^{-(3x+4y)}, & x>0, y>0,\\ 0, & \text{其他},\end{cases}$ 求 $E(X)$.

3. 五个零件中有 1 个次品，进行不放回地检查，每次取 1 个，直到查到次品为止. 设 X 表示检查次数，求平均检查多少次能查到次品？

4. 某机携有导弹 3 枚，各枚命中率为 p，现该机向同一目标射击、击中为止，问平均射击几次？

5. 设 X 的密度函数为 $f(x)=\begin{cases}2x, & 0\leqslant x\leqslant 1,\\ 0, & \text{其他},\end{cases}$ 求 $E(X)$，$D(X)$.

6. 一台设备由三大部件构成，运转中它们需调整的概率分别为 0.1,0.2,0.3，假设它们的状态相互独立，以 X 表示同时需调整的部件数，求 $E(X)$，$D(X)$.

7. 设随机变量 $X\sim E(2)$，$Y\sim E(4)$，求 $E(X+Y)$，$E(2X-3Y^2)$.

8. 设随机变量 X 和 Y 相互独立，且 $E(X)=E(Y)=0, D(X)=D(Y)=1$，求 $E[(X+Y)^2]$.

9. 设随机变量 X 和 Y 的联合分布列为

Y	X		
	-1	0	1
-1	$\frac{1}{8}$	$\frac{1}{8}$	$\frac{1}{8}$
0	$\frac{1}{8}$	0	$\frac{1}{8}$
1	$\frac{1}{8}$	$\frac{1}{8}$	$\frac{1}{8}$

验证：X,Y 不相关，但 X,Y 不相互独立.

10. 设 X 是一随机变量，其概率密度为 $f(x)=\begin{cases}1+x, & -1\leqslant x\leqslant 0,\\ 1-x, & 0<x\leqslant 1,\\ 0, & \text{其他}.\end{cases}$ 求 $D(X)$.

11. 设 X 表示 10 次独立重复射击中命中目标的次数，每次射中目标的概率为 0.4，求 $E(X^2)$.

12. 设 X 服从参数 $\lambda=1$ 的指数分布，求 $E(X+\mathrm{e}^{-2X})$.

13. 设随机变量 X 的可能取值为 $1,2,3$，相应的概率分布为 $0.3,0.5,0.2$，求 $Y=2X-1$ 的数学期望与方差.

14. 设随机变量 X 的分布密度为 $f(x)=\begin{cases}ax, & 0<x<2,\\ bx+c, & 2\leqslant x<4,\\ 0, & \text{其他},\end{cases}$ 已知 $E(X)=2$,$P(1<X<3)=\dfrac{3}{4}$ ，求：(1) 常数 a,b,c 的值；(2) 方差 $D(X)$ ；(3) 随机变量 $Y=\mathrm{e}^X$ 的期望与方差.

15. 设 $X\sim N(0,4), Y\sim U(0,4)$ ，且 X,Y 相互独立，求：$E(XY)$ ，$D(X+Y)$，$D(2X-3Y)$.

16. 设离散型随机变量 X 的分布列为

X	-1	0	1	2
p	0.1	0.3	0.4	0.2

求 $D(X), E(3X^2-2)$.

17. 设二维连续型随机变量 (X,Y) 的概率密度为 $f(x,y)=\begin{cases}12y^2, & 0\leqslant y\leqslant x\leqslant 1,\\ 0, & \text{其他},\end{cases}$ 求 (1) $E(XY)$ ；(2) $E(X^2)$.

18. 设随机变量 X 和 Y 相互独立，且各自的概率密度为 $f_X(x)=\begin{cases}3\mathrm{e}^{-3x}, & x>0,\\ 0, & \text{其他},\end{cases}$ $f_Y(y)=\begin{cases}4\mathrm{e}^{-4y}, & y>0,\\ 0, & \text{其他},\end{cases}$ 求 $E(XY)$.

19. 设随机变量 (X,Y) 具有概率密度 $f(x,y)=\begin{cases}\dfrac{1}{8}(x+y), & 0\leqslant x\leqslant 2, 0\leqslant y\leqslant 2,\\ 0, & \text{其他},\end{cases}$ 求 $E(X)$ ，$E(Y)$ ，$\mathrm{Cov}(X,Y)$ ，ρ_{XY} .

20. 将一颗均匀的骰子重复投掷 n 次，随机变量 X 表示出现点数小于 3 的次数，Y 表示出现点数不小于 3 的次数.

(1) 证明：$X+Y$ 和 $X-Y$ 不相关；

(2) 求 $3X+Y$ 和 $X-3Y$ 的相关系数.

21. 设二维随机变量 (X,Y) 在单位圆域 $D=\{(x,y)\mid x^2+y^2\leqslant 1\}$ 上服从均匀分布，求：

(1) 求 X 和 Y 的相关系数 ρ_{XY} ；

(2) X 和 Y 是否相互独立？

第5章 数 理 统 计

概率论是数理统计的理论基础，数理统计是概率论的重要应用. 前四章的研究属于概率论的范畴，随机变量及其概率分布完整地描述了随机现象的统计规律性. 但在实际问题中，随机变量的分布并非已知，这就需要数理统计的研究.

数理统计是研究如何有效地收集受到随机影响的资料，并根据试验和观测得到数据，对随机现象的客观规律性做出种种合理的推断. 本章主要介绍数理统计的基本概念、参数的点估计和参数的区间估计.

5.1 数理统计的基本概念

一、总体与样本

1. 总体与个体

定义 5.1 在数理统计中，将所研究对象的全体称为**总体**(或**母体**)，其中每个对象称为**个体**.

在统计研究中，人们关心每个个体的一项(或几项)数量指标和该数量指标在总体中的分布情况. 这时，每个个体具有的数量指标的全体就是总体. 比如：检查某批灯泡的寿命，该批灯泡寿命的全体就是总体. 由于每个个体的出现是随机的，所以将研究的个体(或其数量指标)看作随机变量，我们用一个随机变量及其分布来描述总体. 这样，总体就可以用一个随机变量及其分布来描述. 为此常用随机变量的符号或分布的符号 $X,Y,Z,\cdots$,或$F(x),\cdots$ 等表示总体.

2. 样本

为了推断总体分布及其各种特征，就必须从总体中按一定法则抽取若干个体进行观察或试验，以获得有关总体的信息. 这一抽取过程称为**抽样**，所抽取的部分个体称为**样本**，样本中个体的数目称为**样本容量**.

容量为 n 的样本可以看作是 n 维随机变量 $(X_1,X_2,\cdots,X_n)$，其观测值为 $(x_1,x_2\cdots,x_n)$. 从总体中抽取样本可以有不同的抽法，为了能由样本对总体作出较可靠的推断，就希望样本能很好地代表总体. 这就需要对抽样方法提出一些要求，最常用的“简单随机抽样”有如下两个要求：

- **代表性**(随机性)：总体中每个个体都有同等机会被选入样本，即每个个体与总体有相同的分布.
- **独立性**：样本中每个个体取什么值并不影响其他个体取值，即随机变量是相互独立的.

由简单随机抽样所得到的的样本称为简单随机样本. 本节中提到的样本，均指简单随机样本.

若总体的分布函数为 $F(x)$，则样本 $(X_1,X_2,\cdots,X_n)$ 的联合分布函数和联合概率密度函数(或联合概率分布)分别为

$$F(x_1,x_2,\cdots,x_n)=\prod_{i=1}^{n}F(x_i),$$

$$f(x_1,x_2,\cdots,x_n)=\prod_{i=1}^{n}f(x_i),$$

或

$$P\{X_1=x_1,\cdots,X_n=x_n\}=\prod_{i=1}^{n}p(x_i).$$

二、统计量及其分布

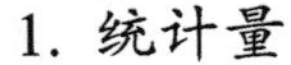

1. 统计量

定义 5.2　设 $(X_1,X_2,\cdots,X_n)$ 为总体 X 的一个样本，若样本函数 $g(X_1,X_2,\cdots,X_n)$ 不含任何未知参数，则称 $g(X_1,X_2,\cdots,X_n)$ 为一个**统计量**. $g(x_1,x_2,\cdots,x_n)$ 为 $g(X_1,X_2,\cdots,X_n)$ 的观测值.

例如：$\sum_{i=1}^{n}X_i$ 和 $\max\{X_1,X_2,\cdots,X_n\}$ 都是统计量，而当 μ,σ^2 未知时，$\sum_{i=1}^{n}(X_i-\mu)^2$ 和 $\frac{1}{\sigma^2}\sum_{i=1}^{n}X_i$ 都不是统计量.

2. 常用的几个统计量

设 $(X_1,X_2,\cdots,X_n)$ 是总体 X 的样本，

(1) 样本均值 $\overline{X}=\frac{1}{n}\sum_{i=1}^{n}X_i$，其观测值为 $\overline{x}=\frac{1}{n}\sum_{i=1}^{n}x_i$；

(2) 样本方差 $S^2=\frac{1}{n-1}\sum_{i=1}^{n}(X_i-\overline{X})^2$，其观测值为 $s^2=\frac{1}{n-1}\sum_{i=1}^{n}(x_i-\overline{x})^2$；

(3) 样本标准差 $S=\sqrt{\frac{1}{n-1}\sum_{i=1}^{n}(X_i-\overline{X})^2}$，其观测值为 $s=\sqrt{\frac{1}{n-1}\sum_{i=1}^{n}(x_i-\overline{x})^2}$.

例 1　为了研究某单位青年人的每月娱乐支出情况，现收集到 20 名青年人的某月的娱乐支出费用数据：

79	84	84	88	92	93	94	97	98	99
100	101	101	102	102	108	110	113	118	125

求样本均值和样本方差.

解　$\overline{x}=\frac{1}{n}\sum_{i=1}^{n}x_i=\frac{1}{20}(79+84+\cdots+125)=99.4,$

$$s^2=\frac{1}{n-1}\sum_{i=1}^{n}(x_i-\overline{x})^2=\frac{1}{20-1}[(79-99.4)^2+\cdots+(125-99.4)^2]=133.9368.$$

3. 三大抽样分布

定义 5.3　统计量是随机变量，它的分布称为抽样分布.

下面介绍来自正态总体的几个重要统计量的分布.

1) χ^2 分布

定义 5.4　设随机变量 $X_1,X_2,\cdots,X_n$ 相互独立，且均服从标准正态分布 $N(0,1)$，则称随机变量

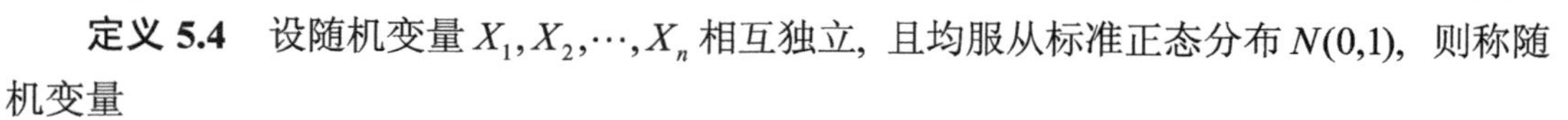

$$\chi^2=\sum_{i=1}^{n}X_i^2$$

为服从自由度为 n 的 χ^2 分布，记作 $\chi^2\sim\chi^2(n)$.

χ^2 分布具有如下性质：

性质 1(可加性)　若 $\chi_1^2\sim\chi^2(n)$，$\chi_2^2\sim\chi^2(m)$ 且 χ_1^2 与 χ_2^2 独立，则 $\chi_1^2+\chi_2^2\sim\chi^2(m+n)$. 这一性质可推广到有限个的情形.

性质 2　若 $\chi^2\sim\chi^2(n)$，则 $E(X)=n, D(X)=2n$.

定义 5.5　设 $\chi^2\sim\chi^2(n)$，对于给定的数 $\alpha(0<\alpha<1)$，满足等式

$$P(\chi^2\geqslant\chi_\alpha^2(n))=\int_{\chi_\alpha^2(n)}^{+\infty}f_{\chi^2}(x)\mathrm{d}x=\alpha$$

的数 $\chi_\alpha^2(n)$ 称为 χ^2 **分布的上** α **分位点**(简称 α **分位点**). 其中 $f_{\chi^2}(x)$ 为 χ^2 分布的概率密度函数. 如图 5-1, $\chi_\alpha^2(n)$ 就是图中阴影部分的面积为 α 时在 x 轴上所确定的点的坐标.

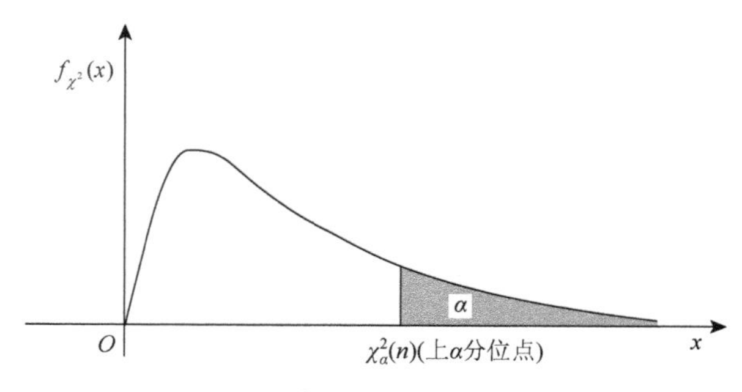

图 5-1　χ^2 分布的上 α 分位点图

2) t 分布

定义 5.6　设随机变量 $X\sim N(0,1)$, $Y\sim\chi^2(n)$，且 X 与 Y 相互独立，则称随机变量

$$T=\frac{X}{\sqrt{\dfrac{Y}{n}}}$$

为自由度为 n 的 t 分布，记为 $T\sim t(n)$.

t 分布具有如下性质：

性质 3　t 分布的密度函数的图形关于 y 轴对称

性质 4　当 n 充分大时，t 分布近似于标准正态分布.

定义 5.7　设$T\sim t(n)$，对于给定的数$\alpha(0<\alpha<1)$，满足等式

$$P(T \geqslant t_\alpha(n)) = \int_{t_\alpha(n)}^{+\infty} f_t(x)\mathrm{d}x = \alpha$$

的数$t_\alpha(n)$称为t**分布的上**α**分位点**(简称α**分位点**)．其中$f_t(x)$为t分布的概率密度函数．如图 5-2，$t_\alpha(n)$就是图中阴影部分的面积为α时在x轴上所确定的点的坐标．

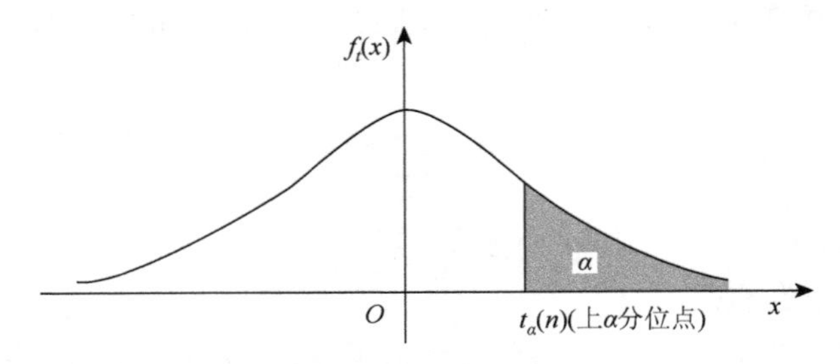

图 5-2　t分布的上α分位点图

3) F分布

定义 5.8　设$X\sim\chi^2(m), Y\sim\chi^2(n)$，且$X$与$Y$相互独立，则称随机变量

$$F = \frac{X}{m}\Big/\frac{Y}{n}$$

为第一自由度为m，第二自由度为n的F分布，记为$F\sim F(m,n)$．

定义 5.9　设$F\sim F(m,n)$，对于给定的数$\alpha(0<\alpha<1)$，满足等式

$$P(F \geqslant F_\alpha(m,n)) = \int_{F_\alpha(m,n)}^{+\infty} f_F(x)\mathrm{d}x = \alpha$$

的数$F_\alpha(m,n)$称为F**分布的上**α**分位点**(简称α**分位点**)．其中$f_F(x)$为F分布的概率密度函数．如图 5-3，$F_\alpha(m,n)$就是图中阴影部分的面积为α时在x轴上所确定的点的坐标．

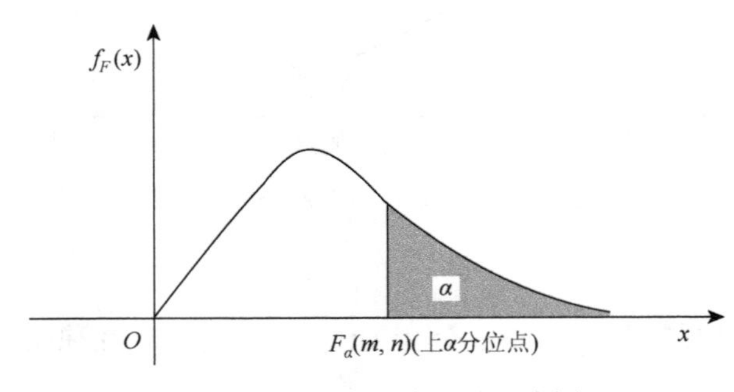

图 5-3　F分布的上α分位点图

F分布具有如下性质：

性质 5　若$F\sim F(m,n)$，则$\dfrac{1}{F}\sim F(n,m)$．

性质 6　$F_{1-\alpha}(m,n) = \dfrac{1}{F_\alpha(n,m)}$．

4. 正态总体下的抽样分布

定理 5.1 若 $X\sim N(\mu_i,\sigma_i^2)\ (i=1,2,\cdots,n)$, $X_1,X_2,\cdots,X_n$ 相互独立, 且 $k_1,k_2,\cdots,k_n$ 不全为零, 则关于随机变量 $X_1,X_2,\cdots,X_n$ 的线性函数

$$X=\sum_{i=1}^{n}k_iX_i$$

也服从正态分布, 且 $E(X)=\sum_{i=1}^{n}\mu_ik_i$, $D(X)=\sum_{i=1}^{n}\sigma_i^2k_i^2$.

推论 1 设 $(X_1,X_2,\cdots,X_n)$ 为来自正态总体 $N(\mu,\sigma^2)$ 的一个样本, $\bar{X}$ 为样本均值, 则 $\bar{X}\sim N\left(\mu,\frac{1}{n}\sigma^2\right)$, 即 $\dfrac{\bar{X}-\mu}{\frac{\sigma}{\sqrt{n}}}\sim N(0,1)$.

证 在定理 5.1 中取 $k_i=\frac{1}{n}\ (i=1,2,\cdots,n)$, 则 $\bar{X}\sim N\left(\mu,\frac{1}{n}\sigma^2\right)$, 然后对 $\bar{X}$ 标准化, 则 $\dfrac{\bar{X}-\mu}{\frac{\sigma}{\sqrt{n}}}\sim N(0,1)$.

推论 2 设 $(X_1,X_2,\cdots,X_n)$ 是来自正态总体 $N(\mu,\sigma^2)$ 的一个样本, $\bar{X}$ 和 S^2 分别是样本均值与样本方差, 则有

(1) $\dfrac{(n-1)S^2}{\sigma^2}\sim\chi^2(n-1)$;

(2) $\bar{X}$与S^2相互独立.

证明略.

推论 3 设 $(X_1,X_2,\cdots,X_n)$ 是来自正态总体 $N(\mu,\sigma^2)$ 的样本, $\bar{X}$ 和 S 为样本均值与样本均方差, 则 $\dfrac{(\bar{X}-\mu)}{\frac{S}{\sqrt{n}}}\sim t(n-1)$.

证 记 $X=\dfrac{\bar{X}-\mu}{\frac{\sigma}{\sqrt{n}}}$, $Y=\dfrac{(n-1)S^2}{\sigma^2}$, 则 $X\sim N(0,1)$, $Y\sim\chi^2(n-1)$, 且 X 与 Y 相互独立.

$$T=\frac{X}{\sqrt{\frac{Y}{n-1}}}=\frac{\bar{X}-\mu}{\frac{S}{\sqrt{n}}}\sim t(n-1).$$

例 2 从总体 $X\sim N(30,2^2)$ 中随机地抽取一个容量为 16 的样本, 求样本均值 $\bar{X}$ 在 29 到 31 之间取值的概率.

解 因为 $X\sim N(30,2^2)$, $n=16$, 故

$$\bar{X}\sim N\left(30,\frac{2^2}{16}\right),$$

所以 $P(29<\bar{X}<31)=\Phi(2)-\Phi(-2)=2\Phi(2)-1=0.9544$.

5.2 参数的点估计

数理统计的基本任务就是依据样本推断总体的特征. 刻画总体 X 的某些特征的常数称为**参数**, 其中最常用的参数是总体的数学期望和方差. 例如, 服从正态分布的总体 X 就是有参数 $\mu=E(X)$ 和 $\sigma^2=D(X)$ 确定的. 在实际问题中, 常常已知总体 X 的分布函数的形式, 但是总体 X 的一个或多个参数未知, 根据样本提供的信息对总体 X 的未知参数作出估计, 这类问题称为**参数估计问题**. 参数估计通常有两种方法: **点估计**和**区间估计**. 本节介绍点估计.

一、点估计法

定义 5.10 设已知总体 X 的分布函数 $F(x;\theta)$ 的形式, $\theta\in\Theta$ (Θ为参数空间) 为需要估计的参数. $(X_1,X_2,\cdots,X_n)$ 是来自总体 X 的一个样本, $(x_1,x_2,\cdots,x_n)$ 是其观测值. 根据待估参数的特征构造一个适当的统计量 $\hat{\theta}(X_1,X_2,\cdots,X_n)$ 估计 θ, 统计量 $\hat{\theta}(X_1,X_2,\cdots,X_n)$ 称为 θ 的**点估计量**, 其观测值 $\hat{\theta}(x_1,x_2,\cdots,x_n)$ 称为 θ 的**点估计值**.

构造点估计量的方法有多种, 最典型的是矩估计法和最大似然估计法.

二、矩估计法

矩估计法的基本思想为: 用样本的 k 阶矩去估计总体的 k 阶矩. 当总体均值和总体方差未知时, 我们用样本均值的观测值 $\bar{x}$ 作总体均值 μ 的估计值, 用样本方差的观测值 s^2 作总体方差 σ^2 的估计值. 这就是总体均值和总体方差的点估计.

例 1 设 $(X_1,X_2,\cdots,X_n)$ 来自 $X\sim U(a,b)$ 的一个样本, 试求参数 a,b 的矩估计量和矩估计值.

解 $E(X)=\dfrac{a+b}{2}$, $D(X)=\dfrac{(b-a)^2}{12}$. 不难推出

$$a=E(X)-\sqrt{3D(X)},\quad b=E(X)+\sqrt{3D(X)},$$

即可得到 a,b 的矩估计量为

$$\hat{a}=\bar{X}-\sqrt{3}S,\quad \hat{b}=\bar{X}+\sqrt{3}S.$$

矩估计值为

$$\hat{a}=\bar{x}-\sqrt{3}s,\quad \hat{b}=\bar{x}+\sqrt{3}s.$$

例 2 若总体 $X\sim N(\mu,\sigma^2)$, 其中 μ 和 σ^2 为未知参数, 求 μ 和 $\hat{\sigma}^2$ 的矩估计量.

解 因 $X\sim N(\mu,\sigma^2)$, 且 $E(X)=\mu$ 及 $D(X)=\sigma^2$, 而由矩估计法有

$$E(X)=\bar{X}\text{ 和 }D(X)=\frac{1}{n-1}\sum_{i=1}^{n}(X_i-\bar{X})^2,$$

可得矩估计量为

$$\hat{\mu}=\bar{X}\text{ 和 }\hat{\sigma}^2=\frac{1}{n-1}\sum_{i=1}^{n}(X_i-\bar{X})^2.$$

三、最大似然估计法

最大似然估计法是一种概率意义下的参数估计，其基本思想是利用抽样结果，寻找使这一结果出现的可能性最大的那个θ作为θ的估计.

例如，一位老猎人与他的徒弟一起打猎，两人同时向一猎物射击，结果该猎物身中一弹，你认为谁打中的可能性最大？根据经验而断：老猎人打中猎物的可能性最大. 这个例子所作的推断已经体现了最大似然估计法的基本思想.

定义 5.11 设总体X的密度函数为$p(x;\theta)$，$\theta\in\Theta$（Θ为参数空间），若$(X_1,X_2,\cdots,X_n)$是总体的一个样本，$(x_1,x_2,\cdots,x_n)$是其观测值，将样本的联合概率函数看成θ的函数，记为$L(\theta;x_1,x_2,\cdots,x_n)$，简记为$L(\theta)$，称为样本的**似然函数**. 即

$$L(\theta)=L(\theta;x_1,x_2,\cdots,x_n)=\prod_{i=1}^{n}p(x_i;\theta).$$

如果某统计量$\hat{\theta}=\hat{\theta}(X_1,X_2,\cdots,X_n)$，满足

$$L(\hat{\theta})=\max_{\theta\in\Theta}L(\theta),$$

则称$\hat{\theta}$为θ的**最大似然估计**.

由于$\ln x$是x的单调增函数，因此，使对数似然函数$\ln L(\theta)$达到最大与使$L(\theta)$达到最大是等价的. 当$L(\theta)$是可导是函数时，求导是求最大似然估计最常用的方法.

例 3 若$X\sim N(\mu,\sigma^2)$，其中μ和σ^2为未知参数，求μ和σ^2的极大似然估计量.

解 似然函数为

$$L(\mu,\sigma^2)=\prod_{i=1}^{n}p(x_i;\mu,\sigma^2)=\prod_{i=1}^{n}\frac{1}{\sqrt{2\pi}\sigma}\mathrm{e}^{-\frac{(x_i-\mu)^2}{2\sigma^2}}=(2\pi\sigma^2)^{-\frac{n}{2}}\mathrm{e}^{-\frac{1}{2\sigma^2}\sum\limits_{i=1}^{n}(x_i-\mu)^2},$$

似然函数$L(\mu,\sigma^2)$两边同时取自然对数得

$$\ln L(\mu,\sigma^2)=-\frac{n}{2}\ln(2\pi\sigma^2)-\frac{1}{2\sigma^2}\sum_{i=1}^{n}(x_i-\mu)^2,$$

将上式两边分别对μ和σ^2求偏导数并令它们等于零

$$\begin{cases}\dfrac{\partial\ln L}{\partial\mu}=\dfrac{1}{\sigma^2}\left(\displaystyle\sum_{i=1}^{n}x_i-n\mu\right)=0,\\[2ex]\dfrac{\partial\ln L}{\partial\sigma^2}=\dfrac{1}{2\sigma^2}\left[\dfrac{1}{\sigma^2}\displaystyle\sum_{i=1}^{n}(x_i-\mu)^2-n\right]=0.\end{cases}$$

解此方程组便可得到所求的最大似然估计量

$$\begin{cases}\mu=\dfrac{1}{n}\displaystyle\sum_{i=1}^{n}x_i=\overline{x},\\[2ex]\sigma^2=\dfrac{1}{n}\displaystyle\sum_{i=1}^{n}(x_i-\overline{x})^2.\end{cases}$$

5.3　参数的区间估计

上一节，我们讨论了参数的点估计，它是用样本算得的一个估计值去估计未知参数. 但是，点估计仅仅是未知参数的一个近似值，它没有反映出这个近似值的误差范围，这是点估计的一个缺陷. 本节介绍的区间估计正好弥补了点估计的这个缺陷.

一、区间估计的基本概念

定义 5.12　设总体 $X \sim F(x;\theta)$，θ 为未知参数，$(X_1,X_2,\cdots,X_n)$ 为总体的一个样本，对于给定 $\alpha(0<\alpha<1)$，存在两个统计量 $\underline{\theta}=\underline{\theta}(X_1,X_2,\cdots,X_n)$ 和 $\overline{\theta}=\overline{\theta}(X_1,X_2,\cdots,X_n)$，使得

$$P\{\underline{\theta}\leqslant\theta\leqslant\overline{\theta}\}=1-\alpha,$$

则称区间 $[\underline{\theta},\overline{\theta}]$ 为 θ 的**置信度**为 $1-\alpha$ 的**置信区间**，$\underline{\theta}$ 及 $\overline{\theta}$ 分别为置信区间的**置信下限和置信上限**，$1-\alpha$ 为置信区间的**置信度**，α 为**显著性水平**(一般取 $\alpha=0.1,0.05,0.01$ 等).

注　定义的含义是指，反复抽样多次(各次样本容量均为 n)，每次抽取的样本值都可确定一个区间 $[\underline{\theta},\overline{\theta}]$ (不同样本值确定的区间一般不同)，每个这样的区间要么包含 θ 的真值，要么不包含 θ 的真值. 区间估计的含义是在 100 个这样的随机区间中，有 $100(1-\alpha)$ 个区间包含 θ 的真值，而有 100α 个区间不包含 θ 的真值.

下面仅讨论单个正态总体 $N(\mu,\sigma^2)$ 的均值 μ 和方差 σ^2 的区间估计问题.

二、正态总体均值的区间估计

给定置信度为 $1-\alpha$，设 $(X_1,X_2,\cdots,X_n)$ 为正态总体 $N(\mu,\sigma^2)$ 的一个样本，$\overline{X}$ 和 S^2 分别为样本均值和样本方差.

1. *总体方差 σ^2 已知的情形*

由于

$$U=\frac{\overline{X}-\mu}{\frac{\sigma}{\sqrt{n}}}\sim N(0,1),$$

则

$$P\left\{-u_{\frac{\alpha}{2}}\leqslant U\leqslant u_{\frac{\alpha}{2}}\right\}=P\left\{|U|\leqslant u_{\frac{\alpha}{2}}\right\}=\int_{-u_{\frac{\alpha}{2}}}^{u_{\frac{\alpha}{2}}}\varphi(x)\mathrm{d}x=1-\alpha \quad (\text{图 5-4}),$$

可得到均值 μ 的置信度为 $1-\alpha$ 的置信区间为

$$\left[\overline{X}-u_{\frac{\alpha}{2}}\cdot\frac{\sigma}{\sqrt{n}},\overline{X}+u_{\frac{\alpha}{2}}\cdot\frac{\sigma}{\sqrt{n}}\right],$$

即区间 $\left[\overline{X}-u_{\frac{\alpha}{2}}\cdot\frac{\sigma}{\sqrt{n}},\ \overline{X}+u_{\frac{\alpha}{2}}\cdot\frac{\sigma}{\sqrt{n}}\right]$ **以 $1-\alpha$ 的概率包含未知参数 μ**. 其中 $u_{\frac{\alpha}{2}}$ 为标准正态分布的上 $\frac{\alpha}{2}$ 分位点.

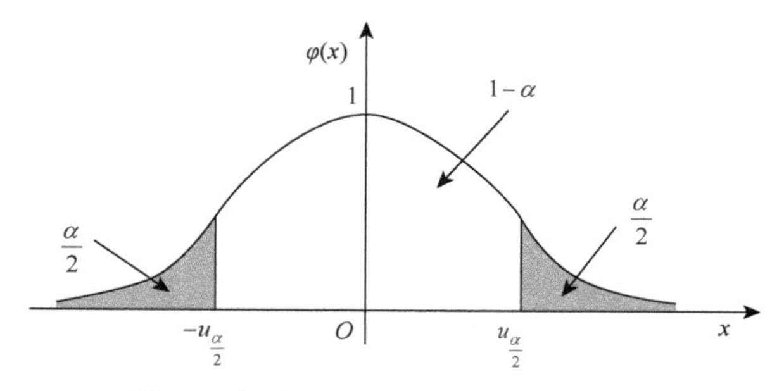

图 5-4 标准正态分布的双侧临界值点图

2. 总体方差 σ^2 未知的情形

因为

$$T=\frac{\bar{X}-\mu}{\frac{S}{\sqrt{n}}}\sim t(n-1),$$

则

$$P\left\{-t_{\frac{\alpha}{2}}(n-1)\leqslant T\leqslant t_{\frac{\alpha}{2}}(n-1)\right\}=P\left\{|T|\leqslant t_{\frac{\alpha}{2}}(n-1)\right\}=1-\alpha.$$

不等式变形后有

$$P\left\{\bar{X}-\frac{S}{\sqrt{n}}t_{\frac{\alpha}{2}}(n-1)\leqslant\mu\leqslant\bar{X}+\frac{S}{\sqrt{n}}t_{\frac{\alpha}{2}}(n-1)\right\}=1-\alpha,$$

于是均值 μ 的置信度为 $1-\alpha$ 的置信区间为

$$\left[\bar{X}-\frac{S}{\sqrt{n}}t_{\frac{\alpha}{2}}(n-1),\ \bar{X}+\frac{S}{\sqrt{n}}t_{\frac{\alpha}{2}}(n-1)\right].$$

例 1 用天平称量某物体的质量 9 次，得平均值为 $\bar{x}=15.4\text{g}$，已知天平称量结果为正态分布 $N(\mu,\sigma^2)$，其标准差为 0.1g. 试求该物体质量的 0.95 的置信区间.

解 已知 $\sigma=0.1,\alpha=0.05$，查表 $u_{0.025}=1.96$. 于是物体质量 μ 的 0.95 的置信区间为

$$\left[\bar{X}-u_{\frac{\alpha}{2}}\cdot\frac{\sigma}{\sqrt{n}},\bar{X}+u_{\frac{\alpha}{2}}\cdot\frac{\sigma}{\sqrt{n}}\right]=[15.3347,15.4653].$$

例 2 某洗涤剂厂生产的一批洗衣粉，每包的质量服从正态分布 $N(\mu,\sigma^2)$，现测得该批洗衣粉 12 包的质量(单位：g)为

3100　2520　3000　3600　3160　3560

3320　2880　2600　3400　2540　3000

试求每包洗衣粉的平均质量 μ 的 0.95 的置信区间.

解 因为总体方差 σ^2 未知，$n=12,\alpha=0.05$, 由样本算得 $\bar{x}=3056.67,s=375.31$，查表 $t_{0.025}(11)=2.201$，于是 μ 的 0.95 的置信区间为

$$\left[\bar{X}-\frac{S}{\sqrt{n}}t_{\frac{\alpha}{2}}(n-1),\ \bar{X}+\frac{S}{\sqrt{n}}t_{\frac{\alpha}{2}}(n-1)\right]=[2818.21,3295.13].$$

三、正态总体方差的区间估计

在实际中当 σ^2 未知时 μ 已知的情形极为罕见，故设总体均值 μ 未知，此时统计量

$$\chi^2 = \frac{(n-1)S^2}{\sigma^2} \sim \chi^2(n-1).$$

由图 5-1 看出 χ^2 分布非对称分布，在 χ^2 分布两侧各截面积为 $\frac{\alpha}{2}$ 的部分，即采用 χ^2 分布的两个分位点 $\chi^2_{1-\frac{\alpha}{2}}(n-1)$ 和 $\chi^2_{\frac{\alpha}{2}}(n-1)$，从而

$$P\left\{\chi^2_{1-\frac{\alpha}{2}}(n-1) \leqslant \chi^2 \leqslant \chi^2_{\frac{\alpha}{2}}(n-1)\right\} = 1-\alpha,$$

即

$$P\left\{\chi^2_{1-\frac{\alpha}{2}}(n-1) \leqslant \frac{(n-1)S^2}{\sigma^2} \leqslant \chi^2_{\frac{\alpha}{2}}(n-1)\right\} = 1-\alpha.$$

通过不等式变形得

$$P\left\{\frac{(n-1)S^2}{\chi^2_{\frac{\alpha}{2}}(n-1)} \leqslant \sigma^2 \leqslant \frac{(n-1)S^2}{\chi^2_{1-\frac{\alpha}{2}}(n-1)}\right\} = 1-\alpha,$$

于是均值 μ 的置信度为 $1-\alpha$ 的置信区间为

$$\left[\frac{(n-1)S^2}{\chi^2_{\frac{\alpha}{2}}(n-1)}, \frac{(n-1)S^2}{\chi^2_{1-\frac{\alpha}{2}}(n-1)}\right].$$

例 3　某厂生产的零件重量服从正态分布 $N(\mu,\sigma^2)$，现从该厂生产的零件中抽取 9 个，测得其质量(单位：g)为

45.3　45.4　45.1　45.3　45.5　45.7　45.4　45.3　45.6

试求总体标准差 σ 的置信度为 0.95 的置信区间

解　由 $n=9,\alpha=0.05$，由样本算得 $s^2=0.0325$，查表 $\chi^2_{0.025}(8)=17.535$，$\chi^2_{0.975}(8)=2.180$. 于是方差 σ^2 的置信度为 0.95 的置信区间为

$$\left[\frac{(n-1)S^2}{\chi^2_{\frac{\alpha}{2}}(n-1)}, \frac{(n-1)S^2}{\chi^2_{1-\frac{\alpha}{2}}(n-1)}\right] = [0.0148, 0.1193].$$

标准差 σ 的置信度为 0.95 的置信区间为

$$[0.1218, 0.3454].$$

习　题　5

一、填空题

1. 设 X,Y 相互独立且 $X\sim\chi^2(m)$，$Y\sim\chi^2(n)$，则 $X+Y\sim$ ________.

2. 设 $X_1, X_2, \cdots X_n$ 是来自总体 $\chi^2(10)$ 的样本，则统计量 $Y = \sum_{i=1}^{n} X_i \sim$ ________.

3. 设总体 X 具有概率密度函数 $f(x) = \begin{cases} \dfrac{1}{\theta} e^{-\frac{x}{\theta}}, & x \geqslant 0, \\ 0, & x < 0, \end{cases}$ $\theta > 0$ 为已知，样本为 $X_1, X_2, \cdots, X_n$，则 $E(\bar{X}) =$ ________，$\mathrm{Var}(\bar{X}) =$ ________.

4. 在总体 $N(52, 6.3^2)$ 中随机抽一容量为 36 的样本，则样本均值 $\bar{X}$ 落在 50.8 到 53.8 之间的概率为________.

5. 设 $X_1, X_2, \cdots, X_{10}$ 是来自总体 $X \sim \chi^2(n)$ 的样本，$E(\bar{X}) =$ ________，$\mathrm{Var}(\bar{X}) =$ ________，$E(S^2) =$ ________.

6. 设在总体 $N(\mu, \sigma^2)$ 中抽取一容量为 16 的样本，这里 μ, σ^2 为未知参数，S^2 为样本方差. 则 $P\left\{\dfrac{S^2}{\sigma^2} \leqslant 2.041\right\} =$ ________，$\mathrm{Var}(S^2) =$ ________.

二、解答题

1. 学校食堂出售盒饭，共有三种价格 4 元，4.5 元，5 元. 售出哪一种盒饭是随机的，售出三种价格盒饭的概率分别为 0.3, 0.2, 0.5. 已知某天共售出 200 盒，设盒饭价格服从正态分布，试求这天收入在 910 元至 930 元之间的概率.

2. 设总体 X 的概率分布列为

X	0	1	2	3
P	p^2	$2p(1-p)$	p^2	$1-2p$

其中 $p\left(0 < p < \dfrac{1}{2}\right)$ 是未知参数. 利用总体 X 的如下样本值

1 3 0 2 3 3 1 3

求(1) p 的矩估计值；(2) p 的最大似然估计值.

3. 设 $(X_1, X_2, \cdots, X_n)$ 是取自总体 X 的一个样本，其中 X 服从区间 $(0, \theta)$ 的均匀分布，其中 $\theta > 0$ 未知，求 θ 的矩估计.

4. 设 $(X_1, X_2, \cdots, X_n)$ 是取自总体 X 的一个样本，X 的密度函数为

$$f(x) = \begin{cases} \dfrac{2x}{\theta^2}, & 0 < x < \theta, \\ 0, & \text{其他}, \end{cases}$$

其中 $\theta > 0$ 未知，求 θ 的矩估计.

5. 设总体 X 的概率密度函数为

$$f(x) = \begin{cases} (\theta + 1) x^{\theta}, & 0 < x < 1, \\ 0, & \text{其他}, \end{cases}$$

其中 $\theta > -1$ 为未知参数，$(X_1, X_2, \cdots, X_n)$ 为来自该总体的一个样本.

(1) 求 θ 的矩估计量；(2) 求 θ 的最大似然估计量.

6. 水泥厂用自动包装机包装水泥，每袋额定重量为 50kg，某日开工后随机抽查了 9 袋，称得重量如下(单位：kg)

49.6 49.3 50.1 50.0 49.2 49.9 49.8 51.0 50.2

设每袋重量服从正态分布. 若已知该天包装机包装的水泥重量的方差为 $\sigma^2 = 0.3$, 求水泥平均重量 μ 的置信度为 0.95 的置信区间.

7. 随机地从一批钉子中抽取 10 枚, 测得其长度为(单位: cm)

$$2.14 \quad 2.10 \quad 2.13 \quad 2.15 \quad 2.13 \quad 2.12 \quad 2.13 \quad 2.10 \quad 2.15 \quad 2.12$$

设钉长服从正态分布, 求总体均值 μ 的置信度为 0.90 的置信区间.

习题参考答案

第二篇 线 性 代 数

习 题 1

一、1. $\begin{bmatrix} -1 & 6 \\ 17 & -3 \end{bmatrix}$. 2. $\begin{bmatrix} -13 & 9 & 10 & -6 & 37 \\ 19 & 0 & -7 & 18 & 5 \end{bmatrix}$. 3. $|A|$. 4. $x \neq 0$ 且 $x \neq 2$. 5. $|a| < 2$. 6. $a=0$ 且 $b=0$. 7. $(-1)^n a$. 8. 0（由 $x^3+px+q=(x-x_1)(x-x_2)(x-x_3)$ 得 $x_1+x_2+x_3=0$）. 9. -1. 10. 0. 11. $\boldsymbol{AB}=\boldsymbol{BA}$. 12. $\boldsymbol{A}$. 13. $(\boldsymbol{A}^{\mathrm{T}})^{-1}$. 14. 1. 15. $\begin{bmatrix} 0 & 0 & -1 \\ 0 & \frac{1}{2} & 0 \\ 1 & 0 & 0 \end{bmatrix}$.

二、1. D. 2. D. 3. C. 4. D. 5. D. 6. B. 7. C. 8. A. 9. D. 10. B. 11. D. 12. C. 13. B.

三、1.（1）$\boldsymbol{AB}-2\boldsymbol{A}=\begin{bmatrix} 2 & 4 & 2 \\ 4 & 0 & 0 \\ 0 & 2 & 4 \end{bmatrix}$. （2）$\boldsymbol{AB}-\boldsymbol{BA}=\begin{bmatrix} 4 & 4 & 0 \\ 5 & -3 & -1 \\ -3 & 1 & -1 \end{bmatrix}$.

(3) 由于 $\boldsymbol{AB} \neq \boldsymbol{BA}$，故 $(\boldsymbol{A}+\boldsymbol{B})(\boldsymbol{A}-\boldsymbol{B}) \neq \boldsymbol{A}^2-\boldsymbol{B}^2$.

2. $\boldsymbol{X}=\begin{pmatrix} 2 & -2 \\ -2 & 2 \end{pmatrix}$.

3.（1）$\begin{bmatrix} 3 & 2 & -1 & 0 \\ -3 & -2 & 1 & 0 \\ -6 & 4 & -2 & 0 \\ 9 & 6 & -3 & 0 \end{bmatrix}$；（2）$\begin{bmatrix} 5 \\ -3 \\ -1 \end{bmatrix}$；（3）(10)；

（4）$a_{11}x_1^2+a_{22}x_2^2+a_{33}x_3^2+(a_{12}+a_{21})x_1x_2+(a_{13}+a_{31})x_1x_3+(a_{23}+a_{32})x_2x_3=\sum_{i=1}^{3}\sum_{j=1}^{3}a_{ij}x_ix_j$；

（5）$\begin{bmatrix} a_{11} & a_{12} & a_{12}+a_{13} \\ a_{21} & a_{22} & a_{22}+a_{23} \\ a_{31} & a_{32} & a_{32}+a_{33} \end{bmatrix}$；（6）$\begin{bmatrix} 1 & 2 & 5 & 2 \\ 0 & 1 & 2 & -4 \\ 0 & 0 & -4 & 3 \\ 0 & 0 & 0 & -9 \end{bmatrix}$.

4. $\boldsymbol{A}^2=\begin{bmatrix} 1 & 2\lambda \\ 0 & 1 \end{bmatrix}, \boldsymbol{A}^3=\begin{bmatrix} 1 & 3\lambda \\ 0 & 1 \end{bmatrix}$.

5.（1）①1；②12；③6123000；④8；⑤189；⑥160；⑦8；⑧1；⑨-12.

（2）① $x=3$ 或 $x=-1$；② $x=-1, 1, -2, 2$.

（3）① $-2(x^3+y^3)$；② $(-1)^{n-1}(n-1)$；③ $x^n+(-1)^{n+1}y^n$.

6.（1）$\begin{bmatrix} 1 & -4 & -5 & -3 \\ 0 & 2 & -4 & -26 \\ 0 & 0 & 29 & 106 \end{bmatrix}$；（2）$\begin{bmatrix} 1 & 1 & 2 & 1 & 3 \\ 0 & 1 & -1 & -2 & -1 \\ 0 & 0 & 0 & 0 & 0 \end{bmatrix}$；

（3）$\begin{bmatrix} 1 & 0 & 1 \\ 0 & 1 & -2 \\ 0 & 0 & 1 \end{bmatrix}$；（4）$\begin{bmatrix} 1 & 3 & 0 & 6 \\ 0 & 1 & -8 & 2 \\ 0 & 0 & 73 & 41 \\ 0 & 0 & 0 & 1 \end{bmatrix}$.

注 本大题中各小题的答案不唯一，但非零行的行数却是一个不变的正整数.

7. (1) $\begin{bmatrix}1&0&0&0\\0&1&0&0\\0&0&1&0\\0&0&0&1\end{bmatrix}$；(2) $\begin{bmatrix}1&-1&0&2&-3\\0&0&1&-2&2\\0&0&0&0&0\\0&0&0&0&0\end{bmatrix}$.

8. (1) $r=2$；(2) $r=3$；(3) $r=3$.

9. $r(\boldsymbol{A})=r(\boldsymbol{A}^{\mathrm{T}})=3$.

10. (1) $\lambda=1$；(2) $\lambda=-2$；(3) $\lambda\neq1$ 且 $\lambda\neq-2$.

11. (1)可逆；(2)不可逆；(3)可逆；(4)不可逆；(5)可逆；(6)可逆.

12. (1) $\begin{bmatrix}5&-2\\-2&1\end{bmatrix}$；(2) $\begin{bmatrix}1&-2&1\\0&1&-2\\0&0&1\end{bmatrix}$；(3) $\dfrac{1}{6}\begin{bmatrix}-12&6&0\\-7&4&-1\\-32&14&-2\end{bmatrix}$；

(4) $\begin{bmatrix}1&0&0&0\\-\dfrac{1}{2}&\dfrac{1}{2}&0&0\\-\dfrac{1}{2}&-\dfrac{1}{6}&\dfrac{1}{3}&0\\\dfrac{1}{8}&-\dfrac{5}{24}&-\dfrac{1}{12}&\dfrac{1}{4}\end{bmatrix}$；(5) $\begin{bmatrix}1&-2&0&0\\-2&5&0&0\\0&0&2&-3\\0&0&-5&8\end{bmatrix}$；(6) $\begin{bmatrix}\dfrac{1}{a_1}&&&\\&\dfrac{1}{a_2}&&\\&&\ddots&\\&&&\dfrac{1}{a_n}\end{bmatrix}$.

13. (1) $\begin{bmatrix}2&5&5\\0&2&9\\-1&1&11\end{bmatrix}$；(2) $\begin{bmatrix}4&1&4\\4&5&7\\5&6&8\end{bmatrix}$；(3) $\begin{bmatrix}2&0&-1\\5&2&1\\5&9&11\end{bmatrix}$.

14. (1) $\boldsymbol{X}=\begin{bmatrix}8&-20\\-2&7\end{bmatrix}$；(2) $\boldsymbol{X}=\begin{bmatrix}1&0&0\\0&1&0\\0&0&1\end{bmatrix}$；(3) $\boldsymbol{X}=\begin{bmatrix}1&1\\\dfrac{1}{4}&0\end{bmatrix}$；(4) $\boldsymbol{X}=\begin{bmatrix}2&-1&0\\0&3&-4\\1&0&-2\end{bmatrix}$.

15. $\boldsymbol{B}=\begin{bmatrix}3&-8&-6\\2&-9&-6\\-2&12&9\end{bmatrix}$.

习 题 2

一、1. $R(\boldsymbol{A},\boldsymbol{b})=R(\boldsymbol{A})$. 2. u_1+v. 3. 5. 4. $\neq1$. 5. 1,−1. 6. $(23,18,17)^{\mathrm{T}}$. 7. $(1,2,3,4)^{\mathrm{T}}$. 8. 线性相关.

二、1. A. 2. C. 3. A. 4. B. 5. C. 6. C. 7. D. 8. C. 9. D. 10. C.

三、1. (1) ① $x_1=\dfrac{D_1}{D}=\dfrac{-142}{-142}=1$, $x_2=\dfrac{D_2}{D}=\dfrac{-284}{-142}=2$, $x_3=\dfrac{D_3}{D}=\dfrac{-426}{-142}=3$, $x_4=\dfrac{D_4}{D}=\dfrac{142}{-142}=-1$;

② $x_1=\dfrac{D_1}{D}=\dfrac{-151}{211}=-\dfrac{151}{211}$, $x_2=\dfrac{D_2}{D}=\dfrac{161}{211}$, $x_3=\dfrac{D_3}{D}=\dfrac{-109}{211}=-\dfrac{109}{211}$, $x_4=\dfrac{D_4}{D}=\dfrac{64}{211}$.

(2) $\lambda=1$ 或 $\mu=0$；

(3) $\lambda=0$ 或 $\lambda=2$ 或 $\lambda=3$.

2. (1) $\begin{cases} x_1 = -\dfrac{1}{4}, \\ x_2 = \dfrac{23}{4}, \\ x_3 = -\dfrac{5}{4}; \end{cases}$ (2) 无解；(3) $\begin{cases} x_1 = 9, \\ x_2 = -1, \\ x_3 = -6; \end{cases}$ (4) $\begin{cases} x_1 = 5, \\ x_2 = -2, \\ x_3 = 1; \end{cases}$

(5) $\begin{cases} x_1 = -2, \\ x_2 = 5, \\ x_3 = 0, \\ x_4 = -10; \end{cases}$ (6) 无解；(7) $\begin{cases} x_1 = 0, \\ x_2 = 0, \\ x_3 = 0, \\ x_4 = 0. \end{cases}$

3. $\lambda \neq 1$, 且 $\lambda \neq -2$.

4. 当 a, b, c 互不相等时，方程组只有零解.

5. $\lambda = -\dfrac{1}{6}$.

6. (1) 当 $\lambda = -2$ 时无解，当 $\lambda = 1$ 时有无穷多解，当 $\lambda \neq -2$ 且 $\lambda \neq 1$ 时有唯一解；
   (2) 当 $\lambda = 0$ 时无解，当 $\lambda = 1$ 时有无穷多解，当 $\lambda \neq 0$ 且 $\lambda \neq 1$ 时有唯一解.

7. (1) 当 $\lambda \neq 3$ 时无解；当 $\lambda = 3$ 时有无穷多解；
   (2) 当 $\lambda \neq -3$ 时无解；当 $\lambda = -3$ 时有无穷多解.

8. (1) 当 $\lambda = -1$ 时有非零解，当 $\lambda \neq -1$ 时只有唯一零解；
   (2) 当 $\lambda = -2$ 时有非零解，当 $\lambda \neq -2$ 时只有唯一零解.

9. (1) $x = c_1(-2,1,1,0)^{\mathrm{T}} + c_2(1,-1,0,1)^{\mathrm{T}}$；(2) $x = c_1(-2,1,0,0)^{\mathrm{T}} + c_2(1,0,0,1)^{\mathrm{T}}$；
   (3) $x = 0$；(4) $x = c_1(-2,1,0,0,0)^{\mathrm{T}} + c_2(-2,0,1,1,0)^{\mathrm{T}} + c_3(-2,0,1,0,1)^{\mathrm{T}}$.

10. (1) 方程组无解；(2) $x = (-1,2,0)^{\mathrm{T}} + c(-2,1,1)^{\mathrm{T}}$；
   (3) $x = \left(\dfrac{1}{2},0,0,0\right)^{\mathrm{T}} + c_1\left(-\dfrac{1}{2},1,0,0\right)^{\mathrm{T}} + c_2\left(\dfrac{1}{2},0,1,0\right)^{\mathrm{T}}$；
   (4) $x = (2,-1,3,0,0)^{\mathrm{T}} + c_1(27,4,41,1,0)^{\mathrm{T}} + c_2(22,4,33,0,1)^{\mathrm{T}}$.

习　题　3

一、1. $|\lambda \boldsymbol{E} - \boldsymbol{A}| = 0$.　2. $\dfrac{1}{\lambda_0}$.　3. $k\lambda_0$.

二、1. D.　2. C.　3. D.　4. A.　5. C.　6. C.

三、1. (1) $\lambda_1 = -1, \alpha_1 = k[-1,1]^{\mathrm{T}}$；$\lambda_2 = 4, \alpha_2 = k[2,3]^{\mathrm{T}}, k \neq 0$.
   (2) $\lambda_1 = 0, \alpha_1 = k[-1,1,0]^{\mathrm{T}}$；$\lambda_2 = \lambda_3 = 2, \alpha_2 = k[1,1,0]^{\mathrm{T}}, k \neq 0$.
   (3) $\lambda_1 = \lambda_2 = \lambda_3 = 2, \alpha = k_1[-1,0,1]^{\mathrm{T}} + k_2[0,1,0]^{\mathrm{T}}$　$(k_1 \neq 0, k_2 \neq 0)$.
   (4) $\lambda_1 = \lambda_2 = -3, \alpha_1 = k_1[1,0,-1]^{\mathrm{T}} + k_2[1,-2,0]^{\mathrm{T}}$　$(k_1 \neq 0, k_2 \neq 0)$；$\lambda_3 = 6, \alpha_2 = k[2,1,2]^{\mathrm{T}} (k \neq 0)$.
   (5) $\lambda_1 = -1, \alpha_1 = k[-1,0,1]^{\mathrm{T}}$；$\lambda_2 = \lambda_3 = 1, \alpha_2 = k_1[0,1,0]^{\mathrm{T}} + k_2[1,0,1]^{\mathrm{T}}$　$(k, k_1, k_2 \neq 0)$.
   (6) $\lambda_1 = \lambda_2 = \lambda_3 = 1, \alpha_1 = k_1[1,1,0,0]^{\mathrm{T}} + k_2[1,0,1,0]^{\mathrm{T}} + k_3[-1,0,0,1]^{\mathrm{T}}$　$(k_1, k_2, k_3 \neq 0)$；
   $\lambda_4 = -3, \alpha_2 = k[1,-1,-1,1]^{\mathrm{T}}, k \neq 0$.

2. $|\boldsymbol{A}| = 4$.

3. $(2\boldsymbol{A})^{-1}$ 的特征值为 $\lambda_1 = \dfrac{1}{2}$，$\lambda_2 = \dfrac{1}{4}$，$\lambda_3 = \dfrac{1}{6}$.

4. (1) $-2, 8, -4$；(2) 64；(3) -72.

5. $A=\frac{1}{3}\begin{bmatrix}-1&0&2\\0&1&2\\2&2&0\end{bmatrix}$.

6. (1) $P=\begin{bmatrix}-1&2\\1&3\end{bmatrix}, \Lambda=\begin{bmatrix}-1&\\&4\end{bmatrix}$;

(4) $P=\begin{bmatrix}1&1&2\\0&-2&1\\-1&0&2\end{bmatrix}, \Lambda=\begin{bmatrix}-3&&\\&-3&\\&&6\end{bmatrix}$;

(5) $P=\begin{bmatrix}-1&0&1\\0&1&0\\1&0&1\end{bmatrix}, \Lambda=\begin{bmatrix}-1&&\\&1&\\&&1\end{bmatrix}$;

(6) $P=\begin{bmatrix}1&1&-1&1\\1&0&0&-1\\0&1&0&-1\\0&0&1&1\end{bmatrix}, \Lambda=\begin{bmatrix}1&&&\\&1&&\\&&1&\\&&&-3\end{bmatrix}$.

7. $x=0, y=1$； $P=\begin{bmatrix}1&0&0\\0&1&1\\0&1&-1\end{bmatrix}$.

8. (1)是；(2)否；(3)是；(4)否.

9. 略.

10. $A=\begin{bmatrix}1&0&0\\0&0&-1\\0&-1&0\end{bmatrix}$.

11. (1) $Q=\begin{bmatrix}0&\frac{1}{\sqrt{2}}&\frac{1}{\sqrt{2}}\\1&0&0\\0&\frac{1}{\sqrt{2}}&\frac{1}{\sqrt{2}}\end{bmatrix}, Q^{-1}AQ=\begin{bmatrix}0&&\\&1&\\&&-1\end{bmatrix}$;

(2) $Q=\begin{bmatrix}\frac{1}{\sqrt{2}}&\frac{1}{\sqrt{6}}&\frac{1}{\sqrt{3}}\\-\frac{1}{\sqrt{2}}&\frac{1}{\sqrt{6}}&\frac{1}{\sqrt{3}}\\0&-\frac{2}{\sqrt{6}}&\frac{1}{\sqrt{3}}\end{bmatrix}, Q^{-1}AQ=\begin{bmatrix}0&&\\&0&\\&&3\end{bmatrix}$;

(3) $Q=\begin{bmatrix}\frac{2}{3}&\frac{2}{3}&\frac{1}{3}\\\frac{2}{3}&-\frac{1}{3}&-\frac{2}{3}\\\frac{1}{3}&-\frac{2}{3}&\frac{2}{3}\end{bmatrix}, Q^{-1}AQ=\begin{bmatrix}-1&&\\&2&\\&&5\end{bmatrix}$;

(4) $\boldsymbol{Q}=\begin{bmatrix}\frac{1}{\sqrt{2}} & \frac{1}{\sqrt{6}} & \frac{1}{2\sqrt{3}} & \frac{1}{2}\\ \frac{1}{\sqrt{2}} & -\frac{1}{\sqrt{6}} & -\frac{1}{2\sqrt{3}} & -\frac{1}{2}\\ 0 & \frac{2}{\sqrt{6}} & -\frac{1}{2\sqrt{3}} & -\frac{1}{2}\\ 0 & 0 & -\frac{1}{2\sqrt{3}} & \frac{1}{2}\end{bmatrix},\boldsymbol{Q}^{-1}\boldsymbol{A}\boldsymbol{Q}=\begin{bmatrix}1 & & & \\ & 1 & & \\ & & 1 & \\ & & & 5\end{bmatrix}$.

12. (1)当 $a=2$ 时，$\boldsymbol{A}$ 可对角化；(2)当 $a=6$ 时，$\boldsymbol{A}$ 不可对角化.

13. $k=0,\boldsymbol{P}=\begin{bmatrix}-1 & 1 & 1\\ 2 & 0 & 0\\ 0 & 2 & 1\end{bmatrix}$, $\boldsymbol{P}^{-1}\boldsymbol{A}\boldsymbol{P}=\begin{bmatrix}-1 & & \\ & -1 & \\ & & -1\end{bmatrix}$.

14. $k=1$ 或 $k=-2$.

第三篇　概 率 统 计

习 题 1

一、1. 0.12. 2. 0.2. 3. $\frac{11}{12}$. 4. 0.7, 0.8. 5. $\frac{1}{4}$. 6. 0.4, 0.1, $\frac{2}{3}$. 7. $\frac{1}{3}$. 8. 0.664. 9. $\frac{3}{4}$. 10. $\frac{1}{1260}$.

二、1. C. 2. A. 3. A. 4. B. 5. D. 6. C. 7. C. 8. D. 9. A. 10. B.

三、1. (1) $U=\{1,2,3,4,5,6\}$, $A=\{1,3,5\}$；

(2) $U=\{1,2,\cdots,n,\cdots\}$, $A=\{1,2,3\}$；

(3)设折得的三段长度分别为 x,y 和 $1-x-y$，则

$$U=\{(x,y)\mid 0<x+y<1,0<x<1,0<y<1\},$$

$$A=\left\{x,y\mid \frac{1}{2}<x+y<1,0<x<\frac{1}{2},0<y<\frac{1}{2}\right\}.$$

2. (1)前三次抽样至少有一次没有取得合格品；

(2)前两次抽样都没有取得合格品；

(3)前三次抽样中连续两次取得合格品；

(4)前三次抽样至少有两次取得合格品.

3. (1) $A+B=B$；(2) $AB=A$；(3) $A-B=\varnothing$；

(4) $B-A=\{x\mid 0\leqslant x<1\}$；(5) $\overline{A}=\{x\mid 1\leqslant x<1或2<x\leqslant 5\}$.

4. $1-\frac{C_7^2}{C_{10}^2}$.

5. $\frac{1}{18}$.

6. $1-\frac{C_4^3C_{13}^1C_{13}^1C_{13}^1}{C_{52}^3}$.

7. (1) $\frac{C_{400}^{90}C_{1100}^{110}}{C_{1500}^{200}}$；(2) $1-\frac{C_{400}^{0}C_{1100}^{200}}{C_{1500}^{200}}-\frac{C_{400}^{1}C_{1100}^{199}}{C_{1500}^{200}}$.

8. $\frac{1}{4},\frac{3}{8}$.

9. (1) $1-\left(\frac{8}{9}\right)^{25}$；(2) $1-\left(\frac{7}{9}\right)^{25}$；(3) $1-2\left(\frac{8}{9}\right)^{25}+\left(\frac{7}{9}\right)^{25}$；(4) $\frac{C_{25}^{3}8^{22}}{9^{25}}$.

10. (1) $\frac{2}{5}$；(2) $\frac{4}{15}$；(3) $\frac{1}{30}$.

11. (1) 0.862；(2) 0.058；(3) 0.829；(4) 0.988.

12. (1) 0.56；(2) 0.24；(3) 0.14.

13. 0.316.

习　题　2

一、1. $F(x)=\begin{cases}0, & x<0,\\ 0.4, & 0\leqslant x<1,\\ 1, & 1\leqslant x.\end{cases}$　2. 右.　3. 1, 0.　4. $F(x_2)-F(x_1)$.　5. 2.　6. 0.25.　7. 0.　8. 0.875.

9. 0, 0.25.　10. $\frac{3}{4}$,0.

二、1. D.　2. B.　3. D.　4. B.　5. A.　6. B.　7. D.　8. D.　9. B.

三、1. $X\sim$

X	1	2
p	$\frac{1}{4}$	$\frac{3}{4}$

2. $X\sim$

X	0	1	2	3
p	$\frac{1}{2}$	$\frac{1}{2}\times\frac{1}{2}$	$\frac{1}{8}$	$\frac{1}{8}$

3. $X\sim$

X	0	1
p	0.4	0.6

4. $X\sim$

X	1	2	3	4
p	$\frac{5}{8}$	$\frac{15}{56}$	$\frac{5}{56}$	$\frac{1}{56}$

, $P\{X=k\}=\left(\frac{3}{8}\right)^{k-1}\times\frac{5}{8}$,　$k=1,2,3,\cdots$.

5. (1) 0.009；(2) 0.998.　6. 0.9265.　7. $\frac{22}{29}$.

8. 0.25.

9. (1) $a=0$；(2) $b=1$.

10. $f(x)=\begin{cases}xe^{-x}, & x\geqslant 0,\\ 0, & x<0;\end{cases}$　$P\{X\leqslant 1\}=1-\frac{2}{e}$.

11. $A=1; f(x)=\begin{cases}2x, & 0\leqslant x<1,\\ 0, & 其他.\end{cases}$

12. 0.6.　13. 0.9772,　0.3094,　0.6826.　14. 0.78.　15. (1) 0.0642.　(2) 0.009.

习　题　3

一、1. $F(x_2,y_2)-F(x_2,y_1)+F(x_1,y_1)-F(x_1,y_2)$.　2. $0, F(x,y), F_X(x)$.　3. $\frac{1}{8}$.　4. 1.

5. $\alpha+\beta=\frac{6}{18}, \frac{4}{18}, \frac{2}{18}$.　6. $\frac{1}{2\pi}e^{-\frac{x^2+y^2}{2}}, \frac{1}{\sqrt{2\pi}\sqrt{2}}e^{-\frac{x^2}{4}}$.　7. 1.

二、1. $P\{X=1,Y=1\}=\frac{1}{3}\cdot 0=0$;　$P\{X=1,Y=2\}=\frac{1}{3}\cdot 1=\frac{1}{3}$;

$P\{X=2,Y=1\}=\frac{2}{3}\cdot\frac{1}{2}=\frac{1}{3}$;　$P\{X=2,Y=2\}=\frac{2}{3}\cdot\frac{1}{2}=\frac{1}{3}$.

Y	X	
	1	2
1	0	$\frac{1}{3}$
2	$\frac{1}{3}$	$\frac{1}{3}$

2. X 的可能取值为 0, 1, 2, 3；Y 的可能取值为 0, 1, 2, 3.

$P\{X=0,Y=0\}=\frac{1}{3^3}$;　$P\{X=0,Y=1\}=\frac{3}{3^3}$;　$P\{X=0,Y=2\}=\frac{C_3^2}{3^3}=\frac{3}{3^3}$;

$P\{X=0,Y=3\}=\frac{1}{3^3}$;　$P\{X=1,Y=0\}=\frac{3}{3^3}$;　$P\{X=1,Y=1\}=\frac{3\times 2}{3^3}$;

$P\{X=1,Y=2\}=\frac{3\times 1}{3^3}$;　$P\{X=1,Y=3\}=0$;　$P\{X=2,Y=0\}=\frac{C_3^2}{3^3}$;

$P\{X=2,Y=1\}=\frac{3}{3^3}$;　$P\{X=2,Y=2\}=0$;　$P\{X=2,Y=3\}=0$;　$P\{X=3,Y=0\}=\frac{1}{27}$;

$P\{X=3,Y=1\}=P\{X=3,Y=2\}=P\{X=3,Y=3\}=0$.

Y	X			
	0	1	2	3
0	$\frac{1}{27}$	$\frac{3}{27}$	$\frac{3}{27}$	$\frac{1}{27}$
1	$\frac{3}{27}$	$\frac{6}{27}$	$\frac{3}{27}$	0
2	$\frac{3}{27}$	$\frac{3}{27}$	0	0
3	$\frac{1}{27}$	0	0	0

3. $F(x,y)$ 不可能是某二维随机变量的联合分布函数，因

$$P\{0<x\leqslant 2,0<y\leqslant 1\}=F(2,1)-F(0,1)-F(2,0)+F(0,0)$$
$$=1-1-1+0\ =-1<0,$$

故 $F(x,y)$ 不可能是某二维随机变量的联合分布函数.

4. $f(x,y)=\begin{cases}\frac{1}{\pi^2}, & 0\leqslant x,y\leqslant \pi,\\ 0, & \text{其他}.\end{cases}$

$$P\{\cos(X+Y)<0\}=P\left\{\frac{\pi}{2}<X+Y<\frac{3\pi}{2}\right\}=\frac{3}{4}.$$

5. (1) $\int_0^{\infty}\mathrm{d}y\int_0^{\infty}k\mathrm{e}^{-(3x+4y)}\mathrm{d}x=1$, $k\int_0^{\infty}\mathrm{e}^{-4y}\mathrm{d}y\int_0^{\infty}\mathrm{e}^{-3x}\mathrm{d}x=k\left[-\frac{1}{4}\mathrm{e}^{-4y}\right]_0^{\infty}\cdot\left[-\frac{1}{3}\mathrm{e}^{-3x}\right]_0^{\infty}=\frac{k}{12}$,所以$k=12$.

(2) $F(x,y)=\int_0^{y}\int_0^{x}12\mathrm{e}^{-(3u+4v)}\mathrm{d}u\mathrm{d}v=12\cdot\frac{1}{12}(1-\mathrm{e}^{-3x})(1-\mathrm{e}^{-4y})$

$=(1-\mathrm{e}^{-3x})(1-\mathrm{e}^{-4y}),\ x>0,y>0.$

(3) $P\{0<X\leqslant 1,0<Y\leqslant 2\}=F(1,2)+F(0,0)-F(1,0)-F(0,2)$
$=(1-\mathrm{e}^{-3})(1-\mathrm{e}^{-8})+0=0.95021.$

6. $P\{X+Y\geqslant 1\}=\iint\limits_{x+y\geqslant 1} f(x,y)\mathrm{d}x\mathrm{d}y=\int_0^1\mathrm{d}x\int_{1-x}^2\left(x^2+\frac{xy}{3}\right)\mathrm{d}y$
$=\int_0^1\left(\frac{x}{2}+\frac{4}{3}x^2+\frac{5}{6}x^3\right)\mathrm{d}x=\frac{65}{72}.$

7. (1) 根据题意可设 (X,Y) 的概率密度为

$$f(x,y)=\begin{cases}M, & a<x<b,c<y<d,\\ 0, & \text{其他},\end{cases}$$

$$1=\int_{-\infty}^{+\infty}\int_{-\infty}^{+\infty}f(x,y)\mathrm{d}x\mathrm{d}y=M\int_a^b\mathrm{d}x\int_c^d\mathrm{d}y=M(b-a)(d-c),$$

于是 $M=\frac{1}{(b-a)(d-c)}$，故

$$f(x,y)=\begin{cases}\frac{1}{(b-a)(d-c)}, & a<x<b,c<y<d,\\ 0, & \text{其他}.\end{cases}$$

$$f_X(x)=\int_{-\infty}^{+\infty}f(x,y)\mathrm{d}y=\int_c^d\frac{\mathrm{d}y}{(b-a)(d-c)}=\frac{1}{b-a},$$

即 $f_X(x)=\begin{cases}\frac{1}{b-a}, & a<x<b,\\ 0, & \text{其他}.\end{cases}$

$$f_Y(y)=\int_{-\infty}^{+\infty}f(x,y)\mathrm{d}x=\int_a^b\frac{\mathrm{d}x}{(b-a)(d-c)}=\frac{1}{d-c},$$

即 $f_Y(y)=\begin{cases}\frac{1}{(d-c)}, & c<y<d,\\ 0, & \text{其他}.\end{cases}$

(2) 因为 $f(x,y)=f_X(x)\cdot f_Y(y)$，故 X 与 Y 是相互独立的.

8. (1) $\frac{\partial F(x,y)}{\partial x}=\ln 3\times(3^{-x}-3^{-x-y}),$

$$\frac{\partial^2 F(x,y)}{\partial x\partial y}=\ln^2 3\times 3^{-x-y},\ x>0,y>0.$$

$$f(x,y)=\begin{cases}\ln^2 3\times 3^{-x-y}, & x>0,0<y,\\ 0, & \text{其他},\end{cases}$$

$$f_X(x)=\begin{cases}\int_0^{+\infty}\ln^2 3\times 3^{-x-y}\mathrm{d}y=\ln 3\times 3^{-x}, & x>0,\\ 0 & \text{其他}.\end{cases}$$

$$f_Y(x)=\begin{cases}\int_0^{+\infty}\ln^2 3\times 3^{-x-y}\mathrm{d}x=\ln 3\times 3^{-y}, & y>0,\\ 0, & \text{其他}.\end{cases}$$

(2) 因为 $f(x,y)=f_X(x)\cdot f_Y(y)$，故 X 与 Y 是相互独立的.

9. (1) $F_X(x)=F(x,+\infty)=\begin{cases}1-\mathrm{e}^{-0.01x}, & x\geqslant 0,\\ 0, & x<0,\end{cases}$ $F_Y(y)=F(+\infty,y)=\begin{cases}1-\mathrm{e}^{-0.01y}, & y\geqslant 0,\\ 0, & y<0.\end{cases}$

易证 $F_X(x)F_Y(y)=F(x,y)$，故 X,Y 相互独立.

(2) 由 (1) X,Y 相互独立,

$$P\{X>120,Y>120\}=P\{X>120\}\cdot P\{Y>120\}=[1-P\{X\leqslant 120\}]\cdot[1-P\{Y\leqslant 120\}]$$
$$=[1-F_X(120)][1-F_Y(120)]=\mathrm{e}^{-2.4}=0.091.$$

10. (1) $F(+\infty,+\infty)=A\left(B+\dfrac{\pi}{2}\right)\left(C+\dfrac{\pi}{2}\right)=1$；$F(-\infty,+\infty)=A\left(B-\dfrac{\pi}{2}\right)\left(C+\dfrac{\pi}{2}\right)=0$；$F(+\infty,-\infty)=A\left(B+\dfrac{\pi}{2}\right)\cdot\left(C-\dfrac{\pi}{2}\right)=0$. 由此解得 $A=\dfrac{1}{\pi^2},B=C=\dfrac{\pi}{2}$.

(2) $\varphi(x,y)=\dfrac{6}{\pi^2(4+x^2)(9+y^2)}$.

11.

Y	X			
	-2	-1	0	$\frac{1}{2}$
$-\frac{1}{2}$	$\frac{1}{8}$	$\frac{1}{6}$	$\frac{1}{24}$	$\frac{1}{6}$
1	$\frac{1}{16}$	$\frac{1}{12}$	$\frac{1}{48}$	$\frac{1}{12}$
3	$\frac{1}{16}$	$\frac{1}{12}$	$\frac{1}{48}$	$\frac{1}{12}$

12. $P\{X=k\}=P_k\quad k=0,1,2,\cdots$.

$P\{Y=\gamma\}=q_\gamma\quad \gamma=0,1,2,\cdots$.

$Z=X+Y$ 的分布律为 $P\{Z=i\}=P_kq_{i-k}\quad i=0,1,2,\cdots$.

Z 的全部取值为 2, 3, 4.

$P\{Z=2\}=P\{X=1,Y=1\}=P\{X=1\}P\{Y=1\}=\dfrac{1}{2}\cdot\dfrac{1}{2}=\dfrac{1}{4}$;

$P\{Z=3\}=P\{X=1,Y=2\}+P\{X=2,Y=1\}$

$\quad=P\{X=1\}P\{Y=2\}+P\{X=2\}P\{Y=1\}=\dfrac{1}{2}\cdot\dfrac{1}{2}+\dfrac{1}{2}\cdot\dfrac{1}{2}=\dfrac{1}{2}$;

$P\{Z=4\}=P\{X=2,Y=2\}=P\{X=2\}P\{Y=2\}=\dfrac{1}{2}\cdot\dfrac{1}{2}=\dfrac{1}{4}$.

13. $Z=X+Y$ 的密度函数为 $f_Z(z)=\int_{-\infty}^{+\infty}f_X(x)f_Y(z-x)\mathrm{d}x$, 由于 $f_X(x)$ 在 $x\geqslant 0$ 时有非零值, $f_Y(z-x)$ 在 $z-x\geqslant 0$ 即 $x\leqslant z$ 时有非零值, 故 $f_X(x)f_Y(z-x)$ 在 $0\leqslant x\leqslant z$ 时有非零值,

$$f_Z(z)=\int_0^z\frac{1}{2}\mathrm{e}^{-\frac{x}{2}}\cdot\frac{1}{3}\mathrm{e}^{-\frac{z-x}{3}}\mathrm{d}x=\mathrm{e}^{-\frac{z}{3}}\int_0^z\frac{1}{6}\mathrm{e}^{-\frac{x}{6}}\mathrm{d}x$$
$$=\mathrm{e}^{-\frac{z}{3}}\left[-\mathrm{e}^{-\frac{x}{6}}\right]_0^z=\mathrm{e}^{-\frac{z}{3}}\left(1-\mathrm{e}^{-\frac{z}{6}}\right).$$

当 $z\leqslant 0$ 时, $f(z)=0$, 故

$$f_Z(z)=\begin{cases}\mathrm{e}^{-\frac{z}{3}}\left(1-\mathrm{e}^{-\frac{z}{6}}\right), & z>0,\\ 0, & z\leqslant 0.\end{cases}$$

习　题　4

一、1. B.　2. C.　3. D.　4.B.　5. B.

二、1. $E(X)>E(Y)$; 2. $D(X)>D(Y)$; 3. $E(X)=0.5$, $D(X)=0.45$; 4. $E(X)=\pi$;

5. $E(XY)=0$; 6. $D(2X-Y)=36$; 7. $\mathrm{Cov}(X,Y)=12$, $D(X+Y)=85$, $D(X-Y)=37$;

8. $E(X+2)^2=30$; 9. $E(2X)=2$, $E(\mathrm{e}^{-2X})=\dfrac{1}{3}$; 10. $\mathrm{Cov}(X,Y)=0, \rho_{XY}=0$; 11. $\dfrac{D(X)}{[E(X)]^2}=\dfrac{1}{3}$; 12. $D(X-Y)=37$.

三、1. $E(X)=4.5$. 2. $E(X)=\dfrac{1}{3}$. 3. 3. 4. p^2-3p+3.

5. $E(X)=\dfrac{2}{3}$, $D(X)=\dfrac{1}{18}$. 6. $E(X)=0.6$, $D(X)=0.46$.

7. $E(X+Y)=\dfrac{3}{4}$, $E(2X-3Y^2)=\dfrac{5}{8}$. 8. $E[(X+Y)^2]=2$. 9. 略.

10. $D(X)=\dfrac{1}{6}$. 11. $E(X^2)=18.4$. 12. $E(X+\mathrm{e}^{-2X})=\dfrac{4}{3}$.

13. $E(Y)=E(2X-1)=2.8$, $D(Y)=D(2X-1)=1.96$.

14. (1) $a=\dfrac{1}{4}, b=-\dfrac{1}{4}, c=1$; (2) $D(X)=\dfrac{2}{3}$; (3) $E(Y)=\dfrac{1}{4}(\mathrm{e}^2-1)^2$, $D(Y)=\dfrac{1}{4}\mathrm{e}^2(\mathrm{e}^2-1)^2$.

15. $E(XY)=0$, $D(X+Y)=\dfrac{16}{3}$, $D(2X-3Y)=28$.

16. $D(X)=0.81$, $E(3X^2-2)=1.9$.

17. (1) $E(XY)=\dfrac{1}{2}$; (2) $E(X^2)=\dfrac{2}{3}$.

18. $E(XY)=\dfrac{1}{12}$.

19. $E(X)=\dfrac{7}{6}$, $E(Y)=\dfrac{7}{6}$, $\mathrm{cov}(X,Y)=-\dfrac{1}{36}$, $\rho_{XY}=-\dfrac{1}{11}$.

20. (1) 证明略; (2) 1.

21. (1) $\rho_{XY}=0$; (2) X 和 Y 不相互独立.

习　题　5

一、1. $\chi^2(m+n)$. 2. $\chi^2(10n)$.

3. $E(\bar{X})=\theta$, $\mathrm{Var}(\bar{X})=\dfrac{\theta^2}{n}$. 4. 0.8293.

5. $E(\bar{X})=n, \mathrm{Var}(\bar{X})=\dfrac{n}{5}, E(S^2)=2n$.

6. $P\left\{\dfrac{S^2}{\sigma^2}\leqslant 2.041\right\}=0.99, \mathrm{Var}(S^2)=\dfrac{2\sigma^4}{15}$.

二、1. 0.8948. 2. (1) 矩估计值为 $\dfrac{(3-\bar{X})}{4}=\dfrac{1}{4}$, (2) 最大似然估计值为 $\dfrac{(7-\sqrt{13})}{12}=0.2828$.

3. 矩估计量为 $2X$. 4. 矩估计量为 $\dfrac{3}{2}\bar{X}$.

5. (1) 矩估计量 $\dfrac{2\bar{X}-1}{1-\bar{X}}$, (2) 最大似然估计量 $-1-\dfrac{n}{\sum\limits_{i=1}^{n}\ln X_i}$.

6. [49.5422,50.2578].

7. [2.117,2.137].

参 考 文 献

[1] 黄惠青, 梁治安. 线性代数. 北京：高等教育出版社, 2006.
[2] 吴赣昌. 线性代数. 北京：中国人民大学出版社, 2009.
[3] 林谦. 经济数学(二). 北京：科学出版社, 2014.
[4] 李博纳, 赵新泉. 概率论与数理统计. 北京：清华大学出版社, 2006.
[5] 马锐. 大学数学基础. 北京：高等教育出版社, 2012.
[6] 全国硕士研究生入学统一考试：数学考试大纲解析(数学三). 北京：高等教育出版社, 2017.

附　　表

附表 1　泊松分布概率值表

$$P\{X=k\}=\frac{\lambda^k}{k!}e^{-\lambda}\quad (k=0,\ 1,\ 2,\cdots;\lambda>0)$$

k	λ							
	0.1	0.2	0.3	0.4	0.5	0.6	0.7	0.8
0	0.904 837	0.818 731	0.740 818	0.676 320	0.606 531	0.548 812	0.496 585	0.449 329
1	0.090 484	0.163 746	0.222 245	0.268 128	0.303 256	0.329 287	0.347 610	0.359 463
2	0.004 524	0.016 375	0.033 337	0.053 626	0.075 816	0.098 786	0.121 663	0.143 785
3	0.000 151	0.001 092	0.003 334	0.007 150	0.012 636	0.019 757	0.028 388	0.038 343
4	0.000 004	0.000 055	0.000 250	0.000 715	0.001 580	0.002 964	0.004 986	0.007 669
5		0.000 002	0.000 015	0.000 057	0.000 158	0.000 356	0.000 696	0.001 227
6			0.000 001	0.000 004	0.000 013	0.000 036	0.000 081	0.000 164
7					0.000 001	0.000 003	0.000 008	0.000 019
8							0.000 001	0.000 002
9								

k	λ							
	0.9	1.0	1.5	2.0	2.5	3.0	3.5	4.0
0	0.406 570	0.367 879	0.223 130	0.135 335	0.082 085	0.049 787	0.030 197	0.018 316
1	0.365 913	0.367 879	0.334 695	0.270 671	0.205 212	0.149 361	0.105 691	0.073 263
2	0.164 661	0.183 940	0.251 021	0.270 671	0.256 516	0.224 042	0.184 959	0.146 525
3	0.049 398	0.061 313	0.125 510	0.180 447	0.213 763	0.224 042	0.215 785	0.195 367
4	0.011 115	0.015 328	0.047 067	0.090 224	0.133 602	0.168 031	0.188 812	0.195 367
5	0.002 001	0.003 066	0.014 120	0.036 098	0.066 801	0.100 819	0.132 169	0.156 293
6	0.000 300	0.000 511	0.003 530	0.012 030	0.027 834	0.050 409	0.077 098	0.104 196
7	0.000 039	0.000 073	0.000 756	0.003 437	0.009 941	0.021 604	0.038 549	0.059 540
8	0.000 004	0.000 009	0.000 142	0.000 859	0.003 106	0.008 102	0.016 865	0.029 770
9		0.000 001	0.000 024	0.000 191	0.000 863	0.002 701	0.006 559	0.013 231
10			0.000 004	0.000 038	0.000 216	0.000 810	0.002 296	0.005 292
11				0.000 007	0.000 049	0.000 221	0.000 730	0.001 925
12				0.000 001	0.000 010	0.000 055	0.000 213	0.000 642
13					0.000 002	0.000 013	0.000 057	0.000 197
14						0.000 002	0.000 014	0.000 056
15						0.000 001	0.000 003	0.000 015
16							0.000 001	0.000 004
17								0.000 001

续表

k	λ							
	4.5	5.0	5.5	6.0	6.5	7.0	7.5	8.0
0	0.011 109	0.006 738	0.004 087	0.002 479	0.001 503	0.000 912	0.000 553	0.000 335
1	0.049 990	0.033 690	0.022 477	0.014 873	0.009 773	0.006 383	0.004 148	0.002 684
2	0.112 479	0.084 224	0.061 812	0.044 618	0.031 760	0.022 341	0.015 556	0.010735
3	0.168 718	0.140 374	0.003 323	0.089 235	0.068 814	0.052 129	0.038 888	0.028 626
4	0.189 808	0.175 467	0.155 819	0.133 853	0.000 822	0.091 226	0.072 917	0.057 252
5	0.170 827	0.175 467	0.171 001	0.160 623	0.145 369	0.127 717	0.109 374	0.091 604
6	0.128 120	0.146 223	0.157 117	0.160 623	0.157 483	0.149 003	0.136 719	0.122 138
7	0.082 363	0.104 445	0.123 449	0.137 677	0.146 234	0.149 003	0.146 484	0.139 587
8	0.046 329	0.065 278	0.084 872	0.103 258	0.118 815	0.130 377	0.137 328	0.139 587
9	0.023 165	0.036 266	0.051 866	0.068 838	0.085 811	0.101 405	0.114 441	0.124 077
10	0.010 424	0.018 133	0.028 526	0.041 303	0.055 777	0.070 983	0.085 830	0.099 262
11	0.004 264	0.008 242	0.014 263	0.022 529	0.032 959	0.045 171	0.058 521	0.072 190
12	0.001 599	0.003 434	0.006 537	0.011 263	0.017 853	0.026 350	0.036 575	0.048 127
13	0.000 554	0.001 321	0.002 766	0.005 199	0.008 927	0.014 188	0.021 010	0.029 616
14	0.000 178	0.000 427	0.001 086	0.002 228	0.004 144	0.007 094	0.011 305	0.016 924
15	0.000 053	0.000 157	0.000 399	0.000 891	0.001 796	0.003 311	0.005 652	0.009 026
16	0.000 015	0.000 049	0.000 137	0.000 334	0.000 730	0.001 448	0.002 649	0.004 513
17	0.000 004	0.000 014	0.000 044	0.000 118	0.000 279	0.000 596	0.001 169	0.002 124
18	0.000 001	0.000 004	0.000 014	0.000 039	0.000 100	0.000 232	0.000 487	0.000 944
19		0.000 001	0.000 004	0.000 012	0.000 035	0.000 085	0.000 192	0.000 397
20			0.000 001	0.000 004	0.000 011	0.000 030	0.000 072	0.000 159
21				0.000 001	0.000 004	0.000 010	0.000 026	0.000 061
22					0.000 001	0.000 003	0.000 009	0.000 022
23						0.000 001	0.000 003	0.000 008
24							0.000 001	0.000 003
25								0.000 001
26								
27								
28								
29								

附表 2　标准正态分布数值表

$$\Phi(x)=P\{X\leqslant x\}=\frac{1}{\sqrt{2\pi}}\int_{-\infty}^{x}\mathrm{e}^{-\frac{t^2}{2}}\mathrm{d}t$$

x	0.00	0.01	0.02	0.03	0.04	0.05	0.06	0.07	0.08	0.09
0.0	0.5000	0.5040	0.5080	0.5120	0.5160	0.5199	0.5239	0.5279	0.5319	0.5359
0.1	0.5398	0.5438	0.5478	0.5517	0.5557	0.5596	0.5636	0.5675	0.5714	0.5753
0.2	0.5793	0.5832	0.5871	0.5910	0.5948	0.5987	0.6026	0.6064	0.6103	0.6141
0.3	0.6179	0.6217	0.6255	0.6293	0.6331	0.6368	0.6406	0.6443	0.6480	0.6517
0.4	0.6554	0.6591	0.6628	0.6664	0.6700	0.6736	0.6772	0.6808	0.6844	0.6879
0.5	0.6915	0.6950	0.6985	0.7019	0.7054	0.7088	0.7123	0.7157	0.7190	0.7224
0.6	0.7257	0.7291	0.7324	0.7357	0.7389	0.7422	0.7454	0.7486	0.7517	0.7549
0.7	0.7580	0.7611	0.7642	0.7673	0.7703	0.7734	0.7764	0.7794	0.7823	0.7852
0.8	0.7881	0.7910	0.7939	0.7967	0.7995	0.8023	0.8051	0.8078	0.8106	0.8133
0.9	0.8159	0.8186	0.8212	0.8238	0.8264	0.8289	0.8315	0.8340	0.8365	0.8389
1.0	0.8413	0.8438	0.8461	0.8485	0.8508	0.8531	0.8554	0.8577	0.8599	0.8621
1.1	0.8643	0.8665	0.8686	0.8708	0.8729	0.8749	0.8770	0.8790	0.8810	0.8830
1.2	0.8849	0.8869	0.8888	0.8907	0.8925	0.8944	0.8962	0.8980	0.8897	0.9015
1.3	0.9032	0.9049	0.9066	0.9082	0.9099	0.9115	0.9131	0.9147	0.9162	0.6177
1.4	0.9192	0.9207	0.9222	0.9236	0.9251	0.9265	0.9278	0.9292	0.9306	0.9319
1.5	0.9332	0.9345	0.9357	0.9370	0.9382	0.9394	0.9406	0.9418	0.9430	0.9441
1.6	0.9452	0.9463	0.9474	0.9484	0.9495	0.9505	0.9515	0.9525	0.9535	0.9545
1.7	0.9554	0.9564	0.9573	0.9582	0.9591	0.9699	0.9608	0.9616	0.9625	0.9633
1.8	0.9641	0.9648	0.9656	0.9664	0.9671	0.9678	0.9686	0.9693	0.9700	0.9706
1.9	0.9713	0.9719	0.9726	0.9732	0.9738	0.9744	0.9750	0.9756	0.9762	0.9767
2.0	0.9772	0.9778	0.9783	0.9788	0.9793	0.9798	0.9803	0.9808	0.9812	0.9817
2.1	0.9821	0.9826	0.9830	0.9834	0.9838	0.9842	0.9846	0.9850	0.9854	0.9857
2.2	0.9861	0.9864	0.9968	0.9871	0.9874	0.9878	0.9981	0.9884	0.9887	0.9890
2.3	0.9893	0.9896	0.9898	0.9901	0.9904	0.9906	0.9909	0.9911	0.9913	0.9916
2.4	0.9918	0.9920	0.9922	0.9925	0.9927	0.9929	0.9931	0.9932	0.9934	0.9936
2.5	0.9938	0.9940	0.9941	0.9943	0.9945	0.9946	0.9948	0.9949	0.9951	0.9952
2.6	0.9953	0.9955	0.9956	0.9957	0.9959	0.9960	0.9961	0.9962	0.9963	0.9964

续表

x	0.00	0.01	0.02	0.03	0.04	0.05	0.06	0.07	0.08	0.09
2.7	0.9965	0.9966	0.9967	0.9968	0.9969	0.9970	0.9971	0.9972	0.9973	0.9974
2.8	0.9974	0.9975	0.9976	0.9977	0.9977	0.9878	0.9979	0.9979	0.9980	0.9981
2.9	0.9981	0.9982	0.9982	0.9983	0.9984	0.9984	0.9985	0.9985	0.9986	0.9986
3.0	0.9987	0.9987	0.9987	0.9988	0.9988	0.9989	0.9989	0.9989	0.9990	0.9990
3.1	0.9990	0.9991	0.9991	0.9991	0.9992	0.9992	0.9992	0.9992	0.9993	0.9993
3.2	0.9993	0.9993	0.9994	0.9994	0.9994	0.9994	0.9994	0.9995	0.9995	0.9995
3.3	0.9995	0.9995	0.9996	0.9996	0.9996	0.9996	0.9996	0.9996	0.9996	0.9997
3.4	0.9997	0.9997	0.9997	0.9997	0.9997	0.9997	0.9997	0.9997	0.9998	0.9998
3.5	0.9998	0.9998	0.9998	0.9998	0.9998	0.9998	0.9998	0.9998	0.9998	0.9999
3.6	0.9998	0.9999	0.9999	0.9999	0.9999	0.9999	0.9999	0.9999	0.9999	0.9999
3.7	0.9999	0.9999	0.9999	0.9999	0.9999	0.9999	0.9999	0.9999	0.9999	0.9999
3.8	0.9999	0.9999	0.9999	0.9999	0.9999	0.9999	0.9999	1.0000	1.0000	1.0000
3.9	1.0000	1.0000	1.0000	1.0000	1.0000	1.0000	1.0000	1.0000	1.0000	1.0000

附表 3　χ^2分布临界值表

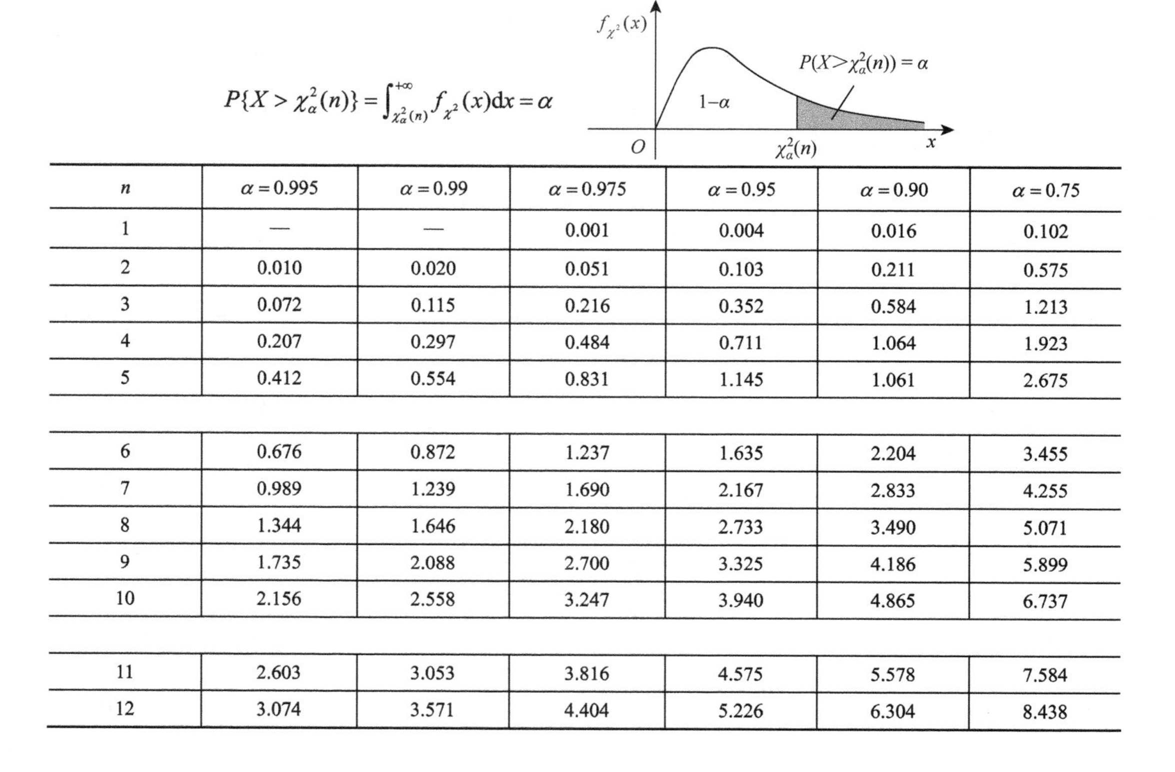

$$P\{X > \chi^2_\alpha(n)\} = \int_{\chi^2_\alpha(n)}^{+\infty} f_{\chi^2}(x)\mathrm{d}x = \alpha$$

n	$\alpha=0.995$	$\alpha=0.99$	$\alpha=0.975$	$\alpha=0.95$	$\alpha=0.90$	$\alpha=0.75$
1	—	—	0.001	0.004	0.016	0.102
2	0.010	0.020	0.051	0.103	0.211	0.575
3	0.072	0.115	0.216	0.352	0.584	1.213
4	0.207	0.297	0.484	0.711	1.064	1.923
5	0.412	0.554	0.831	1.145	1.061	2.675
6	0.676	0.872	1.237	1.635	2.204	3.455
7	0.989	1.239	1.690	2.167	2.833	4.255
8	1.344	1.646	2.180	2.733	3.490	5.071
9	1.735	2.088	2.700	3.325	4.186	5.899
10	2.156	2.558	3.247	3.940	4.865	6.737
11	2.603	3.053	3.816	4.575	5.578	7.584
12	3.074	3.571	4.404	5.226	6.304	8.438

续表

n	$\alpha=0.995$	$\alpha=0.99$	$\alpha=0.975$	$\alpha=0.95$	$\alpha=0.90$	$\alpha=0.75$
13	3.565	4.107	5.009	5.892	7.042	9.299
14	4.075	4.660	5.629	6.571	7.790	10.165
15	4.601	5.229	6.262	7.261	8.547	11.037
16	5.142	5.812	6.908	7.962	9.312	11.912
17	5.697	6.408	7.564	8.672	10.058	12.792
18	6.265	7.015	8.231	9.390	10.865	13.675
19	6.844	7.633	8.907	10.117	11.651	14.562
20	7.434	8.260	9.591	10.851	12.443	15.452
21	8.034	8.897	10.283	11.591	13.240	16.344
22	8.643	9.542	10.982	12.338	14.042	17.240
23	9.260	10.196	11.689	13.091	14.848	18.137
24	9.886	10.856	12.401	13.848	15.659	19.037
25	10.520	11.524	13.120	14.611	16.473	19.939
26	11.160	12.198	13.844	15.379	17.292	20.843
27	11.808	12.879	14.573	16.151	18.114	21.749
28	12.461	13.565	15.308	16.928	18.939	22.657
29	13.121	14.257	16.047	17.708	19.768	23.567
30	13.787	14.954	16.791	18.493	20.599	24.478
31	14.458	15.655	17.539	19.281	21.434	25.390
32	15.134	16.362	18.291	20.072	22.271	26.304
33	15.815	17.074	19.047	20.807	23.110	27.219
34	16.501	17.789	19.806	21.664	23.952	28.136
35	17.192	18.509	20.569	22.465	24.797	29.054
36	17.887	19.233	21.336	23.269	25.163	29.973
37	18.586	19.960	22.106	24.075	26.492	30.893
38	19.289	20.691	22.878	24.884	27.343	31.815
39	19.996	21.426	23.654	25.695	28.196	32.737
40	20.707	22.164	24.433	26.509	29.051	33.660
41	21.421	22.906	25.215	27.326	29.907	34.585
42	22.138	23.650	25.999	28.144	30.765	35.510
43	22.859	24.398	26.785	28.965	31.625	36.430
44	23.584	25.143	27.575	29.787	32.487	37.363
45	24.311	25.901	28.366	30.612	33.350	38.291

续表

n	$\alpha=0.25$	$\alpha=0.10$	$\alpha=0.05$	$\alpha=0.025$	$\alpha=0.01$	$\alpha=0.005$
1	1.323	2.706	3.841	5.024	6.635	7.879
2	2.773	4.605	5.991	7.378	9.210	10.597
3	4.108	6.251	7.815	9.348	11.345	12.838
4	5.385	7.779	9.448	11.143	13.277	14.860
5	6.626	9.236	11.071	12.833	15.086	16.750
6	7.841	10.654	12.592	14.499	16.812	18.548
7	9.037	12.071	14.067	16.013	18.475	20.278
8	10.219	13.362	15.507	17.535	20.090	21.955
9	11.289	14.684	16.919	19.023	21.666	23.598
10	12.549	15.987	18.307	20.483	23.209	25.188
11	13.701	17.275	19.675	21.920	24.725	26.757
12	14.845	18.549	21.026	23.337	26.217	28.299
13	15.984	19.812	22.362	24.736	27.688	29.819
14	17.117	21.064	23.685	26.119	29.141	31.319
15	18.245	22.307	24.996	27.488	30.578	32.801
16	19.369	23.542	26.286	28.845	32.000	34.267
17	20.489	24.769	27.587	30.191	33.409	35.718
18	21.605	25989	28.869	31.526	34.805	37.156
19	22.718	27.204	30.144	32.853	36.191	38.582
20	23.828	28.412	31.410	34.170	37.566	39.997
21	24.935	29.615	32.671	35.479	38.932	44.401
22	26.039	30.813	33.924	36.781	40.298	42.796
23	27.141	32.007	35.172	38.076	41.638	44.181
24	28.241	33.196	36.415	39.364	42.980	45.559
25	29.339	34.382	37.652	40.646	44.314	46.928
26	30.435	35.563	38.885	41.923	45.642	48.290
27	31.528	36.741	40.113	43.194	46.963	49.654
28	32.620	37.916	41.337	44.461	48.278	50.933
29	33.711	39.087	42.557	45.722	49.588	52.336
30	34.800	40.256	43.773	46.979	50.892	53.672
31	35.887	41.422	44.985	48.232	52.191	55.003
32	36.973	42.585	46.194	49.480	53.486	56.328

续表

n	$\alpha=0.25$	$\alpha=0.10$	$\alpha=0.05$	$\alpha=0.025$	$\alpha=0.01$	$\alpha=0.005$
33	38.053	43.745	47.400	50.725	54.776	57.648
34	39.141	44.903	48.602	51.966	56.061	58.964
35	40.223	46.095	49.802	53.203	57.342	60.275
36	41.304	47.212	50.998	54.437	58.619	61.581
37	42.383	48.363	52.192	55.668	59.892	62.883
38	43.462	49.513	53.384	56.896	61.162	64.181
39	44.539	50.660	54.572	58.120	62.428	65.476
40	45.616	51.805	55.758	59.342	63.691	66.766
41	46.692	52.949	53.942	60.561	64.950	68.053
42	47.766	54.090	58.124	61.777	66.206	69.336
43	48.840	55.230	59.304	62.990	67.459	70.606
44	49.913	56.369	60.481	64.201	68.710	71.893
45	50.985	57.505	61.565	65.410	69.957	73.166

附表4　t分布临界值表

$$P\{T>t_\alpha(n)\}=\int_{t_\alpha(n)}^{+\infty}f_t(x)\mathrm{d}x=\alpha$$

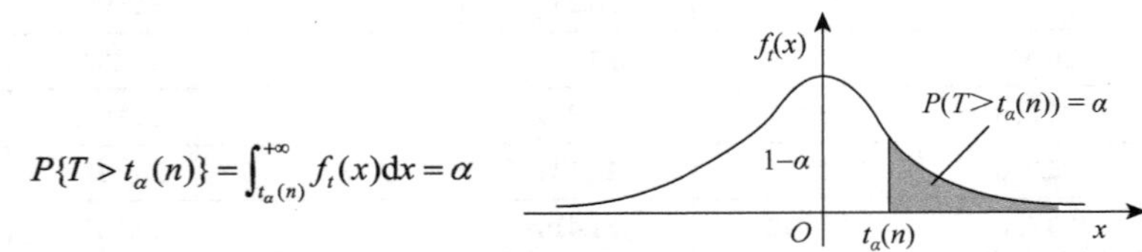

n	α					
	0.25	0.10	0.05	0.025	0.01	0.005
1	1.000 0	3.077 7	6.313 8	12.706 2	31.820 7	63.657 4
2	0.816 5	1.885 6	2.920 0	4.302 7	6.964 6	9.924 8
3	0.764 9	1.637 7	2.353 4	3.182 4	4.540 7	5.840 9
4	0.740 7	1.533 2	2.131 8	2.776 4	3.746 9	4.604 1
5	0.726 7	1.475 9	2.051 0	2.570 6	3.364 9	4.032 2
6	0.717 6	1.439 8	1.943 2	2.4469	3.142 7	3.707 4
7	0.711 1	1.414 9	1.894 6	2.364 6	2.998 0	3.499 5
8	0.706 4	1.396 8	1.859 5	2.306 0	2.896 5	3.355 4
9	0.702 7	1.383 0	1.833 1	2.262 2	2.821 4	3.249 8
10	0.699 8	1.372 2	1.812 5	2.228 1	2.763 8	3.169 3
11	0.697 4	1.363 4	1.795 9	2.201 0	2.718 1	3.105 8
12	0.695 5	1.356 2	1.782 3	2.178 8	2.681 0	3.054 5

续表

n	α					
	0.25	0.10	0.05	0.025	0.01	0.005
13	0.693 8	1.350 2	1.770 9	2.160 4	2.650 3	3.012 3
14	0.692 4	1.345 0	1.761 3	2.144 8	2.624 5	2.976 8
15	0.691 2	1.340 6	1.753 1	2.131 5	2.602 5	2.946 7
16	0.690 1	1.336 8	1.745 9	2.119 9	2.583 5	2.920 8
17	0.689 2	1.333 4	1.739 6	2.109 8	2.566 9	2.898 2
18	0.688 4	1.330 4	1.734 1	2.100 9	2.552 4	2.878 4
19	0.687 6	1.327 7	1.729 1	2.093 0	2.539 5	2.860 9
20	0.687 0	1.325 3	1.724 7	2.086 0	2.528 0	2.845 3
21	0.686 4	1.323 2	1.720 7	2.079 6	2.517 7	2.831 4
22	0.685 8	1.321 2	1.717 1	2.073 9	2.508 3	2.818 8
23	0.685 3	1.319 5	1.713 9	2.068 7	2.499 9	2.807 3
24	0.684 8	1.317 8	1.710 9	2.063 9	2.492 2	2.796 9
25	0.684 4	1.316 3	1.708 1	2.059 5	2.485 1	2.787 4
26	0.684 0	1.315 0	1.705 6	2.055 5	2.478 6	2.778 7
27	0.683 7	1.313 7	1.703 3	2.051 8	2.472 7	2.770 7
28	0.683 4	1.312 5	1.701 1	2.048 4	2.467 1	2.763 3
29	0.683 0	1.311 4	1.699 1	2.045 2	2.462 0	2.756 4
30	0.682 8	1.310 4	1.697 3	2.042 3	2.457 3	2.750 0
31	0.682 5	1.309 5	1.695 5	2.039 5	2.452 8	2.744 0
32	0.682 2	1.308 6	1.693 9	2.036 9	2.448 7	2.738 5
33	0.682 0	1.307 7	1.692 4	2.034 5	2.444 8	2.733 3
34	0.681 8	1.307 0	1.690 9	2.032 2	2.441 1	2.728 4
35	0.681 6	1.306 2	1.689 6	2.030 1	2.437 7	2.723 8
36	0.681 4	1.305 5	1.688 3	2.028 1	2.434 5	2.719 5
37	0.681 2	1.304 9	1.687 1	2.026 2	2.431 4	2.715 4
38	0.681 0	1.304 2	1.686 0	2.024 4	2.428 6	2.711 6
39	0.680 8	1.303 6	1.684 9	2.022 7	2.425 8	2.707 9
40	0.680 7	1.303 1	1.683 9	2.021 1	2.423 3	2.704 5
41	0.680 5	1.302 5	1.682 9	2.019 5	2.420 8	2.701 2
42	0.680 4	1.302 0	1.682 0	2.018 1	2.418 5	2.698 1
43	0.680 2	1.301 6	1.681 1	2.016 7	2.416 3	2.695 1
44	0.680 1	1.301 1	1.680 2	2.015 4	2.414 1	2.692 3
45	0.680 0	1.300 6	1.679 4	2.014 1	2.412 1	2.689 6

附表 5　F 分布临界值表

$$P\{F > F_\alpha(m,n)\} = \int_{F_\alpha(m,n)}^{+\infty} f_F(x)\mathrm{d}x = \alpha$$

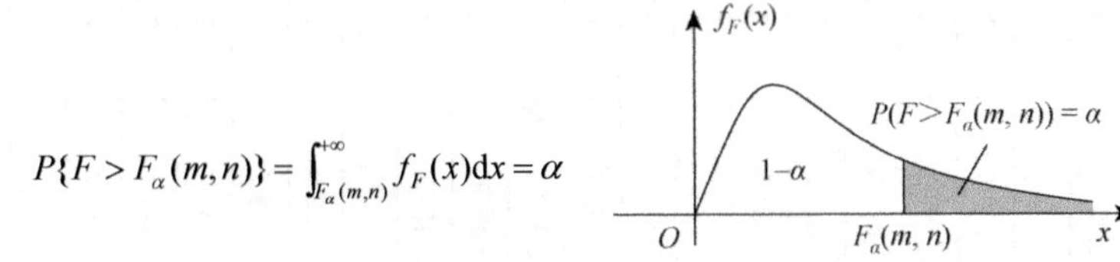

$\alpha = 0.10$

n	m																		
	1	2	3	4	5	6	7	8	9	10	12	15	20	24	30	40	60	120	∞
1	39.86	49.50	53.59	55.83	57.24	58.20	58.91	59.44	59.86	60.19	60.71	61.22	61.74	62.00	62.26	62.53	62.79	63.06	63.33
2	8.53	9.00	9.16	9.24	9.29	9.33	9.35	9.37	9.38	9.39	9.41	9.42	9.44	9.45	9.46	9.47	9.47	9.48	9.49
3	5.54	5.46	5.39	5.34	5.31	5.28	5.27	5.25	5.24	5.23	5.22	5.20	5.18	5.18	5.17	5.16	5.15	5.14	5.13
4	4.54	4.32	4.19	4.11	4.05	4.01	3.98	3.95	3.94	3.92	3.90	3.87	3.84	3.83	3.82	3.80	3.79	3.78	3.76
5	4.06	3.78	3.62	3.52	3.45	3.40	3.37	3.34	3.32	3.30	3.27	3.24	3.21	3.19	3.17	3.16	3.14	3.12	3.10
6	3.78	3.46	3.29	3.18	3.11	3.05	3.01	2.98	2.96	2.94	2.90	2.87	2.84	2.82	2.80	2.78	2.76	2.74	2.72
7	3.59	3.26	3.07	2.96	2.88	2.83	2.78	2.75	2.72	2.70	2.67	2.63	2.59	2.58	2.56	2.54	2.51	2.49	2.47
8	3.46	3.11	2.92	2.81	2.73	2.67	2.62	2.59	2.56	2.54	2.50	2.46	2.42	2.40	2.38	2.36	2.34	2.32	2.29
9	3.36	3.01	2.81	2.69	2.61	2.55	2.51	2.47	2.44	2.42	2.38	2.34	2.30	2.28	2.25	2.23	2.21	2.18	2.16
10	3.29	2.92	2.73	2.61	2.52	2.46	2.41	2.38	2.35	2.32	2.28	2.24	2.20	2.18	2.16	2.13	2.11	2.08	2.06
11	3.23	2.86	2.66	2.54	2.45	2.39	2.34	2.30	2.27	2.25	2.21	2.17	2.12	2.10	2.08	2.05	2.03	2.00	1.97
12	3.18	2.81	2.61	2.48	2.39	2.33	2.28	2.24	2.21	2.19	2.15	2.10	2.06	2.04	2.01	1.99	1.96	1.93	1.90
13	3.14	2.76	2.56	2.43	2.35	2.28	2.23	2.20	2.16	2.14	2.10	2.05	2.01	1.98	1.96	1.93	1.90	1.88	1.85
14	3.10	2.73	2.52	2.39	2.31	2.24	2.19	2.15	2.12	2.10	2.05	2.01	1.96	1.94	1.91	1.89	1.86	1.83	1.80
15	3.07	2.70	2.49	2.36	2.27	2.21	2.16	2.12	2.09	2.06	2.02	1.97	1.92	1.90	1.87	1.85	1.82	1.79	1.76

续表

n	m																		
	1	2	3	4	5	6	7	8	9	10	12	15	20	24	30	40	60	120	∞
16	3.05	2.67	2.46	2.33	2.24	2.18	2.13	2.09	2.06	2.03	1.99	1.94	1.89	1.87	1.84	1.81	1.78	1.75	1.72
17	3.03	2.64	2.44	2.31	2.22	2.15	2.10	2.06	2.03	2.00	1.96	1.91	1.86	1.84	1.81	1.78	1.75	1.72	1.69
18	3.01	2.62	2.42	2.29	2.20	2.13	2.08	2.04	2.00	1.98	1.93	1.89	1.84	1.81	1.78	1.75	1.72	1.69	1.66
19	2.99	2.61	2.40	2.27	2.18	2.11	2.06	2.02	1.98	1.96	1.91	1.86	1.81	1.79	1.76	1.73	1.70	1.67	1.63
20	2.97	2.59	2.38	2.25	2.16	2.09	2.04	2.00	1.96	1.94	1.89	1.84	1.79	1.77	1.74	1.71	1.68	1.64	1.61
21	2.96	2.57	2.36	2.23	2.14	2.08	2.02	1.98	1.95	1.92	1.87	1.83	1.78	1.75	1.72	1.69	1.66	1.62	1.59
22	2.95	2.56	2.35	2.22	2.13	2.06	2.01	1.97	1.93	1.90	1.86	1.81	1.76	1.73	1.70	1.67	1.64	1.60	1.57
23	2.94	2.55	2.34	2.21	2.11	2.05	1.99	1.95	1.92	1.89	1.84	1.80	1.74	1.72	1.69	1.66	1.62	1.59	1.55
24	2.93	2.54	2.33	2.19	2.10	2.04	1.98	1.94	1.91	1.88	1.83	1.78	1.73	1.70	1.67	1.64	1.61	1.57	1.53
25	2.92	2.53	2.32	2.18	2.09	2.02	1.97	1.93	1.89	1.87	1.82	1.77	1.72	1.69	1.66	1.63	1.59	1.56	1.52
26	2.91	2.52	2.31	2.17	2.08	2.01	1.96	1.92	1.88	1.86	1.81	1.76	1.71	1.68	1.65	1.61	1.58	1.54	1.50
27	2.90	2.51	2.30	2.17	2.07	2.00	1.95	1.91	1.87	1.85	1.80	1.75	1.70	1.67	1.64	1.60	1.57	1.53	1.49
28	2.89	2.50	2.29	2.16	2.06	2.00	1.94	1.90	1.87	1.84	1.79	1.74	1.69	1.66	1.63	1.59	1.56	1.52	1.48
29	2.89	2.50	2.28	2.15	2.06	1.99	1.93	1.89	1.86	1.83	1.78	1.73	1.68	1.65	1.62	1.58	1.55	1.51	1.47
30	2.88	2.49	2.28	2.14	2.05	1.98	1.93	1.88	1.85	1.82	1.77	1.72	1.67	1.64	1.61	1.57	1.54	1.50	1.46
40	2.84	2.44	2.23	2.09	2.00	1.93	1.87	1.83	1.79	1.76	1.71	1.66	1.61	1.57	1.54	1.51	1.47	1.42	1.38
60	2.79	2.39	2.18	2.04	1.95	1.87	1.82	1.77	1.74	1.71	1.66	1.60	1.54	1.51	1.48	1.44	1.40	1.35	1.29
120	2.75	2.35	2.13	1.99	1.90	1.82	1.77	1.72	1.68	1.65	1.60	1.55	1.48	1.45	1.41	1.37	1.32	1.26	1.19
∞	2.71	2.30	2.08	1.94	1.85	1.77	1.72	1.67	1.63	1.60	1.55	1.49	1.42	1.38	1.34	1.30	1.24	1.17	1.00

$\alpha = 0.05$

续表

n	m																		
	1	2	3	4	5	6	7	8	9	10	12	15	20	24	30	40	60	120	∞
1	161.4	199.5	215.7	224.6	230.2	234.0	236.8	238.9	240.5	241.9	243.9	245.9	248.0	249.1	250.1	251.1	252.2	253.3	254.3
2	18.51	19.00	19.16	19.25	19.30	19.33	19.35	19.37	19.38	19.40	19.41	19.43	19.45	19.45	19.46	19.47	19.48	19.49	19.50
3	10.13	9.55	9.28	9.12	9.01	8.94	8.89	8.85	8.81	8.79	8.74	8.70	8.66	8.64	8.62	8.59	8.57	8.55	8.53
4	7.71	6.94	6.59	6.39	6.26	6.16	6.09	6.04	6.00	5.96	5.91	5.86	5.80	5.77	5.75	5.72	5.69	5.66	5.63
5	6.61	5.79	5.41	5.19	5.05	4.95	4.88	4.82	4.77	4.74	4.68	4.62	4.56	4.53	4.50	4.46	4.43	4.40	4.36
6	5.99	5.14	4.76	4.53	4.39	4.28	4.21	4.15	4.10	4.06	4.00	3.94	3.87	3.84	3.81	3.77	3.74	3.70	3.67
7	5.59	4.74	4.35	4.12	3.97	3.87	3.79	3.73	3.68	3.64	3.57	3.51	3.44	3.41	3.38	3.34	3.30	3.27	3.23
8	5.32	4.46	4.07	3.84	3.69	3.58	3.50	3.44	3.39	3.35	3.28	3.22	3.15	3.12	3.08	3.04	3.01	2.97	2.93
9	5.12	4.26	3.86	3.63	3.48	3.37	3.29	3.23	3.18	3.14	3.07	3.01	2.94	2.90	2.86	2.83	2.79	2.75	2.71
10	4.96	4.10	3.71	3.48	3.33	3.22	3.14	3.07	3.02	2.98	2.91	2.85	2.77	2.74	2.70	2.66	2.62	2.58	2.54
11	4.84	3.98	3.59	3.36	3.20	3.09	3.01	2.95	2.90	2.85	2.79	2.72	2.65	2.61	2.57	2.53	2.49	2.45	2.40
12	4.75	3.89	3.49	3.26	3.11	3.00	2.91	2.85	2.80	2.75	2.69	2.62	2.54	2.51	2.47	2.43	2.38	2.34	2.30
13	4.67	3.81	3.41	3.18	3.03	2.92	2.83	2.77	2.71	2.67	2.60	2.53	2.46	2.42	2.38	2.34	2.30	2.25	2.21
14	4.60	3.74	3.34	3.11	2.96	2.85	2.76	2.70	2.65	2.60	2.53	2.46	2.39	2.35	2.31	2.27	2.22	2.18	2.13
15	4.54	3.68	3.29	3.06	2.90	2.97	2.71	2.64	2.59	2.54	2.48	2.40	2.33	2.29	2.25	2.20	2.16	2.11	2.07
16	4.49	3.63	3.24	3.01	2.85	2.74	2.66	2.59	2.54	2.49	2.42	2.35	2.28	2.24	2.19	2.15	2.11	2.06	2.01
17	4.45	3.59	3.20	2.96	2.81	2.70	2.61	2.55	2.49	2.45	2.38	2.31	2.23	2.19	2.15	2.10	2.06	2.01	1.96
18	4.41	3.55	3.16	2.93	2.77	2.66	2.58	2.51	2.46	2.41	2.34	2.27	2.19	2.15	2.11	2.06	2.02	1.97	1.92
19	4.38	3.52	3.13	2.90	2.74	2.63	2.54	2.48	2.42	2.38	2.31	2.23	2.16	2.11	2.07	2.03	1.98	1.93	1.88
20	4.35	3.49	3.10	2.87	2.71	2.60	2.51	2.45	2.39	2.35	2.28	2.20	2.12	2.08	2.04	1.99	1.95	1.90	1.84

续表

n	m 1	2	3	4	5	6	7	8	9	10	12	15	20	24	30	40	60	120	∞
21	4.32	3.47	3.07	2.84	2.68	2.57	2.49	2.42	2.37	2.32	2.25	2.18	2.10	2.05	2.01	1.96	1.92	1.87	1.81
22	4.30	3.44	3.05	2.82	2.66	2.55	2.46	2.40	2.34	2.30	2.23	2.15	2.07	2.03	1.98	1.94	1.89	1.84	1.78
23	4.28	3.42	3.03	2.80	2.64	2.53	2.44	2.37	2.32	2.27	2.20	2.13	2.05	2.01	1.96	1.91	1.86	1.81	1.76
24	4.26	3.40	3.01	2.78	2.62	2.51	2.42	2.36	2.30	2.25	2.18	2.11	2.03	1.98	1.94	1.89	1.84	1.79	1.73
25	4.24	3.39	2.99	2.76	2.60	2.49	2.40	2.34	2.28	2.24	2.16	2.09	2.01	1.96	1.92	1.87	1.82	1.77	1.71
26	4.23	3.37	2.98	2.74	2.59	2.47	2.39	2.32	2.27	2.22	2.15	2.07	1.99	1.95	1.90	1.85	1.80	1.75	1.69
27	4.21	3.35	2.96	2.73	2.57	2.46	2.37	2.31	2.25	2.20	2.13	2.6	1.97	1.93	1.88	1.84	1.79	1.73	1.67
28	4.20	3.34	2.95	2.71	2.56	2.45	2.36	2.29	2.24	2.19	2.12	2.04	1.96	1.91	1.87	1.82	1.77	1.71	1.65
29	4.18	3.33	2.93	2.70	2.55	2.43	2.35	2.28	2.22	2.18	2.10	2.03	1.94	1.90	1.85	1.81	1.75	1.70	1.64
30	4.17	3.32	2.92	2.69	2.53	2.42	2.33	2.27	2.21	2.16	2.09	2.01	1.93	1.89	1.84	1.79	1.74	1.68	1.62
40	4.08	3.23	2.84	2.61	2.45	2.34	2.25	2.18	2.12	2.08	2.00	1.92	1.84	1.79	1.74	1.69	1.64	1.58	1.51
60	4.00	3.15	2.76	2.53	2.37	2.25	2.17	2.10	2.04	1.99	1.92	1.84	1.75	1.70	1.65	1.59	1.53	1.47	1.39
120	3.92	3.07	2.68	2.45	2.29	2.17	2.09	2.02	1.96	1.91	1.83	1.75	1.66	1.61	1.55	1.50	1.43	1.35	1.25
∞	3.84	3.00	2.60	2.37	2.21	2.10	2.01	1.94	1.88	1.83	1.75	1.67	1.57	1.52	1.46	1.39	1.32	1.22	1.00

$\alpha = 0.025$

n	m 1	2	3	4	5	6	7	8	9	10	12	15	20	24	30	40	60	120	∞
1	647.8	799.5	864.2	899.6	921.8	937.1	948.2	956.7	963.3	368.6	976.7	984.9	993.1	997.2	1001	1006	1010	1014	1018
2	38.51	39.00	39.17	36.25	39.30	39.33	39.36	39.37	39.39	39.40	39.41	39.43	39.45	39.46	39.46	39.47	39.48	39.49	39.50
3	17.44	16.04	15.44	15.10	14.88	14.73	14.62	14.54	14.47	14.42	14.34	14.25	14.17	14.21	14.08	14.04	13.99	13.95	13.90

续表

n	m																		
	1	2	3	4	5	6	7	8	9	10	12	15	20	24	30	40	60	120	∞
4	12.22	10.65	9.98	9.60	9.36	9.20	9.07	9.98	8.90	8.84	8.75	8.66	8.56	8.51	8.46	8.41	8.36	8.31	8.26
5	10.01	8.43	7.76	7.39	7.15	6.98	6.85	6.76	6.68	6.62	6.52	6.43	6.33	6.28	6.23	6.18	6.12	6.07	6.02
6	8.81	7.26	6.60	6.23	5.99	5.82	5.70	5.60	5.52	5.46	5.37	5.27	5.17	5.12	5.07	5.01	4.96	4.90	4.85
7	8.07	6.54	5.89	5.52	5.29	5.12	4.99	4.90	4.82	4.76	4.67	4.57	4.47	4.42	4.36	4.31	4.25	4.20	4.14
8	7.57	6.06	5.42	5.05	4.82	4.65	4.53	4.43	4.36	4.30	4.20	4.10	4.00	3.95	3.89	3.84	3.78	3.73	3.67
9	7.21	5.71	5.08	4.72	4.48	4.23	4.20	4.10	4.03	3.96	3.87	3.77	3.67	3.61	3.56	3.51	3.45	3.39	3.33
10	6.94	5.46	4.83	4.47	4.24	4.07	3.95	3.85	3.78	3.72	3.62	3.52	3.42	3.37	3.31	3.26	3.20	3.14	3.08
11	6.72	5.26	4.63	4.28	4.04	3.88	3.76	3.66	3.59	3.53	3.43	3.33	3.23	3.17	3.12	3.06	3.00	2.94	2.88
12	6.55	5.10	4.47	4.12	3.89	3.73	3.61	3.51	3.44	3.37	3.28	3.18	3.07	3.02	2.96	2.91	2.85	2.79	2.72
13	6.41	4.97	4.35	4.00	3.77	3.60	3.48	3.39	3.31	3.25	3.15	3.05	2.95	2.89	2.84	2.78	2.72	2.66	2.60
14	6.30	4.86	4.24	3.89	3.66	3.50	3.38	3.29	3.21	3.15	3.05	2.95	2.84	2.79	2.73	2.67	2.61	2.55	2.49
15	6.20	4.77	4.15	3.80	3.58	3.41	3.29	3.20	3.12	3.06	2.96	2.86	2.76	2.70	2.64	2.59	2.52	2.46	2.40
16	6.12	4.69	4.08	3.73	3.50	3.34	3.22	3.12	3.05	2.99	2.89	2.79	2.68	2.63	2.57	2.51	2.45	2.38	2.32
17	6.04	4.62	4.01	3.66	3.44	3.28	3.16	3.06	2.98	2.92	2.82	2.72	2.62	2.56	2.50	2.44	2.38	2.32	2.25
18	5.98	4.56	3.95	3.61	3.38	3.22	3.10	3.01	2.93	2.87	2.77	2.67	2.56	2.50	2.44	2.38	2.32	2.26	2.19
19	5.92	4.51	3.90	3.56	3.33	3.17	3.05	2.96	2.88	2.82	2.62	2.62	2.51	2.45	2.39	2.33	2.27	2.20	2.13
20	5.87	4.46	3.86	3.51	3.29	3.13	3.01	2.91	2.84	2.77	2.68	2.57	2.46	2.41	2.35	2.29	2.22	2.16	2.09
21	5.83	4.42	3.82	3.48	3.25	3.09	2.97	2.87	2.80	2.73	2.64	2.53	2.42	2.37	2.31	2.25	2.18	2.11	2.04
22	5.79	4.38	3.78	3.44	3.22	3.05	2.93	2.84	2.76	2.70	2.60	2.50	2.39	2.33	2.27	2.21	2.14	2.08	2.00

续表

n	m																		
	1	2	3	4	5	6	7	8	9	10	12	15	20	24	30	40	60	120	∞
23	5.75	4.35	3.75	3.41	3.18	3.02	2.90	2.81	2.73	2.67	2.57	2.47	2.36	2.30	2.24	2.18	2.11	2.04	1.97
24	5.72	4.32	3.72	3.38	3.15	2.99	2.87	2.78	2.70	2.64	2.54	2.44	2.33	2.27	2.21	2.15	2.08	2.01	1.94
25	5.69	4.29	3.69	3.35	3.13	2.97	2.85	2.75	2.68	2.61	2.51	2.41	2.30	2.24	2.18	2.12	2.05	1.98	1.91
26	5.66	4.27	3.67	3.33	3.10	2.94	2.82	2.73	2.65	2.59	2.49	2.39	2.28	2.22	2.16	2.09	2.03	1.95	1.88
27	5.63	4.24	3.65	3.31	3.08	2.92	2.80	2.71	2.63	2.57	2.47	2.36	2.25	2.19	2.13	2.07	2.00	1.93	1.85
28	5.61	4.22	3.63	3.29	3.06	2.90	2.78	2.69	2.61	2.55	2.45	2.34	2.23	2.17	2.11	2.05	1.98	1.91	1.83
29	5.59	4.20	3.61	3.27	3.04	2.88	2.76	2.67	2.59	2.53	2.43	2.32	2.21	2.15	2.09	2.03	1.96	1.89	1.81
30	5.57	4.18	3.59	3.25	3.03	2.87	2.75	2.65	2.57	2.51	2.41	2.31	2.20	2.14	2.07	2.01	1.94	1.87	1.79
40	5.42	4.05	3.46	3.13	2.90	2.74	2.62	2.53	2.45	2.39	2.29	2.18	2.07	2.01	1.94	1.88	1.80	1.72	1.64
60	5.29	3.93	3.34	3.01	2.79	2.63	2.51	2.41	2.33	2.27	2.17	2.06	1.94	1.88	1.82	1.74	1.67	1.58	1.48
120	5.15	3.80	3.23	2.89	2.67	2.52	2.39	2.30	2.22	2.16	2.05	1.94	1.82	1.76	1.69	1.61	1.53	1.43	1.31
∞	5.02	3.69	3.12	2.79	2.57	2.41	2.29	2.19	2.11	2.05	1.94	1.83	1.71	1.64	1.57	1.48	1.39	1.27	1.00

$\alpha = 0.01$

n	m																		
	1	2	3	4	5	6	7	8	9	10	12	15	20	24	30	40	60	120	∞
1	4052	4999.5	5403	5625	5764	5859	5928	5982	6022	6056	6106	6157	6209	6235	6261	6287	6313	6339	6366
2	98.50	99.00	99.17	99.25	99.30	99.33	99.36	99.37	99.39	99.40	99.42	99.43	99.45	99.46	99.47	99.47	99.48	99.49	99.50
3	34.12	30.82	29.46	28.71	28.24	27.91	27.67	27.49	27.35	27.23	27.05	26.87	26.69	26.60	26.50	26.41	26.32	26.22	26.13
4	21.30	18.00	16.69	15.98	15.52	15.12	14.98	14.80	14.66	14.55	14.37	15.20	14.02	13.93	13.84	13.75	13.65	13.56	13.46
5	16.26	13.27	12.06	11.39	10.97	10.67	10.46	10.29	10.16	10.05	9.89	9.72	9.55	9.47	9.38	9.29	9.20	9.11	9.02

续表

n	m																		
	1	2	3	4	5	6	7	8	9	10	12	15	20	24	30	40	60	120	∞
6	13.75	10.92	9.78	9.15	8.75	8.47	8.26	8.10	7.98	7.87	7.72	7.56	7.40	7.31	7.23	7.14	7.06	6.97	6.88
7	12.25	9.55	8.45	7.85	7.46	7.19	6.99	6.84	6.72	6.62	6.47	6.31	6.16	6.07	5.99	5.91	5.82	5.74	5.65
8	11.26	8.65	7.59	7.01	6.63	6.37	6.18	6.03	5.91	5.81	5.67	5.52	5.36	5.28	5.20	5.12	5.03	4.95	4.86
9	10.56	8.02	6.99	6.42	6.06	5.80	5.61	5.47	5.35	5.26	5.11	4.96	4.81	4.73	4.65	4.57	4.48	4.40	4.31
10	10.04	7.56	6.55	5.99	5.64	5.39	5.20	5.06	4.94	4.85	4.71	4.56	4.41	4.33	4.25	4.17	4.08	4.00	3.91
11	9.65	7.21	6.22	5.67	5.32	5.07	4.89	4.47	4.63	4.54	4.40	4.25	4.10	4.02	3.94	3.86	3.78	3.69	3.60
12	9.33	6.93	5.95	5.41	5.06	4.82	4.64	4.50	4.39	4.30	4.16	4.01	3.86	3.78	3.70	3.62	3.54	3.45	3.36
13	9.07	6.70	5.74	5.21	4.86	4.62	4.44	4.30	4.19	4.10	3.96	3.82	3.66	3.59	3.51	3.43	3.34	3.25	3.17
14	8.86	6.51	5.56	5.04	4.69	4.46	4.28	4.14	4.03	3.84	3.80	3.66	3.51	3.43	3.35	3.27	3.18	3.09	3.00
15	8.68	6.36	5.42	4.89	4.56	4.32	4.14	4.00	3.89	3.80	3.67	3.52	3.37	3.29	3.21	3.13	3.05	2.96	2.87
16	8.53	6.23	5.29	4.77	4.44	4.20	4.03	3.89	3.78	3.69	3.55	3.41	3.26	3.18	3.10	3.02	2.93	2.89	2.75
17	8.40	6.11	5.18	4.67	4.34	4.10	3.93	3.79	3.68	3.59	3.46	3.31	3.16	3.08	3.00	2.92	2.83	2.75	2.65
18	8.29	6.01	5.09	4.58	4.25	4.01	3.84	3.71	3.60	3.51	3.37	3.23	3.08	3.00	2.92	2.84	2.75	2.66	2.57
19	8.18	5.93	5.01	4.50	4.17	3.94	3.77	3.63	3.52	3.43	3.30	3.15	3.00	2.92	2.84	2.76	2.67	2.58	2.49
20	8.10	5.85	4.94	4.43	4.10	3.87	3.70	3.56	3.46	3.37	3.23	3.09	2.94	2.86	2.78	2.69	2.61	2.52	2.42
21	8.02	5.78	4.87	4.37	4.04	3.81	3.64	3.51	3.40	3.31	3.17	3.03	2.88	2.80	2.72	2.64	2.55	2.46	2.36
22	7.95	5.72	4.82	4.31	3.99	3.76	3.59	3.45	3.35	3.26	3.12	2.98	2.83	2.75	2.67	2.58	2.50	2.40	2.31
23	7.88	5.66	4.76	4.26	3.94	3.71	3.54	3.41	3.30	3.21	3.07	2.93	2.78	2.70	2.62	2.54	2.45	2.35	2.26
24	7.82	5.61	4.72	4.22	3.90	3.67	3.50	3.36	3.26	3.17	3.03	2.89	2.74	2.66	2.58	2.49	2.40	2.31	2.21
25	7.77	5.57	4.68	4.18	3.85	3.63	3.46	3.32	3.22	3.13	2.99	2.85	2.70	2.62	2.54	2.45	2.36	2.27	2.17
26	7.72	5.53	4.64	4.14	3.82	3.59	3.42	3.29	3.18	3.09	2.96	2.81	2.66	2.58	2.50	2.42	2.33	2.23	2.13
27	7.68	5.49	4.60	4.11	3.78	3.56	3.39	3.26	3.15	3.06	2.93	2.78	2.63	2.55	2.47	2.38	2.29	2.20	2.10

续表

n	m																		
	1	2	3	4	5	6	7	8	9	10	12	15	20	24	30	40	60	120	∞
28	7.64	5.45	4.57	4.07	3.75	3.53	3.36	3.23	3.12	3.03	2.90	2.75	2.60	2.52	2.44	2.35	2.26	2.17	2.06
29	7.60	5.42	4.54	4.04	3.73	3.50	3.33	3.20	3.09	3.00	2.87	2.73	2.57	2.49	2.41	2.33	2.23	2.14	2.03
30	7.56	5.39	4.51	4.02	3.70	3.47	3.30	3.17	3.07	2.98	2.84	2.70	2.55	2.47	2.39	2.30	2.21	2.11	2.01
40	7.31	5.18	4.31	3.83	3.51	3.29	3.12	2.99	2.98	2.80	2.66	2.52	2.37	2.29	2.20	2.11	2.02	1.92	1.80
60	7.08	4.98	4.13	3.65	3.34	3.12	2.95	2.82	2.72	2.63	2.50	2.35	2.20	2.12	2.03	1.94	1.84	1.73	1.60
120	6.85	4.79	3.95	3.48	3.17	2.96	2.79	2.66	2.56	2.47	2.34	2.19	2.03	1.95	1.86	1.76	1.66	1.53	1.38
∞	6.63	4.61	3.78	3.32	3.02	2.80	2.64	2.51	2.41	2.32	2.18	2.04	1.88	1.79	1.70	1.59	1.47	1.32	1.00

$\alpha = 0.005$

n	m																		
	1	2	3	4	5	6	7	8	9	10	12	15	20	24	30	40	60	120	∞
1	16 211	20 000	21 615	22 500	23 056	23 437	23 715	23 925	24 091	24 224	24 426	24 630	24 836	24 940	25 044	25 148	25 253	25 359	25 465
2	198.5	199.0	199.2	199.2	199.3	199.3	199.4	199.4	199.4	199.4	199.4	199.4	199.4	199.5	199.5	199.5	199.5	199.5	199.5
3	55.55	49.80	47.47	46.19	45.39	44.84	44.43	44.13	43.88	43.69	43.39	43.08	42.78	42.62	42.47	42.31	42.15	41.99	41.83
4	31.33	26.28	24.26	23.15	22.46	21.97	21.62	21.35	21.14	20.97	20.70	20.44	20.17	20.03	19.89	19.75	19.61	19.47	19.32
5	22.78	18.31	16.53	15.56	14.94	14.51	14.20	13.96	13.77	13.62	13.38	13.15	12.90	12.78	12.66	12.53	12.40	12.27	12.14
6	18.63	14.54	12.92	12.03	11.46	11.07	10.79	10.57	10.39	10.25	10.03	9.81	9.59	9.47	9.36	9.24	9.12	9.00	8.88
7	16.24	12.40	10.88	10.05	9.52	9.16	8.89	8.68	8.51	8.38	8.18	7.97	7.75	7.65	7.53	7.42	7.31	7.19	7.08
8	14.69	11.04	9.60	8.81	8.30	7.95	7.69	7.50	7.34	7.21	7.01	6.81	6.61	6.50	6.40	6.29	6.18	6.06	5.95
9	13.61	10.11	8.72	7.96	7.47	7.13	6.88	6.69	6.54	6.42	6.23	6.03	5.83	5.73	5.62	5.52	5.41	5.30	5.19
10	12.83	9.43	8.08	7.34	6.87	6.54	6.30	6.12	5.97	5.85	5.66	5.47	5.27	5.17	5.07	4.97	4.86	4.75	4.64
11	12.23	8.91	7.60	6.88	6.42	6.10	5.86	5.68	5.54	5.42	5.24	5.05	4.86	4.76	4.65	4.55	4.44	4.34	4.23

续表

n	m																		
	1	2	3	4	5	6	7	8	9	10	12	15	20	24	30	40	60	120	∞
12	11.75	8.51	7.23	6.52	6.07	5.76	5.52	5.35	5.20	5.09	4.91	4.72	4.53	4.43	4.33	4.23	4.12	4.01	3.90
13	11.37	8.19	6.93	6.32	5.79	5.48	5.25	5.08	4.94	4.82	4.64	4.46	4.27	4.17	4.07	3.97	3.87	3.76	3.65
14	11.06	7.92	6.68	6.00	5.56	5.26	5.03	4.86	4.72	4.60	4.43	4.25	4.06	3.96	3.86	3.76	3.66	3.55	3.44
15	10.80	7.70	6.48	5.80	5.37	5.07	4.85	4.67	4.54	4.42	4.25	4.07	3.88	3.79	3.69	3.58	3.48	3.37	3.26
16	10.58	7.51	6.30	5.64	5.21	4.91	4.69	4.52	4.38	4.27	4.10	3.92	3.73	3.64	3.54	3.44	3.33	3.22	3.11
17	10.38	7.35	6.16	5.50	5.07	4.78	4.56	4.39	4.25	4.14	3.97	3.79	3.61	3.51	3.41	3.31	3.21	3.10	2.98
18	10.22	7.21	6.03	5.37	4.96	4.66	4.44	4.28	4.14	4.03	3.86	3.68	3.50	3.40	3.30	3.20	3.10	2.99	2.87
19	10.07	7.09	5.92	5.27	4.85	4.56	4.34	4.18	4.04	3.93	3.76	3.59	3.40	3.31	3.21	3.11	3.00	2.89	2.78
20	9.94	6.99	5.82	5.17	4.76	4.47	4.26	4.09	3.96	3.85	3.68	3.50	3.32	3.22	3.12	3.02	2.92	2.81	2.69
21	9.83	6.89	5.73	5.09	4.68	4.39	4.18	4.01	3.88	3.77	3.60	3.43	3.24	3.15	3.05	2.95	2.84	2.73	2.61
22	9.73	6.81	5.65	5.02	4.61	4.32	4.11	3.94	3.81	3.70	3.54	3.36	3.18	3.08	2.98	2.88	2.77	2.66	2.55
23	9.63	6.73	5.58	4.95	4.54	4.20	4.05	3.88	3.75	3.64	3.47	3.30	3.12	3.02	2.92	2.82	2.71	2.60	2.48
24	9.55	6.66	5.52	4.89	4.49	4.20	3.99	3.83	3.69	3.59	3.42	3.25	3.06	2.97	2.87	2.77	2.66	2.55	2.43
25	9.48	6.60	5.46	4.84	4.43	4.15	3.94	3.78	3.64	3.54	3.37	3.20	3.01	2.92	2.82	2.72	2.61	2.50	2.38
26	9.41	6.54	5.41	4.79	4.38	4.10	3.89	3.73	3.60	3.49	3.33	3.15	2.97	2.87	2.77	2.67	2.56	2.45	2.33
27	9.34	6.49	5.36	4.74	4.34	4.06	3.85	3.69	3.56	3.45	3.28	3.11	2.93	2.83	2.73	2.63	2.52	2.41	2.29
28	9.28	6.44	5.32	4.70	4.30	4.02	3.81	3.65	3.52	3.41	3.25	3.07	2.89	2.79	2.69	2.59	2.48	2.37	2.25
29	9.23	6.40	5.28	4.66	4.26	3.98	3.77	3.61	3.48	3.38	3.21	3.04	2.86	2.76	2.66	2.56	2.45	2.33	2.21
30	9.18	6.35	5.24	4.62	4.23	3.95	3.74	3.58	3.45	3.34	3.18	3.01	2.82	2.73	2.63	2.52	2.42	2.30	2.18
40	8.83	6.07	4.98	4.37	3.99	3.71	3.51	3.35	3.22	3.12	2.95	2.78	2.60	2.50	2.40	2.30	2.18	2.06	1.93
60	8.49	5.79	4.73	4.14	3.76	3.49	3.29	3.13	3.01	2.90	2.74	2.57	2.39	2.29	2.19	2.08	1.96	1.83	1.69
120	8.18	5.54	4.50	3.92	3.55	3.28	3.09	2.93	2.81	2.71	2.54	2.37	2.19	2.09	1.98	1.87	1.75	1.61	1.43
∞	7.88	5.30	4.28	3.72	3.35	3.09	2.90	2.74	2.62	2.52	2.36	2.19	2.00	1.90	1.79	1.67	1.53	1.36	1.00